Reihe *Mikrocomputer-Forum für Bildung und Wissenschaft*

Band 1

Reihenherausgeber:

Gesellschaft für Technologiefolgenforschung e.V. (GTF)

Klaus Dette (Hrsg.)

Mikrocomputer-Pools in der Lehre

Eine fachübergreifende Zwischenbilanz des Computer-Investitions-Programms (CIP)

Mit 145 Abbildungen

Springer-Verlag Berlin Heidelberg New York
London Paris Tokyo Hong Kong

Klaus Dette

Gesellschaft für Technologiefolgenforschung e.V. (GTF)
Hohenzollerndamm 91, 1000 Berlin 33

Dieser Band dokumentiert die überarbeiteten Beiträge zum 2. CIP-Status-Seminar, das vom 13. bis 14. Oktober 1988 von der Gesellschaft für Technologiefolgenforschung e.V. (GTF) in der Freien Universität Berlin veranstaltet wurde. Tagungsdurchführung und Dokumentation wurden mit Mitteln des Bundesministers für Bildung und Wissenschaft (Förderungskennzeichen: M 0859.00) gefördert. Die Verantwortung für den Inhalt der einzelnen Beiträge liegt bei den Autoren.

ISBN-13:978-3-540-51408-4 e-ISBN-13:978-3-642-83857-6
DOI: 10.1007/978-3-642-83857-6

CIP-Titelaufnahme der Deutschen Bibliothek.
Mikrocomputer-Pools in der Lehre: eine fachübergreifende Zwischenbilanz des Computer-Investitions-Programms (CIP) ; [dieser Band dokumentiert die überarbeiteten Beiträge zum 2. CIP-Status-Seminar, das vom 13. bis 14. Oktober 1988 von der Gesellschaft für Technologiefolgenforschung e. V. (GTF) in der Freien Universität Berlin veranstaltet wurde] / Klaus Dette (Hrsg.). – Berlin ; Heidelberg ; New York ; London ; Paris ; Tokyo ; Hong Kong : Springer, 1989
(Reihe: Mikrocomputer-Forum für Bildung und Wissenschaft ; Bd. 1)
ISBN-13:978-3-540-51408-4

NE: Dette, Klaus [Hrsg.]; CIP-Statusseminar <02, 1988, Berlin, West>; Gesellschaft für Technologiefolgenforschung; GT

2145/3140-543210 – Gedruckt auf säurefreiem Papier

Vorwort des Herausgebers

Das Computer-Investitions-Programm (CIP) für die Hochschulen erfreut sich allgemein großer Wertschätzung. Der vorliegende Band dokumentiert mit den Einzelbeiträgen der Referenten des 2. CIP-Status-Seminars in der Freien Universität Berlin den anhaltenden Erfolg – aber auch die immer deutlicher werdenden Grenzen dieses Programms. Damit wird eine weitere fächerübergreifenden Zwischenbilanz gezogen – sozusagen in Fortsetzung der Erfahrungsberichte "Informatikgrundlagen in der Lehre" und "Computer-Investitions-Programm (CIP) im Hochschulbereich – Sachstand und Perspektiven", zwei Tagungsdokumentationen, die 1987 bzw. 1988 in der Schriftenreihe des Bundesbildungsministeriums "Studien zu Bildung und Wissenschaft" erschienen sind.

"Dank CIP ...", so und ähnlich beginnt in der vorliegenden Dokumentation mancher Satz in den Einleitungs- oder Schlußkapiteln der Erfahrungsberichte aus CIP-Anwenderperspektiven. Die Dankadressen gelten einem Programm und damit zugleich seinen geistigen Urhebern und praktischen Realisatoren, namentlich Herrn Professor Dr. Haupt von der Rheinisch-Westfälischen Technischen Hochschule Aachen, dem Spiritus rector des CIP und Herrn Ministerialrat Dr. Swatek vom Bundesbildungsministerium. Darüber hinaus gilt der Dank den verantwortlichen Akteuren in den jeweiligen Bildungsministerien der Länder, im Wissenschaftsrat und in der Deutschen Forschungsgemeinschaft. Hier seien stellvertretend genannt Herr Ministerialrat Röwekamp vom Nordrhein-Westfälischen Wissenschaftsministerium sowie die Herren Dr. Mönkediek von der DFG und Dr. Tegelbekkers vom Wissenschaftsrat. Auch auf politischer Ebene hat das Computer-Investitions-Programm engagierte Befürworter gefunden. Aus diesem Kreis sei Herr Staatssekretär Dr. Schaumann ausdrücklich erwähnt, verbunden mit dem Hinweis auf seine entsprechenden Ausführungen in diesem Band. Es ist ja keineswegs so, daß das CIP schon eine Routine-Angelegenheit geworden wäre, die nach dem Motto "vom gleichen immer mehr" bereits von selbst läuft. Das CIP ist nicht nur durch eine quantitative Komponente geprägt, sondern auch durch eine qualitative: je mehr die schlimmsten Ausstattungsengpässe bei Personal Computern und (hoffentlich auch) Lehrsoftware in den Hochschulen beseitigt werden, desto deutlicher und unabweisbarer treten die personellen, organisatorischen, didaktischen und curricularen Fragen in den Vordergrund – auch für diese allmählich zunehmend platzgreifende Sensibilisierung liefert der Tagungsband reichhaltiges Belegmaterial.

Das 2. CIP-Status-Seminar 1988 erwies sich (mit mehr als 300 registrierten Teilnehmern) ebenso wie das Vorjahresseminar 1987 (mit mehr als 200 Teilnehmern) wiederum als ausgesprochen multidisziplinäre Veranstaltung. Läßt man die große Gruppe derjenigen außer acht, die keinem spezifischen Wissenschaftsbereich zugeordnet werden konnte (z.B. die Teilnehmer aus der Industrie), so kann festgestellt werden, daß die Teilnehmer aus den Hochschulrechenzentren in beiden Jahren jeweils die zahlenmäßig stärkste homogene Gruppe bildeten – bei allerdings verringertem relativen Anteil 1988.

Den größten Teilnehmerzuwachs gegenüber 1988 – sowohl absolut als auch relativ – konnten die Geisteswissenschaften, Rechts- und Sozialwissenschaften verzeichnen. Diese Entwicklung – verbunden mit der Zunahme der Teilnehmerzahlen aus den anderen informatikfernen Bereichen – kann sicherlich als Ergebnis der erklärten Schwerpunktbildung im Bereich der Geisteswissenschaften für das 2. CIP-Status-Seminar 1988 gewertet werden. Die Anteile der Teilnehmer aus den naturwissenschaftlichen Fächern, den Ingenieurwissenschaften und den Fachbereichen für Mathematik und Informatik wuchsen zwar in absoluten Zahlen, blieben aber – relativ gesehen – konstant.

Die Aufschlüsselung der Teilnehmer 1988 nach Heimatinstitutionen zeigt ein ausgeglichenes Verhältnis zwischen den Teilnehmern aus den Wissenschaftlichen Hochschulen einerseits und den (Wiss.) Fachhochschulen andererseits (analog zum Verhältnis der entsprechenden Studentenzahlen bzw. der CIP-Mittelaufschlüsselung im Verhältnis 3:1) – 1987 waren die Fachhochschulen noch weit überproportional vertreten. Bundes- und Landeseinrichtungen waren gegenüber dem Vorjahr zahlenmäßig stärker vertreten.

Die Verteilung der Teilnehmer nach regionaler Herkunft zeigt, daß im Verhältnis zu den Berliner Teilnehmern 1988 zwei Drittel aus dem Bundesgebiet stammten – ein deutlicher Zuwachs gegenüber 1987. Großes Interesse zeigten 1988 offensichtlich die Bayern. Aus diesem Bundesland kamen nicht nur die meisten Teilnehmer, sondern auch die meisten Tagungsreferenten angereist. Es ist anzumerken, daß jedenfalls alle Bundesländer durch Seminarteilnehmer vertreten waren.

Den Teilnehmern, Moderatoren, Referenten, Berichterstattern und Förderern sei an dieser Stelle für die aktive Mitgestaltung des 2. CIP-Status-Seminars nochmals herzlich gedankt. Wie im Vorjahr haben der Bundesminister für Bildung und Wissenschaft und die im Rahmen der begleitenden Ausstellung vertretenen namhaften Unternehmen der Datenverarbeitungsindustrie wieder die finanziellen Voraussetzungen für die Tagungsdurchführung und die Herstellung dieser Publikation geschaffen. Der Berliner Senat hat durch mancherlei erfreuliche Zutaten nicht unwesentlich zum Gelingen beigetragen und viele freundliche, hilfsbereite und kompetente Personen aus der Zentralverwaltung der Freien Universität Berlin haben am Erfolg dieser Veranstaltung mitgewirkt.

Die fächerübergreifenden CIP-Jahrestagungen werden fortgesetzt – und zwar ab Oktober 1989 im Rahmen des in Gründung befindlichen *Mikrocomputer-Forums für Bildung und Wissenschaft*, einer Gemeinschaftsaktion von Wirtschaft und Wissenschaft mit Sitz in Berlin.

Klaus Dette

Inhalt

Eröffnungsveranstaltung

CIP-Forum 1
CIP-PC-Pools in den Geistes- und Sozialwissenschaften

Moderation: Rolf Schulmeister

CIP-Forum 3
CIP-PC-Pool-Betrieb und externe Vernetzung

Moderation: Hans-Werner Kisker

CIP-Forum 4
Software-Tools im Vergleich

Moderation: Ingo Pommerening

CIP-Forum 5
CIP-PC-Pools für CAD, Grafik und Desktop Publishing

Moderation: Horst Gerken

Produkt-Forum
Angebote der DV-Industrie für Forschung und Lehre

Podiumsgespräch
Informatik und Geisteswissenschaften – Abstand und Annäherung

Moderation: Dieter Swatek

Eröffnungsveranstaltung

Hellmuth Bütow, Vizepräsident der Freien Universität Berlin, begrüßt die Teilnehmer des 2. CIP-Status-Seminars
(Foto: Gundula Dette)

Eröffnung des 2. CIP-Status-Seminars

Fritz Schaumann

Staatssekretär
beim Bundesminister für Bildung und Wissenschaft

Herzlichen Dank für Ihre Einladung. Sie nehmen hier in Berlin bei diesem Status-Seminar die Chance wahr, Ihre bisherigen Erfahrungen mit denen anderer CIP-Pool-Betreiber auszutauschen und zugleich neue Erkenntnisse für die eigene Arbeit zu gewinnen.

Ich freue mich bei dieser Gelegenheit, Ihnen mitteilen zu können, daß das 1984 auf Initiative des BMBW gestartete Computerinvestitionsprogramm des Planungsausschusses für den Hochschulbau, eben das CIP, auf Dauer fortgesetzt werden wird. Damit haben wir aus meiner Sicht eine wichtige Voraussetzung für die von uns angestrebte Integration des Rechners auch in der Lehre an den Hochschulen geschaffen.

Die Notwendigkeit für Studierende (und Lehrende), den Umgang mit dem Rechner zu erlernen und sich dessen konkrete Einsatzmöglichkeiten zu erarbeiten, wird heute kaum noch in Frage gestellt. Trotzdem ist die Situation des Rechnereinsatzes in der Lehre an den deutschen Hochschulen im Gegensatz zur Forschung höchst unterschiedlich: Offenbar gehört der Rechner in der Lehre bei uns noch keineswegs zum Hochschulalltag.

Im Unterschied hierzu ist die Verwendung des Rechners in der Forschung, vor allem auch aus Gründen der Wettbewerbsfähigkeit der Wissenschaft, selbstverständlich. Der Einsatz in den Geisteswissenschaften erfolgt zwar noch zögerlich, gleichwohl ist auch dort zu beobachten, daß der Rechner, häufig über nicht-fachspezifische Anwendungen, seinen Einzug hält. Angesichts dieser Bedeutung des Rechnereinsatzes für die Forschung sind – trotz Wettbewerb – auch in diesem Bereich unseres Hochschulwesens planerische Überlegungen und die Entwicklung von Konzepten notwendig, die auch Kooperationen zwischen Hochschulen einschließen müssen.

Der Wissenschaftsrat hat dankenswerterweise zum Einsatz des Rechners sowohl in der Forschung als auch in der Lehre mit seinen Empfehlungen "Zur Ausstattung der Hochschulen mit Rechenkapazität" ein sehr umfangreiches, aber auch differenziertes Konzept vorgelegt. Es wird den weiteren Ausbau der Rechnerinfrastruktur in unseren Hochschulen erheblich erleichtern.

Nach dem bisherigen praktischen Erfolg von CIP, den kaum jemand – zumindest in diesem Umfang – erwarten konnte, erscheint es eigentlich müßig, über theoretische Begründungen hierfür nachzudenken. Andererseits ist es im Hinblick auf die hohen Investitionen und auch die Folgekosten vonnöten, dem Steuerzahler, der letztendlich die Kosten trägt, überzeugend darzulegen, warum die vielen Rechner notwendig sind. Die Vielzahl der Argumente für den Rechnereinsatz in der Lehre läßt sich auf zwei Linien – die Arbeitsmarktargumente und die wissenschaftlich-didaktischen Argumente – verdichten:

Die Schöpfer von CIP haben, wie der entsprechende Beschluß des Planungsausschusses für den Hochschulbau vom 25.7.1984 ausweist, zunächst vor allem auf das Arbeitsmarktargument gesetzt: "Zielsetzung des Computer-Investitions-Programms ist es, – so der Beschlußtext – die Hochschulabsolventen in die Lage zu versetzen, mit Mikrorechnern sachgerecht umzugehen sowie Fragen und Probleme ihres jeweiligen Fachgebietes mit Mikrorechnern bearbeiten zu können". Wie zutreffend auch heute noch dieser Ansatz ist, verdeutlicht ein Blick in die Unternehmen, aber auch in die Verwaltung. Der elektronische Arbeitsplatz, die Nutzung von Bildschirm und Tastatur haben sich zum "normalen Arbeitsinstrument" entwickelt.

Ob die zahlreichen Prognosen zur Zunahme des Rechnereinsatzes tatsächlich in vollem Umfang eintreten werden, kann dahingestellt bleiben. Ihnen gemeinsam ist jedoch, daß künftig vor allem der qualifizierte Arbeitsplatz mit einem hohen Anteil von Rechnernutzung verbunden sein wird. Es war und ist deshalb aus bildungspolitischer Sicht nicht zu vertreten, daß ein Hochschulabsolvent zum ersten Mal an seinem ersten bezahlten Arbeitsplatz auf einen Rechner stößt und sich mit den Fragen und Problemen eines Arbeitsplatzrechners auseinandersetzen muß.

Auch die Wirtschaft akzeptierte dies schon in der Vergangenheit längst nicht mehr. In einigen Branchen hat sie von sich aus darauf gedrungen bzw. auch durch finanzielle Unterstützung dazu beigetragen, daß Hochschulinstitute, die z.B. Kraftfahrzeugingenieure ausbilden, schon sehr früh entsprechende Ausbildungsangebote entwickeln konnten.

Zum zweiten gewinnt der Rechner aber auch als Instrument der Lehre, das ist die andere Argumentationslinie, zunehmend an Bedeutung. Mit dem Rechner werden derzeit innovative Formen des Lehrens und Lernens entwickelt, die in den besonderen Möglichkeiten seines Einsatz begründet liegen. Die EG-Kommission in Brüssel hat mit DELTA der Entwicklung solcher Lerntechnologien sogar ein eigenes Programm mit einem Volumen von 20 Mio ECU gewidmet. Seine Verwirklichung beginnt in Kürze.

Hilfsinstrumente, "Tools", zur Erleichterung des Lernens und damit auch zur Verbesserung von Lernerfolgen hat es bereits in der Vergangenheit gegeben: Das Mikroskop, um Gegenstände erkennen zu können, die zu klein für das bloße Auge sind, das Fernrohr, um z.B. Sterne in weiter Ferne zu betrachten. Heute nutzen wir den Rechner sowohl als Mikroskop als auch als Fernrohr, um Dinge und Vorgänge zu sehen, die mit einem üblichen, herkömmlichen Laborinstrumentarium nicht mehr wahrzunehmen wären. Die heutigen Informationstechnologien erlauben uns, Orte und Umstände realistisch zu simulieren und uns dort quasi zu bewegen, obwohl wir sie physisch nicht erreichen können. Sei es, weil sie menschliches Leben vernichten würden, wie die Situation im Inneren eines Stahlhochofens oder weil die Entfernung zu weit ist, wie z.B. eine Situation hinter dem Mars im Weltraum. Die neuen Rechnertechniken ermöglichen es uns, physikalische Modelle auf dem Rechner zu konstruieren, die im Labor viel zu teuer oder viel zu zeitaufwendig wären. Wir können ausgeklügelte Abbilder z.B. der DNA oder von organischen Molekülen auf dem Computer schaffen und vor allem folgenlos manipulieren.

Alle Beispiele zeichnen sich insbesondere dadurch aus, daß Sachverhalte nicht mehr in bloßen Formeln auf dem Bildschirm oder gar auf der Tafel erscheinen. Vielmehr kann mit Hilfe des Rechners in der Lehre unser wichtigstes Wahrnehmungsorgan, das Auge, angesprochen werden. Jedes Bild sagt mehr als tausend Worte, ist eine alte didaktische Weisheit. Um wieviel mehr und besser kann dann ein bewegtes Bild, das gegebenenfalls auch angehalten und in verschiedenen Perspektiven erzeugt werden kann, an Aussagen und Erkenntnissen vermitteln.

Eine weitere Möglichkeit des Einsatzes von Rechnern ist die Beschaffung und Verarbeitung großer Datenmengen z.B. von elektronischen Datenbanken, vom Satelliten oder bei der Berechnung schwieriger Probleme z.B. in Statik und Statistik. Ich bin – auch vor dem Hintergrund unserer nach wie vor viel zu langen Studienzeiten – nicht sicher, ob diesen Möglichkeiten der schnelleren und einprägsameren Wissensvermittlung mit Hilfe des Rechners schon die genügende Aufmerksamkeit geschenkt worden ist. Sowohl Arbeitsmarktüberlegungen als auch didaktische Möglichkeiten belegen meines Erachtens sehr eindringlich die Notwendigkeit der Verwendung des Rechners in der Lehre.

Wie hat sich der Rechnereinsatz nun konkret bei uns entwickelt? Mit Beginn der Installierung von CIP und der Verwirklichung der Absicht mit 250 Millionen DM die Hochschulen mit Mikrorechnernetzen für die Lehre auszustatten, wurde eine Entwicklung in den Hochschulen der Bundesrepublik eingeleitet, die bereits zu erheblichen Veränderungen geführt hat bzw. noch führen wird. Es ist sicherlich nicht vermessen, in diesem Zusammenhang von einem technologischen Schub an den Hochschulen zu sprechen.

CIP wird im Rahmen des Verfahrens der Gemeinschaftsaufgabe Hochschulbau abgewickelt, die vor 20 Jahren in das Grundgesetz eingefügt wurde und eine 50:50 Finanzierung von Bund und Ländern für Investitionsvorhaben im Hochschulbereich vorsieht. Das Verfahren war naturgemäß nicht auf die Beschaffung von Rechnernetzen für die Lehre ausgelegt. Damit hängt auch zusammen, daß es durchaus die eine oder andere Schwierigkeit bei der Beschaffung im Rahmen von CIP gegeben hat. Insbesondere die Pool-Lösung, d.h. die Beschaffung von Mikrorechnernetzen anstatt von Einzelrechnern, wird von manchen kritisch gesehen. Ich denke, daß die Entscheidung hierfür – außer den zweifelsohne gegebenen rechtlichen Gründen – auch überzeugende inhaltliche Aspekte ausweist. Fast bei allen Anwendungen in den Unternehmen, in den Behörden wird als Endziel, wenn es nicht gleich von Anfang an erreicht werden kann, die Vernetzung aller Rechner angestrebt. Die Kommunikation zwischen den verschiedenen Rechnern und peripheren Einrichtungen erlaubt erst, ihre Vorteile voll zu nutzen. Schwieriger und langfristig problematischer ist dagegen das Problem der Folgekosten. Es war und ist innerhalb der Gemeinschaftsaufgabe nicht zu lösen.

Der Rechnereinsatz führt zu völlig neuen finanziellen Dimensionen. Der Multiplikator für die Beschaffung und Unterhaltung von Lehrmaterial ist nicht mehr der Hochschullehrer, sondern die um den Faktor 10-20 höhere Studentenzahl. Damit werden alle bisherigen Größenordnungen gesprengt. Allerdings, wir sollten uns darüber im klaren sein, in Anbetracht der gegebenen Knappheit in unseren Haushalten können zusätzliche Mittel für diesen Zweck nur bedingt erwartet werden. Gewisse Entlastungen entstehen dadurch, daß die Mittel für den Ausbau der Hochschulen zunehmend aus den bisherigen Bauinvestitionen in die innovativen Geräteinvestitionen umgelenkt werden können. Daneben bleiben aber nach allen Erfahrungen weitere Umwidmungen in den Hochschulhaushalten erforderlich. Sie sind z.T. bereits erfolgt, insbesondere in den Fällen, in denen der Landesanteil für die Rechnerpools teilweise von den Hochschulen selbst aufzubringen waren.

Insgesamt werden Bund und Länder bis zum Jahre 1989 im Rahmen der Gemeinschaftsaufgabe Hochschulbau 272 Millionen DM für CIP ausgegeben haben. Interessant ist die Verteilung der CIP-Anmeldungen auf die einzelnen Fachrichtungen. Knapp ein Viertel des Geldes (22,3%) dient der Installierung von Geräten in Hochschulrechenzentren, wo sie fächerübergreifend genutzt werden. Den größten Anteil der Mittel (28,6%) erhalten die Ingenieurwissenschaften, die Naturwissenschaften einschließlich des Faches Mathematik bekommen 20,1%, die Wirtschafts- und Sozialwissenschaften 14,1% und die Sprach- und Kulturwissenschaften 7,5%. Den Fachhochschulen steht rund ein Viertel der Gesamtsumme zur Verfügung. Die eingangs genannte Übernahme und Fortführung des CIP im Normalverfahren der Gemeinschaftsaufgabe erfolgte auf der Grundlage der Empfehlungen des Wissenschaftsrates zur DV-Ausstattung der Hochschulen. Diesen Empfehlungen haben Bund und Länder einhellig zugestimmt.

Die Vorstellungen des Wissenschaftsrates sehen eine dezentrale Versorgung der Hochschulen auf fünf Ebenen vor. Auf der untersten Ebene, der Grundausbildung der Studenten, wird hierbei künftig eine Rechner-Studentenrelation von 1:15 als Ziel angestrebt. Dies bedeutet gegenüber dem CIP-Verhältnis 1:100 einen wesentlichen Fortschritt. Im Bereich der fortgeschrittenen Studentenausbildung soll diese Relation bei den Natur- und Ingenieurwissenschaften auf 1:12 bzw. bei der Informatik auf 1:7 verbessert werden.

Schließlich sollen auch die Arbeitsplätze der Wissenschaftler mit entsprechenden Geräten ausgestattet werden. Zusammenfassend bedeuten die Empfehlungen des Wissenschaftsrates, daß für die Hochschulen insgesamt rd. 100.000 Arbeitsplätze in den kommenden sechs Jahren angeschafft werden sollten. Die beschlossene langfristige Sicherstellung der Hardwareversorgung der Hochschulen im Bereich der Arbeitsplatzrechner ist jedoch nur ein wichtiger Schritt in die richtige Richtung. Er dürfte allein nicht ausreichen, die damit verfolgten Ziele hinreichend verwirklichen zu können. Um die rasche, umfassende, zielgerichtete und effiziente Nutzung der im Aufbau befindlichen Rechnerinfrastruktur zu sichern, bedarf es eines Konzeptes flankierender Maßnahmen. Es sollte den systematischen Aufbau einer Art "Computerkultur" an den deutschen Hochschulen zum Ziel haben.

Andere Länder sind uns da schon den einen oder anderen Schritt voraus. Sowohl in den USA als auch in Großbritannien befassen sich nichtstaatliche Organisationen damit, die Einführung der neuen Technologien – über die Rechnerbeschaffung hinaus – systematisch zu fördern und voranzutreiben. In den USA haben sich auf Initiative der Hochschulen Organisationen wie EDUCOM und CAUSE gebildet, die landesweit entsprechende Aktivitäten mit erheblichem Einsatz und Aufwand betreiben. Personal und finanzielle Mittel werden auf freiwilliger Basis von den Hochschulen und der (Computer-) Industrie aufgebracht.

In Großbritannien wurde Ende 1985 CTISS (Computer Teaching Initiative Support Service) eingerichtet, deren Zielsetzungen für entsprechende deutsche Aktivitäten als Beispiel dienen könnten. Die wesentlichen Ziele von CTISS sind insbesondere die Förderung des effektiven Einsatzes der Informationstechnologien in allen Bereichen der Universitäten in Großbritannien, die Entwicklung effektiver Mechanismen für den Austausch von Informationen zum Einsatz von Rechnern in der Lehre und die Schaffung von Verbindungen zur Wirtschaft für gemeinsame Projekte im Rahmen laufender Investitionsprogramme.

Darüber hinaus versteht sich CTISS als zentrale nationale Anlaufstelle (National Focal Point) für alle Aktivitäten für den Einsatz von Rechnern in der Lehre. CTISS hat in den vergangenen zwei Jahren über 20 verschiedene akademische Konferenzen über den Einsatz von Rechnern in der Lehre mit über 3.000 Teilnehmern durchgeführt. In Großbritannien hat es sich nach Aussagen der britischen Hochschullehrer als unbedingt erforderlich erwiesen, eine übergreifende Organisation (eben die CTISS) zu bilden, um den Rechnereinsatz in der Hochschule zu fördern und Friktionen möglichst gering zu halten.

Auch wir brauchen allerdings nicht bei Null zu beginnen: Die Haltung in den Hochschulen zum Einsatz von Rechnern in der Lehre ist durch CIP bereits bis heute nachhaltig verändert worden. In weiten Bereichen herrscht sogar so etwas wie Aufbruchstimmung.

Einzelne Fachrichtungen haben angefangen, untereinander den Informationsfluß in Gang zu bringen und gegenseitig Erfahrungen auszutauschen. Entsprechende fachspezifische Ansätze kennen wir insbesondere aus den Fächern Physik, Chemie, Jura sowie aus Teilbereichen der Ingenieurwissenschaften. Dagegen überwiegen in den Geisteswissenschaften eher lockere Gesprächskreise, die Einsatzmöglichkeiten in einzelnen Fachgebieten erörtern. In diesem Zusammenhang ist es aus meiner Sicht besonders zu begrüßen, daß sich das 2. CIP-Status Seminar besonders den Geisteswissenschaften widmen wird. Sie scheinen mir gegenüber den anderen Fächern noch einen gewissen Nachholbedarf aufzuweisen. Im ganzen ist die Entwicklung jedoch relativ unübersichtlich. Gemeinsam ist ein sehr hoher Bedarf an Kommunikation und Erfahrungsaustausch, die gegenwärtig mehr zufällig und z.T. sehr fachspezifisch erfolgen. Fachübergreifende Ansätze sind eher die Ausnahme.

Gerade sie sind aber dringend erforderlich für den Erfahrungsaustausch z.B. zu didaktischen Fragen des Rechnereinsatzes, zu technischen Hardwareproblemen, aber auch und insbesondere zur Diskussion von Softwareproblemen. Mit den CIP-Status-Seminaren in Berlin verfolgen wir die Absicht, diese Diskussion anzuregen und möglicherweise längerfristig zu institutionalisieren. Die Erarbeitung und die Organisation des Austauschs geeigneter Software sind ein weiterer zentraler Problemkreis. In unserem Auftrag ist an der Universität Karlsruhe von Herrn Professor Schreiner eine Übersicht über die in der Bundesrepublik vorhandene Software und ein Konzept für die Organisation einer Softwarebörse erarbeitet worden. Ich hoffe, daß wir in den nächsten Tagen oder zumindest Wochen eine konkrete Verabredung für die Organisation einer solchen Softwarebörse treffen können.

Die Erfahrungen in den USA und Großbritannien – und auch bei uns – zeigen, daß es mit der reinen technischen Organisation einer solchen Börse allerdings nicht getan ist. Es bedarf vielmehr eines entsprechenden Umfeldes, in dem technische, inhaltliche und didaktische Rahmenbedingungen für die Entwicklung und den Einsatz von Lern-Software festgelegt werden können.

Wir sollten über Empfehlungen und Investitionen hinaus zu einem halbwegs organisierten, die einzelnen Fachrichtungen überschreitenden arbeitsteiligen Kommunikationsprozeß gelangen. Ein entsprechender Bedarf ist zweifelsohne vorhanden, wie nicht zuletzt auch Ihr Besuch bei diesem CIP-Status-Seminar hier in Berlin zeigt.

Im übrigen muß nicht jeder Fehler oder Irrtum an jeder Stelle begangen werden. Vorstellbar wäre ein fachübergreifender Arbeits- und Gesprächskreis aus den betroffenen und interessierten Hochschullehrern unter Beteiligung von Vertretern der Länder und des Bundes gegebenenfalls auch der Rechneranbieter. Ein solcher Kreis könnte als Keimzelle für eine dauerhafte Einrichtung nach britischem oder amerikanischem Vorbild dienen. Der BMBW könnte hier in der Anfangsphase auch finanziell helfend tätig sein.

Meine Damen und Herren, CIP scheint mir auf einem guten Weg, die Finanzierung der notwendigen Hardware ist gesichert. Tragen Sie durch Kommunikation und Kooperation dazu bei, daß diese Investitionen möglichst effizient genutzt werden. Das zweite CIP-Statusseminar ist eröffnet.

Grußwort zur Eröffnung des 2. CIP-Status-Seminars

Wolfgang Beitz

Staatssekretär
beim Senator für Wissenschaft und Forschung, Berlin

Sehr geehrter Herr Vizepräsident,
sehr geehrter Herr Kollege Schaumann, Herr Dr. Dette,
meine sehr verehrten Damen und Herren,

ich muß heute Herrn Senator Turner vertreten und werde damit wie im Vorjahr wiederum einige Einführungsbemerkungen aus Landessicht machen.

Zunächst meinen herzlichen Dank an das BMBW für die Fortsetzung des CIP-Programms. Ich hatte bereits voriges Jahr über das Engagement des Landes Berlin beim CIP-Programm und über die positiven Erfahrungen und Entwicklungen bei den Anwendern vor Ort berichtet. Auch an der 2. Phase des CIP-Programms wird sich Berlin mit etwa 15 Mio DM für die Jahre 1989-91 beteiligen. Entsprechende Anträge sind gestellt.

Sicher gibt es in den einzelnen Fachgebieten unterschiedliche Erfahrungen. Darüber wird in diesem Status-Seminar wieder zu berichten sein. Unter anderem wird auch ein Mitarbeiter meines Instituts über die nunmehr 2-jährige Einführungsphase im Bereich der Maschinenkonstruktion berichten. Ohne seinem Beitrag vorgreifen zu wollen, möchte ich herausstellen, daß es nach einer gerätetechnischen und softwaremäßigen Einführungsphase jetzt darauf ankommt, die Mikrorechnertechnik unter didaktischen Konzepten einzusetzen, um nicht in das andere Extrem zu fallen und die Studenten zu sehr "computergläubig" zu machen. Andererseits gilt es, den Rechner nicht nur als Ersatz für Rechenschieber und traditionelle Informationsmittel zu betrachten, sondern seine Möglichkeiten auch anspruchsvoller zu nutzen, z.B. zur Realisierung ganz neuer Aufgaben und Funktionen sowie zur Steigerung der Kreativität. Ob das zur Verkürzung der Studienzeiten führt, bleibt abzuwarten.

Nun, nicht alle Fachgebiete dürften schon so weit sein, insbesondere noch kleinere, geistes- und sozialwissenschaftliche Institute müssen sicher noch mit softwaretechnischen Anfangsschwierigkeiten kämpfen. Hier sollte es zu einer engeren Zusammenarbeit mit den Natur- und Ingenieurwissenschaften kommen, was auch schon zum Teil praktiziert wird. Wie ich hörte, gibt es an der TU einen Projektantrag, wobei Geisteswissenschaftler und Ingenieure einen gemeinsamen PC-Pool beantragt haben.

Lassen Sie mich am Beispiel der TU Berlin noch ein wenig in die Zukunft schauen. Dort wird zur Zeit ein neues Konzept für die gesamte Rechnerausstattung der Hochschule vorangetrieben. Der Großrechner soll durch ein Netz von Workstations (WOTAN = Workstations der TU am Netz) ersetzt werden, mit denen dann die PC-Pools wiederum verknüpft werden sollen. Die nach wie vor notwendige Großrechnerleistung (Vektorrechner) soll durch das ZIB bereitgestellt werden. Ferner wurde die Infrastruktur eines Breitbandnetzes konzipiert, das mit dem Testnetz des Projekts BERKOM verknüpft ein europäisches Testnetz für Breitbandkommunikation ermöglichen soll, was wohl bisher einmalig ist. Mit dieser TU-Infrastruktur wird ein breit angelegtes Forschungsprogramm TUBKOM ermöglicht, für deren Finanzierung gerade die Anträge zum RACE-Programm nach Brüssel abgesandt wurden.

Diese Totalvernetzung sowie die Verlagerung der Rechnerkapazität auf dezentrale Arbeitsplatzrechner und Mikrorechner schafft nicht nur einen hohen Lehr- und Forschungskomfort, sondern beinhaltet auch Probleme. So werden die inhaltlichen und beschaffungsorientierten Verantwortlichkeiten zum Teil auf die Institute oder Fachbereiche verlagert. Erste Erfahrungen in dieser Richtung liegen schon vor, z.B. ist die Frage der Ersatzbeschaffung und Folgekosten noch ungelöst. Auch erfordert der Betrieb und die Koordinierung eines solchen Verbundsystems eher mehr Personalausstattung als ein zentraler Recheninstitutsbetrieb. Insbesondere für nichttechnische Institute muß nach wie vor zentrales Personal vorgehalten werden.

Zur Einbindung des "übrigen" Berlins in diesen Forschungsverbund sind wir ferner bei den letzten Planungsschritten eines sogenannten Forschungs- und Entwicklungszentrums "Kommunikations- und Informationstechnik", das als eingetragener Verein die wesentlichen Institute und Wissenschaftler Berlins auf diesem Gebiet, also neben den Universitäten und Fachhochschulen HHI, HMI, GMD, ZIB, DFN, Industrie, an einen Tisch holen soll, um zum einen Synergieeffekte zu nutzen, zum anderen besser abgestimmte Projektanträge stellen zu können.

Zusammenfassend möchte ich also die Bedeutung Berlins als Zentrum der Informations- und Kommunikationstechnik herausstellen, worin natürlich auch eine Verpflichtung liegt, bei der Ausbildung von Studenten die personellen Voraussetzungen für Lehre und Forschung zu schaffen. In diesem Sinne freue ich mich, daß dieses 2. Statusseminar mit so vielen Teilnehmern aus anderen Bundesländern wieder in Berlin stattfindet und wünsche den einzelnen CIP-Foren in den nächsten beiden Tagen wichtige Erkenntnisse und zahlreiche Anregungen. Daß das Seminar an der FU stattfindet, möge unterstreichen, daß es insbesondere jetzt darum geht, auch die nichttechnischen Fachgebiete möglichst vollständig in diesen Prozeß der Informationstechnischen Durchdringung einzubinden, um einen studentischen Nachwuchs zu erziehen, für den Datenverarbeitung und Informationstechnik selbstverständliches Handwerkszeug sind.

Struktur der Versorgung der Hochschulen mit Rechenkapazität

Adolf Schreiner

Universität Karlsruhe
Rechenzentrum
und Lehrstuhl für Organisation von Datensystemen

Meine Damen und Herren, wir sind hier in Berlin zusammengekommen, um Erfahrungen auszutauschen, die wir aus einem großen Investitionsprogramms des Bundes und der Länder für die Computerisierung der Hochschulen in der Bundesrepublik sammeln konnten. Darauf aufbauend wollen wir für uns selbst und die Entscheidungsträger in unserem Lande Anregungen für das künftige Tun erarbeiten.

Ich möchte hierzu in meinem Referat von den Empfehlungen ausgehen, die die Kommission für Rechenanlagen der Deutschen Forschungsgemeinschaft für die Struktur der Versorgung der Hochschulen der Bundesrepublik mit Rechenkapazität für die Jahre 1988 bis 1991 ausgesprochen hat, und einige Folgerungen für unser künftiges Handeln in der Bundesrepublik ziehen, allerdings aus meiner rein persönlichen Sicht.

Wenn ich Rechenkapazität im Sinne der hier anwesenden Rechneranwender interpretiere, dann sicher als Problemlösungspotential mit Hilfe von Rechnern, d.h. aber doch, daß sich die Versorgungsstruktur aus drei Komponenten zusammensetzt: der Rechnerhardware, der Rechnernetze und der Rechnersoftware.

1. Das vierstufige Rechnerversorgungskonzept

1.1 Rechnerhardware

Aus dem anfänglich gegebenen einstufigen Versorgungskonzept der Hochschulen mit Rechnerkapazität – aus Kostengründen gab es nur einen Rechner und der wurde immer als "groß" apostrophiert – ist mittlerweile ein vierstufiges Konzept geworden, das sich jedoch nach der vorherrschenden Meinung kaum weiter verfeinern wird, ja sich sogar eher auf drei Stufen – durch ein Verschmelzen der beiden mittleren Ebenen – zurückentwickeln könnte. Ihre Basis bildet die jüngste und sicher dauerhafteste Ebene, nämlich die Rechner, die ausschließlich für einen

Arbeitsplatz bestimmt und an ihm auch aufgestellt sind. Das kann der Arbeitsplatz des Wissenschaftlers oder der Ausbildungsplatz des Studenten sein.

Die Rechensysteme in der zweiten Ebene sind: Dienstleistungsrechner, sogenannte Server, die Spezialfunktionen, z.B. der Datenhaltung, der Kommunikation, des Betriebs spezieller Peripheriegeräte usw., übernehmen, die aber auch für einen Ortsbereich, ein Institut oder eine Fakultät als Universalrechner eingesetzt werden. Hierher gehören auch Spezialrechner für Prozeßsteuerung, für CAD oder kleinere Vektorrechner und Parallelrechner.

In der dritten Versorgungsebene befinden sich die Großrechner der Hochschulrechenzentren, die jene großen Anforderungen an Rechen- und Speicherkapazität abzudecken haben, die sich auf unteren Ebenen nicht erfüllen lassen.

Schließlich haben wir in einer vierten, überregionalen Ebene Rechner der höchsten Leistungsklasse, heute Vektorrechner, die aus Kostengründen nicht mehr an jeder Hochschule installiert werden können, auf die jedoch jede Hochschule Zugriff haben muß.

1.2 Rechnernetze

Damit komme ich schon zur zweiten Strukturkomponente, die die Versorgung der Hochschule mit Rechenkapazität sicherzustellen hat. Es sind die Rechnernetze. Hier haben wir drei Versorgungsebenen. Einmal die Bereichsnetze, die die einzelnen Arbeitsplatzrechner eines Gebäudes oder Gebäudekomplexes untereinander verbinden; dann das hochschulweite Netzverbundsystem (Backbone), das diese Bereichsnetze untereinander mit den Großrechnern und der Außenwelt verbindet und schließlich die Weitverkehrsnetze, die länderübergreifend die Verbindung zwischen den einzelnen Hochschulen herstellen. Diese Versorgungsstrukturen sind heute gewissermaßen internationaler Standard, natürlich mit unterschiedlichen Ausprägungen in den einzelnen Ländern.

1.3 Rechnersoftware

Die dritte Stukturkomponente bildet die Software. Man könnte sagen, sie ist in jeder der beiden ersten Komponenten enthalten, denn ohne diese sind die beiden anderen funktionsunfähig. Dennoch räume ich ihr eigenen Strukturcharakter ein, aus finanziellen, organisatorischen und volkswirtschaftlichen Gründen. Hier möchte ich in diesem Zusammenhang nur zwei Versorgungsebenen unterscheiden: Die von Softwareproduzenten am Markt angebotene und die von den Hochschulen selbst zu produzierende Software. – Für die befriedigende Ausstattung der zuerst genannten Ebene braucht man nur Geld: Je nach Aufbau geeigneter Verteilungsmechanismen innerhalb einer Hochschule, im Verbund mehrerer Hochschulen oder gar über Bundesländergrenzen hinweg unterschiedlich hohe Beträge. Die Erwirkung von Sammellizenzen für vielbenützte Softwarepakete oder von Mengenrabatten sind ein Gebot der Sparsamkeit.

Die eigene Softwareproduktion hingegen ist für eine Volkswirtschaft ein Gebot zur Sicherung des eigenständigen Know-hows. Nicht des Know-hows, wie man Programme schreibt, sich in PASCAL, FORTRAN oder BASIC ausdrückt, sondern des Know-hows, das wissenschaftliche, technische, organisatorische Wettbewerbsvorteile ausmacht. Es muß computerisiert, d.h. in die neue Technologie transskribiert werden. Es wird eine wichtige Grundlage künftiger Wissenserarbeitung sein – wie es das geschriebene Wort über Jahrtausende fast ausschließlich war.

Computerisierung des Wissens verlangt nicht, daß nun jeder zum Programmierer wird, es verlangt nur, daß die Know-how-Träger in der Lage sind, wie weiland die Inhaber der Firma Coca Cola über Generationen hinweg, die Essenz, die die Würze ausmacht und die ihr Produkt-Know-how darstellt, an der richtigen Stelle auf die richtige Art – dort in das Gebräu, hier in das Programm – einzufügen.

Die Computerisierung des Wissens – ich gebrauche dieses Schlagwort vereinfachend, es handelt sich natürlich immer nur um gewisse Komponenten des Wissens, deren Umfang und Zahl freilich zunehmen wird – diese Computerisierung des Wissens hat weitreichende Folgen für unsere Arbeitswelt in Verbindung mit der sich drastisch fortsetzenden Verbilligung der Computerleistung, mit der damit einhergehenden Erleichterung der Bedienbarkeit der Computer und schließlich mit der Einbindung der Computer in universale, in der Tat weltumfassende Kommunikationsnetze.

Die Softwareproduktion – nicht die Programmiertechnik als solche – sondern das Hervorbringen von gängigen Softwareprodukten, ist in der Bundesrepublik eine Schwachstelle. Daß wir bei der Herstellung von Computerhardware nicht den Rang einnehmen, der uns als exportstärkstem Land der Welt zukäme, ist eine kaum mehr zu ändernde Tatsache, daß wir aber auch in der Softwareproduktion, die allein unser traditionelles Wissen über die Jahrtausendwende hinweg retten kann, uns vor den Niederlanden, Frankreich und England zu verstecken haben – von den USA ganz zu schweigen – das dürfen wir nicht hinnehmen.

Hier muß forschungs- und bildungspolitisch mehr geschehen. Softwareproduktion muß schon an den Hochschulen gefördert werden. Lehrinhalte sind in Software zu überführen, Experimente werden per Software auf Computer verlagert, Recherchen und Analysen werden computerunterstützt durchgeführt. Das ist keine Forderung mehr, das ist ein weltweit in Gang kommender Prozeß. Wir wissen, die Aus- und Weiterbildung stellt nicht nur ein riesiges Marktpotential für Software dar, dessen sich die Software- und Computerproduzenten bereits annehmen, sie ist das tragende Fundament unserer künftigen Produktivität.

Und trotzdem kann sich heute ein junger Wissenschaftler für seine Berufung an eine Hochschule nur durch das Schreiben von Artikeln und Büchern, nicht aber von Software qualifizieren. Obwohl das in Software niedergelegte Wissen in der Präzision dem geschriebenen Wissen nicht nachsteht – in seiner Funktionalität aber weit über dieses hinausgeht. Warum noch keine Qualifikation mit Software?

Es fehlen die wissenschaftlichen Gremien, die Herausgeber- und Gutachterfunktion für Software übernehmen. Eine deutsche Softwaregemeinschaft – eine ganz kleine Schwester oder ein Zögling der Deutschen Forschungsgemeinschaft – könnte hier aktiv werden: Förderungsmittel für Softwareprojekte vergeben, Preise für Software, die Referierung von Software organisatorisch fördern usw.. Derartige Einrichtungen sind international durchaus nicht ohne Beispiel – EDUCOM in den USA, um nur eine zu nennen. Leider ist das bei uns auch das einzige Argument, das zählt: Hat das schon jemand – die USA? Japan? Innovation ja, aber man muß sie uns erst vormachen! Wie gesagt, mehrere Organisationen machen uns schon die Förderung der Softwareproduktion vor! Wenn vielleicht auch nicht im Verhältnis 1 : 1.

Ein weiteres Erfordernis für den Aufbau einer Softwareproduktion ist die Organisation der Software Distribution, also des Softwareaustausches zwischen den Hochschulen. Sie dient der Vermeidung von Doppel- und Mehrfachproduktionen derselben, oft gerade besonders grundlegender Software. Der Wissenschaftler, der sich die Mühe macht, Software zu schreiben, darf nicht noch mit dem Vertrieb und allen damit zusammenhängenden Fragen belastet werden, wenn er das nicht will. Hier haben das BMBW und der DFN-Verein bereits Aktivitäten in Aussicht gestellt: Softwaredistribution von Datenbanken aus über das Deutsche Forschungsnetz.

2. Vernetzung und Telekooperation

Die Versorgungsstruktur der Hochschulen mit Rechenkapazität stellt sich also, wie gesagt, in den drei Säulen dar:

- Rechnerhardware
- Rechnersoftware
- Rechnernetze

Nur ein ausgewogenes Verhältnis zwischen diesen dreien sichert die volle Effizienz der darin getätigten Investitionen und unsere internationale Wettbewerbsfähigkeit. Doch der bloße Besitz dieser drei Komponenten macht noch nicht den Champion, sowenig – und Sie erlauben mir am Rande des Schwarzwalds und im Einzugsgebiet der Alpen lebend das Bild – ebenso wenig wie die perfekte Skiausrüstung bereits den perfekten Skifahrer ausmacht. Üben und nochmal üben, Ausbildung, Erfahrung gehören mindestens im selben Maße dazu; diese kosten aber Zeit, und Zeit kann man sich nicht über Geld, sondern nur über einen frühzeitigen Beginn verschaffen und vor allem dadurch, daß man vermeidet, Zeit zu verlieren.

Ich habe nun den Eindruck, wir verlieren unnötigerweise Zeit. Wir haben mittlerweile, wie drei Gremien, die DFG, der Wissenschaftsrat und der DFN-Verein festgestellt haben, die besten Voraussetzungen in der Bundesrepublik, was die

Vernetzung unserer Hochschulen anbetrifft und damit für die Telekooperation unter Wissenschaftlern. Dieses Faktum wurde vor eineinhalb Jahren erstmals auch in gedruckter Form geäußert, doch seitdem hat sich für die praktische Arbeit nichts Entscheidendes getan.

Sicher gibt es Pilotprojekte, z.B. in Baden-Württemberg, die sogar weltweit Aufsehen erregen. Das ist hervorragend – aber nicht ausreichend: Die Spitze ersetzt nicht die Breite!

Telekooperation kann sich erst entfalten, wenn viele mögliche Partner per Netz erreichbar sind. Die Wirksamkeit eines Kommunikationsnetzes, sei es Telefon, Telefax, BTX etc., erfordert eine kritische Masse von Teilnehmern. In der Wissenschaft ist diese nicht innerhalb eines Bundeslandes, allenfalls in der Bundesrepublik zu finden.

Wie bei der Durchsetzung von Innovationen auf dem Markt fehlt uns auch hier das richtige Innovationsmanagement. Es wird zu viel Zeit damit verbracht, die optimale Lösung zu finden. Die gibt es vorausschauend nicht. Es gibt allenfalls eine vernünftige Strategie, um zu einer guten Lösung zu gelangen. Diese besteht aus einer Abfolge von Schritten mit einkalkulierten Kurskorrekturen nach jedem Schritt in eine Richtung, die man aber vorher nicht kennt. Statt dessen hält man sich bei uns offenbar auf Wunsch der Bundespost mit zeitraubenden Ist-Erhebungen auf über ein Ist, das überhaupt keinen Einfluß auf die künftige Strategie haben kann. Ich möchte wissen, inwieweit man nun klüger ist, aufgrund der Feststellung, daß der heutige Bedarf der Hochschulen an Datenübertragungsleistung unter 1% des künftig prognostizierten liegt. Ich möchte die Entscheidungsalternativen kennen, die man ergreifen würde, wenn 5% statt weniger als 1% herausgekommen wäre. Ich möchte auch wissen, wer auf eine solche Bedarfsprognose hin, die eine Verhundertfachung des Bedarfs voraussagt, eine andere Strategie aufbaut als jene einer Abfolge von pilotartigen Schritten und deshalb möchte ich wiederum wissen, wem das nicht vorher schon klar war!

Im Netzbereich gibt es doch nur die Vorwärtsstrategie: die Kabel sind fast bundesweit verlegt und weisen gewaltige Leerkapazitäten auf, die Bundespost will so schnell wie möglich eine flächendeckende Nutzung, die Netztechnologie ist in Entwicklung, die Hochschulen könnten für den Zug der Telekooperation die Lokomotive abgeben. Alle Signale stehen auf Fahrt: Nur bei der Bundespost traut sich niemand zu pfeifen.

Um es klar zu sagen: Neben dem Pilotprojekt für Spitzentechnologie für die Hochgeschwindigkeitsübertragung, das in Baden-Württemberg vorangetrieben wird, und das ein höchst löbliches Vorhaben ist, brauchen wir ein Pilotprojekt in der Breite. Ein Pilotprojekt, das uns Anwendungs- und System-Know-how für die Telekooperation verschafft. Ein solches Pilotprojekt kann zeitlich auf etwa 5 Jahre begrenzt sein und muß von den bundesdeutschen Hochschulen so viele wie möglich umfassen. Gebührentechnisch muß es so geregelt sein, daß sofort mit der Arbeit begonnen werden kann und nicht erst abzuwarten ist, bis die Mittel über den nächsten Doppelhaushalt verfügbar werden. Das wäre nämlich 1990/91. Im Bereich der Übertragungsgeschwindigkeiten von 64 Kbit/s und 2 Mbit/s könnte mit heutiger Technologie sofort begonnen werden, und wir können erforschen und auch nachweisen, was man mit diesen neuen Möglichkeiten macht. Aber auch im darüber liegenden Geschwindigkeitsbereich sollten möglichst viele Hochschulen in das Projekt einbezogen werden – nicht aus nachrichtentechnischer, sondern aus anwendungstechnischer Sicht. Dort sind die größten Hürden abzubauen. Wer bei Lebenszyklen von drei Jahren, wie sie die Computertechnik kennzeichnet, eineinhalb Jahre mit Vorüberlegungen verbringt, läuft Gefahr eine historische Chance zu verschlafen. Wieviele werden wir noch haben?

Doch haben wir noch eine Chance – wenigstens eine, die mir einfällt und von der ich ebenfalls befürchte, daß wir sie zu spät ergreifen, d.h. erst nachdem andere uns das vorgemacht haben. Nehmen wir an die Bundespost würde morgen die von ihr anderweitig noch nicht zu nützenden Leitungen für ein 5-jähriges bundesweites Telekooperationsprojekt freigeben. Was würde geschehen?

Von Arbeitsplatzrechner zu Arbeitsplatzrechner, zu Workstations, ja zu Bereichsrechnern, würde ein reger Datenaustausch und eine Programmnutzung einsetzen. Der Zugriff auf die Großrechner einer anderen Hochschule noch dazu über Ländergrenzen hinweg fände jedoch praktisch nicht statt. Welches Institut könnte schon die heute nach allen Landesrichtlinien zu fordernden hohen Nutzungsgebühren für eine Anlage in einem anderen Bundesland – die sogenannten "Selbstkosten Land" eines Großcomputers – aufbringen? Kredite gibt es nicht in der Kameralistik. Bei Existenz eines solchen Kreditwesens würde man feststellen, daß sich über kurz oder lang die gegenseitige Nutzung über Ländergrenzen hinweg ausgleichen würde. Kredit auf Gegenseitigkeit! Berlin, Kiel, Hannover haben es bei der Nutzung ihrer Vektorrechner vorgemacht. Wer aber dehnt dieses Modell auf die Bundesrepublik aus?

Man kann fragen, ist das so wichtig, wenn schließlich jedes Land seine Super- und Spezialcomputer hat? Ich sage ja! Ja aus zweierlei Gründen:

1. Die Installation jedes Supercomputers bringt einen Kapazitätssprung mit sich. Es dauert etwa 1 bis 2 Jahre, bis der örtliche Benutzerkreis diese Kapazität voll ausfüllen kann. Ungenützte Kapazitäten sind aber unwiederbringlich verloren, ebenso wie ungenützte Zeit. Man muß also von außerhalb Nutzer auf die neuen Anlagen bringen, die Computernetze, die Arbeitsplatzrechner machen es möglich. Dieses muß schnell geschehen, um Größenordnungen schneller als der kameralistische Prozeß abläuft. Die für die Bundesrepublik insgesamt zu gewinnende Kapazität würde in der Größenordnung von mindestens einem Supercomputer liegen. Wahrlich eine lohnende Fundsache zwischen den Grenzen unserer Bundesländer!

2. Es gibt Supercomputer und Spezialrechner unterschiedlicher Eigenschaften oder Architekturen, wie der Informatiker sagt. Nicht für jedes Problem findet ein Wissenschaftler die günstigste Architektur in seinem Bundesland. Was läge näher als wechselseitig Computerkapazitäten zu tauschen durch gegenseitigen

Zugriff. Der Tausch, Zug um Zug für jede Computerstunde funktioniert natürlich nicht. Auch hier bedürfte es eines Kreditsystems im oben genannten Sinn mit einem hinreichend großzügigen Swing, den sich die Bundesländer gegenseitig einräumen – Bruchteile des Swings, den die Bundesrepublik beispielsweise der DDR gewährt.

Schlußbemerkung

Meine Damen und Herren, bevor ich schließe, muß ich mich entschuldigen, daß ich weniger über die Struktur der Versorgung der Hochschulen mit Rechenkapazität gesprochen habe, als über deren Probleme – keine technischen Probleme, rein organisatorische, also solche, die uns am schwersten fallen. Gewiß, die Bundesrepublik hat in den letzten Jahren sehr viel erreicht in der Verbesserung dieser Struktur unter Anhebung des gesamten Niveaus der Computernutzung an den Hochschulen. Das möchte ich klar hervorheben! Aber das Erreichte verpflichtet uns zu noch mehr.

Selbst Achill kann die Schildkröte nicht überholen, wenn er immer nur gerade den Vorsprung aufholen will, den die Schildkröte jeweils im Augenblick seines Starts vor ihm hat. Vom Helden Achilles selbst sind uns derartige Schwierigkeiten mit der Schildkröte nicht überliefert, diese hatte nur Zeno mit der Erstellung eines adäquaten Handlungsmodells.

Was wird hier einmal von uns überliefert werden? Das Computerinvestitionsprogramm CIP wird sicher und zurecht als eine große Tat gefeiert werden. Werden wir mit unserem Handlungsmodell rechtzeitig fertig werden? Gerade mit den Problemen der Softwareproduktion an Hochschulen, der Einrichtung von Qualifikationsforen für Softwareautoren, der zeitlich befristeten Nutzung von Leerkapazitäten im Kommunikationsbereich durch die Hochschulen sowie den länderübergreifenden Zugang zu Super- und Spezialcomputern? Ich würde mich freuen, wenn berichtet würde: ja, und dieses Statusseminar hat dazu beigetragen!

Betrieb und Nutzung von CIP-Mikrorechner-Pools – Ergebnisse einer fachübergreifenden Untersuchung

Klaus Dette

Gesellschaft für
Technologiefolgenforschung e.V. (GTF), Berlin

Vorbemerkung

Anfang 1987 beauftragte der Bundesminister für Bildung und Wissenschaft die Gesellschaft für Technologiefolgenforschung mit der Durchführung einer Begleituntersuchung zum Computer-Investitions-Programm (CIP) am Beispiel der Berliner Hochschuleinrichtungen. Nach Auswertung der mündlichen Vorbefragung ausgewählter Berliner CIP-PC-Pool-Betreiber und -Anwender (Dozenten) und unter Berücksichtigung der Ergebnisse des CIP-Status-Seminars in der Technischen Universität Berlin im Oktober 1987, wurden Anfang 1988 zwei Fragebögen ("B"-Fragebogen für Betreiber und "A"-Fragebogen für Anwender) entwickelt und an alle Berliner CIP-PC-Pool-Betreiber und etwa 100 Poolbetreiber im Bundesgebiet versandt.

Die erhobenen Daten beziehen sich im wesentlichen auf die Poolsituation im WS 1987/88. Als Fragebogen-Adressaten im Bundesgebiet wurden Teilnehmer des CIP-Status-Seminars ausgewählt, die als Pool-Betreiber/-Anwender gelten konnten. Die Untersuchungsergebnisse bezüglich des Poolbetriebs (Fragebogen "B") beruhen auf einer Fast-Totalerhebung (85%) im Land Berlin und einer 6%-Stichprobe bezogen auf Hochschulen im Bundesgebiet. Die Untersuchungsergebnisse bezüglich der Poolanwendung in der Lehre (Fragebogen "A") beruhen auf einer (geschätzten) 30%-Stichprobe aus der Gesamtheit der entsprechenden Lehrveranstaltungen in Berliner Hochschulen und einer (geschätzten) 2%-Stichprobe der entsprechenden Lehrveranstaltungen in bundesdeutschen Hochschulen. Es muß daher angemerkt werden, daß die Ergebnisse nicht auf einer für die Bundesrepublik bzw. einzelne Wissenschaftsbereiche repräsentativen Erhebung beruhen. Trotz dieses Schönheitsfehlers vermitteln die aggregierten Daten jedoch einen guten Überblick über den Status quo der CIP-Realisierung.

Sofern sich die Erhebungsergebnisse auf die beiden Stichproben "76 Pools" oder "133 Lehrveranstaltungen" beziehen, kann eine hinreichende Zuverlässigkeit unterstellt werden. Bei der vorgenommenen zusätzlichen Differenzierung nach Wissenschaftsbereichen[1] oder Hochschultypen[1] muß – vor allem bei den niedrigeren Klassenbesetzungen (bei unter 10 bis unter 5 Merkmalsträgern) – allerdings eine jeweils graduell geringere Zuverlässigkeit der Aussagen in Kauf genommen werden.

1. Regionale und hochschulspezifische Herkunft der befragten CIP-PC-Pool-Betreiber und -Anwender

Die erhobenen Daten beziehen sich in 148 Fällen (= 71%) auf Pools und Lehrveranstaltungen in Hochschulen und Universitäten, in 47 Fällen (= 22%) auf Fachhochschulen und in 14 Fällen (= 7%) auf Kunsthochschulen. Die regionale Verteilung zeigt, daß die Untersuchungsergebnisse hinsichtlich der Kunst- und Fachhochschulen in erster Linie Berliner Verhältnisse widerspiegeln, eine bundesweite Verallgemeinerung der Erhebungsdaten dieser beiden Hochschularten dürfte also ungeprüft nicht ohne weiteres ratsam erscheinen.

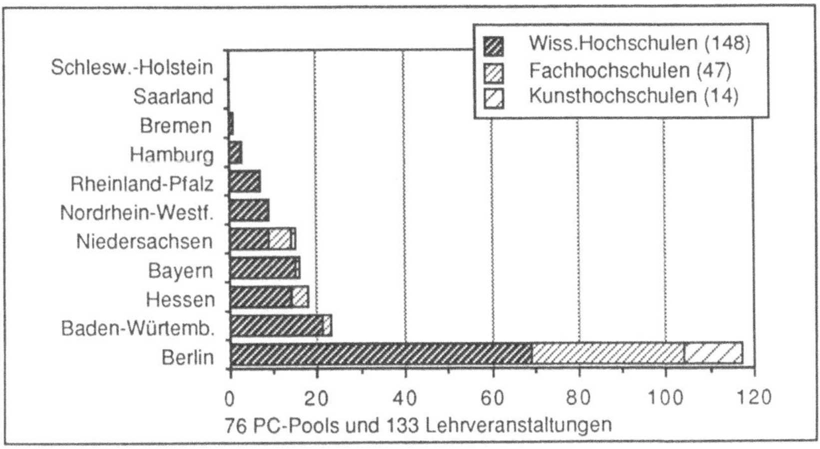

Grafik 1 (A/B)[2]: Regionale und hochschulspezifische Herkunft der befragten CIP-PC-Pool-Bertreiber und -Anwender

2. Größe der CIP-PC-Pools

Im Untersuchungszeitraum waren die untersuchten 76 CIP-PC-Pools durchschnittlich mit 13,6 Mikrorechnern (bzw. Terminals bei Mehrplatzsystemen) ausgestattet. Pro Pool wurde im Mittel 1 Arbeitsplatzrechner zugleich als Server – in erster Linie als Druckerserver, ferner als Programm- und gelegentlich als Datei-Server – genutzt. 0,3 Mikrorechner pro Pool wurden als Server ohne Arbeitsplatzfunktion eingesetzt.

Dadurch gingen dem Ausbildungsbetrieb weniger als 5-10% der beschafften Rechner durch Serverfunktionen verloren. Bemerkenswert ist, daß der Serveranteil in den Pools der Fachbereiche Informatik und Mathematik am größten war (2,6 Server pro Pool – entsprechend 16% der Rechnerausstattung). Es ist zu vermuten, daß sich mittelfristig – im Rahmen der organisatorischen Differenzierung des Poolbetriebs, der Zunahme der externen Vernetzungen und der lokalen Vorhaltung eines wachsenden Lehr-Software-Angebots – auch in den anderen Fachbereichen ein höherer Prozentsatz der Rechner Servicefunktionen übernehmen wird.

Festzustellen ist überdies, daß mit zunehmender "Informatiknähe" die Pools größer werden. Statistisch gesehen waren die größeren Pools bei den Rechenzentren (18,2 PCs bzw. Terminals pro Pool) und in den Informatik-/Mathematik-Fachbereichen (16,5 PCs bzw. Terminals pro Pool) angesiedelt. Die kleineren Pools findet man in den (hier untersuchten) Kunsthochschulen (6 PCs bzw. Terminals pro Pool) und den Geistes- und Sozialwissenschaften (10,2 PCs bzw. Terminals pro Pool) – aber auch die Naturwissenschaften sind (mit durchschnittlich 10 PCs bzw. Terminals pro Pool) durch kleinere Pools gekennzeichnet. Dieses Ergebnis widerspricht zwar der oben festgestellten signifikanten Korrelation zwischen Poolgröße und Informatiknähe, bestätigt andererseits aber eine gewisse Sonderrolle, die die in (einigen) naturwissenschaftlichen Fachbereichen angesiedelten CIP-PC-Pools spielen.

Die Spitzenposition der Fachhochschul-Pools (18,9 PCs bzw. Terminals pro Pool) bezüglich der Poolgröße bestätigt dagegen die oben bezeichnete Korrelation: die Fachhochschulen lassen ihre Pools nämlich vorzugsweise (informatiknah) durch ihre Rechenzentren betreiben.

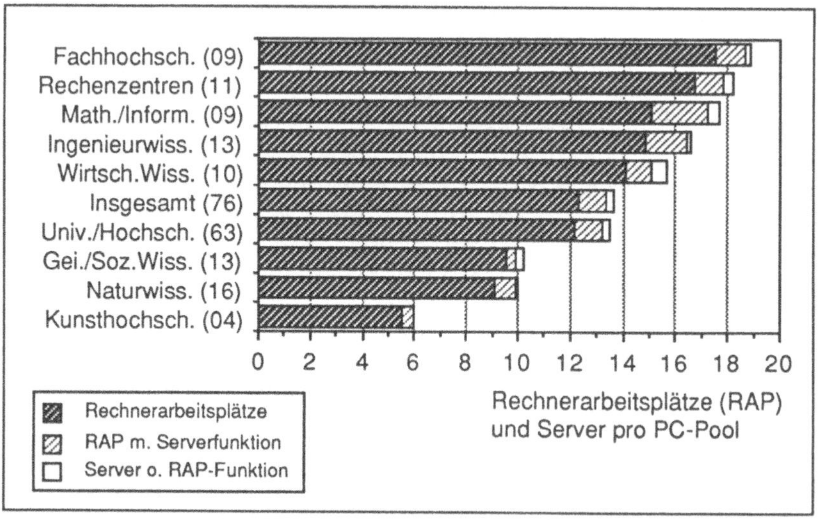

Grafik 2 (B)[2]: Durchschnittliche Größe der CIP-PC-Pools

3. Die Betreiber der CIP-PC-Pools

Die untersuchten neun Fachhochschulen wiesen im Mittel die größte Anzahl hauptamtlicher Betreiber auf: knapp zwei Professoren und zwei Wissenschaftliche Mitarbeiter – dazu einen "halben" Tutor. Diese Spitzenstellung entspricht dem Spitzenplatz der Fachhochschulen hinsichtlich der Poolgröße. Allerdings fällt auf, daß Fachhochschulen offenbar weniger studentische Tutoren für Aufsichts- und Beratungsfunktionen einsetzen als andere Hochschulen.

Die Wirtschaftswissenschaftler kommen in diesem Vergleich mit dem geringsten Personal aus, obwohl ihre durchschnittliche Poolgröße mit 15,7 PCs bzw. Terminals pro Pool deutlich über dem Mittelwert liegt.

Generell kann sonst festgestellt werden, daß der Personalaufwand für den laufenden Poolbetrieb (Ausnahme Fachhochschulen) nicht signifikant mit der Poolgröße korreliert.

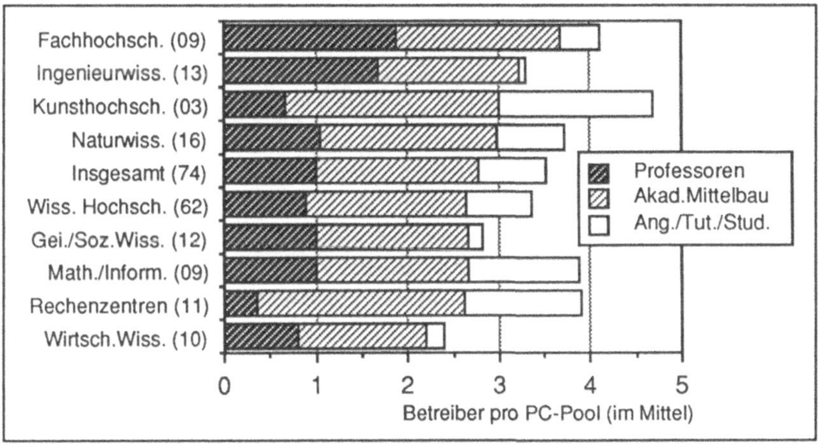

Grafik 3 (B): Die Betreiber der CIP-PC-Pools

4. Auslastung der CIP-PC-Pools in den Vorlesungszeiten

Der Nachweis der Auslastung der PC-Pools ist ein wichtiges Bewilligungskriterium bei der Pool-Antragstellung. Dieses Diagramm zeigt, wie die Poolbetreiber selbst die tatsächliche Auslastung ihrer Pools beschreiben.

Zunächst fällt ins Auge, daß keine Gruppierung die "magische" 75-Stunden-Woche[3] voll erreichte. Fachhochschulen, Rechenzentren und die Mathematik/Informatikfachbereiche kamen dieser Marke allerdings recht nahe.

Dann fällt auf, daß die Zeiten für *geregelten Kursbetrieb* sehr stark differieren. Die Fachhochschulen praktizierten offenbar eine "klassische" 40-Stundenwoche, während sich Natur- und Geistes-/Sozialwissenschaften mit etwa einem Drittel davon begnügten.

Auch die Rechenzentren und Informatik-Fachbereiche wiesen einen relativ hohen Nutzungsgrad im Bereich des Kursbetriebs auf. Interessant ist vielleicht auch, daß die Anzahl der Wochenstunden für *Freies Üben* bei allen Gruppierungen etwa bei 30 Wochenstunden liegt, bei den Geisteswissenschaftlern etwas darüber und bei den Naturwissenschaftlern etwas darunter.

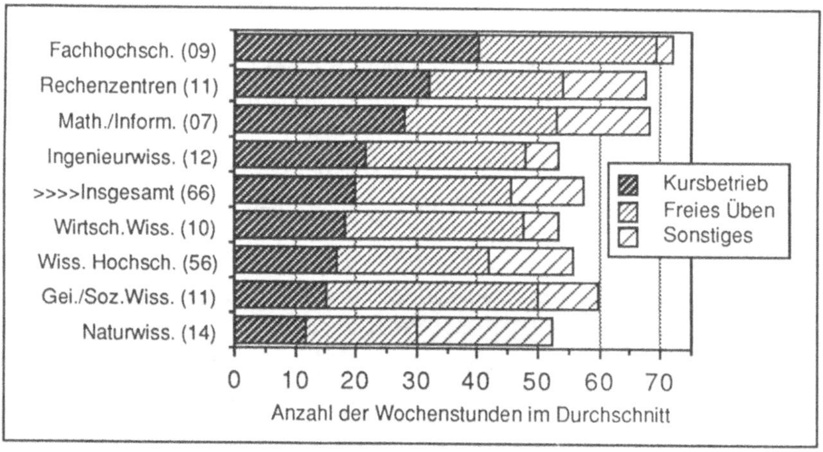

Grafik 4 (B): Auslastung der CIP-PC-Pools in den Vorlesungszeiten

5. CIP-PC-Pool-Zugang für Studenten

Voraussetzung für Poolnutzungen ist die Zugänglichkeit der Pools. Deshalb wurden die Poolbetreiber auch nach den Öffnungszeiten befragt. Ein Blick auf die oben erwähnte 75-Wochenstunden-Marke[3] zeigt, daß diese im Durchschnitt der

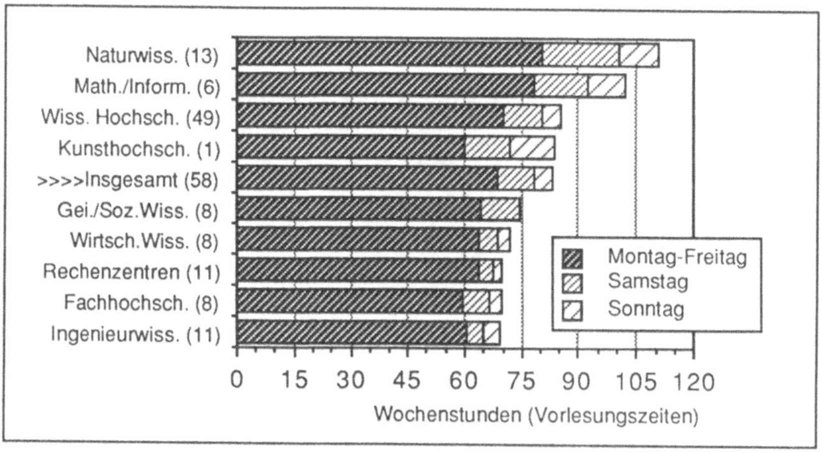

Grafik 5 (B): CIP-PC-Pool-Zugang für Studenten

58 untersuchten Pools nur durch zusätzliche Öffnung der Pools am Wochenende erreicht wurde. Das Diagramm zeigt auch, daß die untersuchten 11 ingenieurwissenschaftlichen Pools, 8 Fachhochschul-Pools, 11 Rechenzentrums-Pools und 8 wirtschaftswissenschaftlichen Pools die Marke nicht erreichten: so lagen bei den von den Rechenzentren betriebenen Pools in den Vorlesungszeiten die Öffnungszeiten für Studenten bei durchschnittlich 70 Stunden, in der vorlesungsfreien Zeit bei nur 62 Stunden. Selbst wenn man berücksichtigt, daß sich besonders berechtigte Personen länger in den CIP-Pool-Räumlichkeiten aufhalten durften, würden generell längere Öffnungszeiten für den "normalen" Studenten eine noch bessere Rechnerausnutzung erlauben.

Die langen Pool-Öffnungszeiten bei den Naturwissenschaftlern und Informatikern überraschen sicherlich nicht. Hier werden sehr häufig Einzelaufgaben bearbeitet, die lange Rechenzeiten erfordern und wo Studenten und Dozenten hin und wieder die eine oder andere Nacht am Rechner verbringen.

6. Hardware

Bezogen auf die 76 untersuchten CIP-PC-Pools konnten folgende (durchaus erlaubte) Abweichungen der tatsächlichen Hardware-Beschaffungsmaßnahmen von den Planungsangaben in der Antragstellung – unterschieden nach kompletten CIP-Pools und Einzelrechnern – festgestellt werden:

Betroffene Hersteller	Abweichung der Beschaffungsmaßnahmen gegenüber der Antragstellung	
	CIP-PC-Pools	Einzelgeräte
Apple	+ 2	
Hewlett Packard	+ 1	+ 1
Multitech	+ 1	+ 1
Tandon	+ 1	+ 1
Nixdorf	+ 1	
Tulip	+ 1	
Zenith	+ 1	
Siemens		+ 2
Apollo		+ 1
PCS		- 4
DEC	- 1	
Olivetti	- 1	- 2
IBM	- 6	

Tabelle 1 (B): Abweichungen der Hardware-Beschaffungsmaßnahmen von der Antragstellung zur Einrichtung der 76 betrachteten CIP-PC-Pools

Die Hardware, mit der die CIP-PC-Pools ausgestattet worden waren, wurde von knapp 30 verschiedenen Computerherstellern[5] bezogen. In 40% der Pools wurden tatsächlich und ausschließlich IBM-Mikrorechner eingesetzt. Ein Vergleich der CIP-Datenbasis des Wissenschaftsrats[5] mit den Ergebnissen der eigenen Erhebung und eine Hochrechnung (der Abweichungen zwischen Hardware-Beschaffungsmaßnahmen und Antragstellung bezogen auf die untersuchten 76 Pools) haben ergeben, daß der reale Anteil von IBM-Rechnern sogar bei etwa 45% gelegen hätte, wenn alle Antragsteller, die in der Antragsphase IBM-Rechner als Pool-Hardware angegeben haben, im Rahmen der Beschaffungsphase IBM-Rechner installiert hätten.

Gegenüber den in Tabelle 2 nach Herstellern aufsummierten Antragstellungsdaten (insgesamt angemeldete CIP-PC-Pools, Stand Frühjahr 1988) wurden, greift man die auffälligsten Daten heraus, realiter schätzungsweise 3% mehr Pools mit Macintosh-Rechnern der Firma Apple und insgesamt 6% mehr Pools mit Hardware "Sonstiger Firmen" ausgestattet, wohingegen für 9% weniger Pools IBM-Rechner bestellt wurden.

Betroffene Hersteller	Angemeldete CIP-PC-Pools WS 1987/88 (ohne Erweit.)	Geschätzte Korrekturfaktoren zur Ermittlung der realen Beschaffungslage
IBM	316 Pools	- 9,1 %
Olivetti	71 Pools	- 1,8 %
Siemens	64 Pools	
PCS	43 Pools	- 0,6 %
DEC	41 Pools	- 1,7 %
Hewlett Packard	28 Pools	+ 1,7 %
NCR	20 Pools	
SUN	17 Pools	
Tandon	15 Pools	+ 1,3 %
Commodore	14 Pools	
Zenith	12 Pools	+ 1,5 %
Apple	11 Pools	+ 3,0 %
ca. 15 weitere Hersteller	68 Pools	+ 6,0 %

Tabelle 2: Beantragte und bewilligte CIP-PC-Pools nach Hardware-Herstellern aufgeschlüsselt – mit Korrekturfaktoren zur Ermittlung der realen Beschaffungslage

7. Betriebssysteme im Einsatz

Die vier wichtigsten Betriebssysteme in den untersuchten Pools waren MS-DOS mit 72%, UNIX mit 17%, VMS mit 4%, Apple Macintosh-Betriebssystem mit 3% und Sonstige mit 4%. Zur Zeit der Erhebung wurde OS/2 noch nicht eingesetzt, ebensowenig das von der GMD entwickelte Betriebssystem EUMEL.

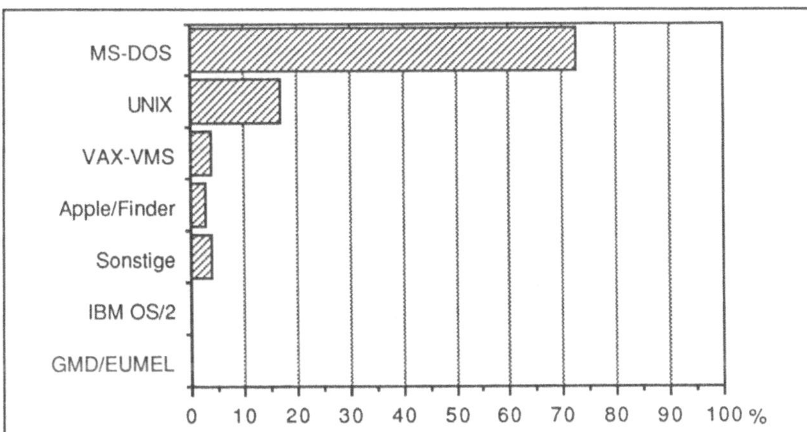

Grafik 6 (B): Betriebssysteme im Einsatz

8. Programmiersprachen

8.1 Vorhaltung von Programmiersprachen in 71 CIP-PC-Pools

Zu den am weitesten verbreiteten und am häufigsten genutzten Programmiersprachen gehörten Fortran, Pascal, Turbo Pascal und C. So verfügten z.B. 72% der Pools

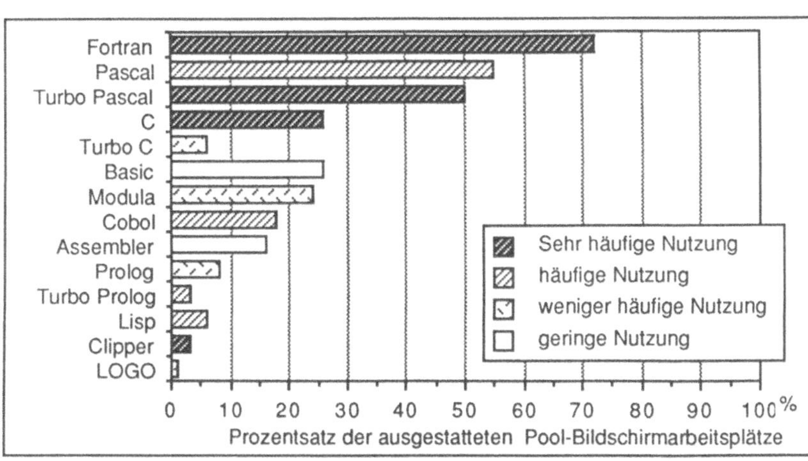

Grafik 7 (B): Vorhaltung von Programmiersprachen in 71 CIP-PC-Pools

über Fortran-Lizenzen und etwa 93% waren mit Pascal und/oder Turbo Pascal Lizenzen ausgestattet. Basic war in 25% der Pools vorhanden, wurde aber dort nach Angabe der Poolbetreiber eher selten genutzt. 15% der Pools verfügten auch über eine maschinenorientierte Programmiersprache (Assembler), nutzten aber auch diese nicht oft.

8.2 Nutzung von Programmiersprachen in 131 Lehrveranstaltungen

Zur tatsächlichen Nutzung von Programmiersprachen in Lehrveranstaltungen wurden die Dozenten befragt. Es liegen Angaben über 131 Lehrveranstaltungen vor[4]. Da die Dozenten in ihren Veranstaltungen in der Regel mehrere Programme (Programmiersprachen und/oder Anwendungs-Programme) abwechselnd oder gleichzeitig einsetzen, wurden die prozentualen Anteile der jeweiligen Programm-Nutzungen erfragt.

Grafik 8 (A) gibt vor allem Auskunft darüber, welche Programmiersprachen unter Berücksichtigung der Nutzungshäufigkeit in den einzelnen Wissenschaftsbereichen zum Einsatz gekommen sind. Es ist nicht erstaunlich, daß – mit Ausnahme von Basic – das gesamte Spektrum der nennenswerten Programmiersprachen ausschließlich von den Informatikern und Mathematikern erschlossen wird.

Interessant ist, daß Turbo Pascal zwar nicht die am häufigsten genutzte Programmiersprache ist (Rangplatz 1 liegt noch immer bei Fortran), dafür aber in allen wissenschaftlichen Disziplinen Anwender gefunden hat. Damit bildet Turbo Pascal praktisch die "programmiersprachliche" Klammer aller Fachbereiche. Turbo Pascal wird als einzige Programmiersprache auch in nennenswertem Umfang von den Wirtschafts, Geistes- und Sozialwissenschaftlern sowie in den Künsten eingesetzt. Nicht weiter erstaunlich ist die Tatsache, daß die traditionsreiche Programmiersprache Fortran in den gerade genannten informatikferneren Wissenschaften – soweit diese Umfrage zeigt – nicht gelehrt wird.

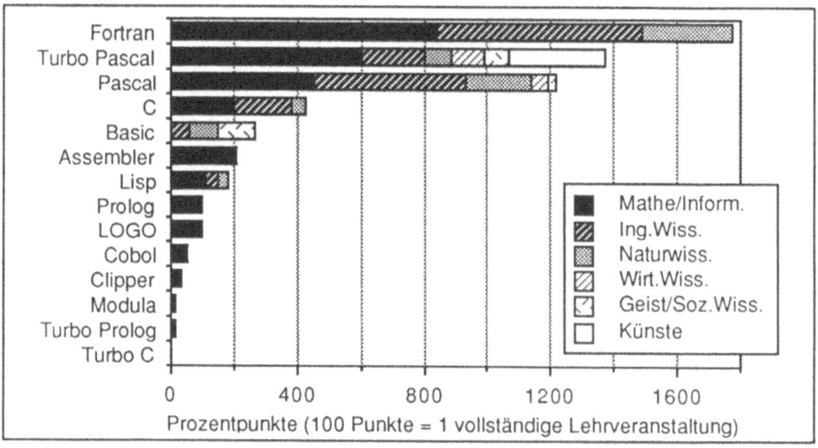

Grafik 8 (A)[2]: Nutzung von Programmiersprachen in 131 Lehrveranstaltungen

Damit scheidet die "Fortran-Grenze" die informatiknahen von den informatikfernen Fächern – gewissermaßen im doppelten Sinn die "Altsprachler" von den "Neusprachlern". Unter dem Gesichtspunkt der Nutzungshäufigkeit bestätigt Grafik 8 (A) übrigens die Angaben der CIP-Pool-Betreiber (Grafik 7 (B) – zumindest im Bereich der am häufigsten verbreiteten Sprachen Fortran, Pascal, C und Basic.

9. Standard-Anwendungssoftware

9.1 Vorhaltung von Standard-Anwendungs-Software in 62 CIP-PC-Pools

Nach Angaben von 62 Pool-Betreibern rangieren im Bereich der Standard-Anwendungssoftware das Datenbank-Programm dBaseIII+, die Textverarbeitungs-Programme Word und Wordstar sowie das Statistik-Programm SPSS an der Spitze. Die integrierten Programme Symphonie und Framework konnten offenbar nicht recht Fuß fassen – etwa 10% der Pools besitzen zwar Lizenzen, wenden diese Programme aber nicht sehr häufig an. Zu den sehr häufig genutzten Programmen gehören außerdem GKS, die diversen IBM Editoren und Ventura Publisher.

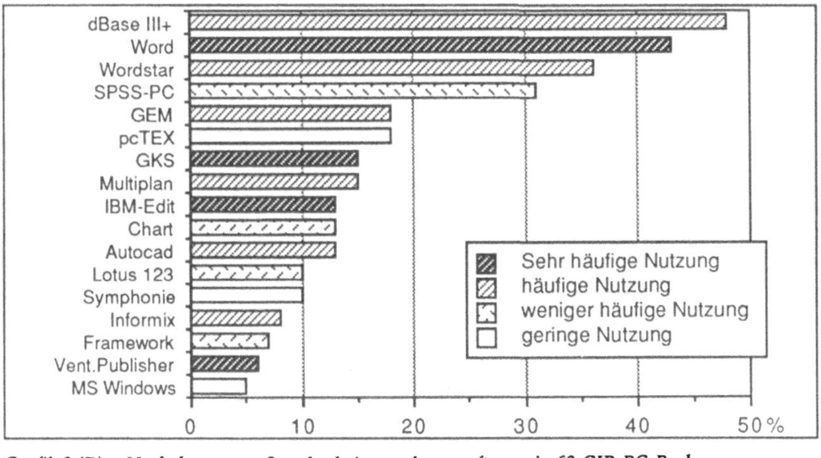

Grafik 9 (B): Vorhaltung von Standard-Anwendungssoftware in 62 CIP-PC-Pools

9.2 Nutzung von Standard-Anwendungs-Software in 131 Lehrveranstaltungen

Auch bei vertauschter Reihenfolge bestätigt Grafik 10 (A) die Spitzenstellungen von Word und dBaseIII+. Diese beiden wirklichen "Standard-Anwendungen" werden wie Turbo Pascal in allen Fachbereichen eingesetzt, wobei allerdings eine weitaus größere Einsatzhäufigkeit im Bereich der informatikfernen Fächer zu finden ist. Die unterschiedlichen Rangfolgen der Standard-Software-Nutzung in Grafik 9 (B) und Grafik 10 (A) rühren u.a auch daher, daß die Aussagen sich nicht in allen Fällen auf die gleichen Pools beziehen. Ebenso spielen auch regionale Unterschiede mit hinein: so bezieht sich Grafik 10 (A) zu 62% auf Berliner Daten, wohingegen Grafik 9 (B) nur zu 45% auf Berliner Daten beruht. Damit erklärt sich zum Teil wenigstens der relativ geringe Nutzungsanteil von Wordstar. In Berliner CIP-PC-Pools wird dieser allseits bekannte Textverarbeitungs-Veteran kaum noch verwendet.

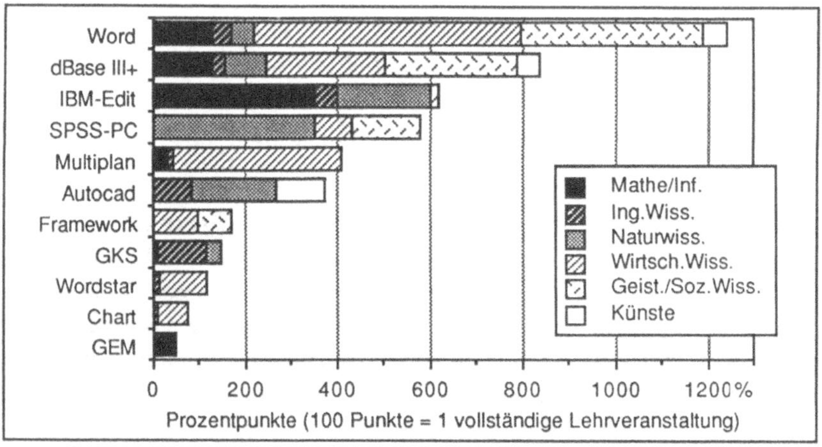

Grafik 10 (A): Nutzung von Standard-Anwendungssoftware in 131 Lehrveranstaltungen

10. Selbstentwickelte Anwendungs-Software in der Lehre

In 35 der 76 untersuchten Pools – das sind etwa 45% – wurden nach Angaben der Poolbetreiber selbst (oder von anderen Hochschuleinrichtungen) erstellte Software-Pakete in der Lehre eingesetzt. Die ergänzende Befragung der Lehrpersonen

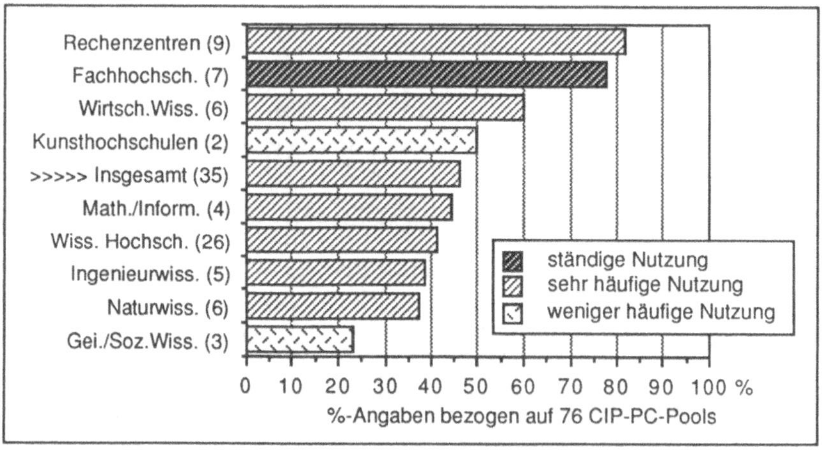

Grafik 11 (B): Selbstentwickelte Anwendungs-Software in der Lehre

von 133 Lehrveranstaltungen ergab, daß jedoch nur in etwa 25% der Lehrveranstaltungen Hochschul-Software zum Einsatz kam. Der Anteilsunterschied läßt sich so erklären, daß der Netzbetrieb zum Teil nur aufgrund von Software-Eigenentwicklungen der Pool-Betreiber funktioniert und diese Software im engeren Sinne (aus Sicht der Dozenten) keine eigentliche "Lehr-Software" darstellt.

11. Probleme der internen Vernetzung der CIP-PC-Pools

Zunächst fällt auf, daß insgesamt 14 Lehrveranstaltungen – also ca. 10% der untersuchten Lehrveranstaltungen – in (noch) unvernetzten Pools stattfanden und die befragten Dozenten etwa 10 weiterer Lehrveranstaltungen – falls sie die Wahl hätten – unvernetzte Arbeitsplätze überhaupt vorziehen würden. Selbst in den Fachbereichen für Informatik bzw. Mathematik fanden sich Befürworter unvernetzter PC-Pools. Darüber hinaus machten einige Dozenten in Einzelgesprächen deutlich, daß sie ihre Pool-Rechner – trotz bestehender Vernetzung – wie Einzelrechner benutzen lassen würden.

Auch ein Teil der "Netzbefürworter" beklagte Probleme, die als Folge der internen Vernetzung auftreten würden. Vor allem wurde die Verminderung des verfügbaren lokalen Hauptspeichers durch Netzsoftware-Anteile bemängelt. Überdies wurden die Verringerung der Arbeitsgeschwindigkeit und die Neigung zu Systemabstürzen sowie die Belastung von Arbeitsplätzen mit Serverfunktionen als Nachteile empfunden. Wirtschafts-, Geistes, Sozial- und Naturwissenschaftler litten dabei offenbar am meisten unter diesen Schwierigkeiten – vor allem deshalb, weil das "technische Problemmanagement im Lehrbetrieb" zuweilen zu sehr von den eigentlichen Ausbildungszielen weggeführt hätte.

Die Mehrzahl der Pool-Anwender in der Lehre ist jedoch schon heute mit der externen Vernetzung zufrieden und stellt die Vorteile heraus.

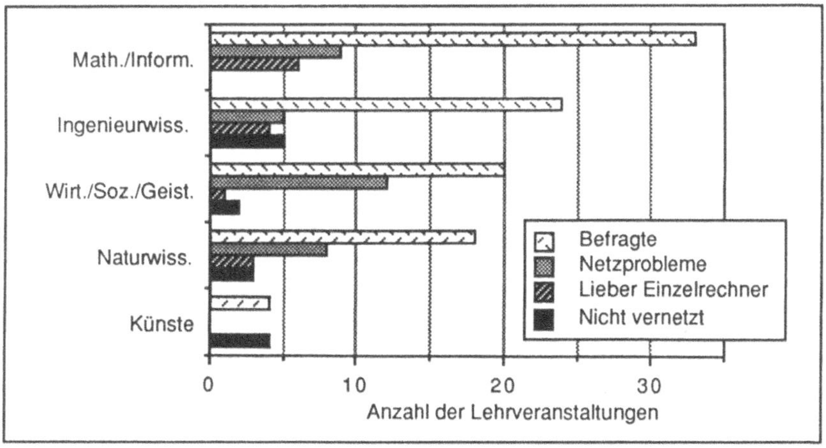

Grafik 12 (A): Probleme der internen Vernetzung der CIP-PC-Pools

12. Externe Vernetzung der CIP-PC-Pools

12.1 Umfang der externen Vernetzung

46 der untersuchten 76 Pools waren mit externen Rechnern vernetzt (durchschnittlicher Vernetzungsgrad 60,5%). Dabei wiesen die Berliner CIP-PC-Pools mit 74% einen deutlich höheren Vernetzungsgrad auf als die Pools im Bundesgebiet (Vernetzungsgrad 50%).

In der Rangfolge der externen Poolvernetzung innerhalb der Wissenschaftsbereiche führten erwartungsgemäß die von den Rechenzentren betriebenen Pools (Vernetzungsgrad 91%) die Gruppe der "hochvernetzten" Pools an. Die Pools der Rechenzentren waren auch durchschnittlich mit der größten Anzahl von Zielrechnern (3,7 Zielrechner im Durchschnitt und 4,1 Zielrechner bei ausschließlicher Berücksichtigung der vernetzten Pools) verbunden.

Einen beachtlichen Vernetzungsgrad (75%) wiesen auch die Pools in den Naturwissenschaften – mit durchschnittlich 3,7 externen Zielrechnern pro Pool – auf.

Als unterdurchschnittlich extern vernetzt zeigten sich, wie erwartet, die Pools der Geistes- und Sozialwissenschaften – aber (weniger erwartet) auch die Fachbereiche für Informatik, Mathematik und Ingenieurwissenschaften.

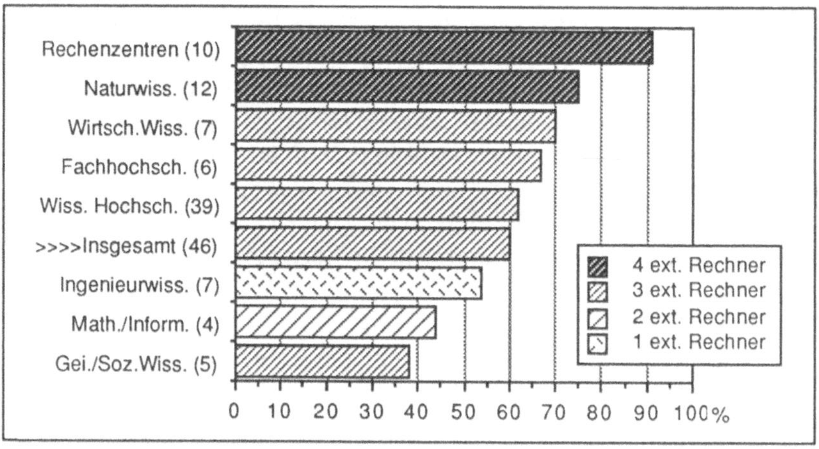

Grafik 13 (B): Externen Vernetzung der CIP-PC-Pools

12.2 Nutzung der externen Vernetzung

Die Wissenschaftsbereiche mit der umfangreichsten externen Vernetzung (Rechenzentren und Naturwissenschaften) wiesen zugleich auch den höchsten Nutzungsumfang aus. Am unteren Ende der Nutzungshäufigkeitsskala rangierten die Ingenieurwissenschaften und die Fachhochschulen (wegen der geringen Klassenbesetzung bei den Fachhochschulen (nur 2 Angaben) müßte diese Aussage allerdings überprüft werden.

Grafik 14 (B) weist überdies auch auf eine regionale Besonderheit hin. So gaben zum Beispiel die Berliner Poolbetreiber (bei dem hohem Vernetzungsgrad von 74%) einen deutlich geringeren Nutzungsgrad als die Poolbetreiber im Bundesgebiet (Vernetzungsgrad 50%) an.

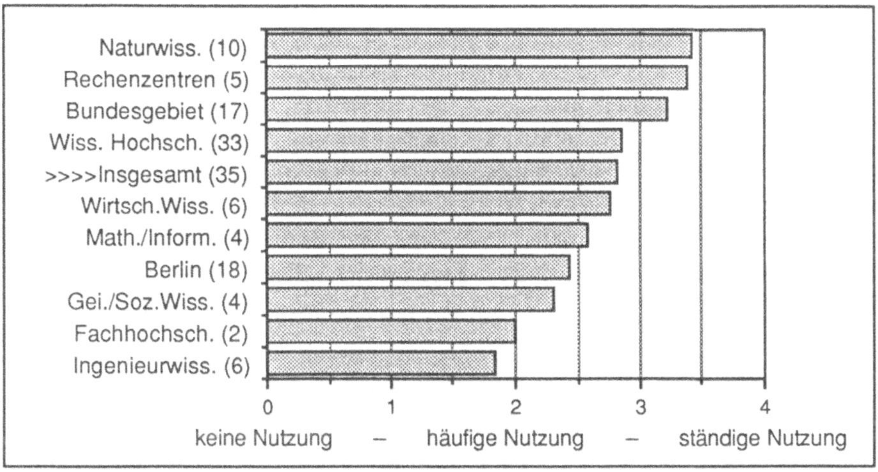

Grafik 14 (B): Nutzung der externen Vernetzung

13. Fach-Status der angebotenen Lehrveranstaltungen

Für Haupt- und Nebenfachstudenten zusammen ergab sich bezüglich des Fach-Status der Lehrveranstaltungen – unter Berücksichtigung von Mehrfachnennungen – folgende durchschnittliche Verteilung (vgl. Grafik 15 (A):

Pflichtfach	25%
Wahlpflichtfach	23%
Wahlfach	31%
Sonstiges	21%

Von dieser mittleren (annähernden) Gleichverteilung der Ausprägungen des Fach-Status (etwa je 1/4) weichen die verschiedenen Hochschultypen und Wissenschaftsbereiche deutlich ab: so ist bemerkenswert, daß dem hohen Pflichtfachanteil in den Fachhochschulen (mehr als 50%) ein relativ geringer Pflichtfachanteil in den Universitäten und Hochschulen (ca. 14%) gegenüber steht.

Diese beachtliche Differenz deutet daraufhin, daß die CIP-PC-Pools in den Fachhochschulen – und offenbar auch in den Kunsthochschulen – z.T. andere Funktionen erfüllen als in den übrigen Hochschulen: die CIP-Pools in den Fach- und Kunsthochschulen müssen offenbar einen in der Vergangenheit angestauten Rechnermangel ausgleichen. Überdies weist der Spitzenwert der kumulierten Wahlfach-/Wahlpflichtfachanteile darauf hin, daß im Fächerkanon der Fachhochschulen der Datenverarbeitung ein ausgesprochen hoher Stellenwert eingeräumt wird.

Erstaunlich niedrig fällt der kumulierte Pflichtfach-/Wahlpflichtfachanteil in den Naturwissenschaften aus. Diese Daten deuten darauf hin, daß die Naturwissenschaften ihren entsprechenden Rechnerbedarf zum Zeitpunkt der Umfrage im wesentlichen noch durch die Nutzung installierter Groß- und Fachbereichsrechner befriedigten.

Der zum Umfragezeitpunkt sehr niedrige Pflichtfachanteil bei den Geistes- und Sozialwissenschaften ist plausibel und erklärt sich selbst.

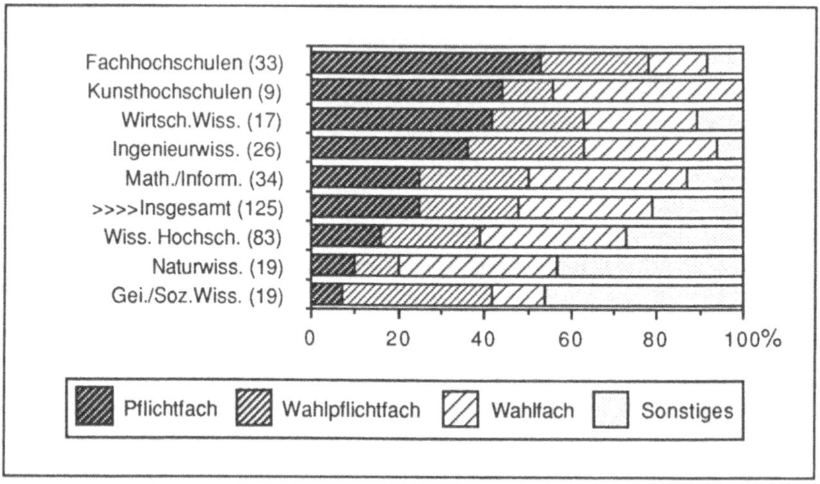

Grafik 15 (A) Fach-Status der angebotenen Lehrveranstaltungen

14. "Extreme" Belastungen der Dozenten im Lehrbetrieb

74 der untersuchten 133 Lehrveranstaltungen (55,6%) waren dadurch gekennzeichnet, daß sich die jeweiligen Dozenten "extrem überlastet" fühlten. Als wesentliche Ursachen der Überlastung wurden angegeben:

- umfangreiche Vorbereitungen für einen strukturierten Unterricht zur Einbeziehung des PC in den klassischen Lehrstoff
- Betreuung großer Studentenzahlen bei geringer Lehrpersonalausstattung im Rahmen der Lehre
- Organisation von Übungszeiten für ebenfalls große Studentenzahlen.

Die extreme Belastung wurde besonders deutlich in den Ingenieurwissenschaften und der Kunst – vor allem im Bereich der Lehr-Vorbereitung. Eine zeitkritische Rolle spielt hier vor allem die Einführung von CAD-Verfahren für Entwurf und Konstruktion.

Die Dozenten aus den Fachbereichen Informatik und Mathematik fühlten sich noch am wenigsten überbelastet.

Häufig wird behauptet, daß zukünftig größere Routine im Umgang mit Rechnern die gegenwärtigen extremen Belastungen in der Lehre mindern würde. Mit diesem Effekt ist jedoch nur zu rechnen, wenn die Personalfluktuation in den Fachbereichen minimiert wird oder der Dozentennachwuchs bereits mit dem Rechnereinsatz groß geworden ist. Doch gerade in den informatikfernen Fächern, in denen, die Informatik-Kompetenz in erster Linie beim Akademischen Mittelbau (!) liegt, ist die Personalfluktuation – und damit der Einarbeitungsaufwand für neue Dozenten – erheblich. Die Frage, ob auf der anderen Seite die zukünftig größere Erfahrung der Dozenten im Umgang mit dem Rechner entlastend wirken wird, muß solange offen bleiben, wie sich Informatikanwendungen – in Richtung zunehmender Komplexität – weiterentwickeln. Routinehaft an einmal bewährten Lehr-Programmen – vielleicht über viele Jahre – festzuhalten, könnte im ungünstigsten Fall die Festschreibung des Wissens von gestern bedeuten. Wer diesen Weg nicht verantworten will, wird weiterhin das Lehrpersonal "extremen" Belastungen unterwerfen – es sei denn, das Lehrpersonal würde einmal deutlich verstärkt werden.

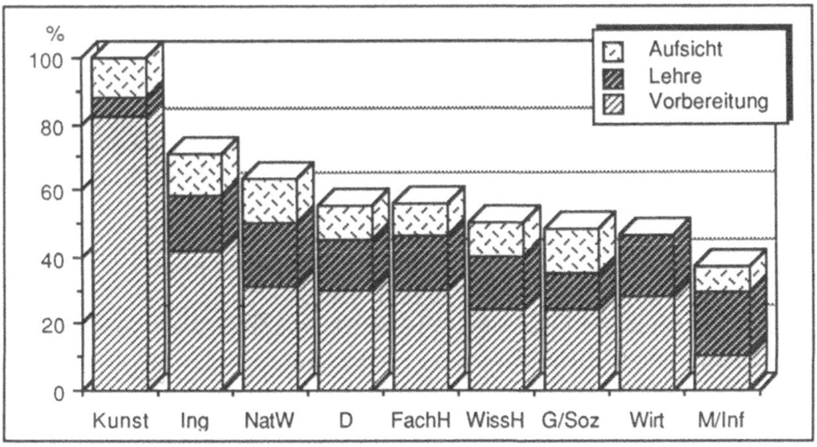

Grafik 16 (A): Über "extreme" Belastungen klagten die Dozenten von 74 Lehrveranstaltungen (aus einer Gesamtheit von 133 Lehrveranstaltungen): das sind etwa 56% der Lehrpersonen.

15. Teilnehmer pro Rechnerarbeitsplatz

Zur Ermittlung der Teilnehmerdichten konnten Antworten herangezogen werden, die sich auf 110 Lehrveranstaltungen (LV) bezogen. Im Durchschnitt waren die PC-Pools, auf denen diese LV abgewickelt wurden, mit 12,3 PC ausgestattet. Pro LV meldeten sich durchschnittlich 53 Teilnehmer an, von denen im Mittel 4 Studenten abgewiesen wurden.

Pro Kurs und nutzbaren Bildschirmarbeitsplatz meldeten sich also durchschnittlich 4,3 Studenten an, was einer Belegungsdichte von 430% entsprochen hätte. Da nur 93% der angemeldeten Teilnehmer in die Kurse aufgenommen wurden, reduzierte sich die durchschnittliche Belegungsdichte auf 400%.

Um die Belegungsdichte vor Ort noch weiter – und zwar entscheidend – zu verringern, wurden pro LV durchschnittlich 2,5 Parallelveranstaltungen durchgeführt, wodurch die reale Belegungsdichte auf 160% gesenkt werden konnte, d.h., daß sich in den Lehrveranstaltungen im Mittel (vgl. Grafik 17 (A), D-Säulen) jeweils 1-2 Studenten einen Rechnerarbeitsplatz teilen mußten.

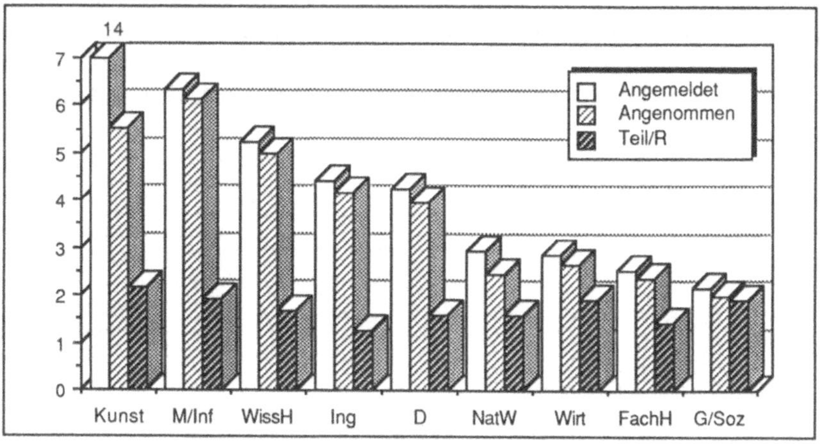

Grafik 17 (A): Teilnehmer pro Rechnerarbeitsplatz

Eine Extremsituation finden wir im Bereich der *Angewandten Künste* vor, wo im Durchschnitt von 5 betrachteten Lehrveranstaltungen 14 Anmelder auf einen Rechnerplatz im PC-Pool kamen. Von diesen Anmeldern wurden dann mehr als 50% zurückgewiesen, so daß sich unter Berücksichtigung von Parallelveranstaltungen immer noch durchschnittlich 2 Studenten einen Arbeitsplatz teilen mußten. Diese Situation zeigt – wenn auch möglicherweise eher exemplarisch – den Umfang des Nachholbedarfs bei der Rechnerinstallation im Bereich der angewandten Künste.

In den Wissenschaftsbereichen wiesen die Informatik- und Mathematik-Fachbereiche ebenfalls eine ausgesprochen ungünstige Studenten/Rechnerarbeitsplatz-

Relation auf. Hier bewarben sich im Rahmen der einzelnen Lehrveranstaltungen durchschnittlich 6,4 Interessenten auf einen Rechnerarbeitsplatz! Vor diesem Hintergrund nimmt sich in den Geistes- und Sozialwissenschaften das Verhältnis von 2,2 Interessenten pro Bildschirmarbeitsplatz geradezu günstig aus.

Während Informatiker/Mathematiker den Ansturm mit Hilfe von Parallelveranstaltungen kanalisierten (im Mittel 3,3 Parallelveranstaltungen pro Lehrveranstaltung), versuchten die Geistes-/Sozialwissenschaftler bislang ohne Parallelveranstaltungen auszukommen, so daß sich im Endeffekt in den beiden verglichenen Wissenschaftsbereichen jeweils zwei Studenten real einen Bildschirmarbeitsplatz teilen mußten.

16. Ergonomische Pool-Beurteilung durch 129 Lehrpersonen

16.1 Fachübergreifende Beurteilung der Ergonomie der CIP-PC-Pools

Erfragt wurde die subjektive Beurteilung der ergonomischen Bedingungen, unter denen Lehrveranstaltungen mit CIP-PC-Pools durchgeführt wurden. Zur Beurteilung waren 13 Merkmale vorgegeben. Die Merkmalsausprägungen vor Ort konnten z.B. mit "3 = durchschnittlich" bezeichnet werden. Waren günstigere Merkmalsausprägungen zu beschreiben, konnte eine "2" oder eine "1" vergeben werden. Lagen die Merkmalsausprägungen unter dem Erwartungshorizont, konnten die Noten "4" bzw. "5" vergeben werden.

Zusammenfassend läßt sich sagen, daß die ergonomischen Bedingungen generell – zumindest aus Sicht der Dozenten – als durchaus zufriedenstellend empfunden wurden (Durchschnittsnote: 2,9). Im Hinblick auf die Einzeldisziplinen schienen die Künstler (Gesamtnote: 3,6) nicht ganz so zufrieden zu sein. Alarmierend wirkt dieses leicht negativ getönte Urteil allerdings nicht.

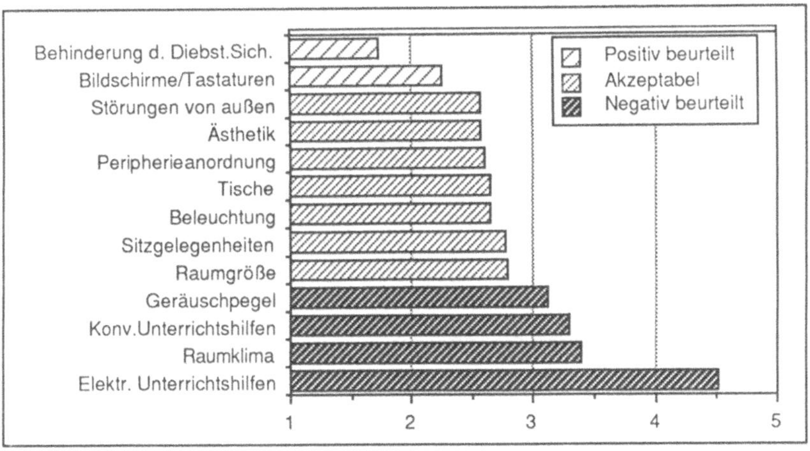

Grafik 18 (A): Fachübergreifende Beurteilung der Ergonomie der CIP-PC-Pools

Erfreulich ist, daß kaum noch jemand etwas an den gelieferten Tastaturen und Bildschirmen auszusetzen hatte. Sie wurden durchweg als gut beurteilt. Offenbar wurde auch die Einrichtung der Pools mit Computern und Peripherie als praktisch und akzeptabel angesehen. An der Raumästhetik schien gleichfalls nichts auszusetzen zu sein. Selbst an den gelegentlich martialisch wirkenden Diebstahlsicherungen nahmen die Dozenten nicht den geringsten Anstoß.

Dennoch gab es einige Umstände, die von den Vertretern fast aller Wissenschaftsbereiche und Hochschultypen kritisiert wurden:

Hauptkritikpunkt war das Fehlen geeigneter hochwertiger Unterrichtshilfen (Note 4,5). Vor allem wurde bemängelt, daß Bildschirminhalte nicht großflächig z.B. über Bildschirm-Adapter und Tageslichtprojektoren dargestellt werden konnten. Selbst konventionelle Unterrichtshilfen, wie z.B. Tageslichtprojektoren fehlten gelegentlich im CIP-PC-Saal (Note 3,3).

Nicht ganz zufrieden waren auch viele Dozenten mit der Temperatur- und Geräuschentwicklung im PC-Saal (Noten 3,4 bzw. 3,1): Platten- und Lüftergeräusche sowie die Temperaturentwicklung der Mikrorechner müßten also in Zukunft wesentlich vermindert werden.

16.2 Raumklima und Geräuschpegel

Am meisten litten offensichtlich die Angehörigen der Künste, die Informatiker/Mathematiker und die Wirtschafts-, Geistes- und Sozialwissenschaftler unter dem "Lärm". Angehörigen der Naturwissenschaften, Fachhochschulen und Rechenzentren scheinen weniger geräuschempfindlich zu sein.

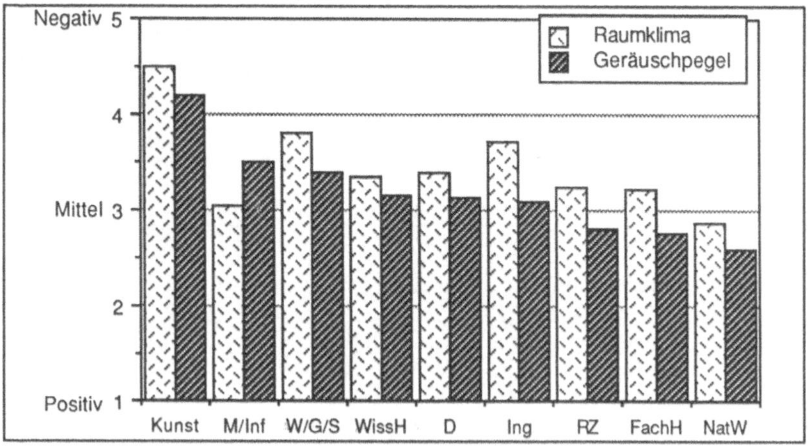

Grafik 19 (A): Raumklima und Geräuschpegel

16.3 Konventionelle und Elektronische Unterrichtshilfen

Projektionseinrichtungen zur Darstellung von Bildschirminhalten waren durchweg nur in Ausnahmefällen vorhanden, wobei die Wirtschafts-, Geistes- und Sozialwissenschaften (Grafik 20 (A), Säulen W/G/S) wohl einen Vorteil gegenüber den anderen Wissenschaften aufzuweisen hatten. In bezug auf einfache Unterrichtshilfen (z.B. Overhead-Projektoren) waren insbesondere die Ingenieurwissenschaften und die Fachbereiche für Mathematik und Informatik benachteiligt.

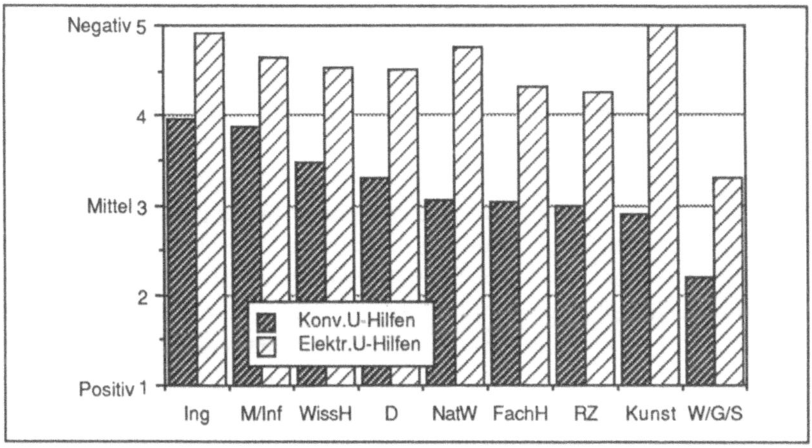

Grafik 20 (A): Konventionelle und Elektronische Unterrichtshilfen

17. Diebstahlsicherungsmaßnahmen

Vandalismus und Gerätediebstahl stellten in der Vergangenheit offenbar kein gravierendes Problem dar. Von den betrachteten 1.025 Rechnerarbeitsplätzen waren während des Existenzzeitraums der CIP-Pools bis zum WS 1987/88 durch Diebstahl insgesamt 8 Rechnerarbeitsplätze zeitweise verloren gegangen. Durch Ersatzbeschaffungen konnten die Lücken in den meisten Fällen schnell wieder geschlossen werden.

Eine gewisse "Häufung" der Diebstähle im Bereich der Geistes- und Sozialwissenschaften ist allerdings nicht zu übersehen: von den 133 PC der 13 untersuchten Pools der Geistes- und Sozialwissenschaften wurden 4 entwendet, also immerhin 3%. Die allgemeine Durchschnittsverlustrate betrug dagegen nur 0,8%.

An mangelnder Diebstahlsicherung der Pools in den Geistes- und Sozialwissenschaften konnte es nicht gelegen haben, denn 84,6% dieser Pools waren mechanisch/elektrisch gesichert – und dieser Wert lag erheblich über dem allgemeinen Durchschnitt (59,2%). Die Geistes- und Sozialwissenschaftler hatten als einzige sogar einen Pool "doppelt" gesichert: Magnetkartenleser am Eingang und Kabelsicherung der einzelnen Geräte.

Als meistbenutzte Diebstahlsicherung wurde die Stahlkabelsicherung der Firma Hewlett Packard genannt. Ähnliche Kabelsicherungssysteme, die auch eingesetzt wurden, bieten die Versandfirmen MISCO und INMAC an. Überdies waren auch "Nachbauten" bzw. "Eigenentwicklungen" der Hochschulschlossereien anzutreffen. Insgesamt waren 64,4% aller CIP-PC-Pools auf diese Weise "stahlverkabelt".

An zweiter Stelle rangierte die Methode, die Geräte einfach am Tisch festzuschrauben (24,4%). Magnetenkartensysteme, Bewegungsmelder und Alarmsysteme (Warensicherungssysteme) wurden seltener eingesetzt (11,2%).

Die Poolbetreiber gaben an, mit den getroffenen mechanisch/elektrischen Sicherungsmaßnahmen durchweg zufrieden zu sein.

Außer durch technische Maßnahmen sollten Diebstähle auch durch eine Vielzahl "bürokratischer" Kontroll-Maßnahmen, wie eingerichtete Aufsichtsdienste und die Ausgabe von Schlüsseln an berechtigte Pool-Nutzer erschwert werden. Einhellige Meinung bestand darin, daß eine gute Sicherung der Geräte vor Diebstahl dann gewährleistet ist, wenn die Pools immer von vielen Personen gleichzeitig genutzt werden. Als Beispiel dafür mögen zwei CIP-PC-Pools der Technischen Universität Berlin angeführt werden, die rund um die Uhr, d.h. 168 Stunden in der Woche, geöffnet(!) waren und auch nachts regelmäßig genutzt wurden. Die Gebäude, die diese Pools beherbergen sind nur durch Nachtpförtner gesichert. Seit Bestehens dieser Pools hatte sich kein Diebstahl zugetragen.

18. Teilnehmer mit erfolgreichem Abschluß

Insgesamt konnte 93 Anwender-Fragebögen der Anteil der erfolgreichen Lehrgangsteilnehmer entnommen werden. Von den in 93 Lehrveranstaltungen angenommen 4.750 Teilnehmern hatten 77% die Kurse erfolgreich absolviert. Diese mitt-

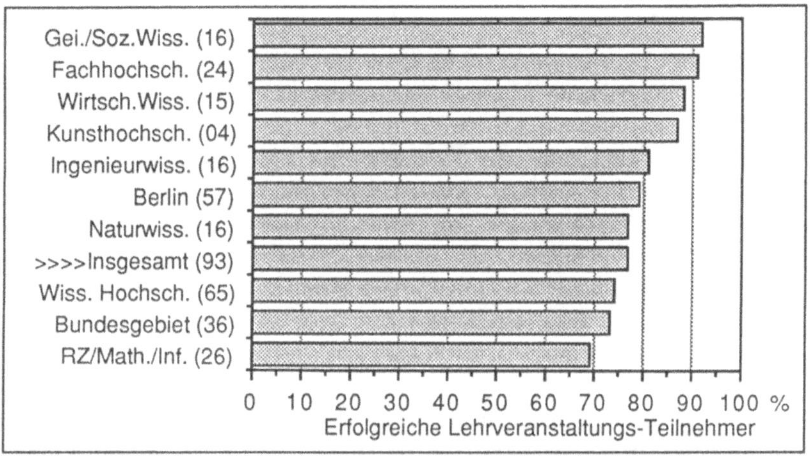

Grafik 21 (A): Prozentsätze der erfolgreichen Teilnehmer von CIP-Lehrveranstaltungen

lere Erfolgsquote erscheint nicht sonderlich hoch, vor allem im Vergleich zur Erfolgsquote in den Fachhochschulen (91%). Auffallend ist auch die niedrige Erfolgsquote in den Lehrveranstaltungen, die von Informatikern, Mathematikern und dem Rechenzentrum angeboten wurden (69%).

Versuch einer Begründung: Die Überfüllung der Veranstaltungen (vor allem zu Semesterbeginn), fehlende spezielle Lehr-Software, die unzureichende Ausstattung mit technischen Unterrichtshilfen und dazu die so häufig beklagte Überlastung der *kompetenten* Dozenten und Tutoren, bestärkten wahrscheinlich viele Studenten im Entschluß, einen begonnenen Kurs abzubrechen – zumal in den Wissenschaftlichen Hochschulen, in denen in manchen Studiengängen Computer-Kurse leider oft nur als Wahlfach oder "Sonstiges" – also als nicht als integraler Bestandteil der Fachqualifikation – angeboten wurden.

19. Anteil der weiblichen Lehrveranstaltungsteilnehmer

Das Untersuchungsergebnis bezieht sich auf die Auswertung von 80 Anwender-Fragebögen, in denen über den jeweiligen Anteil der weiblichen Kursteilnehmer eine Aussage getroffen wurde. Danach waren durchschnittlich 26% der Teilnehmer Frauen. Dieser Anteil weicht nicht unerheblich von dem Anteil der weiblichen Studenten an der Gesamtstudentenschaft mit 38%[6] ab.

Diese Differenz besagt, daß eine 46-prozentige Erhöhung(!) des Status quo Frauenanteils in den CIP-PC-Kursen in die Wege geleitet werden müßte, um wenigstens den 38%-Frauenanteil im Studium allgemein zu erreichen. Dieses Ergebnis scheint zunächst die allgemeine Beobachtung zu bestätigen, daß sich Studentinnen

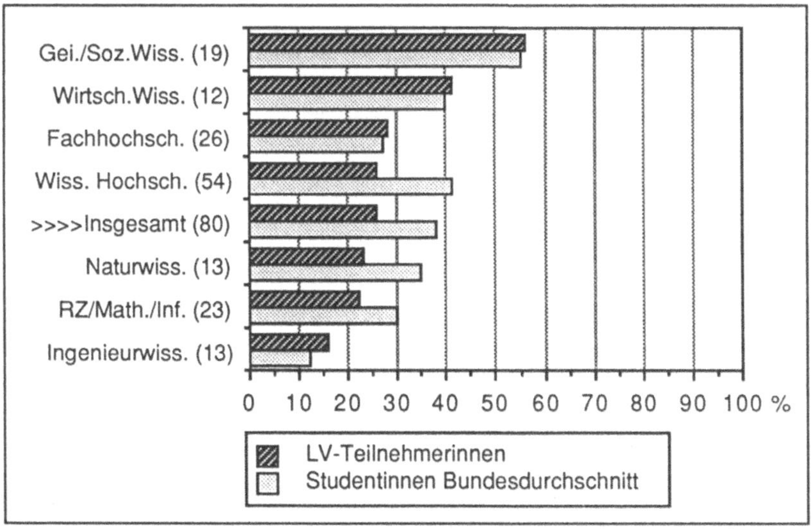

Grafik 22 (A): Prozentanteile der Studentinnen in CIP-Lehrveranstaltungen im Vergleich mit entsprechenden Prozentanteilen auf Bundesebene

generell – bei Ausnahmen in Einzelfällen – weniger für Computeranwendungen interessieren als ihre männlichen Kollegen. Ein differenziertes Bild ergibt sich jedoch, wenn man die Frauenanteile in den CIP-Veranstaltungen zweier Hochschultypen miteinander vergleicht und sich die Ausprägungen in den verschiedenen Wissenschaftsbereichen vor Augen führt:

In den Fachhochschulen entsprach der Frauenanteil in den CIP-Computer-Kursen mit 28% voll dem Bundesdurchschnitt für Fachhochschulen (27%). Das läßt sich sicherlich damit erklären, daß in den Fachhochschulen EDV-Kurse eher zum Pflichtpensum gehören, Datenverarbeitung grundsätzlich also schwerer abgewählt werden kann. Die CIP-Lehrveranstaltungen in den Wissenschaftlichen Hochschulen waren dagegen durch einen Frauenanteil in Höhe von 26% gekennzeichnet, der deutlich unter dem Bundesdurchschnitt von 41% lag. Der Frauenanteil hier müßte also um 58%(!) angehoben werden, damit auch in den Universitäten und Hochschulen von einer "Gleichversorgung" der Geschlechter mit Computerwissen gesprochen werden kann.

Im Vergleich der Frauenanteile in CIP-Lehrveranstaltungen verschiedener Wissenschaftsbereiche ergibt sich nun ein besonders interessantes Bild: In den Geistes-, Sozial-, Wirtschafts- und Ingenieurwissenschaften entsprach der Frauenanteil in CIP-Veranstaltungen mindestens den Bundesdurchschnittswerten. Nur in Lehrveranstaltungen, die von den Naturwissenschaften und den Informatik/ Mathematik-Fachbereichen angeboten wurden, lag der Frauenanteil signifikant unter dem jeweiligen Bundesdurchschnitt.

Fazit: Es sieht so aus, als würden Studentinnen zwar die Informatik-Angebote in ihren eigenen Fachbereichen sehr gern annehmen – aber Service-Veranstaltungen, die von den Fachbereichen Informatik, Mathematik und Naturwissenschaften – unter Nutzung von CIP-Pools – anderen Fachbereichen angeboten werden, tendenziell meiden. Sofern diese Vermutung richtig ist und die Absicht besteht, die durchschnittliche Informatik-Bildung der Studentinnen auf das Niveau der Kommilitonen zu heben, sollte in Erwägung gezogen werden, die dezentrale fachbezogene Informatik-Ausbildung in den einzelnen Fachbereichen – möglicherweise zu Lasten zentraler Service-Angebote – zu verstärken.

Danksagung

An dieser Stelle soll allen an der Umfrage beteiligten CIP-PC-Pool-Betreibern und -Dozenten für ihre gute Zusammenarbeit Dank gesagt werden. Beide Fragebögen hatten einen Umfang von zusammen 16 Seiten. Kein Wunder, daß ein Informatiker aus Marburg, der die ausgefüllten Fragebögen zurücksandte, unter *Anmerkungen und Anregungen* notiert hatte: "Bitte keine weiteren Fragebögen mehr!" Die vorgelegten Ergebnisse der Befragung rechtfertigen aber mit Sicherheit das Zeitopfer, das alle Umfrageteilnehmer erbracht haben und die Mittel die der Bundesminister für Bildung und Wissenschaft für diese Untersuchung zur Verfügung gestellt hat.

Anmerkungen

1. Die Klassifizierung der untersuchten CIP-PC-Pools erfolgte nach Hochschultypen und Wissenschaftsbereichen. Unterschieden wurden drei Hochschultypen:
   - Wissenschaftliche Hochschulen, d.h. Universitäten, Technische Universitäten, Gesamthochschulen und sonstige Hochschulen
   - Fachhochschulen (wurden gesondert aufgeführt, obwohl auch als wissenschaftliche Hochschulen anerkannt)
   - Kunsthochschulen

   Überdies wurden "5 Wissenschaftsbereiche" und die Zentraleinrichtung "Rechenzentrum" im Vergleich betrachtet. Diese 5+1 "Wissenschaftsbereiche" umfassen jeweils die Daten der Wissenschaftlichen Hochschulen und der Fachhochschulen. Extra aufgeführt unter der Rubrik Kunsthochschule wurden die CIP-PC-Pools, Lehrveranstaltungen und Rechenzentren der Kunsthochschulen. Grobdefinition der "Wissenschaftsbereiche":

– Rechenzentren/RZ	=	Universitäts-, Hochschul- und Fachhochschulrechenzentren.
– Math./Inform.	=	Mathematik- und Informatikfachbereiche/-institute der Universitäten, Hochschulen und Fachhochschulen.
– Ingenieurwiss.	=	Sämtliche Ingenieurwissenschaften und Technikabteilungen der Universitäten, Hochschulen und Fachhochschulen.
– Naturwiss.	=	Naturwissenschaften: Chemie, Physik, Biologie, Geologie und Medizin.
– Wirtsch.Wiss.	=	Sämtliche Wirtschaftswissenschaften und sogenannten "Bindestrich-Wirtschaftswissenschaften" (z.B. Agrarwirtschaft).
– Gei./Soz.Wiss.	=	Geistes-, Sozial- und Rechtswissenschaften.

   Die getroffene Einteilung nach Wissenschaftsbereichen liefert in etwa gleich große Klassenbesetzungen, obwohl natürlich je nach Fragestellung und Antwortverhalten auch sehr kleine oder Null-Klassenbesetzungen auftreten können. Zur Beurteilung der Aussagekraft der Durchschnittswerte wird deshalb – in der Regel – jeder grafisch dargestellte Mittelwert durch eine (eingeklammerte) Angabe zum Stichprobenumfang ergänzt.
2. Die Zuordnung der untersuchten Lehrveranstaltungen erfolgte nach der fachlichen Zugehörigkeit des Dozenten – nicht nach der fachlichen Ansiedlung des PC-Pools oder der fachlichen Herkunft der Studenten. Aus diesem Grund fehlt auch in allen "Anwender"-Grafiken (A) die Rubrik Rechenzentren, da diese im Rahmen der Untersuchung nur Auskunft über eine einzige Lehrveranstaltung gegeben haben. Die ermittelten Daten über diese eine Lehrveranstaltung sind in die Rubrik Math./Inf./RZ eingeflossen.
3. Vgl. 15. Rahmenplan für den Hochschulbau (1986 - 1989), vorläufiger Katalog der Mindestanforderungen vom 13. Februar 1985 (S. 92): "Die Kommission geht davon aus, daß nach einer angemessenen Einführungsphase für jedes Gerät ein geregelter Betrieb von 75 Stunden pro Semesterwoche erreicht wird." Im 17. und 18. Rahmenplan (jeweils S. 95) heißt es dann: "Die Kommission geht davon aus, daß nach einer angemessenen Einführungsphase für jedes Gerät ein geregelter Betrieb von 75 Stunden pro Semesterwoche, beispielsweise 35 Stunden im Kursbetrieb, die restliche Zeit für freies Üben, erreicht wird.
4. Die Untertitel der Grafiken sind mit (A), (B) bzw. (A/B) gekennzeichnet. Dadurch wird der Bezug zu Fragebogen "A" oder "B" bzw. beiden hergestellt.
5. Die Angaben bezüglich der Verteilung der Mikrorechner-Fabrikate sind der "Datenbasis über genehmigte Anträge zur Einrichtung von CIP-PC-Pools" des Wissenschaftsrats entnommen; Stand Frühjahr 1988.
6. Vgl. Fachserie 11, Reihe 4.1, Studenten an Hochschulen, WS 1987/88, Statistisches Bundesamt, Wiesbaden.

Kaffee- und Mittagspausen im Foyer des Henry-Ford-Baus der Freien Universität Berlin
(Fotos: Gundula Dette)

CIP-Forum 1

CIP-PC-Pools in den Geistes- und Sozialwissenschaften

Moderation: Rolf Schulmeister

Nachrichten aus einem Zwischenreich – Nutzung von CIP-Rechnern in der Literaturwissenschaft

Eckehard Czucka und Burkhard Spinnen

Westfälische Wilhelms-Universität Münster
Germanistisches Institut

1. Der nutzbare CIP-Status

Nachdem wir Germanisten der Westfälischen Wilhelms-Universität in Münster seit geraumer Zeit an einem CIP-Pool partizipieren, entsprechen die Arbeitsbedingungen vielleicht nicht ganz dem letzten Stand eines kommerziell-professionellen Computereinsatzes, insgesamt aber dem durch CIP gesetzten Standard. Für die Textherstellung stehen ein Textverarbeitungsprogramm (WordPerfect) und ein Satzprogramm (TeX samt LaTeX und Metafont) zur Verfügung. Da schon seit geraumer Zeit bei Verlagen keine Manuskripte mehr, sondern Textvorlagen entweder auf Disketten oder als verfilmbare Laserausdrucke eingereicht werden, können über den CIP-Pool die Studierenden von solchen Erfahrungen der Lehrenden direkt profitieren, sofern die Jüngeren nicht überhaupt schon selbstverständlicher als die Lehrer mit Geräten und Programmen umgehen. Aktenordner und Hängeregister, mit denen sonst Textmengen gebändigt werden sollten, werden zunehmend ersetzt durch Dateien in DOS-Unterverzeichnissen; Karteikarten sind auf dem besten Wege, obsolet zu werden, seit mit dBase und LIDOS Datenbanksysteme Literatur verwalten und Stichwörter sammeln können. Denkbare Ausweitungen eines Rechnereinsatzes könnten sein:

- die Digitalisierung der deutschen (und übrigen) Nationalliteraturen auf einem geeigneten elektronischen Massenspeicher;
- die Bereitstellung eines Scanners oder einer Reading Machine, die den letzten Schritt zu einer 'papierlosen' Literaturwissenschaft einleiten könnten;
- und der Anschluß der CIP-Rechner an die örtlichen Computer, etwa den der Universitätsbibliothek, wie an größere Netze (etwa Datex-P oder EARN), damit nicht, wie bisher, Datenbankrecherchen über den einzigen, in der UB vorgehaltenen Rechner abgewickelt werden müssen.

Diese Wünsche bleiben vorerst bestehen, auch wenn uns grundsätzliche Bedenken, wie sie von Klaus Brunnstein angemeldet werden, einleuchten und eigene Erfahrungen, die im Verlauf eines Forschungsprojekts mit Kulturdatenbanken gesammelt wurden, keineswegs so sind, daß sie zu einiger Zufriedenheit berechtigen.

Nicht unerwähnt sollte bleiben, daß dank CIP die studentischen Arbeitsplätze besser mit Computerkapazität ausgestattet sind als die Wissenschaftlerarbeitsplätze. So gibt es in unserer Abteilung des Instituts zwei PCs aus dem CP/M-Zeitalter von WordStar für – grob gerechnet – zwölf Professoren und 23 wissenschaftliche Angestellte. Diese Kapazität reicht aus, weil sie genau von zwei Professoren und deren Mitarbeitern genutzt wird.

Der CIP-Pool, mit dem wir umgehen, ist vielfach gesplittet: er 'gehört' fünf Fachbereichen gemeinsam und ist auf zwei Standorte verteilt. Diese beiden Teilpools sollen von Philosophen, Germanisten, Anglisten, den in einem Fachbereich vereinigten Romanisten und Slawisten sowie den Studenten der "Älteren und außereuropäischen Sprachen" (auch ein Fachbereich) gemeinsam oder abwechselnd genutzt werden. Zur Verfügung stehen in den beiden Teilpools je acht studentische Arbeitsplätze an PCs mit je einem Netzsteuergerät (AT) für "Cheapernet" und je einem Grafikdrucker mit Einzelblattzuführung. Die PCs haben 640 KB RAM, einen numerischen Co-Processor (8087), ein 5,25"-Diskettenlaufwerk (360 KB) und eine 20 MB-Festplatte.

Die Mitteilungen, die heute über den genaueren Status von CIP in der Wissenschaft von der neueren deutschen Literatur gemacht werden sollen, sind nicht zu trennen von einer Selbstreflexion dieses Fachs, an dem paradigmatisch die Problemstellungen erkennbar werden, die für die Geisteswissenschaften mit CIP und generell mit der Elektronischen Datenverarbeitung entstanden sind.

2. PC in Textwissenschaften

Auf eine sehr grundsätzliche Weise ist das Selbstverständnis der Literaturwissenschaft von dem elektronischen "Aufschreibesystem" herausgefordert; verlangt wird als Antwort – das ist uns deutlich – etwas anderes als die Wiederholung kulturpessimistischer Beleidigungsklagen eines sogenannten "alternativen" Denkens oder ein sich selbst bornierender Überholungsversuch á la Kittler, der die Schreibmaschine für ein militaristisches Vehikel, den Computer für die perfekte "Konstruktion des Golems"[1] zu halten scheint. Literaturwissenschaft kann sich in ihrer (sprach-)kritischen (Selbst-)Reflexion, die das besondere, je und je zu bestimmende Verhältnis von Literatur und Sprache zu bedenken hat, nicht allein an dem oft technokratischen Selbstverständnis der Computerindustrie und der Informatik, das heißt vor allem, an deren Terminologie ("Daten", "Information", "Medien" etc.), orientieren. Denn dabei handelt es sich unserem Verständnis nach schon um Übersetzungen aus einem Jargon in einen anderen, letztlich also um "sanfte" Interpretationen harter "Tatsachen" in einem durch Jargons limitierten Rahmen. Zu begreifen ist der Jargon des Computerzeitalters selbst schon als die mediale Hülle einer dezidiert physikalisch-technologisch-technischen Terminologie, die nicht eo ipso falsch sein muß, aber als Begrifflichkeit zu problematisieren wäre.

Es ist unserem Eindruck nach nun aber keineswegs so, als gäbe es unproblematische Nutzungsweisen der CIP-Computer unabhängig von den eher problembehafteten. Auch ist es keineswegs so, daß von einem 'an sich' wertneutralen, indifferenten Apparat guter oder schlechter Gebrauch gemacht werden könnte. Denn der Computer ist niemals, auch dann nicht, wenn er 'bloß' als Super-Schreibmaschine oder als digitalisierter Zettelkasten benutzt wird, nur ein nützliches Werkzeug.

Damit betreiben wir keine Dämonisierung und rufen auch nicht zu einer neuen Maschinenstürmerei auf. Aber wir haben von der Feststellung auszugehen, daß Text und Computer auf eine vertrackte Weise auch beim besten Willen nicht kongruent zu machen sind. Anders formuliert: der Computer bringt als Katalysator alle die Probleme erneut zum Vorschein, die unsere Wissenschaft mit sich selbst und ihrem Gegenstand, den je einzelnen literarischen Texten wie ihrer Gesamtheit, allemal schon hatte und hat.

Auch wenn man die Literaturwissenschaft nicht im Sinne Leibfrieds[2] ausdrücklich als "Wissenschaft vom Text" verstehen will, so ist es sehr wohl unbestreitbar, daß Texte in zweierlei Hinsicht Arbeitsweisen wie Forschungsverfahren in dieser Wissenschaft bestimmen: all ihre Bemühungen richten sich auf Gegenstände, die als "Texte" zwar nur unscharf, gleichwohl aber für unseren Zweck zulänglich beschrieben werden können. Hinzu kommt, daß jeder wissenschaftlich relevante Umgang mit den textuellen Gegenständen unserer Wissenschaft wieder in einen Text münden muß.

2.1 PC und Textanalyse

Das markanteste Ergebnis von und für CIP in den Literaturwissenschaften ist eigentlich ein Nicht-Ergebnis. In der Germanistik hat die von CIP geförderte Ausstattung mit Computern gerade nicht jene methodischen Richtungen und Forschungsansätze (wieder)belebt, die vor etwa 20 Jahren unter dem Stichwort "Mathematik und Dichtung" entwickelt und diskutiert wurden.[3] Ähnliches gilt, so weit zu sehen ist, auch für die Anglistik, Romanistik und andere Philologien.

Die von der strukturalistischen Linguistik abgeleiteten und auf den Einsatz elektronischer Rechner abgestellten Verfahren zielten vor allem auf statistisch-quantifizierende Stilanalysen im Horizont eines informationsästhetisch definierten Abweichungstheorems. Leitend für solche Vorstellungen war die Annahme, Stil sei die Abweichung von einem sprachlichen 'Normalzustand' und darum als Entropie des Textes meßbar. Solche Vorschläge für ein Forschungsprogramm "Exakte Literaturwissenschaft", die in Deutschland im wesentlichen in der Mitte der sechziger Jahre gemacht wurden, beriefen sich im weitesten Sinne auf die absehbaren und zu erhoffenden Fortschritte der Kybernetik. Wenn ich damals alles richtig verstanden habe, wären mit der Einführung eines PCs mit 20 MB-

Festplatte in die literaturwissenschaftlichen Institute eigentlich die damals erträumten Voraussetzungen erfüllt, und es könnte heute unverzüglich zur Verwirklichung der um 1965 entworfenen Projekte geschritten werden.

Daß gegenwärtig davon keine Rede ist, so weit man sich auch umhört, hat wohl sehr wenig damit zu tun, daß ein retrieval in Volltexten nicht-hierarchischer Datenbanken doch noch weit über den CIP-Status von Hard- und Software hinausgeht. Vielmehr scheint es so zu sein, daß sich die Abkehr vom Ideal automatisierter Stilanalysen aus Gründen einer fachimmanenten Methodendiskussion vollzogen hat. Damit aber ist das erste und bislang einzige Konzept einer im strengen Sinne literaturwissenschaftlichen Computernutzung liquidiert worden. Ein Ersatz dafür ist nicht in Sicht, was ja nichts anderes heißt, als dies: es ist keine Nutzung von Computern absehbar, die in irgendeiner Weise auf die literarische Qualität der zu untersuchenden Texte zugreifen will. Das bedeutet aber nicht, daß die von der Mathematik und den Naturwissenschaften abgezogenen Eindeutigkeitspostulate verabschiedet worden sind. Aufgegeben wurde das Ziel einer Exaktifizierung des Literarischen, nicht aber die Exaktheit als das heimliche Ideal einer Literaturwissenschaft, die sich selbst nicht begreift. Nur richtet sich die Forderung nach eindeutigen Ergebnissen jetzt auf solche Gebiete, auf denen Ambiguitäten sich problemloser ausschalten lassen. Die dann verbleibenden, jetzt erkennbaren Möglichkeiten liegen auf dem Feld der Philologie, im Bereich der Literaturwissenschaft eingeschränkt auf das Gebiet der Editionsphilologie und Wortstatistik.

2.2 PC und Textedition

Auf dem 1. CIP-Status-Seminar im vergangenen Jahr hat ein Germanist, der als einziger Philologe überhaupt beteiligt war, von seinen Erfahrungen mit Computern gesprochen, die er "geradezu überwältigend positiv" und "eigentlich nur noch in hymnischen Tönen angemessen zu beschreiben" bezeichnete.[4]

Dieser Einschätzung von seiten der germanistischen Linguistik können wir als Literaturwissenschaftler uns nicht ohne weiteres anschließen.

Es scheint eben nicht ganz zufällig zu sein, daß die umfangreichsten Aktivitäten sich auf Editionen, also die Herausgabe von Texten, und die Erstellung von Wortindices[5] konzentrieren. Nicht zufällig sind solche Bemühungen auf dasjenige an literarischen Texten gerichtet, was an ihnen eindeutig ist oder wenigstens exaktifizierbar zu sein scheint: die Textgestalt und das 'Wortmaterial'. Ausgeschlossen bleiben dagegen alle Fragestellungen, die auf die Ambiguität als konstitutive Vieldeutigkeit der Literatur und die daraus sich ergebenden Überlegungen zur Bedeutung eines Textes zu richten wären.

Es handelt sich bei solchen Datenbankanwendungen im Grunde genommen um das modifizierte Programm kybernetischer Stilanalysen aus den sechziger Jahren, nur daß die Vorhaben jetzt frei von allen literarisch-literaturwissenschaftlichen Kategorien ins Werk gesetzt werden. Mit einer solchen, von außen, nämlich durch die Grenzen der computing machine, erzwungenen Reduzierung ihres Erkenntnisanspruchs kann sich die Literaturwissenschaft nicht abfinden, will sie nicht sich und die Literatur selbst aufgeben. Denn im besten Falle liefern diese jetzt per Computer erledigten Teile jedes philologischen Unternehmens Hilfsmittel zur eigentlichen Arbeit der Literaturwissenschaft, nämlich einen verläßlichen Text und ein zuverlässiges Register. Das sind zwar nur selbstverständliche Voraussetzungen, die aber des größten Fleißes und aller Ernsthaftigkeit wert sind. Im schlimmsten Fall jedoch – und der scheint zur Norm zu werden – befördern solche Unternehmungen den fatalen Eindruck, mit Edierung und Indizierung sei der literaturwissenschaftliche Umgang mit einem Text beendet.

Gegen diesen Primat der Sammlertätigkeit gibt es merkwürdigerweise in den Philologien so gut wie keinen Widerstand. Und dies ironischerweise nicht, weil der Konsens der Literaturwissenschaften und Literaturwissenschaftler allumfassend wäre, sondern weil die Editionsphilologie selbst inzwischen das Ideal einer historisch-kritischen Edition durchaus in Frage zu stellen scheint und Forderungen nach genereller Normalisierung der Schreibung in Leseausgaben aufgestellt werden. Ich befürchte, daß damit jedem "automatischen Vergleich von Texten bei Kennzeichnung der Textunterschiede" (Wegstein: a.a.O., S. 298) die methodische Legitimation entzogen ist.

Im Umgang mit Computerindices erfährt man schnell, daß gerade die erstmals garantierte, da automatisierte Vollständigkeit derartige Auflistungen zumeist überaus unhandlich macht, weil darin natürlich auch der Verzicht auf jede Gewichtung, so problematisch die in jedem Einzelfall wieder sein mag, beschlossen liegt. Wohl nicht nur aus Gründen der Arbeitsbelastung sind bislang Verbal- wie Realkonkordanzen nur für heilige Bücher wie Bibel und Koran und für deren säkulare Pendants wie die Werke Dantes, Shakespeares und Goethes erstellt worden.

Aus der Perspektive der Literaturwissenschaft wird augenfällig, daß für diese Wissenschaft der Computer keineswegs selbst schon ein Werkzeug ist, daß bestehende Aufgaben auf neue, effiziente Weise lösen hilft. Vielmehr sind die Apparate ein unspezifiziertes Mittel, für das händeringend Zwecke gesucht werden, deren Zweckmäßigkeit allerdings nicht im CIP entschieden wird.

3. Textverarbeitung

Im Anschluß an diese grundsätzlichen Überlegungen zu Möglichkeiten und Schwierigkeiten des Einsatzes der Datenverarbeitung in der Literaturwissenschaft soll nun die spezielle Problematik der Textverarbeitung behandelt werden. Dabei sollen insbesondere diejenigen Bereiche aufgezeigt werden, in denen der Computer wichtige Eigenschaften geisteswissenschaftlicher Reflexion berührt, indem er seine eigenen Verfahren denen einer Jahrhunderte und Jahrtausende alten Schreib- und Denkkultur entgegenstellt.

Die größte Attraktivität der neu eingerichteten Pools liegt ohne Zweifel in dem Angebot, den Studenten Arbeitsplätze zur Verfügung zu stellen, an denen sie Hausarbeiten, Examens- oder Doktorarbeiten per Textverarbeitung erstellen und ausdrucken können. Die Vorzüge der Textverarbeitung sind mittlerweile so allgemein – aber auch so vage – bekannt, daß selbst Studenten, die noch nie einen PC bei der Textarbeit gesehen haben, sich beinahe vorbehaltlos zum Umstieg auf die neue Technik entschließen. Der CIP-Pool nun stellt eine Art Durchgangsstation für diese Studenten dar. Die in den Münsteraner Pools angebotenen Kurse zur Textverarbeitung sind sehr gut besucht. Viele der Studenten machen hier ihre ersten Erfahrungen mit der elektronischen Datenverarbeitung; hier werden die Weichen gestellt für ihre spätere Bereitschaft und Fähigkeit, in den vielfältigen Arbeitsgebieten für Geisteswissenschaftler die Datenverarbeitung einzusetzen, ja ihre Einstellung zur Computertechnik überhaupt wird hier geprägt.

Erstes Problem sind nun die Räume selbst, in denen die Pools untergebracht sind. Denn sie sollten nicht nur für eine sinnvolle und ungestörte Arbeit, sondern auch für einen effizienten Unterricht geeignet sein. Beide Teilpools befinden sich in Bibliotheksräumen, um ihre Überwachung zu sichern, das hat aber zur Folge, daß in einem von ihnen gleichzeitig noch Zeitschriftenbände verwahrt werden müssen; hier ist mit dauernden Störungen der Benutzer zu rechnen. In beiden Pools fehlt es bislang auch an allen Unterrichtseinrichtungen, insbesondere an dem unerläßlichen Projektor für die Bildschirmanzeige. Einer der Räume ist zudem so klein, daß kein freier Gang hinter den Arbeitsplätzen besteht; bei laufenden Geräten werden hier die klimatischen Bedingungen nach einer Unterrichtsstunde unerträglich.

Ein weiteres Problem sind die Textverarbeitungs-Kurse selbst. Sie werden durchgeführt von Institutsangehörigen, die bereits eigene Erfahrungen mit dem jeweiligen Text-Programm haben. Diese Lehrenden sind zweifelsohne Fachleute in spezifischen Systemfragen, aber damit ist eine erfolgreiche pädagogische Aufbereitung der neuen Technik und ihrer Anwendungsmöglichkeiten noch nicht garantiert. Ein PC mit Text-Programm ist nicht einfach eine leistungsfähige Schreibmaschine. Er ist ein Gerät, das alles, was der Schreibmaschinen-Benutzer bislang über die Herstellung, Bearbeitung und Verwaltung von Texten wußte und praktizierte, von Grund auf verändert. Dringend benötigt wird daher ein Konzept für eine integrierte Vermittlung von Technik und 'Philosophie' des Schreibens per Computer. Man trainiert ja auch die Führerscheinkandidaten auf der Straße und nicht im Fahrsimulator! Zu erwägen wäre also, statt 'reiner' Kurse in Textverarbeitung eine Art literaturwissenschaftliches Methodenpropädeutikum auf Datenverarbeitungsbasis anzubieten bzw. als Wahlpflichtfach in die Studienordnung einzubeziehen.

Doch auch in der Konzeption der Pools selbst liegen einige Schwierigkeiten begründet. Ihre bereits angesprochene datentechnische Hermetik verhindert eine Anbindung der Textverarbeitung an andere Arbeitsbereiche der Geisteswissenschaften. Das Bibliographieren per Datenverarbeitung, sprich Datenbankrecherchen, die Anlage und Verwaltung eigener Datenbanken kann aber sinnvoll erst gelehrt werden, wenn im Pool der Zugriff auf bereits bestehende Datenbanken in den Geisteswissenschaften möglich wird. Ein erster Ansatz könnte bereits darin bestehen, die Bestände der jeweiligen Institutsbibliothek über den Pool zu erschließen. Das forderte freilich personellen Aufwand.

Ein technischer und organisatorischer Schwachpunkt der Pools ist der Drukker. Bei 8 PCs, die über einen Server einen einzigen Drucker ansteuern, entsteht häufig eine Verwirrung, die von den Pool-Benutzern nicht aufzulösen ist, da sie nicht in die Bedienung des Servers eingewiesen werden. In Münster war das Problem endloser Druckschlangen, die durch falsche und unvollständig gegebene oder zu oft wiederholte Druckaufträge ausgelöst wurden, so groß, daß man sich zeitweise dazu entschloß, Texte nur noch von einer Hilfskraft auszudrucken lassen, bei der man jetzt die Diskette einreichen kann. Damit ist aber eine selbständige Einübung der komplexen Druckfunktionen des Systems kaum mehr möglich. Andere Lösungen jedoch sind schwer zu finden, da die für den Pool verantwortlichen Hilfskräfte nicht den ganzen Tag über zur Verfügung stehen. Hier richten sich wesentliche Forderungen an das CIP. Wenn die Betreuung der einmal eingerichteten Pools nicht gesichert wird, 'verkommen' sie zu Hardware-Friedhöfen oder User-Spielplätzen.

Der Ausdruck von Texten ist aber nicht nur der technisch und organisatorisch schwierigste Teil der Textverarbeitung, er ist darüber hinaus immer noch ihr wesentliches Ziel. Doch die Schwierigkeiten mit dem Ausdruck führen bei den Benutzern dazu, sich mehr und mehr auf die Bearbeitung ihres Textes am Bildschirm zu verlegen, statt den wesentlichen Vorteil der Textverarbeitung auszunutzen, in Ruhe und Konzentration an Ausdrucken wie früher einmal an Fahnenabzügen arbeiten zu können. Statt den PC und die Textverarbeitung einzusetzen wie eine eigene Setzerei und Druckerei, scheuen die Studierenden die Schwierigkeiten des Ausdruckes und laufen so Gefahr, gerade die problematischen Seiten der Textverarbeitung in einer wichtigen Lernphase durchschlagen zu lassen.

Die übermäßige Konzentration auf die grafische Gestaltung der Texte am Bildschirm ist dabei ein geringeres Problem; hier drückt sich nur ein spielerischer oder verspielter Umgang mit dem Gerät aus. Gravierender ist, und hier wird nun wirklich die spezifische Reflexion in den Geisteswissenschaften gefährdet, daß die Konzentration auf den jeweiligen Textausschnitt ein detail-hermetisches, dissoziierendes und ahistorisches Verhältnis zum eigenen Text befördert. Um dies zu überwinden aber sind bei der Textverarbeitung andere Funktionen zu beherrschen als bei der Arbeit mit dem Papier. Wem nun in einer frühen Phase der PC-Arbeit der Unterschied zwischen dem optischen und dem elektronischen Suchen und Blättern, dem Verschieben mit der Schere und dem mit der Tastatur noch nicht völlig klar geworden ist, dem wird der eigene Text zunehmend unbeherrschbar und fremd.

Insbesondere aber wird das Korrigieren am Bildschirm ohne Papiervorlage zu einer Gefahr für jede Textbehandlung. Auf dem Papier sind die verschiedenen

Stadien eines Textes gleichzeitig erkennbar, damit sind auch die Stadien der Reflexion dokumentiert. Korrekturen, Einfügungen und Streichungen erscheinen als solche; und was vielleicht für einen fremden Leser nur ein undurchschaubares Gewirr ist, bleibt für den Schreiber selbst ein wichtiges Material, das den Gang seiner Überlegungen nachvollziehbar macht. Die Textverarbeitung aber zielt immanent auf die jeweils letzte Fassung in grafischer Perfektion; auch beim Anlegen von backups gehen nach und nach die Vorstufen verloren. Die Korrekturkennung am Bildschirm ist zwar möglich, aber sehr aufwendig im Vergleich zu der auf dem Papier. Damit aber gehen Sauberkeit und Korrektheit des Ausdruckes auf Kosten jener so wichtigen Nachvollziehbarkeit eines Gedankenganges. Auch hier bedarf es mehr als einer oberflächlichen Kenntnis vom Textsystem, um ein individuelles Verfahren zu entwickeln, das die Ahistorizität der eigenen Textproduktion verhindert. Und beiseite gesprochen: Man stelle sich einmal eine zukünftige Literaturwissenschaft vor, die keine Manuskripte, keine Fahnen-Korrekturen der bedeutenden Werke mehr besitzen wird!

Bei der Konfrontation mit diesen und ähnlichen immanenten Strukturen der Textverarbeitung schlägt nun häufig die Euphorie der Benutzer in eine sehr heftige Ablehnung um. Es ist zudem ein Irrglaube, die Textverarbeitung befördere automatisch z.B. die grammatische oder orthographische Richtigkeit der Texte. Zwar wird eine technische Vereinfachung der Korrekturen angeboten, doch wenn der Schreiber die geistige Kontrolle über seinen Text verliert, kann er die Möglichkeiten der Technik nicht mehr nutzen. – Und nicht nur über den pädagogischen Wert von "Rechtschreibprogrammen" muß noch eine gesonderte Diskussion geführt werden.

Nun mag man einwenden, dies seien vorwiegend individuelle Probleme, die kaum verhandelnswert sind, aber es ist zu befürchten, daß aus diesen Symptomen auf den Ausbruch einer für die Geisteswissenschaften möglicherweise ernsthaften Krankheit geschlossen werden muß. Denn wie ein allgemeines Nachlassen der Lesefähigkeit bei Studenten zu beobachten ist, das im weitesten Sinne auf die Dominanz der optischen Medien zurückgeführt werden kann, so ist auch die Schreibfähigkeit, die durch den PC durchaus befördert werden könnte, in akuter Gefahr. Wer in die Tastatur hinein'denkt' bzw. auf die maximal 24 Zeilen des Bildschirmes fixiert bleibt, läuft ebenso Gefahr, das Verständnis von "Text" als einem vielschichtigen Gewebe zu verlieren, wie derjenige, der auf das Styling seiner Sätze mehr Aufmerksamkeit verwendet als auf ihren Sinn. Es ist daher eine der vordringlichen Aufgaben der Geisteswissenschaften, die durch PC und Textverarbeitung sich still und heimlich vollziehende Revolution des Schreibens zu beobachten und kritisch zu begleiten. In den CIP-Pools der geisteswissenschaftlichen Institute dürfen diejenigen, die später einmal in den verschiedensten Berufen das Schreiben und das Geschriebene bestimmen werden, nicht allein im 'richtigen' Umgang mit Marken-Software geschult werden. Das Selbstverständliche und Unproblematische des 'Aufschreibens', das einmal Papier und Bleistift suggerierten, ist einer elaborierten Technik gewichen, die eine

Vielzahl von – um im Jargon zu bleiben – Standardvorgaben macht. Diese aber dürfen nicht unreflektiert zum Gesetz werden. Die Computer-Benutzer dürfen nicht allein zu 'verwendbaren' Usern ausgebildet werden, sondern sie sollten in die Lage versetzt werden, Impulse zur Gestaltung der Schreibprogramme und zu ihrer Handhabung geben und die Grenzen dieser Technik für die jeweiligen Anwendungen festlegen zu können. Wenn die Schreibenden sich von einer neuen Technik nicht überrumpeln lassen wollen, müssen sie sie erst in allen ihren Auswirkungen verstehen lernen. Sonst bewahrheitet sich auch hier ein Aphorismus von Karl Kraus: "Die Technik ist ein Dienstbote, der nebenan so geräuschvoll Ordnung macht, daß die Herrschaft nicht Musik machen kann."[6]

Anmerkungen

1. Friedrich A. Kittler: Aufschreibesysteme 1800/1900. München 1985.
2. Erwin Leibfried: Kritische Wissenschaft vom Text. Manipulation, Reflexion, transparente Poetologie [1970]. 2. Aufl. Stuttgart 1972.
3. Helmut Kreuzer und Rul Gunzenhäuser (Hrsg.): Mathematik und Dichtung. Versuche zur Frage einer exakten Literaturwissenschaft [1965]. 4. Aufl. München 1971. (= Sammlung Dialog 3). Max Bense: Aesthetica. Einführung in die neuere Aesthetik [1954-1960]. Baden-Baden 1965. S. a. Wilhelm Fucks: Nach allen Regeln der Kunst. Diagnosen über Literatur, Musik, bildende Kunst – die Werke, ihre Autoren und Schöpfer. Stuttgart 1968.
4. Werner Wegstein: Erfahrungen mit dem CIP-Pool in den Philologien. In: Computer-Investitions-Programm (CIP) im Hochschulbereich, herausgegeben vom Bundesminister für Bildung und Wissenschaft. Bonn 1988, S. 297-305, hier: S. 297.
5. Für den Bereich der neueren deutschen Literatur liegen eine Reihe solcher Wortindices vor, unter anderem zu barocken Trauerspielen, Goethe, Trakl.
6. Karl Kraus: Schriften. Hrsg. von Christian Wagenknecht. Bd. 8. Aphorismen. Frankfurt a.M. 1986. S. 340. Aus "Nachts" (1919).

Burkhard Spinnen

INTELTEXT[1] – CALL-Software mit natürlichsprachlichem Wissen

Jürgen Handke

Bergische Universität – GH – Wuppertal
Fachbereich Sprach- und Literaturwissenschaft

Abstract

Die vorliegende Arbeit erläutert eine CALL-Anwendung, die sich im Gegensatz zu handelsüblicher CALL-Software einer Reihe natürlichsprachlicher Verarbeitungsstrategien bedient. Das Programm besteht wie üblich aus einer Reihe von Modulen, die über das Programm informieren und das bekannte Maß an Bedienerfreundlichkeit an den Tag legen. Darüber hinaus allerdings besitzt es in seinem Kern eine Reihe von natürlichsprachlichen Prinzipien, die aus den Erkenntnissen der Computerlinguistik gewonnen wurden. Das Resultat ist ein hochflexibles lernfähiges System, das dem Lehrenden ein Höchstmaß an Kreativität und dem Lernenden eine wesentlich größere Flexibilität bei der Antwortgestaltung erlaubt. Die Programmierumgebung für INTELTEXT ist LISP.

1. INTELTEXT – ein Programmvorschlag

Das folgende Programm stützt sich auf die Prinzipien der Computerlinguistik, verliert dabei aber nicht einige wesentliche Anforderungen an didaktische Software aus den Augen. Diese sind:

- Benutzerfreundlichkeit
- Lernerfolgskontrollmöglichkeit
- Ansprechende graphische und farbliche Gestaltung

Im Gegensatz zur gegenwärtig verfügbaren Anwendersoftware im schulischen Bereich ist INTELTEXT in der Programmiersprache LISP programmiert worden, einer typischerweise symbolverarbeitenden Sprache. INTELTEXT umfaßt im compilierten Zustand 104 KB und läuft unter DOS. Der verwendete Interpreter/Compiler ist muLISP-86. Hardwarevoraussetzung für die Lauffähigkeit von INTELTEXT ist ein Arbeitsspeicher von mindestens 256 KB und 1 Diskettenlaufwerk.

2. Der Aufbau von INTELTEXT

INTELTEXT besteht aus mehreren Modulen, die je nach Bedarf geladen bzw. aus dem Arbeitsspeicher gelöscht werden. Dadurch wird die Belastung des Arbeitsspeichers auf ein Minimum gesenkt, sowie die Verarbeitungsgeschwindigkeit des Programms erhöht. Folgende Hauptmodule zeichnen INTELTEXT aus:

- die Informationskomponente
- das Autorensystem
- die Verarbeitungskomponente
- die linguistischen Prozeduren

Da die Zielsprache von INTELTEXT das Englische ist, beziehen sich nicht nur die Prozeduren, die das linguistische Wissen des Systems behandeln, auf diese Sprache, sondern auch die Informations- und Texterstellungskomponenten. Die in ihnen enthaltenen Anweisungen sind in englischer Sprache gegeben. Schauen wir uns die Arbeitsweise der Module im einzelnen an:

2.1 Die Informationskomponente

Zur Erleichterung des Umgangs mit INTELTEXT stehen dem Benutzer eine Reihe von Informationsseiten zur Verfügung, die Aufschluß über die Handhabung sowie die Funktionsweise von INTELTEXT geben. Folgende Informationsseiten können per Tastendruck z.T. sequentiell "durchblättert" werden:

Seite	Thema	Seite	Thema
1	General Information	1.1 1.2 1.3	Introduction Artificial Intelligence The Lexicon
2	How to Create an Exercise	2.1 2.2	Initial Steps A Sample Text
3	The Program and Its Modules	-	-
4	The Linguistic Background	4.1 4.2	The Linguistic Modules INTELSPELL
5	Literature	-	-

Fig. 1: Die Informationskomponente von INTELTEXT

Die Informationsseiten können jederzeit von jeder Komponente aus per Tastendruck aufgerufen werden.

2.2 Das Autorensystem

Mit dieser Komponente, die auf den Grundprinzipien handelsüblicher Textautomaten basiert, erstellt der Lehrer den vom Schüler zu bearbeitenden Text. Der Zugang zu diesem System wird über ein Paßwort, das im Normalfall nur dem Lehrer zugänglich ist, geregelt.

Eine der wichtigsten Methoden computergestützter Lernverfahren basiert auf den sogenannten "Lückentexten" (vgl. Phillips, 1985). Dabei sind Textlücken durch vorher genauestens festzusetzende Zielwörter, die der Schüler im Verlauf einer Sitzung einzufügen hat, zu füllen. Das Prinzip der Lücken im Text wird auch durch das Autorensystem von INTELTEXT zur Anwendung gebracht.

Im Gegensatz zur handelsüblichen Software allerdings wird eine Lücke bei INTELTEXT nicht mehr explizit auf der Basis eines einzigen genau vorgegebenen Zielwortes definiert, sondern sie wird nach linguistischen Kriterien präzisiert. Dabei wird der Lehrer durch einfach handzuhabende Menüs unterstützt. Schauen wir uns diese Methode im einzelnen an. Folgender Satz soll in einen Text aufgenommen werden:

(1) John ____ to London yesterday.

Bisher war es üblich, die Lücke z.B. wie folgt zu spezifizieren:

_____ = went

Bei weiterführenden Systemen mag noch die Möglichkeit der Synonymdefinition gestattet sein, z.B.

_____ = went, drove, got ....

INTELTEXT geht einen völlig anderen Weg. Nachdem man den Text erstellt und mit einer Lücke versehen hat, wird man nicht wie bisher aufgefordert, explizite Zielwörter, sondern linguistisch angemessene Definitionen einzugeben. Das geschieht über binär angeordnete benutzerfreundliche Menüs. Im Falle von (1) würden folgende Menüs aufgerufen werden:

Defining Gaps		
Noun Phrase Gaps	(NP)	- 1 -
Verb Group Gaps	(VG)	- 2 -
Prep.Phrase Gaps	(PP)	- 3 -
Explicit Gaps	(SYN)	- 4 -
Choice: 2		

Zugegeben, ein gewisses Maß an linguistischem Wissen sollte der Lehrer schon mitbringen, um eine Lücke präzise definieren zu können. In unserem Fall ist die Lücke natürlich als Verbgruppe zu behandeln. Nun wird vom System über Untermenüs der gewünschte Aspekt erfragt:

Verb Group Input 1	
Verb = Simple	- 1 -
Verb = Progressive	- 2 -
Choice: 1	

Im nächsten Schritt wird der Tempus definiert:

Verb Group Input 2	
Tense = Present	- 1 -
Tense = Pas	- 2 -
Tense = Future	- 3 -
Choice: 2	

Über weitere Menüs werden schließlich noch komplexe Tempusformen, z.B. Perfekt und Aktionsart erfragt. Bei all diesen Entscheidungen sollte natürlich mit äußerster Vorsicht zu Werke gegangen werden. Treten dennoch Fehler auf, so kann man jederzeit per Tastendruck eine Neueingabe vornehmen.

Nachdem nun die Verbgruppe syntaktisch definiert wurde, kann eine semantische Definition vorgenommen werden. Dieses geschieht entweder über Synonyma oder über explizite Merkmalsbeschreibungen, die ebenfalls über Menüs abgerufen werden können. Eine Merkmalsbeschreibung für die Lücke in (1) wäre z.B. <dynamic>. Damit würden Bewegungsverben als Lückenfüller zugelassen. Entscheidet sich der Lehrer für Synonyma, so gibt er wie bei den handelsüblichen Systemen eine beliebe Anzahl von Synonymen auf das Zielwort ein. Diese werden als Wortstämme, bei Verben also als Infinitive übermittelt, z.B:

go, come, fly, run, drive, get, walk

Interessanterweise kann INTELTEXT sowohl regelmäßige als auch unregelmäßige Verben mittels der linguistischen Prozeduren verarbeiten.[2]

Nachdem die Lücke vollständig definiert wurde, können entweder weitere Lücken in den Text eingefügt oder der Gesamttext abgespeichert werden. Dabei wird jede Lücke zusammen mit ihrer linguistischen Definition gespeichert. Für (1) sähe das so aus:

Lücke = (VG (simple past non-perfective active) dynamic)

Erlaubte Eingaben wären damit u.a.:

- walked
- went
- ran
- ...

Hier ein weiteres Beispiel:

(2) John saw an old man freezing in the street. He gave him ___.
___ = (NP (unspec count) nil)

In diesem Falle ist – natürlich auch über Menüs – eine Nominalphrase dahingehend definiert worden, daß sie lediglich ein semantisch nicht näher spezifiziertes aber zählbares Nomen enthalten muß. Dabei regelt das Lexikon, ob ein Determiner, z.B. *his* oder *some* das gewählte Nomen modifizieren darf. Der Determiner selbst darf nicht definit sein (neu eingeführte Themen bedürfen eines indefiniten oder nicht näher spezifizierenden Determiners). Erlaubte Eingaben wären hier u.a.:

- his coat
- a warm scarf
- some drink
- his old and dirty shoes
- a piece of bread
- ......

Wie schon bei der "Verblücke" ist die Möglichkeit der Eingabe nahezu unbegrenzt, da sie als richtig betrachtet wird, solange sie mit den im Autorensystem festgelegten linguistischen Merkmalen übereinstimmt.

Während der Eingabe eines Textes kann jederzeit der Text in seiner fertigen Form abgerufen und überprüft werden. Ist eine Lücke nicht nach den Wünschen definiert worden, so kann sie nachträglich modifiziert werden.

Fertig erstellte Texte werden in ihrer Gesamtheit in eine Datei geschrieben und stehen nunmehr jederzeit als abgeschlossene Übung zur Verfügung.

Wie bereits erwähnt ist das System so angelegt, daß nur unter Kenntnis des Paßwortes der Zugang zum Autorensystem erlangt werden kann. Bei der Erstellung eines Textes mit den Lücken und ihren dazugehörigen zu benennenden linguistischen Merkmalen kommen allerdings derart viele linguistische Verfahrensweisen zur Anwendung, daß die Texterstellung durch den Schüler unter Anleitung des Lehrers sicherlich ebenfalls zur Wissenserweiterung führt.

2.3 Die Verarbeitungskomponente

Das didaktische Kernprogramm von INTELTEXT ist die Verarbeitungskomponente. Sie präsentiert den vom Lehrer erstellten Text auf dem Bildschirm, regelt die Eingabemöglichkeiten, ruft den linguistischen Verarbeitungsalgorithmus auf und evaluiert die Benutzereingaben. Ein zu bearbeitender Text (hier eine Verb/ Tempus Übung) wird dem Schüler dabei wie folgt präsentiert:

```
                         Verb Exercise 1

John (1) ____________ to London yesterday.
He (2) ______________ there a long time ago.
Now he (3) _____________ in America.
But one day - he says - he (4) __________ back to England
for good.
               Please complete now Gap No. 1
           Press F1-Key for help or suggestions.
                     Press ESC to quit.
```

Fig. 2: Bildschirmaufbau (vereinfacht) bei der Textrepräsentation = Cursorposition

Im einzelnen laufen bei der Bearbeitung einer Übung folgende Schritte ab: Je nach Cursorposition wird der Benutzer aufgefordert, die jeweilige Lücke zu füllen. Sollte ihm keine Lösungsmöglichkeit zur Verfügung stehen, können jederzeit Hilfestellungen angefordert werden. Diese machen unter Zuhilfenahme des mit der Lücke assoziierten linguistischen Wissens dem Benutzer eine Reihe von Vorschlägen. Bei Inanspruchnahme dieser Vorschläge müssen wie üblich je nach Art des Vorschlages Punktabzüge in Kauf genommen werden.

Beim Füllen einer Lücke wird jeweils der integrierte Spellcheck, INTELSPELL, aktiviert, der die orthographische Struktur der eingegebenen Konstruktion überprüft und ggf. moniert. (Die Funktionsweise von INTELSPELL ist unten näher erläutert.)

Nachdem die zu bearbeitende Lücke gefüllt wurde, springt der Cursor auf den Anfang der nächsten Lücke und fordert, unterstützt durch ein akustisches Signal, zum Füllen der neuen Lücke auf. Sind alle Lücken gefüllt, wird der Evaluationsmechanismus aktiviert. Dabei wird Lücke für Lücke geprüft, ob der Lösungsvorschlag des Schülers mit den erwarteten linguistischen Strukturen übereinstimmt. Nehmen wir einmal folgende Schülerlösungen für den Text von Fig. 2 an (die Zielmerkmale sind zur Orientierung ebenfalls dargestellt):

(1) Eingabe: went
Ziel: (vg (simple past non-perfective active)
(come (go walk run drive ride fly))))

(2) Eingabe: had been
Ziel: (vg (simple past perfective active)
(study (be stay live))))

3) Eingabe: lives
Ziel: (vg (progressive present non-perfective active) nil)

4) Eingabe: will come
Ziel: (vg (simple future present non-perfective active) nil)

Folgende Auswertungen würden nacheinander präsentiert:

```
Gap-Evaluation Nr. 1
Gap No. 1 = went
Your verb-form is correct
You have chosen a semantically correct verb!
```

```
Gap-Evaluation Nr. 2
Gap No. 2 = have (simple past perfect)
Your verb-form is correct
You have chosen a semantically correct verb!
```

```
Gap-Evaluation Nr. 3
Gap No. 3 = lives
Target (with your verb) would have been = is living
Your answer is wrong!!
Form target = progressive present non-perfective
```

```
Gap-Evaluation Nr. 4
Gap No. 4 = will come
Your verb-form is correct!
The meaning of the verb is strange.
You should have chosen a verb like <go>
```

Fig. 3: Auswertemenüs von INTELTEXT

Bei der individuellen Lückenauswertung wird nach folgendem Schema vorgegangen: Zunächst wird die syntaktische Struktur der Eingabe evaluiert. Ist diese unkorrekt, wird über den vorhandenen Verbformgenerator auf der Basis des eingegebenen Verbs die entsprechend richtige Form erzeugt (vgl. Gap-Auswertung 3, wo die unkorrekte Form lives in das Ziel is living überführt wird). Nach Bearbeitung der Syntax wird das eingegebene Verb semantisch mit eventuell eingegebenen Synonymen oder Merkmalen abgeglichen. Sollte das Verb formal korrekt sein, aber eine nicht akzeptable Bedeutung haben, wird ein semantisch mögliches Verb im Infinitiv generiert (siehe Gap Auswertung Nr. 4). Die hier dargestellten Systemreaktionen sind z.Zt., da sich INTELTEXT im Entwicklungsstadium befindet zwar nicht sehr benutzerfreundlich, helfen aber dem Linguisten bei der Einschätzung der Benutzerreaktion. – Am Ende der individuellen Auswertung steht eine Gesamtbewertung, welche die Leistungen des Schülers vor dem Hintergrund einer Maximalpunktzahl einschätzt.

2.4 Die Linguistische Komponente

Kernstück von INTELTEXT sind die linguistischen Prozeduren. Sie ermöglichen die Anwendung des in so vielen didaktischen Programmen fehlenden natürlichsprachlichen Wissens. Im einzelnen machen sich die linguistischen Prozeduren folgende Algorithmen zunutze:

Orthographietest:	Konsonantische Skelettauswertung
Morphologieverarbeitung:	Affixationsprinzipien
Syntaxverarbeitung:	ATN-Formalismus
Lexikon und Semantik:	Conceptual Dependency Theory und CD-Netze

Zusätzlich enthält das System einen Formgenerator, der auf Grund morphologischer und orthographischer Prinzipien die entsprechenden Formen erzeugt.

2.4.1 Orthographietest

Ein fundamentaler Nachteil herkömmlicher CALL-Software ist die fehlende Korrekturmöglichkeit orthographisch fehlerhafter Eingaben. Vielfach geht diese Unzulänglichkeit soweit, daß vom orthographischen Ziel abweichende Eingaben als für das System überhaupt nicht erkennbar und damit als völlig falsch bewertet werden. Dabei ist es unerheblich, wie groß die Abweichung vom Ziel ist, auch geringste Fehler führen bereits zu Fehlermeldungen.

INTELTEXT geht einen anderen Weg. Zunächst einmal wird jedes Wort der Eingabe mit den vorhandenen Lexikoneinträgen verglichen. Ist der Vergleich erfolgreich, so liegt eine korrekte Schreibweise der Eingabe vor. Kann kein Lexikoneintrag gefunden werden, der mit dem Eingabewort kongruent ist, wird der integrierte Spellcheck, INTELSPELL, aktiviert. Im Gegensatz zu den Buchstabierhilfen herkömmlicher Textverarbeitungen, die den Vergleich Eingabewort/Lexikoneintrag buchstabenweise von links nach rechts durchführen, generiert INTELSPELL ein auf phonologischen Prinzipien beruhendes Konsonantenskelett. Mit einem solchen Skelett kann man eine weitaus größere Palette von Möglichkeiten generieren und damit die Buchstabierhilfe auf eine linguistische Basis stellen.

Die Konsonantenskelette (aus *Domputer würde intern DPTR) werden nun mit den relevanten Lexikoneinträgen, für die ebenfalls entsprechende Skelette generiert werden, verglichen. Mögliche Ziele werden gesammelt und anschließend als Alternativen angeboten, z.B.:

* Domputer ==>	Computer, Band etc.
* Duskette ==>	Diskette, Task etc.

Durch die Anwendung phonologisch/orthographischer Prinzipien verfügt INTELSPELL über wesentlich mehr Fähigkeiten als herkömmliche Buchstabierhilfen. Da derzeit auf Personalcomputern nur begrenzte Spracheingabemöglichkeiten gegeben sind, empfiehlt es sich, den Spellcheck an den Möglichkeiten der

Tastatur zu orientieren, also an der Wahrscheinlichkeit falscher Tastenbetätigungen. Auch damit würde INTELSPELL herkömmlichen Buchstabierprogrammen überlegen sein. Dieser Eingriff in das INTELSPELL Modul ist sehr leicht machbar.

2.4.2 Morphologieverarbeitung

Auch im Bereich der morphologischen Analyse kommen linguistische Kenntnisse und Verfahrensweisen zum Einsatz. Sie ermöglichen, daß das Lexikon von INTELTEXT lediglich Wortstämme und Affixe zu enthalten braucht. Die Verfahren sind im einzelnen (vgl. Handke, 1989, Kap. II und III):

- Netzwerklexikon mit Stämmen und Affixen
- Two-Level Morphologie

Dadurch kann nicht nur der Programmumfang gering gehalten werden, sondern man kommt auch den Prinzipien menschlicher morphologischer Verarbeitungsstrategien recht nahe.

2.4.3 Der Syntaxalgorithmus

Für die Syntaxverarbeitung wurde auf die Prinzipien der ATN-Grammatiken zurückgegriffen. Der ATN-Formalismus geht auf Woods (1970) und Kaplan (1972) zurück. Erstmalig im Expertensystem LUNAR (Woods, 1977) eingesetzt stellt der ATN-Formalismus einen leistungsfähigen Algorithmus zur Verarbeitung syntaktischer Information dar. Da die vorliegende Arbeit aus Platzgründen nicht in die Prinzipien und Funktionsweise von ATN-Grammatiken einführen kann, sei u.a. auf Winograd (1983) zur allgemeinen Information, sowie Handke (1987) zur Programmierung von ATN-Algorithmen hingewiesen.

Im Fall von INTELTEXT kann die benötigte ATN relativ klein gehalten werden, da lediglich Nominalkomplexe, Präpositionalphrasen bzw. Verbalgruppen verarbeitet werden sollen. Vollständige Sätze bedürfen keiner Überprüfung. Somit kann ein S-Netzwerk entfallen. Sobald der Parser (der syntaktische Analysealgorithmus) auf eine Lücke im Text (intern als * dargestellt) trifft, überprüft er sofort die mit der jeweiligen Lücke assoziierten Merkmale. Grundsätzlich sind nur folgende Lücken zugelassen:

a) NP-Lücken (Nominalphrasenlücken)
b) VG-Lücken (Verbalkomplexlücken)
c) PP-Lücken (Präpositionalphrasenlücken)
d) "Direkte" Lücken mit expliziten Zielwörtern
e) Synonymlücken

Lücken des Typs (d) und (e) werden wie in herkömmlichen didaktischen Programmen ohne Zugriff auf weitere Analyseprozeduren ausgewertet. Bei den übrigen Lücken tritt der ATN-Formalismus in Aktion. Je nach Art der Lücke wird die syntaktische Information der Eingabe durch den Parser erarbeitet und anschließend mit der Vorgabeinformation verglichen. Das geschieht über die syntaktischen Netzwerke der ATN. Ist der syntaktische Abgleich erfolgreich, werden bei Bedarf auch die semantischen Eigenschaften der Eingabe ermittelt und auf Richtigkeit überprüft.

2.4.4 Lexikon und Semantik

Die bisher dargestellten linguistischen Prozeduren und Prinzipien greifen ständig auf die im Systemlexikon enthaltene Information zu. Jedes Wort, das in das Lexikon von INTELTEXT aufgenommen wurde, besitzt eine Reihe von syntaktischen und semantischen Merkmalen, die in einer Liste abgelegt sind. Schauen wir uns einmal einige lexikalischen Einträge an:

a	=	((# det (indef (sg (count)))))
these	=	((# det (def (pl (count)))))
into	=	((prep (dir)))
go	=	((v (act (dyn))))
can	=	((# mod (able)))

Alle Einträge enthalten ein Wortklassen- oder Continuation Class Merkmale (v, prep, n etc. oder #, die Wortgrenze) sowie einige semantische Merkmale, z.B. den Typ einer Präposition (loc = Lokativ, dir = Direktional etc.) oder die semantische Klasse eines Verbs (dyn = Dynamisch). Natürlich ließen sich noch beliebige weitere Merkmale gerade im semantischen Bereich an die Lexikoneinträge binden, doch hat sich dieser fragmentarische Weg als durchaus praktikabel für den gestellten Aufgabenbereich erwiesen. Im übrigen ist das Lexikon lernfähig und damit permanent erweiterbar.

3. Fazit

Die linguistische Komponente, die isoliert gesehen zwar keine revolutionierende Neuerung darstellt, kann im Zusammenhang mit einer didaktischen Aufgabenstellung als wesentlicher Fortschritt betrachtet werden. Sie erlaubt es, Eingaben gewaltiger Komplexität zu analysieren, bei denen herkömmliche CALL-Systeme schnell versagen würden. Dadurch kann das Programm mit einer ungleich höheren Flexibilität ausgestattet werden. Daß diese Flexibilität allerdings auch Nachteile hat, haben Testläufe mit INTELTEXT gezeigt: Der Bediener – sprich Lehrer – dieser Software muß durchaus eine gehörige Portion linguistischen Wissens an den Tag legen, um Texte so zu gestalten, daß sie vom System auch analysierbar sind.

Anmerkungen

1. INTELTEXT steht für INTELligent TEXT. Es stützt sich auf das vom Autor erstellte System namens INTELLECT, ein natürlichsprachliches Betriebssystem für den PC.

2. Über eine weitere Abfrage wird der Benutzer aufgefordert, anzugeben, ob ein Verb regelmäßig ist oder nicht. Trifft Letzteres zu, so sind die Imperfekt und Partizip Perfekt Formen hinzuzufügen.Literatur

Literatur

Barr, A./Feigenbaum, E. A.: (eds). The Handbook of AI. (Vol. I. London: Pitman, (1981).

Handke, J.: Sprachverarbeitung mit LISP und PROLOG auf dem PC. Wiesbaden: Vieweg, 1987.

Handke, J.: "Computer Assisted Language Learning und Künstliche Intelligenz". In: D. Wolff (ed.). Neuere Technologien und Fremdsprachenunterricht, 1988.

Handke, J.: Natürliche Sprache in LISP, fortgeschrittene Programmiertechniken. Hamburg: McGraw-Hill (erscheint im April) 1989.

Kaplan, R.: "ATNs as Psychological Models of Sentence Comprehension". Artificial Intelligence 3 (1972): 77-100.

Quirk, R./Greenbaum, S./Svartvik, J./Leech, G.: A Comprehensive Grammar of the English Language. London: Longman, 1985.

Woods, W.: "Transition Network Grammars for Natural Language Analysis". Communications of the Association for Computing Machinery (1970): 591 - 606.

Woods, W.: "Lunar Rocks in Natural English". In: A. Zampolli (ed.). Linguistic Structures Processing. North-Holland, 1977.

Winograd, T.: Language as a Cognitive Process. New York: Addison Wesley, 1983.

Erfahrungen mit Autorensprachen – Chancen für CIP-Pools an geisteswissenschaftlichen Fakultäten

Viktor Vogt und Rainer Loska

Universität Erlangen-Nürnberg
Erziehungswissenschaftliche Fakultät

1. Vorbemerkungen

Anläßlich des CIP-Status-Seminars 1987 haben wir unter der Themenstellung "CIP-Pools als Lehrsysteme" berichtet[1], daß wir an der Erziehungswissenschaftlichen Fakultät der Universität Erlangen-Nürnberg seit 1986 eine Autorensprache als Werkzeug für die Entwicklung von Lehr- bzw. Lernsoftware einsetzen. Wir möchten in diesem Jahr unsere Erfahrungen zusammenfassend skizzieren und insbesondere an Beispielen aufzeigen, daß der Einsatz solcher Werkzeuge das Anpacken neuer Aufgaben im Bereich von Lehre und auch Forschung ermöglicht.

CIP-Pools wurden bisher vornehmlich im Rahmen ihrer Aufgaben als Einheiten für EDV-Dienstleistung und EDV-Basisausbildung verstanden. Durch die Sichtung, die Aufbereitung und das Angebot anspruchsvollerer informationstechnischer Hilfsmittel, die auch von EDV-Laien kreativ und mit begrenztem Aufwand im Bereich ihrer Aufgaben eingesetzt werden können, ergibt sich für CIP-Pools in geisteswissenschaftlichen Fakultäten die Rolle eines Partners für Lehre und Forschung, der für die Arbeiten der Lehrstühle neue computergestützte Werkzeuge, Themen und Arbeitsweisen anstößt und durch Ausbildung verfügbar macht.

2. Programmiertool gesucht!

Es lag nahe, auf dem Markt unter den professionellen Programmierwerkzeugen ein für die speziellen Aufgaben der Fakultät angemessenes auszusuchen. Die Analyse der Wünsche unserer Benutzer führte zur Überprüfung von Autorensystemen. (Autorensysteme sind Programmierhilfen, die vor allem die Entwicklung von Software für Lehr- und Lernzwecke unterstützen.) Die Prüfung des Marktangebotes hat allerdings gezeigt, daß die Mehrzahl dieser Produkte in ihrer Struktur der traditionellen computerunterstützten Unterweisung (CUU) angepaßt sind und damit auch die heute bekannten Nachteile reproduzieren.

Insbesondere die weit verbreiteten, ausschließlich menügesteuerten geschlossenen Autorensysteme ermöglichen dem Anwender durch ihre geringe Flexibilität lediglich die Produktion "elektronischer Bücher" mit rigider Kontrolle des Lernenden, trivialer Interaktion (Ja/Nein-Schemata) und einer Lernzielkontrolle ausschließlich durch Multiple-Choice-Verfahren. Gerade die für den Bereich der Lehre so wichtige Erstellung von Simulationen, Planspielen und Lernermodellen ist damit weitgehend ausgeschlossen.

Wir haben uns deshalb für eine Autorensprache entschieden, die neben einer Benutzeroberfläche auch eine einigermaßen leistungsfähige Programmiersprache beinhaltet. Mit der Einführung der Autorensprache TenCore war die Möglichkeit geschaffen, unter erheblicher Verminderung des Zeitaufwandes und der Kosten, im Team anspruchsvollere Software zu entwickeln. Unsere mittlerweile fast dreijährigen Erfahrungen beim Einsatz dieses Werkzeugs haben uns gezeigt, daß wir den richtigen Weg beschritten haben. Es war gelungen, Studierende verschiedener Fachrichtungen, die für eine Arbeit mit Programmiersprachen sonst nicht zu gewinnen gewesen wären, für die Entwicklung von Software in ihrem Studiengebiet zu motivieren. Es konnten Examensarbeiten vergeben werden, die in der für solche Arbeiten zur Verfügung stehenden Zeit zum Abschluß gebracht werden konnten und zu ansprechenden Ergebnissen in Form von Programm und Dokumentation führten.

3. Die Erblast des Computerunterstützten Unterrichts

Die Entwicklung von Software für unterrichtliche Zwecke wird heute immer noch durch die Erfahrungen mit dem traditionellen CUU belastet[2]. Dabei wird nicht zur Kenntnis genommen, daß die ungeheuer dynamische Entwicklung der Informationstechniken sowohl auf dem Gebiet der Hardware (interaktive Medien) als auch auf dem Gebiet der Software (mehr Intelligenz, Extremfall Intelligente Tutorielle Systeme) die Frage nach dem Computereinsatz im Unterricht neu stellt.

Als Reaktion auf die Kritik am behavioristischen Ansatz und aufgrund der technischen Entwicklung wurden **verzweigte Lernprogramme** mit **flexiblen Feedback-Mechanismen** in Angriff genommen. Es ist allerdings eine Tatsache, daß vornehmlich im Bereich des Computer-Based-Training die meisten Anbieter von Lernsoftware diese Erkenntnisse offenbar ignorieren. Für eine sinnvolle, didaktisch gerechtfertigte Weiterentwicklung des CUU sind heute folgende Schwerpunkte auszumachen:

- Flexibilisierung des Dialogs Mensch-Maschine
- Anpassung an den Kenntnisstand des Lernenden und sein Lerntempo

- Verstärkter Einsatz von Graphik
- Individualisierung des Durchlaufens der Kurse
- Abkehr von Ja/Nein-Antwortschemata (Extrem: natürlichsprachliche Abfragen und Antworten)

Die Auseinandersetzung mit den heute verfügbaren Veröffentlichungen zeigt, daß Intelligente Tutorielle Systeme für die Praxis des Computereinsatzes als Medium im Unterricht (auch Hochschule) nicht die einzige und sicherlich nicht die praxisgerechteste Fortschreibung dieses Ansatzes sind. Für den Lehrbereich ist zu erwarten, daß Computer auch als Medium nicht nur für Zwecke der Selbststudien Eingang finden werden. Dies verlangt nach praktikablen Software-Lösungen, die auch ohne aufwendige Expertenteams erstellt werden können. Zudem müssen diese Konzepte auf den einfachen, in der Lehre einzusetzenden Maschinen lauffähig sein. Damit stellt sich auch für die Hochschulen eine in die Zukunft weisende Aufgabe: die Entwicklung und Evaluation von Konzepten für den pädagogisch und didaktisch motivierten Einsatz von Computern[3].

4. Beispiele für den Einsatz von Autorensystemen

4.1 Lehrerausbildung

Fachbereiche, zu deren Aufgaben auch die Lehrerausbildung gehört, werden durch die Entwicklung in den Schulen:

- Informationstechnische Grundbildung
- Informatikunterricht
- Integration von Informationstechniken in die Fächer

mit dem Problem der Unterrichtssoftware und dem Computer als Medium konfrontiert[4]. Da diese Entwicklung künftig nahezu alle Fachrichtungen erreicht, sind alle lehrerbildenden Institutionen in die Pflicht genommen.

Es hat sich bei unserer Arbeit gezeigt, daß gerade Lehramtsstudierende mit einem Autorensystem zur Auseinandersetzung mit den neuen Technologien gewonnen werden können: das technokratische Element tritt in den Hintergrund, im Vordergrund stehen die mediale Funktion des Rechners und die Analyse von didaktischen Strukturen. Studierende, die ein Lernprogramm erstellt haben, berichten übereinstimmend von ihrem Gewinn an didaktischem Sachverstand auf Grund der erforderlichen Auseinandersetzung mit einem Unterrichtsinhalt im Detail. – Für die Zukunft stellen sich hier noch eine Reihe wichtiger Aufgaben:

- Bewertung von Lehr-/Lernsoftware
- Evaluation von computerisierten didaktischen Konzepten
- wissenschaftliche Grundlagen für die Ausbildung von Lernprogrammautoren und Lernsystemanalytikern (neue Berufe, die zunehmend auch für die Wirtschaft relevant werden)

Mit Hilfe der Autorensprache entstanden bereits eine Reihe von Arbeiten, zusammen mit Angehörigen verschiedener Lehrstühle und in mehr oder weniger selbständiger Tätigkeit von Studenten für ihre Examensarbeiten. Wir nennen zunächst einige dieser Programme, um dann auf eines näher einzugehen.

- Für den Physikunterricht wurden Simulationen erstellt.
- Weiter entstand eine Lern- und Arbeitshilfe mit Problemorientierung für den PC-Einsteiger, bei dem die DOS-Umgebung simuliert wird.
- Eine Studentin schuf für das Fach Arbeitslehre ein dialogorientiertes Planspiel zur Haushaltsführung. Der Benutzer kann zwischen verschiedenen Gehaltsklassen auswählen und dann in Monatsschritten die Entwicklung seiner Finanzen verfolgen, wobei er eine Reihe von Möglichkeiten des Sparens, der Kreditaufnahme und des Kaufens hat. Unvorhergesehene Ereignisse sind im Programm eingebaut.
- Vom Lehrstuhl für Didaktik der Geographie wurde bereits eine Reihe von Programmen ausgearbeitet. Das am weitesten erprobte heißt "Hunger in Nordafrika" und beinhaltet ein Planspiel, bei dem die Betriebsführung einer hypothetischen afrikanischen Familie verfolgt wird. Dabei wird eine Reihe von Bedingungen berücksichtigt, auf die der Benutzer einwirken kann. Ob z.B. Geburtenkontrolle vorgenommen wird, Kinder in die Stadt zur Schule geschickt, ob Maschinen angeschafft, welche Pflanzen angebaut werden, ob Maßnahmen gegen die Bodenerosion angepackt, Brunnen gegraben werden, der Viehbestand verringert oder erweitert wird usw. Nach diesen Entscheidungen, die für jedes Jahr neu zu treffen sind, wird die Entwicklung unter realistischen Risikobedingungen, wie Dürre oder starker Regenfall, simuliert.

4.2 Ein Beispiel aus der Forschung

Etwas genauer vorstellen möchten wir ein Projekt, das zur Zeit in Zusammenarbeit mit dem Lehrstuhl für Didaktik der Mathematik läuft. Wir zeigen dabei Aspekte auf, die für den Einsatz von Rechnern als Instrument für die empirische Forschung von Bedeutung sind. Es handelt sich dabei um ein Diagnostik- und Therapieprogramm, das die Fähigkeit und Fertigkeit von Schülern in den vier Grundrechenarten zum Gegenstand hat. Im diagnostischen Teil werden in einem ersten Durchgang und nach einer Einführung in die Handhabung des Programms den Schülern Aufgaben zum Lösen vorgelegt. Sie können frei korrigieren und neu ansetzen. Ihre Aktionen werden vom Computer protokolliert und sind damit rekonstruierbar (siehe Abb. 1). Fehlerhafte Ergebnisse werden mit Hilfe von Fehleralgorithmen ausgewertet und bestimmten Fehlertypen zugeordnet (siehe Abb. 2). Während dieses Eingangstests erhalten die Schüler keinerlei Rückmeldung. In einem zweiten Durchgang werden die falsch gelösten Aufgaben erneut vorgelegt. Diesmal findet ein Dialog Schüler-Maschine statt, einmal zu dem Zweck, die vorher nicht immer eindeutige Zuordnung von Fehlern zu einem Fehlertyp zu klären, zum andern, um sogenannte Flüchtigkeitsfehler von systematischen Fehlern zu unterscheiden.

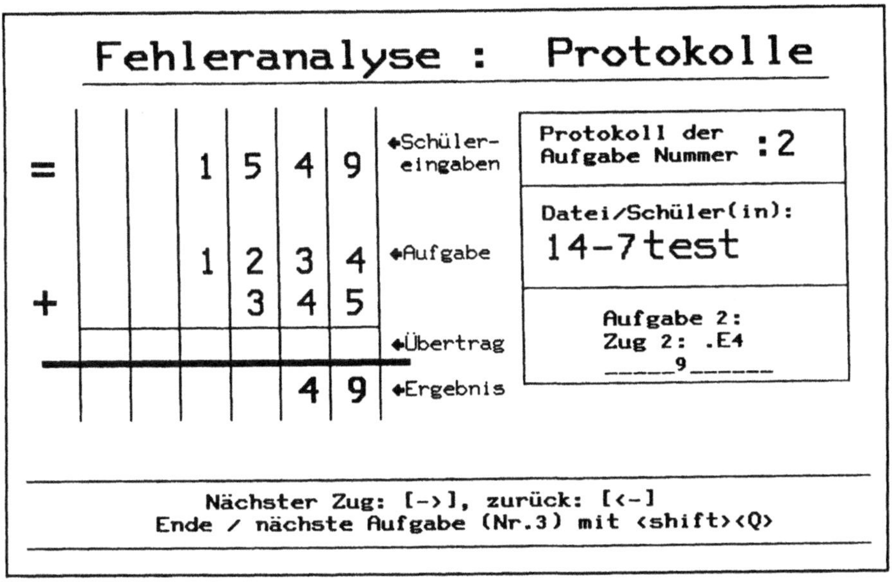

Abb. 1: In der Ergebnis- und Übertragungszeile werden sämtliche Eingaben des Schülers durch Betätigung der Cursortasten schrittweise sichtbar

Fehleranalyse : Fehlertypen

Aufgabe (2) **Datei: 14-7test.**

	Schüler	Rechner	DeltaX
Summand1	.ØØØ1234	.ØØØ1234	
Summand2	.ØØØØ345	.ØØØØ345	
Übertrag	.ØØØØØØØ	.ØØØØØØØ	.ØØØØØØØ
Ergebnis	.ØØØ1549	.ØØØ1579	.ØØØØØ3Ø
korrekt:	.ØØØ1579		

Diff+/-:	.ØØØØØ3Ø	Absolute Diff.(Spaltenweise)
Persev.:	.-----B-	Alphabetische Codierung (z.B. D=1.,B=2.Sum
Eins+1 :	.-------	Abs(Diff.) = 1
Null :	.-------	A=1., B.=2.Summand
ÜSpalte:	.-------	Übertragsnotierung weicht um n ab
Abbruch:	.-------	Höchste Stelle(n) vergessen
Invers.:	.-------	Subtraktion statt Addition möglich
PartOp.:	.-------	Vergessen eines Summanden/ des Übertrages
NoType :	.---!!x!	? = Kein Fehlertyp entdeckt
		! = Korrekte Ziffer an Stelle n
		- = Kein Eintrag erforderlich
		x = Fehlertyp bekannt (s.o.)

Abb. 2: Protokollierte Ergebnisse und algorithmisch aus den Protokolldaten ermittelte, kodifizierte Fehlermatrix

Nach der Auswertung der Fehler sollen dann im Therapieteil individuelle Lernhilfen einsetzen. Ein Schlußtest nach Absolvierung dieses Teils dokumentiert den Erfolg bzw. Nicht-Erfolg.

Die Besonderheiten des Programms in Hinblick auf die empirische Forschung möchten wir im Vergleich zu den bisherigen Vorgehensweisen darstellen. Dabei müssen wir der Redlichkeit halber hinzufügen, daß, um z.B. die Fehlertypisierung vornehmen zu können, ein Forschungs"vorlauf", der nicht mit Hilfe des Computers gewonnen wurde, vorhanden sein mußte, auf den wir zurückgreifen konnten. Bislang wurden die Daten für die Forschung auf diesem Gebiet erhoben über

1) Fragebögen
   - damit wurde die größte Anzahl von Probanden erfaßt
2) Verfahren
   - der Beobachtung
   - des "lauten Denkens"
   - Einzelinterviews

Das Procedere unseres Vorhabens sieht so aus, daß die Disketten an die Schulen bzw. Lehrer geschickt werden. Die Disketten kommen mit den Protokolldaten wieder zurück an die Universität.

Der Umfang der so gewonnenen Daten geht weit über den der durch Fragebögen erhaltenen hinaus, erfaßt aber andererseits nicht so viele Aspekte wie bei den unter 2) genannten Verfahren. Diese setzen jedoch geschulte Kräfte voraus, sind deshalb sehr aufwendig und besonders kostenintensiv und können nur bei einer relativ kleinen Anzahl von Probanden angewandt werden, wohingegen sich unsere Datenpalette auf sämtliche Probanden bezieht.

Zudem müssen Fragebögen erst ausgewertet werden, die Daten also für den Computer umgewandelt und dann eingegeben werden. Dies entfällt bei unserer Vorgehensweise. Unsere Daten sind bereits computerisiert.

Erfahrungsgemäß ergeben sich bei der Auswertung der erhobenen Daten oft Interpretationsprobleme. Durch den Zwang, für unser Programm die Auswertung algorithmisieren zu müssen, wurde uns besonders deutlich, daß es oft miteinander konkurrierende Klassifikationsmöglichkeiten gibt, weshalb wir auch einen zweiten interaktiven Durchlauf konzipiert haben. Die dann immer noch nicht eindeutigen Fälle können dann immerhin eindeutig identifiziert werden. Wir erhoffen uns, durch die Rekonstruktionsmöglichkeiten, die wir programmtechnisch eingebaut haben, diese Fälle didaktisch erschließen zu können.

Da im allgemeinen Fragebögen weder Lehrern noch Schülern einen unmittelbaren Nutzen bringen, haben wir vorgesehen,

- daß dem Schüler das Diagnoseergebnis mitgeteilt wird, er also seine Schwächen benannt bekommt,
- daß der Lehrer neben den Einzelauswertungen einen Überblick über die Rechenfertigkeiten der gesamten Klasse nach Fehlertypen aufgeschlüsselt erhält,

- daß Schüler und Lehrer durch die therapeutischen Angebote in ihrer schulischen Arbeit unterstützt werden.

Somit werden pädagogische Intentionen und Forschungsinteresse miteinander verknüpft.

Unser Konzept und die Programmstruktur ermöglichen es, in großem Umfang Protokolldateien erstellen zu lassen. Dadurch ist es uns möglich, Aktivitäten der Probanden zu rekonstruieren und auf Fälle aufmerksam gemacht zu werden, die sich in das im vorhinein vorgenommene Klassifikationsschema nicht einfügen. Wir zielen auf weitere Verbesserungen des theoretischen Konzepts ab, sei es durch die Konstruktion neuer Kategorien oder durch die Einbeziehung neuer Parameter. Für den sogenannten therapeutischen Teil erwarten wir uns durch die Protokollierung Daten, die uns bei der Evaluierung von Lernprogrammen helfen, und die über den einfachen Vergleich der Ergebnisse des Eingangs- mit denen des Schlußtests weit hinausgehen.

6. Erfahrungen und Ausblicke

Unsere Erfahrungen mit Lernsoftware haben gezeigt, daß der Aufwand für ihre Erstellung mit 100 bis 300 Arbeitsstunden angegeben werden kann. Dieser Aufwand reicht für die Entwicklung von Planspielen, Simulationen, einfachen Lehr-/ Lernprogrammen aus und kann von einem Studierenden in ein bis vier Monaten bewältigt werden. Der Rest der Zeit kann für die Erstellung einer Dokumentation, eines Unterrichtskonzepts, oder einer – etwas reduzierten – schriftlichen Arbeit verwendet werden. Die Programme umfassen in aller Regel eine Unterrichtseinheit.

Aufwendigere Aufgabenstellungen müssen in Teamarbeit durchgeführt werden. Die Erstellung von Drehbüchern, Unterrichtskonzeptionen und die Programmierarbeit können je nach Neigung und Befähigung an die Studierenden verteilt werden. Die so erstellte Software kann von den Fachdozenten als Grundlage für empirische Untersuchungen weiterverwertet, ausgebaut und evaluiert werden.

Anmerkungen

1. Vgl. V. Vogt, CIP-Pools als Lehrsysteme - Autorensprachen mit Videosteuerung. In: Computer-Investitions-Programm (CIP) im Hochschulbereich, Schriftenreihe Studien Bildung Wissenschaft, Band 66, herausgegeben vom Bundeminister für Bildung und Wissenschaft, Bonn 1988.
2. Vgl. Tim O'Shea/John Self, Lernen und Lehren mit Computern, Stuttgart 1986. Mandl/Fischer (Hg.), Lernen im Dialog mit dem Computer, München 1986.
3. Vgl. hierzu auch W.L. Fischer, Die Integration des Computers in den Unterricht – Möglichkeiten und Grenzen. In: Computer im Unterricht, bbw-Dokumentationsreihe Nr.2, München

1986. H. Bussmann/W. Heymann, Computer und Allgemeinbildung. In: Neue Sammlung 27/ H.1, Stuttgart 1987, S. 22 ff..

4. Vgl. BLK für Bildungsplanung und Forschungsförderung (Hg.), Gesamtkonzept für die informationstechnische Bildung, Bonn 1987.

Rainer Loska

Von der Programmbörse zum Wissenschaftsforum – Plädoyer für eine Wissenschaftsmailbox

Carl-Eugen Eberle

Universität Hamburg
Seminar für Verwaltungslehre

Mit der Einrichtung von Computerpools an Fakultäten, Fachbereichen und Universitätsinstituten, die bislang keine oder nur geringe Berührung mit der Datenverarbeitung hatten, ist der Informations- und Kommunikationsbedarf in diesen Einrichtungen außerordentlich gewachsen. Deshalb ist zu überlegen, ob dieser Bedarf nicht dadurch gedeckt werden kann, daß die in den Pools installierten Personal Computer zusammen mit den sonst in diesen Einrichtungen eingesetzten Datenverarbeitungsgeräten für Kommunikationszwecke genutzt werden. Das Konzept einer Wissenschaftsmailbox enthält Vorschläge dafür, wie universitäre Kommunikation mit informationstechnischer Unterstützung organisiert werden könnte, um elementaren Kommunikationsanforderungen gerecht zu werden.

1. Informations- und Kommunikationsbedarf der CIP-Pools

Ursache für den zunehmenden Informations- und Kommunikationsbedarf ist zum einen, daß der Einsatz von Informationstechnik umfangreiches Wissen über Hardware, Software und Anwendungsmöglichkeiten voraussetzt. Dieses ist im Standard-Wissenskanon insbesondere der geistes- und sozialwissenschaftlichen Fachgebiete gewöhnlich nicht enthalten und muß demnach erst erworben werden. Zum anderen wird die technische Kommunikation, d.h. der Austausch von Informationen über lokale Netzwerke oder Telekommunikationsnetze und -dienste, zunehmend als ein Mittel erkannt und genutzt, um die allgemeine wissenschaftliche Information und Kommunikation zu erleichtern und zu verbessern.

1.1 Erfahrungsaustausch zur Einrichtung und Pflege von CIP-Pools

Die Einrichtung von PC-Pools unter Inanspruchnahme der Förderung nach dem Computer-Investitions-Programm (im folgenden CIP-Pools genannt) erfolgt an vielen Universitäten weitgehend dezentralisiert. Das bedeutet, daß die Verantwortung für die Beschaffung und Pflege von Hard- und Software, für die Durchführung baulicher Maßnahmen, für die Gestaltung der PC-Arbeitsplätze, für die Organisation der Pool-Benutzung und für vieles anderes mehr bei den wissenschaftlichen Einheiten liegt, welche die CIP-Pools betreiben.

Bei der Wahrnehmung dieser Aufgaben stehen die Poolbetreiber zunächst hinsichtlich der Beschaffungsfragen vor den gleichen Problemen, soweit es um Informationen über Leistungsfähigkeit, Eignung und Preise von Hard- und Software geht. Auch hinsichtlich der Organisation der Poolnutzung, des Zugangs zu Datenbanken und zu Telekommunikationsdiensten sowie der Poolsicherung stellen sich überall im wesentlichen die gleichen Fragen[1]. Deshalb besteht an allen Universitäten ein außerordentlich großer, in vielen Bereichen aber gleichgerichteter Bedarf, sich über alle genannten Probleme sachkundig zu machen. Dieses Informationsbedürfnis kann am effektivsten durch einen Erfahrungsaustausch mit Poolbetreibern der gleichen Disziplin an anderen Universitäten befriedigt werden.

1.2 Wissenschaftliche Information und Kommunikation

Der Bedarf an Information und Kommunikation wächst aber auch im Hinblick auf die Lehr- und Forschungstätigkeit im Umfeld der CIP-Pools. Er bezieht sich zum einen auf Lernprogramme, die an den jeweiligen Pools entwickelt und erprobt werden. Die Erstellung von Teachware ist sehr aufwendig, so daß es geraten erscheint, ihren Nutzungsgrad dadurch zu erhöhen, daß sie auch den Studenten anderer Universitäten zur Verfügung gestellt wird.

Darüber hinaus besteht allenthalben ein großes Interesse daran, über Forschungs- und Entwicklungsarbeiten an den einzelnen Universitäten unterrichtet zu sein. Da es angesichts der raschen technischen Entwicklung zunehmend schwieriger wird, die Relevanz technischer Neuerungen für die eigene Arbeit richtig einzuschätzen, erlangt der Erfahrungsaustausch auch auf diesem Gebiet eine gesteigerte Bedeutung. Der Informationsaustausch ist weiter geboten, um forschungspolitische Entwicklungen frühzeitig sichtbar zu machen. Hierzu zählt auch, daß Möglichkeiten der Forschungsförderung einem breiten Kreis von Interessierten bekannt gemacht werden.

Vor allem aber geht es darum, eine Zusammenarbeit der Pools zu initiieren. Sie verspricht Kreativitätsgewinn und Synergieeffekte. In Betracht kommt hier die rasche Information über Forschungsveranstaltungen und deren Ergebnisse sowie über laufende und abgeschlossene Forschungsprojekte. In intensivierter Form kann die Zusammenarbeit über problembezogene Diskussionsrunden bis hin zu projektbezogener Zusammenarbeit reichen.

1.3 Studentische Information und Kommunikation

Zu berücksichtigen ist schließlich auch ein wachsender studentischer Informations- und Kommunikationsbedarf. Er ist darauf gerichtet, sich über Ausbildungskonzepte und Lehrangebote an den unterschiedlichen Studienorten zu unterrichten.

Das Interesse gilt Seminar- und Promotionsthemen, aber auch Lehrmaterialien und Lernprogrammen.

2. Modellierung der Informations- und Kommunikationsinfrastruktur

Ausgangspunkt der folgenden Überlegungen ist die These, daß der aufgezeigte Informations- und Kommunikationsbedarf nach einem speziellen Kommunikationsdienst verlangt. Das Konzept eines solchen Dienstes wird durch die besonderen Anforderungen geprägt, die für die hier infrage stehende Kommunikation kennzeichnend sind.

2.1 Anforderungen

Für das Anforderungsprofil eines solchen Kommunikationsdienstes sind im wesentlichen benutzerbezogene Gesichtspunkte, Art und Umfang der für notwendig erachteten Kommunikationsleistungen sowie kommunikationstechnische Kriterien maßgeblich.

2.1.1 Benutzerorientierung

Als Benutzer des Kommunikationsdienstes kommen Personen in Betracht, welche die Informationstechnik nur sehr dediziert als Hilfsmittel für eng umgrenzte Aufgaben nutzen, bei denen darüber hinaus aber keine speziellen Datenverarbeitungskenntnisse erwartet werden dürfen. Diesem Kenntnisstand der Benutzer ist durch eine benutzerfreundliche Systemoberfläche Rechnung zu tragen.

Die Kommunikationsart ist stark von den Benutzerbedürfnissen geprägt. Der Dienst sollte individuelle Kommunikation zwischen zwei oder mehreren Partnern ermöglichen, aber auch die Bildung von Diskussionsrunden z.B. zu bestimmten Themen oder sonstigen Anlässen zulassen. Kennzeichnend ist also eine Option für individuell gestaltete, vermittlungsorientierte Kommunikation mit im wesentlichen benutzerbestimmten Kommunikationsstrukturen und Kommunikationsinhalten. Eine solchermaßen benutzeroffene Systemgestaltung ist eine wichtige Voraussetzung dafür, daß das Innovations- und Kreativitätspotential der Benutzer vom System uneingeschränkt aufgenommen und unterstützt werden kann. Hinzu kommt, daß auch der Zugang zu diesem Dienst möglichst offen gestaltet sein sollte. Das bedeutet insbesondere, daß Schnittstellen eingerichtet werden müssen, über die Informationen mit Teilnehmern anderer Kommunikationsdienste ausgetauscht werden können. Solche Kommunikationsdienste, die als sparten- oder branchenspezifische Einrichtungen bereits existieren, bieten auch für Fragestellungen an den Hochschulen häufig interessante Informationen. Deshalb müssen sie auch für die universitäre Information und Kommunikation zugänglich sein und umgekehrt.

2.1.2 *Multifunktionalität*

Zu den Leistungen, die ein Kommunikationsdienst anbieten sollte, gehören als wichtigstes zunächst Funktionen, die unter dem Begriff "Message-Handling-Systeme" oder "Elektronische Post" zusammengefaßt werden[2]. Sie erlauben eine Kommunikation mittels passwortgeschützter "Postfächer", über die Informationen abgelegt und herausgelesen werden können. Über spezielle Protokolle sollte darüber hinaus auch der Transfer von Binärdateien möglich sein (Programmaustausch).

Als weitere Leistungsangebote sollten Informations- und Diskussionsforen angeboten werden. Über diese häufig als (Schwarze) Bretter bezeichnete Einrichtungen stehen Informationen für jeden, der Zugang zu dem Dienst hat, bereit, bei Diskussionsforen besteht überdies die Möglichkeit, eigene Beiträgen für das Brett zu liefern.

Schließlich sollte über diesen Kommunikationsdienst die Möglichkeit eröffnet werden, weitere Informations- und Kommunikationsdienste in Anspruch zu nehmen. Dabei geht es um den Zugriff auf Datenbanken, aber auch um den Zugang zu Mailboxsystemen oder bestimmten Telekommunikationsdiensten wie Telex, Teletex oder Telefax.

2.1.3 *Technische Merkmale*

Die technischen Rahmenbedingungen zur Benutzung dieses Kommunikationsdienstes müssen sich an der informationstechnischen Standardausstattung des universitären Arbeitsplatzes orientieren. Sie ist heute vielfach schon (und wird in Zukunft in verstärktem Maße) geprägt durch das Vorhandensein eines Personal Computers und den Zugang zum Telefondienst. Zu erwarten ist in absehbarer Zeit, daß die Arbeitsplatzcomputer über ein internes Universitätsnetz verbunden werden und hierüber Zugang zu weiteren Kommunikationsnetzen und -diensten erhalten. Deshalb sollte der hier geforderte Kommunikationsdienst für eine PC-orientierte Nutzung eingerichtet werden. Der Zugang zu diesem Dienst muß über Standardnetze und -dienste der Telekommunikation (Telefon, Datex-P) möglich sein. Soweit Forschungsnetze speziell auch für eine PC-orientierte Kommunikation unter den Universitäten eingerichtet werden, sollte der Zugang dementsprechend ebenfalls über sie erfolgen können.

2.2 Folgerungen für das Systemkonzept

Auf der Suche nach einem Konzept für den hier geforderten Kommunikationsdienst bieten sich das Konzept einer Datenbank oder das einer Mailbox an.

2.2.1 *Datenbankkonzept*

Zunächst könnte man daran denken, den geforderten Kommunikationsdienst nach dem Konzept einer Datenbank zu gestalten, über die alle relevanten Informationen gespeichert und abgerufen werden. Überlegungen, eine Programmbörse für alle universitären CIP-Pools in der Form einer Datenbank einzurichten, weisen in diese Richtung. Ein solches Datenbankkonzept erscheint jedoch nicht weitreichend genug, da es den oben entwickelten Anforderungen an die Kommunikationsinfrastruktur in zentralen Punkten nicht gerecht wird.

Dies gilt besonders für die Kommunikationsfunktionen, denen innerhalb des Leistungsspektrums des Dienstes eine herausragende Bedeutung zukommt. Für eine Datenbank sind zentralisierte Entscheidungen des Betreibers über den Datenbankinhalt und die Bereitstellung dieses Inhalts nach dem Muster der Verteilkomunikation kennzeichnend. Dies steht im Gegensatz zur Forderung nach individuell gestalteter, vermittlungsorientierter Kommunikation, bei der die Inhalte im wesentlichen benutzerbestimmt sind. Funktionen wie elektronische Post und die Einrichtung von Diskussionsforen sprengen den für eine Datenbank typischen Funktionsrahmen. Dieser ist tendenziell auf die Speicherung und Verbreitung zentraler Informationsbestände, nicht aber auf bedarfsorientierte Kommunikation und Verfügbarmachung individuell und dezentral vorgehaltenen Wissens angelegt.

2.2.2 *Mailboxkonzept*

Als Konzept für den hier vorgeschlagenen Kommunikationsdienst bietet sich die Einrichtung einer Mailbox an. Dieser Begriff beschreibt den Typus eines Kommunikationsdienstes, der i.d.R. mehrere Funktionen anbietet[3]:

- Message-Handling-Funktionen, die den speichervermittelten und individuellen Austausch von Nachrichten an einzelne Benutzer oder innerhalb bestimmter Benutzergruppen über elektronische Ablagefächer ermöglichen,
- Bulletin-Board-Funktionen, über die Nachrichten zu bestimmten Themen für alle Benutzer oder für bestimmte Benutzergruppen angeboten und an denen sich jeder mit eigenen Beiträgen beteiligen kann,
- Information- bzw. Communication-Brokering-Funktionen, über die der Zugang zu sonstigen Telekommunikationsdiensten (insb. anderen Mailbox-Systemen, Datenbanken und Postdiensten wie Telex und Telefax) vermittelt wird[4].

Diese Übersicht zeigt, daß das Mailbox-Konzept im wesentlichen die Funktionen beinhaltet, die der hier vorgeschlagenen Kommunikationsdienst anbieten sollte: Die Kommunikationsleistungen können über die Message-Handling- und Computer-Conferencing-Komponenten erbracht werden, Informations- und Diskussionsforen lassen sich über die Bulletin-Board-Funktionen realisieren, für die Vermittlung zu anderen Diensten bieten sich die Information- bzw. Communication-Brokering-Funktionen an. Die Vorteile einer Mailbox-Lösung gegenüber dem Datenbank-Konzept bestehen im wesentlichen darin, daß die Mailbox vor allem individuell gestaltete Kommunikation unterstützt, gleichzeitig aber auch die Bildung von Benutzergruppen mit spezifischem Informations- und Kommunikationsbedarf ermöglicht und als Vermittler für weitere Dienste dient. Auf diese Weise ist die Chance groß, daß insbesondere das dezentral angesiedelte Kreativitäts- und

Innovationspotential erfaßt und in die Kommunikation einbezogen werden kann. Angesichts dieser Vorteile des Mailboxkonzepts wurde dieses Konzept auch dem Organisationsvorschlag einer Wissenschaftsmailbox zugrunde gelegt.

3. Organisation und Realisierung der Wissenschaftsmailbox

Bei der Einrichtung der Wissenschaftsmailbox als Kommunikationsdienst für die CIP-Pools und darüber hinaus für weitere informationstechnisch ausgerüstete universitäre Arbeitsplätze sind die bereits vorhandenen Kommunikationsdienste für die wissenschaftliche Kommunikation zu berücksichtigen. Sollte deren Leistungsangebot nicht ausreichen, so ist nach Wegen zu suchen, wie dieser dringend benötigte Kommunikationsdienst in Abstimmung mit den bestehenden Diensten realisiert werden kann.

3.1 Nutzung von Kommunikationsdiensten im DFN

Der Verein Deutsches Forschungsnetz e.V. (DFN) bietet derzeit schon Kommunikationsdienste für Zwecke des wissenschaftlichen Nachrichtenaustauschs an, die auch für die Wissenschaftsmailbox von Bedeutung sein könnten.

3.1.1 X.400 Electronic Mail im DFN

Im DFN steht den angeschlossenen Universitäten der Kommunikationsdienst X.400 Electronic Mail zur Verfügung[5], der eine speichervermittelte Kommunikation über das X.400-Kommunikationsprotokoll der CCITT ermöglicht[6]. Über diesen nach dem Message-Handling-Modell arbeitenden Dienst können Nachrichten über elektronisch verwaltete "Ablagefächer" mit standardisierten Adressen gespeichert und abgerufen werden.

Für die Wissenschaftsmailbox ist dieser X.400 Electronic Mail-Dienst in seiner jetzigen Form jedoch nicht geeignet. Der Haupteinwand gründet sich auf die begrenzte Funktionalität dieses Dienstes. In seiner derzeitigen Form beschränkt er sich auf die Möglichkeiten, Nachrichten oder Dateien an einzelne Benutzer oder an bestimmte, über einen Verteiler erfaßte Gruppen von Benutzern zu versenden. Darüber hinausgehende Funktionen (Schwarze Bretter, Informations- und Kommunikationsforen oder Vermittlung zu anderen Kommunikationsdiensten) werden nicht angeboten. Deshalb deckt er nur ein kleines Spektrum der Leistungen ab, die unter dem Konzept der Wissenschaftsmailbox erbracht werden sollten.
Weitere Bedenken ergeben sich daraus, daß die Nutzung des Dienstes derzeit nicht ohne Großrechner möglich ist. Um die Funktion von X.400 am Arbeitsplatz nutzen zu können, bedürfte es eines an den Großrechner angeschlossenen Terminals, was jedoch überall dort ausscheiden dürfte, wo bereits Personal Computer installiert sind. Eine andere Möglichkeit bestünde darin, die Personal Computer mit einem an das DFN angeschlossenen Großrechner zu verbinden und sie mit einer

Emulationssoftware zu betreiben, welche ihnen die Funktion eines Terminals verleiht. Diese Lösung weist in die falsche Richtung, weil es nicht darum gehen kann, Personal Computer nur zu Kommunikationszwecken in Großrechnerterminals zu verwandeln.

Im übrigen läßt die Terminalemulation die Tatsache unberührt, daß der X-400 Electronic Mail-Dienst auf die Kommunikation von Großrechnern ausgelegt ist. So sind z.B. bei der Implementation von X.400 die Speicherbefehle regelmäßig auf den Großrechner selbst bezogen und nicht auf den angeschlossenen Personal Computer. Das hat zur Folge, daß weitere Arbeitsschritte anfallen, wenn die übermittelten Daten auf dem Personal Computer weiterverarbeitet werden sollen. Dadurch müßte der durch die Kommunikation erzielbare Gewinn an Effektivität an anderer Stelle mit erhöhtem Aufwand bezahlt werden. Schließlich wird auch dem Postulat einer benutzerfreundlichen Bedienungsoberfläche durch eine solche Lösung nicht Rechnung getragen.

3.1.2 *Sonstige Dienste im DFN*

Im DFN werden als weitere Kommunikationsdienste ein Filetransferdienst zur Übertragung von Dateien, ein Dialogdienst zum zeilen- oder bildschirmorientierten Dialog mit einem entfernten Rechner sowie ein Remote Job Entry-Dienst angeboten, der Start und Steuerung von Programmen auf entfernten Rechnern ermöglicht. Alle diese Dienste sind jedoch wiederum am Großrechner orientiert und entsprechen nicht dem Anforderungsprofil der Wissenschaftsmailbox.

3.1.3 *Entwicklung eines neuen Kommunikationsdienstes im DFN*

Angesichts dieser Defizite wird angeregt, die Palette der Kommunikationsdienste im DFN um einen neuen Dienst, die Wissenschaftsmailbox, zu erweitern, dessen Leistungsprofil anhand des oben beschriebenen Bedarfs entwickelt werden sollte. Dieser Dienst könnte als Fortentwicklung des X.400 Electronic Mail-Dienstes entstehen, es könnte sich aber auch um eine von diesem Dienst abgesetzte Neuentwicklung handeln. Für letzteres spricht, daß als Benutzer dieses Dienstes – anders als bei den bisherigen Diensten – überwiegend DV-Laien infrage kommen. Daraus folgt, daß bei der Konzeption dieses Dienstes hinsichtlich Benutzeroberfläche und Leistungsangebot den Belangen dieser Personengruppe in besonderer Weise Rechnung zu tragen ist. Neben der für Entwicklungen des DFN kennzeichnenden DV-Funktionalität müssen deshalb verstärkt Aspekte der Benutzerfreundlichkeit beachtet werden, deren Stellenwert beim Design eines solchen Dienstes besonders hoch ist.

3.2 Organisation und Betrieb der Wissenschaftsmailbox

Der Betrieb der Wissenschaftsmailbox wirft neben der Klärung des Verhältnisses zum DFN vor allem Fragen danach auf, wer als Betreiber und wer als Benutzer eines solchen Dienstes in Frage kommt und welche technischen Voraussetzungen geschaffen werden müssen.

3.2.1 *Betreiber*

Der Betrieb der Wissenschaftsmailbox setzt – in einer anderen und gegenüber den herkömmlichen Diensten im DFN erheblich intensivierten Weise – eine umfassende Betreuung des Leistungsangebots aus fachwissenschaftlicher Sicht voraus. Obwohl Kommunikationsstuktur und -inhalte nach dem Mailbox-Konzept maßgeblich von den Benutzern selbst geprägt werden sollen, sind gewisse grundlegende Entscheidungen von dem Betreiber der Mailbox zu treffen. Das hängt damit zusammen, daß bestimmt Funktionen wie z.B. das Angebot Schwarzer Bretter oder die Vermittlung des Zugangs zu Datenbanken einen engen Bezug zu fachwissenschaftlichen Fragestellungen aufweist, die bei der Ausgestaltung dieser Funktionen berücksichtigt werden müssen. Die Einrichtung von Informations- und Diskussionsforen kann geeignet sein, den wissenschaftlichen Diskurs auf bestimmten Gebieten zu beeinflussen und sollte deshalb nur unter fachwissenschaftlicher Obhut erfolgen. Dabei wird es auch darauf ankommen, Anregungen für die Eröffnung von Informations- und Diskussionsforen zu schaffen. Hieraus ergibt sich, daß fachwissenschaftliche Einrichtungen, etwa ein Universitätsinstitut, auf der Betreiberseite der Wissenschaftsmailbox in geeigneter Weise zu beteiligen ist.

3.2.2 *Benutzer*

Als Benutzer der Wissenschaftsmailbox kommen Universitätsinstitute und Hochschullehrer, aber auch andere Universitätsangehörige sowie insbesondere auch Studenten in Betracht. Darüber hinaus empfielt sich aber je nach den Gegebenheiten der Fachdisziplin eine Öffnung der Wissenschaftsmailbox für andere staatliche Institutionen, interessierte Berufszweige sowie Verlage und Fachpresse.

3.2.3 *Technische Rahmenbedingungen*

Als technische Rahmenbedingungen für den Betrieb der Wissenschaftsmailbox sind auf der Betreiberseite ein geeigneter (Mailbox-)Rechner sowie eine leistungsfähige Mailbox-Software einzusetzen, wobei, wie schon betont, auf eine besonders benutzerfreundliche Bedienungsoberfläche zu achten ist. Auf der Benutzerseite sollte der Anschluß über Standard-Telekommunikationsnetze und -dienste sowie Personal Computer gewährleistet sein.

3.3 Realisierung der Wissenschaftsmailbox

Zur Realisierung dieses Konzepts wird vorgeschlagen, zunächst den Prototyp einer Wissenschaftsmailbox für den Bereich einer Fachdisziplin, etwa der Rechtswissenschaft, in der Form eines Projekts zu entwickeln und zu erproben. Ein solches Projekt ließe sich im Rahmen einer Benutzergruppe innerhalb des DFN verwirklichen. Nach erfolgreichem Abschluß dieser Projektphase könnten in der Form von

Ausbaustufen die Wissenschaftsmailbox auf die Bereiche weiterer Fachdisziplinen ausgedehnt werden.

Anmerkungen

1. Vgl. hierzu die Beiträge in Eberle (Hrsg.): Informationstechnik in der Juristenausbildung, München 1989 (i. Ersch.).
2. Vgl. hierzu: Bauer/Lichtner: Computertechnologie im Anwaltsbüro, München 1988, S. 117 f.. Schneider: Computer und Recht, 1988, S. 767, 768-770 m.w.N.
3. Vgl. hierzu Schneider: Computer und Recht, 1988, S. 767, 769 f. m.w.N.
4. Mit Information- bzw. Communication-Brokering ist hier nicht die Auftragsrecherche bzw. die Auftragskommunikation durch ein Dienstleistungsunternehmen, sondern die Vermittlung des direkten Zugriffs auf die Datenbank oder den Kommunikationsdienst gemeint.
5. Vgl. Deutsches Forschungsnetz: X.400 Electronic Mail im DFN, Sonderdruck, März 1988.
6. Zum X.400-Standard vgl. Beyschlag, Computerwoche vom 15.1.1988, S. 22-25. Schneider: Computer und Recht, 1988, S. 767, 770 f. m.w.N. (Fn 17 ff.).

Computer-Anwendungen in Ausbildung und Praxis der sozialen Arbeit

Berndt Kirchlechner

Fachhochschule Frankfurt am Main
Fachbereich Sozialpädagogik

In den Beiträgen der Jahre 1986 und 1987 der Vertreter meines Faches zu den CIP-Seminaren (Koch und Gründger) überwog eher die Sperrigkeit der sozialen Arbeit und der in ihnen Beschäftigten gegenüber den neuen Technologien und dem Computereinsatz in Ausbildung und Praxis der sozialen Arbeit. In meinem heutigen Beitrag möchte ich auf das eingehen, was sich dennoch an Fachhochschulen und in der Praxis der sozialen Arbeit entwickelt hat, für die wir ja unsere Studentinnen und Studenten ausbilden. Beispielhaft will ich das an dem tun, womit wir uns an der Fachhochschule Frankfurt beschäftigen.

Im Vordergrund steht in der Lehre noch das Erlernen des Umgangs mit dem PC zum Einsatz von Standard-Anwender-Programmen: Textverarbeitung, Datenbank, Kalkulation und Präsentationsgrafik. Ziel ist das "Studieren mit dem Computer"; d.h. Fähigkeiten und Fertigkeiten zu erwerben für das computerunterstützte wissenschaftliche Arbeiten. Zusätzlich haben die StudentInnen noch Gelegenheit, die Gestaltung mit einfachen DTP-Programmen, die Literaturverwaltung und die Auswertung für (kleinere) empirische Untersuchungen zu erlernen.

Dasselbe Programm gibt es im Rahmen von Weiterbildungsveranstaltungen für Berufstätige aus der Praxis der sozialen Arbeit. Dieses Angebot wird als berufsbegleitender Kurs über die Dauer eines Semesters oder als Bildungsurlaub angeboten. Der Computereinsatz in anderen Studienfächern beschränkt sich auf Veranstaltungen zu verschiedenen Themen der empirischen Sozialforschung (Auswertungstechniken bei Umfragen, Zeitreihen- und Sozialstrukturanalysen und stadtsoziologische Fragestellungen).

Der Computereinsatz in den Berufsfeldern der sozialen Arbeit wird in einer eigenen Veranstaltung thematisiert, die Information, Diskussion und (wenn immer möglich) auch die Demonstration von Programmen der Praxis einschließt. Auch Exkursionen zu den Arbeitsplätzen finden statt. Einen wichtigen Stellenwert hat in dieser Veranstaltung die Erörterung der Chancen und Risiken des Computereinsatzes für Arbeitnehmer und Klienten, die durch die Veränderungen der Arbeitsorganisation, die Rationalisierungseffekte, die Intensivierung der

Arbeit bewirkt werden und eine Veränderung der Dienstleistungsqualität zur Folge haben können. Datenschutzprobleme, vor allem auch am PC und am PC im Netz werden thematisiert.

Computergestützte Sachbearbeitung, auf die sich die AbgängerInnen unseres Studienganges vorbereiten müssen, wird in einer Reihe von Feldern der sozialen Arbeit (und der der sozialen Dienste), in denen der Verwaltungsanteil deutlich den Anteil an persönlichen Hilfen überwiegt, bereits praktiziert. Zu nennen sind dabei vor allem das Arbeitsamt, die Rentenversicherung, die Krankenkassen, das Sozialamt (wirtschaftliche Sozialhilfe) und in vielen Heimen (Heimverwaltung).

Computergestützte Beratung, Computereinsatz also in Arbeitsfeldern, die der sozialen Arbeit im engeren Sinne zu zurechnen sind, findet man in der Schuldnerberatung, der Sozialhilfeberatung und der Beratung von Behinderten. Datenbanken, etwa solche mit Informationen über Hilfsmittel (z.B. für Behinderte) und Adressen von Einrichtungen der sozialen Hilfe (z.B. Stadtbuch Wedding (Berlin)), sind bereits über das Modellstadium hinausgewachsen.

Computer als Lern- und Hilfsmittel werden für Behinderte (zur Rehabilitation und als Kommunikations- und Arbeitsmittel) eingesetzt. Computerprogramme als Analyse- und Prognose-Instrumente findet man in der Sozialplanung, aber auch in der Einzelfallhilfe zur Erhebung von Daten, der Lernfortschritts- und der Interventionskontrolle.

Die Entwicklung sozialarbeitsspezifischer Software findet auch an Fachhochschulen statt. Seit 1984 entwickeln wir das Programm SOLDI (Soziale Leistungen im Dialog), mit dessen Hilfe man in einem Dialog über Bildschirm und Tastatur eines Personal Computers in Erfahrungen bringen kann, ob jemand Anspruch auf Sozialhilfe hat und wenn ja, in welcher Höhe er beim Sozialamt einen Anspruch geltend machen kann. Die Benutzung des Programms setzt weder Kenntnisse im Umgang mit Personal Computern noch Kenntnisse in Sozialhilferecht voraus. Das Programm wurde mit finanzieller Unterstützung des Hessischen Sozialministers von Albert Hofmann, Ulrich Stascheit und dem Autor entwickelt.

SOLDI führt den Benutzer nach dem Start zunächst in die Bedienung des Programmes ein. Neben den Erläuterungen zur Bedienung ist SOLDI mit einem Lexikon versehen, in dem schwierige Rechtsbegriffe erklärt, Hinweise für bestimmte Gruppen (z.B. Ausländer, SchülerInnen und StudentInnen) gegeben und Fragen der Angemessenheit einer Leistung erläutert werden (das Sozialamt übernimmt z.B. die Miete nicht auf Dauer in jeder Höhe). Das Programm ist gegen Falscheingaben, die den Ablauf stören könnten, weitgehend gesichert. Am Ende des Programmlaufes können die eingegebenen Daten, die Berechnung und Anmerkungen zur Berechnung ausgedruckt werden.

SOLDI informiert zur Zeit über "Hilfe zum Lebensunterhalt", "Einmalige Beihilfen" und "Hilfe in besonderen Lebenslagen". Ratsuchende müssen nur solche Fragen beantworten, die zur Ermittlung des Anspruches unbedingt notwendig sind (Namen, Geburtstage und Anschriften werden z.B. nicht gefragt). SOLDI speichert die Daten des Ratsuchenden nicht; nach dem Ausdruck werden allen Eingaben gelöscht.

SOLDI wurde von 1987 bis 1988 bundesweit in 15 Sozialhilfeberatungstellen, u.a. in Beratungsstellen der Kirchen, der Arbeiterwohlfahrt, bei Selbsthilfeinitiativen, in einem Frauenhaus und in Einrichtungen der offenen Jugendarbeit erprobt. Da eine Reihe sozialhilferechtlicher Regelungen von Kommune zu Kommune variieren, mußte für jede Kommune eine den örtlichen Regelungen angepaßte Programmversion erstellt werden. Die Rückmeldungen der Beratungsstellen in der Erprobungsphase bestanden in Hinweisen, die die Benutzerfreundlichkeit, die Vollständigkeit und die Korrektheit der Berechnung betrafen (diese Hinweise wurden soweit wie möglich in eine verbesserte Version des Programmes umgesetzt) und in einer Begleituntersuchung, die ergeben hat, in welchen Beratungssituationen und bei welchen Personengruppen das Programm sinnvoll eingesetzt werden kann.

SOLDI steht über die Schriftenreihe der Fachhochschule Frankfurt der Öffentlichkeit zu Verfügung. Es läuft unter dem Betriebssystem MS-DOS und kann deshalb auf jedem IBM-kompatiblen Computer benutzt werden. Benötigt werden ein monochromer Bildschirm, zwei Diskettenlaufwerke (360 KB) oder eine Platte und ein Drucker. Ziel der Entwicklung war, die Anschaffungskosten für das Programm gering zuhalten und auch möglichst geringe Voraussetzungen an die Hardware zu stellen.

Ein Bedarf für Programme dieser Art besteht in solchen Berufsfeldern der sozialen Arbeit, in denen die per Programm zu Verfügung gestellten Rechts- und Verfahrenskenntnisse nicht zum Hauptaufgabengebiet der dort Beschäftigten gehören, die aber dennoch mit den materiellen Problemen ihrer Klienten ständig konfrontiert sind. In der Regel können die betreffenden BeraterInnen ihre Klienten bisher nur an das Sozialamt verweisen. Es ist allerdings bekannt, daß sehr viele Menschen den Gang zum Sozialamt scheuen, zumal dann, wenn sie nicht sicher sind, ob sie überhaupt einen Anspruch geltend machen können. Das Informationsprogramm kann die Ratsuchenden umfassend über ihre Ansprüche aufklären und sie damit für ihren Gang zum Sozialamt sicherer machen. SOLDI ist kein Programm für Experten und kann sie auch nicht ersetzen, Fragen zur Durchsetzbarkeit eines berechtigt erscheinenden Anspruchs kann SOLDI natürlich nicht beantworten.

Die mit SOLDI begonnen Arbeit wird ab Herbst 1987 mit finanzieller Unterstützung des Hessischen Wissenschaftsminister fortgesetzt. Begonnen haben wir (diesmal mit Beteiligung einiger StudentInnen), den Entwurf eines Informationsprogramms für junge Behinderte. Ausgehend von Problembereichen junger Behinderter (Schule, Berufsausbildung, Wohnen, Mobilität, Freizeit u.a.) sollen die relevanten rechtlichen Bestimmungen, die Voraussetzungen für bestimmte Leistungen, die zuständigen Kostenträger und die örtlichen Gegebenheiten (Anschriften der Träger, der freien Wohlfahrtsverbände und ihrer Angebote für Behinderte u.a. systematisiert, aufbereitet und über ein ebenfalls dialogorientiertes Informationsprogramm zugänglich gemacht werden.

Die AbgängerInnen der Fachbereiche des Sozialwesens, davon können wir ausgehen, werden nur in seltenen Fällen Programme in ihrem Tätigkeitsbereich selber entwickeln. Sie werden von der Einführung computergestützter Sachbearbeitung betroffen sein und Programme bedienen. Wichtig erscheint uns, daß sie die Qualifikationen erwerben zur Beurteilung von Programmen und Systemen und deren Wirkung auf die Organisation der Arbeit. Sie müssen in der Lage sein, bei der Einführung von computergestützten Arbeitsplätzen, die Spielräume zu erkennen, die es auf der Ebene der Arbeitsorganisation und der hard- und Software-Ergonomie gibt, damit sie auf die Gestaltung der computergestützten Arbeitsplätze und der konkreten Anwendungsprogramme im Interesse ihrer eigenen beruflichen Qualifikation, ihrem beruflichen Ethos und im Interesse der Klienten Einfluß nehmen können.

Konsequenzen der Verbreitung von Mikrorechnern auf methodologische Standards in den Sozialwissenschaften

Peter Boy

Universität Bremen
Fachrichtung Soziologie

1. Vorbemerkung und Problemstellung

Die Sozialwissenschaften verstehen sich ganz überwiegend als empirische Disziplin, d.h. Theorien werden nicht allein durch Kontemplation oder durch logische Schlußfolgerungen begründet, sondern durch Konfrontation mit wiederholbaren Beobachtungsdaten geprüft. Im Vollzug solcher Forschungen sind Computer seit Jahren unverzichtbares Arbeitsinstrument. Dennoch ist die Beschäftigung mit ihnen in der Profession ein Thema geringer Dignität. Es gehört in jenen Bereich empirischer Forschungsinstrumente, die als atheoretisches "Handwerkszeug" gelten, mit dem man sich nicht zu befassen braucht und deren Handhabung man möglichst gänzlich und vorgeblich konsequenzenlos an fachfremde "Experten" delegiert, um sich alsbald den theoretischen Abstraktionen zuzuwenden.

Und eben diese Haltung findet sich wieder auf der anderen Seite, den EDV-Experten. Von ihnen wird "der Rechner" als wissenschaftsneutrales Handwerkszeug angedient. Und auch Vertreter von Wissenschaftsbürokratie und –politik proklamieren "business as usual", man solle die ideologischen Bedenken lassen, der Selbstlauf der Wissenschaft bleibe gewahrt.

Ich teile diese Meinungen nicht. Es sind gerade die vielen praktischen Details, die ziemlich unabhängig von theoretischen Zielen und methodologischen Fragen den Forschungsprozess auf das nachhaltigste beeinflussen und – entgegen jenem berufsspezifischem Vorurteil – die inhaltlichen Sachergebnisse entscheidend formen. Die technische Entwicklung der Elektronik und ihre praktische Verfügbarkeit hat die Entwicklung der Sozialwissenschaften nachhaltig beeinflußt, hat in ihren "Selbstlauf" massiv eingegriffen. So urteilte etwa KÜCHLER (1984), daß ein Wissenschaftler mit der Ausbildung der sechziger Jahre heute kaum mehr "forschungsfähig" wäre. Und nun hält der PC Einzug in den Wissenschaftsalltag.

2. Ein Blick zurück

Ein Rückblick auf sozialwissenschaftliche Forschung kann mögliche Konsequenzen verdeutlichen: Jener Wechsel von Rechensaal und Fachzählsortiermaschine auf die elektronische Rechenanlage war auch nur ein Wechsel des Werkzeugs. Sie hat "*prinzipiell*" keine Änderung erbracht – die gleichen Berechnungen lassen sich "*prinzipiell*" so oder so ausführen, es ist "lediglich" eine Frage der Effektivität und Praktikabilität.

Dennoch wurde soziologische Forschung faktisch einschneidend verändert: bestimmte einigermaßen aufwendige Berechnungen wurden innerhalb vertretbaren Aufwandes möglich und damit auch praktisch durchgeführt. Das hatte inhaltliche und methodische Konsequenzen für die produzierten Forschungsergebnisse:

- eher anekdotisch, aber sicherlich Basis für viele Forschungsberichte: die unseligen SPSS-Anweisungen: "Variables all by all" und "Statistics all", mit denen der schnelle Rechner theoretische und methodische Vorarbeit ersetzte. Konsequenzen dieser Praxis für die Brauchbarkeit der empirischen Forschungslage gesamter Teildisziplinen sind bis heute undiskutiert.
- Vom Ergebnis her entstand (zeitweise) eine bedenkliche Mischung aus tatsächlich explorativen, aber ex post deduktiv berichteten Forschungen.
- methodisch wurden neue Analysemodelle entdeckt und bearbeitet, etwa die Entwicklung der Kausalanalyse.
- theoretisch hatte die lange Diskussion zum Theorienvergleich in der Soziologie anfangs einen starken Bezug zu den neuen methodischen Entwicklungen und – man könnte mit KÜCHLER hinzufügen - sie wäre vielleicht anders verlaufen, hätten die beteiligten Wissenschaftler ihre Ausbildung nicht in eben jenen sechziger Jahren oder früher erhalten.
- Analysestandards in der empirischen Soziologie wurden entschieden erhöht und gleichzeitig der Zusammenhang von Forschungsmethode und Theorie nachhaltig aufgelöst.
- Es entstand ein neues Expertentum, jene, die die komplexen mathematisch-statistischen Modelle anwenden *und gleichzeitig* mit dem Großrechner umgehen können, und die sich von der Disziplin weitgehend verselbständigten.
- Und letztlich hat der gegenwärtig vorfindbare Dualismus qualitative vs. quantitative Methoden auch eine Wurzel in den methodischen Regeln und praktischen Werkzeugen, deren schematisches sukzessives Vorgehen – kongenial dem "closed-shop" Batchbetrieb eines Großrechners – den Anforderungen einer wachsenden Zahl von Wissenschaftlern nicht mehr genügte.

Betrachtet man die Entwicklung so, hat das angeblich "atheoretische" und der Reflexion und Behandlung nicht weiter bedürftige technische Instrument die Disziplin nachhaltig, und zwar gerade auch in den behandelten theoretischen Fragestellungen, beeinflußt. Eine Reflexion der Auswirkungen der massiven Verbreitung jener "neuen Technologien" auf das Fach ist dringend notwendig. Man kann dabei mindestens zwei Fragestellungen verfolgen:

- welche Auswirkungen hat die weitere Verbreitung elektronischer Rechenanlagen in Gestalt des PCs auf die sozialwissenschaftliche Forschung
- welche Anforderungen könnte man an die Gestaltung der Rechnerbeschaffungen stellen und wie sind gegenwärtige Entwicklungen zu beurteilen.

3. Zur Literaturlage

Betrachtet man die deutschsprachigen großen sozialwissenschaftlichen Fachzeitschriften – KZfSS, ZfS, Soz.Welt, usw. –, aber auch die europäischen Zeitschriften, sind die als "Neue Kommunikations- und Informationstechnologien" apostrophierten Entwicklungen kein Thema der *systematischen* Reflexion über die Auswirkungen auf das eigene Fach, wie sie für andere Themen der empirischen Sozialforschung erfolgt. Es finden sich vereinzelte Beiträge in Sammelbänden, am ehesten noch in quasi halboffizieller Literatur von Forschungsvereinigungen.

In den USA sieht die Lage bei den "großen" Fachzeitschriften wie AJS, ASR usw. ähnlich aus. Aber immerhin hat HEISE bereits 1981 einen Sonderband der "Sociological Methods & Research" zum Thema "Microcomputers and Sociological Research" herausgegeben, der das Thema zum ersten Mal *systematisch* angeht, und es finden sich auch sonst mehrere Artikel zu Einzelfragen der Anwendung von Mikrorechnern für spezifische Forschungsschritte. Ferner sind in den letzten Jahren einige Spezialmonographien erschienen, zwei "Spezialzeitschriften" (z.B. Social Science Micro Review), die entsprechende Fragestellungen allerdings in einem weiteren humanwissenschaftlichen Rahmen erörtern, und diverse "graue Literatur". Es sind folgende Themen, die behandelt werden:

- Hardwarekonfigurationen von Mikrorechnern, Rechnerarchitekturen und ihre verschiedenen Eigenschaften, bis hin zu Kaufhinweisen,
- spezifische Beschreibungen von Betriebssystemen und Hinweise zum Arbeiten in verschiedenen Stadien des Forschungsprozesses,
- Möglichkeiten von und Arbeitshinweise für Textverarbeitung,
- Benutzung von Datenbanken für Literaturarbeit,
- Statistikprogramme und sonstige Unterstützung von Datenanalyse,
- Unterstützung bei der Datenerhebung,
- Unterstützung des Datenerhebungsprozesses.

Die ersten drei Punkte nehmen dabei den größten Raum ein, einen zweiten Schwerpunkt bilden Statistikprogramme. Man sieht daran: die Disziplin ist zunächst noch in der Phase der Aneignung der (gar nicht mehr neuen) Technik.

4. Wissenschaftliche Arbeit und die Veralltäglichung der Mikroelektronik

Der Großrechner war klassisch Werkzeug der Datenanalyse in der Hand von Experten. Mit der Mikroelektronik ist eine universalistische Verwendung im Forschungsprozeß zu beobachten: Der PC ist allgegenwärtig. Die Durchführung etwa eines Forschungsprojektes könnte typisch so ablaufen:

- Literaturrecherche mit PC und LIDOS, DFÜ, KERMIT und SOLIS zur Vorbereitung des Forschungsantrags,
- Schreiben des Antragstextes mit PC und WORD,
- Kalkulation benötigter Mittel mit PC und LOTUS,
- Zeit- und Arbeitsplanung mit PC und SuperProjekt,
- Erhebungsdurchführung mit PC-Portables und INTERVIEW,
- Datenanalyse mit PC und SPSS/PC,
- Schlußbericht wieder mit PC und WORD,
- Publikation mit PC und Transferroutinen zur Satzanlage.

Diese Allgegenwart ist auf spezifische Eigenschaften dieser Technik zurückzuführen: Sie stellt relativ preiswert Rechnerleistung im (relativen) Überfluß zur persönlichen Verfügung bereit und ermöglicht damit sog. "benutzerfreundliche Bedieneroberflächen", die darauf abzielen, den Anwender konsequent im Rahmen seiner eigenen und gewohnten Sachlogik operieren zu lassen und von der Maschinenlogik vollkommen zu trennen. Die Maschine stellt sich auf die Logik und die Bedürfnisse der Anwender ein, und nicht umgekehrt, wie es im klassischen Rechenzentrum der Fall ist. Damit ist es auch Personen ohne spezielle Vorkenntnisse möglich, die Geräte effizient zu bedienen. Der "Experte" wird (scheinbar) entbehrlich.

Zu einer Analyse der vorfindbaren Prozesse kann man die analytische Konzeption der Veralltäglichung heranziehen. Mit diesem Konzept werden zwei Komponenten angesprochen: Eine funktionale Aneignung des Gegenstandes, das quasi selbstverständliche Umgehen mit ihm, aber auch eine u.U. dysfunktionale Entwicklung von Handlungsroutinen, die neuen Möglichkeiten oder Restriktionen in bestehende Handlungssysteme einzubauen. Zu analysieren ist das Mixtum beider Komponenten, das den Gesamteffekt ausmacht.

5. Mikroelektronik und Verfahren empirischer Sozialforschung

Auswirkungen auf methodologische Standards sind zunächst bei Anwendungen auf den Forschungsprozeß im engeren Sinne, auf Datenerhebung und Datenanalyse, zu untersuchen:

5.1 Datenerhebung

5.1.1 Computer Aided Telephone Interviewing

Eine eher konventionelle Nutzung findet sich als CATI, d.i. Computer Aided Telephone Interviewing. Der Mikro oder der PC werden dabei zur Auswahl und Anwahl der Teilnehmer benutzt, anstelle eines Fragebogens werden dem Interviewer die Fragen per Bildschirm gestellt und die Antworten auch sogleich von ihm eingegeben. Anhand von Filterfragen und entsprechenden Entscheidungsbäumen wählt der Rechner die Fragen aus und ist vor allem in der Lage, *sofort* eine Konsistenzprüfung durchzuführen und gegf. entsprechende Nachfragen auszugeben sowie die Einhaltung bestimmter Quoten insgesamt oder auch pro Interviewer zu kontrollieren.

Mit der technischen Entwicklung erlebt hier eine Methode, die bisher eher Randbedeutung für wissenschaftlich orientierte Forschung hat, einen ungeheuren Aufschwung.

5.1.2 Computer Aided Interviewing

In der klassischen mündlichen Befragung wird CATI zu CAI (Computer Aided Interviewing), wo portable PCs den Fragebogen ersetzen. Ähnlich wie bei CATI wird auch hier ein Interviewprogramm mit Filtern und Verzweigungen benutzt, das die Gesprächsführung übernimmt. Die Antworten werden ebenfalls direkt eingegeben. Es lassen sich auch die graphischen Fähigkeiten der Geräte zur Präsentation von Vorlagen nutzen, womit die bisher üblichen Karteikärtchen ersetzt werden.

Die erhobenen Daten könnten täglich über eine Datenleitung gesammelt und hinsichtlich spezifischer Erhebungsmerkmale ausgewertet werden. Es wäre eine praktisch tägliche Rückkopplung und Korrektur des Interviewerstabes möglich. Wer an einer bundesweiten Erhebung beteiligt war, wird die praktischen Fortschritte ermessen können.

5.1.3 Computer Interviewing

In der Diskussion finden sich auch weitergehende Vorschläge. CAI wird zu CI (Computer Interviewing) verkürzt. Der Interviewer wird durch einen Rechner ersetzt, das gesamte Interview wird direkt in Kommunikation von PC und Interviewpartner durchgeführt, der den PC direkt bedient. Der Interviewer hat nur noch die Aufgabe, den Anfangskontakt herzustellen und das Gerät aufzubauen. Als Gewinn solcher Vorgehensweise wird die Vermeidung von Interviewerfehlern, eine hohe Kontrolliertheit von Frageformulierung und Präsentation optischer Vorlagen wie Skalen u.ä., sowie Anonymität der Antworten gegenüber dem Interviewer betrachtet.

Bei Langzeitbeobachtungen wird dem Befragten nach diesen Vorschlägen ein Rechner längerfristig überlassen und über ein Modem mit dem Telefonanschluß gekoppelt. So kann der PC von dem Umfrageinstitut angewählt und ein Fragebogen übertragen werden, den der Befragte zu einem ihm genehmen Zeitpunkt "ausfüllt" und auf gleichem Wege zurücksendet. SARIS u.a. berichten über positive Erfahrungen bei ersten Feldversuchen. Wenn sich einmal BTX oder ISDN in der Bundesrepublik durchgesetzt haben, mag sich daraus ein neuer Spezialzweig der Befragung entwickeln.

5.1.4 Klassische Feldforschung

Ziel einer anderen Entwicklung ist die Unterstützung bei klassischer Feldarbeit wie der teilnehmenden Beobachtung. Bisher wurde dazu spezielle, nicht gerade billige Hardware entwickelt ("event recorder", "rechnergestützte Verhaltensregistrierung"), die durch Drücken weniger Tasten komplexe Kategorienschlüssel zu speichern vermochte (PAWLIK/BUSE 1982). Dies kann nun durch Software und portable PCs erledigt werden.

Für die Methode der teilnehmenden Beobachtung ist damit ein besonderer methodischen Nutzen verbunden. Die klassische und vielfach kritisierte Form der Beobachtungsaufzeichnung ist das (Gedächtnis)Protokoll. Mangelnde Kontrollierbarkeit dieses Verfahrens und Anfälligkeit für Verzerrungen und Auslassungen in Abhängigkeit von subjektiven Konditionen, der Zeitdifferenz zwischen Geschehen und Niederschrift u.ä., ist in der Literatur ausführlich diskutiert. Ähnlich wie bei der Fortentwicklung der nicht-teilnehmenden Beobachtung durch Benutzung von Videoaufnahmen können auch hier technische Hilfsmittel die Dignität der Methode verbessern helfen, indem sie auf einfache Art Zeit-, Vollständigkeits- und Assoziationskontrollen ermöglichen.

5.1.5 Sekundäranalyse

Eine erhebliche Veränderung wird die empirische Sozialforschung durch den Ausbau der Fernnetze (EARN, DFN) erfahren. Mit ihrem Ausbau geht der Aufbau von Datenbanken einher, und zwar sowohl von Referenzdatenbanken (z.B. SOLIS für Literaturangaben), als auch und vor allem von Faktendatenbanken wie etwa dem Zentralarchiv in Köln, wo Daten aus abgeschlossenen Forschungsprojekten archiviert werden. Unter Nutzung der Datennetze sind diese "online" verfügbar, d.h. man kann für eine Forschungsfrage nach geeigneten Daten suchen sich über das Netz zur weiteren Verarbeitung in den eigenen Rechner holen.

Durch diese Möglichkeiten könnten sekundäranalytische Untersuchungen neuen Auftrieb erhalten. Das gilt weniger für solche Projekte, die ohnehin auf einen längeren Zeitraum angelegt sind und die bisher sehr zeitaufwendigen Wege der Datensuche über Briefwechsel u.ä. organisatorisch abwickeln können, wohl aber für die große Zahl von Forschungsvorhaben, die mit begrenztem Zeiteinsatz und ohne viel Personal und Spezialabteilungen zur technischen Unterstützung auskommen müssen.

5.2 Datenanalyse

5.2.1 *Quantifizierende Verfahren*

Statistische Analysen sind ein quasi natürlicher Anwendungsfall und können mittlerweile "state of the art" auf einem PC durchgeführt werden, zumal soziologische Forschungen zumeist mit einem begrenzten Datenumfang arbeiten. Für die meisten Forscher, die vornehmlich theorieorientiert arbeiten und bisher nur gelegentlich in den Auswertungsphasen mit einem Rechner in Berührung kamen, entfallen damit erhebliche Zugangsbarrieren. Der "Experte" wird entbehrlich, statistische Analysen könnten quasi "routinemäßig" mit durchgeführt werden. Das kann eine nachdrückliche Erhöhung des empirischen Gehalts von Publikationen bewirken, sofern die Ausbildung der Studenten entsprechend ausgerichtet wird (dazu werden die Voraussetzungen mit dem CIP-Programm geschaffen).

Auch die substantielle Qualität statistischer Auswertungen könnte sich erhöhen. Aufgrund des interaktiven Modus lassen sich sehr einfach iterativ die substantiellen, d.h. theorierelevanten Konsequenzen der Änderungen einzelnen Annahmen in Forschungsprozeß verfolgen, etwa in Modellen mit multiplen latenten Variablen der Austausch einzelnen Indikatoren. Das ist natürlich "*prinzipiell*" auch im klassischen Batchbetrieb möglich, aber eben wenig praktikabel.

Voll entfalten kann der PC seine Möglichkeiten bei Verfahren wie der explorative Datenanalyse (TUKEY 1977), die seine speziellen Fähigkeiten, *Interaktivität* und *Grafik*, spezifisch nutzen können. Die verwendeten Datenoperationen sind simpel und können selbst von einfachen PCs flott durchgeführt werden. Nutzt man dabei eher konventionelle Modelle graphischer Präsentation, lassen sich solche Analysen sogar mit Standardsoftware wie LOTUS durchführen, die die grundlegenden statistischen Prozeduren und graphischen Aufbereitungsroutinen bereits enthalten.

5.2.2 *Dokumentarische Interpretation*

Spezifische Arbeitsmöglichkeiten eröffnen Mikrorechner auch für sog. qualitative Analysen. Ein Kritikpunkt an ihren Verfahren der Interpretation war und ist ihre mangelnde Kontrolliertheit. Das fängt bei den Wegen der Abstraktion an und endet bei der faktischen Nicht-Replizierbarkeit der Ergebnisse aufgrund unbewältigbarer Materialfülle.

Eine typische interpretative Analyse beginnt mit drei Schritten: der Identifikation von Sinneinheiten, dem textimmanenten Exzerpt als erstem Verdichtungsschritt und der Qualifizierung von Textsegmenten nach spezifischen Gesichtspunkten. Diese Informationen werden traditionell auf Karteikarten abgelegt und im weiteren Prozess schrittweise sortiert, neugeordnet, durch neue Qualifizierungen weiter verdichtet. Dieser Prozess ist *rekursiv* angelegt, Qualifizierungen werden bei fortschreitendem Analyseprozeß geändert, neue hinzugefügt, andere gestrichen. Wichtiges Kriterium für eine gefundene Interpretation ist ihre *Konsistenz* für alle Analyseeinheiten und *Vollständigkeit* ihrer Interpretation.

Eine solche Aufgabe des Verwaltens von Einheiten, des Sortierens, der Auswahl, der Änderung, der Konsistenzprüfung sind typische Datenbankaufgaben. Nun besteht sicherlich keine besondere Affinität zwischen qualitativer Sozialforschung und Rechenanlagen, doch mit dem PC als universelles Arbeitsmittel eröffnen sich neue Möglichkeiten. Es gibt eine Reihe textorientierter Datenbankprogramme, die ein Arbeiten ohne Feldvorgaben und jederzeitiges Hinzufügen neuer Elemente erlauben. Auf diese Weise können Texte vollständig gespeichert werden und sind damit durch Suche nach bestimmten Begriffen oder über Schlagworte vollständig erschließbar. Die Zerlegung in Sinneinheiten ist jederzeit änderbar, Qualifikatoren können jederzeit neu zugewiesen werden, entweder für alle Elemente oder auch in Abhängigkeit von Kontextbedingungen. Der Rechner garantiert die Vollständigkeit solcher Operationen, es wird kein Fall übersehen, der den spezifizierten Bedingungen entspricht. Es eröffnen sich damit Möglichkeiten, die Anforderungen qualitativer Analyseprozeduren weitaus besser realisieren zu können.

Auch eine Mitverwendung eher formaler Verfahren der computergestützten Inhaltsanalyse oder der statistischen Analyse über die verwendeten Kategorien wäre problemlos möglich. Und auch dieser Prozeß könnte rekursiv angelegt werden, d.h. in Abhängigkeit von Ergebnissen statistischer Analysen können über Datenbankroutinen Qualifikatoren überprüft und abgeändert werden.

6. Schlußfolgerungen

Überblickt man die genannten Bereiche, so finden sich eine Vielzahl funktionaler Effekte. Im Bereich der Datenerhebung ist eine größere Präzision erreichbar, gerade auch bei sog. "weichen" Forschungsmethoden. Die alte methodologische Forderung nach Methodenkombination läßt sich eher realisieren, und zwar gerade in der besonders reizvollen Kombination von Feldforschungen und nichtreaktiver Verfahren oder Sekundäranalysen.

Im Bereich der Datenanalyse kann ein erheblicher potientieller Gewinn bei qualitativen Analyseschritten erwartet werden. Es eröffnen sich neue Perspektiven für Verfahren der Sekundär- oder Metaanalysen, die bisher an Datenproblemen oftmals scheiterten und zusammenhängend damit erhält theorievergleichende empirische Forschung neue Realisierungschancen. Die Nutzung von PCs *kann* die Abhängigkeit der empirischen Forschung von technischen Experten mit ihrer eigenen Handlungslogik verringern. Die verschiedentlich beklagte Lücke in empirischen Projekten zwischen "Theoretikern" einerseits und "Empirikern" andererseits könnte sich verringern.

Daneben sind aber Entwicklungen zu erwarten, von denen dysfunktionale Effekte ausgehen können. Im Bereich der Datenanalyse werden explorative Vorgehensweisen an praktischer Attraktivität gewinnen. Gegenwärtig dominiert jedoch eine deduktive Forschungslogik. Inkompatibilitäten zwischen dem "pragmatischen Alltagswissen" des Sozialforschers und der veröffentlichten Methodenlehre der Disziplin und in der Folge Differenzen zwischen Gebrauchslogik und Darstellungslogik sind abzusehen. Zur Abwendung der negativen Folgen wird die Methodologie Modelle explorativer Datenanalyse entwickeln müssen.

In der Datenerhebung könnte sich eine schleichende Beschränkung der Datenbasis entwickeln. Bereits in Fragebögen läßt sich nicht alles unterbringen, was man erheben möchte. Nunmehr wird die visuell darbietbare Fläche auf 25 x 80 Zeichen verkürzt. Bereits im strukturierten Interview findet sich durch das Postulat der Kontrolliertheit eine erhebliche Reduktion der kommunikativen Kompetenz der Beteiligten und damit auch an Mechanismen zur Wahrheitsbewertung. Der PC-Einsatz befördert diese Reduktion weiterhin, Forschungserhebung entfremdet sich den Regeln alltäglicher Kommunikation, verbunden mit einem Verlust der Verläßlichkeit der Datenbasis. Dieser erfolgt insofern schleichend, d.h. "hinter dem Rücken der Akteure", als es durch die Selbstverständlichkeit der Nutzung aus dem Blickfeld gerät. Die Praktikabilität von Faktendatenbanken kann zu einem bürokratischen Primat von "Datenbankerhebungen", also Sekundäranalysen führen, wobei dann ähnlich wie beim Datenschutz plötzlich bürokratische Regeln und Eigeninteressen staatlicher Institutionen die Analyserichtung der Wissenschaft steuern.

Auch eher technische Konsequenzen der Rechnernutzung können gezogen werden. So dürften Verfahren der Datenübertragung in der praktischen sozialwissenschaftlichen Forschung einen hohen Stellenwert einnehmen und müssen entsprechend in Ausstattung und Ausbildung vorgesehen werden. Interessant ist auch, daß die "Experten" der Mikroelektronik gerade darangehen, durch Vernetzung der Rechner, "distributed processing" und Multiuser-Betriebssysteme wie UNIX den Nutzer der gerade gewonnene Autonomie wieder zu berauben.

Literatur

HEISE, David R. (Ed, 1981): Sociological Methods & Research, Vol. 9 No. 4, devoted to Computers in Social Research.

KÜCHLER, Manfred (1984): Fünfzehn Jahre 'Sociological Methodology'. In: KZfSS, S. 818-820.

PAWLIK, K. und L. BUSE (1982): Rechnergestütze Verhaltensregistrierung im Feld: Beschreibung und erste psychometrische Überprüfung einer neuen Erhebungsmethode, Zeitschrift für differenzielle und diagnostische Psychologie, Jahrg. 3, S. 101-118.

SARIS, W.E. und W.M.di Pijper (o.J.): Computer assisted Interviewing using home computers, Manuskript, Sociometric Research Foundation, Amsterdam.

TUKEY, Jerome W. (1977): Exploratory Data Analysis. Reading, Massachusetts.

Systemanforderungen in den Geistes- und Sozialwissenschaften

Georg Lind

Universität Konstanz
Rechenzentrum

1. Zusammenfassung

In den Geistes- und Sozialwissenschaften liegt der Schwerpunkt auf der Lehre mit dem Computer und weniger auf der Lehre über den Computer. Die Lehre mit dem Computer beschränkt sich nicht nur auf den programmierten Unterricht, sondern nutzt den Computer zunehmend auch als Simulator natürlicher, sozialer oder geistiger Prozesse, als Informationsquelle und -vermittler, als Werkzeug zur Textbearbeitung, Berechnung und graphischen Gestaltung und als "Rohstoff des Denkens". Die sozialen und moralischen Dimensionen des Computers spielen eine immer wichtiger werdende Rolle. Ihre breite Akzeptanz beruht nicht zuletzt auf der sozio-moralischen Qualität der persönlichen Verfügbarkeit des Personalcomputer. Das CI-Programm muß dem Rechnung tragen und sich auch den didaktischen und sozio-moralischen Problemen des Computereinsatzes annehmen. Die Universitäten müssen ihre Bemühungen verstärken, den Einsatz der Computer in die Lehre einzubinden. Vorgeschlagen wird, durch Zusammenfassung und Ausbau bestehender Institutionen sogenannte Akademische Computer-Zentren nach dem Vorbild amerikanischer Universitäten.

2. Neues Terrain: Lernen *mit* dem Computer

Computer sind traditioneller Weise eine Domäne der naturwissenschaftlichen Fakultäten und der Forschung. Mit dem Computer-Investitions-Programm (CIP) betreten wir gleich in zweifacher Hinsicht neues Terrain: (1) der Computer wird als Mittel und Medium der Lehre eingesetzt und (2) er durchdringt alle Fachgebiete der Universität, auch solche, die dem Computer bislang fernstanden.

Noch wird CIP von naturwissenschaftlichen Inhalten und vom Forschungseinsatz dominiert. An vielen Universitäten liegt die Durchführung des CI-Programms in den Händen von Abteilungen, die vorwiegend mit Forschungsfragen befaßt und mit naturwissenschaftlich vorgebildeten Mitarbeitern besetzt sind. An meiner Universität in Konstanz beispielsweise ist für CIP der Prorektor für Forschung bzw. der EDV-Ausschuß zuständig, obwohl es auch einen Prorektor und einen Ausschuß für Lehrfragen gibt. Die Naturwissenschaften haben, gemessen an ihrem Anteil an den Studentenzahlen, vergleichsweise viele CIP-Mitteln erhalten.[1] Die Geistes- und Sozialwissenschaften haben noch wenig Übung, Informations- und Kommunikationstechnologien in ihre langfristige Finanzplanung einzubeziehen und entsprechende Anträge zu stellen. Bei der Anschaffung stehen fast ausschließlich der Durchsatz der CPU und der Netze im Vordergrund, aber noch kaum Benutzerfreundlichkeit und Lehrtauglichkeit. Hohe technische Leistungen sind auch für die Geistes- und Sozialwissenschaften wichtig. Aber ebenso wichtig ist die Verträglichkeit der Computer mit den Arbeits- und Lernkontexten der Studierenden.

Die Philosophie des Personalcomputers – sehr kleine, sehr leistungsfähige und vor allem sehr benutzerfreundliche Computer für jedermanns Gebrauch – kommt den Anwendungsinteressen der Geistes- und Sozialwissenschaften sehr entgegen. Der Personalcomputer ist nicht einfach ein stark verkleinerter Großrechner. Der PC inkorporiert seit seinen Anfängen in den Labors und Garagen amerikanischer Studenten (die wegen ihrer Hartnäckigkeit, mit der sie am Computer arbeiteten, "Hacker" genannten wurden) die Idee der Dezentralisierung und Befreiung von den Zwängen unbeherrschter Technologien.[2]

3. Computer für das Lehren und Lernen an der Hochschule

Die Vorstellung, Computer für das Lehren und Lernen an der Hochschule einzusetzen, besteht seit es Computer gibt. Am Modell des Computers und mit ihm sollte der Unterricht in Schule und Hochschule revolutioniert werden. In den Zeiten des Lehrermangels, in den sechziger Jahren, hoffte man, durch programmierten Unterricht dem Bildungsnotstand abzuhelfen, oder gar, die Zukunft zu programmieren.[3] Psychologen entwickelten eine Theorie der programmierten Instruktion. Lehr- und Lern-ziele wurden in Form in linear verkettete Teilziele und Aufgaben zergliedert.[4]

Die Hoffnungen, die man in den Einsatz des Computers als Lernmaschine gesetzt hatte, haben sich bislang kaum erfüllt. Obwohl man dem Computer eine größere Fähigkeit als dem menschlichen Lehrer zuschrieb, sich dem individuellen Lernen anzupassen, hat sich gezeigt, daß die Struktur menschlicher Lernleistungen wesentlich komplexer ist als die Lernprogramme, die man bislang entwickeln konnte. Solche Lernprogramme sind nur für eng umschriebene Lernleistungen von Nutzen. Viele Lernziele besitzen soziale und moralische Aspekte, die nur im direkten Umgang mit Menschen erworben und gefördert werden können.[5]

Der Einsatz von Computern als Lern- und Lehrmaschine stellt jedoch nur *eine* Form der Nutzung des Computers im Lernprozeß dar. Aus der Entwicklung immer leistungsfähigerer und benutzerfreundlicherer Personalcomputer ergibt sich eine Ausweitung der Einsatzmöglichkeiten:[6]

3.1 Der Computer als Simulator natürlicher und geistiger Phänomene

Simulationsprogramme ermöglichen Erfahrungen, die aus finanziellen, zeitlichen, geographischen, ethischen oder sonstigen Gründen nicht zu erlangen sind. Programme zur Simulation von Ökosystemen oder Bevölkerungsentwicklungen beispielsweise besitzen einen hohen didaktischen Wert für Studierende der Soziologie und der Volkswirtschaft. Mit PsychLearn können Psychologiestudenten klassische Experimente simulieren und variieren. Die graphische Darstellung von Funktionskurven auf dem PC unterstützt das Erlernen der Statistik.

Natürlich kann selbst die beste Simulation nicht die Wirklichkeit ersetzen. Aber Simulationen geben Aufschluß über das Verhalten von Systemen, die aufgrund unseres Fachwissen konstruiert werden. Insofern sind sie besonders dazu geeignet, Abweichungen zwischen Prognosen und Wirklichkeit zuverlässig zu bestimmen. Studierende können damit lernen, Übervereinfachungen von Modellannahmen zu erkennen und die Qualität von Theorien zu beurteilen.

3.2 Der Computer als Informationsquelle

Damit sind nicht nur Datenbanken gemeint, die wegen verschiedener Beschränkungen und uneinheitlicher und schwer zu erlernender Suchsprachen für Sozialwissenschaftler bislang noch wenig attraktiv sind. Sofern die Qualität von Datenbanken in den Sozialwissenschaften und der elektronische Zugang zu den Katalogen und Beständen der Bibliotheken besser wird, können die Studierenden einen umfassenden Überblick über die einschlägige Literatur erhalten und Wissensbestände mittels Meta-Analysen systematisch aufarbeiten. Bislang ist das Zusammentragen der für eine Seminar- oder Diplomarbeit wichtigen Literatur mit außergewöhnlich großem Zeitaufwand verbunden.

Mit "Computer als Informationsquelle" sind auch und besonders die neuen Möglichkeiten der Kommunikation gemeint: Via Computer können Studierende mit anderen Studierenden, Lehrenden oder besonderen Experten ihres Fachs, mit denen sie das aus zeitlichen oder räumlichen Gründen nicht können, Kontakt aufnehmen oder ihnen Nachrichten hinterlassen. Schließlich ist der Einsatz von Computern im Fernstudium, z.B. als Kommunikationsterminal und als Abspiel-, Übungs- und Prüfungsgerät zu erwähnen. Allerdings sind auch hier noch Probleme zu lösen, die nicht allein mit Kosten zu tun haben, sondern auch mit Fragen der Zusammenarbeit zwischen verschiedenen Abteilungen und Ebenen der Universität, der Didaktik und des Datenschutzes.

3.3 Der Computer als Werkzeug

Durch die Verfügbarkeit von guter (und im Vergleich dazu auch preiswerter) Software, kann der Computer ein wirksames Instrument zur Förderung verschiedenster Fähigkeiten sein, die dem Studium und der späteren Berufstätigkeit zugute kommen. Die Fähigkeiten moderner Textsysteme gehen weit über das einfache Erfassen und Gestalten von Texten hinaus: Rechtschreibfehler können automatisch korrigiert, Synonyme, Antonyme und Homonyme ermittelt, Inhalts-, Autoren- und Literaturverzeichnisse können vom Computer weitgehend automatisch angelegt, Graphiken und Tabellen in einem Text beliebig plaziert werden. Noch leidet, wie die ZEIT kürzlich vermerkt hat, oft die Qualität der Texte unter dem Bedürfnis, mit dem Computer ein schönes Druckbild zu erzielen. Die richtige Nutzung von diesen und anderen Werkzeugen muß daher Teil des Lernens mit dem Computer sein.

Weitere Werkzeuge stellen die Programme für Tabellenkalkulation, Datenbankerstellung, Graphikerzeugung, statistische Auswertungen und Programmiersprachen dar, die man im Laden oder per Katalog kaufen kann. Die Softwarehersteller erkennen zunehmend die Bedeutung der Studierenden als Multiplikatoren ihrer Produkte und bieten preisgünstige Schulungsversionen an. Wir sollten diese günstige Preisentwicklung durch marktgerechtes Verhalten fördern.

3.4 Der Computer als "Rohstoff des Denkens"

Diese Funktion wird bislang noch zu wenig beachtet. Die Tatsache, daß ein Computer programmierbar ist, macht ihn zu einem hervorragenden Rohstoff des Denkens. Wer das Programmieren des Computers richtig, zum Beispiel durch eine Sprache wie Pascal oder LISP erlernt, entdeckt, daß man dabei die Planung von komplexen Arbeitsabläufen und die Fähigkeit zum mehrschichtigen, reflexiven Denken und Perspektivenwechsel üben kann. Das gilt insbesondere für Programme, die komplexe Interaktionen mit einem Benutzer erfordern: Welche Auswahlmöglichkeiten soll das Programm anbieten? Welche werden vom Benutzer erwartet? Wieviel Information soll eine Bildschirmseite erhalten? An welcher Stelle muß das Programm Hilfen bieten? Welche Fehler muß das Programm antizipieren? Es ist offenkundig: Software-Design ist angewandte Geistes- und Sozialwissenschaft!

4. Personalcomputer: Stärkung der individuellen Autonomie?

Das Lernen an der Hochschule soll generell den angehenden Akademiker befähigen, selbständig fachliche Probleme zu lösen und die Verantwortung für Entscheidungen in seiner jeweiligen beruflichen und sozialen Position zu übernehmen.[7] In diese Zielsetzung müssen wir auch den Einsatz von Computern in der Lehre einbinden. Auf den ersten Blick scheint der Personalcomputer dem Ideal eines selbständig Lernenden gut zu dienen. Wer einen PC besitzt oder zur Verfügung hat, kann ihn ohne die Restriktionen nutzen, die den "Großcomputer" kennzeichnen: Man kann ihn jederzeit an- und ausschalten, jedes verfügbare Programm laden, nach Herzenslust mit dem Betriebssystem experimentieren und ihn solange rechnen lassen, wie man will. Mit niemand muß man ihn teilen, keinem muß man Rechenschaft ablegen. Was kaputtgeht, stört niemand außer einen selbst. Die Betriebskosten sind gering. Es ist eben *mein* PC, mein persönlicher oder privater Computer im wahren Sinne des Wortes.

Dieser persönliche Charakter des PC macht für viele Studierende und Lehrende seine Faszination aus und hat bereits viele dazu "verleitet", sich mit Computern zu befassen, die früher um das Rechenzentrum ihrer Universität einen großen Bogen gemacht haben. An der Universität Konstanz ist seit Beginn von CIP die Anzahl der Computerbenutzer allein im Rechenzentrum drastisch gestiegen. Zugleich hat sich die Zahl der studentischen Großrechnerbenutzer stark verringert. Diese Erfahrung machen, soweit ich sehe, derzeit alle Universitäten.

Diese Entwicklung birgt aber auch Gefahren. Manche sind versucht, im PC das neue Heilmittel gegen Computerskepsis zu sehen. Der PC taugt aber nur bedingt als "Einstieg" für den Großrechner. Wer die Benutzerfreundlichkeit des PC kennen- und schätzengelernt hat, wird Großrechner als unverständlich schwierig erleben. Auf der anderen Seite bietet der PC – zumindest gegenwärtig noch – keinen Ersatz für "Mainframes", wenn große Datenmengen bearbeitet und gesichert oder schutzwürdige Daten in Computern aufbewahrt werden müssen.

Vor allem ergeben sich psychologische und moralische Probleme, wenn Personalcomputer zu "public computer" oder kleine Großrechenanlagen ausgebaut werden. Ein PC ist dann kein Personal-Computer mehr, wenn er mehr als einer Person gleichberechtigt zur Verfügung steht, bzw. wenn Dritte von außen über einen Netzanschluß unkontrollierten Zugang zu dem PC haben. Ein PC bleibt ein Personal-Computer, wenn er nur zeitweise einer einzigen Person zugeordnet wird, wie das im Übungsbetrieb an der Universität der Fall sein kann. Er verliert aber diesen Status, wenn im PC ein permanenter Massenspeicher (eine Festplatte) vorhanden ist, die von mehreren Benutzern gleichzeitig benutzt wird.

Ein solcher öffentlicher Computer kann vom Studierenden nicht in der gleichen Weise frei benutzt werden wie ein Personal-Computer. Es sind Vorschriften zu beachten, welche die Nutzung der Software, den Zugang zum Betriebssystem, die Zuteilung der Massenspeicher und die Art der gespeicherten Informationen regeln. Solche Vorschriften sind unerläßlich, um den Betrieb der Geräte aufrecht zu erhalten. Aber sie schränken die Nutzung der Computer stark ein und stellen damit die erhofften positiven Auswirkungen der Computer auf das Lernen in der Hochschule in Frage. Vorkehrungen, die den Mißbrauch der PC erschweren sollen, wie der Einbau von Paßwörtern, das "Abklemmen" von DOS-Funktionen und das Protokollieren von Benutzerdaten richten sich gegen alle Benutzer gleichermaßen. Überdies ist zu fragen,welcher Gebrauch des Computers als "Mißbrauch" zu gelten hat und wer bestimmen soll, was Mißbrauch ist und was nicht. Aus der

Sicht eines an alte "Rechner" gewöhnten Naturwissenschaftlers mag schon die Benutzung eines Textsystems "Mißbrauch" sein; für Geistes- und Sozialwissenschaftler gehören diese zur Essenz der Computerei. Wir müssen auch hier die Freiheit der Lehre und des Lernens in der Universität anwenden lernen.

Schließlich sind solche kleinen "Großrechner" anfällig für spielerische oder böswillige Veränderungen des Betriebssystems und für – oft unbeabsichtigt eingeschleppte – Computerviren. Diese stellen nicht nur für die abgespeicherten Programme eine Gefahr dar. Eine Gefahr besteht auch für die Freiheit des Computer-Benutzers, der, um diese Probleme in den Griff zu bekommen, immer intensiver überwacht werden muß. (Abgesehen davon, daß selbst die leistungsstärksten PC mit diesen Kontrollaufgaben bald überfordert sind.)

Ich habe in den USA PC-Pools gesehen, die diese Probleme nicht kennen. Sie sind ausgestattet mit unvernetzten PCs, teilweise ohne Festplatte. Die Software wird nicht auf einer Platte vorgehalten, sondern von der PC-Beratung ausgegeben. Im Pool gibt es eine Steckerleiste für schnelle serielle Datenübertragung. Damit kann man sich in ein Netz einhängen man muß es jedoch nicht.

5. Netzwerke: Stärkung der Kommunikation?

An den Netzen scheiden sich die Geister am stärksten. Für die einen sind sie Teil zentralistischer Beherrschungsapparate, für die anderen garantieren Netze die wahre Bestimmung des Computers als "intelligentes" Terminal. Die einen können sich gerade noch mit der Idee des privaten Computers anfreunden, aber nicht mit der Idee, daß sie über ihren eigenen Computer von außen kontrolliert werden können; den anderen ist ein Computer, und sei er noch so klein und privat, unvorstellbar ohne festen Anschluß an eine oder viele Zentralen.

Ich gebe zu, daß mich diese Fragen bewegen, ohne daß ich eine Antwort weiß. Sind die Ängste, die hier geäußert werden, völlig irreal? Ist die hochintegrierte Vernetzung unvermeidlich und nur so und nicht anders zu realisieren? Werden die Belange des Datenschutzes und der personalen Integrität des Computernutzers bei der Entwicklung von Netzen berücksichtigt? Die Frage ist, welche Techniken eingesetzt werden und wie Kommunikation und Kooperation durch Computernetze gestärkt werden können, ohne daß dies mit einem Abbau der persönlichen Grundrechte erkauft wird. Wie kann zukünftig das Eindringen von außen über das Netz in den eigenen PC verhindert werden?

Darüber muß noch eingehend diskutiert werden. Vielen Berichten über die Vernetzung von CIP-Pools kann man nicht entnehmen, inwiefern über die Auswirkungen der Vernetzung auf die Grundrechte von Lehrenden und Lernenden an den Hochschulen bereits nachgedacht wird. Bislang scheinen wir vollauf mit der Bewältigung der technischen Probleme der PC-Vernetzung beschäftigt. Eine Hoffnung ist, daß Ingenieure, die hierin Experten sind, nicht frei von Skrupeln sind.[8] In den Sozialwissenschaften haben wir erst begonnen, uns mit diesen Problemen zu befassen.

6. Resümee

In der Vergangenheit haben wiederholt hochgesteckte Erwartungen in Bezug auf den Lernnutzen neuer Technologien zurückgesteckt oder ganz aufgegeben werden müssen. Wir tun daher gut daran, den Nutzen des Personalcomputers für das Studium in den Geistes- und Sozialwissenschaften, genauso wie in den anderen Studiengebieten, differenziert zu betrachten und Bedingungen anzugeben, die einen erfolgreichen Einsatz wahrscheinlicher machen.

Wir sollten eine Entwicklung vermeiden, die es erfordert, in allen Fächern ein Mini-Informatikcurriculum einzuführen. Vielmehr sollten die Universitäten mit benutzerfreundlichen PCs ausgestattet werden, die keine oder sehr geringe DV-Kenntnisse erfordern und daher dem Anwender die Möglichkeit bieten, sich voll auf die Lösung *seiner* Probleme zu konzentrieren.[9] Im Rahmen des CI-Programms geht es, wie Professor Seegmüller auf dem CIP-Seminar letzten Jahres betont hat, "um die Anwendung und nicht um die Idiosynkrasien der Datenverarbeitung".

Die personelle Betreuung der Studierenden beim Umgang mit Computern muß entscheidend verbessert werden, und zwar sowohl *direkt* durch Beratung vor Ort (wodurch vielerorts teure und störanfällige Sicherheitseinrichtungen am und im PC entfallen können) als auch *indirekt* durch die Beratung und Schulung der Dozenten, die in ihren Veranstaltungen PCs einsetzen.

Um dem gewandelten Verständnis von der Rolle des Computers in der Lehre Rechnung zu tragen und der Zersplitterung der Anstrengungen in vielen kleinen Arbeitsgruppen entgegenzuwirken, sollten, wie in den USA, als besondere organisatorische Einheiten *Akademische Computer Zentren* eingerichtet werden. Diese Zentren bestehen aus festen organisatorischen Einheiten mit klaren Kompetenzen und Verantwortlichkeiten sowie aus lockeren Arbeitsgruppen und Komitees, in denen aktive Interessenten an Computern in der Lehre beteiligt oder repräsentiert sind.[10]

In den USA sind diese Zentren direkt dem Vizepräsidenten der Universität unterstellt. An deutschen Universitäten könnten solche Zentren den Hochschuldidaktischen Zentren angegliedert werden oder, wo es diese nicht gibt, neue Organisationsformen geschaffen werden.[11] Solange Studierende nur etwas *über* den Computer lernen sollten, war ihre Ausbildung bei den Rechenzentren in guten Händen. In dem Maß aber, wie sich der Einsatz des Computers in der Lehre ändert, werden die Möglichkeiten der klassischen Rechenzentren überfordert.[12]

Es ist schließlich zu wünschen, daß über die Auswirkungen des CI-Programms auf die universitäre Organisation weiter gesprochen wird und die DFG und der Bundesminister für Bildung und Wissenschaft die Integration der Computer in die akademische Lehre durch didaktische und sozialwissenschaftliche Pilotprojekte und Begleituntersuchungen unterstützt.

Anmerkungen

1. Seegmüller: Das Computer-Investitionsprogramm von Bund und Ländern – Erwartungen und Möglichkeiten. In: Computer-Investitions-Prrogramm (CIP) im Hochschulbereich. Hrsgg. vom Bundesminister für Bildung und Wissensschaft, Bonn, 1988; vgl. S. 37.
2. Zur Idee eines emanzipatorischen Gebrauchs von Computern vgl. Steven Levy: Hackers. Heroes of the computer revolution. New York: Double-Day, 1984, und Hellmut Krauch: Computer-Demokratie. Düsseldorf: VDI-Verlag, 1972.
3. Vgl. Das damals vieldiskutierte Essay von Karl Steinbuch: Falsch programmiert. Über das Versagen unserer Gesellschaft in der Gegenwart und vor der Zukunft und was endlich geschehen müßte. München: Deutscher Taschenbuch-Verlag, 1968.
4. Vgl. B. S. Bloom et al. (Hrsg.): Taxonomy of Educational Objectives: Cognitive Domain. Vol. 1. New York: McKay, 1956.
5. Vgl. u.a. Theodore Roszak: Der Verlust des Denkens. Über die Mythen des Computer-Zeitalters. München: Droemer, 1986.
6. Bei ihrer Aufzählung halte ich mich an die *Empfehlungen zur Ausstattung der Hochschulen mit Rechnerkapazität* des Wissenschftsrates von 1987 und das ausgezeichnete Buch Teaching and Learning with Computers von Barry Heermann (San Francisco: Jossey-Bass, 1988).
7. Daß diese Zielvorstellung auch unter Studierenden verbreitet ist, zeigen die Erhebungen von H. Preisert , T. Bargel und G. Framheim zur Studiensituation und studentischen Orientierungen an Universitäten und Fachhochschulen, Schriftenreihe zur Bildung und Wissenschaft, Heft 59. Bonn: Bundesministerium für Bildung und Wissenschaft, 1988. Vgl. auch B. Dippelhofer-Stiem und G. Lind (Hrsg.): Studentisches Lernen im Kulturvergleich. Weinheim: Deutscher Studienverlag, 1987.
8. Vgl. E. Seehaas-Knobloch und B. Volmberg: Integrierte Netze. In: H. Moser (Hrsg.), Bedrohung und Beschwichtigung. Weinheim: Deutscher Studienverlag, 1987, S. 97 ff.
9. Der Macintosh Computer von Apple kommt diesem Ideal sehr nahe, auch die ihm nachgebildeten Benutzeroberflächen wie GEM Desktop von Digital Research, das auf dem IBM PC und dem Atari ST läuft.
10. Heermann, Teaching and Learning with Computers, S. 168 ff.
11. Vgl. hierzu die Vorschäge von Klaus Brunnstein: Didaktische Aspekte des Einsatzes von Informations- und Kommunikation-Systemen in der Hochschul-Lehre. In: Computer-Investitions-Programm (CIP) im Hochschulbereich. Bonn, 1988, S. 141.
12. Heermann, Teaching and Learning with Computers, S. 18.

Berichterstattung über CIP-Forum 1 "CIP-PC-Pools in den Geistes- und Sozialwissenschaften"

Berndt Kirchlechner

Fachhochschule Frankfurt am Main
Fachbereich Sozialpädagogik

Im CIP-Forum 1 haben wir in 210 Minuten 9 Referate zu folgenden Themen gehört: zwei aus dem Bereich der Literaturwissenschaft (Czucka, Spinnen), drei über Autorenprogramme und Alternativen (Handke, Loska, Schulmeister), eines über eine wissenschaftliche Mailbox (Eberle), eines über Konsequenzen des PC-Einsatzes auf die methodologischen Standards der Sozialwissenschaften (Boy), eines über Systemanforderungen für PC-Pools in den Geistes- und Sozialwissenschaften (Lind) und eines über Computeranwendungen in Ausbildung und Praxis der sozialen Arbeit (Kirchlechner). Ein breites Spektrum in viel zu kurzer Zeit.

Drei Referate, nämlich die von Herrn Czucka, Herrn Spinnen und Herrn Boy stellten die Frage, ob der vermehrte PC-Einsatz nicht doch einen stärkeren Einfluß auf die Inhalte der betroffenen Wissenschaften nimmt – und zwar einen, der durchaus kritisch zu bewerten ist. Diejenigen, die nur den Werkzeugcharakter der PCs propagieren und allenfalls darauf hinweisen, ein Werkzeug könne auch falsch eingesetzt werden, übersehen nach Meinung der Referenten den spezifischen Einfluß der neuen Technologien auf Themenauswahl und Methoden der Bearbeitung von Themen. Herr Czucka spitzte seine Thesen in bezug auf die Literaturwissenschaft zu: Computer seien hier möglicherweise Mittel, für die Zwecke erst gefunden werden müßten. Statistisch-quantifizierende Stilanalysen seien das Programm der 60er Jahre in der Literaturwissenschaft gewesen. Damals fehlte aber ein PC mit einer 20 MB-Festplatte, mit dem man die entworfenen Programme hätte ausführen können. Die fachimmanente Methodendiskussion hat aber zu einer Wende weg vom "Ziel der Exaktifizierung des Literarischen" geführt, so daß der PC-Einsatz heute auf das Gebiet der Editionsphilologie und der Wortstatistik beschränkt sei. Der Vieldeutigkeit und der Bedeutung von Texten werden solche statistischen Verfahren nicht gerecht. In der Selbstreduktion der Literaturwissenschaft auf solche Verfahren, die mit dem PC bearbeitbar werden, liegt also das Problem.

Sehr ähnlich lautete der kritischen Hinweis von Herrn Boy in bezug auf den PC-Einsatz in den Sozialwissenschaften: Die Möglichkeiten, die sich durch die breite Anwendung der neuen Technologien ergeben, nehmen Einfluß auf die

Themen, die bearbeitet werden, und die Wahl der Methoden. Es besteht die Gefahr, daß nur solche Themen wissenschaftliche Reputation versprechen, die mit computergestützten Methoden untersucht werden können. Am Beispiel der Datenerhebung über portable PCs, der Erleichterung des Zugangs zu und der Verarbeitung von archiviertem Material in Sekundäranalysen und der Übernahme von ökonometrischen Modellen bei der Analyse von Kausalzusammenhängen sozialwissenschaftlicher Daten zeigte er u.a. diese Wirkung des PC-Einsatzes. Es sei zu befürchten, daß die Einflüsse des Computereinsatzes auf die methodologischen Standards der Sozialforschung zu wenig reflektiert werden. Im Bereich der sozialen Arbeit, dem Arbeitsfeld des Berichterstatters, kann das Problem auch so formuliert werden: Was ist die Wirklichkeit? Ist es der Datenschatten auf dem Bildschirm oder der bedürftige Klient?

Herr Spinnen untersuchte im Kern seines Referates den scheinbar so unproblematischen Einsatz des PCs in der Textverarbeitung, genauer und einfacher: beim Schreiben von Texten. Der PC ist mehr als eine mächtige Speicher-Schreibmaschine. Er verändert das Schreiben selber in bedeutsamer Weise, indem er die Konzentration auf den jeweiligen Textausschnitt auf dem Bildschirm beschränkt und der äußeren Gestalt eines Textes leicht ein überdimensionales Gewicht verleiht. Die Textverarbeitung "zielt immanent auf die jeweilige letzte Fassung in grafischer Perfektion". Die Geschichte eines Textes, seine Korrekturen und Überarbeitungen, die seine Entfaltung dokumentieren, gehen verloren – und damit verschwindet auch die Geschichte eines Gedankenganges.

Herr Handke, Herr Schulmeister und Herr Loska (der in Vertretung von Herrn Vogt gesprochen hat) setzten sich in je unterschiedlicher Weise mit Lernprogrammen und Autorensystemen auseinander, die alle drei in ihrer herkömmlichen Art kritisierten. Hergekommen sind Lernprogramme als Neuauflagen des programmierten Unterrichts der 60er Jahre. Autorensysteme sind Systeme, die von Lehrenden für die Entwicklung von Lernprogrammen (in der Regel ohne grundlegende Programmierkenntnisse) verwendet werden können.

Herr Handke stellte dar, wie die ziemlich starren und "dummen" Lernprogramme gängiger Art im Bereich des Computer-Aided-Language-Learning (CALL) intelligenter und flexibler gemacht werden können. Möglich wird dies durch die Verwendung von Modulen, die linguistisches Expertenwissen enthalten und in Programmiersprachen aus dem Bereich der Künstlichen Intelligenz programmiert sind. Mit dem Autorensystem INTELTEXT machte er einen Vorschlag für ein intelligentes Sprachlernprogramm. Intelligent ist es deshalb, weil die Eingaben der Lernenden von diesem Programm nicht mehr nur starr auf zeichengenaue Übereinstimmung mit einer richtigen, vorgegebenen Antwort verglichen werden, sondern unter verschiedenen linguistischen Gesichtspunkten überprüft und bewertet werden. So kann das Programm etwa Rechtschreibefehler erkennen und damit inhaltlich richtige, aber falsch geschriebene Antworten identifizieren.

Herr Loska und Herr Schulmeister setzten ihre Kritik an den behavioristischen Grundlagen der bisherigen Lernprogramme an, ziehen aber sehr unterschiedliche Konsequenzen daraus. Die Arbeitsgruppe von Herrn Loska, die mit dem Autorensystem TENCORE arbeitet, setzt auf die Flexibilisierung der Lernprogramme durch bessere Rückkopplung des Programmablaufes an die individuellen Lernfortschritte, auf den verstärkten Einsatz von Grafik und Simulation und die Abkehr von reinen Ja/Nein-Antworten. Am Beispiel eines Lernprogrammes aus dem Bereich der Mathematik erläuterte Herr Loska zudem die Bedeutung eines Programmoduls, das der Protokollierung der Antworten und der Analyse der Fehler der Lernenden dient. Dieses Modul unterstützt sowohl die pädagogische Bewertung und Beratung der Lernenden, als auch die wissenschaftliche Untersuchung von Lernprozessen. Aus Herrn Schulmeisters Perspektive bleiben die Arbeiten von Herrn Handke und Herrn Loska dem Reiz-Reaktions-Schema, der Grundlage der behavioristischen Lerntheorie, verhaftet: Herr Handke verbessere die Reaktionsanalyse durch das Programm, Herr Loska und seine Arbeitsgruppe manipulieren Reiz und Reaktion, aber auch hier liege der Schwerpunkt auf der Reaktionsanalyse. In beiden Fällen gehe es um die richtige Antwort der Lernenden.

Herr Schulmeister verzichtet ganz auf die Reaktionsanalyse. Ihm kommt es auf die Aktionen der Lernenden an. Lernen sei im kognitionspsychologischen Modell ein Prozess des Suchens nach Informationen, sei aktives Neugierverhalten, das durch attraktive Reize, Grafik und Animation stimuliert werden kann. Es sei der Spaß, den die Suche nach Informationen macht, der die Lernenden belohnt, nicht die Punktzahl für richtige Antworten. Demonstriert hat Herr Schulmeister dies an einem Programm, mit dem Gehörlose die Gebärdensprache erlernen können. Realisiert werden kann ein solches Programm auch von Nicht-Informatikern nur auf einem System mit grafischer Benutzeroberfläche, das alle Hilfsmittel zur Produktion von Grafik und Animation perfekt zu Verfügung stellt. In diesem Fall war dies HYPERCARD auf dem Apple Macintosh.

Für ein System mit maximal benutzerfreundlicher Bedieneroberfläche und flexiblen Anwenderprogrammen, die keine vertieften Informatik-Kenntnisse von den Lernenden und Lehrenden verlangen, forderte Herr Lind in seinem Beitrag über die Anforderungen an Systeme in den Geistes- und Sozialwissenschaften. Darüber hinaus machte er auf die Notwendigkeit von Pool-Organisationsformen aufmerksam, die den studentischen Benutzer maximale Offenheit in bezug auf den Zugang zu Programmen und Zugriffen auf externe Datenbanken bieten – ein Votum gegen das Arbeiten in rigide organisierten Netzen mit vielfältigen Zugangsregeln. In amerikanischen Hochschulen sind solche Zugangsformen z.T. realisiert. Er lieferte mit seinem Beitrag ein Plädoyer für einen autonomen, selbstbestimmten und demokratischen Umgang mit dem neuen Medium.

Herr Eberle stellte seine Idee einer Wissenschaftsmailbox vor, deren Anforderungen in bezug auf Systemgestaltung und benutzerfreundlicher Systemoberfläche, der Organisation im Rahmen eines Hochschulinstitutes und der Realisierung er im Rahmen der DFN erläuterte. Herr Eberle schlägt zunächst ein Pilotprojekt für den Bereich der Rechtswissenschaften vor.

Ich komme zum Schluß und damit zu meinem eigenen Beitrag, der einerseits einen kurzen Überblick über den PC-Einsatz in Praxis und Ausbildung von SozialarbeiterInnen und SozialpädagogInnen an Fachhochschulen gab, andererseits von unseren eigenen Programmentwicklungen berichtete. Wir entwickeln an der Fachhochschule Frankfurt Informationsprogramme zur computergestützten Beratung. Diese Programme können von Laien bedient werden und liefern sehr spezielle Informationen darüber, ob eine Bedürftiger einen Anspruch auf Sozialhilfe hat und wenn ja, in welcher Höhe. Unser Programm SOLDI (Soziale Leistungen im Dialog) ist bereits ein Jahr praxiserprobt und steht allen Interessierten für wenig Geld zu Verfügung. Es galt in unserem Projekt zu demonstrieren, daß neue Technologien auch im Interesse der Armen und Benachteiligten dieser Gesellschaft zu Verfügung gestellt werden können.

Wir haben im CIP-Forum 1 viel über Software und wenig über Hardware gesprochen, viel über die Problematik in den Geistes- und Sozialwissenschaften und wenig über Informatik in unseren Fächern. Wir haben leider viel zu wenig Zeit gehabt, die Beiträge der Referenten zu diskutieren. Vielleicht kann dies bei der Organisation des nächsten CIP-Seminars berücksichtigt werden.

CIP-Forum 2

CIP-PC-Pools in den Naturwissenschaften

Moderation: Dieter Ziessow

Der Einsatz von vernetzten UNIX-Rechnern bei der Ausbildung von Medizinstudenten in Biostatistik

Wolfgang Köpcke und Peter Dirschedl

Ludwig-Maximilians-Universität München
Institut für Medizinische Informationsverarbeitung,
Biometrie und Epidemiologie (Vorstand: *Karl Überla*)

Bis zum Jahr 1990 erwartet man, daß etwa 70 Prozent aller Beschäftigten und jeder achte Ausbildungsplatz unmittelbar von Auswirkungen der Informationstechnologie betroffen sein werden. Somit ist auch den Hochschulen nahegelegt, neben den traditionellen technischen Fertigkeiten zur Ausübung des fachspezifisch Lehrbaren auch den Umgang mit Computern zu vermitteln. Dieser Forderung trägt das vom Bundesbildungsminister geförderte Computer-Investitionsprogramm (CIP) Rechnung, mit dem seit vier Jahren Mittel zur Installation vernetzter Schulungsrechner an den Hochschulen über die DFG abgewickelt werden.

Mit ca. 370 Medizinstudenten im klinischen Abschnitt pro Semester ist München die größte Medizinische Fakultät der Bundesrepublik Deutschland. Unser Institut ist mit zwei Pflichtkursen im 5. und 7. Semester an der Ausbildung der Mediziner beteiligt. Die entsprechenden Massenveranstaltungen verursachten in der Vergangenheit eine wohl bei Studenten und Dozenten gemeinsam wachsende Frustrationsintoleranz, da Lehrinhalte fast ausschließlich mittels MC-Prüfung abgeprüft wurden und die Studenten kaum an biostatistische Fragen, Daten und vor allem an die damals vorhandene Hard/Software (Siemens) heranzubringen waren.

Zur schwerpunktmäßigen Ausbildung in speziellen (über das Lehr-Deputat hinausgehenden) Biostatistik-Kursen konnte Anfang 1986 an unserem Institut ein durch das CIP gefördertes Mikrocomputer-Netz installiert werden, das 1988 noch einmal erweitert werden konnte. Um uns bei dieser Neuinstallation nicht von vornherein die Softwareportabilität in Richtung Zukunft zu verbauen, aber auch um das Statistik-System S in vollem Umfang verwenden zu können, entschieden wir uns für ein UNIX-Betriebssystem. Beim Entscheid für unter Ethernet vernetzte CADMUS 9600/4A-Rechner der Münchner Firma PCS spielte der lokale und auch funktionierende Support eine nicht unentscheidende Rolle. Neben der üblichen Drucker/Plotter-Peripherie, Band/Floppy-Einheiten war uns auch die Anschaffung von hochauflösenden Bitmap-Schirmen zur Realisierung benutzerfreundlicher Oberflächen (Windows, Menü, Maus) wichtig. Die bereits als Terminals zusätzlich angeschlossenen ATARI Mega ST sind in Bälde als X-Window-Server eingeplant. LCD-Overhead-Display und Anschluß an das Videonetz im Hörsaaltrakt des Klinikums Großhadern komplettieren die Demonstrationsmöglichkeiten.

Leider befindet sich das umfangreiche, als Methodenbank im Hintergrund gedachte System S noch immer in der MUNIX-Adaption. Die bisherigen Kurse hatten daher mit den statistischen und graphischen Möglichkeiten zweier kleinerer Pakete, UNIX/STAT und UNIX/Graphic, auszukommen, deren Einsatz sich jedoch wegen der unter UNIX üblichen Modularität und Flexibilität bisher als völlig unproblematisch und sogar (fast) ausreichend darstellte. Erstmals an unserem Institut konnten die "kleine" Statistik und die heute wohl unverzichtbare Graphik integriert angeboten werden. Ein simpler und benutzerfreundlicher Full-Screen-Editor tat – mit der in UNIX sowieso festeingebauten Textverarbeitung – sein übriges: Kurs, Inhalte, Performance der Hard/Software und die Tools aus der UNIX-Werkzeugkiste erfreuen sich einer uns ungewohnten Akzeptanz seitens der studentischen Verbraucher. Auch in der EDV völlig Ungeübte waren bald in der Lage, ein verbal dargestelltes biostatistisches Problem umzusetzen in die Erfassung der Daten, die Berechnung statistischer Maßzahlen und eines elementaren Tests, einen abschließenden Text zu verfassen und mit Grafiken zu versehen. Neben dem eigentlichen Schulungszweck wird das System wegen seiner Flexibilität und Verfügbarkeit bereits für Auswertungen beim üblichen Beratungs-Service (ca. 250 neue Beratungen p.a.) verwendet.

Natürlich sind zum jetzigen Zeitpunkt auch einige Negativa anzumerken. Als UNIX-Neulinge, begeistert von den Möglichkeiten eines offenen Systems, sind wir in die Praxis gestartet. Allerdings ist nicht nur ein PC zu bedienen, sondern mehrere "richtige" Rechner. Auch das Netz ist zu verwalten. Das Konfigurieren unserer speziellen Bedürfnisse, das Programmieren in C und in Shell-Scripts, Methoden zur System-Maintenance und Administration waren zu erlernen – kurzum die Komplexität eines UNIX-Systems erfuhren wir am eigenen Leibe. Kurzfristig mußten personelle Ressourcen aus anderen Instituts-Bereichen in erheblichem Umfang abgezogen werden. Da UNIX im Gegensatz zu anderen, eher flachen Betriebssystemen im Fehlerfall als ausgesprochen wortkarg gelten kann, gestalteten sich der Lernprozeß und die Einarbeitung in das Filesystem und die Fülle der Kommandos als mühevoll. Nach einer kurzen und schmerzhaften Eingewöhnungsphase waren jedoch erstaunlicherweise sowohl absolute EDV-Laien als auch ausgesprochene (MS-DOS-) Hacker mit eigenem PC unter den Studiosi recht angetan und verlangten nach noch mehr Kommandos und Optionen: da ja alles so schön und "real time" lief! – Interessanterweise verführen sowohl die Unkenntnis wie auch die an anderen Systemen orientierte PC-Erfahrung mit Software aus einer anderen, zweifellos bunteren Welt, zur doch recht übereinstimmenden Forderung nach einer ganz benutzerfreundlichen, also "einfachen" Grafik ("Warum nicht 3D in Farbe?") bzw. Textverarbeitung ("Ich hab' gehört, es gäbe schon Spracheingabe"). Biostatistische Fragestellungen finden dagegen weniger Interesse: wenn schon Wahl-Kursus, dann auch Spaß am Rechner ("Welche Spiele gibt's denn hier?").

Um die Biostatistik-Kurse am Rechner nicht zur laserdruckenden Layout-Fabrik für Doktorarbeiten verkommen zu lassen, müssen wir wohl das Angebot an Graphik- und Textverarbeitung sogar etwas reduzieren und trotz der positiven Resonanz auf die UNIX-Modularität versuchen, einfache biostatistische Inhalte in fest verdrahtete Programme einzupacken.

Schlußendlich sollten die Studenten ja z.B. lernen, Ausreißer zu erkennen und deren Einfluß auf die lineare Regression, oder einsehen, daß die Korrelation von Einkommen und Schuhgröße zwar signifikant, aber leider auch (trotz Stratifizierung nach Geschlecht) recht irrelevant sein kann. Sie sollten Fragestellungen adäquat und kritisch in die Methodik der Biostatistik (nebenbei auch der EDV) umsetzen können. Sie sollten im "Gespräch" mit dem Computer lernen. Sie sollten Unterrichtsstunden mit medizinischen Anwendungsbeispielen am Computer üben, selbständig kleine Auswertungen erstellen (und verstehen) können und sich das Gefühl für die Eventualitäten einer Stichprobe erarbeiten. Daher entwerfen wir zur Zeit kleine Lernprogramme für eingegrenzte Gebiete aus dem Lernzielkatalog der Biomathematik: beschreibende statistische Maßzahlen, ANOVA, Kontingenztafelanalyse, lineare Regression und Sterbetafelanalyse. Mit wenigen, nicht zu tiefgründigen Regeln sollen die Möglichkeiten einer statistischen Analyse und deren Grenzen dargestellt werden. Ein Erklärungsteil gibt Antwort auf Verständnisfragen. Aufgaben werden generiert und exemplarisch bearbeitet oder die klausurmäßige Behandlung des Problems bewertet. Programmtechnische Realisierungen mittels Multi-Windowing sowie Text und Grafik simultan am Bildschirm sehen wir schon. Jedoch bedarf die didaktische Aufarbeitung für solche interaktiven und flexiblen Lernsysteme noch einiges Nachdenkens (und Programmierens). Statt einem über Multiple-Choice-Arbeit bestätigtem Abfragereservoir sollte – und kann gerade in einem Pflichtkurs – wieder die nachdenkende Kraft über die Probleme der Biostatistik gefordert werden. Nachdem am Studenten seit langem die reine Informationsansammlung als Wissen abgeprüft wird, kann der Dialog mit dem Computer auch die Chance bedeuten, wieder über ein Gespräch zur Erkenntnis zu kommen. Da für Massenveranstaltungen mit Hunderten von Studenten das sokratische Gespräch, das Lehren unmöglich ist, müssen wir dem sophistischen Gebot des Lernzielkatalogs härtere Mittel, und sei es die Herausforderung durch ein Teaching-System am Computer, entgegensetzen. Abschließend sollten bei dieser Veranstaltung noch einige Bemerkungen zu den Zukunftsaspekten der CIP-Förderung gemacht werden. Nur wenn gewährleistet ist, daß finanzielle Mittel für Verbrauch, Reparatur, neue Software und in einigen Jahren auch neue Hardware zur Verfügung stehen, kann das Programm seine Aufgabe erfüllen, allen Studenten die Möglichkeiten der modernen Informationstechnologien auch in Zukunft nahezubringen.

Literatur

Perlman, G.: UNIX/STAT: Compact Data Analysis Package. Amer. Statist. 38 (1984) 2:155

Becker, R.A., Chambers, J.M.: S – An Interactive Enviroment for Data Analysis and Graphics. Belmont, CA: Wadsworth 1984

Peter Dirschedl

Das Erlanger Expertensystem

Roland Kalb

Universität Erlangen-Nürnberg
Psychiatrische Klinik mit Poliklinik
(Direktor: *Eberhard Lungershausen*)

1. Einleitung

Am CIP-Pool des Kopfklinikums Erlangen bestand die Gefahr, daß die reine Textverarbeitung im Zusammenhang mit der Benutzung des Laserdruckers überhand nimmt.

Wir haben daher versucht, durch attraktive Angebote die Studenten mit fachspezifischen Programmen vertraut zu machen. In der Medizin bieten sich hier vor allem Expertensysteme an, die von allen weiterführenden Programmen mit am interessantesten für Studenten sein dürften.

MYCIN	INFEKTIONEN	SHORTLIFFE(1976)
PUFF	LUNGENKRANKH.	KUNZ (1978)
INTERNIST (CADUCEUS)	INNERE MEDIZIN	POPLE, MYERS & MILLER(1975)
CASNET (EXPERT)	GLAUKOM	WEISS & KULIKOWSKI(1979)
BLUE BOX PROJECT	DEPRESSION	MULSANT & SERVAN-SCHREIBER (1985)
RX-DX	DEPRESSION	FEINBERG (1985)
DSM-III-R	PSYCHIATRIE	LANGNER (1988)

Abb. 1: Medizinische Expertensysteme (Auswahl)

2. Methode

Das von uns erstellte Expertensystem läuft auf Rechnern mit dem Prozessortyp 80286 und dem Betriebssystem MS-DOS, wie sie im CIP-Pool des Kopfklinikums Erlangen verwendet werden. Der Hauptspeicher sollte über 1 MByte RAM liegen, um in einer RAM-Disk das Wissen des Systems zur schnellen Verfügung zu haben.

Das Wissen eines Expertensystems liegt in der Form von Wenn-Dann-Regeln vor. Die Menge aller dieser Regeln, die Wissensbasis, ist das Herz eines jeden Expertensystems. Sie entscheidet über die Leistungsfähigkeit eines Systems.

Seit langem ist man international bestrebt, das Erfahrungswissen der Medizin einheitlich zu erfassen und verbindlich zu codieren.

Hier sind besonders die Bemühungen der WHO zu erwähnen, die mit dem "International classification of diseases" kurz ICD genannt eine Vorreiterrolle spielte (WHO 1980).

Bis vor einiger Zeit stand lediglich die 9. Version dieses Klassifikationsschemas zur Verfügung. Dementsprechend gibt es in unserem System eine Wissensbasis, welche auf diesem ICD-9 Schlüssel beruht. Sie umfaßt mehr als 1000 Regeln und belegt etwa 400 kByte.

Seit kurzem ist nun die 10. Version des von der WHO ausgearbeiteten Klassifikationsschemas in einer vorläufigen Fassung vorhanden. Auf dem Teilgebiet der Psychiatrie liegen sogar "ICD-10 RESEARCH DIAGNOSTIC CRITERIA" vor, die in logisch einwandfreier Form alle Diagnosen mit Hilfe von Regeln beschreiben (WHO 1987). Als Beispiel sei eine solche Regel angeführt:

F31.0 (Schwere depressive Episode) Endogene Depression

WENN GILT:
- Die Stimmung ist gedrückt, traurig oder gereizt
- Die Fähigkeit sich zu freuen, ist verloren gegangen
- Der Zustand ist ungewöhnlich für die betreffende Person
- Die Dauer ist mindestens zwei Wochen

UND MINDESTENS DREI DER FOLGENDEN SYMPTOME ERFÜLLT SIND:
- Die gedrückte Stimmung ist andauernd vorhanden und unabhängig von äußeren Umständen
- Die Stimmung bessert sich regelmäßig im Laufe des Tages
- Es treten wiederholt Suizidgedanken oder gar Suizidversuche auf
- Es wird wahnhaft Schuld, Wertlosigkeit, körperliche Erkrankung oder drohendes Unglück erlebt
- Es sind Schuldgefühle oder Gefühle der Wertlosigkeit vorhanden
- Es besteht eine schwere Schlaflosigkeit, besonders in der zweiten Nachthälfte
- Der Appetit ist vermindert, das Körpergewicht ist um mehr als 5% zurückgegangen
- Der Patient ist agitiert: er läuft ruhelos herum oder kann nicht still sitzen
- Die Körperbewegungen sind verlangsamt, die Sprache langsam und monoton

- Der Patient hört Stimmen die spöttische oder verurteilende Bemerkungen zum oder über den Patienten machen

ES DARF NICHT VORHANDEN SEIN:
- Der Patient erfüllt gleichzeitig Kriterien der Schizophrenie
- Die Episode ist auf Alkoholmißbrauch, eine endokrine Störung, eine medikamentöse Behandlung oder irgend ein organisches Psychosyndrom zurückzuführen
- Kriterien die für eine manische Episode (F30.0) sprechen sind irgendwann im Leben des Patienten aufgetreten

Abb. 2: ICD-10 Regel zur Diagnose F31.0 (Severe depressive episode)

Inzwischen wurde aus diesen Regeln eine weitere Wissensbasis unseres Systems erstellt, die sich zur Zeit in klinischer Testung befindet. – Die Arbeit eines Expertensystems geht nun so vor sich: In einer sogenannten Datenbasis werden die Symptome eines bestimmten Patienten abgefragt. Auf diese Symptome werden dann mit Hilfe des sogenannten Interpreters die Regeln der Wissensbasis angewandt, bis eine Diagnose gefunden wird. – Im Prinzip gibt es folgende Möglichkeiten der Dateneingabe:

- der Patient selbst sitzt vor dem Bildschirm und gibt in Form einer Selbstbeurteilung Antwort auf die vom Programm gestellten Fragen. Solche Systeme werden seit langem in den USA eingesetzt und finden zunehmend auch bei uns Anwendung (Wilms & Linden 1988).
- der Patient füllt einen Fragebogen aus, der in eine Datenbank eingegeben wird. Das System greift selbständig auf diese Datenbank zu und überprüft die Diagnosestellung der Klinik (Philipp 1988).
- der Arzt oder der Student hat einen schriftlichen Befund erhoben, geht mit diesem an den Rechner und führt mit dem Programm einen Dialog über diesen Befund.

Diese letzte Methode wurde bisher von uns bevorzugt. – Besondere Aufmerksamkeit verdient die Datenausgabe des Expertensystems. Neben der Möglichkeit sich jederzeit die zuletzt angewandte Regel zeigen zu lassen, haben wir dem System die Fähigkeit mitgegeben, einen Kurzarztbrief zu erstellen. Hierbei wird der Inhalt der Datenbasis in einen einigermaßen verständlichen medizinischen Text umgewandelt. Für Medizinstudenten besonders wichtig ist die Diskussion des Falles. Aus ihr kann er wohl am besten lernen, warum diese Diagnose gestellt wurde und keine andere.

AUS DER PSYCHIATRISCHEN KLINIK MIT POLIKLINIK
DER UNIVERSITÄT ERLANGEN-NÜRNBERG
DIREKTOR: PROF. DR. E. LUNGERSHAUSEN
ERLANGER EXPERTENSYSTEM (C) COPYRIGHT DR.R.KALB 1986/87/88
DATUM: 14.09.1988

Kurzbrief über den Patienten Z.D.

DIAGNOSE: Es handelt sich um eine depressive Reaktion (ICD 309.0).
FAMILIENANAMNESE: In der Familie des Patienten sind Depressionen aufgetreten.
SOZIALANAMNESE: Es liegen keine weiteren Angaben vor.
EIGENANAMNESE: Die jetzigen Beschwerden des Patienten waren bereits früher einmal aufgetreten. In der Anamnese finden sich abgegrenzte depressive Phasen.
JETZIGE ANAMNESE: Der Patient klagt über depressive Verstimmung, ansonsten werden keine weiteren Beschwerden angegeben. Die jetzigen Beschwerden sind seit Monaten vorhanden. Es wird ein Grund für die depressive Verstimmung angegeben. Er befindet sich in einer Konfliktsituation, die er nicht aufzulösen vermag. Auch wenn er etwas Schönes erlebt, kann sich der Patient nicht mehr so freuen wie früher.
PSYCHISCHER BEFUND: Der Patient ist orientiert. Die Konzentration und die Merkfähigkeit sind normal. Die Stimmung ist gedrückt. Der Antrieb ist gehemmt, es fehlt also der Schwung, Absichten in die Tat umzusetzen.
NEUROLOGISCH finden sich: ansonsten unauffällige Befunde
INTERNISTISCH finden sich: weiter keine Auffälligkeiten
KONSILBEFUNDE: weitere Befunde wurden nicht erhoben
ZUSATZUNTERSUCHUNGEN: Es wurden keine weiteren Untersuchungen durchgeführt.
DISKUSSION: An die reaktive Depression wird vor allem deshalb gedacht, weil der Patient keine Durchschlafstörungen, kein Morgentief, dafür aber einen Grund für die Verstimmung angibt.

Abb. 3: Datenausgabe des Expertensystems in Form eines Kurzbriefs

3. Ergebnisse

Bevor ein Expertensystem zur breiteren Anwendung kommt, sollte es den Nachweis erbringen, daß es gültige Diagnosen zu erstellen vermag. Der Nachweis, geschieht heute vor allem durch Vergleich mit der klinischen Diagnose wie sie an einer Universitätsklinik von einem Expertengremium erstellt wird. In diese Diagnose fließen neben der persönlichen Erfahrung klinischer Experten die Befunde aller heute üblichen Zusatzverfahren wie Kernspintomographie, Computertomographie, EEG, Labor und psychologische Testverfahren ein.

Die ICD-9 Wissensbasis unseres System wurde auf diese Weise an mehr als 600 Patienten erprobt.

Die notwendigen Daten wurden entweder über einen Fragebogen, der auf die vom System verwendeten Merkmale abgestimmt war oder mit Hilfe der ärztlichen Anamnese und des Befundes, wie sie in der Krankengeschichte niedergelegt sind, erhalten.

Bei den ersten Validierungsstudien wurde eine möglichst hohe Übereinstimmung zwischen computergenerierten und von der Klinik gestellten Diagnosegruppen verlangt.

In jeder Diagnosegruppe befindet sich eine Anzahl von ICD-9- klassifizierten Erkrankungen wie z.B. alle organischen Psychosyndrome. Weitere Gruppen bilden die Zyklothymien, die Suchterkrankungen, die Neurosen, die abnormen Persönlichkeiten sowie die Reaktionen. Die Klassifikation in diese Gruppen ist deshalb so wichtig, weil nach Lungershausen (1983) je nach dem ätiologischen Schwerpunkt der Akzent innerhalb des therapeutischen Planes einmal mehr auf dem einen oder anderen der Behandlungsinstrumente wird liegen müssen: Psychopharmaka, Psychotherapie, Soziotherapie, somatische Therapie.

	Zahl der Patienten	Herkunft der Daten	eingeb. Person	proz. Übereinstimmung
Studie A	50	Krankenakte	Psychiater	50 %
Studie B	100	Krankenakte	Psychiater	55 %
Studie C1	118	Krankenakte	Psychiater	77 %
Studie C2	118	Krankenakte	Arzt	73 %
Studie D	165	Selbstbeurteilungsfragebogen	Psychiater	63 %
Studie E	120	Krankenakte	Student	62 %

Abb. 4: Überprüfung der Leistung des ERLANGER EXPERTENSYSTEMS in einer Reihe von Studien.

Was die Akzeptanz eines solchen Expertensystem bei Medizinstudenten angeht, darf ich auf die folgende Untersuchung verweisen. Einer Gruppe von 56 studentischen Benutzern wurde insgesamt 6 Fragen zur Akzeptanz gestellt (siehe Abb. 5 und 6).

	ja	nein
– War der Umgang mit dem Expertensystem leicht für Sie	68%	7%
– Können Sie sich vorstellen, mit Hilfe eines solchen Programmes Ihre Diagnose zu überprüfen?	98%	2%
– Erwarten Sie von einem solchen Programm eine Verbesserung Ihrer Fähigkeiten, Anamnese und Befund eines Patienten zu erheben?	89%	11%
– Glauben Sie, daß das Programm zur Vorbereitung auf die Untersuchung eines Patienten dienen kann?	73%	27%

Abb. 5: Vier Fragen zur Akzeptanz des ERLANGER EXPERTENSYSTEMS

Welches sind Ihrer Meinung nach die Vorteile eines solchen Programmes?

- Standardisierung der Anamnese, kein "Vergessen" von Fragen
- Diagnoseüberprüfung und Kontrolle der eigenen Diagnose
- Zeitersparnis
- Überprüfung des eigenen Wissens
- Examensvorbereitung
- Übung
- Unterstützung, Einsatz als "Nachschlagewerk"
- Objektivität, Reproduzierbarkeit, Vergleichsmöglichkeiten

Welches sind Ihrer Meinung nach die Nachteile ?

- Gefahr, sich allzusehr auf den Computer zu verlassen
- Entfremdung des Arztes vom Patienten, der zunehmenden Anonymität und "Apparatemedizin"
- Gefahr der Abhängigkeit des Arztes vom Computer
- Verringerung der ärztlichen Fähigkeiten, Verunsicherung des Arztes
- der "gesunde Menschenverstand" komme zu kurz
- Gefahr des Mißbrauchs von Daten, Problem des Datenschutzes

Abb. 6: Vor-und Nachteile des ERLANGER EXPERTENSYSTEMS (56 Benutzer)

4. Diskussion

Die Übereinstimmung zwischen computergestützter Diagnose und Klinikdiagnose liegt bei dem vorliegenden Expertensystem bei Verwendung von Fremdbeurteilungsdaten in der Größenordnung der Übereinstimmung zwischen zwei menschlichen Experten, die Yu et al. (1984) auf 75-80% ansetzen. Dies ist quasi die maximale Übereinstimmung, die Expertensystem und Klinik erreichen können. – Bei Verwendung der Selbstbeurteilungsdaten liegt die Übereinstimmung etwa 10% darunter. Dies rührt daher, weil zwischen der Antwort des Patienten und der Symptomdefinition ein Informationsverlust stattfindet.

Ein ähnlicher Fehler tritt auf,wenn Studenten anhand der Krankenakte die Daten eingeben. Auch hier tritt aufgrund mangelnder Ausbildung ein Informationsverlust von etwa 10 % auf zwischen der Krankenakte und den Daten, die dem Programm mitgeteilt werden. Das heißt, daß psychiatrisch nicht vorgebildete Studenten aufgrund einer Krankengeschichte psychiatrischen Diagnosen nicht ganz auf Expertenniveau erstellen können.

Wenn man sich die Gründe hierfür überlegt, so ist zu beachten, daß der Student die Symptome oft erst aus der Krankengeschichte heraus benennen muß weil sie dort nicht explizit aufgeführt sind. D.h. das System erfordert doch die Kenntnis der Definition der psychiatrischen Symptome, wie sie etwa im AMDP-Manual (AMDP 1981) festgehalten sind. Daß es auch noch andere Gründe geben muß, zeigt die Unterschiedlichkeit der Übereinstimmung in den einzelnen Klassen. So wird bei der zyklothymen Depression etwa in Studie E eine Übereinstimmung von 95% erreicht, während sie bei organischen Psychosyndrom nur bei 50% liegt.

Die Patienten, die das Expertensystem nicht richtig einordnen konnte, zeigen die Lücken der Wissensbasis sowie der ICD-9 Klassifikation auf. – Eine besondere Ermutigung stellte für uns die positive Aufnahme des Expertensystems bei den Medizinstudenten dar. Obwohl viele erstmals mit einer solchen neuartigen Möglichkeit konfrontiert wurden, überraschte die differenzierte Meinung zu diesem Thema, wie sie etwa in den Vor- und Nachteilen zum Ausdruck kommt.

Was die zukünftige Entwicklung unseres Expertensystems angeht, so sollte vor allem die Diskussionskomponente ausgebaut werden. Durch das Für und Wider, das Stellen von Fragen an das System, lernt der Student, tief in die Kunst der medizinischen Diagnostik zu blicken. Die Lernfähigkeit des Systems sollte ausgebaut werden, damit es sich selbst korrigieren kann, wenn in der Diskussion Fehler festgestellt werden.

Ich habe keine Zweifel daß Expertensysteme ungeahnte Möglichkeiten der Aus- und Weiterbildung in so schwierigen, erfahrungsabhängigen Gebieten wie es die Medizin darstellt, bieten werden.

Literatur

AMDP Arbeitsgemeinschaft für Methodik und Dokumentation in der Psychiatrie (Hrsg.): Das AMDP-System, Manual zur Dokumentation psychiatrischer Befunde, 4. Aufl. Springer, Berlin Heidelberg New York 1981.

Feinberg,M: zitiert nach Schwartz,S.R.,C.H.Stinson & J.Berlant: Computers in Psychiatry. MD Computing Vol 2.2 (1985) 42-50.

Kunz,J.C.: A physiological rule-based system for interpreting pulmonary function test rules. Memo.HPP-78-19, Stanford University Department of Computer Science, Stanford California 1978.

Langner,R.: DSM-III-R Expertensystem zur psychiatrischen Diagnostik auf der Grundlage des DSM-III-R. Beltz 1988.

Lungershausen,E.:Trauer,Schwermut und Depression. In: Daun, H., E.Lungershausen & R.Witkowski (Hrsg.): Das depressive Syndrom, Schäden peripherer Einzelnerven, Epilepsie-Diagnose und Therapie. Hoechst, Frankfurt/Main, 1983.

Mulsant,B.& D.Servan-Schreiber: Knowledge engineering: a daily activitiy on a hospital ward. Computerized Biomedical Research 17 (1984) 71.

Philipp,M.:persönliche Mitteilung.

Pople,H.E.,Myers,J.D.& R.A.Miller: DIALOG: A model of diagnostic logic for internal medicine. In IJCAI 4 (1975) 848-855.

Shortliffe,E.H.: Computer-based medical consultations: MYCIN. New York Elseviert 1976.

Wilms,H.U.& Linden,M.: Reliabilität, Validität und Akzeptanz eines computergestützten psychiatrisch-psychopathologischen Interviews. DPGN-Kongreß. Erlangen 1988.

World Health Organization (WHO): Manual of the international classification of diseases. Rev.9. Deutsche Übersetzung: Degkwitz,R., H.Helmchen, J.E.Meyer, W.Mombour. Springer,Berlin Heidelberg New York 1980.

World Health Organization (WHO): ICD-10 Research Diagnostic Criteria. 1987 draft of chapter V.Categories F00-F99. Mental, behavioral and developmental disorders. WHO Genf 1987.

Yu,V.L., L.M.Fagan, S.M.Wraith, W.J.Clancey, A.C.Scott, J.F.Hanigan, R.L.Blum, B.G.Buchanan & S.N.Cohen: Anti-microbial selection by a computer: A blinded evaluation by infectious disease experts. J.Amer.med.Ass. 242 (1979) 1279-1282.

Computer im Chemie-Studium

Dieter Ziessow

Technische Universität Berlin
Iwan-N.-Stranski-Institut
für Physikalische und Theoretische Chemie

1. Allgemeine Situation

Durch die schnelle Entwicklung der Technologie hat sich in letzter Zeit eine gewaltige Verbesserung des Preis/Leistungs-Verhältnisses für Rechner, Halbleiter- und Magnetspeicher ergeben. Dazu kommt das wachsende Angebot preisgünstiger Möglichkeiten zur Vernetzung von Rechnern. – Für die Chemie entstand dadurch eine völlig neue Situation:

A) Großprogramme für numerische Anwendungen werden nicht mehr nur vom Spezialisten, sondern auch vom Praktiker im Labor eingesetzt. Dies trifft besonders für Rechnungen zur Struktur und Dynamik von Molekülen und deren Wechselwirkungen zu (Molekülmodellierung, Quantenchemie).

B) Nichtnumerische Anwendungen gestatten die Handhabung der gewaltigen Datensammlungen für chemische Information.

C) Kombinierte Anwendungen (A,B) erschließen bessere Wege zur Analyse unbekannter Stoffe und Synthese von Substanzen mit gewünschten Eigenschaften.

D) Die Datenkommunikation ermöglicht eine bessere Nutzung verteilter Ressourcen (Datenbanken, Superrechner, Meßzentren und physikalische Großmeßgeräte) und den schnellen Informationsaustausch (Mitteilungen, Texte, Spektren, Grafik).

Die genannten Möglichkeiten werden in der Hochschule gegenwärtig nur vereinzelt genutzt. In der chemischen Industrie ist die Situation anders. Die Verfahren finden bereits in erheblichem Umfang Einsatz, teilweise wurde ihre Entwicklung sogar im Industrielabor geleistet oder entscheidend beeinflußt. An die Absolventen der Hochschulen wird deshalb heute ein dezidiertes EDV-Anforderungsprofil gestellt, eine zeitgemäße Ausbildung ist ohne die Benutzung von Rechnern nicht mehr denkbar.

2. Computereinsatz in der Chemie

Daten sind die Träger der chemischer Information und stellen Texte, Tabellen, Zahlenwerte, Abbildungen und andere Formen dar. Daten können aus einer Messung oder Datensammlung stammen, richtig oder falsch sein sowie einen Sachverhalt vollständig oder unvollständig beschreiben. Fakten sind geprüfte Daten, die einen als wahr erkannten Sachverhalt kennzeichnen und/oder quantifizieren. Alle Fakten und die Erkenntnisse über ihre Zusammenhänge bilden das chemische Wissen, das – im idealen Sinne – zwar unvollständig aber nicht widerlegbar ist. Es existieren umfangreiche Sammlungen von Fakten für bestimmte Sachverhalte oder Stoffeigenschaften (z.B. Atomkoordinaten, Spektren, Schmelz- und Siedepunkte). Sie dienen meist als Datenquelle für Programme.

Eine Datei ist eine Folge von Daten, die Zusammenhänge aufweisen. Datenbanken ("data base") sind Dateien, deren Daten so gespeichert sind, daß sie unabhängig von den Programmen sind, die die Datenbank verwenden. Das Hinzufügen, Modifizieren und Abfragen von Daten erfolgt einheitlich und kontrolliert.

Die nachfolgend genannten Einsatzgebiete finden mit unterschiedlicher Gewichtung Anwendung in allen Disziplinen der Chemie. Für die Hochschulforschung und -lehre sind es vor allem die drei Grundlagenfächer Anorganische, Organische und Physikalische Chemie und in den angrenzenden Gebieten die Analytische, Technische und Makromolekulare Chemie sowie die Biochemie.

2.1 Handhabung chemischer Information

Chemisches Wissen hat einen enormen Umfang erreicht: Mehr als 100 000 reine Substanzen wurden aus der belebten und unbelebten Natur isoliert. Die Zahl aller vorkommenden ist unbekannt, beträgt allenfalls wenige Millionen, was nur einen winzigen Bruchteil denkbarer Kombinationen von Atomen zu Molekülen ausmacht. Addiert man die Zahl der im Labor hergestellten Stoffe, so sind heute (1988) 8 700 000 Substanzen, 11 000 000 Substanznamen und 8 300 000 Strukturformeln registriert. Pro Jahr treten etwa 600 000 Substanzen neu hinzu. Für jede existiert eine mehr oder minder umfangreiche Sammlung der physikalischen und chemischen Eigenschaften, Spektren, Wirksamkeit, Synthesewege und anderes mehr.

Computer sind bestens geeignet zur Verwaltung großer Datenmengen. Schon früh begann daher die American Chemical Society, chemische Information auf Magnetträgern zu speichern. Heute bietet sie weltweit die größte, über Datenfernverbindungen zugängliche elektronische Dokumentation der gesamten Chemie an: CAS Online. Ein gewisser Nachteil der Registriernummer von CAS Online ist, daß ihr Wert nur eine Buchhaltungsfunktion erfüllt und keine Relation zur Struktur einer Verbindung aufweist. Das seit Ende 1988 zugängliche Beilstein-Online verwendet andere Kodes, die eine schnelle Suche nach vorgegebenen Strukturen oder Teilstrukturen gestatten.

Die MS-DOS-Programme SANDRA (Structure AND Reference Analyser) und MOLKICK gestatten per Maus die grafische Eingabe einer Strukturformel und arbeiten sie in die korrekte Eingabe für die Datenbanken um.

Ein Hauptanbieter von Literatur- und Fakten-Datenbanken ist STN International. Dieses "Scientific & Technical Information"-Netzwerk wird gemeinsam vom FIZ Karlsruhe für Energie, Physik & Mathematik, der American Chemical Society und dem Japan Information Center of Science & Technology über Satellit betrieben.

2.2 Datenerfassung und Steuerung

Die Erfassung von Meßwerten, ihre Auswertung und Dokumentation per Computer sind in der heutigen Chemie nicht mehr wegzudenken. Als Beispiel von vielen sei die instrumentelle Analytik genannt.

Die Bestimmung von Zahl und Menge der Elemente/Verbindungen in einem Stoff und ihre Identifizierung sind die Hauptziele der chemischen Analytik.

Seit 1950 sind die frühen chemischen, zeitaufwendigen Methoden stetig durch empfindliche und schnelle Meßverfahren ersetzt worden, die in brillanter Weise die unterschiedlichen physikalischen Eigenschaften der Atome und Moleküle nutzen. Die Integration der Computer, die etwa 1970 merklich einsetzte und mit Hilfe des IBM-PC nun in nahezu allen Geräten der instrumentellen Analytik vollzogen ist, erbrachte die nächste gewaltige Leistungssteigerung.

Geringste Substanzmengen lassen sich heute nachweisen (Umweltanalytik); die Strukturaufklärung organischer Verbindungen ist jetzt in wenigen Minuten durchführbar gegenüber Monaten oder Jahren vor 1940; in kristallisierten organischen Verbindungen sind die Atomkoordinaten präzis bestimmbar.

Die Geräte der Analytik liefern Spektren und Chromatogramme, die "Fingerabdrücke" für Elemente und Verbindungen. Nach Einführung der jeweiligen Methode sind sie über Jahre für bekannte reine Substanzen und genau definierte Mischungen vermessen und dokumentiert worden. Man bemühte sich intensiv, Regeln für den Zusammenhang zwischen Strukturen und spektralen Parametern zu erarbeiten, um das riesige Datenmaterial zu reduzieren.

Der online-Computer mit Einbindung in Datennetze bietet sich für Erfassung, Auswertung, Vergleich und Dokumentation von Spektren und Chromatogrammen geradezu an. Seine Aufgaben sind:

- Datenerfassung (kByte bis GByte)
- Datentransformationen (FFT, Korrelationsanalysen)
- Schnelle Datenreduktion
- Automatisierung der Messung
- Rechenintensive Auswertungen

Strukturaufklärung beinhaltet die Messung und Interpretation von Spektren. Die dafür erforderlichen Spektren-Struktur-Beziehungen manifestieren sich in den Zehntausenden von genau vermessenen Spektren bekannter Strukturen unddaraus abgeleiteten Regeln. Nur nach längerer Einarbeitungszeit – wenn überhaupt – ist ein Chemiker heute noch in der Lage, sein angestammtes Feld der Spektreninterpretation wahrzunehmen.

Diese Aufgabe wird mehr und mehr im Computer abgebildet. Das Ergebnis sind Interpretations- und Expertensysteme. Aus Spektren mit bis zu 10 Megaworten extrahieren sie spektroskopische Parameter und leiten Strukturvorschläge ab, die auf dem Bildschirm präsentiert werden. Vergleichsdaten entnehmen sie automatisch in-House Spektrenbibliotheken oder Datenbanken im Fernzugriff.

2.3 Syntheseplanung

Die Synthese einer Verbindung, deren Strukturformel auf dem "chemischen" Reißbrett vorliegt, ist eine zentrale Aufgabe der Chemie. Es wäre umständlich, das Ziel ausgehend von den Elementen zu erreichen. Vielmehr versucht der Chemiker, im Zielmolekül Teilstrukturen zu bestimmen, die als Verbindungen bereits im Labor oder Handel erhältlich sind.

Die Planung einer Synthese setzt große praktische Erfahrung, aber auch gründliche Kenntnisse von Literatur und allgemeinen Regeln voraus. Auf letzteren basieren Expertensysteme, die Voraussagen für mögliche Produkte geben. Viele Planungsprogramme sind entwickelt worden, von denen die wirklich leistungsfähigen überwiegend im industriellen Bereich zu finden sind. Weit vorangeschritten ist das "Computer Assisted Synthese Planning"-Programm (CASP), das von einer Reihe chemischer Großfirmen gepflegt wird.

Die Erhebungen der CASP-Gruppe zeigten, daß ein Chemiker durchschnittlich einmal pro Monat ein solches System für die Syntheseplanung benutzt. Fast täglich dagegen besteht der Bedarf, in der Literatur nach speziellen Reaktionsbedingungen zu suchen. Reaktionssuchsysteme und Reaktionsdatenbanken stellen hierfür adäquate Werkzeuge dar, mit denen sehr unterschiedliche Fragen aus verschiedenen Bereichen bearbeitet werden können. Wichtig ist bei ihnen die grafische Schnittstelle, die den Dialog in Strukturen und nicht nur in Texten zu führen gestattet.

2.4 Theoretische Chemie

Das Element- und Bindungsprinzip der Chemie erlauben den Entwurf neuer Moleküle, die weder in der Natur noch im Labor bekannt sind. Hier stellt sich die Frage, ob sie überhaupt stabil sind, d.h. nicht wieder in ihre Elemente auseinander fallen. Die Synthese gibt die experimentelle Antwort, allerdings nur dann definitiv, wenn sie erfolgreich ist. Es spricht viel dafür, mit der Theorie die Klärung zu suchen.

Es war die theoretische Chemie, in der etwa 1950 der chemische Computereinsatz begann, ein Fachgebiet, das vom Chemiker lange Zeit fern stand. Doch die Situation hat sich inzwischen geändert. Es wurden umfangreiche Rechenprogramme für Großrechner erstellt und ihre Ergebnisse mit dem Experiment verglichen. Genauigkeit der Ergebnisse und Molekülgröße wuchsen mit der Leistungsfähigkeit der Großcomputer. Dessen Leistung 1965 wird heute vom Atari 1040 ST übertroffen, der wiederum um Größenordnungen vom Superrechner Cray 2 geschlagen wird.

Effiziente Programme existieren heute für Rechner vom PC bis zum Superrechner, und es gibt viele Anwendungsmöglichkeiten, orientiert an der Leistung des verwendeten Rechners.

2.5 Modellierung in der Chemie

Modelle haben eine lange Tradition in der Chemie. In simplifizierender Weise beschreiben und quantifizieren sie die experimentellen Befunde für komplexe Vorgänge, deren Theorie noch nicht bekannt ist oder eine mathematische Form hat, die eine exakte Lösung ausschließt. So gilt eigentlich: "Alle Modelle sind falsch, einige aber nützlich". Die letzten Jahren ließen erkennen, daß die computerunterstützte Modellierung der Chemie enorme Dienste leistet und in Zukunft für den Praktiker unverzichtbar ist. Die Anwendungen umfassen Flüssigkeiten, Moleküle, chemische Reaktionen und Prozesse in der chemischen Verfahrenstechnik.

Besonders bewährt hat sich das mechanische Modell: N Teilchen bewegen sich nach dem Newtonschen Kraftgesetz. Die Abstoßungs- und Anziehungskräfte werden geeignet vorgegeben und die 3N gekoppelten Differentialgleichungen numerisch im Computer rekursiv für kleinste Zeitschritte gelöst. Diese molekulare Mechanik hat bereits so gute Resultate für das Verhalten von fluiden System ergeben, daß man die Rechnungen gleichsam als "Computer-Experimenten" ansieht und mit ihnen neue theoretische Ansätze überprüft.

Für die Untersuchung der Struktur sowie der Struktur/Wirkungsbeziehung praktisch wichtiger Moleküle wie Peptide und Proteine eignen sich die Methoden der theoretischen Chemie aus Rechenzeitgründen nicht. Interessante Ergebnisse bietet hier die Molekülmodellierung, bei der die Atome eines oder zweier benachbarter Moleküle gemäß des mechanischen Modells behandelt werden. Die entsprechenden Kraftansätze sind empirisch bestimmt. Die Programme sind bereits so gut entwickelt, daß nach Vorgabe der Strukturformel die korrekten Bindungslängen, Bindungswinkel und Torsionswinkel und daraus die Atomkoordinaten organischer Verbindungen berechenbar sind.

2.6 Datenkommunikation in der Chemie

Hinsichtlich der Datenquellen, Programme und Computer ist die gegenwärtige Situation in der Chemie vorherrschend durch Insellösungen gekennzeichnet. Zwar existiert eine große Vielfalt technischer Lösungen, Rechner zu vernetzen und Daten über große Entfernungen zu transportieren. Noch aber liegt das Problem in der einheitlichen Abwicklung der respektiven Arbeitsvorgänge, den Vorschriften für den Datenverkehr seitens der Postgesellschaften und der Bereitschaft der Anwender, diese neuen Techniken anzunehmen. Zweifelsohne erlaubt jedoch die elektronische Datenkommunikation eine bessere Nutzung verteilter Ressourcen (Datenbanken, Superrechner und physikalische Großmeßgerät) und den schnellen Informationsaustausch.

Bekannte Vernetzungsbeispiele sind DECnet und das bis Ende 1987 von der Firma IBM getragene, weltweite Fernnetz BITNET (in Europa "European Academic Research Network" EARN). "Schlüsselfertige" Lösungen existieren für die lokale Vernetzung, also für den von Postregulationen freien Hausgebrauch. Schnell, preisgünstig und für viele Rechnertypen erhältlich ist der Ethernet/Cheapernet-Standard für UNIX-Arbeitsplatzrechner und verschiedene Netzlösungen für MS-DOS-Rechner (Cheapernet, IBM-Token-Ring u.a.).

Die nationale und internationale Vernetzung fällt in die Hoheit der nationalen Postgesellschaften. Sie geschieht erstens "offen" über den öffentlichen Datex-P-Dienst der Bundespost, der Datenpakete zum angewählten Empfänger transportiert (ähnlich der Telefonanwahl). Damit die Kommunikation auch zwischen Computern verschiedener Hersteller klappt, bietet das Deutsche Forschungsnetz (DFN) die standardisierten Dienste Dialog, Dateitransfer, "Remote Job Entry" und Mitteilungsaustausch (elektronische Post) an. Der häufige Transfer großer Datenmengen ist allerdings rentabler über fest gemietete Postleitungen. Sie sind auch die Basis für EARN, dessen Verwaltung und Finanzierung seit Januar 1988 beim DFN liegt, soweit es den Datentransfer innerhalb Deutschlands und zum Ausland betrifft.

Die Bereichs-, Labor- und Arbeitsplatzrechner in der Chemie, soweit überhaupt vorhanden, sind bisher nur in wenigen Fällen vernetzt worden. Der selbstverständliche Einsatz der Datenkommunikation und die Nutzung der DFN-Dienste in der Chemie ist eher die Ausnahme. Hier besteht erheblicher Nachholbedarf.

3. Der zeitgemäße Arbeitsplatz des Chemikers

Die Bearbeitung chemischer Forschungs- und Entwicklungsaufgaben erfordert heute ein universales Sammel-, Transport-, Verarbeitungs- und Entscheidungssystem, basierend auf Computer und Telekommunikation ("Computer-integrierende Chemie", CIC). Es setzt folgende Grundausstattung voraus:

3.1 Arbeitsplatzrechner

Am Arbeitsplatz steht dem Chemiker ein Gerät zur Verfügung, das neben den üblichen EDV-Möglichkeiten die bequeme Ein- und Ausgabe von chemischen Formeln und Strukturen und deren Verwendung bei Rechnungen und Recherchen gestattet. Die technischen Mindestanforderungen sind:

- Eingabe über Tastatur, Maus oder Tablett, Sprache
- Bildschirm mit hoher Auflösung (640x480 oder besser)
- Angemessene Rechen- und Speicherkapazität
- Massenspeicher mit Wechselmedium (Kassette, Diskette, CD)
- Anschluß an ein lokales Netz mit Zugang zu externen Netzen.

3.2 Die Kommunikationsstruktur

Neben seinem lokalen Einsatz dient der Arbeitsplatzrechner

- für den Zugriff auf Geräte und Rechner des Instituts/Fachbereichs
- für den Zugriff auf größere Rechensysteme (Uni-Netz)
- für die Datenfernübertragung (Postnetz)

Die zugrundeliegende Infrastruktur muß in den meisten chemischen Instituten noch aufgebaut werden. Dabei ist zu beachten:

- Lokales Netz der Geräterechner, Labor- und Bereichsrechner
- Verknüpfung des lokalen Netzes mit Fernnetzen (z.Zt. X.25)
- Möglichst einheitliche Mensch-Rechner-Schnittstellen
- Standards für chemische Daten (Spektren, Strukturen)

Allgemeine Empfehlungen, Richtlinien und Rahmenprogramme hierzu sind im Netzmemorandum der DFG (April 1987), den Empfehlungen des Wissenschaftsrates zur Ausstattung der Hochschulen mit Rechenkapazität (Kurzfassung: A. Weiss, Informatik-Spektrum 10, 236-238 (1987)) und z.B. der Telekommunikationsvorlage der Westdeutschen Rektorenkonferenz (Juli 1987, Prof. G. Frhr. zu Putlitz) niedergelegt.

4. Konsequenzen für die Lehre

Die geschilderte Situation hat die Gesellschaft Deutscher Chemiker veranlaßt, eine Stellungnahme zum Einsatz von Computern und Telekommunikation in der Chemie unter besonderer Berücksichtigung der Hochschul-Belange abzugeben (Memorandum Computer in der Chemie (CIC), GDCh Frankfurt, April 1988).

Die adäquate Vorbereitung für den modernen chemischen Arbeitsplatz macht es dringendst erforderlich, folgende Ausbildungsziele im Chemie-Studienplan kurzfristig zu ergänzen:

Basiswissen
- Aufbau und Funktionsweise eines Rechners
- Standard- und chemische Software
- Literatur- und Faktenbanken
- Computergrafik und Handhabung chemischer Strukturen
- Inhouse-Dokumentation
- Telekommunikation
- Elektronische Post

Einsatz chemischer Software
- Literaturrecherchen
- Syntheseplanung (Computer Aided Synthesis Planning)
- Strukturaufklärung
- Analytik
- Molekülmodellierung
- Reaktionsmodellierung
- Textverarbeitung

Programmierung
- Erlernen einer Programmiersprache
- Anwendungsbeispiele aus der Chemie
- Dokumentation von Programmen

Rechnersteuerung
- Erfassung und Auswertung von Meßdaten
- Steuerung von Meßgeräten
- Chemische Reaktions- und Verfahrenstechnik

Wenn auch die genannten Ziele von Hochschule zu Hochschule verschieden gewichtet sein werden, so verbleibt doch ein Kern an zu vermittelndem Wissen, der in den heutigen Studienplänen noch nicht ausreichend berücksichtigt ist.

Die bestehenden Studienpläne lassen für zusätzliche Pflicht-Lehrveranstaltungen nur wenig Spielraum. Mittelfristig kann deswegen die EDV-Ausbildung nur integriert in Übungen und Praktika an die Chemiestudenten herangeführt werden und nicht isoliert als eigenes Fach. Allerdings wird eine einführende EDV-Lehrveranstaltung als notwendig erachtet, deren zeitlicher Rahmen für VL/UE etwa 2/2 Semesterwochenstunden umfaßt. Sie soll auch die Schwerpunkte des EDV-Einsatzes in der Chemie aufzeigen. Schließlich ist zu berücksichtigen, daß der weitaus größere Teil der Absolventen überwiegend Nutzer und seltener Ersteller/Entwickler von Software sein wird.

Sieht man einmal von den Kosten für die die Beschaffung der erforderlichen Hardware, Software und Teachware ab, die in der ersten Stufe aus dem CIP-Programm bestritten werden können, so müssen die Hochschulen mittelfristig Personal für die Vorbereitung und Durchführung der EDV-Lehre bereitstellen. Langfristig addieren sich die Kosten für Wartung und Wiederbeschaffung.

In den Personaleinsparungen der letzten Jahren, Ergebnis einer Fehleinschätzung der Kultusbehörden der Bundesländer, liegt in der Tat die größte Hürde für die breite, erfolgreiche Einführung der EDV-Lehre. So nimmt es nicht wunder, wenn nicht alle bisher eingerichteten CIP-Pools nicht den Wirkungsgrad erreichten, der angesichts der Höhe der investierten Mittel zu wünschen wäre. Die GDCh empfiehlt hier zumindest mittelfristig folgende Vorgehensweise:

- Zusätzliches Personal wird in der Regel nicht bereitgestellt werden können, d.h. die Betreuung von Studenten ist im Rahmen der bestehenden Personalkapazität und Lehrveranstaltungen zu leisten.
- Für die Einsatzfähigkeit der Computer in Lehre und Forschung der Chemie wird es unumgänglich sein, eine Dauerstelle zu schaffen, die die ständige und hauptamtliche Betreuung sicherstellt.
- Zur Unterstützung sollte ein wissenschaftlicher Mitarbeiter voll eingesetzt werden, der auch die Arbeit von studentischen Hilfskräften koordiniert.
- Zur Unterstützung der wissenschaftlichen Mitarbeiter in der Lehre sollten pro Fachgebiet etwa zwei studentische Hilfskräfte bereitgestellt werden.
- Professoren-Stellen sind vorzusehen, deren Einrichtung an konkrete Aufgaben in Forschung und Lehre der Chemie mit Einsatz von numerischen und/ oder nichtnumerischen Methoden gebunden sein sollte. Bei der Besetzung freigewordener Stellen sollte auch eine entsprechende Umwidmung der Stellen in Betracht gezogen werden.

5. Realisierung der EDV-Lehre

Bisherige Anstrengungen zur Etablierung der EDV-Lehre in Grund- und Hauptstudium der Chemie wurden, von den Aktivitäten weniger, engagierter Hochschullehrer abgesehen, im wesentlichen durch das CI-Programm des BMBW stimuliert. – Bei der Einrichtung eines CIP-Pools sind folgende Kriterien zu berücksichtigen:

Inhaltliche Gestaltung der CIP-unterstützten Lehre
- Erfordernisse und Möglichkeiten im Rahmen des Studienplans Chemie
- Seit April 1988 Vorgaben der GDCh

Technische Gestaltung des CIP-Pools
- Empfehlungen der Kommission für Rechenanlagen der DFG vom 6.04.1987

Einsatzmöglichkeit moderner Methoden der Kommunikation

Durchführbarkeit der CIP-unterstützten Lehre
- Zu berücksichtigen sind Erfahrungen der chemischen Arbeitsgruppen, ihre vorhandene Ausstattung und geplante Erweiterungen für Rechner, einschließlich der in analytischen Großmeßgeräten (NMR, MS) integrierten).
- Teachware

5.1 Bemerkungen zur Hardware

Eine der Hauptaussagen der DFG-Empfehlungen (2), CIP-Richtlinie 1, stellt voran, daß es die primäre Intention der Förderung ist, vernetzte Mikrorechner "in großem Umfang zu Lehrzwecken einzusetzen und den Unterricht auf die Verwendung dieser Rechner neu einzurichten bzw. umzustellen".

Diesem Ziel ist die Chemie mit Hilfe des CI-Programms des BMBW in der Tat ein großes Stück näher gekommen. Etwa 60 Pools wurden eingerichtet, im Anhang sind mir bekannte Adressen aufgeführt.

Es soll aber nicht unerwähnt bleiben, daß manche Initiative in der EDV-Lehre, die aus der Sicht des Chemikers zu einem fundierten CIP-Antrag führte, erhebliche Reibungsverluste erfuhr. Dies fand seinen Grund wohl darin, daß der Nicht-Informatiker (Antragsteller) die Begriffe Vernetzung, Mehrplatz-Rechner etc. schlicht anders interpretierte als ein Informatiker (Gutachter). Angesichts der in Kap. 4 geschilderten Ziele und Randbedingungen der EDV-Lehre verwundert es nicht, daß der Chemiker das technische Konzept der Vernetzung primär in Hinsicht auf die durchzuführenden Lehre orientiert und dabei die übrige Ausstattung seines Instituts und die Anforderungen des Chemie-Studiums berücksichtigt.

Ein Mangel der meisten eingerichteten Pools ist, daß die Stationen zwar im Raum vernetzt sind, die Kommunikation innerhalb der Universität und nach außen aber nicht eingeplant und bis jetzt meist nicht möglich ist. Damit bleibt das bemerkenswerte CI-Programm vorerst beschränkt auf mehr oder weniger lokale Rechen- und Bearbeitungsschritte im CIP-Raum.

Die Installation eines umfangreichen Programm-Paketes der Chemie, das aus Lizenzgründen mehrmals beschafft werden muß, auf einem Server eines Token-Rings und Abruf von dort zu einer der acht Stationen macht eigentlich dann keinen Sinn, wenn alle in einem Raum sind. Es sollte den Studenten nicht überfordern, gegebenfalls zu der Station zu wechseln, die das Programm auf der Platte hat. Sind die Programme nicht kopiergeschützt, so besteht ein gewisser Vorteil wegen der einfacheren Installation und Wartung. Er wiegt aber andere Nachteile nicht auf.

Für die Chemie förderlicher erscheint im Moment ein Rechner, der dem Studenten auch die Möglichkeit der Kommunikation bietet. Bedauerlich ist, daß kommunikationserprobte UNIX- oder andere Mehrplatzsysteme gemäß der DFG-Richtlinien eigentlich für die CIP-Grundausstattung nicht in Betracht kommen.

Wünschenswert ist ein Rechner für "COMputation and COMmunication", der COMServer, der sich auch den jeweiligen Schwerpunkten der EDV-Lehre anpassen läßt. Seine Kombination mit PCs, die auf Wunsch noch untereinander vernetzt werden können, gewährleistet den optimalen Einsatz eines CIP-Pools für Rechnungen und Kommunikation.

Typische Funktionen des COM-Servers sind:

Netzserver für Punkt-zu-Punkt-Verbindungen
- Mehrere Verbindungen werden unterhalten, auch zu Chemie-Geräten
- Aufbau von X.25-Verbindungen, intern und extern
- Betrieb der Kommunikationssoftware (auch DFN-Dienste)

Kommunikationsangebot (Unix-Mail, X.400 (EAN, Ositel))
- Mitteilungen der Ausbilder untereinander
- Mitteilungen unter den Studenten
- Mitteilungen der Studenten an die Ausbilder
- Kommunikation nach und von außen (X.25) für Ausbilder (bundesweiter CIP-Info-Austausch)

Zentrales Angebot im Pool
- zur Organisation des CIP- und allgemeinen Lehrbetriebs
- Infos und Termine für Übungen, Klausuren und Prüfungen
- Bereitstellung von Datenbanken für Anfänger
- Verteilung von elektronischen Übungsblättern
- Angebot von Übungsbeispielen mit Lösungen und respektiven Texten

Einführung in ein Mehrplatz-(UNIX)-Betriebssystem und Übungen dazu

Vorübungen zum Umgang mit externen, kostenpflichtigen Ressourcen
- Erlernen der Retrievalsprache von CAS-Online
- Identifikation unbekannter Stoffe mit Hilfe von Spektrenbibliotheken (STN, C-13-NMR, SPECINFO, MARS)
- Literatursuche

Höherwertige Angebote für Spitzenanteil der Nachfrage
- Vertiefung in UNIX (Schwerpunkt für Studenten mit eigenen PCs)
- Programmierung in F77/C/Pascal auf Mehrplatzsystemen
- Einsatz von Programmen mit hohem Rechen-/Speicher-/LIB-Aufwand
- Zugriff auf vorhandene Forschungs- oder Instrumentenrechner
- Zugriff auf installierte Programme im ZRZ
- Nutzung externer Datenbanken (STN, CAS-Online)

Zu berücksichtigen ist schließlich, daß viele Studenten bereits PCs und respektive Standardsoftware privat beschafft haben (dBase, Symphony, Textverarbeitung) und nun chemietypische Anwendungen im CIP-Saal erwarten. Mir sind im Moment keine Erfahrungen darüber bekannt, wieviel Lizenzen solcher Standard-Programme für die Chemie-Lehre tatsächlich benötigt werden.

5.2 Bemerkungen zu Software und Teachware

Verschieden Softwarequellen existieren:

- Kommerzielle Software
- "Public Domain"-Software (allgemein und wissenschaftlich)
- Programm-Entwicklungen der Einrichtung
- Programme anderer Universitäten
- Für die Chemie-Ausbildung noch zu erstellende Programme

In allen fünf Fällen ist es nützlich, mit der elektronischen Post Erfahrungen und Programme bundesweit auszutauschen. Dies ist eine der oben genannten Funktionen des COMServers.

Schwieriger als die Beschaffung ist der Einsatz eines Computer-Programms in der Lehre. Programme leisten nicht Lehre "aus sich heraus", es sei denn, sie wurden von vornherein für die Belange der Lehre konzipiert (Teachware). Das ist aber in den meisten Fällen nicht gegeben. Lernziele, Übungsaufgabe und Lösungswege orientieren sich am Inhalt der Lehrveranstaltung, und nicht an dem, was man "so mit dem Programm auf einem Rechner alles machen kann".

Die Integration geeigneter Programme in die bestehenden Lehrinhalte und die Abfassung respektiver Skripten und Versuchsbeschreibungen stellen den zeitbestimmende Schritt beim Aufbau der computer-unterstützter Lehrveranstaltungen im Chemie-Studium dar. Die Erstellung neuer Programme für die Lehre addiert eine zusätzliche Zeitdimension.

Als Beispiel mag der von Dr. A. Khuen im Stranski-Institut der TU Berlin ausgearbeitete Versuch "Molekülmodellierung" dienen (Praktikum Physikalische Chemie II), der mit einem Atari Mega ST mit Koprozessor durchgeführt wird. Er basiert auf einem erprobten Fortran-Programm QCFF/PI, das früher auf der CDC des TU-Rechenzentrums benutzt wurde. Die Ergebnisse belegen, daß der Atari Mega ST für sehr anspruchsvolle Rechnungen eingesetzt werden kann. Die Installation des Programmes, die vorbereitenden Messungsarbeiten und die Ausarbeitung der Versuchsbeschreibung beanspruchten etwa vier MannMonate.

Es wäre im Interesse aller Lehrenden, wenn sich für die Erstellung der chemischen Teachware eine nationale Arbeitsteilung erreichen ließe, unterstützt durch Kommunikation und Programm-Transfer. Vielleicht kann dem einen oder anderen Kollegen die im Anhang gegeben Liste von CIPlern für den ersten Kontakt dienen.

Danksagung

Dem Fonds der Chemischen Industrie danke ich für eine Sachbeihilfe.

Literatur

1. Beilstein-Institut, Varrentrappstr. 40-42, D-6000 Frankfurt/M 90; Handbuch der der Organischen Chemie
2. FIZ CHEMIE: Steinplatz 2, D-1000 Berlin 12, Tel.: (030)-319003-0, Telex: 1 81 255 fizc d
3. STN International, Postfach 2465, D-7500 Karlsruhe 1, (07247)-824566
4. Ziessow, D.: On-line Rechner in der Chemie. Grundlagen und Anwendungen in der Fourierspektroskopie, de Gruyter Verlag, Berlin, 1973
5. Henneberg, D.: MASS-LIB. Evaluation of Low Resolution MASS Spectra Series, MPI für Kohlenforschung, D-4330 Mülheim a.d. Ruhr, 1988
6 Neudert, R., Bremser, W.: Org. Mass. Spectrom. (1987) 22, S. 321 Bremser, W., Fachinger , W.: Magn. Res. Chem., (1985) 23, S. 1056
7. Gasteiger, J.: Nachr. Chem. Tech. Lab. (1986) 34, S. 228 - 230 Gasteiger, J.: S. 205 - 257 in Ref. /19/
8. Kos, A.J., Grethe, G.: Nachr. Chem. Tech. Lab. (1987) 35, S. 586 -594
9. Hehre, W.J., Random, L., Schleyer, P.v.R., Pople, J.A.: Ab Initio Molecular Orbital Theory, Wiley, Chichester, 1986
10. Clark, T.: Computational Chemistry, John Wiley and Sons, New York, 1985
11. Ahlrichs, R.: Nachr. Chem. Tech. Lab. (1988) 36, S. 738-742
12. Vesely, F.: Computerexperimente an Flüssigkeitsmodellen, Physik Verlag, Weinheim, 1978
13. Verein zur Förderung eines Deutschen Forschungsnetzes e.V. DFN-Verein, Pariser Str. 44, D-1000 Berlin 15; Tel. (030)-884299-0
14. Ziegler, E.: Computer in der Chemie, Springer-Verlag, Berlin, 1985
15. Wilson, S.: Chemistry by Computer, Plenum Press, New York, 1986

Anhang: CIP-Pools in der Chemie

Nachfolgend sind, alphabetisch nach Städten geordnet, die Institute oder Fachbereiche angegeben, die einen CIP-Pool betreiben oder an einem beteiligt sind. Soweit bekannt, sind auch die Namen der Leiter/Betreuer und die Art der Geräte aufgeführt. Die Liste ist nicht vollständig und gibt mit wenigen Ausnahmen den Stand vom Sommer 1988 wieder.

Institut für Physikal. Chemie **TH Aachen** Prof. Dr. M. Zeidler
Institut für Anorgan. Chemie **Universität Bayreuth** Prof. Dr. Morys
Institut für Organ. Chemie **FU Berlin** Dr. S. Wiesner 13 IBM AT
Institut für Physikal. und Theoret. Chemie **TU Berlin** Prof. Dr. D. Ziessow Dr. A. Khuen 5 AT-Kompatible, 3 Atari Mega ST Unix-Netz über PCS Cadmus
Institut für Organ. Chemie **TU Berlin** Prof. Dr. D. Schumann Dr. Spindler 6 AT-Kompatible, 2 Atari Mega ST Unix-Netz über Bruker Aspect X32
Institut für Techn. Chemie **TU Berlin** Prof. Dr. P. Hugo Dr. A. Nitschke, Dr. Geiseler 8 AT-Kompatible Unix-Netz über PCS Cadmus
Institut für Theoretische Chemie **Universität Bielefeld** Prof. Dr. J. Hinze 8 HP 9000/310
Fakultät Math.,Phys.,Chem.,Bio.,Geowiss. **Ruhr-Universität Bochum** 14 CDC PPTS
Lehrstuhl für Analyt. Chemie **Ruhr-Universität Bochum** Prof. Dr. G. Bergmann
Institut für Theoret. Chemie **Universität Bonn** Prof. Dr. S. D. Peyerimhoff 17 IBM AT
Chemische Institute **Universität Bonn** 12 IBM AT
Institut für Physikal. Chemie **Universität Bonn** 10 IBM AT

Fachbereich Chemie u. Pharmazie **TU Braunschweig** Prof. Dr. W. v. Niessen 10 IBM AT
Institut für Organ. Chemie **Universität Bremen** NW 2 Prof. Dr. Stohrer
Institut für Anorg. Chemie **TU Clausthal-Zellerfeld** Prof. Dr. E. Stumpp 8 IBM AT
Institut für Anorg. Chemie **TH Darmstadt** Prof. Dr. Bächmann
FB Chem. Technologie **FH Darmstadt** Siemens PC 16-20/11
Institut für Organ. Chemie **Universität Dortmund** Prof. Dr. P. Bleckmann
FB Chemietechnik **Universität Dortmund** 9 IBM AT
Institut für Physikal. Chemie **Universität-GSH Duisburg** Prof. Dr. R. Kosfeld 9 IBM AT
Institut für Anorg. Chemie **Universität Düsseldorf** Prof. Dr. G. Hägele MicroVax
Institut für Organ. Chemie **Universität Erlangen** Prof. Dr. P. von Schleyer Dr. R. Herges
Institut für Physikal. und Theoret. Chemie **Universität-GHS Essen** Prof. Dr. B. Schrader 14 Olivetti M 24 /MikroVax
Institut für Organ. Chemie **J.-W.-Goethe-Universität Frankfurt** Prof. Dr. Rehm
Institut für Anorg. Chemie **Universität Freiburg** Prof. Dr. G. Thiele 10 Olivetti M 24/28
Institut für Anorg. Chemie **Universität Gießen** Prof. Dr. Laqua
Institut für Anorg. Chemie **Universität Göttingen** Prof. Dr. Sheldrick 12 IBM AT
Fachbereich Chemie **Universität Hamburg** Dr. H. Helling 8 Olivetti M 28
FB Chemieingenieurswesen **Fachhochschule Hamburg** 4 HP 9920S
Institut für Organ. Chemie **Universität Hamburg** Prof. Dr. B. Kastening
Institut für Physik. Chemie **Universität Hamburg** Dr. Klaus Zietlow PCs mit Netzwerktranslator
Institut für Organ. Chemie **Universität Hannover** Prof. Dr. E. Winterfeld 10 IBMAT
Institut für Techn. Chemie **Universität Hannover** Prof. Dr. K. Schügerl
Makromolekulare Chemie **Universität Hannover** Dr. H. Wurm
Institut für Organ. Chemie **Universität Heidelberg** Prof. Dr. R. Gleiter
Theoret. u. Physikal. Chemie **Universität Kaiserslautern** Prof. Dr., 12 IBM XT
FB Chemie **Universität Kaiserslautern** 4 DEC MicroVax
Institut für Physikal. u. Elektro-Chemie **TH Karlsruhe** Prof. Dr. R. Ahlrichs 8 HP 550
Fachbereich Chemie **Universität Kassel** Prof. Dr. H.-J. Seifert Dr. Bausch
Institut für Physikalische Chemie **Universität Kiel** Prof. Dr. H.
Institut für Organ. Chemie **Universität Köln** Prof. Dr. G. Hohlneicher 12 Olivetti M 24 / MicroVax
Fachbereich Chemie **Universität Konstanz** Prof. Dr. W. Pfleiderer 11 IBM AT
Institut für Physikal. Chemie J. **Gutenberg Universität Mainz** Dr. A. Müller 16 IBM AT
Fachbereich Chemie **Universität Marburg** Dr. V. Giesen
Institut für Organ. Chemie **TU München** Dr. E. Fontain Dr. P. Röse 12 PCs Cadmus
Institut für Organ. Chemie **Universität München** Dr. H.-U. Wagner Zenith Z386
Institut für Organ. Chemie **Universität Münster** Prof. Dr. M. Klessinger 11 IBM XT
FB Pharm. Chemie **Universität Münster** 15 IBM XT
FB Chemie, Biologie **Universität Münster** 14 Commodore PC-10
FB Geophys., Physiol.Chemie **Universität Münster** 15 IBM XT
Fachbereich Chemie **Universität GSH Paderborn** Dr. Flörke IBM PS/2-80; Compaq 386
Institut für Physikal. Chemie **Universität Regensburg** Prof. Dr. J. Barthel 19 Olivetti M 24/28
Institut für Physikal. Chemie **Universität des Saarlandes** Prof. Dr. H.-D. Brever IBM AT
Institut für Organ. Chemie **Universität des Saarlandes** Prof. Dr. H.-J. Schneider IRIS, MicroVax
Institut für Theoret. Chemie **Universität Siegen** Prof. Dr. W. H. E. Schwarz 10 IBM AT, PC
Fakultät Chemie Universität **Stuttgart** Dr. Barmas 10 Siemens PC-D
Institut für Physik. Chemie **Universität Tübingen** Prof. Dr. G. Gauglitz 8 IBM A /MicroVAX
Institut für Physiolog. Chemie **Universität Tübingen** 8 IBM AT
Institut für Anorg. Chemie **Universität Tübingen** 0 div. PC386 AT
Abt. Theoret. Chemie **Universität Ulm** Prof. Dr. W. Witschel MixroVax
Institut für Analyt. Chemie **Universität Ulm** Prof. Dr. K. Ballschmiter IBM XT, AT
Institut für Anorg. Chemie **Universität Würzburg** Prof. Dr. U. Schubert 12 Olivetti M 24 / IBM XT
Fachgebiet Chemie Bergische **Universität-GSH** Wuppertal Prof. Dr. Thiel

Visualisierung in der numerischen Mathematik – Erfahrungen mit dem Einsatz von Computer-Grafik-Programmen

Rolf Schröder

Technische Universität Berlin
Fachbereich Mathematik

In den Jahren 1986-1988 wurden am Fachbereich Mathematik der Technischen Universität Berlin Grafikprogramme entwickelt, mit denen sich Verfahren, Strategien und interessante Einzelphänomene aus der Numerischen Mathematik visualisieren lassen. Diese Programme sind auf dem im Dezember 1985 installierten CIP-Pool des Fachbereiches (IBM-PCs mit EGA-Grafikkarte) implementiert worden; sie werden im Rahmen der jeweils im Sommersemester stattfindenden Lehrveranstaltung "Numerische Mathematik für Ingenieure I" eingesetzt. Die Studenten können mit dem Programmpaket, das den Namen VISU trägt, interaktiv arbeiten.

Im folgenden sollen der Inhalt der Programme und die Ziele, die mit dem Einsatz der Visualisierungen verbunden sind, dargestellt werden. Die Erfahrungen mit VISU in der Numerik-Lehrveranstaltung werden zusammengefaßt.

1. Ziele der Visualisierung

Aus einer Umfrage, die wir im Sommersemester 1988 durchführten, ging hervor, daß die meisten Ingenieurstudenten den Numerik-Lehrstoff als schwierig klassifizierten. Eine große Anzahl von Studenten empfand ihn überdies als wenig anschaulich und abgehoben.

Mit dem Einsatz der Visualisierungsprogramme ist die Hoffnung verbunden, ein besseres Verständnis des Lehrstoffes bei den Studenten zu erreichen. Dies könnte durch die anschaulichere Darstellung des Lehrinhaltes, die Neue, gegenüber der Vorlesung veränderte Präsentation des Stoffes sowie durch die Möglichkeiten der Eigenarbeit und des Experimentierens mit den Programmen realisiert werden. Zudem ist erwiesen, daß im allgemeinen mit dem Einsatz weiterer Medien sowie mit einer zusätzlichen optischen Aufbereitung des Lehrinhaltes auch eine bessere Behaltenswirkung im Langzeitgedächtnis erzielt werden kann. Vor allem sollte das Arbeiten mit den Programmen den Studenten Spaß machen, es sollte sie motivieren.

2. Inhalt der Programme

VISU setzt sich aus den folgenden Einzelprogrammteilen zusammen:

Funktionsinterpreter

Der Funktionsinterpreter ist der Grundbaustein des Programmpaketes und ist Bestandteil fast aller Routinen. Beliebige Funktionen, die in FORTRAN-Syntax eingegeben werden müssen, können gezeichnet werden. Mögliche Darstellungsformen: 2D-, 3D-Grafik sowie Höhenliniendiagramme.

Interpolation

- Veranschaulichung der Newton- und Lagrange-Darstellung bei der Polynom-Interpolation
- Vergleich verschiedener Stützstellenstrategien bei der Polynom-Interpolation
- Fehlerentwicklung bei der Polynom-Interpolation
- Vergleich der Effektivität verschiedener Interpolationsmethoden (Polynom-Interpolation, Akima-Methode, quadratischer und kubischer Spline mit unterschiedlichen Randbedingungen)
- Konstruktionsprogramme mit Bezier-Polynomen und B-Splines
- Vergleich von Interpolation und Approximation
- Anwendungsbeispiele der Interpolation: Numerische Differentiation.

Anfangswertaufgaben

- Veranschaulichung verschiedener Verfahren in ihrer Funktionsweise (Euler-Cauchy-, verbessertes Euler-, Heun-, Runge-Kutta-, Gragg-Bulirsch-Stoer-Verfahren) und Darstellung des lokalen und globalen Diskretisierungsfehlers an beliebigen Differentialgleichungen erster Ordnung
- Vergleich der Effizienz verschiedener Ein- und Mehrschrittverfahren
- Darstellung der Lösungsschar einer Differentialgleichung
- Beispiele von Instabilitäten und steifen Differentialgleichungen
- Veranschaulichung von beliebigen zweidimensionalen Differentialgleichungen erster Ordnung.

Nullstellenprobleme (eindimensional)

- Veranschaulichung verschiedener Verfahren in ihrer Funktionsweise (Newton-, vereinfachtes Newton-Verfahren, Regula falsi, Sekanten-Verfahren, Fixpunktiteration und Steffensen-Verfahren) an beliebigen Funktionen
- Experimente mit "chaotischen Bereichen" der Fixpunktiteration (siehe Beispiel)

Nichtlineare Gleichungssysteme (zweidimensional)

- Veranschaulichung einzelner Verfahren in ihrer Funktionsweise
- Vergleich der Effektivität der Verfahren (Einzel- und Gesamtschrittverfahren, Newton-, Modifiziertes und Vereinfachtes Newton-Verfahren, Verfahren des steilsten Abstiegs) durch Beobachtung ihrer Iterationsfolge
- Veranschaulichung der Iterationsfolge bei Differenzengleichungen.

Randwertaufgaben

- Veranschaulichung der Funktionsweise des Schießverfahrens.

Die Visualisierungen lassen sich grundsätzlich an beliebigen Funktionen, Differentialgleichungen und Gleichungssystemen durchführen. Die gleiche Flexibilität besteht bei der Auswahl der jeweiligen numerischen Strategie (Anfangs- oder Startwert, Stützstellen- oder Schrittweitenwahl).

3. Anwendungsbeispiele

Anhand von drei einfachen und hoffentlich auch für mathematische Laien verständlichen Anwendungsbeispielen sollen die Arbeitsmöglichkeiten mit VISU demonstriert werden.

3.1 Polynom-Interpolation

Eine reellwertige Funktion der reellen Variablen x soll unter der Voraussetzung approximiert werden, daß sie nur an diskreten Stützstellen durch ihre Funktionswerte bekannt ist. Hat man $n+1$ Stützstellen, so läßt sich ein sogenanntes Interpolationspolynom n-ten Grades finden, das dort dieselben Funktionswerte besitzt. Es läßt sich nachweisen, daß dieses Interpolationspolynom eindeutig bestimmt ist.

In Abb. 1 wird die Funktion $f(x)= arctan(x)$ auf dem Intervall [-9, 9] an acht äquidistanten (im gleichen Abstand voneinander entfernt liegenden) Stützstellen interpoliert. Man könnte vermuten, daß die Interpolation sich verbessert, wenn man die Anzahl der Stützstellen im Intervall erhöht. Abb. 2 zeigt jedoch, daß sich das Interpolationspolynom bei zehn Stützstellen am Rand zu einem größeren Fehler aufschwingt. Dieser Trend setzt sich bei weiterer Erhöhung der Stützstellenanzahl fort.

Eine neue Idee könnte darin bestehen, die Stützstellen an den beiden Rändern des Intervalls enger zusammenzulegen als im Inneren. Dies ist der Fall bei den sogenannten Tschebyscheff-Stützstellen. Abb. 3 belegt, daß bei der Wahl von zehn Tschebyscheff-Stützstellen tatsächlich bessere Ergebnisse erzielt werden als im äquidistanten Fall (Abb. 2).

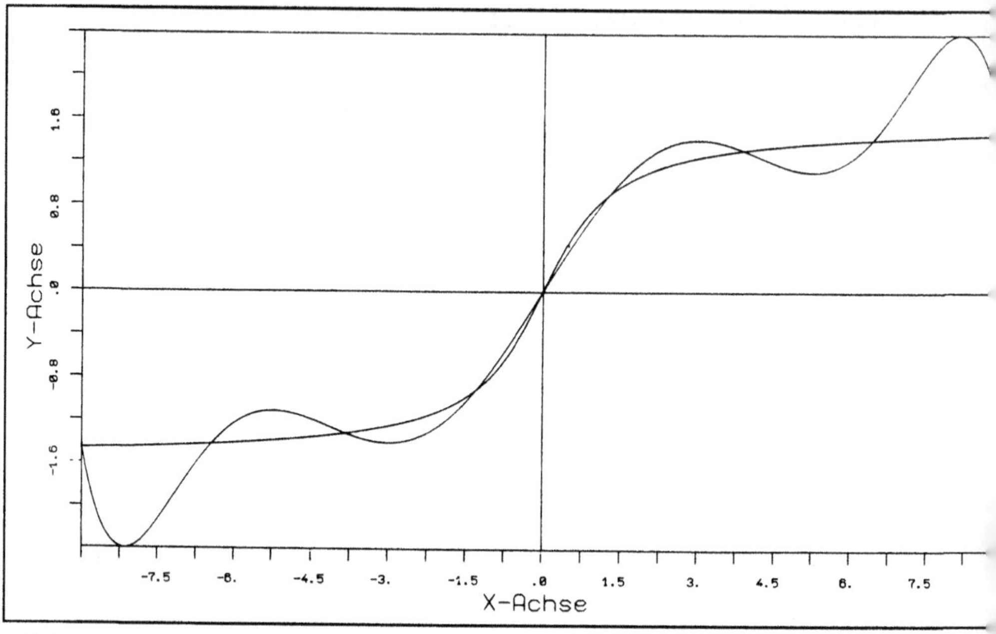

Abb. 1

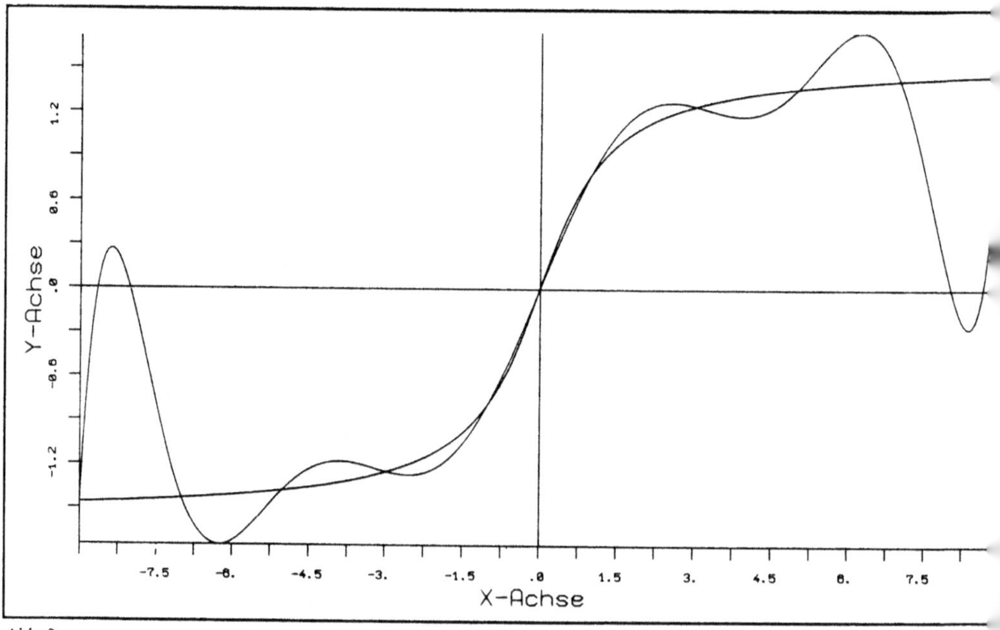

Abb. 2

An diesem Beispiel wird deutlich, daß sich durch Experimente mit VISU eine optimale Stützstellenstrategie bei der Polynom-Interpolation herausfinden läßt.

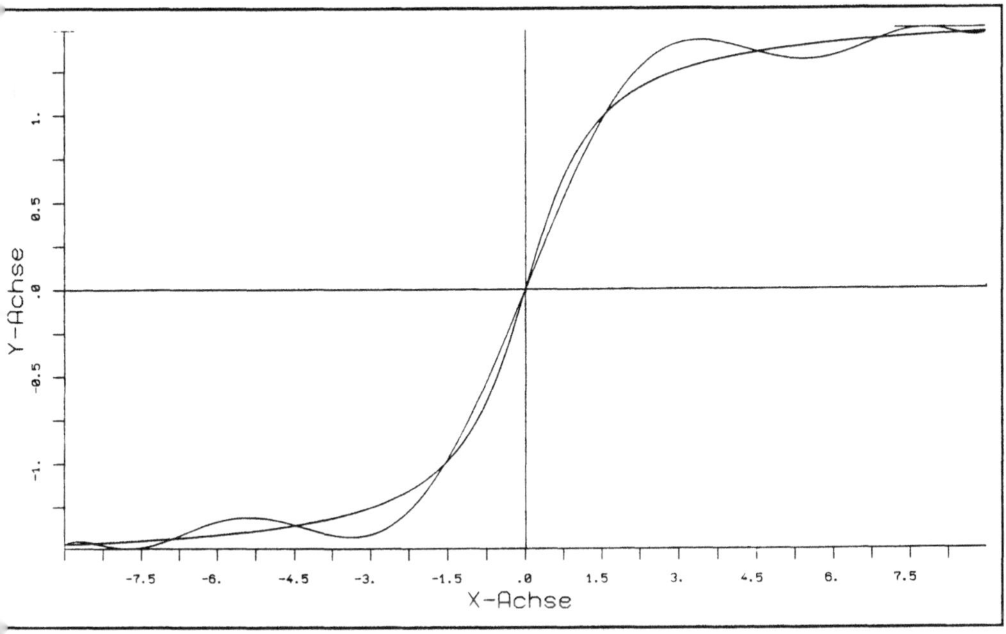

bb. 3

Der Student kann sich überlegen, warum sich bei äquidistanten Stützstellen so große Abweichungen am Rand des Intervalls ergeben und wird feststellen, daß man bei der Heranziehung des Interpolationspolynoms zu Extrapolationszwecken vorsichtig sein muß.

3.2 Fixpunktiteration

Durch die logistische Gleichung $x_{k+1} = f(x_k) = rx_k(1-x_k)$ kann mittels eines Umweltparameters $r > 0$ das Wachstum einer Insektenpopulation beschrieben werden. (Vgl. May: Simple mathematical models with very complicated dynamics, Nature 261, S. 459-467.) x_k ist dabei die Population der k-ten Generation. Nun soll untersucht werden, für welche Werte von r die obige Iterationsfolge gegen einen eindeutig bestimmten Fixpunkt $x^* = f(x^*)$ konvergiert. Grafisch wäre dieser Fixpunkt der Schnittpunkt von $f(x)$ mit der Winkelhalbierenden zwischen x- und y-Achse.

Man kann zeigen, daß für $r < 1$ ein eindeutig bestimmter Fixpunkt vorliegt, für $r > 1$ jedoch deren zwei. Vergrößert man r über 1 hinaus, so erhält man zunächst Konvergenz gegen den zweiten Fixpunkt (Abb. 4), von einem bestimmten Wert an eine sogenannte Bifurkation ($r > 3$), bei der sich die Iterationsfolge zwei verschiedenen Punkten, von denen keiner Fixpunkt ist, abwechselnd annähert (Abb. 5). Bei weiterer Erhöhung von r geschieht dasselbe mit 4, 8, 16 Punkten und so fort (Abb. 6 und 7). Man spricht von "Chaos".

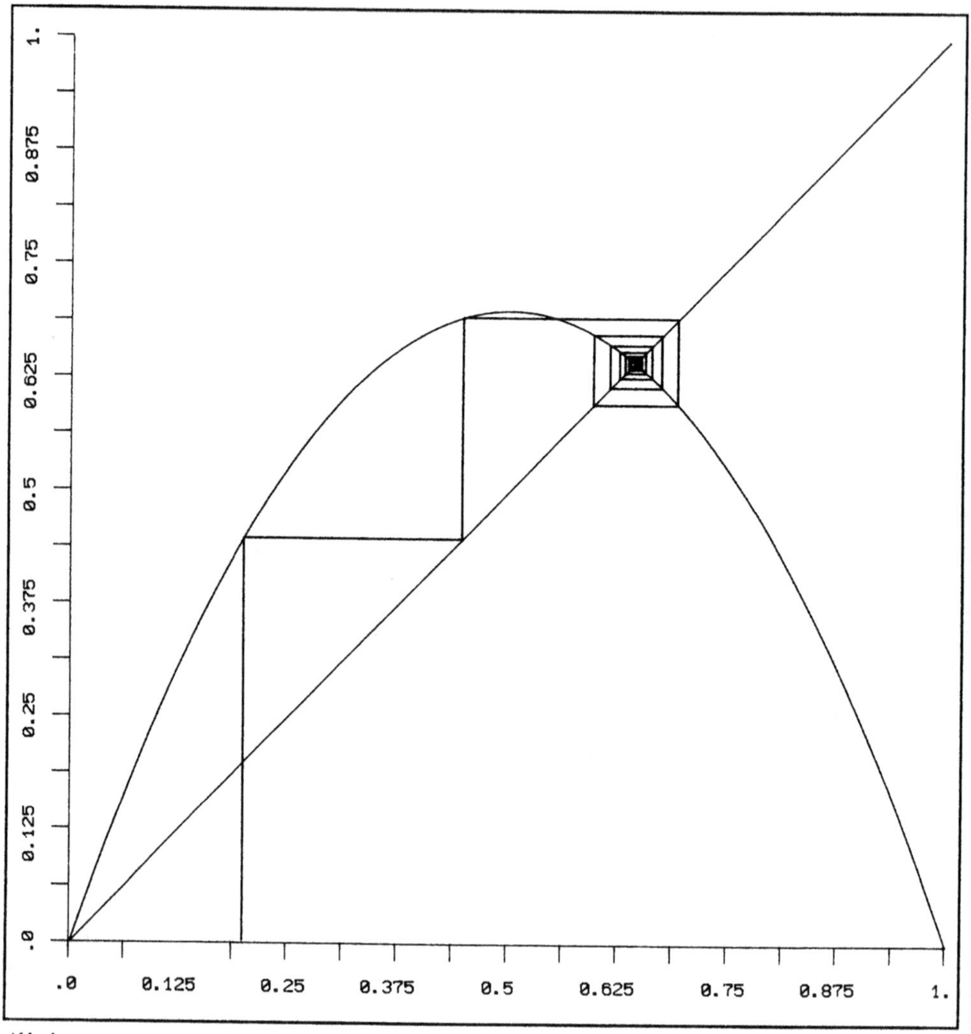

Abb. 4

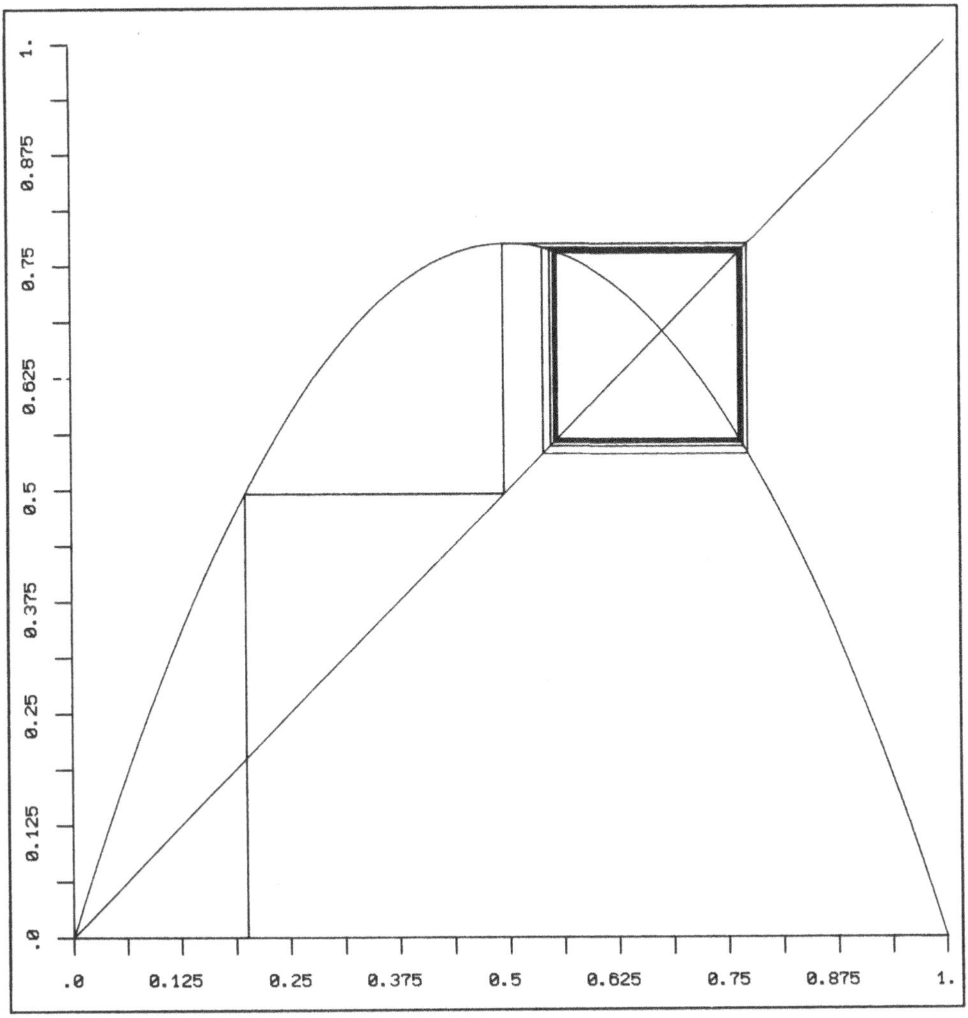

Abb. 5

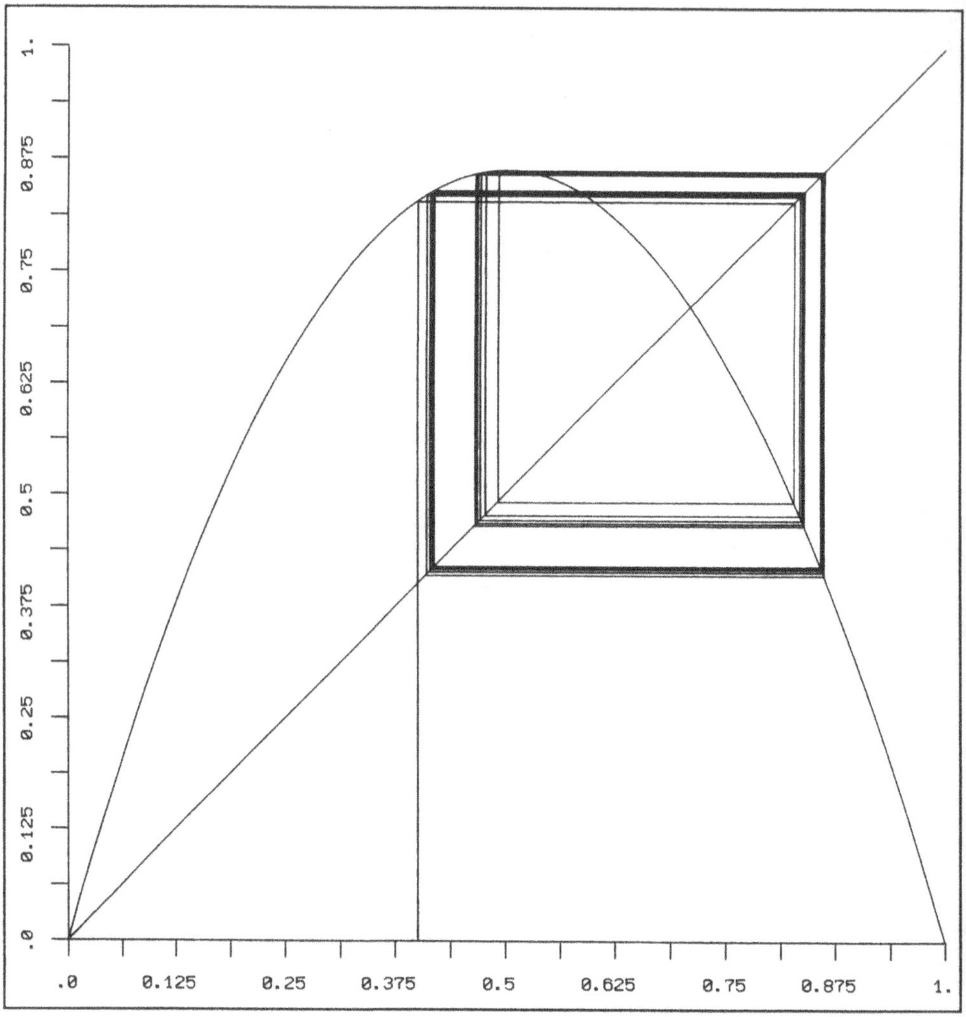
.0
0.125
0.25
0.375
0.5
0.625
0.75
0.875
1.
.0
0.125
0.25
0.375
0.5
0.625
0.75
0.875
1.

Abb. 6

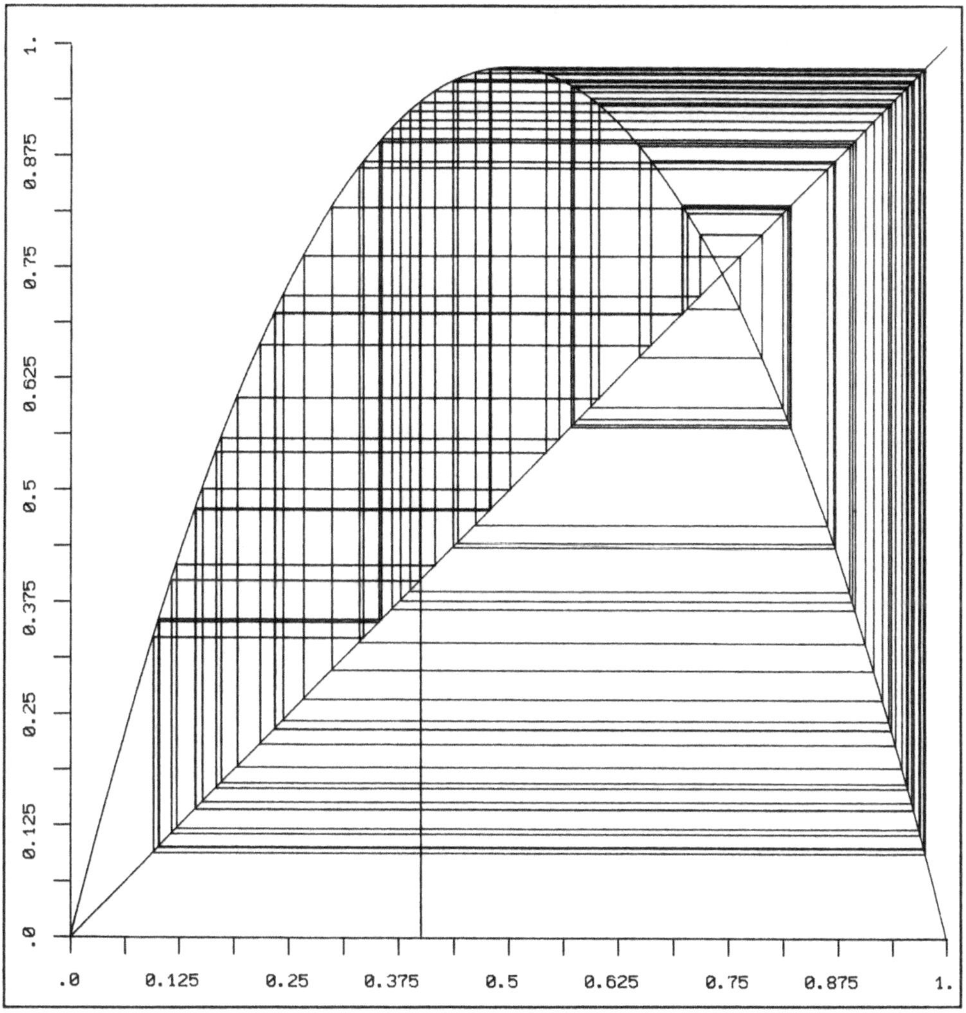

Abb. 7

Der Student kann bei diesem Beispiel nicht nur mit dem Parameter *r* experimentieren, er kann sich auch das wichtige mathematische Prinzip der "Fixpunktiteration" klarmachen, bei dem man grafisch von einem Iterationspunkt zum nächsten gelangt, indem man vom Funktionswert parallel zur x-Achse bis zur Winkelhalbierenden weitergeht.

3.3 Differentialgleichungen

Die Populationsentwicklung eines Räuber-Beute-Modells läßt sich mit folgendem Differentialgleichungssystem 1. Ordnung beschreiben:

$$\frac{dB}{dt}(t) = 3\,B(t)\,(1 - 0.1\,B(t)) - \frac{3\,B(t)\,R(t)}{B(t) - 1}$$

$$\frac{dR}{dt}(t) = 0.5\,R(t)\,(1 - R(t)\,/\,B(t))$$

Anfangswerte: $B(0) = 4$ *und* $R(0) = 6$.

Dieses Differentialgleichungssystem kann man – so wie es ist – in das VISU-System eingeben. Man sucht ein Intervall für t aus, in dem man die Populations-

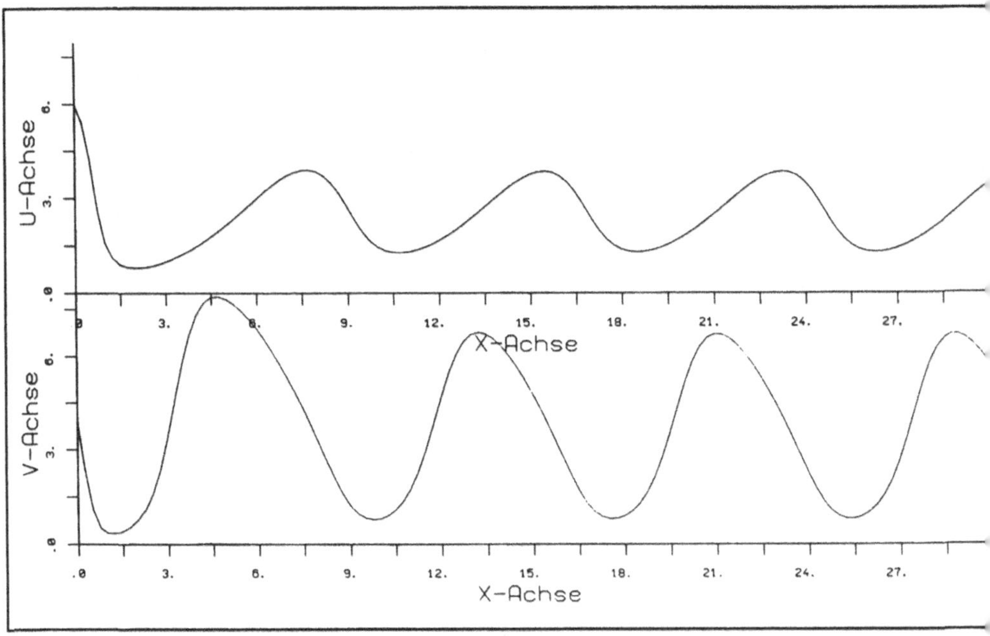

Abb. 8

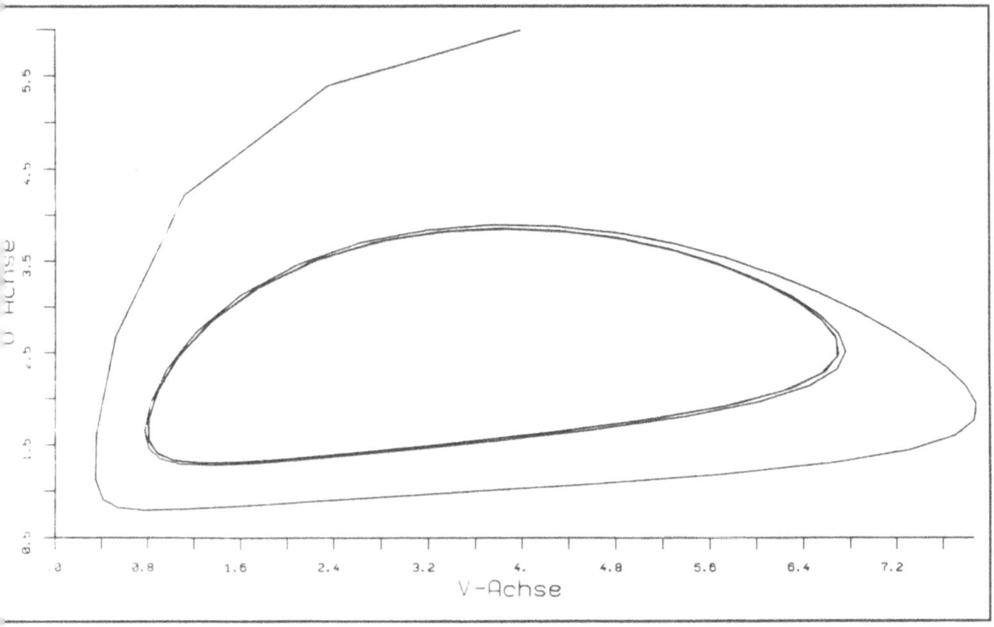

. 9

entwicklung betrachten möchte. Dann ist ein numerisches Verfahren zur Lösung dieses Problems zu wählen. Neben den beiden Kurven *B(t)* und *R(t)* kann man das Phasendiagram zeichnen lassen. Selbstverständlich ist es möglich, die Parameter der Differentialgleichungen oder die Anfangswerte zu ändern, mit ihnen zu experimentieren. Die folgenden Abbildungen zeigen die mit dem Runge-Kutta-Verfahren (Schrittweite h=0.25) berechneten Näherungskurven für das Intervall [0,30].

4. Einsatzrahmen der Visualisierungen

Die Lehrveranstaltung "Numerische Mathematik für Ingenieure I" besteht aus einer Vorlesung, einer Übung und mehreren Tutorien. Vorlesung und Übung richten sich an alle Hörer- in der Regel sind dies um die zweihundertfünfzig – und im Tutorium sitzen in etwa zwischen zwanzig und dreißig Studenten.

Allein aus technischen Gründen wäre es nicht möglich, Vorlesung oder Übung im kleinen PC-Raum des Fachbereiches stattfinden zu lassen, in dem nur zehn Rechnerarbeitsplätze vorhanden sind. Nun könnte man von einem tragbaren PC aus die Programme entweder auf im Hörsaal vorhandene Monitoren übertragen oder den Bildschirminhalt auf eine Leinwand projizieren. Die eine Möglichkeit stellte sich in unserem Fall als technisch undurchführbar heraus, die andere als zu aufwendig und teuer. Eine Flat-Screen-Projektion kam nicht in Frage , da sie eine Übertragung von Farben nur in schlechter Qualität erlaubt. Die Verwendung verschiedener Farben ist für die Unterscheidung der Kurven außerordentlich wichtig. Wir entschieden uns schließlich dafür, den Bildschirminhalt eines wichtigen Programmes vor der Übung auf OH-Folie zu plotten und diese dort anschließend zu zeigen. Dies ist eine einfache, billige und wenig aufwendige Methode.

So war es allein in den Tutorien möglich, die Studenten interaktiv und unter Anleitung mit den Programmen arbeiten zu lassen. In den Tutorien kommen die Studenten zusammen, um sich vom Tutor Unverstandenes aus Vorlesung und Übung erklären zu lassen und Tips für die Lösung der Aufgaben zu erhalten, die sie für ihren Schein allwöchentlich abgegeben müssen. Die Visualisierungen wurden hier vor allem zur Festigung und Wiederholung des Vorlesungsstoffes verwandt.

Es wurden aber auch Übungsaufgaben gestellt, die nur mit Hilfe des VISU-Programms gelöst werden konnten. Hierzu gehörten vor allem Konstruktionsaufgaben mit Bezier-Polynomen und das Herausfinden des effektivsten Verfahrens oder der effektivsten Strategie für ein gegebenes Problem.

5. Erfahrungen beim Einsatz der Programme

Erfahrungen über den Erfolg des Programmeinsatzes konnten vor allem durch die Beobachtung der Tutorien und eine Umfrage unter den Studenten gewonnen werden.

Der Einsatz der OH-Folien in der Übung und die gestellten Aufgaben mit VISU wurden von den Studenten positiv aufgenommen. Gerade die VISU-Aufgaben wurden besonders häufig bearbeitet. Abgesehen vom Aufgabenlösen arbeiteten die Studenten jedoch verhältnismäßig wenig allein oder in Arbeitsgruppen mit den Programmen. Dies lag daran, daß aufgrund der zu knappen Rechnerkapazität des Fachbereiches der PC-Pool während des Semesters fortwährend ausgelastet war, obwohl er sich für viele Lehrveranstaltungen schlechter eignet als Großrechner oder mittlere Rechenanlagen. Trotz der Reservierung gewisser Kernzeiten für die Numerik-Lehrveranstaltung war es den Studenten offensichtlich zu mühsam, ständig um ihren Arbeitsplatz kämpfen zu müssen. Ein anderer wichtiger Grund lag darin, daß den Ingenieurstudenten aufgrund ihres arbeitsintensiven Studiums sowie der immer weiter ansteigenden Leistungsanforderungen wenig Zeit zur Aufbereitung des Lehrstoffes bleibt.

Interessant war daher die Beobachtung der Tutorien und die Befragung der Tutoren wie der beteiligten Studenten zu ihren dortigen Erfahrungen mit VISU. Es zeigte sich, daß es von außerordentlicher Wichtigkeit war, den Studenten auch unter Anleitung von Lehrpersonal die Möglichkeit zum interaktiven Arbeiten mit den Programmen zu geben. So wurden erläuternde Texte zu den Programmen oft nicht gelesen, konnten Grafiken in vielen Fällen nicht ohne Hilfeleistung richtig interpretiert werden. Darüber hinaus erwies es sich als sinnvoll, die theoretische Darstellung des Lehrstoffes aus der Vorlesung vor der Benutzung der Programme noch einmal in ihren Grundzügen zu wiederholen. Für das erste Arbeiten mit dem in der Vorlesung durchgenommenen Stoff mit VISU ist also eine Betreuung durch Lehrpersonal unbedingt zu empfehlen.

Für den Tutor läuft der Einsatz der Grafikprogramme jedoch insofern auf eine intensivere Vorbereitung hinaus, als er den Unterricht didaktisch sinnvoll auf die Visualisierung abstimmen muß. Im Tutorium selber ist seine Autorität gefordert, da er darauf zu achten hat, daß möglichst alle Studenten mit demselben Programm arbeiten und seinen jeweiligen Erklärungen Gehör schenken. Der Einsatz von Computern in Lehrveranstaltungen kann nämlich dann sehr problematisch werden, wenn sich einzelne Studenten durch die Vielzahl von Arbeitsmöglichkeiten auf den Rechnern zum "Spielen" veranleiten und damit vom Unterricht ablenken lassen. Der Tutor muß dies zu verhindern wissen. Es ist daher anzustreben, die vom Tutor zu betreuende Studentengruppe relativ klein zu halten, auch deshalb,weil durch die individuelle Beratung des Tutors sonst zuviel Zeit in Anspruch genommen werden würde. Eine etwa fünfundzwanzigköpfige Studentengruppe hat sich dabei als fast schon zu groß herausgestellt.

Insgesamt läßt sich sagen, daß die Studenten die Visualisierungsprogramme überwiegend positiv aufgenommen haben und selbst die Überzeugung äußerten, daß ihnen diese für das Verständnis und das Behalten des Lehrstoffes nützlich sein könnten.

6. Einsatzmöglichkeiten an anderen Hochschulen

Das VISU-Programmpaket kann bei Bedarf ab 1989 auch an andere Hochschulen weitergegeben werden. Es läuft auf allen IBM-kompatiblen PCs. Wichtigste Schnittstelle der Programme sind Grafikroutinen des CALCOMP-Standards. Das Programmpaket kann auf allen Rechnern, auf denen die CALCOMP-Schnittstelle realisiert ist, ohne Schwierigkeiten implementiert werden.

Der Einsatz des Personal-Computers bei Geländeveranstaltungen in der Geographie

Peter Kammerer

Rechenzentrum der Gesellschaft für
Strahlen- und Umweltforschung (GSF), Neuherberg

1. Das CIP-Netz der Fakultät für Geowissenschaften an der Ludwig-Maximilians-Universität in München

Im Rahmen des Computer-Investitions-Programms (CIP) wurden im Mai 1986 von der Fakultät für Geowissenschaften der Ludwig-Maximilians-Universität in München die Beschaffung von Mikrocomputern beantragt. Für dieses Projekt wurden 270.000 DM zur Beschaffung der Hard- und Software bewilligt. An dem CIP-Netz sind die folgenden Institute beteiligt:

- Institut für Geographie
- Institut für Allgemeine und Angewandte Geologie
- Institut für Paläontologie und historische Geologie

Am Institut für Geographie werden die Studenten zu Diplomgeographen sowie für die Lehrämter (Grund-, Haupt-, Realschule und Gymnasium) ausgebildet. Der Abschluß in den beiden anderen Studienfächern ist das Diplom.

Die wichtigsten Anwendungsgebiete in den Geowissenschaften im Bereich der EDV sind Computerkartographie, Geographische Informationssysteme, Satellitenbildverarbeitung, Satellitenbildinterpretation und Statistik. Entsprechend diesen Anwendungen wurde die Hard- und Software ausgewählt (siehe Fig. 1).

2. Einbindung der EDV in die Diplomgeographenausbildung

Soll die in Fig. 1 dargestellte Hard- und Software in der Lehre eingesetzt werden, gibt es zwei Möglichkeiten. Entweder man bietet neben den vorgeschriebenen Lehrveranstaltungen zusätzliche EDV-Kurse an oder man versucht die EDV in bestehende Lehrveranstaltungen zu integrieren. Im zuerst genannten Fall tritt das Problem auf, daß zusätzlich zu den seit Jahrzehnten von einer festen Anzahl wissenschaftlicher Mitarbeiter durchgeführten Lehrveranstaltungen auch noch EDV-

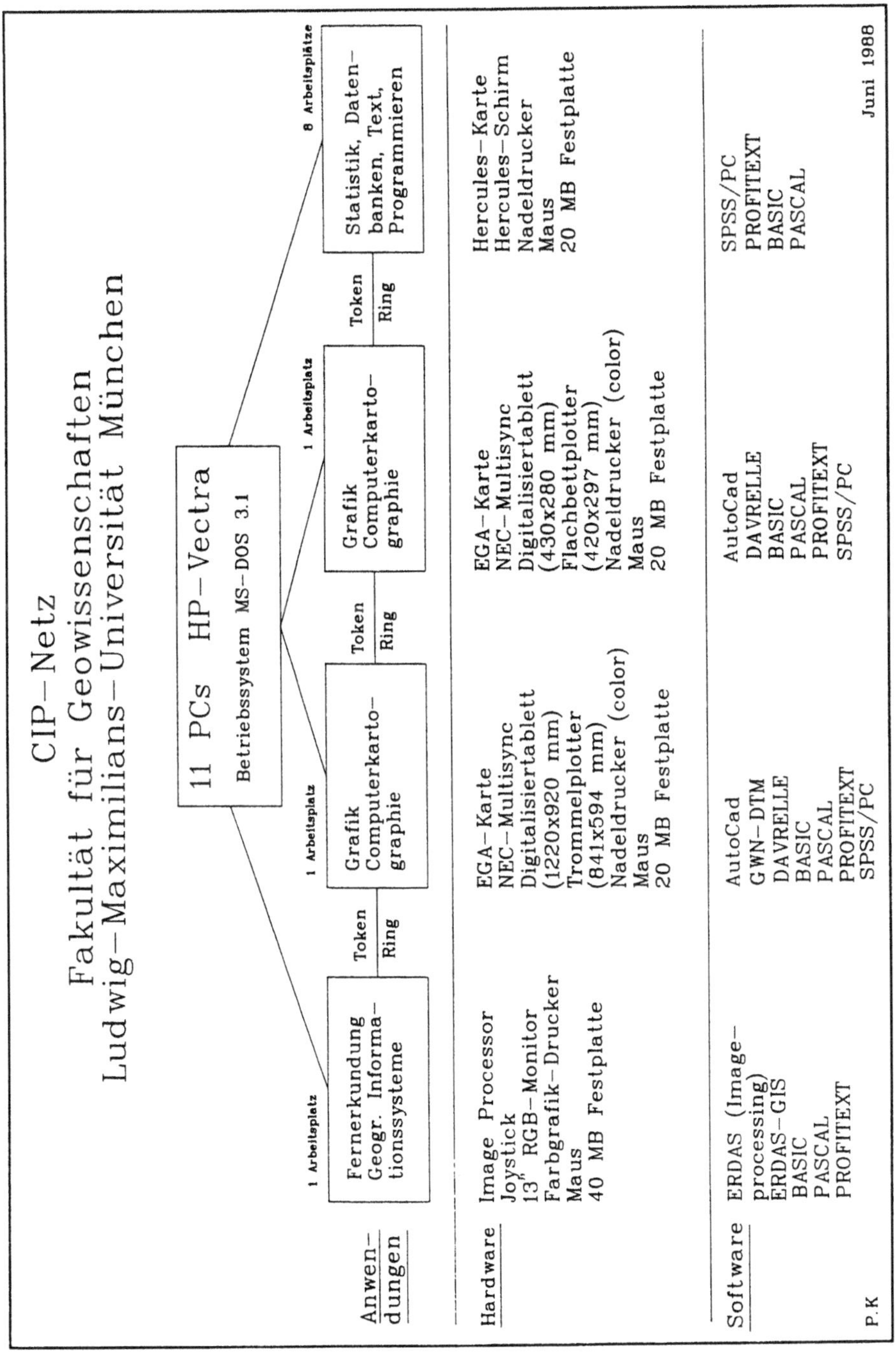

Fig. 1: Hard- und Softwareausstattung des CIP-Netzes der Fakultät für Geowissenschaften an der LMU in München

Kurse angeboten werden sollen. Dieses Problem wird noch dadurch verschärft, daß gleichzeitig immer mehr Studenten von einer gleichbleibenden Anzahl von Dozenten ausgebildet werden sollen. Die in Tabelle 1 aufgeführten Lehrveranstaltungen müssen regelmäßig als "Pflichtlehrveranstaltungen" abgehalten werden. Erst wenn diese Kurse abgedeckt sind, kann man sich Gedanken über zusätzliche Lehrveranstaltungen machen.

Diese Überlegung gilt nicht nur für die wissenschaftlichen Mitarbeiter sondern auch für die Studierenden. Auch sie müssen zuerst die Pflichtlehrveranstaltungen absolvieren und können sich dann erst Gedanken über zusätzliche Ausbildungsschwerpunkte machen.

In der Geographie ist es nicht so einfach wie in Mathematik oder Physik, wo man z.B. einen Programmierkurs vom Großrechner auf den PC verlagert. Wenn man in der Geographie einen Programmierkurs anbietet, so geht das nur durch eine zusätzliche Lehrveranstaltung (z.B. ein Kurs Computerkartographie, vgl. KAMMERER (1988)). Diese Überlegungen führten dazu, daß am Institut für Geographie versucht wurde, die EDV in bestehende Lehrveranstaltungen zu integrieren. Ein erster Versuch war das Seminar Statistik, das im Wintersemester 1987/88 an den PCs unter Verwendung des Statistikpakets SPSS durchgeführt wurde. Im Sommersemester 1988 wurde versucht, die PCs im Rahmen eines Geländepraktikums einzusetzen. Über die dabei gemachten Erfahrungen soll hier berichtet werden.

	Grundstudium		**Hauptstudium**
1	Einführungsübung	2	Hauptseminare
2	Übungen physische Geographie	1	Luftbildübung
2	Übungen Wirtschafts- und Sozialgeographie	1	Laborpraktikum
		1	Seminar Statistik
1	Kartenkunde	1	Geländepraktikum für Fortgeschrittene
1	Übungen thematische Kartographie		
1	Geländepraktikum	2	Große Exkursionen
10	Exkursionstage	1	Kartographische Arbeit

Tab. 1: Pflichtlehrveranstaltungen für den Studiengang Diplomgeographie

3. Erfahrungen bei der Durchführung eines Geländepraktikums mit PC-Einsatz

Wenn man die EDV in bestehende Lehrveranstaltungen integriert, taucht ein weiteres Problem auf. Für die Pflichtlehrveranstaltungen gibt es eine Art "Lernzielkatalog". Soll nun zusätzlich mit dem PC gearbeitet werden, muß entweder der Lehrstoff der Veranstaltungen gekürzt werden oder es müssen zusätzliche Übungsstunden angeboten werden. Die zuerst genannte Möglichkeit ist aus prüfungsrechtlichen Gründen nicht möglich, also bleibt nur die zweite Alternative. Diese führt sowohl bei den Dozenten als auch bei den Studenten zu einer erheblichen zeitlichen Mehrbelastung. Das Geländepraktikum eignet sich für den Einsatz der graphischen Datenverarbeitung, weil die im Gelände aufgenommenen Daten in Form von Karten (vgl. Fig. 3) oder Diagrammen dargestellt werden sollen. Es war ein Ziel des Kurse, die zu zeichnenden Karten und Graphiken mit einem CAD-Programm zu erstellen. Zu Beginn des Praktikums wurden durch eine Befragung die EDV-Kenntnisse der Studenten ermittelt:

1	Student	(6,6%):	Erfahrungen mit dem Betriebssystem MS-DOS
2	Studenten	(13,4%):	Erfahrungen mit Homecomputern (C64)
12	Studenten	(80%):	Keine Kenntnisse in EDV (noch nie vor einem Computer gesessen)

Wegen der fehlenden Grundlagen mußten ca. fünf zusätzliche Übungsstunden verwendet werden, um die wichtigsten Befehle des Betriebssystems und des CAD-Programms zu erklären. Danach sollten die Studenten in der Lage sein, mit dem Programm AutoCAD einfache Graphiken zu erstellen.

Das Geländepraktikum ist eine ganztägige Lehrveranstaltung, die während des Sommersemesters alle zwei Wochen stattfindet.Es läuft so ab, daß den Studenten zunächst die Grundlagen erklärt werden. Danach nehmen die Studenten mit Meßinstrumenten (z.B. Nivelliergerät, Theodolit, Neigungsmesser, Bandmaß etc.) die Objekte in der Landschaft auf. Bis zur nächsten Lehrveranstaltung müssen dann die Studenten ihre Daten auswerten, d.h. in der Regel graphisch darstellen. Das Endergebnis ist dann eine Karte (siehe Fig. 3) oder ein Profil (siehe Fig. 2).

Die Aufgabe kann auch lauten, die Ergebnisse von Befragungen oder Zählungen graphisch darzustellen. Da keine tragbaren PCs zur Verfügung standen, wurden die Daten im Gelände auf konventionelle Weise erfaßt und dann über die Tastatur oder über ein Digitalisiertablett in die PCs eingegeben. Jede Arbeitsgruppe erhielt dazu eine Arbeitszeit von drei Stunden pro Woche. Falls diese Zeit nicht ausreichte, konnten die Studenten in den noch freien Stunden das CIP-Netz zusätzlich nutzen. Die analoge Aufzeichnung der Daten und die anschließende Übertragung in den Rechnern wäre nicht erforderlich, wenn tragbare PCs zur Verfügung stünden. Diese müßten nicht besonders leistungsfähig sein da sie nur zur Eingabe der Daten verwendet werden sollen. Ein tragbarer XT-kompatibler Rechner, den man heute für ca. 3.000 DM bekommen kann, würde völlig ausreichen. Da ein Praktikum aus fünf Gruppen zu je drei Studenten besteht, müßten zusätzlich fünf tragbare PCs beschafft werden.

Es gibt heute Vermessungsinstrumente mit eingebauten A/D Wandlern. Mit diesen ist es möglich, die mit einem Nivelliergerät oder Theodolit gemessenen Daten mit geeigneten Programmen weiterzuverarbeiten. Der Preis für diese Geräte liegt zwischen 8.000 und 12.000 DM. Will man heute Studenten zeitgemäß

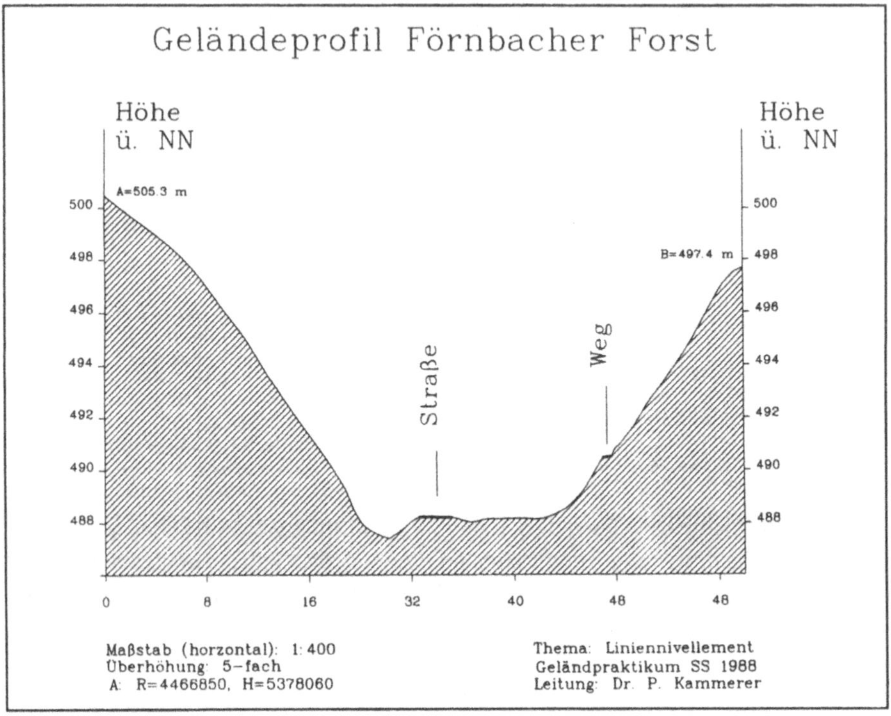

Fig. 2: Ein mit dem CAD-Programm AutoCAD erstelltes Geländeprofil

ausbilden, sollten diese Meßinstrumente zur Verfügung stehen. Die Beschaffung solcher Instrumente aus dem Institutsetat ist nur schwer möglich, da dieser nicht in dem Maße steigt wie die Studentenzahlen und daher kaum ausreicht, die laufenden Kosten zu decken.

Betrachtet man die Qualität der mit den Computergraphikprogrammen erzeugten Zeichnungen, so ist diese erheblich besser als die der manuell erstellten Zeichnungen. Besonders nützlich für die Studenten sind die zahlreichen Möglichkeiten der Beschriftung der Graphiken mit dem CAD-Programm, denn viele haben Probleme im Umgang mit Schreibschablone und Tuschefüller. Für sie sind die zahlreichen Möglichkeiten der Textpositionierung sehr nützlich. Den meisten Studenten fehlt auch die Übung für das Zeichnen von "glatten Kurven". Dazu bietet das CAD-Programm die Möglichkeit über eine Splinefunktion solche Kurven zu erzeugen. Dem steht als Nachteil der ca. zwei bis dreifache Zeitaufwand für die Erstellung der Zeichnungen gegenüber. Dies liegt jedoch daran, daß die Studenten am Anfang noch Schwierigkeiten mit der Bedienung der Programme hatten. Wichtig ist die Feststellung, daß die inhaltliche Qualität der Graphiken wie bei manuell erstellten Zeichnungen vor allem von der Qualität der Ausgangsmessungen und der geeigneten Auswertungsmethoden abhängig ist.

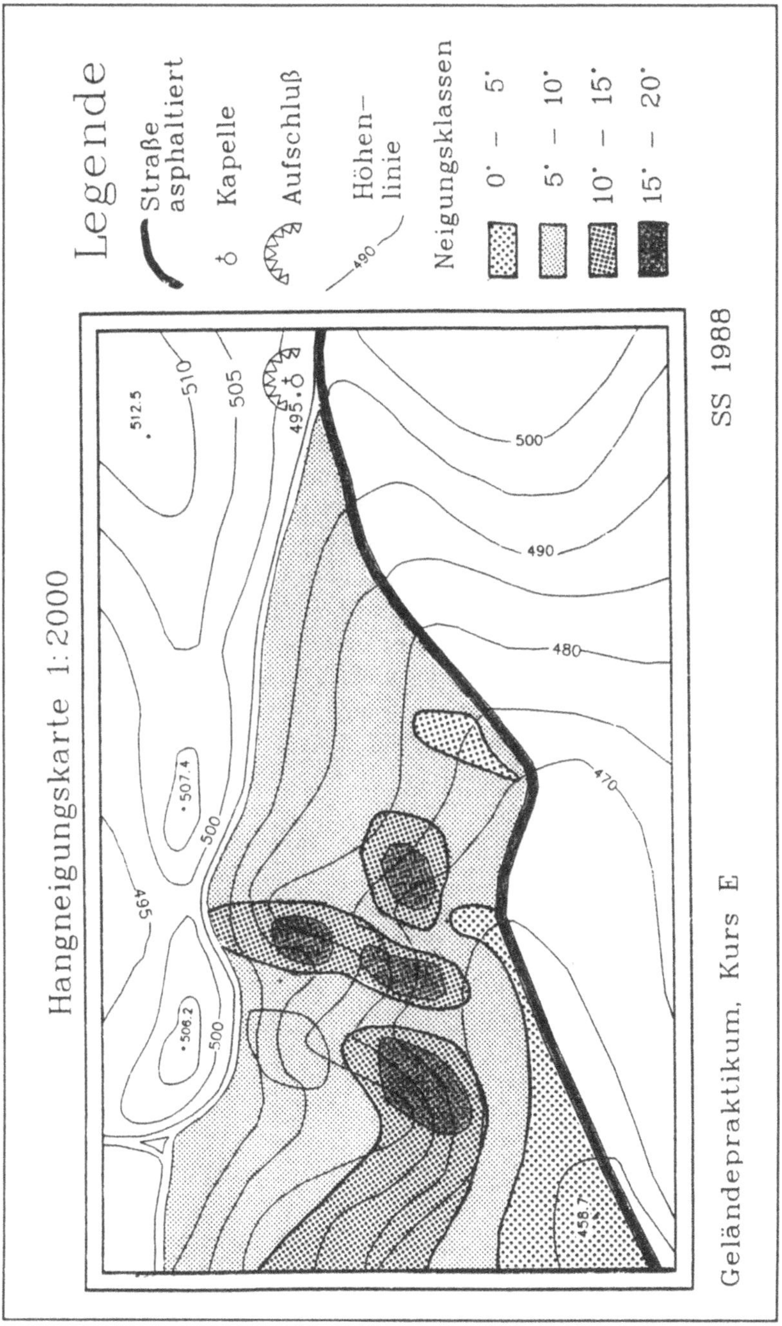

Fig. 3: Hangneigungskarte mit AutoCAD erstellt, wobei die Linien gleicher Neigung manuell konstruiert und anschließend digitalisiert wurden

4. Zusammenfassung

An der Fakultät für Geowissenschaften der Ludwig-Maximilians-Universität in München existiert ein CIP-Netz mit elf MS-DOS Rechnern. Laut Diplomprüfungsordnung des Instituts für Geographie ist eine Ausbildung von Studenten in EDV nicht vorgeschrieben. Die EDV-Ausbildung muß deshalb durch zusätzliche Lehrveranstaltungen oder durch Integration in bestehende Vorlesungen und Übungen erfolgen.

Im Rahmen eines Geländepraktikums sollten die Studenten ihre graphischen Darstellungen (Karten, Diagramme) mit PC-Programmen erstellen. Bei 80% der Studenten fehlten die notwendigen Grundlagen zur Bedienung der PCs.Um dennoch Ergebnisse zu erzielen, mußten die Grundlagen im Rahmen des Kurses vermittelt werden.

Die Daten wurden im Gelände mit konventionellen Meßinstrumenten (Nivelliergeräte, Theodoliten etc.) registriert und dann manuell in die Programmpakete eingegeben. Dies entspricht nicht den heutigen technischen Möglichkeiten. Wünschenswert wären deshalb tragbare PCs (Labtops) für den Geländeeinsatz sowie Meßinstrumente mit A/D Wandlern und Schnittstellen zu den vorhandenen PCs.

Die Integration der EDV in bestehende Lehrveranstaltungen erfordert einen erheblichen zeitlichen Mehraufwand bei den Studenten aber insbesondere bei den Leitern der Kurse. Das Engagement eines Wissenschaftlers bei der Planung und Durchführung von EDV-Lehrveranstaltungen ist für dessen wissenschaftliche Laufbahn eher hinderlich als fördernd.

Literatur

HEYER, E. et al. (1968): Arbeitsmethoden der Physischen Geographie. - 1. Auflage; Berlin.

KAMMERER, P. (1988): Computerkartographie auf dem PC. - Schriftenreihe Studien zu Bildung und Wissenschaft, Bd.66: S. 90 - 102; Bonn.

Bilddatenverarbeitung am PC (Satellitenbilder)

Jochen Henkel

Ludwig-Maximilians-Universität München
Institut für Allgemeine und Angewandte Geologie

1. Einleitung

Die Vorgaben und die daraus resultierenden Möglichkeiten der Nutzung eines PCs zur geowissenschaftlichen Bilddatenverarbeitung wurden an einem ERDAS-System, das in einem CIP-Pool installiert ist, getestet. Dabei ergab sich, daß der PC sich sehr gut für die Ausbildung oder zur Testverarbeitung eignet, da man in diesen Fällen mit Bildausschnitten arbeiten kann. Die Bearbeitung ganzer Szenen mit dem PC ist sehr zeitaufwendig.

Bei der Beurteilung der Möglichkeiten zur Nutzung eines PCs in der geowissenschaftlichen Satellitenbildverarbeitung muß man auf verschiedene Gesichtspunkte achten. Man muß die zu bearbeitende Datenmenge ein- und auslesen, sie während der Bearbeitung betrachten und das gewonnene Ergebnis darstellen können. Zu untersuchen sind auch die anzuwendenden Verfahren in Bezug zu ihrem Rechenaufwand. Wichtig ist auch die Schnittstelle zum Benutzer. Sie sollte für den Studierenden leicht erlernbar sein, aber auch für den Anwender, der Testverarbeitungen durchführen will, ohne große Umwege zu den gewünschten Programmen führen.

2. Datenmenge operationeller Sensoren

Tabelle 1 zeigt die Größe der Datenmenge der derzeit für die geowissenschaftliche Bilddatenverarbeitung wesentlichen Sensoren. Betrachtet man diese Datenmengen – es wurde ein Byte pro Grauwert eines Bildelements (Pixel) angenommen – so erkennt man leicht, daß große Massenspeicher mit geringen Zugriffszeiten notwendig sind, um sie zu verarbeiten. Der Rechner benötigt schnelle Prozessoren, um die Zeit für eine Anwendung möglichst kurz zu halten. Zur Dateneingabe und Datensicherung dienen derzeit im wesentlichen Magnetbänder, d.h. ein Magnetbandgerät ist notwendig, was den Preis des Arbeitsplatzes stark erhöht. Die Datenmenge verlangt also einen größeren Geräteaufwand, als die üblichen PC-Anwendungen.

Typ	Fläche einer Szene	Abstand der Zeilen	Abstand der Spalten	Spektral-Kanäle	Datenmenge
Landsat MSS	180*180km²	79m	56m	4	28 Mbyte
Landsat TM	180*180km²	30m	30m	7	252 Mbyte
SPOT-MSS	60*60km²	20m	20m	3	27 Mbyte
SPOT-PAN	60*60km²	10m	10m	1	36 Mbyte

Tabelle 1: Datenmenge von Sensoren

3. Häufig angewandte Verfahren

3.1 Rechenarme Verfahren

Hierunter fallen z.B. Grauwerttransformationen oder einfache arithmetische Verknüpfungen. Für Grauwerttransformationen gilt:

$$g_{neu} = f\,(g_{alt})$$

d.h. der neue Grauwert g_{neu} ist für jedes Pixel einzeln nur Funktion des alten Grauwertes g_{alt} desselben Pixels. Selbst komplizierte Umrechnungen lassen sich schnell durchführen – man braucht ja nur einmal für jeden der möglichen 256 Grauwerte den neuen Grauwert zu berechnen und legt diesen in einer Ergebnis-Tabelle (Look-Up-Table) zu Beginn der Transformation ab. Die Operation für jedes Pixel stellt nun nur noch die Datenkonversion dar. Aber auch einfache pixelweise Verknüpfungen von zwei Bildebenen, wie Verhältnisbilder (Ratio-Bilder) und Linearkombinationen sind vom Rechenaufwand her gesehen gering, aber doch sehr wirkungsvoll. Diese Verfahren lassen sich ohne Probleme an PCs durchführen.

3.2 Verfahren mittleren Aufwandes

Dazu zählen pixelweise Verknüpfungen vieler Bildebenen oder die Berücksichtigung kleinerer Umgebungen der einzelnen Pixel einer Bildebene. Zu den komplexeren Verknüpfungen mehrerer Bild- oder Informationsebenen zählen Korrelationsanalysen oder Farbraumtransformationen. Bei der Korrelationsanalyse oder Hauptachsentransformation muß man zunächst mit den Pixeln als "Proben" die Kovarianzmatrix der Bildebenen zueinander berechnen. Nach der Eigenwert- und Vektoranalyse werden dann die Faktorbilder als Linearkombinationen der Ausgangsbildebenen berechnet. Die Farbraumtransformation ist eine pixelweise mehrdimensionale nichtlineare Transformation im mehrdimensionalen Merkmalsraum, der durch die Grauwert-Dynamik der vorhandenen Informations- oder Bildebenen aufgespannt wird. Die Berücksichtigung der Umgebung eines Pixels bezeichnet man auch als Filterung. Kleinräumige Filter führen zur Faltung mit einer kleinen fest definierten Maske. Bei den gängigen Filtern verwendet man meist eine 3x3-Maske, d.h. es werden nur neun benachbarte Pixel berücksichtigt. Da die Bilddaten in der Regel zeilenweise abgespeichert sind, führt dies neben dem Rechenaufwand pro Pixel auch zu einem höheren I/O-Bedarf. Für diese Verfahren mittleren Aufwandes ist der PC nur bedingt mit merklichem Zeitaufwand einsetzbar.

3.3 Rechnenintensive Verfahren

Unter den häufig verwendeten Verfahren kann man die Klassifikationen, größere räumliche Filter, Transformationsfilter und die geometrische Anpassung an Kartenvorlagen mit Grauwertinterpolation zu den rechenintensiven Verfahren zählen. Bei Klassifikationen muß man pixelweise mehrere komplex definierte Abstände im mehrdimensionalen Merkmalsraum der Bild- oder Informationsebenen berechnen, um durch Optimierung die zugehörige Klassennummer als Ergebnis bestimmen zu können. Großräumige Filter führen zu Faltungen mit großen Masken und erhöhen so die Zahl der nötigen Rechen- und I/O-Operationen. Noch aufwendiger wird es bei Transformationsfiltern, die auf die ganze Bildebene zugreifen. Bei der geometrischen Anpassung muß man zunächst für das neue Bild pixelweise den Ort im vorhanden Bild bestimmen, dann unter Nutzung dieser Pixel-Koordinaten den neuen Grauwert durch Interpolation aus der Umgebung dieses Punktes bestimmen. Solche Verfahren lassen sich kaum auf PCs ausführen.

4. Datendarstellung

Um die Ergebnisse der Bilddatenverarbeitung darstellen zu können, benötigt man besondere Ausgabegeräte. Für ganze Szenen kommen in der Regel Photo-Write-Systeme zur Anwendung, die den finanziellen Rahmen eines CIP-PC Labors bei weitem überschreiten. Für Teilbereiche kann man Printer-Plotter (z.B. mit Tintenstrahl oder elektrostatisch) verwenden oder direkt den Bildschirm photographieren. Die während der Bearbeitung auftretenden Zwischenergebnisse betrachtet man entweder über statistische Aussagen oder auf TV-Monitoren, die in der Regel (preisgünstig) 512x512 Pixel darstellen. Die dargestellte Fläche der oben erwähnten Sensoren ist aus Tabelle 2 zu entnehmen. In dieser interaktiv darstellbaren Bildgröße ($^1/_4$ Mbyte pro Bildebene) kann man den Ausgangspunkt für die Nutzung des PCs finden – entweder zur Testverarbeitung oder zur Ausbildung. Dazu wurde im CIP-Labor im Hause ein PC mit dem damals auf dem Markt vorhandenen preisgünstigsten Bildverarbeitungssystem für PCs ERDAS ausgestattet.

Typ	Fläche
Landsat-MSS	33 km x 41 km
Landsat-TM	15 km x 15 km
SPOT-MSS	10 km x 10 km
SPOT-PAN	5 km x 5 km

Tabelle 2: Flächengröße auf einem 512x512 Monitor

5. Verwendung von Teilbildern

Für Testzwecke oder zur Ausbildung kann man sehr gut Teilbilder verwenden. Diese sind entweder repräsentative Ausschnitte oder "Verkleinerungen", die durch regelmäßige Probennahme (z.B. jedes 5. Pixel jeder 5. Zeile) entstehen. Verwendet man Bildebenen mit 512 Zeilen zu 512 Pixel, so ergeben sich bei der Nutzung des ERDAS-Systems auf einem HP-Vectra mit einem 80286 Prozessor, 80287 Koprozessors und eines 40 M-Byte Platte (48 msec) folgende ungefähren Rechenzeiten:

- rechenarme Verfahren : einige Sekunden
- mittlere Verfahren : einige Minuten
- rechenintesive Verfahren : eine Stunde und mehr

Wir haben daher in einem CIP-Erweiterungsantrag einen PC mit schnelleren Prozessoren (80386+80387) sowie einer größere Platte (über 100 M-byte,18 msec) eingeplant, um auch komplexere Verfahren am PC in der Lehre durchführen zu können.

Wie oben erwähnt, wird das PC-System im besonderen zur Ausbildung, aber auch zu Testverarbeitungen im Rahmen von Diplom- und Doktorarbeiten herangezogen. Das beschaffte Bildverarbeitungssystem ERDAS hat sich für diese Zwekke als nutzbar erwiesen. Durch eine mögliche Menü-Führung wird dem Anfänger eine Starthilfe gegeben. Der modulare Aufbau erlaubt es, dem geübten Nutzer direkt seine Anwendung aufzurufen.

6. Einbindung in ein Produktionssystem

Wie man aus den oben genannten Rechenzeiten und Hardwarevoraussetzungen erkennen kann, ist es fast nicht möglich, ganze Szenen am PC zu bearbeiten. Es ist also sinnvoll, den PC-Arbeitsplatz als Ergänzung zu einem größeren System zu sehen. An diesem Produktionssystem sollen dann die teueren Ein/Ausgabegeräte wie Bandstation, Photo-Writer, große Massenspeicher oder andere Geräte angeschlossen sein, um die Bearbeitung der notwendigen größeren Szenen durchführen zu können. Zusätzlich sollte eine Datenübergabemöglichkeit zum PC-System (z.B. über Floppy-Disks) am Produktionssystem vorhanden sein, um Teilszenen erzeugen zu können. Günstig wäre es, wenn das Produktionssystem in seiner Benutzerschnittstelle dem Lehr- und Testsystem am PC stark verwandt wäre. Dies war mit ein Grund, das ERDAS-System zu verwenden, da es auch als Workstation-Version existiert. Tabelle 3 zeigt die derzeitige Konfiguration und die Planung für die Bilddatenverarbeitung an der Fakultät für Geowissenschaften der Ludwig-Maximilians-Universität.

Produktionssystem an der Arbeitsgruppe für Fernerkundung am Institut für Allgemeine und Angewandte Geologie	Lehr- u. Testsystem PC-Arbeitsplatz im CIP-Labor der Fakultät für Geowissenschaften
PDP11 basierendes System (Betriebssystem FORTH)	HP-Vectra (8 Mhz, 80286+80287) + 40 Mbyte (48ms) (Betriebssystem MS-DOS)
Eigenentwickelte Software	ERDAS-System
zusätzlich geplant: ERDAS-Workstation mit VAX Host	zusätzlich beantragt: HP-Vectra (16 Mhz, 80386 + 80387) + 103 Mbyte (18ms)

Tabelle 3: Konfiguration an der Fakultät für Geowissenschaften der LMU

7. Zusammenfassung

Der PC ist als alleinstehendes System für Bilddatenverarbeitung nur sehr begrenzt einsatzfähig. Zusätzlich notwendige Hardware verteuert den PC-Arbeitsplatz weit über die für CIP veranschlagte Summe hinaus. Die Kapazitäten größerer Bildverarbeitungssysteme werden durch Testbearbeitungen und Ausbildung nur sehr gering ausgenutzt und sind deshalb in dieser Zeit für andere Arbeiten blockiert. Hier kann der PC-Arbeitsplatz als Entlaster eingesetzt werden, weil Ausbildung und Testverarbeitung auch an Teilbildern sehr gut durchgeführt werden kann. Damit der PC-Arbeitsplatz für diese Bildverarbeitung gut nutzbar ist, sollte er mit genügend Massenspeicher (mit kurzen Zugriffszeiten) und schnellen Prozessoren ausgestattet sein. Die Benutzerschnittstelle sollte so gestaltet sein, daß sie für den Anfänger leicht verständlich ist, den häufigen Nutzer schnelle Ansprache ermöglicht und möglichst einfach auf das Produktionssystem zu übertragen ist.

Programmieren unter UNIX – Einführung in die Sprache C (Erfahrungen mit einer Vorlesung)

Friedrich Rieß

Ludwig-Maximilians-Universität München
Sektion Physik

1. Einleitung

Als im Frühjahr 1985 in der Sektion Physik der Ludwig-Maximilians-Universität entschieden wurde, einen Antrag auf ein Pilotprojekt im Rahmen des Computer-Investitionsprogramms (CIP) zu stellen, begann, wie bei anderen Einrichtungen, die Qual der Wahl. Die Entscheidung wurde von einer "Rechnerkommission" getroffen, in der mehrheitlich die Meinung bestand, daß man von einem Absolventen des Physikstudiums die Kenntnis von zumindest einer Programmiersprache verlangen kann und daß das Tätigkeitsprofil eines Physikers sowohl die Arbeit mit Kleinrechnern als auch die mit Großrechnern einschließt. Bei der Auswahl des Systems wurden deshalb zunächst grundsätzliche Vorentscheidungen getroffen:

1. In bezug auf die Hardware sollte der vom CIP vorgegebene Preisrahmen voll ausgeschöpft werden. Im Hinblick auf die rasante Entwicklung im Bereich der EDV sollten soweit wie nur möglich die neuesten Technologien ausgenutzt werden. Zur Zeit unserer Entscheidungsfindung haben wir deshalb nur 16 Bit Rechner (IBM-AT mit Intel 80286 und PCS CADMUS 9600 mit Motorola MC68010) diskutiert. Heute sollten – auch für einfache Anwendungen – nur 32 Bit Rechner erwogen werden.
2. Alle Arbeitsplätze sollten grafikfähig sein, wobei eine Bildschirmauflösung von mindestens 640 x 480 Punkten gefordert wurde.
3. Es wurden die folgenden Betriebssysteme miteinander verglichen:

   MS-DOS: Dieses Betriebssystem besaß (und besitzt auch heute noch) eine sehr große Verbreitung. Es ist in seiner Leistungsfähigkeit stark begrenzt und erscheint wohl deshalb als sehr benutzerfreundlich. Seine Hauptattraktivität beruht auf einem großen und preisgünstigen Angebot verschiedenartigster Softwarepakete. MS-DOS ist auf PCs mit Prozessoren von Intel beschränkt. Hilfe über die Benutzung der Befehle am Rechner selbst ("Online Hilfe") ist nicht möglich.

UNIX läuft sowohl auf Minirechnern als auch auf Großrechnern. Seine Verbreitung war auf Forschungs- und Informatikinstitute beschränkt, sein Einzug in den kaufmännischen und industriellen Bereich ist jedoch nicht übersehbar. Es ist ein mächtiges Betriebssystem mit vielen Dienstleistungsprogrammen, das von Fachleuten für Fachleute geschaffen wurde. Es steht deshalb im Ruf, schwierig zu bedienen zu sein. Die Angebote von speziellen Softwarepaketen waren (und sind auch heute noch) beschränkt und relativ teuer. UNIX ist nicht auf eine bestimmte Prozessorklasse beschränkt, jedoch gibt es Mindestanforderungen an die Prozessorleistungen. Diese werden von allen modernen 32-Bit-Prozessoren erfüllt. "Online" Hilfe über Befehle ist möglich, das am Rechner verfügbare "Handbuch" ist aber nicht unbedingt sehr übersichtlich und leicht zu lesen.

VMS ist ein Produkt der Firma Digital Equipment und läuft auf deren VAX-Rechnern. Es kann hinsichtlich Benutzerfreundlichkeit als Standard genommen werden: Die Syntax der Befehle ist sehr einprägsam, und die "Online" Hilfe ist übersichtlich und verständlich. Befehle können abgekürzt werden, solange diese Abkürzung eindeutig ist. Dieses Betriebssystem war allerdings zum damaligen Zeitpunkt nicht Bestandteil der engeren Auswahl, da die VAX-Rechner für CIP zu teuer waren; es diente nur als Orientierungshilfe.

4. Die Kooperation mit anderen CIP-Pools und/oder mit Rechnergruppen, die innerhalb des eigenen Forschungsbereichs arbeiten, ist zu berücksichtigen.

Der vorgesehene Einsatz der Rechner hatte als Schwerpunkt Programmierkurse in den Sprachen FORTRAN und C (Programmierkurse in PASCAL wurden von den Mathematikern angeboten). Auf Grund dieser und noch anderer Entscheidungsgrundlagen wurden sechs mit Ethernet vernetzte Rechner CADMUS 9600 der Firma PCS angeschafft. Diese Rechner hatten als Betriebssystem das UNIX-Derivat MUNIX. Sechs hochauflösende Bitmapterminals (1024 x 800 Pixel) und zehn grafikfähige Bildschirmterminals (640 x 480 Pixel) ergaben sechszehn Arbeitsplätze. Das Netz bestand aus zwei Fileservern und vier plattenlosen Rechnern. Es hat sich nicht bewährt, da die Antwortzeiten an den plattenlosen Rechnern zu lang waren.

Im Frühjahr 1988 wurden sämtliche Rechner aufgerüstet mit je einer 140-MB-Platte und einer CPU-Platine, welche mit dem 32-Bit-Prozessor MC 68020 und dem Coprozessor MC 68881 bestückt war. Der Speicher wurde auf 4 MByte erhöht. Das System wurde außerdem mit zwei TWIN-Rechnern CADMUS 9600/4a der Firma PCS und zwei AT-kompatiblen Rechnern auf zweiundzwanzig Arbeitsplätze erweitert.

2. Beschreibung des Netzes

Alle UNIX-Rechner sind mit Ethernet untereinander vernetzt. Ein Student erhält auf der Platte eines Rechners seinen eigenen Bereich, so daß für ihn keine Notwendigkeit besteht, nach Beendigung der Arbeit seine Daten und Programme zu retten. Die Netzsoftware "MUNIX-NET" bildet ein sogenanntes "transparentes" Netz ab, d. h. für den Benutzer spielt es keine Rolle, an welchem Arbeitsplatz er arbeitet: Seine Programme und Daten stehen ihm an jedem anderen Rechner ohne irgendwelche speziellen Befehle zur Verfügung.

Von den in UNIX standardmäßig vorhandenen Editoren "ed", "sed" und "vi" ist der letztere der mächtigste, aber er ist kompliziert zu bedienen und – in Anbetracht moderner Bildschirmtechniken – veraltet. Die Firma PCS bietet den bildschirmorientierten Editor "med" an, der ebenfalls sehr mächtig und relativ einfach zu erlernen ist. Als Sprachen stehen C, FORTRAN, MODULA und PASCAL zur Verfügung. Die Compiler und Lader sind einfach aufzurufen, sofern man nur eine Datei übersetzen und laden will; hier ist das Bedienungsprogramm "make" eine große Hilfe. Die Übersetzungsgeschwindigkeiten liegen im Bereich von einigen Sekunden und sind deshalb auch im didaktischen Bereich akzeptabel.

3. Eine Vorlesung über UNIX und die Programmiersprache C

Seit dem Sommersemester 1986 halte ich eine Vorlesung "Programmieren unter UNIX: Die Sprache C". Die Vorlesung ist dreistündig mit einer Stunde Übungen. Es wird jedoch erwartet, daß sich die Studenten auch außerhalb der Übungszeiten mit dem System und mit C befassen.

Die dreistündige Vorlesung spaltet sich in zwei Themenkreise auf: Zwei Stunden pro Woche werden der Sprachsyntax von C, seinen Standardbibliotheken und dem C-Präprozessor gewidmet. Es wird versucht, die Besonderheiten von C gegenüber einer Assemblersprache einerseits und den Hochsprachen FORTRAN und PASCAL andererseits herauszustreichen.

Die Assemblernähe ergibt sich sowohl aus einigen Befehlen (z.B. Bitmanipulationen) als auch aus der Möglichkeit, bei Prozessoren mit einem linearen Adressraum Speicher absolut zu adressieren. Die Beschränkung des Befehlssatzes auf elementare Befehle und die Verlagerung der Ein- und Ausgabebefehle auf Unterprogrammaufrufe erlaubt das Erstellen von vom Betriebssystem unabhängigen Programmen ("stand alone code"), wie sie z.B. für Einplatinen-Rechner notwendig sind.

Eine weitere Stunde pro Woche ist dem Betriebssystem UNIX gewidmet: seinem Aufbau, Dateisystem, der Prozeßgenerierung und -verwaltung. Auch hier wird versucht, die Unterschiede zu anderen Betriebssystemen aufzuzeigen. Darüberhinaus werden die typischen Programmentwicklungshilfen wie z.B. "make" und "SCCS" ("Source Control Command System") vorgestellt.

Die begleitenden Übungen sind einstündig. Während der Übung hat jeder Student einen Arbeitsplatz zur Verfügung. Die Programmentwicklungshilfen, wie Editor, Compiler und Lader werden ausführlich besprochen und deren Nutzung geübt. An Beispielen wird der Einsatz des symbolischen Debuggers "sdb" erlernt. Ein Teil der Übungen ist auch allgemeinen Kenntnissen gewidmet: Dem Aufbau des Dateisystems, des Netzes und der Beschaffung interaktiver Hilfe vom System.

4. Erfahrungsbericht

Die Vorlesung wurde in den Sommersemestern 1986, 87 und 88 gehalten. In den Jahren 1986 und 87 nahmen ca. 30 Studenten an der Vorlesung und ca. 20 Studenten an den Übungen teil. Im Jahr 1988 erhöhte sich die Zuhörerzahl auf etwa 75 Studenten. Mehr als 80 Teilnehmer meldeten sich zu den Übungen an, sie wurden auf vier Übungsgruppen verteilt. Aus der Verdoppelung der Zuhörerschaft gegenüber früheren Vorlesungen läßt sich ein zunehmendes Interesse an der Vorlesung erkennen. Es ist jedoch nicht erkennbar, ob dieses Interesse mehr der Sprache C, dem Betriebssystem UNIX oder der Kombination von beidem gilt.

Gegen Ende des Semesters sank die Anzahl der Hörer auf etwa 60 Studenten. Eine solche Abnahme im Laufe eines Semesters ist normal, da die Vorlesung freiwillig ist und Studenten, welche sich durch Pflichtvorlesungen stark belastet fühlen, Veranstaltungen dieser Art als erstes aufgeben. Für Studenten mit Hauptfach Physik ist nach der Vorprüfung allerdings ein Anreiz zum Besuch der Vorlesung geschaffen, da sie den Stoff der Vorlesung – zusammen mit einer anderen Vorlesung gleichen Umfangs – zum Prüfungsthema in angewandter Physik wählen können. Etwa die Hälfte der Zuhörer macht von dieser Wahlmöglichkeit Gebrauch.

Die Abnahme der Übungsteilnehmer folgt einem anderen Gang als die der Vorlesungsteilnehmer: Zu Beginn der Vorlesung, solange die Schwerpunkte auf UNIX lagen, blieb die Teilnehmerzahl hoch. Sie sank auf etwa die Hälfte, als sich der Schwerpunkt der Übungen auf die Programmiersprache C verlagerte. Ich nehme an – und dieses wurde auch in Einzelfällen durch Gespräche belegt –, daß ein Teil der abspringenden Studenten eigene Rechner zu Hause besitzen und die Übungen dort durchführen.

Zusammenfassend läßt sich sagen, daß bei den Studenten ein großes Interesse sowohl an der Programmiersprache C als auch am Betriebssystem UNIX besteht. Die meisten Studenten sind aufgeschlossen gegenüber den Vor- und Nachteilen verschiedener Betriebssysteme. Im direkten Vergleich von UNIX zu MS-DOS wird akzeptiert, daß UNIX auch bei Routinearbeiten einen etwas höheren Eingewöhnungsbedarf als MS-DOS hat. Die vielseitigen Möglichkeiten, welche UNIX anbietet, machen es jedoch zum attraktiveren Betriebssystem.

Simulation physikalischer Prozesse

Eberhard Tränkle

Freie Universität Berlin
Fachbereich Physik

1. Einleitung

Vor einem Jahr hat der Fachbereich Physik der Freien Universität Berlin einen Pool von VAX Workstations aus CIP-Mitteln erhalten. Er besteht aus

- 4 VAX Stations 2000 mit monochromem Bildschirm
- 1 VAX Station II/GPX mit farbigem Bildschirm

Sie haben eine gemeinsame Plattenbasis. Dazu gehört ein Stiftplotter und ein Tintenstrahldrucker. Der Pool ist über ein local area network mit einem ähnlich konfigurierten CIP-Pool am Fachbereich Chemie und einer VAX Workstation am Rechenzentrum verbunden. Der Pool wird vor allem in den vier Lehrveranstaltungen

- Numerisches Rechnen in der Physik
- Numerische Physik (numerische Methoden)
- Intensivkurs in Fortran
- Monte Carlo Verfahren

genutzt. Trotz aller Bedenken lehren wir FORTRAN und als Graphiksprache die Erweiterung von FORTRAN auf den VAX Stations.

Die Jahre zuvor wurde die EDV Ausbildung an nicht graphikfähigen Terminals der VAX 11/780 des Fachbereichs durchgeführt. Die Erwartungen und Vorkenntnisse der Studierenden haben sich in den letzten Jahren stark gewandelt. Die meisten haben BASIC, PASCAL oder ELAN in der Schule gelernt. Etwa ein Drittel besitzt einen PC mit graphikfähigem Bildschirm. Daher war die Modernisierung der Geräte im letzten Jahr überfällig.

Die VAX Workstations sind eine Leistungsklasse besser als die üblichen PCs. Im Vergleich zum ATARI 1040ST ist die Rechengeschwindigkeit etwa 20 mal größer und die Bildschirmauflösung etwa 4 mal besser.

2. Methoden und graphische Darstellung

Der CIP-Pool ermöglicht uns auch komplexere Probleme wie die Simulation und Visualisation von physikalischen Prozessen zu behandeln. Als Rechenmethoden kommen hierfür in Betracht: gewöhnliche und partielle Differentialgleichungen, Iterationsverfahren, Monte Carlo Verfahren und Molekulare Dynamik. Da in der Lehre die Jobs nicht mehr als 5 Minuten Rechenzeit benötigen sollten, sind wir auf einfache exemplarische Beispiele beschränkt. Manchmal läßt sich dieses Ziel auch nur durch effizientes Programmieren erreichen. Bei einfachen Rechenalgorithmen und umfangreicher Graphik überwiegt oft der Anteil der Rechenzeit für die Graphik.

Die graphische Darstellung der Simulation auf dem Bildschirm fördert das rasche Verständnis des physikalischen Prozesses. Verschiedene Arten der Darstellung bieten sich an:

- Verfolgen der zeitlichen Entwicklung als sich verändernder Zustand (z.B. solitäre Welle)
- Verfolgen der zeitlichen Fortschreibung der Bahn von Objekten (z.B. Hüpfen eines Balles)
- Verfolgen der Konvergenz eines Zustandes bei iterativen Algorithmen (z.B. Anpassung von Modellkurven an Daten)
- Veränderung von Blickwinkel und Perspektive von Objekten (z.B. Molekülaggregate)
- Erzeugen von zweidimensionalen Punktdichteverteilungen (z.B. Halo Phänomene aus Monte Carlo Rechnungen)
- Nutzung der additiven Farbmischung des Bildschirms für natürliche Mischfarben (z.B. Regenbogen)
- Interaktiver Eingriff mit der Maus (z.B. Herausschneiden eines Teildatensatzes aus Daten für die schnelle Fourier Analyse)

Zur Unterstützung können zwei Lautgeneratoren genutzt werden (z.B. Pieptön beim Treffen des Ziels beim Zielschießen).

Um das Programmieren der Graphik nicht unnötig zu erschweren, wurde in den Übungen kein Wert auf Perfektion der Graphik gelegt. So kamen die Studierenden mit insgesamt 15 Graphikanweisungen für die Lösung der Übungsaufgaben aus. Für die Demonstrationsbeispiele in der Vorlesung, die vom Dozenten erstellt wurden, wurden dagegen ca. 30 verschiedene Graphikanweisungen benötigt.

In den meisten Übungsaufgaben mit Graphik soll direkt die zeitliche Entwicklung des Prozesses auf dem Bildschirm dargestellt werden. Das ist in der Regel leicht zu erreichen, da die Algorithmen für jeden Zeitschritt immer dieselben arithmetischen Operationen durchlaufen. Verwenden wir Verfahren mit konstantem Zeitschritt (z.B. Runge Kutta Verfahren) und zeichnen die Bahn für jeden Zeitschritt um das neu berechnete Stück weiter, dann ist die Rechenzeit proportional zur physikalischen Zeit des Prozesses. Wählen wir einen geeigneten Wert für den Zeitschritt, so entsteht manchmal sogar die Illusion, den Prozess direkt am Bildschirm zu beobachten.

Da das Betriebssystem der VAX Workstations ein Multiuser-System ist, kann es vorkommen, daß der Prozeß kurzfristig von einem anderen Nutzer unterbrochen wird. Weil jede Workstation des Pools einen eigenen Prozessor hat, geschieht dies jedoch relativ selten.

3. Übungsaufgaben

Die Lehrveranstaltung "Numerisches Rechnen in der Physik" soll nach dem Vordiplom gehört werden. Deshalb war der physikalische Hintergrund und die theoretische Beschreibung der Prozesse den Studierenden oft bekannt. Die numerischen Verfahren mußten jedoch meist eingeführt werden. Um den Studierenden einen raschen Einstieg in die Nutzung der VAX Graphik zu ermöglichen, wurde in der zweiten Übungsstunde die Programmierung des Beispiels "Hüpfen eines inelastischen Balls" im einzelnen besprochen und die Simulation am Bildschirm demonstriert (Figur 1). Dieses Beispiel diente auch als Muster für die Nutzung der Graphik in den Übungsaufgaben. Die Übungsaufgaben mit VAX Graphik waren:

1 Zielschießen
2. Vereinfachte Version von Pool Billiard (eine Kugel)
3. Eintauchen einer Kugel mit variablem spezifischen Gewicht in Wasser
4. Entstehung und Streuung solitärer Wellen (Korteweg de Vries Gleichung)
5. Entwicklung von Zellpopulationen (Life Modell von J. Conway)
6. Instabile Wirbelströmung (Lorenz Modell)
7. Der wandernde Schatten auf einer Sonnenuhr
8. Neutronenstreuung in einer Platte

Die Aufgaben 1 und 2 sind einfach und liefern kaum neue Einsichten in die Prozesse. Sie sollen die Studierenden motivieren, die VAX Graphik zu nutzen. Die Aufgaben 4-6 behandeln nichtlineare Phänomene, für die es keine einfachen analytischen Untersuchungsmethoden gibt. Die numerische Simulation ist bestens geeignet, sich rasch einen Überblick über die Lösungen zu verschaffen und trägt damit sicherlich zum Verständnis der Prozesse bei.

In Aufgabe 1-2 und 4-7 wird das zeitliche Verhalten der Prozesse auf dem Bildschirm dargestellt. In Aufgabe 3 wird ein iterativer Algorithmus (Newtonsches Verfahren für Nullstellen) zur Bestimmung der Eintauchtiefe verwendet. Dargestellt wird die Kugel und Wasserkante. Für gute Anfangswerte konvergiert der Rand der Kugel rasch gegen die Endlage, für schlechte Anfangswerte springt die Kugel hin und her, verläßt den Bildschirm oder schwebt über dem Wasser. In Aufgabe 8 wird ein Monte Carlo Verfahren verwendet. Es wird der Weg eines Neutrons verfolgt, das an den Atomkernen der Platte gestreut oder absorbiert wird.

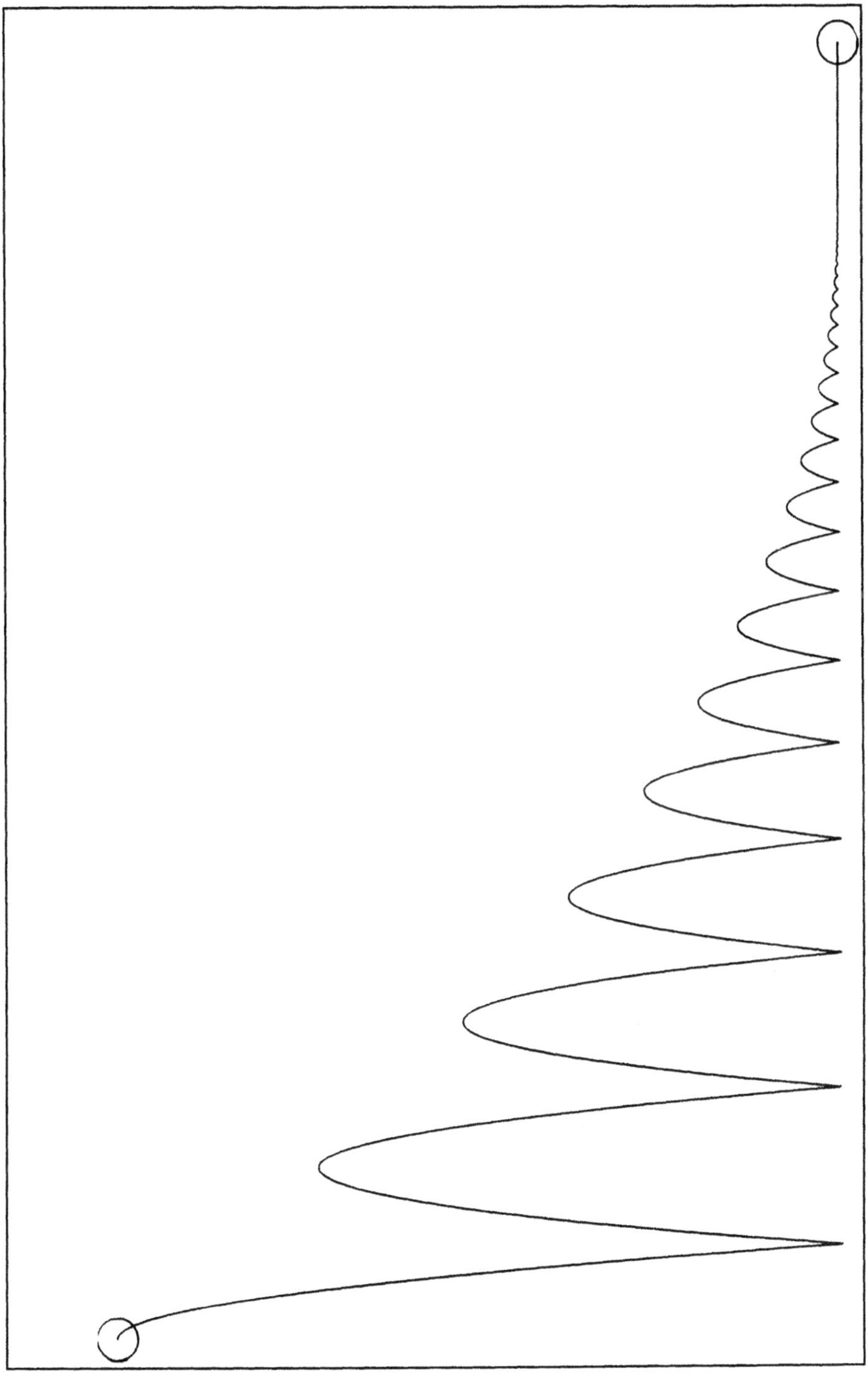

Figur 1: Hüpfen eines inelastischen Balls (Elastizität = 0,85)

Am Bildschirm verfolgen wir die Entstehung der Wege vieler Neutronen (Figur 2). Durch Hochzählen der reflektierten, absorbierten und durchgelassenen Neutronen erhalten wir Schätzwerte für das Reflexions- und Absorptionsvermögen sowie die Durchlässigkeit der Platte.

4. Demonstrationsbeispiele in der Vorlesung

In der Vorlesung wurde neben einer Einführung in die Programmiersprache FORTRAN, in das strukturierte Programmieren und in die Nutzung von Programmbibliotheken das numerische Rechnen an exemplarischen Beispielen aus verschiedenen Gebieten der Physik behandelt. Die Beispiele stammen zum Teil aus Forschungsprojekten des Fachbereichs, zum Teil aus der Literatur.

Auswertung von Daten
- Fourieranalyse und Filtern von Daten
- Anpassung von Modellkurven an Daten mit dem least squares Verfahren

Deterministisches Chaos
- Logistische Funktion
- Gestoßener Rotator
- Bewegung eines Sterns nach dem Heiles Modell

Mechanik
- Stabpendel mit angekoppelter äußerer Kraft

Festkörperphysik
- Temperaturzyklus im Isingmodell

Optische Meteorologie
- Farben des Regenbogens
- Halo Phänomene

Molekülphysik
- Darstellung von Molekülen und Molekülaggregaten
- Moleküldynamik (Gas von Atomen).

Besprochen wurden Problemstellung, physikalischer Hintergrund, theoretische Beschreibung, Algorithmus und spezielle Programmierungstechniken. Zur Demonstration stand in der Vorlesung die Workstation mit farbigem Bildschirm zur Verfügung. Die Vorzüge der Demonstration am Bildschirm sind, daß die zeitliche Entwicklung des Prozesses am Bildschirm beobachtet werden kann und daß einige Parameterwerte verändert werden können.

Beispielsweise kann bei der Simulation von Halophänomenen der maximale Kippwinkel der Eiskristalle geändert werden. Halophänome kommen durch Reflexion und Brechung des Sonnenlichts an Eiskristallen in der Atmosphäre zustande und können auch in unseren Breiten immer wieder beobachtet werden. Simuliert wird der Weg eines Sonnenstrahls durch den Kristall für sehr viele Strahlen.

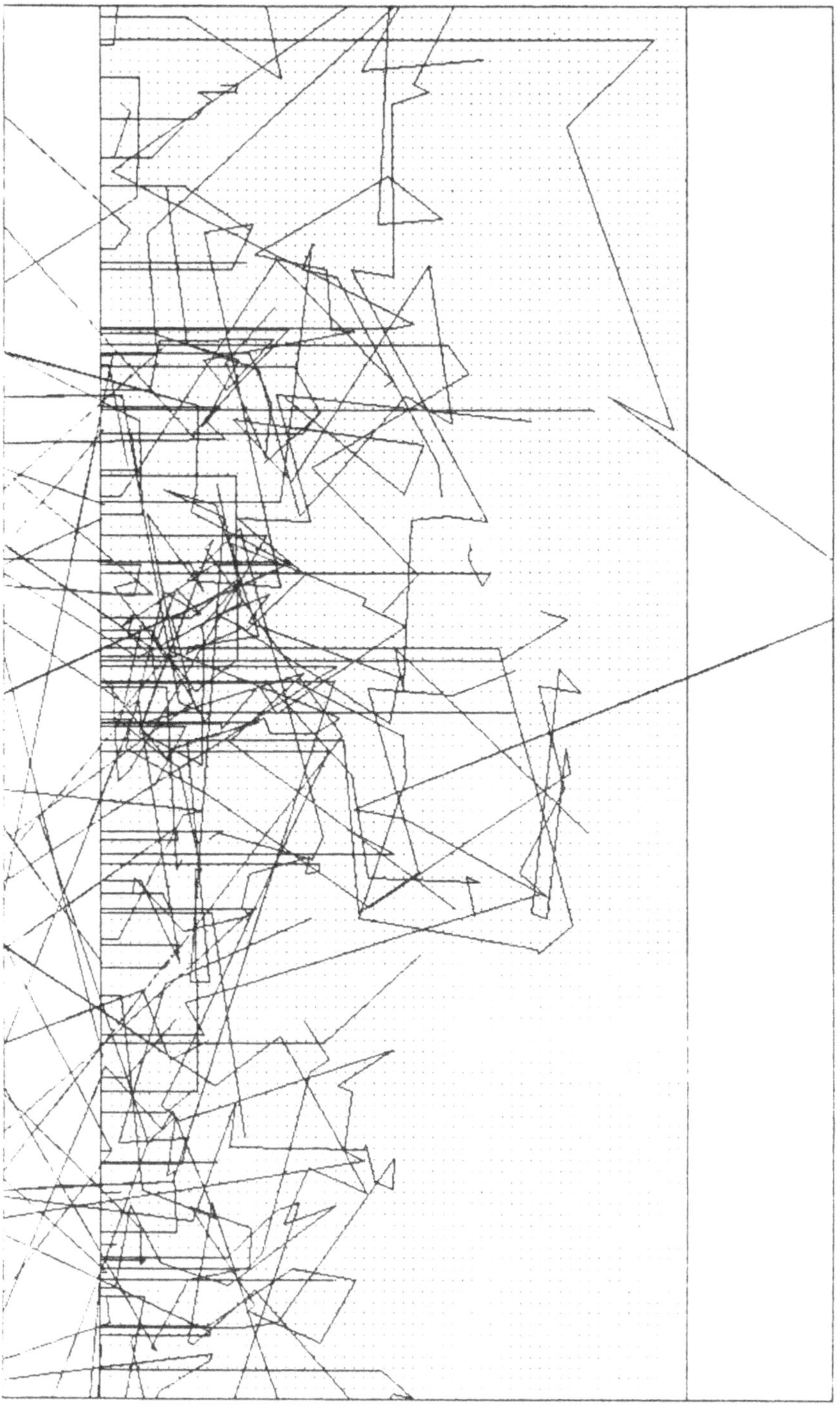

Figur 2: Neutronenstreuung in einer Platte (Dicke = 50 freie Weglängen)

Jeder Strahl erzeugt einen Punkt der zweidimensionalen Punktedichteverteilung. Kleine Eiskristalle sind nicht orientiert und erzeugen den 22° Halo, einen konzentrischen Kreis um die Sonne im Abstand von 22° (Figur 3). Größere Eisplättchen sind orientiert mit einem Kippwinkel <5° und erzeugen die Nebensonnen (Figur 4).

Einige der Beispiele wurden in anderen Lehrveranstaltungen des Fachbereichs als Demonstration vorgeführt. Diese Sammlung von Demonstrationsbeispielen soll fortlaufend erweitert werden. Erschwert wird die Demonstration zur Zeit dadurch, daß kein Gerät zur Projektion des Bildschirms auf die Leinwand zur Verfügung steht.

5. Akzeptanz

Wie nicht anders zu erwarten, bevorzugten die Studierenden das interaktive Rechnen an den schnellen VAX Workstations. Auch die Programmierung der Graphik wurde akzeptiert. Von 10 Studenten, die einen PC besitzen, wollte nur einer die Aufgaben am eigenen PC lösen.

Günstig ist auch, daß in mehreren Arbeitsgruppen des Fachbereichs die gleichen VAX Workstations angeschafft wurden. So müssen die Studierenden sich später nicht auf einen anderen Rechner umstellen und können insbesondere die Graphik sofort nutzen.

Die Akzeptanz hängt jedoch nicht nur an der Hardware-Umgebung. Viele Studenten mögen keine Programmiersprache im Detail lernen, sondern orientieren sich lieber an Musterbeispielen. Auch die Forderung nach strengem, strukturierten Programmieren an übersimplifizierten Beispielen wirkt oft demotivierend. Positiv für die Akzeptanz sind nach unseren Erfahrungen klar strukturierte Musterprogramme, interessante Übungsaufgaben und exemplarische Demonstrationsbeispiele für das numerische Rechnen in der Physik.

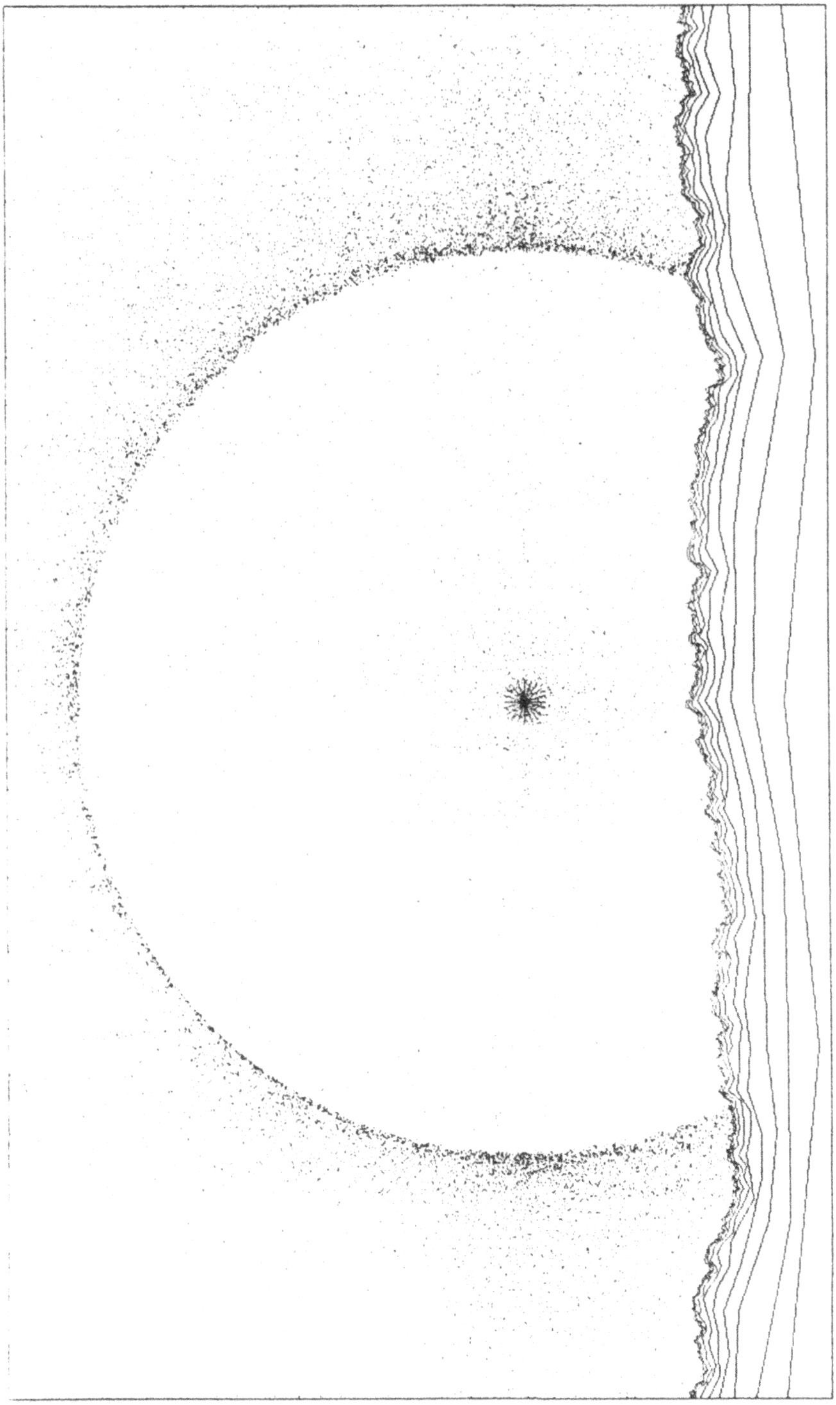

Figur 3: 22 Grad Halo für nicht orientierte Eiskristalle

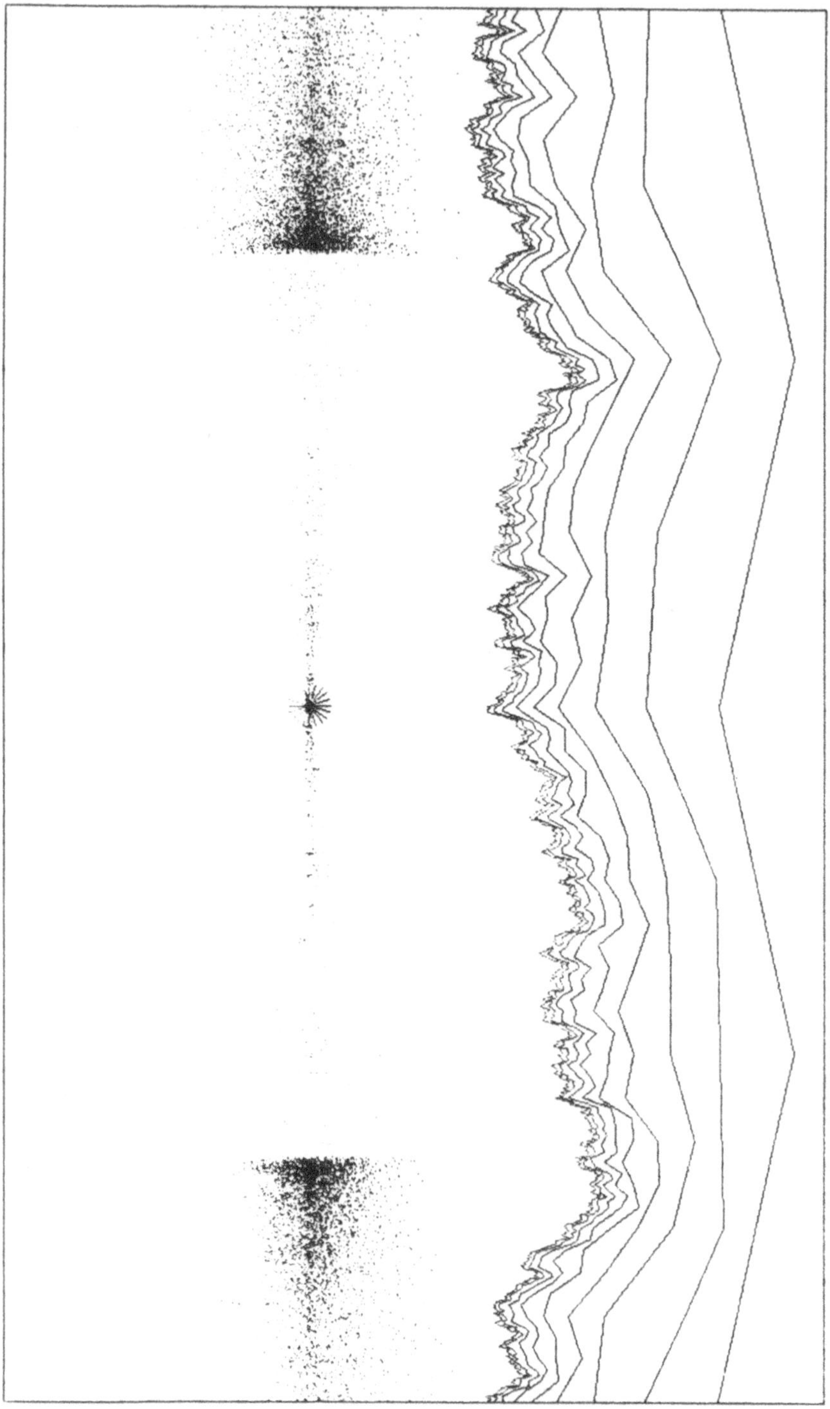

Figur 4: Nebensonnen für orientierte Eisplättchen (Kippwinkel < 5 Grad)

Berichterstattung über CIP-Forum 2 "CIP-PC-Pools in den Naturwissenschaften"

Friedrich Rieß

Ludwig-Maximilians-Universität München
Sektion Physik

Das übergeordnete Thema des CIP-Forums 2 lautete CIP-PC-Pools in den Naturwissenschaften. Für sechs der neun Referate standen 120 Minuten zur Verfügung. Dies ergab nicht viel Raum für Diskussionen. Nur bei den letzten drei Referaten erlaubte der verfügbare Zeitraum von 100 Minuten ausreichende Diskussionszeit. Die Teilnehmerzahlen schwankten zwischen 25 und 45.
Die Inhalte der Vorträge kann in diesem Tagungsband nachgelesen werden. Ich beschränke mich deshalb auf Themen und Probleme, welche in den Vorträgen angesprochen wurden und mir bedeutend erscheinen.

Der schnelle Aufbau von Grafiken ist eine Stärke moderner PCs und Kleinrechner. Fünf Vorträge (Schröder, Kammerer, Henkel, Tränkle und Becker) konzentrierten sich auf die Nutzungsmöglichkeiten solcher Grafiken. Im Bereich der Mathematik können Parameterabhängigkeiten, Approximationen, Interpolationen und Iterationen von Funktionen und Funktionswerten und die dabei auftretenden Probleme veranschaulicht werden und so eine Ergänzung und Erweiterung zu abstrakten Begriffen wie "Güte der Anpassung" oder "Konvergenzkriterien" geben (Schröder). Im Bereich der Physik können nicht-lineare – also meist nur numerisch lösbare – Prozesse behandelt und die Resultate grafisch dargestellt werden. Farbgrafiken erlauben darüber hinaus, ein direktes Abbild optischer Phänomene zu generieren (Tränkle). In Kombination mit einem Meßwerterfassungssysteme ist ein direkter Vergleich von Theorie und Experiment möglich (Becker).

Grafiken werden auch genutzt, um bei Übungsaufgaben für Studenten eine standardisierte Darstellung zu gewährleisten (Kammerer) oder eine Einführung in die komplexe Thematik der Bildverarbeitung zu geben (Henkel). Einschränkungen bei der letzteren Anwendung ergeben sich sowohl durch die geringe Auflösung des bei MS-DOS Rechnern allgemein benutzten EGA-Standards, als auch durch die von der CPU erzwungene Beschränkung hinsichtlich Datenfeldgröße und Rechenleistung.

Expertensysteme sind im Bereich der Mathematik und Physik im Augenblick kein Thema. Es besteht Einigkeit, daß der Betreuer unersetzlich sei. So wurde in diesem Forum nur im Gebiet der Psychiatrie über ein Expertensystem referiert (Kalb). Der Referent betonte in der nachfolgenden Diskussion, daß zumindest zum jetzigen Zeitpunkt Expertensysteme nur zum Überprüfen der ärztlichen Diagnose eingesetzt werden würde.

Die Einbindung der Arbeit mit einem Rechner in bestehende Lehrveranstaltungen oder Studiengänge ist ein großes Problem, das von fast allen Referenten angesprochen und mit verschiedenen Lösungsansätzen diskutiert wurde:

Eine solche Einbindung bietet sich an, wenn der Stoff der Lehrveranstaltung am Rechner vertieft werden kann. Beispiele finden sich in der numerischen Mathematik, in statistischen Anwendungen und in den numerischen Methoden der Physik. Sie bringt für das Lehrpersonal einen höheren Arbeitsaufwand mit sich.

Zusätzliche Lehrveranstaltungen mit Teilnahme auf freiwilliger Basis. Die Thematik solcher Lehrveranstaltungen gibt vielen Studenten genügend Anreiz zur Teilnahme und die zusätzliche Mehrarbeit wird von den meisten akzeptiert. Ein weiterer Anreiz zum Besuch kann gegeben sein, wenn der Inhalt der Lehrveranstaltungen ganz oder teilweise Wahlfach für eine Nebenfachprüfung ist. Ein Besuch kann durch eine Scheinpflicht erzwungen werden.

Eine Einbindung der Informatik in das Grundstudium, wie es von Informatikern gefordert wird, erscheint weder ausführbar noch wünschenswert. Die Ausführbarkeit wird an den Studienordnungen scheitern, die zu ändern auf Grund der bereits voll ausgefüllten Studiengänge mit Schwierigkeiten verbunden ist.

Rechner werden in der Zukunft mehr und mehr als reine Hilfsmittel eingesetzt werden. Menuesteuerungen und grafische Oberflächen werden diese Nutzung sehr vereinfachen, so daß eine Kenntnis über die interne Funktionen des Rechners nicht notwendig sein wird. Man kann ein guter Autofahrer sein, ohne zu wissen wie ein Benzinmotor arbeitet!

Es wurde immer wieder – und nicht nur in diesem Forum – angesprochen, daß die in die Datenverarbeitung involvierte Arbeitszeit von Kollegen nur wenig anerkannt wird. Hier ist sicher noch viel Aufklärungsarbeit zu leisten, da vor allem die ältere Generation nicht immer einsieht, daß die neuen Techniken auch eine Verlagerung der Arbeitskräfte verlangen. Man sollte aber nicht zu schwarz sehen: Der Physikpreis der Deutschen Physikalischen Gesellschaft im Jahre 1985 wurde an vier Physiker für die Entwicklung eines Detektors verliehen, dessen Einsatz zur Entdeckung eines Teilchens führte, das für die Theoretische Kernphysik von großer Bedeutung ist. Teil dieser Detektorentwicklung waren umfangreiche Programmpakete: "... Die schwierige und komplizierte Arbeit, unter Millionen von Teilchenspuren diejenigen aufzuspüren, die aus Zerfällen der Vektorbosonen stammen konnten, führten die beiden genannten Physiker unter Mithilfe vieler anderer durch, wobei sich Frau Hansl-Kozanecka besonders auszeichnete. Das Verhalten des Detektors wurde im Detail simuliert. Eine komplizierte Analysekette zur Identifizierung und Messung der Myonen wurde ausgearbeitet. ..." (Physikalische Blätter 41 (1985) 84).

CIP-Forum 3

CIP-PC-Pool-Betrieb und externe Vernetzung

Moderation: Hans-Werner Kisker

Die Einbindung wissenschaftlicher Arbeitsplatzrechner in ein DV-Gesamtversorgungssystem

Gerald Haese, Hans-Joachim Lenz
und Nikolas Apostolopoulos

Freie Universität Berlin
Fachbereich Wirtschaftswissenschaft

1. Die CIP-Lücke

In den Jahren 84-88 wurden für die Studenten CIP-Pools eingerichtet, die auch am Fachbereich Wirtschaftswissenschaft der FU weite Verbreitung und vielfältige Nutzung fanden. Zur Zeit sind ca. 45 PCs in CIP-Pools für ca. 4.000 Studenten installiert. Vergleicht man diese Anzahl der Arbeitsplatzrechner für die wissenschaftlichen Beschäftigten mit der Anzahl der Professoren (40) und wissenschaftlichen Mitarbeiter (100), so erkennt man, daß eine große Lücke zwischen dem Bedarf an Arbeitsplatzrechnern und vorhandener Kapazität klafft. Wie soll die Lehre vorbereitet und die Forschung durchgeführt werden, wenn die Arbeitsmittel dafür nicht vorhanden sind?

Ein solcher Bedarf ist auch vom Wissenschaftsrat in der Empfehlung zur Ausstattung der Hochschulen mit Rechnerkapazität erkannt worden. Entsprechend der Empfehlung sind für den Fachbereich 200 Arbeitsplätze für Studenten und 75 für die Wissenschaftler bereitzustellen.

Ausgehend von der CIP-Lücke wurde zwischen der IBM-Deutschland und der FU Berlin ein Kooperationsvertrag abgeschlossen, der zum Ziel hatte, genau diese CIP-Lücke im Wissenschaftsbereich zu schließen.

Es wurden freiwillige Teilnehmer (Professoren des Fachbereichs Wirtschaftswissenschaft) gesucht, die bereit waren, einen Arbeitsplatzrechner in ihre Lehre und Forschung zu integrieren. Die Teilnehmer sind über mehrere Standorte im Bezirk Dahlem verteilt.

2. Projektbeschreibung Wissenschaftlicher Arbeitsplatz (WAP)

Im August 1987 wurde dieses Projekt mit der IBM Deutschland für zwei Jahre befristet aus der Taufe gehoben. Das Projekt besteht aus zwei Teilen: zum einen aus 19 (bei Vertragsunterzeichnung) Teilprojekten, zum anderen aus einem zentralen Projekt.

In 19 (z.Zt. 24) Teilprojekten sollen die Projektteilnehmer den Arbeitsplatz für Lehre, Forschung und Administration einsetzen. Die Teilprojekte weisen einige Besonderheiten auf:

- der Inhalt der Teilprojekte wurde in der ersten Projektphase durch die Teilnehmer selbst festgelegt und orientiert sich an ihren derzeitigen Forschungs- und Lehrinteressen
- die Teilprojekte liefern regelmäßig Berichte über das Fortschreiten ihres Teilprojektes

Das zentrale Projekt soll:

- eine Infrastruktur entwickeln für die zur Zeit 8 Standorte (davon 3 Hauptstandorte)
- Hard- und Softwareanforderungen ermitteln sowie beschaffen
- in den Teilprojekten
  - Installation durchführen
  - Ausbilden
  - Beraten
  - Unterstützen.

2.1 Auswahl des Arbeitsplatzrechners, des Betriebssystems und der Software

Aufgrund vorhandener Hard- und Software sowie den damit gemachten Erfahrungen wurde versucht, eine möglichst homogene Landschaft aufzubauen und allen Teilnehmern eine leistungsfähige Maschine bereitzustellen. Die gewählte Standard-Hardwarekonfiguration hat folgendes Aussehen:

- IBM PC/AT oder PS/2 mit Intel 80286 Prozessor
- Mathematischer Koprozessor Intel 80287
- Festplattenlaufwerk mit min. 20 MB Kapazität
- 640 KB Hauptspeicher (+ 512 KB RAM)
- Hochauflösende Farbgrafik mit Farbmonitor
- Einheitliche MF/II-Tastatur
- Token Ring Adapter, bei den drei Haupstandorten
- Grafikfähiger Drucker

Als Betriebssystem wird DOS 3.3 eingesetzt, das Netzwerk ist mit Token Ring und der PC LAN 1.3 Software realisiert, über Token Ring erfolgt der Zugriff via 3270 Emulation auf den Fachbereichsrechner IBM 4361 unter VM/CMS. Als Standard-Softwarekonfiguration wurde die Konfiguration übernommen, die zu Beginn der CIP-Aktivitäten eingesetzt wurde. Sie enthält:

- Betriebssystem und Utilities
- Textverarbeitung
- Business Grafik

- Datenbank
- Tabellenkalkulation
- Programmiersprachen
- Fortran 77
- MSPascal
- GWBasic
- Editor (SPFPC)

In der ersten Projektphase wurden die ergänzenden Hard- und Softwarewünsche mittels Befragungen ermittelt. Zu beobachten war dabei der sehr hohe Kenntnisstand der Teilnehmer bei der PC-Software, so daß sehr detaillierte Wünsche geäußert wurden. Die Softwarewünsche waren sehr umfangreich und mußten zusammengefaßt werden. Im Endstadium sind 90 Produkte gewünscht worden, die nach Prioritäten geordnet wurden. Aus der Anzahl der Produkte und deren zunehmender Größe – Produkte mit einem Festplattenplatzbedarf von 10 MB werden immer häufiger – folgt, daß ein Netz zur Administration der Produkte nötig ist.

Die Hardwareanforderungen bezogen sich zum größten Teil auf:

- gute Druckqualität, jedoch kein 9-Nadeldrucker
- zusätzliche Festplattenkapazität
- erweiterter Arbeitsspeicher, möglichst EMS-fähig
- Plotter

Bezüglich des Fachbereichs- oder Minirechners wurden wenig konkrete Anforderungen formuliert. Als konkreter Wunsch wurde das Produkt SPSS-X genannt. Es zeigte sich, daß den Projektteilnehmern eine Hilfestellung zu geben ist, um mögliche Anforderungen an Software auf dem Minirechner zu definieren.

3. WAP-Rechner versus CIP-Poolrechner

Wie unterscheiden sich die Arbeitsplatzrechner aus dem WAP- bzw. CIP-Bereich? Obwohl die Rechner in ihrer Hardwareausstattung nahezu identisch sind, kann man folgende Differenzen feststellen:

- Im Unterschied zu den CIP-Poolrechnern wird kein Login verlangt und ein vollständiges DOS zur Verfügung gestellt, da die WAP-Benutzer selbständiger sind, weil sie nicht in Lehrveranstaltungen o.ä. eingebunden sind und den Personal Computer als ihren persönlichen Computer betrachten.
- Die Leistungsanforderungen bezüglich der Geschwindigkeit der Rechner und der Kapazität der Festplatten sind höher.
- Kommunikationsanforderung werden erhoben, gewünscht sind Mailing-Funktionen wie auch externe Datenbeschaffung und -verarbeitung.

- Als lokale Infrastruktur je Arbeitsplatz muß mindestens ein Drucker vorhanden sein.
- Es erfolgt ein Zugriff auf eine große Anzahl von Softwareprodukten. Dies ist bedingt durch den sequentiellen Mehrbenutzerbetrieb und jeweils ausgeprägte (unterschiedliche) Benutzerprofile der Anwender auf einem Arbeitsplatzrechner. In den Lehrveranstaltungen wird eine wesentlich geringere Anzahl von Produkten eingesetzt.
- Datenhaltung auf den Festplatten: Die Pool-Benutzer werden gezwungen, ihre Daten auf Disketten nach der Sitzung zu sichern, da diese vom System entfernt werden. Damit entfällt die gesamte Datensicherungsproblematik für die Benutzerdaten. Auf den Arbeitsplatzrechnern ist dies nicht praktikabel, hier werden die Daten auf der Platte gehalten, mit allen daraus folgenden Konsequenzen (Datensicherung, Plattenkapazität).
- Installation eigener Produkte und selbsterstellter Programme: Die sehr komfortable Oberfläche bedingt, daß bei der Einbindung eigener Programme oder Produkte die Nebenwirkungen auf die existierende Umgebung beachtet werden müssen, damit sich das Systemververhalten nicht negativ ändert. Bei CIP-Rechnern soll von den Benutzern keine Software zusätzlich installiert werden.
- Anschluß selbst beschaffter Hardware: Von den Teilnehmern wurde in Abstimmung mit der Projektleitung zusätzliche Hardware beschafft. Dies sind beispielsweise Laserdrucker, Tintenstrahldrucker, aber auch weitere Arbeitsplatzrechnern. Diese Geräte müssen den Anforderungen an die Standardausstattung genügen bzw. diese weit übertreffen. Diese Komponenten mußten hard- und softwaremäßig installiert werden, bzw. es mußten Anpassungen der bestehenden Konfigurationen durchgeführt werden.
- Korrespondenzqualität des Druckers: Die vielfältige Verwendung der Arbeitsplatzrechner zur Dokumentenverarbeitung bewirkt, daß ein Drucker, der im Lehrbetrieb Listings erstellen kann, nicht ausreicht. Folglich wird ein Ausgabegerät benötigt, das mindestens mit Letter Quality druckt.
- Dokumentation am Arbeitsplatz: In einem Pool wird die Dokumentation in wenigen Exemplaren für alle Arbeitsplatzrechner zur Verfügung gestellt, an einem Arbeitsplatz muß sich die gesamte Dokumentation der benutzten Programme befinden. Dies erscheint sehr trivial, aber in einer Organisation mit beschränkten Kopierpapierressourcen ist es jedoch ein schier endloses Problem, wenn man die Anzahl der benutzten Produkte und den Umfang der Dokumentationen bedenkt.

Trotz aller Unterschiede der WAP-Rechner muß das Ziel der CIP-kompatible Rechner sein. Nur dann ist gewährleistet, am Arbeitsplatzrechner entwickelte Software problemlos in die CIP-Pools und damit die Lehre zu integrieren. Eine erste und auffällige Folge ist die restriktive Ablehnung von Tools und Oberflächen, die auch für die Integration "eigener" Rechner greift. Denn durch diese Produkte wird die Gesamtkonfiguration gestört und können Nebenwirkungen auf andere Produkte nicht ausgeschlossen werden.

4. Betreuungskonzept

Zur Zeit werden die Teilnehmer von neun Mitarbeitern betreut. Diese bilden das WAP-Team. Dazu gehören:

- der Projektleiter
- der Projektkoordinator
- zwei wissenschaftliche Mitarbeiter
- 5 studentische Mitarbeiter mit 60 Stunden/Monat

Unterstützung erfolgt zusätzlich zum wechselseitigen Nutzen durch die Mitarbeiter der Fachbereichsrechnergruppe und der PC-Gruppe, mit denen gemeinsam Schwerpunkte gesetzt und Teilprojekte definiert werden. Alle Mitarbeiter der Fachbereichsrechnergruppe sind in Arbeits-Projektgruppen des Rechenbetriebs integriert. Zur Zeit arbeiten folgende Gruppen, die teilweise aus einer Person bestehen:

- PC-Systemsoftware, Netze
- PC-Applikationen mit speziellen Teilgruppen
- VM-System
- VM-Kommunikation
- VM-Applikationen

Diese Organisation ermöglicht es, auf alle Projektteilnehmer zuzugreifen, falls Produkt- oder Systemprobleme auftreten. Derartige Probleme werden durch temporäre, direkte Mitarbeit in einem Teilprojekt gelöst dieses vorangebracht, wobei fallweise auch Diplomanden eingesetzt werden. Teilweise werden projektübergreifende Probleme wie die Dokumentenverarbeitung, mit Befragungen, Hilfen sowie Beratung beim Einsatz von Dokumentenverarbeitung unterstützt. Auch hier wird die Mitarbeit bisweilen durch eine Diplomarbeit ergänzt. Zusätzlich sind folgende generelle Maßnahmen getroffen worden:

- Zentraler EDV-Dienst für CIP und WAP mit festen Dienstzeiten, außerhalb der Dienstzeiten steht ein Anrufbeantworter zur Verfügung
- Sprechstunden der CIP- und WAP-Spezialisten
- Zusätzliches "Kummertelefon" beim WAP-Team speziell für WAP-Hardwareprobleme und -wartung

Angereichert wird die persönliche Beratung und Betreuung durch ein unregelmäßig erscheinendes WAP-Info, welches zur Verteilung der neusten Informationen, Unterlagen und Termine eingesetzt wird. Zur Zeit wird das WAP-

Info noch konventionell versandt. Zusätzlich sind Kurzdokumentationen zu den einzelnen Produkten erstellt worden, Schulungssoftware für einzelne Pakete sowie IBM Demonstrations-Software beschafft und ein Online-Hilfesystem in die Oberfläche integriert worden. Für die Hardware hat IBM die Wartung übernommen, hierbei erfolgt die Koordination der Fehlermeldung zentral beim WAP-Team.

5. Erfahrungen

Die Erfahrungen basieren zur Zeit auf einem System, daß ohne Vernetzung auskommen mußte, da nicht alle Komponenten installiert waren. Bei der Software handelt es sich um eine erweiterte Standardinstallationen. Nur einige Punkte in Kürze:<

- Einige Teilnehmer versuchen ihre Probleme selbst zu lösen. Hierbei erfolgen kaum Rückkopplungen zum "beratungswilligen" Team. Persönliches Erscheinen von Teammitarbeitern bei den Teilnehmern und persönliche Kontakte sind sehr wichtig.
- Die Rechnerbeschaffung ist in der Kooperation sehr gut gelöst, doch gibt es Probleme bei der ergonomischen Gestaltung der Arbeitsplätze. Diese sind durch Platzmangel, keine PC-Tische, schlechte Lichtverhältnisse, fehlende Schallschluckhauben bzw. laute Drucker bedingt.
- Die Verbrauchsmaterialbereitstellung erfolgt nur im Rahmen von viel zu knappen Büromaterialressourcen.
- Dokumentvervielfältigung und andere organisatorische Maßnahmen im Universitätsbetrieb werden zu einem Riesenproblem.
- Terminvereinbarung und Zwischenberichtseingang sind sehr schleppend.
- Ein sehr hoher Betreuungsaufwand ist erforderlich. Durch sehr heterogene Vorkenntnisse sind Schulung oder Beratung fast nur vor Ort am eigenen WAP möglich und nur schwer in ein Lehrprogramm integrierbar. Hierbei treten auch Animositäten der Professoren untereinander stark zutage. Vieles könnte durch bessere Kooperation gelöst werden.
- Eines der Hauptprobleme des Projekts, welches auch von der Projektgruppe unterschätzt wurde, war der organisatorische Rahmen und die politische Dimension innerhalb des Fachbereichs. Durch die Größe des Projekts war es von Beginn an voraussehen, daß nach Ablauf neue Realitäten geschaffen würden. Die Auswahl der WAP-Teilprojekte, die Ausstrahlung des Projekts innerhalb und außerhalb der FU (WAP-Rechner als Status-Symbol) sowie die zu erwartende Situation nach Abschluß von WAP (wie werden die bereits berücksichtigten Lehrstühle weiter betreut, was geschieht mit den restlichen Lehrstühlen?) haben in den ersten sechs Monaten während der Anlaufphase zu erheblichen politischen Auseinandersetzungen hinter den Kulissen geführt, welche

die inhaltliche Arbeit und die Verfolgung des Gesamtziels (Erprobung und Integration von Arbeitsplatzrechnern in der Forschung) erheblich erschwert haben. Zeitweilig wurde das Erreichen der gesetzten Ziele vom Projektteam in Frage gestellt. Hier hat auch kein Krisenmanagement seitens der Fachbereichsspitze oder durch die Universitätsspitze stattgefunden. Diese Probleme wurden nur teilweise durch "inhaltliche (technische) Erfolge" im Laufe der zweiten Jahreshälfte abgebaut.

- Hohe Infrastrukturkosten, bedingt durch die Vernetzung ganzer Gebäude. Die Arbeitsräume müssen umgestaltet werden in ergonomische Bildschirmarbeitsräume, da im Gegensatz zu den Studenten an CIP-Rechnern die Mitarbeiter an WAP-Rechnern sehr lange Arbeitsphasen verbringen.

Zusammenfassung

Die Einbindung wissenschaftlicher Arbeitsplatzrechner in ein Gesamtversorgungskonzept stellt hohe Anforderungen an die Infrastruktur. In Erweiterung der Vernetzung der PC-Pools müssen nun Gebäude intern verkabelt und mit Netzkomponenten versehen werden. Eine Verringerung der Komplexität dieser Aufgabe ist durch eine möglichst homogene Geräteausstattung möglich.

Das Softwareangebot weitet sich durch eine breitere Nachfrage aus. Für die Softwaredistribution müssen Mechanismen geschaffen werden, die den Zugriff auch auf nicht netzfähige Software (der größte Teil der heute eingesetzten Software) über das Netz in komfortabler Weise gestatten. Die Anforderungen an die Betreuung sind um ein vielfaches größer als in den Pools, in denen die Informationsvermittlung mittels Lehrveranstaltungen erfolgt.

Grundsätzlich läßt sich feststellen, daß wissenschaftliche Arbeitsplatzrechner wesentlich größere Aufwendung im finanziellen als auch im personellen Bereich verlangen als Pool-Rechner.

Nikolas Apostolopoulos

Hans-Joachim Lenz

Betrieb eines CIP-Pools mit IBM PS/2 und Token-Ring-Netzwerk: Organisationskonzept, Softwareschutz und Betrieb des lokalen Netzwerks

Jörg Puchan

Universität Fridericiana Karlsruhe (T.H.)
Fachbereich für Wirtschaftswissenschaften

1. Einleitung

Auch wenn uns die Schwierigkeiten und die Kosten bisweilen über den Kopf zu wachsen drohen, und die Benutzer des Rechnerpools uns für die eine oder andere durchgeführte oder unterlassene Maßnahme nichts als Unverständnis entgegenbringen, möchten wir doch den Initiatoren des Computer-Investitions-Programms für diese Idee und deren Durchführung danken. Sie verstärkt unsere Möglichkeiten, unseren Studenten ein breites und zeitgemäßes Angebot an Lehrinhalten und Studienmöglichkeiten anzubieten.

Der Einsatz von Einzelplatzrechnern in der wissenschaftlichen Ausbildung ist unerläßlich. Zur Durchsetzung dieser Erkenntnis muß bei vielen Lehrveranstaltern noch Überzeugungsarbeit geleistet werden. Ebenso ist die Realisierung dieses Vorhabens keine leichte Aufgabe und erfordert neben Fachkenntnissen Computerkenntnisse und Kenntnisse über potentielle Einsatzfelder der Computertechnologie.

Die letztgenannten Kenntnisse lassen sich sehr gut durch ständigen Umgang mit dem Computer erlernen. Viele unserer Studenten haben das erkannt und nutzen an ihrem Arbeitsplatz ein derartiges Gerät ständig. Wir müssen jedoch auch denjenigen eine Chance geben, die sich einen Computer oder notwendige Spezialgeräte nicht leisten können. Dies ist unser zweites Anliegen neben der Lehre.

2. Die Fakultät für Wirtschaftswissenschaften an der Universität Karlsruhe

An der Fakultät für Wirtschaftswissenschaften der Universität Fridericiana zu Karlsruhe (TH) studieren derzeit über 3.000 Studenten. Jährlich kommen ca. 400 neue Studenten hinzu. Von den dreitausend Studenten sind ca. 300 angehende Volkswirte und der Rest, also über 2.700, Wirtschaftsingenieure. Die Hälfte dieser Studenten des Wirtschaftsingenieurwesens studiert mit dem Schwerpunkt Informatik/Operations Research und ist somit bezüglich des Informatikanteils am Studium nahezu mit den Wirtschaftsinformatikern vergleichbar. Im Gegensatz zu vielen anderen Studiengängen des gleichen Namens spielen ingenieurwissenschaftliche Fächer (Maschinenbau, Elektrotechnik, etc.) eine untergeordnete Rolle und werden zum Teil durch informatiknahe Lehrangebote (CAD, Robotik, etc.) substituiert. An der Fakultät für Wirtschaftswissenschaften wird auch die Informatik- und Operations Research-Ausbildung der Wirtschaftsmathematiker durchgeführt (jährlich ca. 90 neue Studenten).

Die Fakultät für Wirtschaftswissenschaften unterteilt sich in 8 Institute bzw. 16 Lehrstühle unterschiedlicher Größe. Die Institute und Lehrstühle sind zum Teil mit eigenen Rechnern und kleinen Rechnerpools ausgestattet, die allerdings vorwiegend für Forschungszwecke genutzt werden.

Den Empfehlungen des Wissenschaftsrats von 1988 folgend, sollte für die Studenten an unserer Fakultät im Hauptstudium ein Angebot von ca. 90 Rechnerarbeitsplätzen bestehen. Diesen Anforderungen gegenüber stehen im wesentlichen zwei Rechnerpools. Der eine ist ein – ebenfalls mit CIP-Mitteln in Zusammenarbeit mit der Fakultät für Informatik zu gleichen Teilen beschaffter – Pool aus 100 Einzelplatzrechnern der Firma Apple, Typ Macintosh II, vernetzt mit Apple Talk (im wesentlichen für einfache Serverdienste). Dieser Pool wird von beiden Fakultäten zu jeweils etwa 50 Prozent genutzt. Er ist während des Semesters durch die Grundausbildung (Programmieren I, Einführung in die Informatik, etc.) voll ausgelastet.

Um den obengenannten Rechnerbedarf zumindest ansatzweise zu decken, wurden weitere CIP-Mittel für einen Rechnerpool beantragt und genehmigt, der vorwiegend für Lehr- und Studienzwecke im Hauptstudium gedacht ist. Umfang und Art der Ausstattung wurden so gewählt, daß zum einen die Erprobung anderer als der bestehenden Konzepte (s. o.) möglich und zum anderen die sinnvolle Nutzung gewährleistet sein sollte. Die ausgewählten Produkte, deren Nutzungsmöglichkeiten und deren organisatorische Alternativen werden der Inhalt dieses Vortrags sein.

3. Der Rechnerpool

3.1 Hardwareausstattung

Der CIP-Pool besteht aus 16 Rechnern der Firma IBM vom Typ Personal System/ 2 Modell 60 und 4 Rechnern des Modells 80. Alle Rechner sind mit Festplatte (40 MB (Modelle 60), 110 MB (Modelle 80)), Hauptspeichererweiterung (2 MB, 8 MB), Mathematik-Koprozessoren, Farbmonitor und Maus ausgestattet. Zur Vernetzung wurde Token-Ring-Hardware (Token-Ring-Adapterkarten, Ringleitungsverteiler) von IBM beschafft.

Zur Druckausgabe stehen Matrix- und Laserdrucker zur Verfügung. Weitere Zusatzgeräte (Scanner, Optical Disk, Zusatzdiskettenlaufwerk (5,25")) ergänzen die

Poolausstattung. Ein Arbeitsplatz wird mit großem Grafikbildschirm und kleinem Text-Monitor als einfacher DTP- bzw. CAD-Arbeitsplatz eingerichtet.

3.2 Softwareausstattung

Als Standardbetriebssystem wurde MS-DOS 3.3 gewählt. Der hohe Verbreitungsgrad dieses Betriebssystems gewährleistet, daß die an den Instituten und von Studenten verfügbare Software am Pool genutzt werden kann. Zur Erprobung und als mögliche Alternative zum bisherigen Netzkonzept kommt auch das Betriebssystem BS/2 zum Einsatz. Die Möglichkeiten dieser neuen und ebenso umstrittenen Betriebssystemgeneration werden im Rahmen des Kapitels "Das lokale Netzwerk" noch diskutiert.

Zur Erprobung wurden diverse Softwarepakete beschafft, die sowohl für den Einsatz bei allgemeinen Nutzungen, zum Beispiel durch Studenten für Studien- und Diplomarbeiten, als auch für Lehrveranstaltungen, zum Beispiel Datenbankpraktika, getestet werden. Dies sind Bedienungsoberflächen, Textverarbeitungsprogramme, Integrierte Pakete, Datenbanksysteme, Grafik- und CAD-Programme, Compiler und ein Autorensystem.

3.3 Lage des Pools

An der Universität Karlsruhe, insbesondere in der Fakultät für Wirtschaftswissenschaften, herrscht derzeit ein räumlicher Engpaß. Bis zur Beendigung der Sanierung eines größeren Gebäudes sind die Mitglieder der Fakultät für Wirtschaftswissenschaften (Institute, Lehrstühle, deren Mitarbeiter und Angestellte der Fakultät) über ein größeres Areal verstreut. Für den CIP-Pool wurden Räumlichkeiten in einem von der Universität angemieteten Wohnhaus außerhalb des Universitätscampus zur Verfügung gestellt.

3.4 Personelle Ausstattung

Für die Betreuung des CIP-Pools wurde eine halbe Stelle für einen wissenschaftlichen Mitarbeiter geschaffen. Der Inhaber dieser Stelle ist zur anderen Hälfte am Institut für Angewandte Informatik und Formale Beschreibungsverfahren beschäftigt. Beantragte Mittel für wissenschaftliche Hilfskräfte wurden wegen der Knappheit monetärer Ressourcen nicht genehmigt.

4. Organisation

4.1 Alternative Zugangsmöglichkeiten zum Rechnerpool

Für die Organisation des Zugangs zum CIP-Pool wurden drei Varianten diskutiert:

- frei zugänglicher Rechnerraum mit Nachtabsperrung (22.00 - 7.00h)
- Zugangskontrolle durch Magnetkartenleser
- Einlaß zu bestimmten Öffnungszeiten mit Aufsichtspersonal, sonst mit Schlüssel

Für die Realisierung der ersten Lösung müssen zwei Voraussetzungen erfüllt sein: Erstens muß Personal zum Öffnen und Schließen des Pools bereitgestellt und zweitens müssen alle Geräte diebstahlgeschützt werden.

Die räumliche Lage unseres CIP-Pools gestattet nicht die organisatorische Anbindung an das Universitätsrechenzentrum oder eine andere von einem Schließdienst betreute Einrichtung. Zudem ist es finanziell nicht tragbar und mitunter technisch nicht realisierbar, alle betriebsnotwendigen Geräte des CIP-Pools mit einer Diebstahlsicherung zu versehen (z. B. "Mäuse").

Das zweite Lösungskonzept ist sehr vielversprechend, da bei sorgsamem Umgang mit der personenbezogenen Karte genau rekonstruiert werden kann, welche Personen sich zu einer bestimmten Zeit im Rechnerraum befunden haben. Durch terminüberwachtes Ändern der Zugangsrechte können "befristete" Schlüssel vergeben werden. Einfache Systeme sind zu niedrigen Preisen (< 1.000 DM) verfügbar.

Diese Lösung ist im allgemeinen Fall wahrscheinlich die günstigste, da sie auf der einen Seite wenig Personal beim Poolbetreiber bindet und auf der anderen Seite eine ausgezeichnete Kontrolle des Zugangs zu den Rechnern gewährleistet. Im Fall unseres CIP-Pools hätte sich die Installation eines derartigen Systems allerdings recht aufwendig gestaltet, da es nötig gewesen wäre, dieses in eine umfangreiche Schließanlage und in nicht für Magnetkarteneinsatz vorbereitete Haus- und Wohnungstüren zu integrieren, noch dazu mit einem absehbaren Nutzungszeitraum von unter zwei Jahren.

Somit bleibt nur die letzte der drei Varianten: Personaleinsatz für allgemeine Öffnungszeiten (i. a. Studenten) und Schlüssel für Lehrveranstalter und häufige Nutzer.

Die Nachteile dieses Verfahrens sind evident: Die Zugangsmöglichkeiten für Benutzer ohne Schlüssel sind sehr beschränkt, zumal uns kein studentisches Hilfspersonal zum Anbieten großzügiger allgemeiner Öffnungszeiten zur Verfügung steht. Der organisatorische Aufwand bei den Instituten, die im Besitz eines Schlüssels sind, ist hoch (Ausleihe, Rückgabeplanung, etc.). Dies führt dazu, daß der beschriebene CIP-Pool nur unzureichend ausgelastet wird (s. u.). Der mögliche Verlust eines Schlüssels bedeutet hohes finanzielles Risiko.

4.2 Nutzungsmöglichkeiten des Pools

Die Intention der Investoren für die CIP-Pools in Deutschland war, Rechnerkapazitäten für Studium und Lehre bereitzustellen. An dieser Intention hat die Fakultät für Wirtschaftswissenschaften der Universität Karlsruhe die Nutzungsmöglichkeiten ihres CIP-Pools orientiert. Im Bereich der Lehre finden folgende Klassen von Veranstaltungen am CIP-Pool statt:

- Lehrergänzende Veranstaltungen (z. B. Computerunterstützte Marketingbeispiele)
- Programmierung (z. B. Programmiermethodik-Praktikum)
- Simulation (z. B. Unternehmensplanspiele)
- Übungen zu Vorlesungen (z. B. Algorithmische Geometrie)

Es ist geplant, noch weitere Spezialveranstaltungen und Praktika aufzunehmen. Hierzu werden z. B. eine DTP-/CAD-Station mit Scanner sowie Laserdrucker aufgebaut sowie für die Planung weiterer Lehrveranstaltungen (z. B. Datenbankpraktikum) Anwendungsprogramme getestet. Im Bereich des Studiums bestehen u. a. folgende Nutzungsmöglichkeiten:

- Sammlung von Rechner- und Softwareerfahrung (z.B. durch Nutzung von Hard- und Software während der allgemeinen Öffnungszeiten)
- Durchführung von Diplom- und Studienarbeiten (z. B. Programmierung, Vorbereitung von Rechnerübungen, CIP-Pool-Betrieb)
- Dokumentenverarbeitung (z. B. Erstellung von Seminaren, Studien- und Diplomarbeiten)

In diesem Bereich ist noch ein sehr großes Potential an Nutzungsmöglichkeiten sowohl qualitativer als auch quantitativer Art, das aber durch mangelnde Zugangsmöglichkeiten zum Rechnerpool nicht hinreichend ausgeschöpft werden kann.

4.3 Nutzung

Die aus dem Logbuch des CIP-Pools zu gewinnende Statistik ergibt für den Monat Juni des Jahres 1988 (jüngster ganzer Monat innerhalb der Vorlesungszeit) eine Nutzungsverteilung für den CIP-Pool, die der Abbildung 1 zu entnehmen ist.

Hier ist zu ersehen, daß besonders im Bereich der Lehre noch Unterstützungen und Anregungen gegeben werden müssen, um die Attraktivität des CIP-Pools zu erhöhen. Dies gilt sowohl für die Lehrveranstalter als auch für die Studenten. Das Gesamtangebot an Lehr- und Übungsveranstaltungen am CIP-Pool (insgesamt 23 Stunden je Woche) kann ohne Kapazitätsengpässe noch erhöht und die Beteiligung der Studenten an den Rechnerübungen sollte durch die Veranstalter gefördert werden. Die geringe Teilnehmerzahl bei einigen (freiwilligen) Rechnerübungen hat gezeigt, daß vielen Studenten die Bedeutung des Rechnereinsatzes und der Sammlung von Rechnererfahrung in der universitären Ausbildung noch nicht bewußt ist.

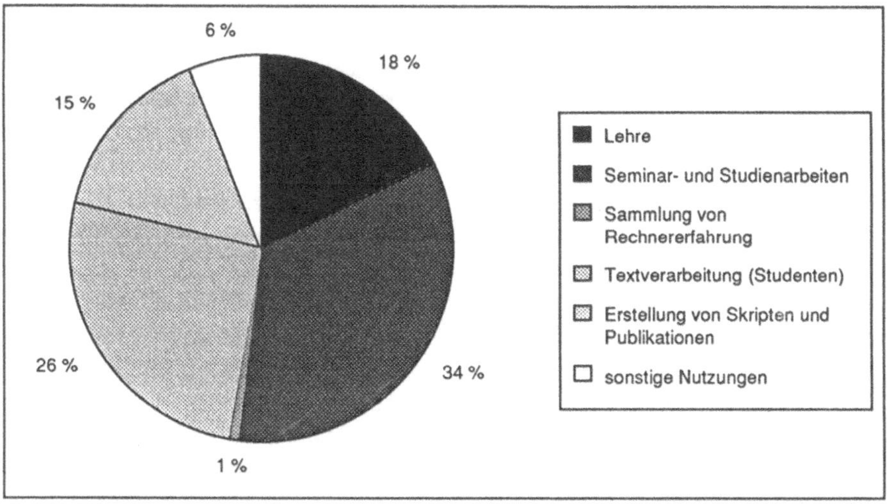

Abb. 1: Nutzungsverteilung für den CIP-Pool

5. Probleme

5.1 Probleme bei der Beschaffung und beim Service

Die Auswahl der optimalen Produkte hat sich als außerordentlich komplexes Problem herausgestellt, nicht nur weil es schwierig ist, den Bedarf zu ermitteln, sondern weil es noch wesentlich schwieriger ist, Produkte auszuwählen, die den Bedarf erfüllen und zudem in der gewünschten Konfiguration lauffähig und lieferbar sind.

Wir haben die Erfahrung machen müssen, daß bei den Herstellern oder deren Repräsentanten insbesondere bei neuen Produkten oft Unkenntnis über Leistungsfähigkeit, Einsatzmöglichkeiten, Kompatibilitäten und vor allem den Liefertermin herrscht, selbst wenn das Produkt schon längere Zeit im Katalog wählbar ist. Das führt natürlich dazu, daß auch die CIP-Pool-Betreiber ihren Kredit verspielen, den ihnen die potentiellen Nutzer eingeräumt haben.

Ist das Produkt beschafft und geliefert, so ist es mitunter nur durch trial-and-error-Verfahren möglich, das Gerät in Betrieb zu setzen oder die Software zu installieren. Hier sind die Hersteller aufgefordert, ihrer Pflicht nach Dokumentation und – falls die Dokumentation nicht ausreicht – nach Installation nachzukommen.

Ungelöst ist noch das Problem der Service- und Reparaturaufwendungen sowie Ersatzinvestitionen. Unsere Fakultät besitzt, wie wohl die meisten "nicht-technischen" Fakultäten, für derartige Belastungen keine ausreichenden Mittel. Glücklicherweise besteht für die meisten Produkte derzeit noch Garantie, so daß Reparaturen bislang kostenlos ausgeführt wurden. Es ist zu befürchten, daß in Zukunft bei Hardwaredefekten Rechner stillgelegt und "ausgeschlachtet" werden müssen.

5.2 Probleme bei der Nutzung

Es soll nicht verschwiegen werden, daß ein gewisser Teil der mangelnden Akzeptanz, die im vorletzen Kapitel angesprochen wurde, auf organisatorische Umstände am CIP-Pool zurückzuführen ist. Wie oben schon angedeutet, sind die freien Zugangsmöglichkeiten zum CIP-Pool sehr begrenzt und bedingen dadurch den niedrigen Bekanntheitsgrad dieser Einrichtung unter den Studenten. Durch die Umstellung der Grundausbildung auf Systeme der Firma Apple (Macintosh II) ist auch der Bekanntheitsgrad der CIP-Pool-Rechner (IBM PS/2) unter den jüngeren Studenten ziemlich gering und die Hemmschwelle zur Nutzung dieses letzteren Systems, noch dazu eines mit einem befehlsgesteuerten Betriebssystems, hoch. Es erscheint notwendig, durch Aktionen (Tag der offenen Tür, Informationsblätter, Schulungen, etc.) den Nutzungsgrad der Rechnerarbeitsplätze zu erhöhen. Dadurch würden die CIP-Pool-Betreiber von ausschließlichen Anbietern von Infrastruktur zu den Anbietern von Know-how avancieren und gleichzeitig dem Bildungsauftrag einer universitären Einrichtung stärker nachkommen. Dazu ist allerdings Personal nötig, das bei der ohnehin knappen Finanzlage der Landeseinrichtungen kaum bewilligt werden kann.

Eine attraktive Alternative zur Eigenfinanzierung stellt Sponsoring dar. Für beide Partner attraktiv, könnten das Lehrangebot und der Nutzungsgrad erhöht und dadurch der Bekanntheitsgrad der verwendeten Produkte gesteigert werden. Sowohl materielles als auch monetäres Sponsoring gäbe also den Unternehmen die Chance, schon während des Studiums den zukünftigen Entscheidungsträgern ihre Produkte zu präsentieren und durch Qualität zu überzeugen. Ergänzt werden könnte diese Form der Kooperation durch gemeinsam vergebene Studienarbeiten (z. B. Implementation und Leistungstest einer neuen Netzwerksoftware, Test und Beurteilung einer Benutzungsoberfläche).

Leider ist Sponsoring oder Mäzenatentum in der Bundesrepublik Deutschland noch nicht so verbreitet, aber die Unternehmen – und ich spreche besonders die anwesenden Unternehmensvertreter an – sind aufgerufen, derartige Ideen in ihre Firmen- und Produktpolitik aufzunehmen.

5.3 Softwareschutz

Ein ganz anderes Problem, das Aufmerksamkeit erfordert, ist rechtlicher Natur: Es handelt sich um Copyright-Bestimmungen im Zusammenhang mit der Verwendung von Software.

Es läßt sich sicher kaum völlig verhindern, daß an einem frei zugänglichen Einzelplatzrechner Software illegal kopiert oder illegal kopierte Software verwendet wird. Am CIP-Pool der Fakultät für Wirtschaftswissenschaften der Universität Karlsruhe wird daher besonders für den Schutz eigener Software und der Software der Lehrveranstalter gesorgt. Dies ist auch zum Schutz der Betreiber vor strafrechtlicher Verfolgung notwendig. – Wir verwenden vier verschiedene Konzepte zur Verhinderung widerrechtlichen Kopierens:

Beseitigung wichtiger Dateien bei installierter Anwendungssoftware

Dieses Verfahren kommt vor allem bei Lehrveranstaltungen mit anderweitig unschützbarer Software zur Anwendung: Jeder Teilnehmer erhält eine Diskette mit einer wichtigen, für den Betrieb des jeweiligen Softwarepakets unerläßlichen Datei. Der Teilnehmer wird schriftlich auf die Softwareschutzbestimmungen hingewiesen, denen er durch Unterschrift zuzustimmen hat. Beim Beginn einer Arbeitssitzung lädt er die obengenannte Datei auf die Festplatte und vervollständigt somit das auf der Festplatte installierte Softwarepaket. Beim Verlassen löscht er diese Datei wieder von der Platte; das Kopieren der restlichen Dateien durch Unbefugte ist somit nutzlos.

Ausleihe von Softwarepaketen gegen Pfand nur während der allgemeinen Öffnungszeit

Bei diesem Verfahren wird dem Nutzer während der allgemeinen Öffnungszeit gegen Hinterlegung eines Pfands (z. B. Studentenausweis) das gewünschte und am CIP-Pool verfügbare Softwarepaket ausgehändigt. Der Nutzer wird auf die Softwareschutzbestimmungen hingewiesen. Beim Verlassen des CIP-Pools gibt er das Paket wieder ab. Durch die Aushändigung nur während der (beaufsichtigten) Rechnerzeit wird der Sorgfaltspflicht u. E. Rechnung getragen.

Schutz durch die Programme selbst (Software, Hardware)

Der für die Betreiber einfachste und zuverlässigste Softwareschutz geschieht durch die Programme selbst: Einige Programme schützen sich vor unrechtmäßigem Kopieren durch die Notwendigkeit, zu deren Betrieb ein Paßwort einzugeben. Dadurch ist das Anfertigen einer Raubkopie nutzlos. Andere Programme benötigen ein Hardwareteil (z. B. einen Adapter am Druckerport), um betrieben werden zu können. Bei Verlust oder Beschädigung dieses Teils ist allerdings das ganze Softwarepaket verloren und wird von den Herstellern i. a. nicht ersetzt.

Verwendung eines Zugriffsschutzprogramms

Für IBM PS/2, PCs und Kompatible (mit Betriebssystem MS-DOS ab Version 3.00) wird von der Firma Datasoft, Eschborn ein Programm angeboten, das die Definition von Zugriffsrechten auf Pfade des Inhaltsverzeichnisses bzw. in Unterverzeichnissen enthaltene Dateien gestattet. Dieses Programm übertrifft nach unserer Kenntnis die vorhandenen und leider sehr verbreiteten systemnahen Programme und bietet somit einen zuverlässigen Schutz vor unberechtigtem Eindringen unbefugter Benutzer in reservierte Bereiche der Platte. Uns ist kein anderes Produkt bekannt, das für die obengenannten Rechner ein derartiges Leistungsspektrum besitzt.

Dieses Programm erlaubt es uns, in Unterverzeichnissen Programme und Daten abzulegen, die nur einzelnen Benutzern durch Eingabe eines persönlichen Paßworts zugänglich gemacht werden sollen. Gleichzeitig ist der Arbeitsplatzrechner für die anderen Benutzer durch ein "öffentliches Paßwort" wie jeder andere Computer zu verwenden.

6. Das lokale Netzwerk

6.1 Nutzungskonzepte

Das lokale Netzwerk soll am CIP-Pool im Bereich der Anwendung folgende Funktionen erfüllen:

Serverbetrieb

Programme, die am CIP-Pool verfügbar sind, müssen nur ein Mal - am Server - installiert werden und können von jedem berechtigten Nutzer von dort abgerufen werden. Je nach eingesetztem Betriebssystem ist es möglich, diese Programme auf dem Server oder der rufenden Station zu starten. Im ersten Fall ist ein Multitasking-Betriebssystem am Server vonnöten.

Zugleich kann der Server als zentraler Datenspeicher für gemeinsame Daten (Eingangsdaten für Übungsaufgaben, Musterlösungen, etc.) dienen. Auch hier sollte die Möglichkeit des Zugriffsschutzes vor unberechtigten Benutzern gegeben sein.

Schließlich dient der Server zur gemeinsamen Verwendung von Hardwareressourcen, i. w. Drucker. Hierzu ist es sinnvoll, über Spoolingeinrichtungen zu verfügen und für bestimmte Druckeranschlüsse (z. B. Laserdrucker, Matrixdrucker) gesonderte Zugriffsrechte verteilen zu können.

Verteilte Anwendungen

Die Realisierung dieser Anwendungsart ist für einen räumlich begrenzten Rechnerpool mehr von akademischem Interesse. Einige Lehrveranstaltungen benötigen die Möglichkeit der Realisierung verteilter Anwendungen (z. B. verteilte Datenbanken, Hypertext).

Großrechneranbindung

Für die Durchführung rechenintensiver Operationen, zur Druckausgabe auf Hochleistungsdruckern (z. B. Plottern), zur Verknüpfung von Großrechner- und Kleinrechneranwendungen und für viele andere Fälle ist die Verbindung des lokalen Netzes des CIP-Pools mit Großrechnern, in unserem Fall mit dem Universitätsrechenzentrum, sinnvoll.

Datenbankrecherche

Eng verknüpft mit der Funktion "Großrechneranbindung" ist die der Datenbankrecherche. Es erscheint jedoch sinnvoll, diese Funktion herauszustellen, da sie bei uns noch viel zu wenig genutzt wird. Während in anderen Ländern eine wissenschaftliche Arbeit, und sei es auch nur eine Diplom- oder Studienarbeit, mit einer möglichst umfassenden Recherche nach Vorhandenem beginnt, ist bei uns das regelmäßige "Wiedererfinden des Rads" der Normalfall.

Der CIP-Pool in seiner Anlage als vernetzter Rechnerpool bietet günstige Voraussetzungen für die Einrichtung von Kommunikationsanschlüssen zu externen

Netzen und damit externen Datenbanken. Diese Voraussetzungen müssen genutzt werden.

Wie schon eingangs erwähnt, soll unser CIP-Pool nicht nur als Infrastruktur, sondern auch zur Erfahrungssammlung dienen. Daher ist unser Ziel, verschiedene Netzwerkprodukte einzusetzen und zu testen. Unser Hauptaugenmerk verdienen folgende Kriterien:

Netzbetrieb

Es soll beispielweise untersucht werden, wie leicht oder schwer das jeweilige Netz zu verwalten ist (Vergabe von Nutzungsrechten, Organisation von Nutzergruppen, etc.) oder wie zuverlässig der Netzbetrieb ist (Ausfallhäufigkeit, Fehlerrate, etc.).

Netzbenutzung

Zur hinreichenden Nutzung des Netzes ist es notwendig, Netzwerkanwendungen möglichst ohne spezielle Rechnerkenntnisse durchführen zu können. Die Bedienungsoberfläche der Netzwerkprogramme stellt für uns ein entscheidendes Qualitätskriterium dar.

Weitere Anforderungen

Der Einsatz der Netzwerkprogramme wird Schwächen und Mängel der Produkte aufzeigen und Wünsche der Anwender wecken. Wir möchten versuchen, entweder durch eigene Verbesserungen oder durch Kontakte zu den Herstellern die Produkte zu optimieren.

6.2 Realisierungsalternativen

Bei der Realisierung des Netzes stellen sich uns momentan zwei Alternativen: Die IBM Token Ring Software (IBM PC LAN Program Version 1.3) und der LAN Manager des Betriebssystems OS/2 von Microsoft.

Aufgrund mangelhafter Beratung durch den IBM-Vetrtriebsservice wurde ursprünglich für das Token-Ring-Netzwerk ungeeignete Software geliefert. Im Februar des Jahres 1988 wurde die Bestellung korrigiert und das PC LAN Program, Version 1.2 bestellt. Dieses erfüllte allerdings nicht im geringsten die gestellten Anforderungen. Im Juni 1988 wurde die Bestellung des bis dahin noch nicht ausgelieferten Programms in die Bestellung für die neuere Version 1.3 geändert. Die Verzögerung wurde mit Nachschubproblemen begründet. Uns wurde umgehende Auslieferung des neueren Netzwerkprogramms versprochen. Erst die "Drohung" mit diesem Vortrag führte schließlich dazu, daß wir uns in der ersten Oktoberwoche eine "pre-version" dieses Programms ansehen konnten.

Das PC LAN Program 1.3 hat einen großen Funktionsumfang, der im wesentlichen die oben gestellten Anforderungen erfüllt. Auch die Anbindung an Großrechner (z. B. IBM 3270-Emulation) ist problemlos möglich.

Die obengenannten Schwierigkeiten haben uns dazu veranlaßt, bei einem anderen Hersteller Netzwerksoftware nachzufragen. Die Firma Microsoft hat uns hierzu, nach einigen Verzögerungen, die wohl softwaretypisch sind, Anfang Oktober eine Vorabversion des OS/2-LAN-Managers zur Verfügung gestellt. Falls der LAN-Manager auf dem Token-Ring-Netzwerk einsatzfähig wird – die Beschaffung der Treiber für die Netzwerkkarten ist noch nicht geklärt – hoffen wir, die Kooperation mit Microsoft verstärken zu können.

Auch von IBM wurde uns bestätigt, daß für semiprofessionelle oder professionelle Anwender OS/2 bzw. BS/2 das Betriebssystem der Zukunft sei, wenn auch "momentan noch eine schlechte Presse herrsche." Wir möchten den CIP-Pool-Benutzern die Möglichkeit geben, diesen eventuell neuen Standard rechtzeitig kennenzulernen, um selbst die Entscheidung, die letztlich von den Anwendern getroffen wird, mitgestalten zu können.

7. Ausblick

Der bisherige Betrieb des CIP-Pools an unserer Fakultät hat gezeigt, daß selbst kleinere Rechnerpool-Installationen nicht ohne genaue Planung durchgeführt werden können. Das heißt, daß nicht nur Geräte, sondern auch Nutzungen, Organisation und Finanzierung durch ein umfassendes Konzept vorgeplant werden müssen. Dabei sollten auch die Lieferanten stärker eingebunden werden mit der Folge, daß bei späteren Problemen umgehend Unterstützung verlangt und gewährt werden kann.

Ein besonderes Augenmerk wird man in Zukunft auf die Planung von Kosten und Folgekosten haben müssen. Dabei sind nicht nur Aufwendungen für Sachen sondern auch für ausreichendes Personal zu berücksichtigen. Die Annahme, daß durch die Beschaffung von elektronischem Gerät der Bedarf an Personal zurückgeht, bestätigt sich auch an einem Rechnerpool nicht.

In der mittelfristigen Planung sind Reparaturen, Serviceleistungen und Wiederbeschaffungen mitzukalkulieren. Hierbei sollte versucht werden, durch gemeinsame Aktivitäten von Poolbetreibern günstige Wartungsverträge abzuschließen.

Schließlich ist der Erfahrungsaustausch zwischen den Poolbetreibern ein wesentliches Element zur Sammlung von Ideen für die Lösung der eigenen Probleme. Ich hoffe, daß auch über den heutigen Tag hinaus Wissenstransfer zwischen den CIP-Pool-Betreibern stattfinden wird und freue mich auf jeden Interessenten, der unsere Schwierigkeiten, Ideen und Lösungen einmal live erleben möchte.

Bereitstellung von Betriebsmitteln in einem lokalen Netz

Hans-Werner Kisker

Westfälische Wilhelms-Universität Münster
Universitätsrechenzentrum

Zusammenfassung

In einem Rechnernetz stehen heute eine Reihe von leistungsfähigen Betriebsmitteln zur Verfügung. Aus der Sicht der Benutzer stellen sich diese als Angebote von Dienstleistung dar. Um deren Nutzung auch unerfahrenen Anwendern zu ermöglichen, sind vom Netzwerkverwalter einfach zu handhabende Zugangsmechanismen zu den die Betriebsmittel verwaltenden Programmen bereit zu stellen. Der Artikel beschreibt die an der Westfälischen Wilhelms-Universität realisierte Organisationsform. Dabei finden die Aspekte *Durchsatz, Sicherheit* und *Software-Lizenzen* besondere Berücksichtigung.

1. Das Szenario

Typisch für die EDV-Versorgung einer Universität, aber auch eines großen Betriebes, ist es heute, daß Rechner der unterschiedlichsten Leistungsklassen zur Verfügung stehen. Das Leistungsspektrum reicht vom einfachen Personal-Computer, über Unix-Systeme und klassische Workstations bis hin zu leistungsfähigen Großrechnern. Der Kommunikationsbedarf zwischen den einzelnen Rechnern wird nach dem heutigen Stand der Technik dabei am effektivsten durch die Einbindung in ein flächendeckendes lokales Netz (LAN) abgedeckt. Das LAN ist dabei als Infrastruktur zu sehen, die standardgemäß von jedem Rechner genutzt wird. Ist ein LAN erst einmal flächendeckend eingeführt, so ist es für die Informationsverarbeitung ebenso wenig wegzudenken wie für andere Arbeiten das Telefon- bzw. das Stromnetz.

Eine besondere Bedeutung kommt dabei sicherlich den meistens in großer Stückzahl vorhandenen Personal Computern zu. Man kann wohl davon ausgehen, daß der PC sich immer mehr zum Standard-Arbeitsgerät für die mit EDV befaßten Mitarbeiter entwickeln und zunehmend die Terminals der Mehrplatzsysteme verdrängen wird. Für die Universitäten gibt es z.B. deutliche Aussagen der Deutschen Forschungsgemeinschaft, daß der zukünftige EDV-Arbeitsplatz des Wissenschaftlers die Workstation und nicht mehr wie in der Vergangenheit das Terminal sein wird. Dabei werden mit dem Begriff Workstation sowohl die Personal Computer als auch die klassischen Workstations von Firmen wie Sun oder Apollo bezeichnet. Kennzeichnend für eine Workstation ist in diesem Zusammenhang, daß die gesamte Leistung des Rechners einer einzigen Person, eben dem jeweiligen Bediener, zur Verfügung gestellt wird. Um Mißverständnissen vorzubeugen, sei darauf hingewiesen, daß dieses Konzept – PCs den Terminals vorzuziehen – nicht notwendigerweise die Abkehr von den Mehrplatzsystemen in sich trägt. Die PCs können mit ihrer großen Flexibilität nur einfach die Aufgaben von spezialisierten Terminals mit übernehmen.

Der Personal Computer ist inzwischen ein Massenprodukt geworden. Dies war nur dadurch möglich, daß der PC für einen sich ständig vergrößernden Personenkreis als Arbeitsgerät erschlossen wurde. Damit verbunden ist notwendigerweise eine Wandlung im Benutzerprofil. Die echten EDV-Fachleute, für die ein Rechner Objekt der Beschäftigung ist, sind deutlich in der Minderzahl. Der überwiegende Teil der Anwender sieht den PC als reines Arbeitshilfsmittel, das Schreibmaschine,Taschenrechner und Zettelkasten ersetzt. Diese durchaus begrüßenswerte Entwicklung zieht eine Reihe von Konsequenzen nach sich. Das neue Arbeitsgerät ist nämlich deutlich komplexer und erklärungsbedürftiger als bisherige allgemein verwendete Hilfsmittel. Eine der vornehmsten Aufgaben der verbleibenden Fachleute ist es damit, der großen Anzahl der Anwender die Bedienung der Rechner möglichst einfach und benutzerfreundlich zu gestalten. Diese Zielsetzung wurde bei den PCs durch eine Verteilung der Aufgaben erreicht. Ein simples, nur mit wenigen einfachen Kommandos ausgestattetes Betriebssystem übernimmt die Grunddienste, wie Programmaufruf, Dateimanipulation und File-System-Verwaltung. Die eigentliche Tagesarbeit, wie z.B. Textverarbeitung, Tabellenkalkulation oder Datenbank-Recherche, wird dagegen mit Hilfe von leistungsfähigen Programmen mit vorbildlicher Benutzerführung abgewickelt. Von dem normalen Benutzer ist anzunehmen, daß er wohl über reichhaltige Erfahrungen im Umgang mit dem einen oder anderen Anwendungsprogramms verfügt, daß er aber im allgemeinen kaum motiviert ist, seine Kenntnisse über Betriebssystem-Interna zu vertiefen. Dies ist zu berücksichtigen, wenn man einen PC in ein größeres System einbindet und dem Benutzer die durch die Infrastruktur des lokalen Netzes verfügbaren Betriebsmittel erschließen möchte.

2. Die angebotenen Dienstleistungen

Aus der Sicht des Benutzers stellen sich die vom Netz angebotenen Betriebsmittel als verfügbare Dienstleistungen dar. Diese Dienstleistungen ergeben sich, wenn man die in das Netz eingebundenen Komponenten näher ins Auge faßt. Betrachten wir zu diesem Zweck einen Ausschnitt aus dem lokalen Netz, wie es zur Zeit an der Westfälischen Wilhelms-Universität realisiert ist (vergl. Abbildung).

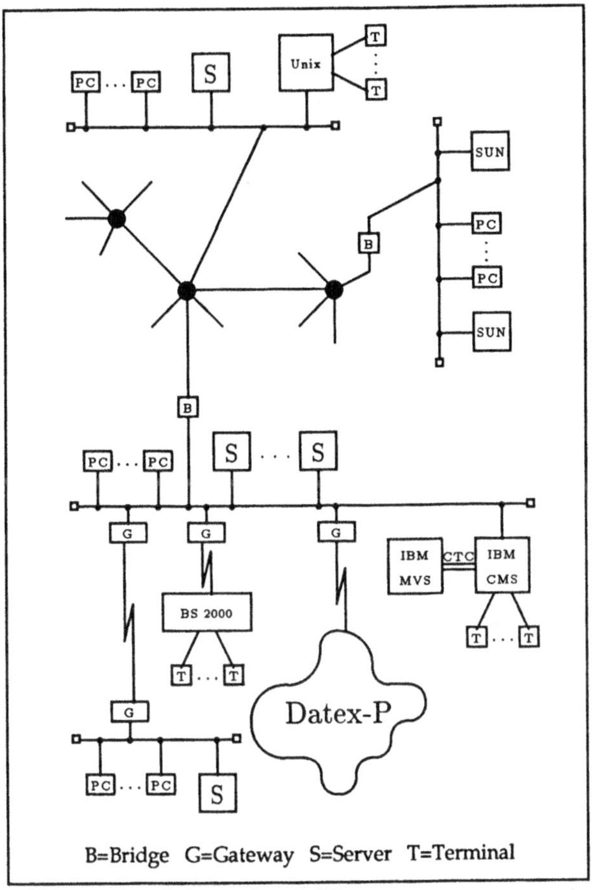

Abbildung: Ausschnitt aus einem LAN

Basis für das lokale Netz der Universität in Münster ist Ethernet. Innerhalb der Gebäude werden mit gelbem Koaxialkabel Ethernet-Segmente aufgebaut. Diese, und damit die Gebäude, werden untereinander über Sternkoppler mit Glasfaserkabeln verbunden. Jeder Rechner, vom PC bis zum Großrechner, wird mit einem direkten Netzanschluß ausgestattet. Einige typische Segmente sind in der Abbildung zu sehen. Auffallend sind die vielen Personal Computer, die als Arbeitsgeräte sowohl für Studenten wie auch für Wissenschaftler dienen. Zwar sind die Mehrplatzsysteme auch noch mit Terminals ausgestattet, grundsätzlich ist aber jeder an das Netz angeschlossene Dialogrechner, wie die Unix-Systeme oder der IBM-Großrechner, auch von jedem PC aus erreichbar. Auf den Servern wird Software vorgehalten: allgemein verwendbare Software auf zentralen Servern, fachspezifische Software auf Servern der Fachbereiche. Auch Drucker und Plotter werden über Server gemeinsam benutzt. Über Gateways sind entfernte Ethernet-Inseln angebunden, spezielle Rechner erreichbar und der Übergang in WAN-Netze, wie z.B. das Datex-P-Netz der Deutschen Bundespost, möglich. Für die Kommunikation mit den Servern dienen ISO-Protokolle mit aufgesetztem MS-NET bzw. IBM LAN Programm als Basis, für die Dialogsitzungen wird dagegen TCP/IP verwendet. Die technische Realisierung des Netzes und die verwendeten Protokolle sind allerdings für unser Thema weitgehend unerheblich. Die angesprochenen Rechnerkomponenten kann man auch auf Basis anderer Netzwerktypen und anderer Protokolle in ein Gesamtsystem integrieren. Insbesondere denken wir z.B. darüber nach, die einzelnen Segmente durch ein schnelles Backbone-Netz (FDDI) miteinander zu verbinden, und als Ablösung von MS-NET bietet sich der OS/2-LAN-Manager oder NFS der Firma Sun an. Im Moment interessieren an dem Netz nur die Möglichkeiten, die jedem Benutzer von jedem angeschlossenen PC aus geboten werden:

- Aufruf von zentral vorgehaltenen Programmen
- Nutzung von Peripheriegeräten (Drucker, Plotter usw.)
- Ablage von Datenbeständen auf den Platten spezieller Server
- Dialogzugang zu den Mehrplatzsystemen (IBM/CMS, Unix usw.)
- Nutzung von Rechenkapazitäten entfernter Rechner (Remote Execute)
- Datenaustausch zwischen den verschiedenen Rechnern (File Transfer)
- Übergang in andere Datennetze (z.B. Datex-P), Zugang zu Fachinformationszentren
- Elektronische Post und Neuigkeitendienst (z.B. Telex-Aufgabe)
- Sonstiges (Uhrzeit, Netzwerkadressen usw.)

3. Die Bereitstellung der Dienstleistungen

Entsprechend dem zu Anfang gesagten sollte das Bemühen vorrangig darauf gerichtet sein, dem unerfahrenen Benutzer Schwierigkeiten im Umgang mit dem Netz zu ersparen. Unser Konzept hierzu ist ebenso simpel wie effektiv. Der bei uns arbeitende Benutzer kann grundsätzlich jeden im Netz verfügbaren Dienst in Anspruch nehmen, ohne in irgendeiner Weise das Netz ansprechen zu müssen. Im Extremfall ist dem Benutzer nicht einmal die Existenz des LANs bewußt. Natürlich heißt dies nicht, daß man plötzlich auf Kenntnisse der Unix-Shell verzichten könnte, wenn man eine Dialog-Sitzung mit einem Unix-System startet. Es heißt aber, daß man nur den Aufruf kennen muß, mit dem eine Unix-Sitzung eröffnet wird.

Der grundlegende Ansatz, um den Benutzer von Kenntnissen in Zusammenhang mit dem Netz völlig zu befreien, ist manchen, vielleicht sogar den meisten von Ihnen vertraut.

1. Beim Start eines Arbeitsplatzrechners wird eine Verbindung zu der Platte eines File-Servers hergestellt. Konkret ist diese Netz-Platte dann wie eine reale Platte unter MS-DOS ansprechbar. Diese Platte enthält für jede Dienstleistung eine Directory, in der alle zugehörigen Programme und Datenbestände zusammengefaßt sind.
2. Insbesondere enthält diese Platte auch eine Directory mit BATCH-Files. Für jede im Netz angebotene Dienstleistung ist eine BATCH-Datei vorhanden. Um das Textverarbeitungsprogramm WP aufzurufen, gibt es einen BATCH-File WP.BAT; um eine Dialogsitzung mit dem Unix-System des Rechenzentrums aufzunehmen, muß man die Datei RUMUNIX.BAT aufrufen und ein Datenaustausch mit dem IBM-Großrechner wird durch CMSFTP.BAT eingeleitet. Diese Directory wird beim Rechnerstart in den Suchpfad für Programme PATH eingetragen.
3. Um einen bestimmten Dienst in Anspruch zu nehmen, muß der Benutzer also nur den Namen des Dienstes kennen. Sobald er diesen Namen als Kommando eingibt, wird über den Suchpfad die entsprechende BATCH-Datei gefunden und mit der Abarbeitung der Kommandoliste begonnen.
4. Die ablaufenden Kommandos sind natürlich je nach angeforderter Dienstleistung verschieden. Im allgemeinen beginnt der BATCH-File jedoch mit dem Aufbau einer dem Kommando angemessenen Umgebung. Beim Aufruf von WP wird z.B. der Suchpfad für Kommandos (PATH) und der Suchpfad für Daten (APPEND) auf die zu WordPerfect gehörige Directory gesetzt. Danach wird das eigentliche Programm aufgerufen. Wenn das Programm beendet wird, werden alle für das Programm spezifischen Setzungen zurückgenommen. Insbesondere wird auch der Suchpfad wieder auf die BATCH-Directory gesetzt.

Dieses Verfahren ist vielfach erprobt, sicher im Gebrauch und gehört zum Standard-Repertoire eines Netzverwalters. Um die Grunddienste aufzurufen, muß ein Benutzer in der Tat nur den Namen des Dienstes kennen. Das Programm wird dann automatisch im Netz lokalisiert und gestartet. Mit der anschließenden Bedienung des Programms muß der Benutzer natürlich vertraut sein.

Das Problem der Bereitstellung von Betriebsmitteln ist damit weitgehend zurückgeführt auf die Aufgabe, Mechanismen für den Zugriff auf die Programme, die diese Betriebsmittel verfügbar machen, zu entwickeln. Ich möchte dieses Thema im folgenden hinsichtlich dreier Aspekte vertiefen:

- *Durchsatz:* Für jeden Dienst wird über das Netz ein Programm geladen. Das Netz darf nicht verzögernd wirken.
- *Sicherheit:* Alle Benutzer sind mit ihren PCs untereinander und auch mit allen anderen Rechnern des Netzes verbunden. Es muß sichergestellt werden, daß weder ein Benutzer in den Rechner eines anderen eingreifen kann, noch daß ein Benutzer Daten oder Programme auf dem Server manipuliert. Darüber hin-

aus darf eine lokale, technische Störung sich nicht auf den gesamten Netzbetrieb auswirken.

- *Lizenzprobleme:* Sieht man einmal von Sonderfällen wie Campus-Lizenzen ab, so erwirbt man mit dem Kauf eines Programms ein einfaches Nutzungsrecht. Neben der Verhinderung von unzulässigen Kopiervorgängen ist auch sicherzustellen, daß Programme nicht häufiger aufgerufen werden, als es die vorhandenen Lizenzen zulassen.

Es sei angemerkt, daß die meisten der hier vorgestellten Lösungen von uns bereits seit längerer Zeit standardgemäß genutzt werden, einige sich jedoch erst in der Erprobungs- bzw. Konzeptionsphase befinden.

4. Durchsatz

Es ist unbedingt zu empfehlen, als Server möglichst leistungsfähige Rechner einzusetzen. Da sich die Kosten der Server bei einer Betrachtung des Gesamtsystems auf viele Arbeitsplätze verteilen, ist eine über das normale Maß hinausgehende Ausstattung im allgemeinen auch durchaus finanzierbar. Konkret haben sich im PC-Bereich folgende Ausstattungskomponenten als besonders durchsatzsteigernd erwiesen:

- Als Zentraleinheit ist ein Prozessor 80386 vorzusehen, der über einen 32-Bit-Daten-Bus auf seinen Speicher zugreift. Die Taktrate sollte möglichst hoch liegen.
- Der Server wird mit einer schnellen Platte ausgestattet, deren Zugriffszeit um 20 ms liegt.
- Als Platten-Controller sollte ein Typ mit integriertem Track-Speicher vorgesehen werden. Diese kosten kaum mehr als normale Controller, erzielen aber dadurch, daß die Platten mit einem Interleave-Faktor von 1 formatiert werden können, eine deutlich erhöhte Datentransferrate.
- Die Verwendung eines angemessen dimensionierten Halbleiter-Caches ist eine der besonders effektiven Maßnahmen für Server, auf denen Programme vorgehalten werden und auf die deshalb nur lesender Zugriff gestattet ist. Wir haben mit Größen von 2 – 4 MB gute Erfahrungen gemacht. Auf die obigen Maßnahmen, die der Beschleunigung des Plattenzugriffs dienen, kann dann häufig sogar verzichtet werden.
- Der Leistungsfähigkeit der Netzkarten kommt natürlich besondere Bedeutung zu. Auf den ersten Blick sind Netzkarten vorzuziehen, die über eigene Intelligenz verfügen und die deshalb die Abarbeitung der Protokolle teilweise bis zur Session-Ebene hin parallel zum Prozessor des Servers durchführen können. Bei einem sehr schnellen Server-Prozessor erzielt man jedoch nach unse-

ren Erfahrungen mit einfacheren Karten häufig bessere Resultate. Dies wird dann sofort verständlich, wenn man bedenkt, daß auf der intelligenten Netzkarte die Leistung sozusagen eingefroren ist und sie nicht mit der Leistung des Server-Prozessors gesteigert werden kann.

Von den obigen Punkten sind diejenigen, die den Zugriff zu den Daten beschleunigen, bevorzugt zu berücksichtigen. Ein etwas langsamerer Server mit einer schnellen Platte ist einem schnellen mit langsamer Platte fast immer vorzuziehen.

Neben den Maßnahmen, die sich auf den einzelnen Server beziehen, läßt sich der Durchsatz des Gesamtnetzes natürlich dadurch vergrößern, daß mehrere Server vorgesehen werden. Die im Netz arbeitenden Benutzer werden dann möglichst gleichmäßig auf die verschiedenen Server verteilt. Dadurch wird vermieden, daß ein Server übermäßig belastet wird, etwa bei einer gleichzeitigen Auslösung identischer Aktionen, wie sie z.B. während einer Lehrveranstaltung vorkommen kann ("... und jetzt drücken wir alle ENTER."). Ebenso kann bei mehreren Servern die Software verteilt werden. Dadurch ist es dann möglich, bestimmte Belastungen ganz gezielt von bestimmten Servern fernzuhalten.

Wir gehen im Moment von ca. 50 bis 80 Arbeitsplatzrechnern je Server aus. An einem Arbeitsplatz vom Typ AT286, der mit einem Server vom Typ AT386 verbunden ist, ergeben sich damit Zugriffszeiten auf die Netzplatte, die in der Größenordnung einer langsamen (60 ms mittlere Zugriffszeit) realen Platte liegen. Auf der Kostenseite ergibt sich je Workstation bei den heutigen Kosten ein Kostenanteil für die Server-Hardware von ca. 100,- DM. Beide Werte sind durchaus zu akzeptieren, zumal sie sich in Zukunft wahrscheinlich in positive Richtung verändern werden.

5. Sicherheit

Bezüglich Sicherheit sollen drei Aspekte betrachtet werden:

- Ausfallsicherheit
- Unzulässige Datenmanipulation
- Password-Schutz

Bezüglich der Ausfallsicherheit gibt es neben den herkömmlichen Maßnahmen, wie Vorhalten von Ersatzgeräten oder unterbrechungsfreie Spannungsversorgung, auch einige netzspezifische Möglichkeiten. Diese ergeben sich aus der Redundanz, die durch die Verwendung mehrerer Server erreicht wird. So ist zu empfehlen, jedes Programmsystem zumindest auf zwei verschiedenen Servern vorzuhalten. Bei Ausfall des einen Servers wird der Benutzer im Netzwerk dann mit dem anderen Server verbunden. Dieses Umschalten kann natürlich nicht dem Anwender überlassen werden, sondern muß von den Mechanismen, die dem Aufruf der Programme dienen, mit übernommen werden. Weiterhin ist es sinnvoll, die Server auf unabhängige Netzabschnitte zu verteilen. Bei einem Netz auf Ethernet-Basis könnten dies z.B. verschiedene Koax-Segmente sein. Damit ist dann gewährleistet, daß sich eine lokale Störung im Netz auch bezüglich der Software-Verbreitung nicht auf das gesamte Netz ausbreitet. Auch Wartungsarbeiten, die es erfordern, einen Bereich des Netzes abzutrennen, sind dann leichter durchzuführen.

Bei einem Betrieb im Netz, der viele Benutzer miteinander verbindet, kommt den Vorkehrungen gegen unzulässige Manipulationen der Datenbestände besondere Bedeutung zu. Innerhalb einer Universität muß der Netzverwalter neben unerfahrenen Benutzern, die durch Fehlbedienungen Daten löschen könnten, auch mit sogenannten Freaks rechnen, die es ganz bewußt darauf anlegen, Schutzmechanismen zu umgehen.

Für die Arbeitsplatzrechner verwenden wir ausschließlich Software, die grundsätzlich keinen externen Zugriff auf lokale Platten oder Disketten gestattet. Die PCs nutzen also wohl externe Netz-Ressourcen, bieten jedoch ihrerseits dem Netz keine eigenen Betriebsmittel an. Im Jargon der PC-Netzwerke arbeiten die Workstation also ausschließlich als Redirector und übernehmen keinerlei Funktion als Server. Ein Benutzer, der sich diszipliniert an diese Regelung hält, ist zuverlässig gegen Fremdeingriffe geschützt.

Die Server werden in zwei Kategorien eingeteilt. Zur ersten Kategorie gehören die Server, auf denen Benutzer Daten ablegen können. Hier gibt es freie Bereiche, in denen, unter Beachtung gewisser Regelungen, jeder Nutzer des Netzes kurzfristig Daten ablegen kann. Diese Daten sind nicht sonderlich geschützt oder von den Daten anderer Benutzer isoliert. Der Anwender ist also wesentlich auf die Disziplin und Kollegialität seiner Mitbenutzer angewiesen. Da für diese Bereiche keine zentrale Datensicherung erfolgt, sondern diese Bereiche im Gegenteil regelmäßig gelöscht werden, können sie wirklich nur für temporäre Daten genutzt werden. Darüber hinaus gibt es für besondere Zwecke auch Bereiche, die einem Password-Schutz unterworfen sind und die somit nur von den Password-Inhabern genutzt werden können. Z.B. kann Dozenten, die Übungsaufgaben und Lösungen über das Netz verbreiten wollen, ein solcher Bereich zur Verfügung gestellt werden. Der schreibende Zugriff ist dann nur den Dozenten möglich, lesender Zugriff kann jedoch jedem eingeräumt werden.

Zur zweiten Kategorie zählen alle Server, auf denen Programmsysteme abgelegt sind. Auf diese Datenbestände ist von außen grundsätzlich nur lesender Zugriff möglich. Will man ganz sicher gehen, so kann man die Platten mit einem Hardware-Schreibschutz ausrüsten. Darüber hinaus haben wir noch einen weiteren Schutz eingeführt. Wie bereits oben ausgeführt, sind die einzelnen Software-Produkte durch eigene Inhaltsverzeichnisse voneinander isoliert. Jede einzelne Directory kann dem am Netz arbeitenden Anwender als virtuelles Netzwerkaufwerk angeboten werden. Dies geschieht allerdings nur bei Bedarf und auch erst nach Übermittlung eines zu dem Programm gehörenden Schlüsselworts. Alle Programme, mit denen ein Anwender nicht arbeitet, sind für ihn auch nicht sichtbar.

Von wenigen Ausnahmen abgesehen, sind die meisten Dienstleistungen des Netzes nur über Schlüsselwörter zugänglich. Dieser Password-Schutz ist deshalb ein entscheidender Punkt für die Integrität der Datenbestände im Netz. Die Probleme, die die Auslegung von Schlüsselwörtern mit sich bringt, sind allgemein bekannt. Sie seien kurz zusammengefaßt:

Empfehlenswert sind Schlüsselwörter, die keinen irgendwie gearteten Bezug zu sinntragenden Wörtern haben. Eine gute Mischung aus Buchstaben, Ziffern und, wenn möglich, Sonderzeichen ist anzustreben. Außerdem sind Schlüsselwörter möglichst oft zu ändern. Leider müssen Schlüsselwörter jedoch von menschlichen Anwendern eingegeben und insbesondere behalten werden. Dies ist den meisten Nutzern – und der Autor schließt sich hier ausdrücklich ein – bei kryptischen, schnell wechselnden Schlüsselwörtern einfach nicht möglich. Die Folge ist, daß Schlüsselwörter aufgeschrieben werden und die entsprechenden Zettel herumliegen oder aber daß doch wieder übliche Schlüsselwörter gewählt werden: bevorzugt Vornamen mit nachgestellten Ziffern. Die Konsequenzen für die Wirksamkeit des Schutzes sind offensichtlich.

Wir experimentieren bereits einige Zeit mit einem besonderen Verfahren, das sich bis jetzt hervorragend bewährt hat. Die Schlüsselwörter werden nach den oben aufgeführten wünschenswerten Kriterien automatisch durch ein Programm gewählt. Sie sind jedoch keiner Person, auch dem Netzverwalter nicht, bekannt, sondern sind versteckter Bestandteil eines Programms, dessen Aufgabe es ist, bei seinem Aufruf das ihm bekannte Password an den Server zu übermitteln. Ein Benutzer, der berechtigt ist, ein bestimmtes Software-Produkt zu nutzen, bekommt also Zugang zu dem Programm, das das Password der zugehörigen Directory kennt. Die Diskette mit dem Password-Programm ist damit wie ein realer Schlüssel zu sehen: auch der kann verloren gehen, kann in unrechte Hände fallen oder kopiert werden.

6. Lizenzprobleme

Mit dem Kauf eines Software-Produkts erwirbt man ein einfaches Nutzungsrecht, d.h. das Programm darf zu einem Zeitpunkt nur von einer Person auf einem Rechner genutzt werden. Beim Einsatz eines Programmes im Netz fällt es vielen Netzverwaltern schwer, dieser juristischen Vorgabe zu genügen. In allen Universitäten gibt es deshalb Bemühungen, nach Möglichkeit Netz- oder gar Campus-Lizenzen zu erwerben. Leider sind viele Software-Firmen, vor allem die großen, nicht bereit, sich auf entsprechende vertragliche Vereinbarungen einzulassen. Der Netzwerkverwalter wird also im allgemeinen für jedes Software-Produkt abschätzen, wie häufig es maximal gleichzeitig genutzt wird, und wird dann entsprechend viele Einzellizenzen erwerben. Damit verbleiben jedoch zwei Probleme: zum einen muß überwacht werden, wer zu welchem Zeitpunkt mit welchem Programm arbeitet, und zum anderen ist ein unzulässiges Kopieren von Programmen zu unterbinden.

Um das Problem der Raubkopien in den Griff zu bekommen, ist wohl an allen Hochschulen eine formaljuristische Absicherung üblich; d.h. jeder Teilnehmer am Netzwerkbetrieb muß durch seine Unterschrift versichern, daß er vorgegebene Regelungen einhält, daß er insbesondere alle gesetzlichen Bestimmungen beachtet. Damit wird ein Fehlverhalten der Benutzer letztlich zum bewußten Diebstahl, gegen den kann man sich nur schwer zur Wehr setzen kann.

Darüber hinaus gibt es aber auch einige netzspezifischen Maßnahmen, um unzulässiges Kopieren zu verhindern. So bieten zum Beispiel einige Netzwerk-Systeme, ähnlich wie das Betriebssystem Unix, die Möglichkeit für den Server, zwischen Laden eines Programms und Lesen des Programms zu unterscheiden. Damit kann man dann alle ausführbaren Programme als ausschließlich ladbar erklären. Ein Programm kann dann zwar aufgerufen und ausgeführt, aber nicht für einen normalen Lesevorgang, der ja mit einer Kopieroperation verbunden ist, geöffnet werden. Leider haben einige Programme, und dazu gehören durchaus einige der weitverbreiteten Textverarbeitungs- und Datenbankprogramme, die in diesem Zusammenhang unangenehme Eigenart, nach dem Start sich selbst wieder zu lesen. Dies Verfahren wird z.B. für Overlay-Techniken oder Parameter-Modifikationen benutzt. All diese Programme entziehen sich damit dem ansonsten möglichen Schutz.

Bei uns sind die Programme im Moment weitgehend dadurch geschützt, daß alle zu dem Programm gehörenden Datenbestände, wie oben bereits erwähnt, nur dann im Zugriff des Benutzers liegen, wenn das Programm gerade aufgerufen ist. Umgekehrt heißt dies, daß, wenn ein bestimmtes Programm läuft, alle anderen Programme nicht im Zugriff des Benutzers liegen. Die üblichen Kopierprogramme – wie COPY, XCOPY, PCTOOLS, XTREE usw. – können also allein deshalb nicht zum Kopieren von Programmen genutzt werden, weil diese Programme einfach nicht vorhanden sind, wenn das Kopierprogramm läuft. Ein Programm kann also höchstens von sich selbst kopiert werden. Und hier liegt die Schwachstelle unseres Verfahrens. Viele Programme bieten eine eigene Oberfläche an, um grundlegende Dateidienste in der vom Programm gewohnten Bedienungsart vornehmen zu können. Dazu gehört im allgemeinen auch die Funktion "Kopieren". Viele Programme bieten auch die Möglichkeit an, ohne das Programm zu beenden, andere DOS-Programme, z.B. COPY aufzurufen. Die letzte Schwachstelle kann man vermeiden, wenn man beim Aufruf des Programms den weiteren Zugriff auf den DOS-Befehlsinterpreter verhindert. Das erstere Problem ist dagegen nur mühsam und von Programm zu Programm unterschiedlich zu lösen. Als wirkungsvolles Hilfsmittel hat sich das Attribut Hidden des DOS-File-Systems erwiesen, insbesondere wenn es ausführbaren Files zugeteilt wird. Versteckte Programme können dann zwar aufgerufen, aber nicht für lesenden Zugriff geöffnet werden.

Insgesamt muß man leider zugeben, daß bei allen Bemühungen eine gewisse Restunsicherheit bestehen bleibt. Hier hilft entweder nur ein verändertes Unrechtsbewußtsein der Benutzer – das wäre das beste – oder aber die Implementierung wirksamer Schutzmechanismen durch die Betriebssystem- und Software-Hersteller – das wäre das sicherste.

Das zweite Lizenzproblem, das sich für den Netzverwalter ergibt, ist das der Überwachung der zulässigen gleichzeitigen Nutzungsanzahlen. Wir haben dieses Problem durch die Einführung eines wirkungsvollen Zählverfahrens weitgehend gelöst. Will ein Benutzer ein Programm starten, so wird zuerst die Anzahl der momentanen Benutzer überprüft. Nur wenn diese kleiner ist als die Anzahl der beschafften Lizenzen, wird das Programm wirklich aufgerufen. Das Interessante an der vorgestellten Lösung ist nicht die Vorgehensweise an sich, die liegt auf der Hand, sondert die Art der Realisierung. Sie basiert auf einem seit der DOS Version 3.10 verfügbarem Betriebssystemmechanismus: dem Byte-Locking. Dieses Hilfsmittel dient dazu, den Zugriff mehrerer Programme auf ein und dasselbe Betriebsmittel zu synchronisieren. Es kann von einem Programm dazu verwendet werden, einen bestimmten Teil eines Files exklusiv zu belegen. Anderen Programmen ist dann anschließend kein Zugriff auf diesen Teil der Datei mehr möglich.

Die Anzahl der zulässigen Nutzer eines Programms wird bestimmt durch die Länge eines dem Programm zugeordneten Kontroll-Files. Jedes Programm, das gestartet wird, versucht ein Byte des Kontroll-Files im obigen Sinne zu belegen. Gelingt dies, so war die Anzahl der momentanen Benutzer noch kleiner als die maximale Anzahl; das Programm kann also für den Anwender gestartet werden. Ist jedoch kein Byte mehr zu belegen, so sind alle verfügbaren Lizenzen im Einsatz und der Aufruf des Programms muß abgelehnt werden. Nach Beendigung eines Programms wird die Belegung natürlich zurückgenommen. Der große Vorteil dieser Vorgehensweise ist, daß das Betriebssystem selbst alle lästigen Synchronisierungsarbeiten übernimmt. Z.B. wird zuverlässig verhindert, daß zwei Benutzer gleichzeitig ein und dasselbe Byte belegen; und andererseits wird ein Byte automatisch freigegeben, wenn die zugehörige Verbindung zum Server vor Beendigung des Programms abgebrochen wird.

7. Zusammenfassung

Die meisten der in den vorangegangenen Abschnitten angestellten Überlegungen sind unmittelbar in die von uns praktizierte Organisation des Software-Zugangs eingeflossen bzw. werden demnächst Berücksichtigung finden. Die daraus resultierenden Konsequenzen für das einfache Schema aus Abschnitt 3 sind zwar recht einschneidend, es ist uns jedoch weitgehend gelungen, die Änderungen so einzubinden, daß sich für die Kommandoeingaben des Anwenders keine Auswirkungen ergeben. Zusammenfassend wird der Zugangsmechanismus durch die folgenden Punkte beschrieben.

7.1 Server

Innerhalb des Netzes stehen mehrere leistungsstarke Server zur Verfügung. Jedes Programm-System, das im Netz verfügbar ist, ist in einer eigenen Directory auf einem der Server untergebracht. Eine solche Directory ist für den Benutzer nicht direkt zugänglich; erst nach Übermittlung eines Schlüsselworts wird sie dem Arbeitsplatzrechner als virtuelles Laufwerk zur Verfügung gestellt.

Jedes Programm ist aus Gründen der Ausfallsicherheit auf wenigstens zwei verschiedenen Servern abgelegt. Andererseits sind wenigstens zwei der Server, die das gleiche Programm bereitstellen, an zwei unabhängige Teile des Netzes angeschlossen.

7.2 Schlüsselwörter

Die Schlüsselwörter, die den Zugriff auf eine Programm-Directory ermöglichen, sind keiner Person bekannt, weder dem Netzverwalter, noch einem Benutzer. Sie werden automatisch als Zufallskombination von Buchstaben, Ziffern und Sonderzeichen gebildet und sind interner Bestandteil eines zentralen Verwaltungsprogramms, zu dessen Aufgaben es gehört, bei zulässiger Anforderung das Password zum Server zu übermitteln. Die Schlüsselwörter können in schneller Abfolge geändert werden. Stündliche Änderung ist problemlos realisierbar.

7.3 Lizenzanzahlen

Jedem Programm ist auf dem Server ein Lizenz-File zugeordnet. Diese Datei enthält genau so viele Bytes, wie Nutzungsrechte erworben wurden. Jeder Start des Programms bewirkt, daß eines dieser Bytes gesperrt wird (byte locking). Kann kein Byte mehr belegt werden, so wird der Programm-Start abgebrochen.

7.4 BATCH-Files

Zu jedem im Netz verfügbaren Programm gehört eine eigene BATCH-Datei. Eine solche Kommandoliste beginnt stets mit dem Aufbau einer dem Programm angepaßten Umgebung, ruft dann über das zentrale Verwaltungsprogramm die gewünschte Software auf, und stellt nach Beendigung des Programms schließlich wieder die Standardumgebung her. Alle BATCH-Files sind in einer einzigen Directory zusammengefaßt. Diese Directory ist auf jedem Server vorhanden. Sie wird stets in den Suchpfad (PATH) für ausführbare Programme eingetragen.

7.5 Zentrales Verwaltungsprogramm

Das zentrale Verwaltungsprogramm übernimmt die Aufgabe, auf Anforderung des Benutzers ein Programm, dessen Name ihm als Parameter mitgeteilt wird, zum Ablauf zu bringen. Hierzu werden in der angegebenen Reihenfolge folgende Funktionen ausgeführt:

- Das zum Programm gehörende Schlüsselwort wird zum Server übermittelt und so eine Verbindung zwischen Server-Directory und Arbeitsplatzrechner hergestellt.
- Die Anzahl der aktuellen Benutzer des Programms wird überprüft.
- Bei positivem Ausgang der Lizenzüberprüfung wird das Programm gestartet.
- Die Verbindung zum Server wird abgebrochen.
- Jeder Aufruf eines Programms bedingt außerdem, daß ein oder mehrere Einträge in eine zentrale Logbuch-Datei vorgenommen werden.

7.6 Ablauf einer Anwendersitzung

In Abwandlung der in Abschnitt 3 beschriebenen Abläufe können die Vorgänge bei der Sitzung eines Anwenders jetzt wie folgt beschrieben werden:

- Beim Start des Rechners wird eine Verbindung zur Platte des am geringsten belasteten Servers aufgebaut. Die BATCH-Directory diese Servers wird in den Suchpfad eingetragen.
- Beim Aufruf eines Programms wird die Verbindung zu einem der Server hergestellt, auf dem dieses Programm abgelegt ist. Die Verbindung zum bisherigen Server wird abgebrochen.
- Mit Hilfe des zentralen Verwaltungsprogramms wird das angegebene Programm zum Ablauf gebracht.
- Bei Beendigung des Programms wird zwar der Zugriff zur Programm-Directory zurückgenommen, die Verbindung zum momentanen Server bleibt jedoch bestehen.

Die vorgestellten Organisationsformen sind als notwendiger Versuch zu sehen, auf aktuelle Probleme zu reagieren. Sie werden in diesem Artikel als Fallstudie weitergegeben und erheben keinen Anspruch in ihrer konkreten Form lange lebensfähig zu sein. In den Zeiten der Einführung einer neuen Technologie gehört es zu den natürlichen Aufgaben einer Universität, solche Spezialentwicklung voranzutreiben. Auf lange Sicht kann sich jedoch kein Betreiber von Netzwerken damit belasten, diese Mechanismen selbst zu konzipieren. Hier sind die Hersteller der Betriebssysteme und insbesondere die Anbieter von Netzwerken aufgerufen, entsprechende Problemlösungen zum Standardbestandteil ihrer Software-Produkte zu machen.

Einsatz vernetzter SINIX-Mehrplatz-PCs in der Lehre

Volkhard Lorenz

Universität Mainz
Lehrstuhl für Betriebswirtschaftslehre
und Betriebsinformatik

In diesem Beitrag wird die Konzeption, die Konfiguration und der Einsatz eines CIP-Pools vorgestellt, der auf dem UNIX-Derivat SINIX basiert. Der vorgestellte PC-Saal ist der CIP-Pool des Fachbereichs Rechts- und Wirtschaftswissenschaften an der Johannes Gutenberg-Universität Mainz. Der PC-Pool wir dort im wesentlichen für die Ausbildung in Betriebsinformatik eingesetzt.

1. CIP-Pools als Bestandteil der DV-Infrastruktur der Universität Mainz

Die DV-Landschaft der Universität Mainz ist derzeit geprägt durch einen (skalaren) Großrechner der Firma Honeywell-Bull (DPS 8/70 DP) mit dem Betriebssystem Multics, einer Reihe von Institutsrechnern der VAX-Klasse, 30 durch das CI-Programm finanzierte PC-Säle sowie einer fast unüberschaubaren Anzahl von Stand-alone-PCs in den verschiedenen Instituten und Lehrstühlen. Darüber hinaus existieren neben den Anschlüssen an DFN, EARN und DATEX-P Zugänge zu dem Landesvektorrechner VP-100 sowie dem BS2000-Rechner des Regionalen Hochschulrechenzentrums in Kaiserslautern. Diese in der Abbildung 1 (folgende Seite) dokumentierte Struktur ist z. Zt. im Wandel begriffen, da zum einen in den kommenden beiden Jahren ein universitätsweites Campusnetz vorgesehen ist, an das möglichst alle DV-Anlagen angeschlossen werden können, und zum anderen die vorhandene DV-Infrastruktur im Zentrum für Datenverarbeitung der Universität Mainz durch ein echtes 3-Ebenen-Konzept abgelöst werden soll. Dieses Konzept sieht in der untersten Ebene Workstations bzw. PCs oder Terminals vor, in der mittleren Ebene ein VAX-Cluster und in der obersten Ebene einen skalaren Rechner der Klasse 3090-X sowie eine Vektoreinheit. Nach diesen Planungen werden auch die derzeit weitgehend isoliert betriebenen CIP-Pools ein Teil des Campusnetzes werden. Die Entwicklung des CI-Programmes an der Universität Mainz begann im Jahre 1985 mit 9 Pools und 82 Arbeitsplätzen und ist Ende 1988 bei 30 Pools mit über 325 Arbeitsplätzen angelangt. Der überwiegende Teil der

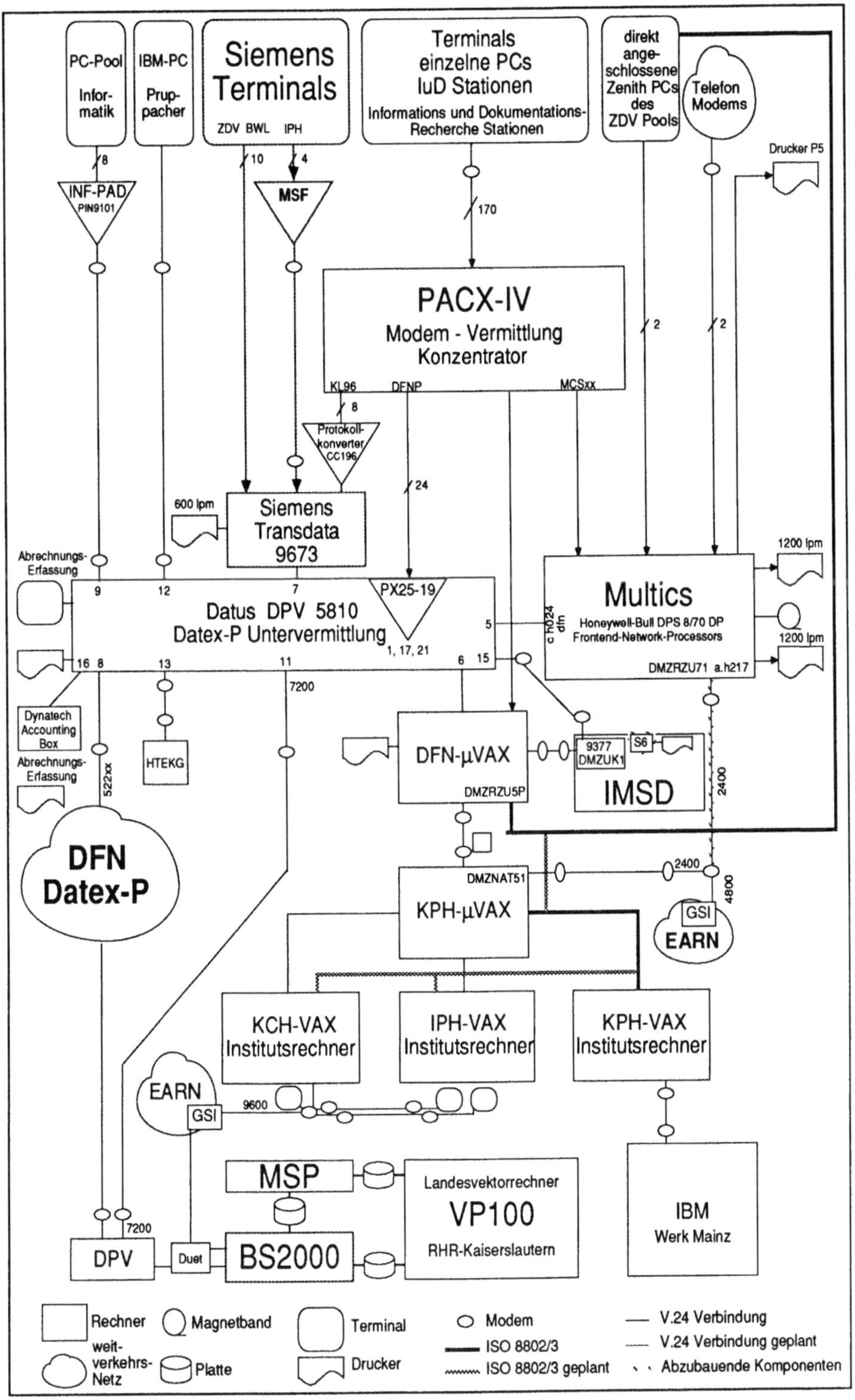

Abb. 1: JOGUNET Universität Mainz, Januar 1989

Geräte gehört zur Familie der "Kompatiblen"; Ausnahmen bilden lediglich die Produkte Victor Sirius, Micro-VAX sowie die Siemens-Fabrikate mit dem Betriebssystem SINIX.

2. Auswahl und Ausstattung des CIP-Pools des Fachbereichs Rechts- und Wirtschaftswissenschaften

Der vorgestellte PC-Saal ist mit SINIX-Mehrplatzsystemen ausgestattet. SINIX ist das UNIX-(XENIX-)Derivat der Firma Siemens. Siemens hat über die SINIX-Shell eine deutschsprachige Benutzeroberfläche gelegt, die zunächst aus einer Menüstruktur bestand und heute als graphische Oberfläche mit Maus-Bedienung vorliegt. Die Kriterien, die zur Entscheidung geführt haben, aus der allgemeinen DOS-Linie der Universität auszuscheren, sind im folgenden stichwortartig aufgeführt:

- Studenten der Betriebs- bzw. Wirtschaftsinformatik sollten nicht nur an reinen PCs ausgebildet werden, sondern auch mit mittleren Rechnerkategorien und natürlich auch mit Großrechnern arbeiten. UNIX kommt diesem Wunsch zumindest entgegen. Es ist weit mächtiger als DOS, und es ist multiuser- und multitaskingfähig.
- UNIX ist mehrplatzfähig, und das Siemens-Derivat SINIX existiert auf verschiedenen Rechnerklassen, beginnend beim Einplatzsystem PC X10 über den PC MX2, den MX300 sowie den MX500 mit über 30 Arbeitsplätzen.
- Ab 4 Arbeitsplätzen pro Zentraleinheit ist ein Mehrplatzsystem rentabler als Stand-alone-Geräte. So liegen die durchschnittlichen Anschaffungskosten pro Arbeitsplatz unseres CIP-Pools unter 17.000,- DM, während sie universitätsweit über 20.000,- DM pro Arbeitsplatz liegen.
- SINIX ist zur Zeit das verbreiteteste Produkt im westeuropäischen UNIX-Markt.
- SINIX ist im Gegensatz zu anderen UNIX-Systemen vor allem im kommerziellen Bereich verbreitet. Zu fast allen Einsatzgebieten der Informations- und Kommunikationstechniken existieren unter SINIX laufende Werkzeuge (Text, Kalkulation, Mehrplatzgraphik, Datenbanksysteme, Mail, Expertensystem-Shells, Software-Entwicklungstools sowie zahlreiche betriebliche Anwendungen).
- Studenten der Wirtschaftsinformatik haben auch Zugriff zu den MS-DOS-Geräten des Rechenzentrums und lernen so die MS-DOS- und die UNIX-Welt kennen.

Der PC-Saal des Fachbereichs Rechts- und Wirtschaftswissenschaften war einer der ersten 9 Pools, die im Jahre 1985 beim ersten CI-Programm finanziert wurden. Die ersten Kurse liefen ab Januar 1986.

Die Hardware-Ausstattung besteht aus 4 SIEMENS MX 2 - Rechnern mit 17 Arbeitsplätzen und 2 SIEMENS MX 300 - Rechnern mit 14 Arbeitsplätzen, von denen 8 graphikfähig sind. Die insgesamt 31 Arbeitsplätze sind mit 5 Druckern versehen. Dazu gehört die folgende Software-Ausstattung:

- SINIX (Betriebssystem)
- HIT (Textverarbeitung)
- MES (Menü-Entwicklungssystem)
- INFORMIX (Datenbanksystem)
- INFORMIX-4GL (Datenbanksprache)
- COBOL
- C/CES (C-Entwicklungssystem)
- Pascal
- SIPRO-X (Projektplanung)
- Prolog
- SIPLAN (Tabellenkalkulation)
- REMOS (Netzwerk-Software)
- SIDRAW ("Freihandzeichnen")
- SICHART
- GKS (Graphik-Kernel-System)
- COLLAGE (graphische Oberfläche)
- S1 (Expertensystem-Shell)
- ABS-X (Anwendungssystem zur Auftragsfreigabe)
- Kommunikationssoftware für DATEX-P und zum Anschluß an SIEMENS-Großrechner

3. Einsatz des CIP-Pools

Für Studenten der Wirtschaftswissenschaften ist die DV-Ausbildung im Grundstudium derzeit noch nicht obligatorisch. Trotzdem wird das Angebot an Kursen, Praktika und Vorlesungen von mehr als 50% aller Studenten genutzt. Im einzelnen werden im Grundstudium angeboten:

- Die Vorlesung "Einführung in die Datenverarbeitung für Wirtschaftswissenschaftler" begleitet von Mikrocomputerpraktika (Text, Tabellenkalkulation, Betriebssystem)
- Programmierkurse in COBOL und Methodik des Programmierens
- Tutorial im Datenbanksystem INFORMIX

Die Mikrocomputerpraktika werden im wesentlichen von Studenten betreut, die als wissenschaftliche Hilfskräfte am Lehrstuhl für Betriebswirtschaftslehre und Betriebsinformatik tätig sind.

Im Hauptstudium werden zum einen begleitende Praktika und Workshops zu den Vorlesungen über Betriebswirtschaftslehre angeboten, zum anderen besteht die Ausbildung im Pflichtwahlfach Betriebsinformatik zu großen Teilen aus den Veranstaltungen, in denen die Arbeit im PC-Saal integriert ist.

Die Betriebsinformatik befaßt sich als Teilgebiet der Betriebswirtschaftslehre mit der Gestaltung und Nutzung von computerunterstützten Informations- und Kommunikationssystemen (IuK-Systeme). Die Absolventen dieses Pflichtwahlfaches sollen insbesondere in der Lage sein:

- betriebliche IuK-Systeme zu konzipieren
- Hardware- und Softwarekomponenten von IuK-Systemen zu beurteilen,
- IuK-Systeme im Unternehmen zu realisieren
- am Information-Ressource-Management mitzuwirken
- sich als qualifizierte Ansprechpartner für Fragen von IuK in den Fachabteilungen zu erweisen
- zu aktuellen Fragen auf dem Gebiet der IuK fachkundig Stellung zu nehmen

Diesen Zielen wird durch das Ausbildungsprogramm (vgl. Abb. 2) Rechnung getragen.

Durch die Ausbildung im PC-Saal erlangen die Studenten auch die Qualifikation, als Werkstudenten bei Software-Projekten mitzuwirken. Unter Mitwirkung bzw. Koordination des Lehrstuhls konnten z.B. die folgenden Anwendungen realisiert werden:

- LIS – ein Literaturinformationssystem auf Basis des Datenbanksystems INFORMIX und 4GL
- KASTRO – ein von Studenten realisiertes Programm zur Grundbuchverwaltung
- VKD-Info – ein Informationssystem zur Vertriebsunterstützung bei der Firma Siemens.

4. Erfahrungen, Pläne und Wünsche

Erfahrungen negativer Art wurden im Bereich der personellen und finanziellen Unterstützung des Pool-Betriebes gemacht. Mit der Einrichtung des PC-Saales kam, wie bei den meisten PC-Sälen auch, eine immense Mehrbelastung auf den betreuenden Lehrstuhl zu. Zwar finanzieren Fachbereich und Universität studentische Hilfskräfte und einen Lehrauftrag, so daß alle genannten Kurse, Praktika und Übungen stattfinden können; jedoch nehmen die Administration des Pools sowie die Koordination und Betreuung und z.T. auch die eigene Durchführung der Veranstaltungen zumindest während der Vorlesungszeit eine Person des Lehrstuhls ständig in Anspruch. Eine Abhilfe hierfür ist vor 1990 nicht in Sicht.

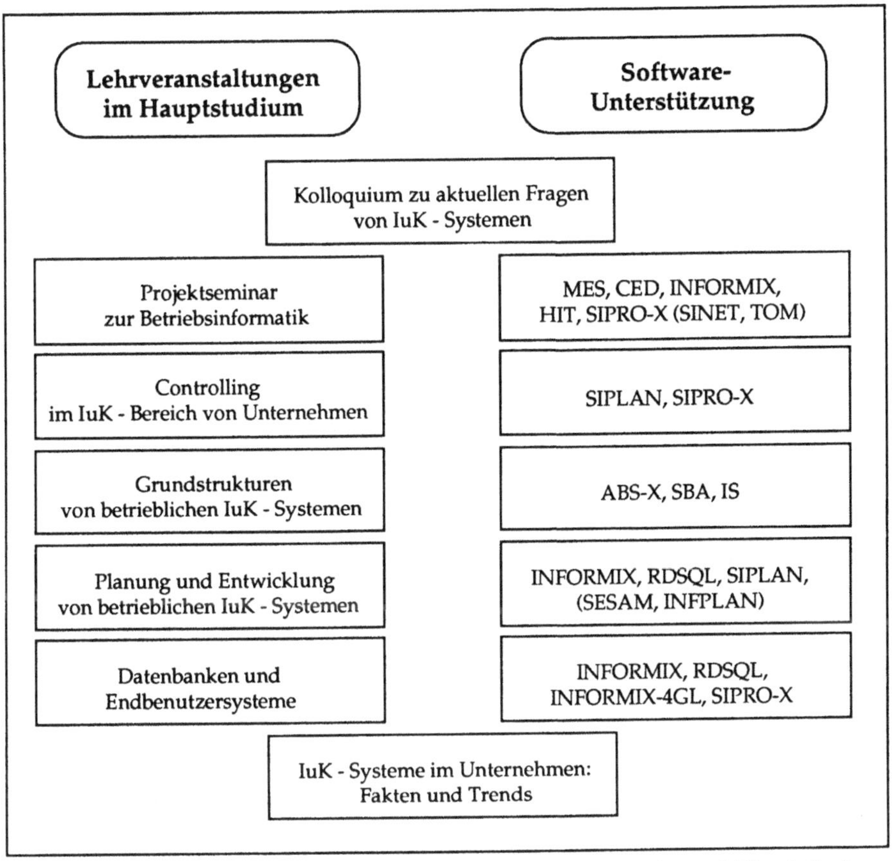

Abb. 2: Das Ausbildungsprogramm in Betriebsinformatik im Fachbereich Rechts- und Wirtschaftswissenschaften an der Universität Mainz

Probleme gab es bisher auch immer wieder bei den Wartungskosten. Da ein Wartungsvertrag nicht finanziert wurde, war jede Reparatur mit einem Bettelgang vom Fachbereich über die Universitätsleitung bis hin zum Hersteller verbunden. Vor allem der guten Zusammenarbeit mit dem Hersteller ist es zu verdanken, daß bisher alle Veranstaltungen ohne lange Unterbrechungen durchgeführt werden konnten. 1989 kann (endlich) ein Vertrag über eine rudimentäre Wartung abgeschlossen werden.

Diesen negativen Erfahrungen steht der Erfolg in Form einer nicht erwarteten hohen Resonanz des PC-Saales von seiten der Studenten gegenüber. Nach weniger als einem Jahr waren die Kurse voll belegt. Inzwischen nehmen über 200 Studenten pro Semester an den angebotenen Kursen teil. Wegen der hohen Nachfrage werden die Kurse seit 1988 auch in den Ferien angeboten.

Weiterhin zahlt sich die Einbindung von Studenten als Tutoren positiv aus. Vor allem bei Anfängern werden deren Kurse gerne angenommen. Dies liegt wohl vor allem daran, daß die Hemmschwelle zur Datenverarbeitung vor Kommilitonen geringer ist als vor Dozenten.

Die PC-Pools haben universitätsweit zur DV-Durchdringung der einzelnen Fachbereiche und Institute beigetragen. Die Anwendung der PCs im universitären Bereich wird erstmals bei den PC-Tagen '89 der Universität Mainz sowohl nach innen als auch nach außen vorgestellt. Mit Grundsatzreferaten, Fachvorträgen, Präsentationen und Ausstellungen von Studenten, Mitarbeitern der Universität, Händlern, Herstellern und Schulen soll dabei der breiten Öffentlichkeit gezeigt werden, wie die Ressource "Mikrocomputer" an der Universität genutzt wird.

Schließen soll dieser Beitrag mit dem Wunsch an die zuständigen Bearbeiter, vor allem bei der Landesregierung, die CIP-Anträge in Zukunft doch etwas zügiger zu bearbeiten (es erscheint unverständlich, warum ein Antrag zum CIP-1987 im Dezember 1988 noch immer nicht entschieden war).

Danksagung

Dieser Vortrag ist durch die Unterstützung des Hauses Siemens AG zustandegekommen. Insbesondere Herrn Wurst möchte ich an dieser Stelle dafür herzlich danken.

WAN-LAN-Gateways für synchrone und asynchrone Host-Anschlüsse

Hartmut Koke und Manfred Eyßell

Gesellschaft für wissenschaftliche
Datenverarbeitung mbH Göttingen (GWDG)

1. Einleitung

Die Richtlinien des Computer-Investitions-Programms (CIP) empfehlen grundsätzlich die Anbindung der untereinander durch LAN-Technologie vernetzten Arbeitsplatzrechner an das allgemeine Hochschulnetz im Rahmen des mehrstufigen Versorgungskonzeptes.

Hochschulen mit ausgeprägter Campus-Struktur erreichen dieses Ziel auf einfache Weise durch direkte Anbindung des CIP-Pool LANs an das Campus LAN, wobei durch Einsatz von Filter-Brücken und *Backbone* Strukturen optimale Voraussetzungen geschaffen werden können.

Die Universität Göttingen besteht, als historisch gewachsene Einrichtung, aus zahlreichen über das gesamte Stadtgebiet verteilten Instituten, die sich überwiegend auf nicht zusammenhängenden Grundstücken befinden . Die GWDG, die die Aufgaben des Hochschulrechenzentrums wahrnimmt, ist zudem postrechtlich "Dritter" im Sinne der Fernmeldeordnung. Daraus folgt, daß die Verbindungen der CIP-Pools, von denen bisher 9 in den verschiedenen Fachbereichen eingerichtet wurden, einzeln über Leitungen des öffentlichen Netzes geführt werden müssen.

Die GWDG betreibt zur Zeit eine Großrechenanlage IBM 3090-200E mit einer Vektoreinrichtung sowie eine VAX 8650 für Spezial- und Grafikanwendungen. Beide Rechner sind durch ein Ethernet-LAN mit DECnet-Protokoll untereinander verbunden.

Der übliche Ansatz, den CIP-Pool an den Großrechner anzubinden, besteht in diesem Umfeld darin, ein PC-System als SNA-*Gateway* zu konfigurieren, es über eine DFÜ-Leitung mit in der Regel 9,6 kbps an den Frontend-Rechner der IBM anzuschließen und damit den übrigen, im LAN befindlichen Arbeitsplatzrechnern, den Zugriff als 3270-kompatible Stationen zu ermöglichen. In einigen Fällen, in denen auch ein Zugriff auf lokale Fachbereichsrechner, die in der Regel nur als Asynchron-Hosts arbeiten können, gewünscht wird, ist ein ähnliche Lösung mit einem zusätzlichen PC als Asynchron-*Gateway* möglich. SNA-*Gateways* in dieser Art werden am Markt in großer Vielzahl angeboten, Lösungen für Asynchron-*Gateways* sind dagegen nur vereinzelt zu finden. Die im folgenden beschriebenen Erfahrungen mit einigen im Einsatz befindlichen Systemen zeigen, daß Leistungsumfang und Leistungsverhalten sehr unterschiedlich sein können und rechtzeitig bei der Auswahl bedacht werden sollten.

Das Konfigurationsbild (Bild 1) zeigt, daß für Serverfunktionen, d.h. für Datei- und Drucker-Server, synchroner und asynchroner Kommunikationsserver, drei PC-Systeme, in der Regel dediziert, eingesetzt werden müssen. Die Hauptursache dafür liegt in den fehlenden *Multi-Tasking* Eigenschaften des MS-DOS Betriebssystems. Eine Vereinigung aller Serverfunktionen auf einem leistungsfähigen 386-System erscheint aber in Kürze realisierbar, wenn die bereits angekündigten IBM Version des OS/2 mit LAN Server Software und integriertem Kommunikationsmanager bzw. die von anderen Firmen, auf OS/2 und dem LAN Manager basierenden, entsprechenden Kommunikationsprodukte eingesetzt werden können.

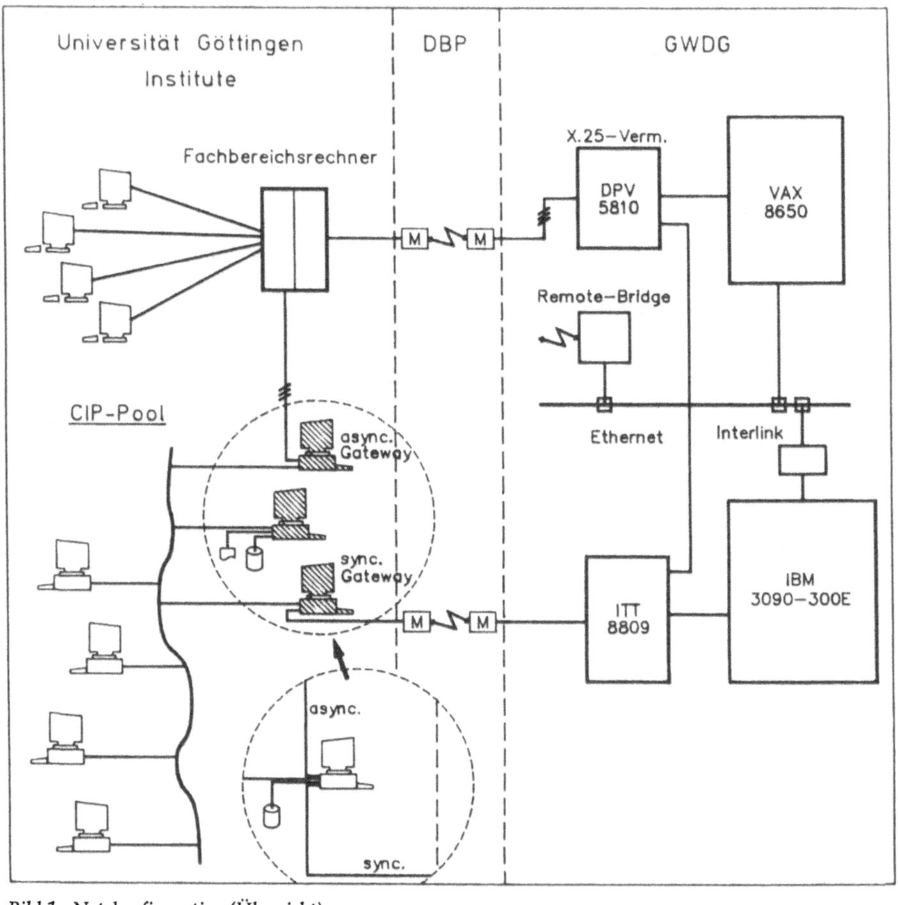

Bild 1: Netzkonfiguration (Übersicht)

2. LAN – Local Area Network (Lokales Netz)

Der Begriff LAN soll in diesem Vortrag auf das lokale Netzwerk begrenzt werden, zu dem die Rechner eines CIP-Pools (hier IBM- oder IBM-kompatible Arbeitsplatzrechner) zusammengeschaltet sind.

2.1 Aufbau eines lokalen Netzes

Bild 2 zeigt schematisch den prinzipiellen Aufbau eines lokalen PC-Netzes. Ein LAN ist aufgebaut aus einer Verbindungsleitung, die in der Form eines Ringes oder eines Busses einen oder mehrere *Server*-PC's mit den Arbeitsstationen verbindet. Der *Server* bietet den Workstations neben freiem Massenspeicherplatz gemeinsam zu nutzende Programme und Datenbestände. Weiterhin stellt er den Benutzern der Arbeitsstationen Drucker zur Verfügung und eventuell die Verbindungsleitung zu einem *Host*. An den *Workstations* arbeiten die Benutzer mit Applikationen.

Typischerweise stellt der *Server* seine Ressourcen mit SHARE-Befehlen zur Verfügung. Der Benutzer einer Workstation teilt sie sich mit einem USE-Kommando zu.

2.2 Programme im Netzwerk-PC

Mit Bild 3 soll gezeigt werden, welche Programme in einem PC, der mit einem Netzwerk verbunden ist, arbeiten und wie sie zusammenwirken.

Das BIOS bietet dem Betriebssystem und den Anwenderprogrammen über Software-Interrupts die zum Zugriff auf die Hardware notwendigen Funktionen. Da die Anbindung an ein LAN nicht der Regelfall beim Einsatz eines PC's ist, muß ein dem BIOS entsprechender Funktionsteil, das NETBIOS, noch eingefügt werden. Die beiden hierzu erforderlichen Programme heißen bei IBM TOKREUI.COM (Treiberprogramm für den Token-Ring-Netzwerkadapter) und NETBEUI.COM, welches auf BIOS-Ebene die Netzwerkfunktionen bereitstellt. Sie installieren zwei Schnittstellen im Rechner, nämlich eine hardwarenahe für Token-Ring-Applikationen und die NETBIOS-Schnittstelle.

Auf Betriebssystemebene ist das PC-LAN-Programm angeordnet, das die Anwenderschnittstelle zum Netzwerk bereitstellt. Es kann um ein meist HLLAPI (High Level Language Application Programm Interface) genanntes Programmteil erweitert werden, das eine Schnittstelle zur Einbindung der Netzwerkfunktionen in Anwendungsprogramme bietet.

Eine Applikation mit NETBIOS-Schnittstelle ist z.B. die Terminalemulation, netzwerkfähige Datenbankprogramme stützen sich auf das PC LAN Programm.

Nach diesem Schema sind die meisten LAN-Anschlüsse von PCs aufgebaut. IBM hat mit dem "LAN Support Program" eine weitere Schnittstelle eingefügt, nämlich die vom IEEE definierte Schnittstelle 802.2 zum Netzwerkadapter, die in das OSI-Schichtenmodell eingepaßt ist (siehe Ausschnitt in Bild 3). Hier installiert

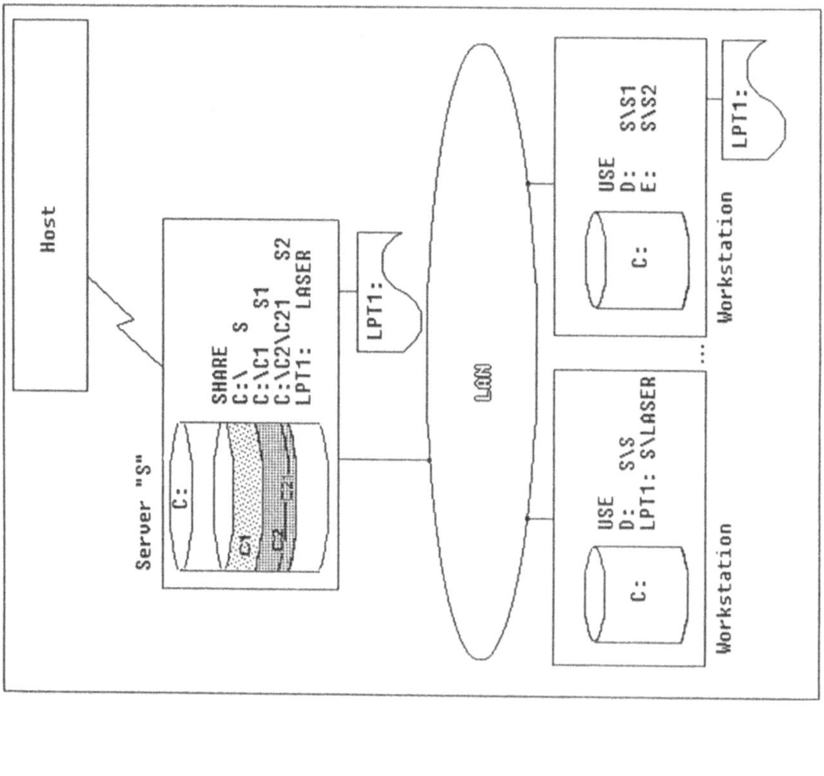

Bild 2: Local Area Network

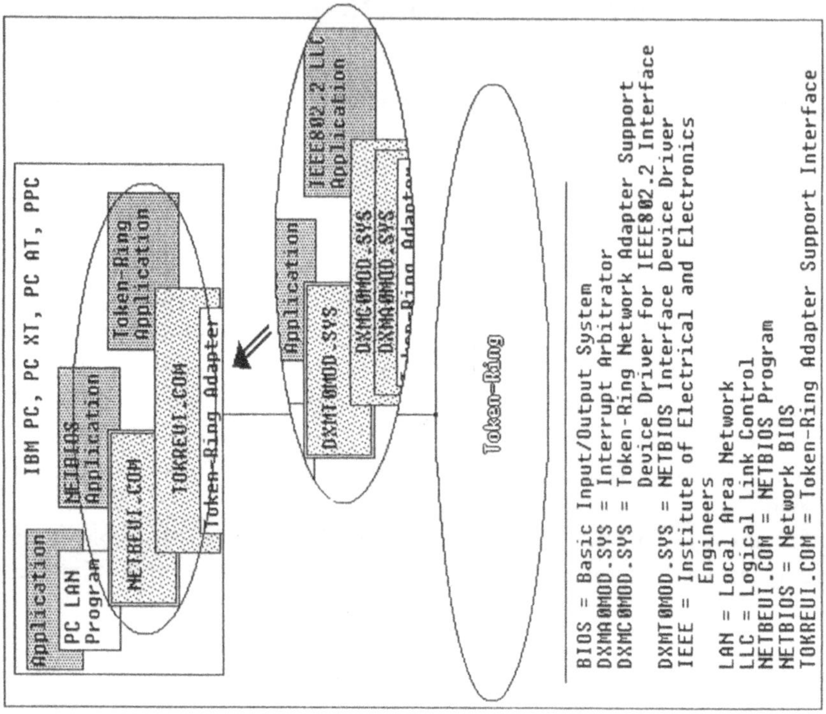

Bild 3: IBM NETBIOS

man je nach Anforderung drei Treiber-Programme beim Systemstart im Hauptspeicher:

DXMA0MOD.SYS – der Interrupt-Handler für die Interrupts des Netzwerk-Adapters;

DXMC0MOD.SYS – der Treiber für den Netzwerkadapter mit IEEE802.2-Schnittstelle; und mit

DXMT0MOD.SYS – das NETBIOS-Interface

2.3 Beispiele für LAN-Programme

An den seit etwa einem Jahr von der GWDG betriebenen Großrechner sind in den letzten Monaten die ersten CIP-Pools angebunden worden. Für einige der verwendeten Netzwerk-Programme sollen die wichtigsten Merkmale aufgezeigt und die unterschiedliche Funktionalität angedeutet werden (Bild 4).

	IBM PC LAN Program	Novell Netware	Sperry USERnet	Fox Research 10-Net
Version	V1.10 (C)1984 V1.20 (C)1987	V2.0 (C)1986	Netware/86 V1.0 (C)1986	V3.3 Level 1f
NETBIOS	NETBIOS (C)1986 oder LAN Support Program (C)1987	Novell Network BIOS Emulator Vers. 2.0a Revision 3 (C)1986	Novell Network BIOS Emulator	NETBIOS Emulator
Hardware	IBM Token-Ring Network 2-Dr.-Ring, 4 Mbps	Western Digital EtherCard PLUS koax-Bus, 10 Mbps	Corvus Omninet 2-Dr.-Bus, 750 kbps	10-Net 2-Dr.-Bus, 1 Mbps
Verfahren	token-passing	CSMA / Ethernet	CSMA	CSMA
Server	jeder kann Ressourcen zur Verfügung stellen(als SERVER)	dedicated Server(s)	dedicated Server(s)	jeder kann Ressourcen zur Verfügung stellen
Anz.d.Aktivitäten d.Servers	Error Log Druckerwarteschl. offene Dateien	dynamische Anzeige: offene Dateien Transfers	dynamische Anzeige: offene Dateien Transfers	diagnose-dump trace
Nachr'ten senden u. empfangen	ja (RED: nur senden, MSG: weiterleiten)	ja Mailbox im Server	ja Mailbox im Server	ja EMAIL CB
System-schutz	-	login/password	login/password	-
Benutzer-schutz	NET SHARE/NET USE mit Paßwort	Vergabe von Rechten an user/usergroups (R,W,O,C,D,P,S,M)	Vergabe von Rechten an user/usergroups (R,W,O,C,D,P,S,M)	Manager setzt Schwellen für Zugriffsrechte
Inhalts-verz.-Schutz	Rechte R,W,C können gesetzt werden	manager/user setzt max. rights mask (R,W,O,C,D,P,S,M)	manager/user setzt max. rights mask (R,W,O,C,D,P,S,M)	Zugriff auf Ressourcen mit Paßwort gesichert
Datei-schutz	DOS 'ATTRIB' R/W <--> R/O	utility 'FLAG' R/W <--> R/O	utility 'FLAG' R/W <--> R/O	DOS 'ATTRIB' R/W <--> R/O
Konfigu-ration	in AUTOEXEC.BAT jedes Rechners	im server	im server	Zuordnung von Ressourcen on-line

Bild 4: Local Area Networks (Beispiele)

3. WAN —Wide Area Network (Weiträumiges Netz)

Wird der enge Rahmen eines lokalen Netzes durch Kopplung mit anderen Netzen verlassen, entsteht ein weiträumiges Netz - ein WAN. Ist in einem solchen Netz die Ankoppelung an das Universitätsrechenzentrum gegeben, erhält man im Normalfall über DATEX-P auch Zugang zu den Fernnetzen DFN, EARN, BITNET und zu weiteren internationalen Netzen.

3.1 IBM Systems Network Architecture

So wie die hier angesprochenen LAN-Konfigurationen auf IBM-Standards basieren, geschieht auch die Anbindung an den Großrechner der GWDG über einen IBM-Standard, nämlich SNA (*Systems Network Architecture*).

Das Betriebssystem VM/CMS verwaltet virtuelle Maschinen der Benutzer und solche, die Systemdienste anbieten. Jeder Benutzer stellt mit seinem Terminal eine*Logical Unit* (LU) dar. Die Großrechner-Applikationen (zu denen auch die vir-

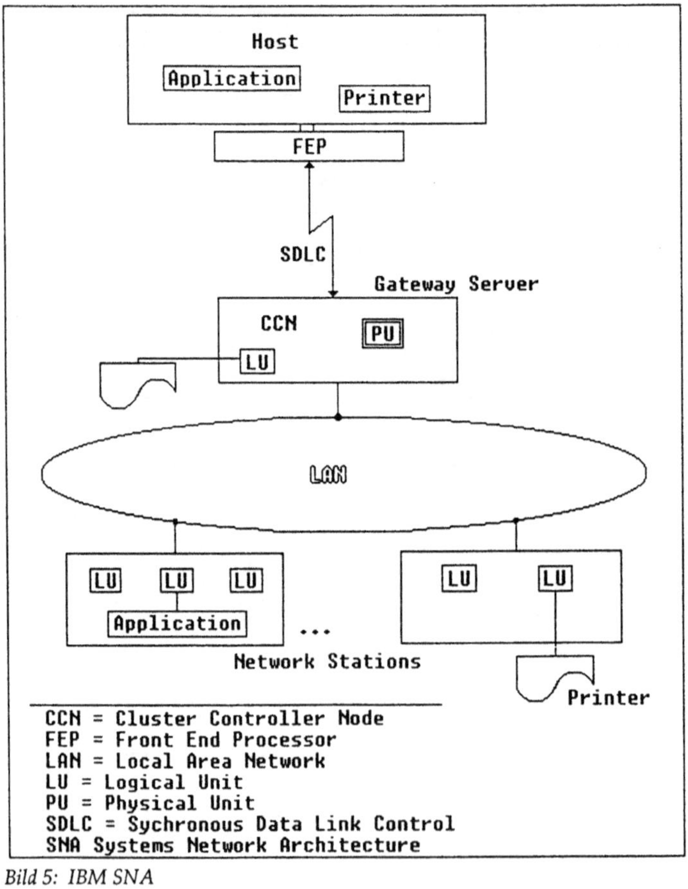

Bild 5: IBM SNA

tuellen Maschinen der Benutzer gehören) sind die Gegenstücke zur LU. Zu Beginn einer Dialogsitzung stellt ein Betriebssystemteil des Großrechners die Verbindung zwischen terminalseitiger und hostseitiger LU her. Die synchronen Leitungen, an denen Terminals betrieben werden, führen zu *Cluster Controller Nodes*, die eine *Physical Unit* (PU) darstellen. An diese Knoten sind Bildschirmterminals und Drucker angeschlossen, sie sind als *Logical Units* ins System integriert. Einige Terminaltypen erlauben das Hin- und Herschalten zwischen zwei Dialogsitzungen (und damit zwei Applikationen), diese beinhalten zwei LUs.

Im Falle der LAN-Integration in das Terminalnetz des Großrechners (Bild 5) wird der Cluster Controller auf dem mit einer synchronen Adapterkarte ausgestatteten *Gateway Server PC* durch ein Programm emuliert, die Terminals durch Programme auf den *Workstations*. Die meisten Emulationsprogramme gestatten es, mehrere LU's auf jedem PC zu halten, wodurch es möglich wird, sowohl auf dem *Gateway Server* als auch auf den *Workstations* eine oder mehrere Dialogsitzungen aktiv zu haben. Über das Netzwerk verteilt können Drucker für die Druckausgabe des Großrechners angeschlossen sein. Diese wird vom *Spooler* des Netzwerkprogramms mit der innerhalb des LAN's erzeugten Druckausgabe gemischt.

3.2 Beispiele für synchrone Terminalemulationsprogramme

Beispiele für die bisher auf den CIP-Pools eingesetzten Terminal-Emulationsprogramme sind neben der "IBM 3270-Emulation" das Programm "Attachmate EXTRA!", die in das "Sperry USERnet" eingebundene Terminal-Emulation und die im "Fox 10-Net" verwendete Terminal-Emulation von iti. Es werden einige Merkmale angeführt, um die unterschiedliche Funktionalität anzudeuten (Bild 6).

	IBM 3270 Emul.	Attachm.EXTRA!	Sperry USERnet	Fox Res.10-Gate
Gateway Anz.LU's	ja 32	als Option 128	ja 32	ja 32
Terminal Anz.LU's notepad alt.tasks Drucker Farbgraf. (Option)	 1 nein ja ja nein	 4 2 ja ja IBM 3279 S3G, IBM 3179 Mod.G	 5 nein ja ja nein	 9 nein ja ja nein
Besonder- heit		Fenstertechnik		
Datei- transfer	ja auch binär	ja auch binär	nein, Drucken auf Datei	ja auch binär
Trace	ja	nein	nein	
Software- schutz		install/de- install (n=2)		

Bild 6: IBM 3270 Emulation (Beispiele)

3.3 Beispiele für asynchrone Terminalemulationsprogramme

Soll der Zugang zu einem Institutsrechner mit asynchronen Terminalanschlüssen über das Netzwerk realisiert werden, setzt man einen *Server*-PC mit seriellen Schnittstellen ein; die Verwendung des IBM *Multiport Adapters* ermöglicht bis zu 32 asynchrone Verbindungen (Bild 7). IBM bietet für ein solches asynchrones *Gateway* das *"Local Area Network Asynchronous Connection Server Program"* (LCS) an. Der *Server-PC* kann für andere Aufgaben nicht mehr genutzt werden (*dedicated server*).

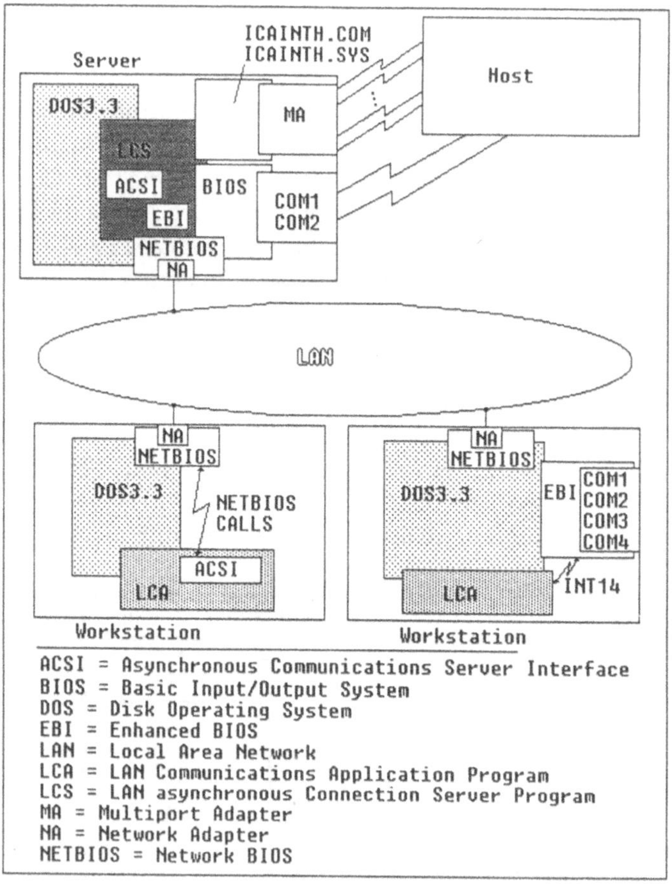

Bild 7: Asynchronous Gateway

In das LCS-Programm sind zwei Protokolle eingebaut: Das ACSI-Protokoll gestattet die Programmierung von Verbindungen auf höherer Softwareebene. Ein Applikationsprogramm auf der Arbeitsstation kann dann NETBIOS-Aufrufe verwenden. Das EBI-Protokoll ermöglicht es, Verbindungen auf hardwarenaher Ebene herzustellen. Die Verwendung des *Enhanced BIOS* (EBI) auf der *Workstation* ermöglicht es, daß Programme, die mit dem Software-Interrupt 14 die serielle Schnittstelle ansprechen, mit einem Netzwerknamen verbunden werden und

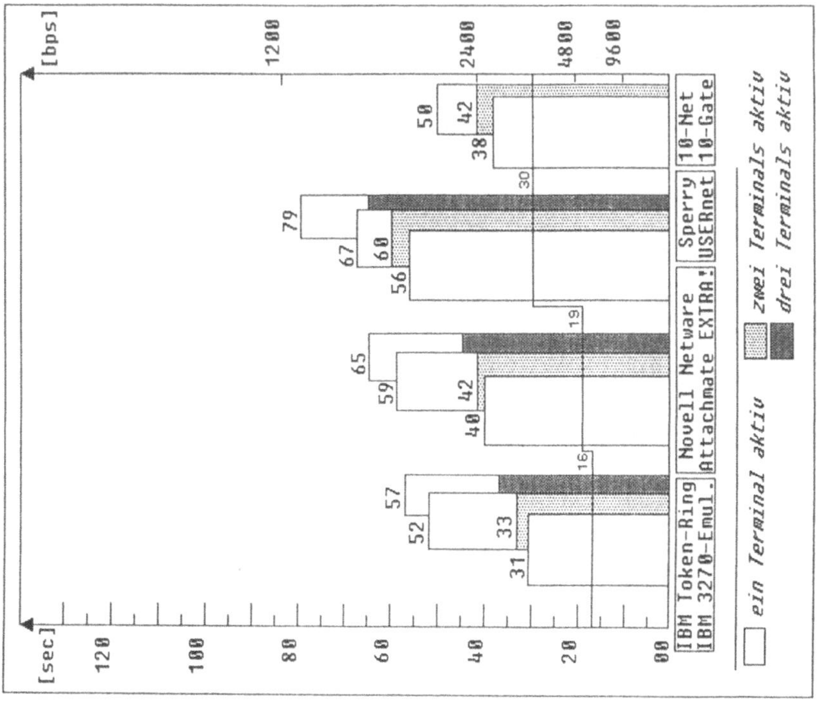

Bild 8: Dialog - Benchmark

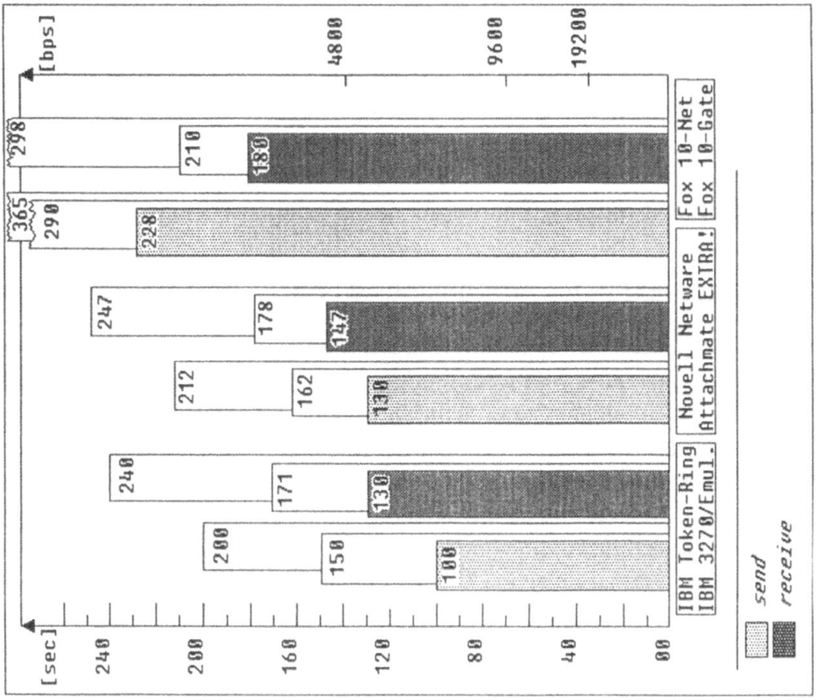

Bild 9: Filetransfer - Benchmark

schließlich die Schnittstelle benutzen, die auf dem *Gateway-Server* mit diesem Netzwerknamen verbunden ist.

IBM nennt folgende Terminal-Emulationsprogramme, die das ACSI-Protokoll verwenden können: "PFS Access, Version CP.04" und "CROSSTALK XVI, *Network Version* 3.16"; das EBI-Protokoll wird von "YTERM" der *Yale University* realisiert. Bei der GWDG wurde das mit INT14H (EBI) arbeitende Programm "Reflection 4" von Walker Richer & Quinn verwendet.

4. Leistungsfähigkeit der Terminalemulation

Die Leistungsfähigkeit der Emulationsprogramme wurde jeweils mit einer kurzen dialogorientierten Editor-Anwendung und einem Dateitransfer getestet, und zwar zunächst nur an einem Gerät, dann an zwei und drei Geräten gleichzeitig. Die Übertragungsgeschwindigkeit auf der Leitung betrug jeweils 9600 bps.

Dialog-Benchmark: Im Verlauf des Dialog-Tests schickt der Großrechner sieben Bildschirminhalte. In Richtung Host sendet das Terminal sieben Funktionstastenanschläge mit Cursor-Information und zur Abmeldung den String "QQUIT". Einschließlich Steuerinformation gehen 23 Nachrichten mit insgesamt 307 Bytes vom PC an den Großrechner, 12348 Bytes in 57 Blöcken verpackt erhält der PC. Der Vorgang dauert bei direkt angeschlossenen Terminals 16 (non-SNA) oder 19 Sekunden (SNA), ein IBM-Farbgrafikterminal benötigt 30 Sekunden. Bild 8 zeigt die gemessenen Werte für vier beispielhafte LANs. Wird an mehr als einem PC gleichzeitig gearbeitet, schwanken die Werte zwischen günstigem und ungünstigem Zusammentreffen der Daten auf der Leitung. Ab einem Zeitbedarf von etwa 50 Sekunden für den Test machen sich Antwortzeiten unangenehm bemerkbar.

Filetransfer-Benchmark: Beim Dateitransfer-Vergleich wird ein aus 1.000 Zeilen à 80 Zeichen bestehender Text zum Terminal übertragen. Bild 9 zeigt die gemessenen Werte für drei beispielhafte LANs. Da eine laufende Übertragung bereits die Hälfte der theoretisch verfügbaren Kanalkapazität in Anspruch nimmt, verlängern sich die Übertragungszeiten bei mehreren gleichzeitig laufenden Dateitransfers beträchtlich.

Manfred Eyßell

Datenkommunikation mit DFN-Diensten

Martin Wilhelm

Verein zur Förderung eines Deutschen Forschungsnetzes e.V.
(DFN-Verein)
Zentrale Projektleitung, Berlin

Die immer größer werdende Komplexität der in allen wissenschaftlichen Disziplinen zu bearbeitenden Aufgaben bringt es mit sich, daß die Kooperation mit Fachkollegen sowie der Zugang zu Informationen aller Art (z.B. Datenbanken) immer mehr Bedeutung gewinnt. Daher ist die Datenkommunikation heute nicht mehr aus der täglichen wissenschaftlichen Arbeit wegzudenken.

Der Verein zur Förderung eines Deutschen Forschungsnetzes e.V. (DFN-Verein) hat es sich zur Aufgabe gemacht, für Forschung und Lehre eine Kommunikations-Infrastruktur zur Verfügung zu stellen, die den Wissenschaftler bei seiner täglichen Arbeit unterstützt. Damit die Kommunikation weltweit möglich ist und sie nicht an die Benutzung bestimmter Hard- und Software gebunden ist, kann dieses Ziel letztlich nur durch die Verwertung internationaler Normen erreicht werden. Diese von internationalen Normierungsgremien erarbeiteten Kommunikationsregeln (sog. Protokolle) werden mehr und mehr auch von vielen Herstellern als Standardprodukte angeboten. Die wichtigsten Kommunikationsdienste werden hier nachfolgend beschrieben.

1. Zeilenorientierter Dialog

Die starke Verbreitung von Teletype-Terminals zum Ende der sechziger Jahre führte dazu, daß fast alle Hersteller von Rechenanlagen neben dem Anschluß der eigenen Terminals auch den Anschluß von Teletypes ermöglichten. Dadurch war ein de facto Standard für den Dialogzugang zu Rechensystemen etabliert. Mit seinen Empfehlungen X.3, X.28 und X.29 orientierte sich das CCITT (Comité Consultatif International Télégraphique et Téléphonique) an dem durch die Teletype-Maschinen vorgegebenen Funktionsvorrat und konnte daher bereits 1974 eine Normempfehlung verabschieden, die bis heute ihre Gültigkeit hat und nur verhältnismäßig geringen Modifikationen unterworfen war. Dies und die Tatsache, daß fast alle Hersteller von DV-Systemen in der Lage sind, teletype-kompatible

Geräte zu bedienen, führte dazu, daß heute weltweit eine Vielzahl von Rechenanlagen über nationale und internationale Datennetze im zeilenorientierten Dialog erreichbar sind.

Der Dialogzugang erfolgt dabei über ein sogenanntes paketvermittelndes Netz, basierend auf der CCITT-Empfehlung X.25. Bei dieser Vermittlungstechnik werden die Daten blockweise aufgeteilt (Datenpakete) und an das Zielsystem übertragen. Da die teletype-kompatiblen Endgeräte zeichenweise arbeiten, ist eine Umsetzung zwischen der paketweisen und der zeichenweisen Übertragungstechnik erforderlich. Das Umsetzprogramm, das darüber hinaus noch weitere Steuerungsfunktionen wahrnimmt, wird als PAD-Einrichtung (Packet Assembly Disassembly) oder kurz PAD bezeichnet und stellt technisch einen auf verschiedenen Terminalklassen anpaßbaren Terminalkonzentrator dar. Dabei sind i.a. zwei Realisierungsmöglichkeiten denkbar:

- Das Terminal ist an eine private oder von der Post zu Verfügung gestellte, eigenständige PAD-Einrichtung (Hardware-PAD) angeschlossen. Diese Zugangsmöglichkeit ist von einer Vielzahl von Hardwareherstellern als Standardprodukt erhältlich.
- Eine Software-Komponente in einer Rechenanlage erbringt die Dienste eines PAD. Dadurch wird möglich gemacht, daß für alle lokal an einer Rechenanlage angeschlossenen Terminals der Zugang zum Dialogdienst erschlossen wird. Dies stellt eine attraktive Möglichkeit eines Netzzugangs dar, da dafür keine zusätzlichen Hardware-Investitionen erforderlich sind. Eine derartige Software-Komponente wird derzeit von einigen Herstellern als Standardprodukt angeboten.

Das kommunikationstechnische Verhalten von PAD und passiver Dialogkomponente sind über die CCITT-Empfehlungen X.3/X.28/X.29 definiert.

2. Filetransfer

Eine wesentliche Nutzung von Rechnernetzen ist die Möglichkeit, auf Datenbestände in entfernten Systemen zugreifen zu können. Dabei sind zwei Zugriffsarten zu unterscheiden:

- der Zugriff zu einer Datei auf einem entfernten System. Dazu wird eine Kopie des Inhalts vom entfernten System übertragen und steht danach dem Benutzer lokal zur Verfügung.
- der Versand einer lokal vorhandenen Datei zu einem entfernten System. Dazu wird eine Kopie des Inhalts der lokal vorliegenden Datei übertragen und steht danach auf dem entfernten System zur weiteren Bearbeitung zur Verfügung.

Beim Datei-Transfer werden lediglich die Inhalte von Dateien transferiert; es erfolgt jedoch keine weitere Bearbeitung. Eine derartige Arbeitsweise bietet sich immer dann an, wenn Daten auf einem System vielfältigen Bearbeitungsvorgänge unterzogen werden sollen. Ein Beispiel ist die Erfassung von Experimentdaten, die mit Hilfe des Dateitransfer-Dienstes zu einem Großrechner übertragen werden. Auf dem Großrechner können diese Experimentdaten durch entsprechende Programme ausgewertet werden. Eine weitere Anwendung ist im Austausch von Software-Paketen zu sehen.

Der Dateitransfer-Dienst des DFN ist funktionell bewußt einfach gehalten, um eine problemlose Implementierung auf einer Vielzahl unterschiedlicher Betriebssysteme zu ermöglichen. Es kann daher nicht auf eine Vielfalt der vorhandenen Dateistrukturen eingegangen werden. Eine Datei wird satzweise sequentiell übertragen; der gezielte Zugriff auf einzelne Teile der Datei ist nicht möglich. Es werden zwei Übertragungsmodi angeboten: zeichenweise kodiert und transparent.

Im kodierten Übertragungsmodus wird jedes Oktett als Zeichen aufgefaßt, das vor der Übertragung ggf. in den "Netzcode" (ASCII) übersetzt wird. Beim transparenten Übertragungsmodus erfolgt dagegen keine Interpretation des Datei-Inhaltes. Dieser Modus ist daher z.B. beim Transfer von Binärdateien anzuwenden.

3. Remote Job Entry

Mit der Einführung der Time-sharing-Systeme hatte die Nutzung von Rechenleistung im Stapelbetrieb eine rückläufige Tendenz. Durch die Installation von Supercomputern (Vektorrechner), die eine größere Region (z.B. ein Bundesland) mit Rechenleistung versorgen, gewinnt jedoch die Stapelfernverarbeitung wieder an Bedeutung. Durch den Zugang über ein Netz wird diese Art der kostengünstigen Nutzung teurer Spezialsysteme überhaupt erst möglich. Auch der Zugang zu besonderen Softwarepaketen über ein Netz ermöglicht es, besonders teure Software nicht mehrfach vorhalten zu müssen.

Der Remote Job Entry Dienst (RJE) muß im wesentlichen die Funktionen über ein Netz anbieten, die lokal von Stapelstationen bekannt sind:

- Absenden eines Benutzerauftrages an ein entferntes System
- Entgegennahme der Ergebnislisten von einem entfernten System

Dabei wird vom RJE-System ein Bezug zwischen dem Auftrag und den Ergebnissen hergestellt. Dadurch ist die automatische Übertragung der Ergebnisse des Stapelauftrages an die vom Benutzer zuvor festgelegte Rechenanlage gewährleistet. Diese muß nicht identisch mit dem System sein, von dem aus der Stapelauftrag abgesandt wurde. Durch diese Eigenschaft wird es möglich, für die Ausgabe der Ergebnisse besondere Geräte (z.B. Laserdrucker), die nur an einigen Rechneranlagen verfügbar sind, zu benutzen.

Der DFN-RJE-Dienst ist herstellerunabhängig, d.h. dieser Dienst wird nicht durch die Emulation des Dienstes eines bestimmten Herstellers erbracht. Der Vorteil einer solchen Lösung ist, daß man auf diese Weise nicht von der Produktpolitik eines Herstellers abhängig ist. Des weiteren werden nicht spezielle Eigenschaften eines bestimmten Betriebssystems ausgenutzt oder die Verwendung besonderer Hardware vorausgesetzt.

Der Anwender, der seinen Stapelauftrag zur Ausführung an eine entfernte DV-Anlage transferieren möchte, muß zunächst den Job zusammenstellen. Er bedient sich dazu der Hilfsmittel, die er auf seinem System vorfindet (Editor). Der Stapelauftrag muß entsprechend den Konventionen des Zielsystems erstellt werden. Das bedeutet insbesondere, daß die Syntax der Jobcontrol-Sprache den Anforderungen des Zielsystems genügen muß. Der DFN-RJE-Dienst stellt also keine herstellerunabhängige Kommandosprache zur Verfügung.

Zudem ist auf den an der Auftragsbearbeitung beteiligten Rechensystemen jeweils eine Zugangsberechtigung erforderlich. Dies muß sich der Benutzer von dem jeweiligen Betreiber der Rechenanlage beschaffen.

4. Message Dienst

Der Austausch elektronischer Nachrichten (Electronic Mail) ist im internationalen Wissenschaftsbereich zu einem fast selbstverständlichen Kommunikationsvorgang geworden. Für den Versand und Empfang von Mitteilungen werden elektronische Briefkästen benutzt, die sogenannten Mailboxen. Eine Mailbox wird durch einen Speicherbereich auf einem Rechner und einem zugehörigen Softwarepaket, dem Message System (MS), realisiert. Im deutschen Sprachgebrauch wird diese Software als elektronisches Mitteilungssystem (EMS) bezeichnet. Ein solches System dient dem Austausch von Mitteilungen nicht nur für Benutzer, die direkt diesem System zugeordnet sind, sondern auch für die Kommunikation mit Mitteilungssystemen auf anderen Rechnern. Es lassen sich also auch Mitteilungen an Empfänger übermitteln, deren Mailbox sich auf einem anderen Rechner befindet. Für den Benutzer stellen die verschiedenen DFN Message Systeme jeweils in unterschiedlicher Ausprägung die folgenden Leistungen bereit:

- Empfang und Lesen von Mitteilungen
- Beantworten und Weiterleiten von Mitteilungen
- Archivierungs- und Retrievalfunktionen (z.B. Suche nach Autor, Betreff, etc.) für empfangene und gesendete Mitteilungen
- Anzeigen von Bezügen (Referenzketten, Antworten etc.)
- Erstellung von Mitteilungen durch integrierten Editor
- Adressierung von Teilnehmern und Gruppen durch Namen (auch selbstgewählte Alias-Namen sind möglich)
- Versand von Mitteilungen (mit Kopienversand, Express, etc.)

– Erstellen lokaler Verteilerlisten

Mit der Verabschiedung der CCITT-Empfehlungen X.400 ff. für "Message Handling Systems (MHS)", die für alle DFN-Implementierungen verbindlich sind, sind jedoch die Grundlagen für ein verteiltes, herstellerneutrales MHS geschaffen worden. Damit läßt sich ein herstellerübergreifender Verbund von Message Systemen schaffen, die gemeinsam den Message Dienst anbieten.

Zur Zeit sind im DFN über 120 X.400-Systeme installiert, die miteinander verbunden sind. Mit Hilfe von X.400 können auch Nachrichten mit vielen Instituten/ Universitäten in Europa, USA, Australien und Kanada ausgetauscht werden.

Ebenfalls von großer Bedeutung sind auch die DFN-Gateways zum UNIX-Netz UUCP (Unix to Unix CoPy), zum CSNET(Computer Science Net) und zum EARN/ BITNET. Über diese Gateway-Rechner ist der problemlose Nachrichtenaustausch zwischen X.400-Systemen und Teilnehmern in Netzen, die nicht auf dieser Basis arbeiten, möglich.

Um die Verbreitung der X.400-Namen zu erleichtern, ist ein DFN-Nameserver installiert, der als elektronisches Namensverzeichnis (Telefonbuch) für den DFN-Message-Dienst angesehen werden kann. Dieser Nameserver ist ein zentrales System, bei dem sich Teilnehmer des DFN-Message-Dienstes mit ihrem X.400-Namen eintragen können und wo sie sich nach X.400-Namen anderer Teilnehmer erkundigen können.

Die Vielzahl der Möglichkeiten in der Nutzung der Datenkommunikation und die mittlerweile erfreulich große Zahl von Einrichtungen und Personen, die mittels der Kommunikationsdienste erreichbar sind, können den Zugang zu diesen Diensten gerade für den Erstanwender erschweren. Eine wesentliche Aufgabe des DFN-Vereins ist es daher, Nutzer von Kommunkationsdiensten bei der Anwendung zu beraten und weitergehende Informationen über Nutzungsmöglichkeiten anzubieten. Dazu stellt der DFN-Verein unter anderem ein Informationssystem zur Verfügung, über das man sich über Teilnehmer, Projekte, Dienste und vieles mehr informieren kann. Das Informationssystem ist ein zeilenorientierter Dialog über das Datex-P-Netz frei zugänglich. Die Datex-P-Adresse des DFN-Informationssystems ist

"45 3000 43042".

Alle weiteren zum Zugang zum System erforderlichen Informationen erhalten Sie nach erfolgtem Aufbau der Datex-P-Verbindung auf Ihrem Bildschirm. Selbstverständlich ist der DFN-Verein auch auf "herkömmlichem" Weg erreichbar:

DFN-Verein
Pariser Str. 44
D-1000 Berlin 15
Tel.: 030/88 42 99 - 22

Berichterstattung über CIP-Forum 3: "CIP-PC-Pool-Betrieb und externe Vernetzung"

Jörg Puchan

Universität Fridericiana Karlsruhe (T.H.)
Fakultät für Wirtschaftswissenschaften

In den Vorträgen im Forum 3 wurde ein breites Spektrum von Problemen und Lösungen diskutiert, so daß eine zusammenfassende Darstellung kaum möglich ist. Ein größerer Teil der Referate berichtete von Bemühungen der Pool-Betreiber und insbesondere Rechenzentren, Rechnerpools untereinander zu vernetzen. Weitere Vorträge wurden gehalten über ein Projekt zur Anforderungsermittlung für Rechnerarbeitsplätze von Wissenschaftlern und der Entwicklung von Beratungseinrichtungen, über Erfahrungen mit dem Betrieb eines kleineren CIP-Pools an einer wirtschaftswissenschaftlichen Fakultät, über grundlegende Begriffe der Vernetzung und über die Dienste des DFN-Vereins. Bei den Berichten über die Vernetzung von PC-Pools wurden vier verschiedene Konzepte vorgetragen:

- Die Lösung in der Freien Universität Berlin, Institut für Angewandte Statistik basiert auf der Entscheidung für ein Vernetzungskonzept eines Herstellers (Token-Ring mit Glasfaser-Teilstrecken). Die Erfahrung habe gezeigt, daß erst bei größeren Netzstrecken Probleme zu erwarten sind und genauere Planungen (z.B. über die Verwendung von Verstärkern) erforderlich machen. Die Homogenität der Endgeräte erlaube den Einsatz einer einheitlichen Bedienungsoberfläche, ergänzt durch ein selbstentwickeltes Verfahren zur Bereitstellung der am Server vorgehaltenen Software ("dynamisches Software-Paging").
- Am Rechenzentrum der Universität Münster wird die Homogenisierung der Infrastruktur durch die Verwendung eines einheitlichen Netzes (Ethernet) angestrebt. Die einheitliche Bedienungsoberfläche werde geschaffen, indem der Betrieb der Arbeitsplatzrechner ausschließlich über Server ermöglicht wird. Die somit entstehende Abhängigkeit von Server und Netzwerk erfordere Redundanz.
- Am Rechenzentrum der Universität Göttingen wird der umgekehrte Weg beschritten: Ausgelöst durch zahlreiche, vor allem räumliche Nebenbedingungen wird versucht, individuell optimale Lösungen zu erzielen.

- Das Rechenzentrum der Universität Osnabrück hat sich zur Aufgabe gestellt, den Nutzern möglichst viele Dienste und Netzzugänge zu offerieren. Dabei ist man bemüht, einen Standard (eventuell auf UNIX-Basis) zu finden, um den Benutzern eine einheitliche Netzwerkumgebung mit transparenter Nutzungsmöglichkeit anbieten zu können.

Der Tenor in diesem Referatekomplex war, daß im lokalen Netzbetrieb (auf dem Campusgelände) weniger Probleme zu erwarten seien; beim Übergang in den öffentlichen Bereich sei jedoch mit Performanceverlusten und gleichzeitig deutlich höheren Kosten zu rechnen. Bezüglich des Netz-/Betriebssystems sind die Planer auf der Suche nach einem Standard.

In einem Referat von der Freien Universität Berlin, Institut für Angewandte Statistik wurde ein Projekt vorgestellt, das das Ziel verfolgte, die Anforderungen von Wissenschaftlern an Arbeitsplatzrechner und deren Software zu ermitteln. Hier stellte sich insbesondere das Problem der Unvereinbarkeit individueller Anforderungen der Nutzer mit dem Bestreben der Planer, ein möglichst einheitliches Hardware-/Softwarekonzept zu erstellen. In der zweiten Phase des Projekts wurden die Nutzungen der Arbeitsplatzrechner vorbereitet und Beratungsmöglichkeiten geplant. Als Beratungsmöglichkeiten würden Arbeitsgruppen, zentrale Dienste, Sprechstunden von Spezialisten und Hilfesysteme angeboten. Die Durchführung von Schulungen ist aus Personalmangel nicht möglich.

Im Erfahrungsbericht vom Betrieb eines kleineren CIP-Pools an der Fakultät für Wirtschaftswissenschaften der Universität Fridericiana zu Karlsruhe wurden alternative Organisationskonzepte vorgestellt und insbesondere die Problematik der Finanzierung von Ausgaben betont, die im Zusammenhang mit Betrieb und Wartung des Pools entstehen.

In dem Vortrag der Gesellschaft für wissenschaftliche Datenverarbeitung, Göttingen wurden grundlegende Begriffe der Netzwerktechnologie besprochen, Funktionen der einzelnen Komponenten erläutert und abschließend ein Vergleich von Netzwerkprodukten in verschiedenen Anwendungssituationen durchgeführt.

Das Referat vom DFN-Verein, Berlin führte in die Dienste und Dienstleistungen des DFN-Vereins ein. Die Schaffung internationaler Standards wurde unterstrichen ebenso wie die Bedeutung der Datenkommunikation in der Forschung.

Bei dieser zweiten Gruppe von Referaten wurde zwei Problembereiche – auch in den Diskussionen – häufig angesprochen:

- Die Verwendung von Software verursacht in Rechnerpools Lizenzprobleme. Als Lösung wird gefordert, daß die Betriebssystemhersteller Sicherungsmechanismen anbieten sollen. Zum zweiten wurde gewünscht, daß zentrale Stellen der Hochschulen Campuslizenzen für häufig genutzte Programme erwerben.
- Die Dokumentation von Software vor allem beim Serverbetrieb ist schwierig. Im Moment ist aber keine bessere als die "papierne" Lösung bekannt.

Im Zentrum der Argumentation aller Referenten stand, daß die Organisatoren der Rechnerpools und Rechnereinrichtungen bemüht sind, alle wichtigen Dienste und Funktionen zu integrieren. Das Ziel ist einerseits die Verfügbarkeit einer möglichst großen Anzahl von Diensten an jedem Arbeitsplatz und gleichzeitig die Verbesserung der Bedienbarkeit der Rechner. Dem entgegen stehen der Mangel an einem einheitlichen Standard, die zahlreichen individuellen Benutzerwünsche und viele sonstige Randbedingungen wie beispielsweise Lizenzrechte, Postbestimmungen und Kosten.

CIP-Forum 4

Software-Tools im Vergleich

Moderation: Ingo Pommerening

Vergleich der Turbo Pascal - Programmierumgebung mit syntaxgesteuerten Editoren

Manfred Sommer

Universität Marburg
Fachbereich Mathematik
Fachgebiet Informatik

1. Wozu überhaupt Programmierumgebungen?

Dieser Vortrag ist im Kontext des Forums "Software Tools im Vergleich" zu sehen. Speziell geht es hier um Werkzeuge zur Steigerung der Produktivität der Erstellung von Software. Die Frage "Wozu überhaupt Programmierumgebungen?" könnte man natürlich einfach und lapidar auch wie folgt beantworten: "Um schlechte Laune und Magengeschwüre beim Programmieren zu verhindern". Seit Jahren beschäftigen sich Informatiker an Universitäten und anderswo mit der Aufgabe, Programmierumgebungen auf der Basis von syntaxgesteuerten Editoren zu entwickeln. Es gibt auch bereits eine ganze Reihe dieser Werkzeuge. Wenn das so ist, stellt sich natürlich die Frage: "Warum werden Programmierumgebungen so wenig benutzt?". Auf diese Frage scheint es eine ganz einfache Antwort zu geben: "Don't use tools – just write them". Informatiker schreiben viel lieber neue Programme, als bestehende zu nutzen. Vielleicht ist aber auch der bisherige Ansatz, Programmierumgebungen auf der Basis von syntaxgesteuerten Editoren zu entwickeln, falsch. Der Erfolg der Produkte "Turbo Pascal", "Turbo *.*" und "TopSpeed *.*" ermutigt mich, diese Frage im folgenden Beitrag näher zu untersuchen. Allen diesen Produkten gemeinsam ist nämlich eine Programmierumgebung ohne syntaxgesteuerten Editor.

2. Wozu überhaupt syntaxgesteuerte Editoren?

Die klassischen Argumente für die Verwendung syntaxgesteuerter Editoren sind:

- Die Syntax der benutzten Sprache wird schon beim Erstellen und Ändern von Programmen verwendet.
- Es können nur syntaktisch weitgehend korrekte Programme erzeugt werden.
- Triviale Syntaxfehler die durch fehlende Semikolons und andere Schreibfehler entstehen, werden von vornherein vermieden.

- Der Schreibaufwand, der zur Erstellung eines Programmes nötig ist, wird drastisch reduziert.
- Teile des Übersetzungsvorganges werden überflüssig.

Die klassischen Argumente gegen die Verwendung syntaxgesteuerter Editoren sind:

- Die trivialen Syntaxfehler sind die harmlosesten. Designfehler und unerwartete Laufzeitfehler sind die Fehler, die am meisten Zeit kosten – sie werden auch durch syntaxgesteuerte Editoren nicht vermieden.
- Syntaxgesteuerte Editoren speichern Programme üblicherweise nicht als ASCII-Text, sondern als Syntaxbaum. Das hat verschiedene weitere Probleme zur Folge:
- Beim Editieren muß man die Baumstruktur berücksichtigen, obwohl das Editieren eines linearen Textes einfacher ist. Um Fremdprogramme benutzen zu können, muß man Programme in Textform importieren können – man braucht also doch wieder einen Übersetzer, der das Programm von der Textform in einen Syntaxbaum übersetzt.
- ASCII-Texte werden von allen anderen Werkzeugen verstanden, Syntaxbäume jedoch sind eine sehr spezielle Datenstruktur.

Seit Jahren wird an sprachspezifischen Programmierumgebungen gearbeitet. Der *Cornell Synthesizer* und das an der Carnegie Mellon Universität entwickelte *Gandalf* sind Beispiele früher Arbeiten. In Deutschland wurden die im übrigen hervorragenden Systeme *IPSEN* und *PSG* entwickelt. Trotzdem gibt es praktisch gar keine marktrelevanten Produkte aus diesem Bereich.

Das Modula Software Entwicklungssystem *M2SDS* ist ein Beispiel für eine als kommerzielles Produkt vertriebene Programmierumgebung mit syntaxgesteuertem Editor. Im Rahmen einer Vorlesung im Sommer 1987 habe ich dieses System zu Vorführungen mit einem Projektionsgerät benutzt. Die dabei gemachten Erfahrungen waren nicht sehr ermutigend. Abstürze kamen häufig vor. *M2SDS* hat im übrigen eine schlechte Benutzerschnittstelle: Grafik, Mausbenutzung und Menüs werden gar nicht oder nur unzureichend unterstützt. Es gibt verwirrende Abkürzungen, man muß viel erraten und ständig im Manual blättern. Syntaxgesteuerte Editoren sind nur sinnvoll, wenn sie auch über eine hervorragende Benutzerschnittstelle verfügen. Es muß eine gute Bedienung mit Menüs da sein, eine Hilfe-Funktion und eine "Make"-Funktion. Das Editieren muß tatsächlich einfacher und produktiver werden. Die Geschwindigkeit, mit der das System reagiert, muß so sein, daß keinerlei unproduktive Wartezeiten entstehen.

Gerade die Geschwindigkeit eines Programmiersystems ist ein Faktor, der vielfach völlig unterschätzt wird, der aber für den Anwender wichtiger ist, als viele andere Eigenschaften eines Programmiersystems. Dies erklärt, unter anderem, die rasche Verbreitung des Turbo Pascal Programmiersystems.

3. Turbo Programmiersysteme?

Vor einigen wenigen Jahren kam das Turbo Pascal Programmiersystem auf den Markt. Mittlerweile liegt die Version 5.0 dieses Produktes vor. Vergleichbare Produkte für andere Sprachen sind von der gleichen Firma auf den Markt gebracht worden so z.B. Turbo C. Eine andere Firma hat ein sehr ähnliches Produkt entwickelt: TopSpeed Modula.

Ich will in diesem Abschnitt die gemeinsamen Eigenschaften all dieser Produkte diskutieren.

Alle diese Systeme weisen eine extrem schnelle Reaktionsgeschwindigkeit auch auf Standard Personal Computern auf. Abstürze kommen praktisch nicht vor. Die Benutzerschnittstelle ist hervorragend. Die Entwicklung von Programmen wird in einer integrierten Programmierumgebung ermöglicht. Programme können editiert, übersetzt, getestet und entlaust werden, ohne daß der Programmierer dieses System verlassen müßte.

Die Turbo-Systeme verfügen über eine Menübedienung, eine Hilfe-Funktion und eine "Make"-Funktion. Hilfe wird nicht nur für Syntaxprobleme geboten, sondern auch bei der Verwendung von Standardprozeduren. Man kommt fast ohne Manual aus. Der in das jeweilige System integrierte Editor ist nicht syntaxgesteuert, sondern orientiert sich an dem erfolgreichen Textsystem Wordstar. Großer Wert wird bei diesen Systemen auf einen integrierten "Debugger" gelegt.

Man könnte natürlich denken, es sei nur eine Frage der Zeit bis ein syntaxgesteuerter Editor auch Einzug in die diversen Turbo-Systeme findet. Betrachtet man jedoch typische Änderungen der Version 5.0 des Turbo Pascal Programmiersystems gegenüber früheren Versionen, so entsteht der Eindruck, daß in dieser Hinsicht keine Weiterentwicklung zu erwarten ist. Einige der Änderungen waren:

Erweiterungen der unterliegenden Programmiersprache
- modulares Programmieren
- Vorberechnung konstanter Ausdrücke
- Prozedurvariablen
- viele zusätzliche Standardunterprogramme

Weitere Verbesserungen an der Benutzerschnittstelle
- Noch mehr Menüs
- "Hot Keys"
- Auswahlfenster

Nochmals gesteigerte Reaktionsgeschwindigkeit

Zusätzliche Werkzeuge für die Programmierumgebung
- "Debugger"
- "Make", "Grep", etc

Die Benutzerschnittstelle ist offenbar bewußt *nicht* auf die Benutzung von Mäusen ausgerichtet, unterstützt dafür aber die Benutzung von Funktionstasten, Hot

Keys etc. Der Editor ist nach wie vor relativ einfach und bietet keinerlei syntaxorientierte Unterstützung. Insgesamt kann man sagen, daß es sich bei Turbo Pascal um eine Programmierumgebung handelt, die bewußt keinen syntaxgesteuerten Editor anbietet und trotzdem oder gerade deswegen extrem erfolgreich ist.

4. Vergleich

Die Entwicklungsziele vieler moderner Programmierumgebungen, wie z.B. *PSG* und *IPSEN* waren:

- Ausnutzung der Möglichkeiten moderner Grafikcomputer
- Fenstertechnik
- Mausorientierte Menüs
- Syntaxorientiertes Editieren
- Projekt-Management-Werkzeuge
- Entwurfs-Werkzeuge

Die Turbo-Systeme haben sich, im Gegensatz zu diesen Entwicklungen, bewußt auf die Möglichkeiten einfacher Personal Computer beschränkt und gezeigt, wie einfach, mächtig und benutzerfreundlich Programmierumgebungen sein können. *PSG* und *IPSEN* sind effizient jedoch nur auf relativ teuren Hochleistungsgeräten einsetzbar aber noch nicht auf Standard Personal Computern. Bei diesen Systemen wird eine Syntaxüberprüfung durchgeführt, wenn ein bestimmtes Kommando aktiviert wird. Auf Wunsch wird sogar eine semantische Überprüfung durchgeführt. Bei den Turbo-Systemen geschieht das gleiche, wenn die Funktionstaste F9 betätigt wird. Allerdings wird dabei der richtige Compiler aktiviert und kein vorgeschaltetes "Prüfprogramm". Wenn die Compiler-Geschwindigkeit so ist, wie bei den Turbo-Systemen, dann ist virtuell kein Unterschied mehr feststellbar zwischen der Anwendung eines syntaxgesteuerten Editors und einem Compileraufruf.

Die hervorragende Benutzerschnittstelle der Turbo-Systeme steigert die Produktivität eines Programmierers ganz erheblich. Nach meiner Einschätzung kann man eine Steigerung der Produktivität eines Programmierers um den Faktor zehn annehmen, wenn er eines der Turbo-Systeme verwendet, im Gegensatz zur Verwendung von Programmierumgebungen, wie sie vor etwa zehn Jahren üblich waren. Dies alles wird bereits ohne syntaxgesteuerte Editoren erreicht. Es ist fraglich, ob weitere lohnende Produktivitätssteigerungen mit syntaxgesteuerte Editoren überhaupt erreichbar sind.

Es wird Zeit, daß Informatiker bei der Entwicklung neuer Programmierumgebungen die Dinge berücksichtigen, die wirklich nützlich sind, statt sich auf Spielzeuge, wie z.B. syntaxgesteuerte Editoren zu konzentrieren.

Turbo-Pascal und QuickBasic bei bestimmten Anwendungen

Ingo Pommerening

Freie Universität Berlin
Neuere Fremdsprachliche Philologien (Anglistik)

Eine wichtige Überlegung bei der Planung von Veranstaltungen im Rahmen des Computer-Investitions-Programms ist die Frage nach der angemessenen Programmiersprache, an die Geisteswissenschaftler herangeführt werden sollten. Um sie beantworten zu können, empfiehlt es sich, gewisse Aufgaben durchzuspielen.

Einige davon – so die hier vorgeführte – sind dem Anfänger schon klar zu machen, von anderen hingegen kann er sich noch gar keinen Begriff bilden: So von den Möglichkeiten des Debugging, von der Wichtigkeit lokaler Variablen, von der Notwendigkeit, ein Programm für die spätere Wartung vorzubereiten – um nur einige zu nennen. Die meisten Menschen gehen mit einem Mißverständnis an den Computer heran: Das rührt von den ersten Begegnungen oder von Vorurteilen her:

- Entweder glaubt man, der Computer sei zum "Knöpfchen-Drücken" da (Computerspiele oder Vorurteile sind die Gründe),
- oder man glaubt, daß *direkte* Kommunikation zwischen Computer und Mensch abläuft: Frühe Begegnung mit eingebautem Basic bei Homecomputern oder Erfahrungen mit Betriebssystem oder Anwenderprogrammen dürften die Ursachen sein.

Aus der Sicht der Didaktik der Einführung in das Programmieren muß dieser vermeintliche unmittelbare Zusammenhang aufgebrochen werden. Dafür ist das Programmieren einer streng gesteuerten Tastaturabfrage gut geeignet. – Für diese Aufgabe sind "input" und "line input" auch in den neueren verbesserten Versionen ungeeignet: Sie sollten dem Anfänger am Beginn gar nicht angeboten werden.

Es kann uns Geisteswissenschaftlern nicht darum gehen, Programmierer auszubilden. Aber Einsichten in die grundlegenden Zusammenhänge sind notwendig. Dies kann auch nicht mit dem schon sprichwörtlichen Hinweis auf die Erfindung des Rades, die auch nicht immer wieder nötig sei, bestritten werden: Kulturtechniken – und zu ihnen zählt der Umgang mit dem Computer mittlerweile – bedürfen der Aneignung durch den einzelnen.

Als Beispiel für eine Einführung von Geisteswissenschaftlern soll also gezeigt werden, daß sich in der verwendeten Programmiersprache, Tastatureingabe, Ausgabe auf dem Bildschirm und Speicherung trennen lassen, und daß eine Beherrschung dieser Trennung die Voraussetzung ist für die Erfassung und Behandlung von Texten – und damit haben die Geisteswissenschaftler es ja im wesentlichen zu tun (einstweilen).

Praktische Erfahrung zeigt, daß immer wieder Unsicherheit darüber besteht, auf welcher Ebene der Kommunikation mit dem Computer sich der Benutzer befindet: Er glaubt zu programmieren, ist aber im Betriebssystem. Er glaubt, im Direktmodus zu arbeiten, schreibt aber eine Programmzeile. Er wähnt zu schreiben, wählt aber nacheinander mehrere Punkte aus einem hierarchischen Menüsystem an und hat im schlimmsten Fall Daten gelöscht oder gar die Festplatte neu formatiert. An einem trivialen Beispiel sollen nun QuickBasic 4 und Turbo-Pascal Version 4.0 miteinander verglichen werden.

Vorübung in Basic: Im Direktmodus wird eine Stringvariable mit einem Inhalt gefüllt und dann mit dem Print-Befehl abgefragt.

```
wort$ = "Hannover-Messe"
print wort$
Ausgabe auf dem Schirm: "Hannover-Messe"
```

Mit dem Dirketmodus bietet uns Basic Möglichkeiten, die in didaktischer Hinsicht nicht einmal schlecht sind: Man kann mehrere Variablen so eingeben und z. B. zusammengesetzte Worte bilden lassen. Daraus ergibt sich dann die Schlußfolgerung: Die Variablen sind gespeichert. Warnung: Jeder Programmstart (`RUN`) löscht sie wieder. Formulieren wir nun unsere triviale *Aufgabe*: Die täuschend einfache Kommunikation mit dem Computer soll in ihre Bestandteile zerlegt werden:

1. Frage Tastatur ab
2. Gib Zeichen auf Schirm aus
3. Verbinde schon vorhandenes Zeichen (oder Zeichenkette) mit dem neuen Zeichen
4. Speichere die Zeichenkette
5. Beende den Programmlauf, wenn die Tastatur ein bestimmtes Zeichen liefert

Ausführung: "Gib Zeichen auf Schirm aus" ist schon aus der Vorübung im Direktmodus bekannt: Die Syntax ist zu beachten: Semikolon nötig, damit das nächste Zeichen angefügt wird (sonst 'scrollt' der Text!) "Verbinde Zeichen miteinander" ist eventuell auch schon aus der Vorübung bekannt (concatenation): Mit dem Plus-Zeichen. Hierbei ist das Gleichheitszeichen als Zuweisungszeichen zu erläutern: "`wort$ = wort$ + zeichen$`". "`wort$`" sollte zu Anfang als Nullstring initialisiert werden: `wort$ = ""`. Das ist im Hinblick auf Pascal nötig. Für `zeichen$` ist das nicht nötig, da es jeweils neu von der Tastatur geliefert wird. "Frage

"Frage Tastatur ab": `zeichen$ = inkey$` ."`inkey$`" liefert also das Zeichen, das über eine Taste – `KEY`– eingegeben wird. "Beende das Programm": Für einen ordnungsgemäßen Abschluß eines Programms muß frühzeitig Vorsorge getroffen werden. Auch bei einem Anwenderprogramm sollte man vor dem Start wissen, wie man aufhört, das ist nicht anders als beim Autofahren.

Für die Vorführung vor einem anspruchsvolleren Zuhörerkreis habe ich das Programm noch etwas erweitert: Es wird eine ganze Zeile gebildet, und die Variable "`wort$`" (in Basic) oder "`wort`" (in Pascal) wird jeweils nur vorübergehend gebraucht. Da das Programm eine Zeile erfassen soll, bildet die Betätigung der Eingabetaste die Abbruchbedingung.

Bitte verfolgen Sie mit mir den Programmablauf: Löschen des Bildschirms – ein Cursor wird nicht erzeugt – Initialisieren von Variablen – der Ordnung halber und als Vorbereitung auf Pascal, in Basic ist es eigentlich nicht nötig. Für "`zeichen$`" kann es unterbleiben, da die Tastaturabfrage ja laufend neue Variableninhalte liefert. – In diesem Zusammenhang gibt es beim Pascal-Programm allerdings eine böse Überraschung. – Die While-Schleife prüft die Abbruchbedingung am Anfang und läßt also die folgenden Zeilen immer wieder abarbeiten, bis die Eingabetaste – ASCII-Code 13 – angeschlagen wird. Jedes Zeichen wird sofort auf dem Schirm ausgegeben, dafür ist in Basic das Semikolon wichtig, damit die Zeichen unmittelbar aneinandergereiht werden. (Fehlt es, dann scrollt andauernd der Bildschirm.)

Aus den Einzelzeichen wird das Wort zusammengesetzt, das bei Auftreten eines Leerzeichens als beendet betrachtet wird: Die `IF`-Abfrage setzt ein und kann in QuickBasic problemlos einen Programmblock einleiten, der mit `END IF` abgeschlossen wird. In dem Block wird die Zeile aufgebaut, "`wort$`" als Null-Zeichenkette initialisiert und die ganze neue Zeile einmal ausgegeben.

Danach steuert `WEND` (While ENDe) das Programm zur Tastaturabfrage zurück, prüft am Anfang der Schleife jedoch auf Eingabetaste. Ist sie betätigt worden, werden nur noch die letzten Zeilen abgearbeitet: Drucke Leerzeile, drucke noch einmal die entstandene Zeile.

Dem Anfänger kann nun leicht vorgeführt werden, daß Bildschirmausgabe und Speicherung zwei separate Vorgänge sind: Läßt man die Zeile "`PRINT zeichen$`' weg, dann reagiert der Computer auf den einzelnen Anschlag anscheinend nicht, sondern zeigt erst die entstandene Zeile, wenn die Leertaste angeschlagen wird. Läßt man hingegen die Zeile weg, in der das jeweilige Wort aufgebaut wird, dann entstehen weder die einzelnen Worte im Speicher noch die Zeile, die sich ja aus ihnen zusammensetzen soll. Hierbei kann man darauf hinweisen, daß uns in diesem Fall das Programm keinerlei Fehlermeldung geben kann, denn es verarbeitet natürlich klaglos Nullstrings. Selbst der Direktmodus und der eventuell eingebaute Debugger sind darauf angewiesen, daß wir sie intelligent einsetzen.

Wenn Sie nun das Turbo-Pascal-Programm mit dem QuickBasic-Programm vergleichen, sehen Sie sicherlich zweierlei: Einmal ist durch die Variablendeklaration (die ihren Typ festlegt, so daß kein Dollarzeichen an die Zeichenkettenvariablen zu hängen ist) und durch die `BEGIN-END`-Blöcke (wenn sie optisch gut dargestellt werden) eine etwas größere Übersichtlichkeit vorhanden, zum andern bemerkt man aber eine große Ähnlichkeit zwischen den beiden Programmen. – Da die vielen END-Angaben lästig und unübersichtlich werden können, gewöhnt man sich am besten an, sie zumindest kurz zu kommentieren `(*von if*)`, `(*von while*)`.

Das Pascal-Programm zeigt nun eine Merkwürdigkeit: Es läuft einmal korrekt, läßt sich ein zweites Mal starten, aber akzeptiert dann keine Tastatureingabe, sondern läuft gleich bis zum Ende durch. Es startet und ist zu Ende. Den Programmieranfänger kann ein solches Verhalten zur Verzweiflung treiben – Computerfrust –, der Fortgeschrittene weiß sich zu helfen. Nach einigem Überlegen ergibt sich der Verdacht, das Programm könnte beim neuerlichen Start noch die Variable "`zeichen`" mit dem Inhalt "`Eingabetaste`" (chr(13)) vorfinden. Von Basic wissen wir, daß jedes `RUN` alle Variablen löscht, von Pascal wissen wir, daß die Variablen ordnungsgemäß initialisiert sein sollen. Fügen wir also nach `CLRSCR` die Zeile "`zeichen := '';`" ein: Leider darf aber eine Variable vom Typ `CHAR` nicht als Nullstring bezeichnet werden; versuchen wir es mit Leerstring: "`zeichen := ' ';`". Jetzt läuft das Programm auch beim zweiten Aufruf korrekt.

Die Studenten können also zwei Schlußfolgerungen ziehen: In Pascal werden zwischen zwei Programmläufen nicht oder nicht unbedingt alle Variablen gelöscht – und – ordnungsgemäße Initialisierung aller Variablen schützt vor bösen Überraschungen.

Stellen wir nun einen kurzen Vergleich der beiden Sprachen anhand unserer Erfahrungen an: Beide bieten eine Programmierumgebung, die ich als gut bis sehr gut bezeichnen möchte. Beide sind gut zu strukturieren. In der Syntax sind sie sich ähnlicher, als man nach früheren Erfahrungen mit älteren Basic-Dialekten erwarten konnte. Beide bieten die großartige Möglichkeit, Module – in Pascal Units genannt – separat zu kompilieren und für das Hauptprogramm bereitzuhalten.

Vorteile von QuickBasic sind darin zu sehen, daß sowohl der Direktmodus als auch ein eingebauter Debugger die Fehlersuche erheblich erleichtern. Zwei auffällige Nachteile bestehen in der Tatsache, daß es keine Zeiger (Pointer) gibt, und in der Bevormundung des Programmierers durch den Editor, der oft "too clever by half" ist. Zum Editieren wird man also manchmal den Umweg über ein Textprogramm nehmen müssen.

Vorteile von Turbo-Pascal 4.0 sehe ich in dem ausgezeichneten – gegenüber der Version 3.0 sehr viel schneller gewordenen Editor, der dem Programmierer alle Freiheiten läßt. – Manch einer, der viel programmiert hat, wird ihn wohl als Textsystem benutzen. – Man kann z. B. ein ausgetestetes Programm ohne weiteres in eine Prozedur verwandeln. Die atemberaubende Geschwindigkeit des Kompiliervorgangs ist ein weiterer Vorteil. Daß ein Debugger nicht eingebaut ist, stellt einen Nachteil dar, der jedoch zu kompensieren ist: Erstens gibt es mindestens einen guten und billigen Debugger: TDebug 4 Plus, zweitens hat Borland gerade die Version 5.0 angekündigt und bringt sie offenbar auch schon wirklich auf den Markt: Sie enthält einen Debugger.

An dieser Stelle muß auf einen bemerkenswerten Umstand hingewiesen werden: Diese Programmiersprache hat eine wohl schon unüberschaubare Menge an Hilfsmitteln hervorgebracht, von denen jedenfalls einige exzellent sind: Ich will hier nur "Turbo-Analyst" nennen. Atemberaubend die Geschwindigkeit, mit der ein Programm analysiert wird, und verblüffend die Übersichtlichkeit, mit der die Abhängigkeiten der Prozeduren graphisch dargestellt werden.

Wie Sie aus dem verteilten Blatt ersehen können, ist der von QuickBasic erzeugte ausführbare Code fast sechsmal so umfangreich wie der von Turbo-Pascal 4.0. Aber ich darf daran erinnern, daß in der Version 3.0 diese Art der Code-Optimierung noch nicht existierte. In diesem Punkt und in Hinsicht auf die Zeiger erwarte ich von der nächsten Version von QuickBasic Verbesserungen.

Ich habe versucht, zwei Fliegen mit einer Klappe zu schlagen: Einige didaktische Überlegungen vorzuführen und gleichzeitig an einem kleinen Beispiel zwei Programmiersprachen zu vergleichen.

Es bleiben einige abschließende Bemerkungen: Wer sich mit einem der neueren Basicdialekte befaßt hat, – Better-Basic, True-Basic und Turbo-Basic gehören auch dazu – der kann *die* Sprache Basic nicht mehr mit einer Handbewegung abtun. QuickBasic ist für die Einführung von Geisteswissenschaftlern sicher eine Alternative zu Turbo-Pascal. Wer Studenten zu erwarten hat, die schon Erfahrung in einem Basicdialekt mitbringen, ist vielleicht ganz gut beraten, diese Alternative anzunehmen.

Turbo-Pascal hat gegenwärtig – auch weil es so gute externe Hilfen gibt – einen Vorsprung, den Microsoft und andere Firmen nicht so leicht werden aufholen können. Für die Entwicklung größerer Programme, an denen mehrere Gruppen von Studenten z. B. arbeiten, ist neben Turbo-Pascal inzwischen auch QuickBasic geeignet. Also auch unter dem Gesichtspunkt Modularität und Wartbarkeit – zwei Konzepten, die dem Anfänger fremd sind – gibt es zu Turbo-Pascal eine Alternative.

Handout für die Veranstaltungsteilnehmer

Programm in QuickBasic 4

```
CLS
zeilen$ = ""
wort$ = ""
   WHILE zeichen$ <> CHR$(13)
   zeichen$ = INKEY$
   PRINT zeichen$;
   wort$ = wort$ + zeichen$
        IF zeichen$ = " " THEN
        zeilen$ = zeilen$ + wort$
        wort$ = ""
        PRINT
        PRINT zeilen$
        END IF
   WEND
PRINT
PRINT zeilen$
END
```

Programm in Turbo-Pascal 4.0

```
PROGRAM wortundzeile;
        USES CRT;
        VAR
           zeichen : CHAR;
           wort, zeile : STRING;
        BEGIN
             CLRSCR;
             wort := '';
             zeile := '';
                WHILE zeichen <> CHR(13) DO BEGIN
                zeichen := READKEY;
                WRITE(zeichen);
                wort := wort + zeichen;
                   IF zeichen = ' ' THEN BEGIN
                   zeile := zeile + wort;
                   wort := '';
                   WRITELN;
                   WRITE(zeile)
                   END; (*von if*)
                END;     (*von while*)
             WRITELN;
             WRITE(zeile);
        END.
```

Achtung: Das Pascal-Programm ist in dieser Form nur einmal lauffähig, der Fehler wird im Referat erläutert.

Größe der compilierten Programme:

QuickBasic:	26 829 Bytes	
Turbo-Pascal 4.0:	4 480 Bytes	
Turbo-Pascal 5.0:	4 304 Bytes	(Nachtrag)

Modula-2 zur Implementierung größerer Programme

Bernhard Zimmermann

Technische Universität Berlin
Institut für Angewandte Informatik
Lehreinheit Programmiersprachen und Compiler

1. Einleitung

Ausgangspunkt der Betrachtungen ist eine Lehrveranstaltung Programmierpraktikum, die im vierten Semester des Informatik-Grundstudiums an der Technischen Universität Berlin stattfindet. In den ersten drei Semestern lernen die Studenten grundlegende Programmiermethoden, u.a. Programmentwicklung mit schrittweiser Verfeinerung, Rekursion als Programmierhilfsmittel sowie Spezifikation und Implementierung statischer und dynamischer Datenstrukturen. Ziel des Programmierpraktikums ist die Anwendung dieser Methoden zur Implementierung eines größeren Programms. Beispielsweise wurden ein bildschirmorientierter Editor und ein LISP-Interpreter programmiert. Der Programmumfang liegt bei ca. 7.000 dokumentierten Programmzeilen. Als Vorgabe erhalten die Studenten eine mit Software-Engineering-Methoden entworfene Systemarchitektur, die in Form von Modulbeschreibungen und Schnittstellen zwischen den Moduln vorliegt. Das Programmierpraktikum umfaßt die Implementierungs- und Testphase des Software-Lifecycles. In der Implementierungsphase wird jedes einzelne Modul unabhängig von der Implementierung anderer Module programmiert. Als Implementierungssprache sollte deshalb eine Programmiersprache benutzt werden, die ein Konzept für die getrennte Übersetzung von Programmkomponenten zur Verfügung stellt. Die von dem Pascal-Entwickler Niklaus Wirth auf der Grundlage von Pascal entworfene Programmiersprache Modula-2 bietet durch ihr Modul-Konzept die Möglichkeit, größere Programme in logisch abgeschlossene Teilkomponenten, genannt Module, aufzuteilen und diese getrennt zu übersetzen. Deshalb wird Modula-2 in dem Programmierpraktikum als Implementierungssprache benutzt. Die Implementierung selbst erfolgt auf den IBM-ATs unseres CIP-Pools unter Benutzung des Logitech-Modula-2-Compilers.

Im nächsten Teil wird das Modula-2-Modul-Konzept mit dem in Turbo Pascal 4.0 enthaltenen Konzept zur getrennten Übersetzung verglichen. Der dritte Abschnitt befaßt sich mit der Einbettung des Logitech-Modula-2-Compilers in eine von uns entworfene Programmierumgebung.

2. Modula-2-Modul-Konzept versus Turbo-Pascal-Unit-Konzept

Die Realisierung eines Moduls erfolgt in Modula-2 im allgemeinen durch zwei getrennt übersetzbare Einheiten, genannt **Definition-** und **Implementation-Modul**. Beide sind in unterschiedlichen Dateien abgelegt.

Das **Definition-Modul** realisiert die Schnittstelle des Moduls. Es untergliedert sich in zwei Teile:

a. Die **Export**-Schnittstelle: Sie enthält die Größen des Moduls (Konstanten, Typen, Variablen und Prozeduren), die andere Moduln benutzen (importieren) können. Man sagt: Das Modul **exportiert** diese Größen.

b. Die **Import**-Schnittstelle: Hier stehen genau die exportierten Größen anderer Moduln, die für die Programmierung der Schnittstelle benötigt werden. Das Definition-Modul **importiert** diese Größen. Der Import gleichnamiger Größen aus unterschiedlichen Moduln ist verboten. Müssen dennoch zwei gleichnamige Größen unterschiedlicher Moduln im Definition-Modul benutzt werden, so kann man den Namen eines Moduls importieren und anschließend durch die Angabe des Modul-Namens, gefolgt von einem Punkt und dem Größennamen auf die Größe zugreifen. Diese Art der Benutzung einer Größe wird **qualifizierter Zugriff** genannt.

Das **Implementation-Modul** ist die programm-technische "Ausformulierung" der in der Schnittstelle des Moduls definierten Größen. Ebenso wie das Definition-Modul kann auch das Implementation-Modul eine **Import**-Schnittstelle besitzen. Diese enthält die exportierten Größen anderer Moduln, die zur Implementierung des Moduls benötigt werden. Man sagt: Das Implementation-Modul **importiert** diese Größen. Für den Import gleichnamiger Größen aus unterschiedlichen Moduln gelten die gleichen Restriktionen wie für die Import-Schnittstelle eines Definition-Moduls.

Im restlichen Teil des Implementation-Moduls erfolgt die eigentliche **Implementierung des Moduls**. Sie besteht aus der Kodierung der von dem Modul exportierten Größen (z.B. Prozeduren, Funktionen). Außerdem kann in einem **Initialisierungsteil** eine beliebige Folge von Anweisungen angegeben werden. Die Ausführung des Initialisierungsteils erfolgt automatisch vor jedem Programmlauf.

Da Definition- und Implementation-Modul getrennt übersetzbare Einheiten sind, können syntaktische Inkonsistenzen im Entwurf des Software-Systems bereits *vor* dem Beginn der Implementierungsphase automatisch von dem Compiler erkannt werden. Das Definition-Modul dient in der Implementierungsphase als Schnittstelle zum Anwender des Moduls. Die Implementierung des Moduls bleibt dem Anwender verborgen. Da das Implementation-Modul eine eigene Import-Schnittstelle besitzt, kann die Implementierung des Moduls vollständig unabhängig von der Implementierung anderer Moduln erfolgen.

Das Unit-Konzept von Turbo Pascal 4.0 ermöglicht ebenfalls die getrennte Übersetzung von logisch unabhängigen Programmkomponenten. Ein Modul wird dabei durch eine **Unit** realisiert. Jede Unit setzt sich aus zwei Teilkomponenten, dem **Interface**-Teil und dem **Implementation**-Teil, zusammen. Beide stehen in derselben Datei und stellen für sich betrachtet *keine* Übersetzungseinheiten dar, d.h. die kleinste in Turbo Pascal 4.0 getrennt übersetzbare Einheit ist die Unit.

Der **Interface**-Teil besteht aus zwei Teilen, die zusammen die Schnittstelle des Moduls realisieren.

a. Die **Export**-Schnittstelle: In diesem Teil werden die öffentlichen Deklarationen der Unit aufgeführt. Andere Units können die dadurch festgelegten Größen der Unit benutzen (importieren). Die Unit selbst **exportiert** diese Größen.

b. Die **Import**-Schnittstelle: Sie enthält eine **Folge** $U_1,...,U_n$ der Unit-Namen, von denen Größen zur Programmierung der Schnittstelle und/oder Implementierung des Moduls benötigt werden. Man sagt: Die Unit **benutzt** Größen der Units $U_1,...,U_n$ oder: Die Unit **importiert** die Units $U_1,...,U_n$. Exportieren zwei Units U_i und U_j mit $i<j$ Größen gleichen Namens, so **überdeckt** die Größe aus U_j diejenige aus U_i. Allgemein kann die Unit alle exportierten, nicht-überdeckten Größen der in der Folge aufgeführten Units durch die Angabe des Größennamens benutzen. Es gelten also auch an dieser Stelle die üblichen **Sichtbarkeitsregeln von Standard-Pascal**, wobei der Unit-Folge ein in Form von ineinandergeschachtelten Prozeduren gegebener Programmteil entspricht. In dem Block der innersten Prozedur sind alle nicht-überdeckten Größen der Prozeduren, die die innerste Prozedur umfassen, gültig. Die Benutzung einer überdeckten Größe kann wie in Modula-2 über einen qualifizierten Zugriff erfolgen.

Der **Implementation**-Teil einer Unit enthält die Implementierung der in der Export-Schnittstelle aufgeführten Routinen. Wie ein Implementation-Modul in Modula-2 kann auch eine Unit einen **Initialisierungsteil** haben, dessen Anweisungen vor jedem Programmlauf automatisch ausgeführt werden.

Zur automatischen Überprüfung eines Software-System-Entwurfs auf syntaktische Inkonsistenzen muß man in Turbo Pascal 4.0 den Interface-Teil jeder Unit mit einem leeren Implementation-Teil versehen. Während der Implementierungsphase stellt der Interface-Teil einer Unit die Schnittstelle zum Anwender der Unit dar. Da Interface- und Implementation-Teil einer Unit nicht getrennt übersetzbare Einheiten sind und die Implementierung einer Unit für deren Anwender aufgrund des Geheimnisprinzips verborgen bleiben soll, müssen für jede Unit stets zwei Dokumente existieren, nämlich die durch den Interface-Teil gegebene Schnittstellenbeschreibung der Unit und die Unit selbst. Dadurch entsteht erstens ein zusätzlicher Verwaltungsaufwand und zweitens erhöht sich die Fehleranfälligkeit, weil bei Änderungen in der Schnittstelle beide Dokumente aufdatiert werden müssen, wobei die syntaktische Korrektheit der Schnittstellenbeschreibung nicht automatisch überprüfbar ist.

Ein weiterer Nachteil des Unit-Konzepts ergibt sich aus der Tatsache, daß der Implementation-Teil keine eigene Import-Schnittstelle hat. Im allgemeinen legt der

Programmierer einer Unit erst während der Implementierung der Unit nacheinander die Units fest, die er *nur* für die Programmierung des *Implementation-Teils* benötigt. Da er auch diese Units in der Import-Schnittstelle des Interface-Teils der Unit aufführen muß, impliziert jede Neuaufnahme einer Unit eine Neuübersetzung aller Units, die die betrachtete Unit importieren. Der hieraus resultierende, wesentlich erhöhte Verwaltungsaufwand ist aus **Anwendersicht** unnötig, weil die Änderungen nur den Implementierungsteil einer Unit betreffen. In Modula-2 dagegen werden die nur im Implementation-Modul verwendeten Größen anderer Moduln in der Import-Schnittstelle des Implementation-Moduls aufgeführt, was *keine* Neuübersetzung der das Modul benutzenden Moduln zur Folge hat.

Im Zusammenhang mit der Programmierung größerer Programme in Turbo-Pascal 4.0 sei auf eine Inkonsistenz zwischen dem Compiler und dem Referenzhandbuch hingewiesen. Im Referenzhandbuch wird auf Seite 97 gefordert, daß man in der Import-Schnittstelle einer Unit U neben den Units, von denen die Unit U Größen benutzt, auch jede Unit U' aufführen muß, die von diesen Units importiert wird. Dies gilt auch dann, wenn die Unit U keine Größe der Unit U' benutzt. Der *Compiler* überprüft diese Forderung *nicht*. Da die Reihenfolge der in der Import-Schnittstelle von U angegebenen Units bei gleichnamigen exportierten Größen festlegt, welche Größe in der Unit U benutzt wird, *muß* der Programmierer der Unit U die Schnittstellen *aller* aufgeführten Units kennen, insbesondere auch diejenigen, die zu Units gehören, welche von anderen Programmierern nur zur Implementierung ihrer Units konstruiert wurden. Diese Units müßten vor dem Programmierer von U aufgrund des Geheimnisprinzips versteckt sein, da sie für ihn unwichtige Implementierungsdetails anderer Units enthalten. Kennt der Programmierer von U die Schnittstellen dieser Units jedoch nicht, so könnten die für ihn unbekannten Units Größen exportieren, die andere benutzte, gleichnamige Größen überdecken, wobei der Programmierer von U davon ausgeht, daß die letztgenannten in seiner Unit benutzt werden. Die Programmierung eines Moduls kann also laut dem Referenzhandbuch von Turbo Pascal 4.0 nicht unabhängig von der Implementierung anderer Moduln erfolgen.

Im Referenzhandbuch der Version 5.0 von Turbo Pascal taucht die obige Forderung nicht mehr auf. Trotzdem ist das Unit-Konzept von Turbo Pascal aus den genannten Gründen für die Implementierung größerer Programme weniger gut geeignet als das Modul-Konzept von Modula-2.

3. Eine Modula-2-Programmierumgebung

Als Implementierungswerkzeug setzen wir das Modula-2-Programmiersystem von Logitech in der Version 2.0 ein. Die Hauptkomponenten dieses Programmiersystems sind:

- ein **Compiler** zum Übersetzen von Definition- und Implementation-Moduln;
- ein **Linker** zum Binden der übersetzten Implementation-Moduln;

- ein nicht-syntaxgesteuerter **Editor** mit integrierter Compiler-, Linker und Programmausführung zum Bearbeiten von Dateien;
- ein symbolischer **Run-Time-Debugger** zum Testen, zur Fehlersuche und zur Fehlerbeseitigung.

Compiler und Linker erzeugen im aktuellen Verzeichnis sehr viele Dateien, die nur für die Programmiersystem-Komponenten von Bedeutung sind, die aber den Programmierer selbst nicht interessieren. Bei der Programmierung größerer Programme, die in mehrere Moduln aufteilt sind, entsteht im Laufe der Zeit ein unübersichtliches, aus der Sicht des Programmierers chaotisches Verzeichnis. Es ist deshalb dringend notwendig, das Logitech-Modula-2-Programmiersystem in eine Programmierumgebung einzubetten, die die Möglichkeit, Verzeichnisse durch Anlegen von Unterverzeichnissen zu strukturieren, ausnutzt. In diesem Abschnitt wird so eine von uns entwickelte Programmierumgebung vorgestellt, die sich besonders gut für die Implementierung größerer Programme eignet.

Programmieren in Modula-2 bedeutet aus der Sicht unserer Programmierumgebung *Implementierung* eines **Projekts**, dessen Systemarchitektur aus Moduln und Schnittstellen zwischen den Moduln besteht. Für ein Projekt mit dem Namen name wird ein **Projektverzeichnis** gleichen Namens mit folgender Struktur angelegt:

```
name\DEF\
name\MOD\
name\RUN\
...
name\LNK\
...
```

Die Unterverzeichnisse DEF, MOD und RUN sind die für den Programmierer relevanten Verzeichnisse. DEF enthält die Programmierung der Schnittstellen (Definition-Moduln), MOD die Implementation-Moduln und RUN die Testdateien. Nur diese drei Verzeichnisse darf der Programmierer als aktuelle Verzeichnisse festlegen; das Unterverzeichnis LNK und die anderen Unterverzeichnisse werden ausschließlich von den Systemkomponenten benutzt. Zum Beispiel legt der Compiler in dem Unterverzeichnis LNK die Übersetzungen der Implementation-Moduln ab. Der Programmierer kann und soll diese Unterverzeichnisse ignorieren.

Für das Arbeiten mit einem Projektverzeichnis stellt die Programmierumgebung eine Reihe von Befehlen zur Verfügung. Dabei wird im allgemeinen davon ausgegangen, daß der Programmierer vor der Bearbeitung einer Datei das Verzeichnis zum aktuellen Verzeichnis macht, das die Datei enthält oder in das die Datei aufgenommen werden soll. Alle Befehle ordnen die von ihnen erzeugten Dateien automatisch in die zugehörigen Unterverzeichnisse ein. Wir unterscheiden drei Befehlsklassen:

a. Befehle zur **Verwaltung eines Projektverzeichnisses:** Mit den Befehlen dieser Klasse kann der Programmierer ein Projektverzeichnis neu anlegen oder löschen. Außerdem gehören Befehle zum Wechseln in andere *Programmierer-relevante* Unterverzeichnisse zu dieser Klasse.

b. Befehle zur **Bearbeitung eines Modula-2-Programms:** Mit den Befehlen dieser Klasse können Modula-2-Programme
- editiert (Modula-2-Editoraufruf)
- übersetzt (Compiler-Aufruf)
- gebunden (Linker-Aufruf)
- ausgeführt (Programm-Aufruf)
- und getestet (Run-Time-Debugger-Aufruf)

werden.

c. Befehle zur **Verwaltung eines Modula-2-Programms:** Die Befehle dieser Klasse sind auf die Projektverzeichnisstruktur zugeschnitten und ersetzen die DOS-Befehle zum Kopieren, Umbenennen und Löschen von Dateien. Bei einer Verwendung der entsprechenden DOS-Befehle würden in den nicht-programmierer-relevanten Unterverzeichnissen Dateien vorkommen, die der Programmierer nicht kennt und auf die er auch über die Befehle der Programmierumgebung nicht mehr zugreifen kann. Es handelt sich also um nicht-entsorgbaren Müll.

Compiler, Linker und andere gebundene Modula-2-Programme kann der Programmierer auch im Modula-2-Editor starten. Die dabei erzeugten Dateien ordnet die Modula-2-Programmierumgebung automatisch in die entsprechenden Unterverzeichnisse ein. An den bei dieser Einordnung auftretenden Problemen wird deutlich, daß die im Logitech-Modula-2/86-Benutzerhandbuch versprochene Flexibilität bezüglich Unterverzeichnisstrukturen für Aufrufe der Programmiersystem-Komponenten im Modula-2-Editor nur eingeschränkt gilt und daß bei dieser Anwendung in Verbindung mit Unterverzeichnisstrukturen inkonsistente, für den Programmierer fehlerhafte Systemzustände entstehen können.

Für die Erläuterung dieser Probleme nehmen wir an, daß ein im Unterverzeichnis MOD befindliches Hauptprogramm H eine Größe aus einem Modul M importiert und beide Teilkomponenten bereits übersetzt und zu einem Programm gebunden wurden. Die Übersetzungen von H und M befinden sich also im Unterverzeichnis LNK. Zur Beseitigung eines Programmierfehlers im Implementation-Modul von M ruft der Programmierer im Unterverzeichnis MOD den Modula-2-Editor für die Datei M auf, korrigiert den Fehler und veranlaßt die Übersetzung von M im Modula-2-Editor. Die Logitech-Modula-2-Programmiersystem-Komponenten, also auch der Compiler, legen die für die Bearbeitung einer Datei erzeugten Dateien *immer* in das Unterverzeichnis ab, in dem die zu bearbeitende Datei gefunden wurde. Deshalb steht danach die *neueste* Übersetzung von M im Unterzeichnis MOD, die *alte* Version im Unterverzeichnis LNK. Beim anschließenden Binden von H im Modula-2-Editor sucht der Linker die Übersetzung von M *immer* zuerst in dem Unterverzeichnis, in dem er die Übersetzung des zu bearbeitenden Programms H gefunden hat. H wird also mit der alten, unkorrigierten Übersetzung von M gebunden! Zwar kann der Benutzer die Suchreihenfolge für den Linker mit dem DOS-Befehl SET selbst festlegen, der Linker durchsucht aber *unabhängig* davon immer *zuerst* das Unterverzeichnis, in dem er die Übersetzung des zu bearbeitenden Programms gefunden hat. Diese Vorgehensweise ist ein *Entwurfsfehler* im Logitech-Modula-2-Programmiersystem Version 2.0, kein Implementierungsfehler.

Das Problem wurde von uns folgendermaßen gelöst. Der Modula-2-Editor ruft den Compiler *nicht direkt* auf, sondern ein von uns geschriebenes Programm, das den Compiler aufruft *und* anschließend die von dem Compiler erzeugten Dateien in die entsprechenden Unterverzeichnisse einordnet. In der Version 3.0 ist der geschilderte Entwurfsfehler nicht mehr enthalten.

Unsere Modula-2-Programmierumgebung ist in die DOS-Benutzeroberfläche 1DIR+ eingebettet. 1DIR+ bietet

- vollständige Transparenz zur DOS-Kommandoebene
- eine permanente, strukturierte Auflistung der Einträge eines Verzeichnisses
- und durch die Definitionsmöglichkeit von Befehlsmenüs eine komfortable Benutzung der Befehle unserer Modula-2-Programmierumgebung.

Literatur

1. Heimsoeth & Borland: Turbo Pascal 4.0, Referenzhandbuch.
2. Kathleen Jensen, Niklaus Wirth: Pascal User Manual and Report Second Edition, Springer-Verlag, 1978.
3. Logitech Modula-2/86 Benutzerhandbuch Version 2.0.
4. Niklaus Wirth: Programming in Modula-2, Third Corrected Edition, Springer-Verlag, 1985.
5. Richard Wiener, Richard Sincovec: Software Engineering with Modula-2 and ADA, John Wiley & Sons, 1984.
6. Bernhard Zimmermann: Eine Programmierumgebung für Logitech-Modula-2/86, Dokumentation CIP-Pool 13, TU Berlin, 1988.

ALIEN – eine Programmierumgebung für kleine PCs

Ulrik Schroeder

Technische Hochschule Darmstadt
Institut für Systemarchitektur
Fachgebiet Praktische Informatik

Vorbemerkung

Noch vor wenigen Jahren wurde die Programmierausbildung an der TH Darmstadt am Informatikzentralrechner (Siemens 7541, unter BS2000; inzwischen ersetzt durch Siemens 7551) durchgeführt. Für die Erst- und Zweitsemester standen 12 Lochkartenstanzer, 1 Lochkartenleser und ein Drucker zur Verfügung. Ab dem dritten Semester kamen ca. 15 der 40 an den Rechner angeschlossenen Terminals dazu. Allerdings mußten diese Arbeitsplätze von allen Studenten, wissenschaftlichen Mitarbeitern und Professoren geteilt werden. Naturgemäß entbrannte ein heftiger Kampf um die wenigen freien Arbeitsplätze, obwohl die Antwortzeiten und Ausfallhäufigkeiten eine vernünftige Rechnernutzung zusätzlich erschwerten.

Durch die Entwicklung einigermaßen leistungsfähiger PCs wurde die Dezentralisierung und Vervielfältigung der Arbeitsplätze ermöglicht und damit eine Verbesserung der Arbeitsbedingungen angestrebt.

1. PC - Pools

Speziell für die Programmierausbildung an der TH Darmstadt wurde aus Mitteln des CIP ein Rechner-Pool eingerichtet. Dieser besteht aus:

- 40 Siemens PC-X (als eigentliche Arbeitsplätze)
- 1 Siemens PC-MX2 (als Organisationsgerät z.B. für Drucken und Netzüberwachung)
- 3 Siemens Tintenstrahldrucker lp9001

Die PCs sind über *ETHERNET* miteinander verbunden und kommunizieren nach einem *TCP/IP - PROTOKOLL (INTERNET)*. Die Normierung der Protokolle wird von der RBG (Rechner-Betriebs-Gruppe) als Pool-Betreiber angestrebt.

Außer diesem einen existieren zwei ähnlich ausgestattete Pools. Der eine (13 PC-X, 1 PC-MX2, 2 Drucker) steht allen Studenten der TH, den Mitarbeitern und den Professoren zur freien Verfügung. Die PCs werden überwiegend von Studenten für Diplom- und Studienarbeiten genutzt. Da diese Rechner das ganze Jahr über zugänglich sein müssen, können sie nicht für Praktika oder Übungen z.B. von Blockveranstaltungen reserviert werden.

Der dritte Pool (10 PC-X-10, 1 PC-MX2, 2 Drucker) wird von Darmstadts Elektrotechnikern genutzt. Die PC-X-10 sind im Gegensatz zu den PC-X mit einem graphikfähigen Bildschirm, einer Maus und einer Speichererweiterung auf eine Hauptspeicherkapazität von 1 MByte, versehen.

Der Ausbildungspool ist während des Semesters zwischen 8:00 und 18:00 Uhr geöffnet. In den Semesterferien wird der Öffnungszeitraum den jeweiligen Anforderungen angepaßt. Eine Pool-Aufsicht übernimmt den Schlüsseldienst zwischen 18:00 und 22:00. Je nach Veranstaltung beaufsichtigen zwischen 1 und 3 studentische Hilfskräfte die Durchführung der Praktika zwischen 8:00 und 18:00 Uhr. Sie sind für die fachliche (Aufgabenstellung), die Programmier- und die Geräteberatung zuständig. Folgende Software wird im Ausbildungspool eingesetzt:

a) ausgelieferte Software der Firma Siemens
- das Betriebssystem *SINIX*, Version 1.0a
- der Editor *ced*
- das C-Entwicklungssystem *CES*
- der *PASCAL*-XT - Compiler

b) die POLY-PASCAL-Umgebung *HIPI*

c) Eigenentwicklungen der TH Darmstadt
- *WEB*: ein Spezifikationssystem
- *SIASS*: Emulation des Siemens-Assembler
- *VERA*: Verifikationstool
- *ALIEN*: Hybrideditor-Generator

2. Programmierausbildung

Die Teilnehmer an den diversen Veranstaltungen zur Programmierausbildung an der TH Darmstadt lassen sich in drei Kategorien unterteilen:

Studenten des Fachbereiches Informatik belegen während ihres Grundstudiums die Veranstaltungen *Informatik I - IV*. Im Wintersemester 88/89 nehmen 170 Studenten das Informatikstudium in Angriff. Außer den reinen Informatikern beginnen auch 80 Wirtschaftsinformatiker und 80 Mathematiker mit Schwerpunkt Informatik (MSI), die ebenfalls die *Grundzüge der Informatik I - III* belegen. Zu den Anfängern gesellen sich zwischen 25% und 40% von Wiederholern. Die Informatkgrundveranstaltungen sind also jedes Semester mit ca. 400 - 500 Studenten überfüllt.

Studenten anderer Fachbereiche werden im FB Informatik ebenfalls ausgebildet. *Die Informatik für Ingenieure I und II* wird jeweils von ca. 450 Datentechnikern besucht. Studenten anderer Ingenieurwissenschaften können ebenfalls an dieser Veranstaltung teilnehmen, sind jedoch momentan noch nicht durch ihren Studienplan dazu verpflichtet. Jeweils im Wintersemester findet die Blockveranstaltung *Informatik für Bauingenieure* das Interesse von ca. 150 Studenten.

Zusätzlich gibt es im Anschluß an jedes Wintersemester in der vorlesungsfreien Zeit Blockveranstaltungen (14 Tage Vorlesungen + Übungen, danach während des Sommersemesters Praktikum) zum *Einführen in das Programmieren* jeweils in den Programmiersprachen C, PASCAL und PROLOG. Diese Veranstaltungen sind "offen" und werden unter anderem auch von Fachhochschul-Studenten und Lehrern besucht. Die Teilnehmerzahl schwankt zwischen 30 und 150.

Für die jeweiligen Veranstaltungen werden eine "adäquate" – d.h. nicht die optimale, aber die im Rahmen bestmögliche – Anzahl von Arbeitsplätzen des Ausbildungspools reserviert und Betreuer abgestellt. Berücksichtigt man, daß nicht alle Studenten die Möglichkeit zur praktischen Übung wirklich wahrnehmen und daß durch Gruppenbildung eine Mehrfachbelegung eines Arbeitsplatzes erreicht wird, so kann man pro Arbeitsplatz und Woche dennoch eine Mindestbelastung von 15 Personen/Gruppen ermitteln. Durch die gleichzeitige Teilnahme an Hochschulveranstaltungen für die meisten Studenten des Grundstudiums ergibt sich eine Häufung der Terminalbelegung an den Nachmittagen. Ferner ergab sich nur eine geringfügige Verbesserung durch den Zuwachs an Arbeitsplätzen, da sich lediglich eine Verschiebung der Ausbildung an der Großrechenanlage zu den PCs ergeben hat (Chancengleichheit).

Die durch den CIP-Pool verbesserten Arbeitsbedingungen können also erst durch zusätzliche Effizienzsteigerungen (Verkürzung der durchschnittlichen Sitzungsdauer) erreicht werden. Zur Unterstützung beim Programmieren werden in Darmstadt leistungsfähige, sprachspezifische Programmierumgebungen eingesetzt. Auf der anderen Seite wird die angespannte Lage durch den (zwangsläufigen?) Einsatz privater PCs im Hause des Studenten ein wenig gemildert.

3. Programmierumgebungen

Sprachspezifische Programmierumgebungen (SPU) sind Werkzeuge zur Unterstützung der Softwareerstellung und -wartung. Im allgemeinen integrieren sie die Komponenten zur Abspeicherung und Verwaltung interner Daten, Erzeugung von Programmen mittels Hybrid-Editoren sowie Werkzeuge zur inkrementellen Überprüfung der syntaktischen und oft auch der semantischen Korrektheit der erstellten Programmteile. Die Gruppe von Herrn Professor Dr. W. Henhapl, vom Institut für Praktische Informatik der TH Darmstadt, beschäftigt sich u.a. mit der Erforschung von Techniken für Generatoren, die aus formalen Sprachbeschreibungen SPUs erzeugen. Ein solches System ist der "Programming System Generator" (PSG: [/BaSn86/]), ein weiteres ALIEN ([/Sp86/KaSp87/SSp88/]).

Die Vorteile des Einsatzes von SPUs bei der Programmierausbildung sollen im folgenden skizziert werden. Zuvor möchte ich darauf hinweisen, daß SPUs nicht ganz unumstritten sind ([/Sn88/]), u.a. wohl deshalb, weil nur sehr wenige kommerzielle Produkte im industriellen Einsatz sind. Dies liegt meiner Meinung allerdings eher daran, daß die Entwicklung zum "Produkt SPU" noch nicht ganz abgeschlossen ist, obwohl die theoretischen Grundlagen und Algorithmen inzwischen gut verstanden und ausgebaut sind. Außerdem werden die in der Industrie verbreiteten Programmiersprachen COBOL und FORTRAN weniger als die modernen Sprachen wie z.B. MODULA-2 oder ADA unterstützt. Beim Vergleich mit kommerziellen Produkten sollte man jedoch die Fähigkeiten der semantischen Analyse von SPUs nicht vergessen [/Su88/].

SPUs *schirmen den Benutzer vom Betriebssystem ab.* Er kann sich auf wesentliche Tätigkeiten zur Erstellung seiner Programme konzentrieren, ohne zusätzlich Kenntnisse über Betriebssystemroutinen, Kommandosprache und Interna über z.B. Datenhaltung, etc. zu erlernen. Andererseits wird verhindert, daß ein ungeübter Benutzer versehentlich Schäden anrichtet, da ihm innerhalb der SPU nur ein eingeschränkter Befehlssatz zur Verfügung gestellt werden braucht.

Der traditionelle *Zyklus: Edit-Compile-Link-Load* wird auf das Arbeiten mit einem einzigen Tool *reduziert.* Das inkrementelle Analysieren von Programmteilen ermöglicht die *frühe Fehlererkennung* bereits in unvollständigen Programmen.

Die *interaktive Benutzerschnittstelle,* wie sie z.B. in [/BaHu87/] beschrieben ist, leistet einen nicht zu verachtenden Beitrag zur erhöhten Motivation des Benutzers. Die Mehrfenster- und Menütechniken und der Einsatz von Pointing-Devices stellen allerdings gewisse Mindestanforderungen an die Hardware.

Hybrid-Editoren unterstützen zwei unterschiedliche Programmkonstruktionsmethoden. Das strukturierte, menügeführte Edieren (Top Down Entwurf) prägt das Verstehen des Aufbaus einer Programmiersprache erheblich. Dieser Effekt wird zusätzlich durch das automatische *Pretty-Printing* unterstützt. Freie Texteingabe wird wie weitere Funktionen herkömmlicher Editoren (Copy, Cut, Paste, Search) ebenfalls angeboten.

Die *Menüführung* erlaubt Hilfestellung zu jedem Zeitpunkt (z.B. werden nach Fehlern Korrekturhilfen erzeugt, an jeder Textstelle alle korrekten Alternativen einzubauender Konstrukte angeboten oder alle durchführbaren Systemaktionen aufgelistet) und ermöglicht dadurch das schnelle Erlernen im Umgang mit dem Programmiersystem und der Programmiersprache.

Die *inkrementelle Arbeitsweise* erlaubt die schrittweise Verfeinerung eines Programmes, sowie die Unterteilung in Programmteile (Fragmente). Diese können einzeln gespeichert und verwaltet werden und möglicherweise in weitere Unterkomponenten zerlegt sein. Die Fragmenttechnik führt zur Wiederverwendung einzelner Softwarebausteine.

SPUs (*Syntax-Editoren*) nutzen die Kenntnis der unterstützten Programmiersprache zur inkrementellen Syntaxanalyse der erstellten Programmteile. Weitergehende Entwicklungen können zusätzlich die Korrektheit der statischen Semantik eines Fragmentes untersuchen (vgl. [/Reps84/Sn86/]).

Je nach Ausbaustufe werden zusätzlich *Interpreter, Code-Erzeuger, Debugger* und weitergehende *Testsysteme* (z.B. [/Mo88/]) angeboten.

Zur Unterstützung der Lehre wurde an der THD eine spezielle SPU (ALIEN: [/Sp86/SSp88/]) auf Siemens PC-X entwickelt (das Projekt wurde von der Stiftung Volkswagenwerk unter dem Aktenzeichen I/61 602 gefördert).

4. ALIEN

In diesem Abschnitt soll keine vollständige Beschreibung des Systems folgen, sondern die Besonderheiten ALIENs (A Language definition Interpreting programming ENvironment) betont werden.

Ein Grund für die Implementierung des Prototyps war die Unterstützung der Programmierausbildung an der TH Darmstadt, also auf *kleinen PCs*. Bislang existiert kein vergleichbares Tool für Kleinrechner von z.B. lediglich 256 kByte Hauptspeicher.

Aus einer formalen Sprachbeschreibung wird ein sprachspezifischer Hybrid-Editor, eine sprachunabhängige Datenbank zur konsistenten Speicherung und Verwaltung der anfallenden Daten (Fragmente) und eine interaktive Benutzerschnittstelle mit sprachspezifischem und systemeigenen Menüsystem generiert. Besonderen Wert beim Entwurf des Systems wurde auf eine extrem einfache Sprachdefinition [/KaSp87/], den Parser zur Analyse der freien Benutzereingaben und eine Namensanalyse zur Teilüberprüfung der statischen Programmsemantik gelegt. Der erste Punkt erleichtert den Umgang mit ALIEN für den Dozenten, die beiden anderen für den Praktikumsteilnehmer.

Die formale Sprachdefinition besteht aus der Beschreibung der lexikalischen Elemente der Programmiersprache (PS), einer beliebigen, kontextfreien Grammatik (konkrete Syntax), Formatierangaben und der Festlegung der Sichtbarkeitsregeln für Bezeichner. Der Generator erzeugt daraus Tabellen, als Wissensbasis der SPU.

Der Dozent kann den Umfang einer unterstützten PS durch Sperren einiger Regeln in der Sprachbeschreibung reduzieren. Durch schrittweise Freigabe der gesperrten Regeln, kann der Sprachumfang dem Ausbildungsstand der Studenten ständig angeglichen werden. Die bis zum Erweiterungszeitpunkt erstellten Programmfragmente können auch in der komplexeren Sprache weiter bearbeitet werden (*Aufwärtskompatibilität*).

Der generierte Parser ist für die Analyse der textuellen Eingabe des Benutzers zuständig. Der in ALIEN realisierte Parser wurde auf die Bedürfnisse von Programmieranfängern zugeschnitten. Die Eingabe von *Kommentaren an jeder Verwendung von Lückensymbolen* -Platzhalter für Konstrukte, die zu einem späteren Zeitpunkt auf die übliche Weise verfeinert werden- werden unterstützt. Falls der Benutzer seine Eingabe unvollständig abschließt, wird das begonnene syntaktische Konstrukt automatisch vervollständigt. Dabei werden eventuelle Mehrdeutigkeiten bei der Fortsetzung des Programmstückes interaktiv aufgelöst. Ein Beispiel soll diese Arbeitsweise verdeutlichen:

"|"	bedeutet Ende der Eingabe
"___"	ist das Symbol für Lücken
"{ }"	enthält Alternativen

PASCAL-Eingabe: *for i:=* |
ALIEN-Ausgabe: *for i:=* ___ *{ to* oder *downto }* ___ *do* ___*;*

Die Gewährleistung der syntaktischen Korrektheit der erstellten Programme ist gerade während der Ausbildung nicht ausreichend. Die Korrektur der verbleibenden semantischen Fehler stellen den erheblicheren Aufwand (für Betreuer und Student) dar. Eine komplette Analyse der statischen Semantik eines Programmes kam für die Kleinrechnerrealisierung von ALIEN wegen ihrer zu hohen Komplexität nicht in Betracht. Allerdings zeigt die Erfahrung, daß ein Großteil semantischer Fehler auf die inkorrekte Verwendung von Namen zurückzuführen ist (z.B. eine Nichtdeklaration oder eine ungewollte Manipulation globaler Objekte). Realisiert wurde daher eine Namensanalyse [/ScSc87/], die dem Benutzer zudem sinnvolle Hilfestellung bei der Erstellung eines Programmes geben kann.

Zum einen wird untersucht, ob alle Namen *konsistent verwendet* werden (z.B. dürfen in PASCAL ein Typ und eine Variable in einem Sichtbarkeitsbereich nicht den gleichen Namen haben). Jede Auftretensstelle eines Namens in einem Programm wird dabei auf genau eine Programmgröße abgebildet. Dies ermöglicht die Realisierung *objektorientierter Funktionen.*

Der Benutzer kennzeichnet eine Namensauftretensstelle und damit damit ein Programmobjekt. Danach kann er alle *Informationen* über dieses Objekt abrufen (Existenz der Deklaration, Verwendung als Typ oder Variable oder ..., wo überall verwendet, wo überdeckt,...). Außerdem kann er *alle Verwendungsstellen,* insbesondere die *Deklarationsstelle inspizieren.* Das ausgewählte Objekt kann im aktuellen Sichtbarkeitsbereich oder programmweit *umbenannt* werden. Dabei werden nicht textuell gleiche Auftretensstellen ersetzt, sondern wirklich nur alle Namen, die eine bestimmte Programmgröße bezeichnen. werden.

Außerdem kann der SPU-Benutzer an jeder Programmstelle ein *Menü aller sichtbaren und konsistent verwendbaren Bezeichner* anfordern und durch Auswahl einen korrekten Namen einsetzen.

Zusätzlich können bei fehlender Deklaration *alle möglichen Deklarationsstellen* für das gewählte Objekt aufgesucht werden. Eine Liste aller an einer Stelle überdeckten, globalen Objekte oder aller sichtbaren, implizit deklarierten Größen kann ebenfalls erstellt werden. Bei den erwähnten Funktionen sind alle bekannten Sichtbarkeitskonzepte (Blockstruktur, PASCAL-records, Moduln, PL/I-Komponenten usw.) berücksichtigt.

5. Schlußbemerkungen

Die durch ALIEN generierte PASCAL-XT–PU wird seit drei Semestern in der Programmierausbildung eingesetzt. Die geschilderte Effizienzsteigerung wurde bislang noch nicht wissenschaftlich untersucht, sondern beruht auf Beobachtungen – Schätzungen ergeben eine Verkürzung der Sitzungsdauer um ca. 30% – durch die Betreuer und Befragungen der Praktikumsteilnehmer. Ein erster Ansatz, die geschilderte These auf ihren Gehalt zu prüfen, wird im Frühjahr 1989 verfolgt werden. Ausgeschrieben ist eine interdisziplinäre Studienarbeit (beteiligt sind Psychologen und Informatiker) zur Ermittlung möglicher Meßmethoden, um das Lernverhalten beim Einsatz von SPUs zu untersuchen. Diese sollen in der Folgezeit innerhalb unterschiedlicher Praktika angewandt werden, um statistisch fundierte Aussagen über den Einfluß sprachspezifischer Programmierumgebungen auf die Art, Effektivität, etc. des Programmierens zu erhalten. Wir erhoffen uns dann auch einen Rückfluß der ermittelten Ergebnisse in die weitere Entwicklung von SPUs. Bislang orientierte man sich vielleicht allzusehr an realisierbaren Konzepten, ohne die Bedürfnisse des Anwenders ausreichend zu berücksichtigen.

Literatur

Projektbeschreibungen zu ALIEN

[/KaSp87/] J. Katzer, A. Spinner: "ALIEN: Ein Generator für inkrementelle Programmierumgebungen", Interner Bericht, Praktische Informatik, TH Darmstadt 1987.

[/SSp88/] U. Schroeder, A. Spinner: "ALIEN: A Programming Environment Generator for Small PCs", Proceedings of the ACM SIGSMALL 1988 Symposium on Small Computers, Cannes, May 1988.

[/ScSc87/] U. Schroeder, D. Schütz: "Ein sprachunabhängiges Modell einer inkrementellen Bezeichneranalyse für Programmierumgebungen", Diplomarbeit, Praktische Informatik, TH Darmstadt, Dezember 1987.

[/Sp86/] A. Spinner: "ALIEN: Design und Konzepte", Interner Bericht PU2R4/86, Praktische Informatik, TH Darmstadt, 1986.

Literatur zu SPUs

[/BaHu87/] R. Bahlke, M. Hunkel: "The User Interface of PSG Programming Environments", Proceedings of the INTERACT 87 - IFIP Conference on Human-Computer Interaction, North-Holland, September 1987, S. 311-316.

/BaSn86/] R. Bahlke, G. Snelting: "The PSG System: From Formal Language Definitions to Interactive Programming Environments", ACM Transactions on Programming Languages and Systems, Vol. 8, No. 4, Oktober 1986, S. 547-576.

[/Mo88/] B. Moritz: "Das Generieren von sprachspezifischen Testumgebungen mit PSG", Bericht PI-R3/88, Praktische Informatik, TH Darmstadt, 1988.

[/Reps84/] T. Reps: "Generating Language-Based Environments", The MIT Press, Cambridge 1984.

[/Sn86/] G. Snelting: "Inkrementelle semantische Analyse in unvollständigen Programmfragmenten mit Kontextrelationen", Dissertation, TH Darmstadt 1986.

[/Sn88/] G. Snelting (Herausgeber): "Sprachspezifische Programmierumgebungen", Band zur Fachtagung der GI Fachgruppe "Implementierung von Programmiersprachen", TH Darmstadt, Mai 1988, diverse Artikel.

Interactive Scientific Processor (ISP) als Alternative in der Statistik-Ausbildung

Rüdiger Ostermann

Universität - Gesamthochschule - Siegen
Hochschulrechenzentrum

1. Einleitung

In den vergangenen Jahren haben alle bekannten Softwarehersteller von statistischen Programmpaketen Mikro-Versionen auf den PC-Markt gebracht. Jedoch sind die meisten Mikro-Versionen nicht speziell für den Personal Computer entwickelt worden, sondern vielmehr sind die vorhandenen "Mainframe-Versionen" an die Bedürfnisse eines Personal-Computers angepaßt worden. Dies bedeutet aber auch, daß auch die Arbeitsweise vom Mainframe auf den PC übertragen worden ist. Wenn man sich längere Zeit mit der Statistik-Ausbildung auf einem CIP-Pool (der vornehmlich aus Personal Computern besteht) beschäftigt, wird man feststellen, daß die sogenannten klassischen Pakete (BMDP, SAS, SPSS) für den Einsatz in der Lehre nicht sehr gut geeignet sind.

Der interaktive wissenschaftliche Prozessor ISP wurde von Peter J. Huber an der Harvard University entwickelt. Im Gegensatz zu den klassischen Paketen, bei denen in der Regel nach dem Einlesen der Daten nur noch Prozeduren aufgerufen werden, deren genauer Inhalt unbekannt ist, müssen in ISP die einzelnen Analyseschritte bewußt durchgeführt werden. Diese Eigenschaft stellt dem Lehrenden für die Ausbildung am CIP-Pool wünschenswerte Möglichkeiten zur Verfügung, die er geeignet in seinen Unterricht einfließen lassen kann. Im folgenden soll deshalb ISP näher vorgestellt werden.

2. ISP und seine Arbeitsweise

ISP ist speziell für den Personal Computer entwickelt worden und wird vornehmlich in der statistischen Datenanalyse eingesetzt. Es ist jedoch so allgemein aufgebaut, daß es auch in zahlreichen anderen Wissenschaftsgebieten Anwendung findet. ISP ist ein zeilenorientierter Kommandointerpreter, zudem ist er Arrayorientiert (bis zu acht Dimensionen). Damit hat ein Skalar die Dimensionen

(1,1,1,1,1,1,1,1), ein Spalten- bzw. Zeilenvektor mit n Elementen die Dimensionen (n,1,1,1,1,1,1,1) bzw. (1,n,1,1,1,1,1,1). Zur Vereinfachung werden alle Einsen unterdrückt, denen kein von Eins verschiedener Wert folgt. Damit hat ein Skalar die Dimension (1), der n-elementige Spalten- bzw. Zeilenvektor die Dimension (n) bzw. (1,n). Arithmetische Vergleichs- und logische Operationen sowie spezielle Funktionen (mod, sin, cos, exp, ...) arbeiten elementweise auf der Datastruktur "array". So werden mit

```
b=exp(a)
```

die Werte der Exponentialfunktion der Elemente von a berechnet und dem Objekt b zugeordnet.

abs	all	any	array	atan	atan2
cos	cusum	diff	dims	eqs	exists
exp	find	ftoi	ftos	gaupr	gauqu
gauss	if.then.else		index	indir	int
inv	iota	iqrange	itof	lag	log
log10	mad	max	max2	mean	median
min	min2	missing	mod	mpy	ndims
pchisq	prod	qchisq	rnd	sdv	sign
sign2	sin	sizeof	sqrt	substr	sum
tan	trn	typeof	unif	vec	

Tab. 1: Allgemeine Funktionsübersicht (Auszug aus ISP Command Descriptions)

These commands are used for manipulating data into a form suitable for their analysis.

glue	glue two or more arrays together
let	arithmetical and logical re-expression (the command name let actually is redundant)
mux	generalized transposition (multiplex)
reduce	summarize along a specified subscript position
reshape	change the dimensions of an array
select	select a subset of an array
sort	sort data into ascending order
split	split a data set into categories

Tab. 2: Array-Manipulationsmöglichkeiten (Auszug aus ISP Command Description)

In **Tabelle 1** findet man eine allgemeine Übersicht der oben angesprochenen Operationen und Funktionen; sie sollte aus mnemotechnischen Gründen selbsterklärend sein. Matrizenoperationen (mpy,trn,inv,...) lehnen sich an die übliche, traditionelle algebraische Notation an. Damit läßt sich z.B. der Schätzer $\hat{ß}$ für den unbekannten Parametervektor ß in der linearen Regressionsanalyse schreiben als:

betadach = mpy(inv(mpy((trn(x),x)),mpy(trn(x),y)).

Eine Übersicht der verfügbaren Array-Manipulationsmöglichkeiten findet man in Tabelle 2.Sehr wichtig für das Arbeiten mit ISP ist die Existenz der "Conformation Rules". Dieser wesentliche Bestandteil erlaubt es dem Benutzer Datentransformationen, die er bisher mit Papier und Bleistift formuliert hat, direkt in ISP einzugeben. Das Vorgehen der "Conformation Rules" läßt sich folgendermaßen beschreiben: Eine Operation bezüglich zweier Arrays a und b mit ihren Dimensionen $(a_1,a_2,...,a_8)$ bzw. $(b_1,b_2,...,b_8)$ wird dann ausgeführt, falls für jede Dimension (i=1,...,8) entweder

i. $a_i=b_i$ oder ii. min $\{a_i,b_i\}=1$

gilt. Im Fall ii. wiederholt ISP jeweils den einzelnen Wert mehrfach (max$\{a_i,b_i\}$-fach). Diese "Conformation Rules" versetzen den Benutzer damit z.B. auch in die Lage, Matrizen miteinander zu verknüpfen, deren Dimensionen bzgl. der mathematischen Operation eigentlich nicht verknüpfbar sind. Dieses Vorgehen kommt beim intuitiven "data-handling" zum Tragen. Dies soll am Beispiel der Zentrierung einer Matrix demonstriert werden: Sei

$$a= \begin{Bmatrix} 1 & -1 & 1.8 & 1.4 \\ 3 & 1 & 2.9 & 1.3 \\ 2 & 0 & 3.3 & 1.8 \end{Bmatrix} \quad \text{und} \quad \text{mean}(a) = (2 \ \ 0 \ \ 3 \ \ 1.5)$$

Durch das Kommando

acen=a-mean(a)

wird der Zeilenvektor (2 0 3 1.5) zu einer 3x4-Matrix mit drei identischen Zeilen aufgebläht und sodann die Differenz elementweise auf den nun gleich großen Arrays durchgeführt. Das Ergebnisarray acen hat natürlich auch die Dimensionen (3,4). Neben den in **Tabelle 1** aufgelisteten Funktionen existieren in ISP noch eine Anzahl von Kommandos. (Auf den prinzipiellen Unterschied zwischen Funktionen und Kommandos kann hier leider aus Platzmangel nicht eingegangen werden.) Eine Auflistung dieser Kommandos findet man in **Tabelle 3**. Zu allen Kommandos und Funktionen ist ein HELP-System vorhanden.

3. Makroprogrammiermöglichkeiten in ISP

ISP bietet dem Benutzer die Möglichkeit sich stetig wiederholende Anweisungen zu Makros zusammenzufassen. Diese Makros haben die gleiche Syntax wie die regulären ISP-Kommandos. Innerhalb von Makros sind Programmiermöglichkeiten wie Schleifen, bedingte Anweisungen und rekursive Aufrufe möglich. Ein Debugger zur Entwicklung längerer Makros steht zur Verfügung. Da diese

Makros in der ISP-Syntax geschrieben sind, ist man auch noch nach einem längeren Zeitraum, indem man dieses Makro nicht benutzt hat, in der Lage, es zu lesen. Dies unterscheidet ISP und ähnliche Softwarepakete, die eine eigene Programmierhochsprache besitzen, von den gängigen Programmiersprachen (insbes. APL). Durch das Erstellen eigener Makro-Bibliotheken kann sich jeder Benutzer "sein" ISP schaffen. Durch den Aufruf des jeweiligen Makros ist das Laden des Makros gegeben und damit sehr einfach handhabbar. Eine Macro-Library mit insgesamt 60 verschiedenen Makros ist beim Softwarehersteller erhältlich.

ACF	BOXPLOT	CLI	CLOSE	CODERES
COMPARE	CORR	DEBUG	DELETE	DGS
DISPLINE	DO	EIGRS	ELSE	END
EVSPLINE	FFT	FILTER	FIVENUM	FOR
GETARG	GLUE	GPLOT	GSCAT	HELP
IF	INPUT	L1FIT	LET	LIST
LOAD	LOCAL	LOOK	LOWESS	MAP
MSPLIT	MUX	NABOR	NEWS	NULL
OPEN	PARAM	PUTARG	PUTSTR	QR
QUIT	RANDOM	READ	REDUCE	REGRESS
RENAME	RESERVED	RESHAPE	RETURN	ROBLINE
RUN	RUNAVE	RUNMED	SAVE	SCAT
SELECT	SET	SHOW	SMSPLINE	SORT
STEMLEAF	SVD	WHILE	WRITE	

Tab. 3: Allgemeine Kommandoübersicht

Zum Abschluß dieses Abschnittes sei noch ein Makro zur Hauptkomponentenanalyse wiedergegeben, in dem nochmals die Leistungskraft von ISP deutlich wird. Der Text hinter den #-Zeichen ist jeweils erklärender Kommentar.

3.1 Makro zur Hauptkomponentenanalyse

```
input/macro > princomp              # Kreiert ein Macro namens princomp
getarg "data" > x                   # Dateninput
local xcen eval evec                # lokale Variablen innerhalb des
                                    # Makros
xcen=x-mean(x)                      # Zentrierung der Datenmatrix x
eigrs(mpy(trn(xcen,xcen)) > eval evec# Berechnung der notwendigen
                                    # Eigenwerte und -vektoren
pscores=mpy(xcen,evec)              # Berechnung der Hauptkomponenten
putarg "pscores" pscores            # gibt die berechneten Hauptkom-
                                    # ponenten an die Ebene zurück,
                                    # die princomp aufgerufen hat
return                              #
```

Ein Aufruf dieses Makro geschieht mit:

princomp datain > dataout

und unterscheidet sich nicht von einem regulären Kommando. Bei einem Aufruf ohne Eingabeargument werden die Interpretereigenschaften genutzt. Man erhält dann die folgenden Prompts:

data> und pscores>

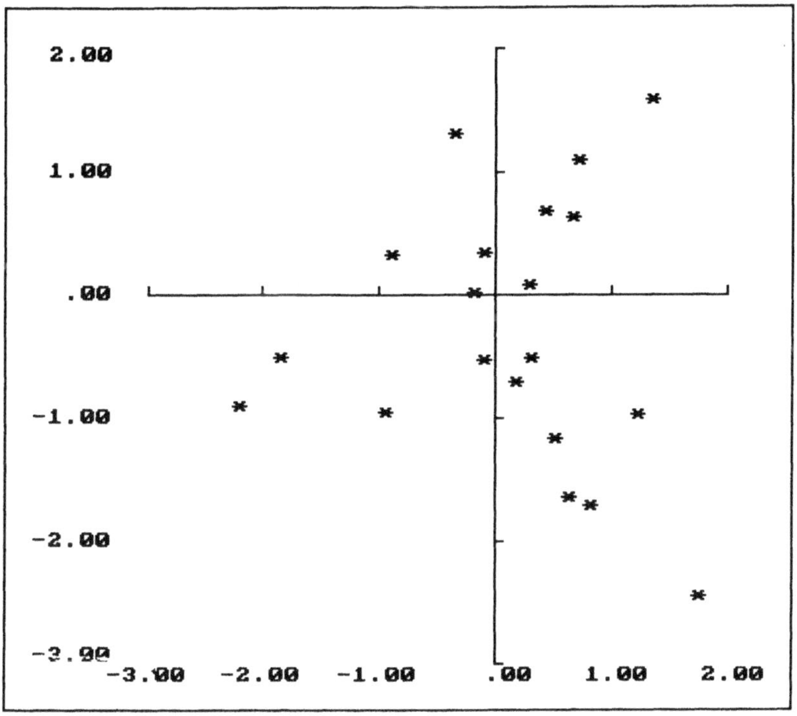

Abb. 1: Einfacher GSCAT-Aufruf

4. Graphikmöglichkeiten in ISP

ISP besitzt sowohl ein statisches graphisches Subsystem als auch ein dynamisches. Das statische Subsystem GSCAT dient (vornehmlich) dazu, Scatter- und Kurvenplots anzufertigen. Daß es auch für andere graphische Anwendungen von großem Nutzen ist (z.B. graphische Darstellung von Dendrogrammen), kann man u.a. in Degens et. al. (1985) nachschlagen. GSCAT benötigt keine eigene Graphiksprache und die gesamt Plotinformation kann abgespeichert werden, so daß auch noch in einer späteren ISP-Sitzung der graphische Output wieder aufbereitet werden kann. In den folgenden beispielhaften GSCAT-Aufrufen sollen jeweils zwei Datenvektoren gegeneinander als Scatterplot gezeichnet werden. Die optional gegebenen Subkommandos (pty=l, title="..." und interact=y) dienen dazu einen Polygonzug zu erstellen, einen Titel zu vergeben bzw. in den interaktiven Graphikmode umzuschalten. Beim interaktiven Mode kann man z.B. die einzelnen Datenpunkte "labeln" oder nachträglich eine Legende in die Graphik einfügen. Dieser interaktive Graphikmode ist ein wertvolles und effektives Instrumentarium für eine Datenanalyse. Die Ergebnisse der folgenden drei GSCAT-Aufrufe sind in den Abb. 1-3 zu finden.

GSCAT-Aufrufe:

```
gscat x y
gscat x y/pty=l/titel="Demonstration"
gscat x y/interact=y
```

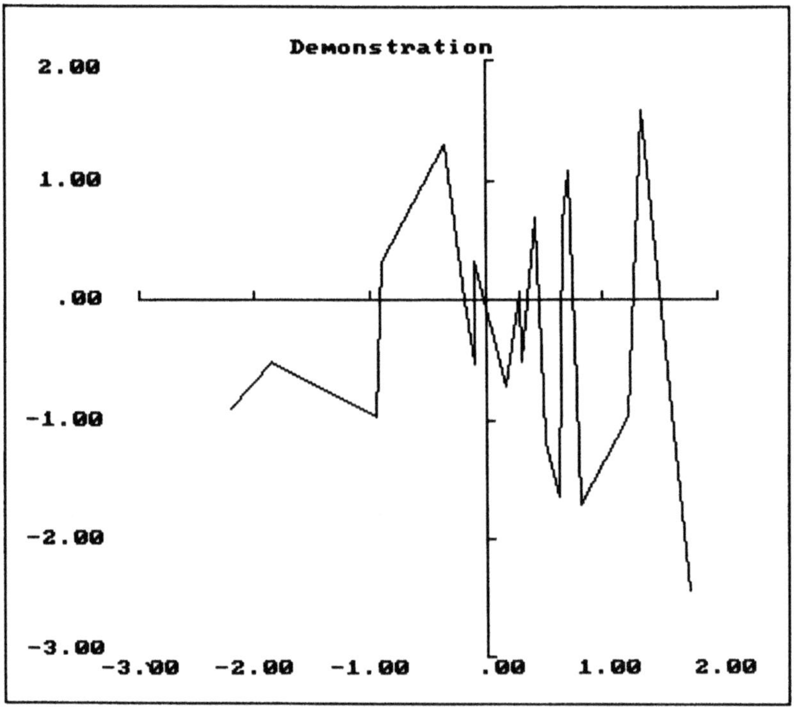

Abb. 2: GSCAT-Aufruf mit Plotline- und Title-Option

Das dynamische graphische Subsystem DGS benutzt Elemente der modernen Realzeit-Graphik. Es gliedert sich in zwei Teile. Der erste Teil nutzt die Methoden der sogenannten PRIM-Familien. Dabei steht PRIM für

P – Projektion
R – Rotation
I – Isolation
M – Masking, Marking

Die PRIM-Systeme erlauben dem Benutzer aus seinem hochdimensionalen Datensatz drei beliebige Variablen auszuwählen. Dieser reduzierte Datensatz wird dann auf den Bildschirm projeziert. Nun kann man die Daten um die drei Achsen quasi-kontinuierlich rotieren lassen und die jeweilige Projektion auf dem Bildschirm betrachten. Man gewinnt so einen dreidimensionalen Eindruck des Datensatzes. Es sind noch weitere, hochinteressante Datenmanipulationsmöglichkeiten gegeben, auf die leider aus Platzmangel auch nicht näher eingegangen werden kann. Für weitere Beschreibungen siehe u.a. Becker et. al. (1987) oder Ostermann (1986).

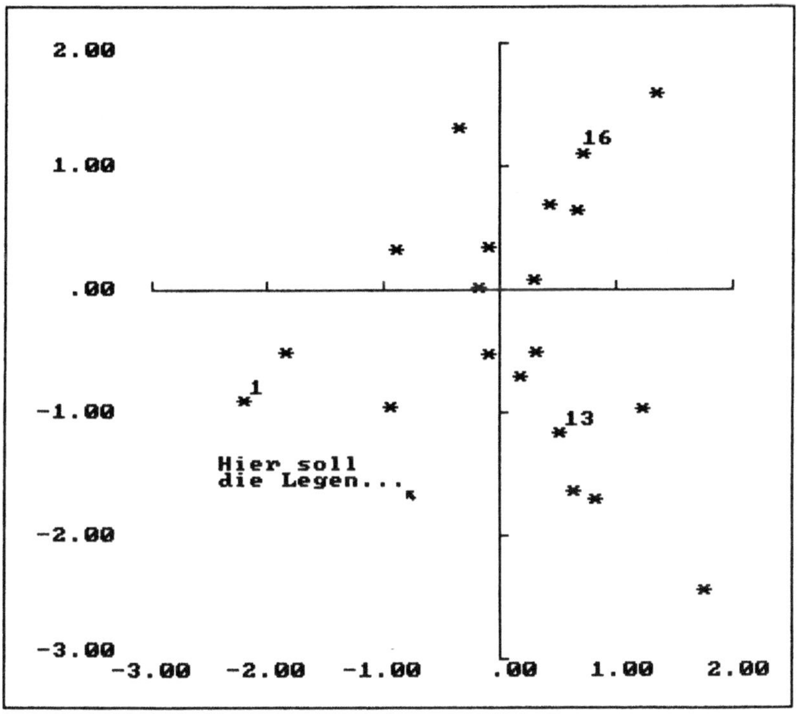

Abb. 3: GSCAT-Aufruf mit Interaction-Option

Der zweite DGS-Teil nutzt die Methoden des "Brushing a Scatterplot-Matrix". Es seien hier nur Schlagworte wie:

- Labeling
- Highlighting
- Linking
- Scaling
- Deleting

erwähnt. Für weitere Informationen zu diesen graphischen Methoden siehe insbesondere Becker et al. (1987).

Gerade diese dynamisch-graphischen Möglichkeiten hebt ISP von vielen statistischen und/oder graphischen Programmpaketen ab. Die Implementation eines derartigen Tools und die damit verbundene Möglichkeit der Nutzung auf den CIP-Pools erlaubt es den Lehrenden, ganz neue Lehrinhalte in ihren Unterrichtsstoff aufzunehmen.

5. Abschließende Bemerkungen

Es ist dabei versucht worden zu erläutern, daß ISP sich auch für den Einsatz in der Lehre hervorragend eignet. Dies ist u.a. damit begründet, daß die Eingaben vom Benutzer bewußt durchgeführt werden müssen, und er nicht durch Menüsteuerung und/oder Prozeduraufrufe zu "oberflächigen Analysen verführt" wird. Anhand einiger weniger Beispiele ist diese Arbeitsweise dokumentiert worden. Hervorzuheben ist noch die komfortable Einbindung graphischer Analysemethoden in dieses System, die sich auch zu Lehrzwecken hervorragend verwenden läßt.

Zum Schluß seien noch einige technische Details angegeben. ISP benötigt 640 KByte Hauptspeicher und läuft zur Not mit 2 Floppy-Laufwerken. Eine Festplatte ist wünschenswert; ein mathematischer Koprozessor ist nicht erforderlich; es werden alle gängigen Graphikkarten unterstützt. Der Preis ist nicht sehr hoch, insbesondere gibt es sehr günstige Campus-Lizenz-Angebote.

Literatur:

Artemis Systems Inc. (1985) ISP User's Guide and Command Descriptions, Carlisle, MA.

Becker, R.A.; Cleveland; W.S. & Wilks, A.R. (1987), Dynamic Graphics for Data Analysis, Statistical Science, 2, 355-395.

Degens, P.O.; Ostermann, R. & Eicker, F. (1985), Graphische Darstellung mit ISP, Technical Report 19/85, Fachbereich Statistik, Universität Dortmund.

Huber, P.J. & Huber-Buser, E.H. (1988), ISP: Why a Command Language? in: Faulbaum, F. & Uehlinger, H.-M. (Hrsg.), Fortschritte der Statistik-Software 1, Gustav Fischer, Stuttgart New York, 349-360.

Ostermann, R. (1986), Explorative Datenanalyse mit ISP, Österreichische Zeitschrift für Statistik und Informatik (ZSI), 15, 143-156.

Grafikprogramme im Vergleich

Gerhard Müller

Universität Stuttgart
Erstes Institut für Technische Chemie

Wir haben in unserem Institut eine Reihe von Grafikprogrammen einem Vergleichstest unterworfen, weil wir demnächst einen CAD-Kurs anbieten wollen.

Insgesamt konnten nur sieben CAD-Programme verglichen werden. Ein wichtiges Klassifizierungsmerkmal stellte – und dies war ein wichtiges Kriterium für die Auswahl – der Preis des CAD-Grundmoduls dar. Die obere Grenze war bei 2.000 DM angesetzt, wobei natürlich die Kosten für die Schul- und Universitätslizenz berücksichtigt wurden. So fand eine deutliche Abgrenzung gegenüber vielen anderen CAD-Programmen statt.

Für die erste Gruppe wurde als oberste Grenze 500 DM, für die zweite Gruppe wurde der Preisbereich zwischen 600 und 800 DM und für die dritte Gruppe der Preisbereich von 1.000 bis 2.000 DM gewählt (Abb. 1).

Autosketch	**Easy CAD**	*bis* **500,- DM**
Generic-CADD	**DesignCAD**	*von* **600,- bis 800,- DM**
Autocad	**Fast CAD** **Pictures by PC**	*von* **1000,- bis 2000,- DM**

Abb. 1

Verglichen wurden im unteren Preisbereich Autosketch mit Easy CAD. Autosketch und AutoCAD, vor Jahren von mir gekauft, sind Produkte von Autodesk

Inc. und werden in Deutschland unter anderen von Mensch und Maschine GmbH, Stefanusstr. 6, 8032 Gräfeling vertrieben. Easy CAD und Fast CAD von Evolution Inc., wurde mir von der Firma Loest Meininger, Am Bahnsteig 14, 8028 Taufkirchen kostenlos zur Verfügung gestellt.

Im mittleren Preisniveau wurden Generic-CADD und DesignCAD verglichen. Kostenlos wurden GenericCADD von der Firma PublicSoft GmbH, Postfach 2662, 4830 Gütersloh 1 und DesignCAD von der Firma DesignCAD Support & Trainings Center, Große Bockenheimer Str. 35, 6000 Frankfurt/M-1 zur Verfügung gestellt.

Im oberen Preisbereich sind Autocad mit Fastcad und Pictures by PC verglichen worden. Pictures by PC, ein Produkt von Schott Systeme, vertrieben von Markt und Technik, Hans-Pinsel-Str. 2, 8013 Haar, wurde vor einigen Jahren von uns gekauft.

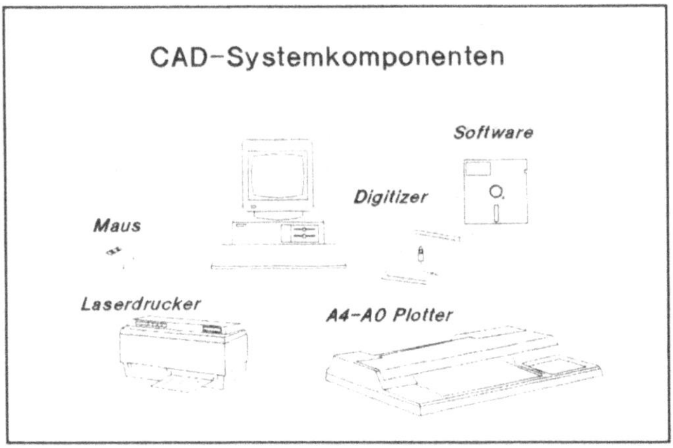

Abb. 2

In Abb. 2 sind CAD-Systemkomponenten, die bei den Tests eingesetzt wurden dargestellt.

CAD – Systemanforderung

Computer:	640 KB CPU 80286 Math-Coproz. 80287 2 x seriell 1 x parallel EGA 640 x 350/16 o. VGA Festplatte 30 MB 1 Disk. LW
Monitor:	EGA/VGA Farbmonitor
Drucker:	HPlaserjet komp. Deskjet (300 DPI)
Plotter:	HPGL komp. A4/A3

Abb. 3

CAD-Hardware Checkliste

- Speicher in KB RAM
- Festplattenbedarf(KB) ☐
- Math-Coproz. ☐
- Grafikkarten ☐
  - EGA/VGA ☐
  - Hercules ☐
- Eingabegerät ☐
  - Maus ☐
  - Digitizer ☐
- Ausgabegeät ☐
  - Drucker/Plotter ☐

Abb. 4

CAD-Softwarepreise-Checkliste

	Preis/DM
Grundmodul	
Erweiterungsmodul	
Stücklistengenerierung	
Symbolbibliothek ab	
NC-Programmierung ab	
3D-Modul	
Schullizenz	
Mehrfachlizenz	
Updatekosten	
Demodiskette	

Abb. 5

CAD-Software Checkliste

- 3D-Funktionen ☐
  - Isometrie ☐
  - Fluchtperspektive ☐
  - Ansicht wählbar ☐
  - Betr. StO. wählbar ☐
  - Mehrere Ansichten ☐
  - Verd. Linien entf. ☐
- Zahl der Layer ☐
  - sichtb./unsichtb. ☐
  - Farbe zuordn. ☐
  - Linientyp zuord. ☐

- Hilfen ☐
  - Gummiband ☐
  - Ständige Koord. ☐
  - Hilfsraster
  - Polares Gitter ☐
  - Isometr. Gitter ☐
  - x,y gemeinsam ☐
  - x,y getrennt ☐
  - ☐
  - ☐
  - ☐

Abb. 6

Als Eingabegeräte, denen bei CAD-Systemen eine große Bedeutung zukommen, sind hier die Maus und der Digitizer aufgeführt. Die Maus als preiswerte Alternative (100 bis 200 DM) zum Digitizer (1.000 bis 1.500 DM für A4/A3) wird nach Untersuchungen in den USA und in Deutschland als Konstruktionshilfsmittel immer beliebter. Als sehr schnelle einfarbige Ausgabe bietet sich ein Laserdrucker an, während der A4/A3 Plotter für mehrfarbige und professionelle Anwendungen eingesetzt wird.

Für einen effektiven Einsatz von CAD-Software sollte ein Computer den in Abb. 3 aufgeführten minimalen Systemanforderungen genügen.

Die Hardware wie auch die Software sind an Hand von entsprechenden Checklisten getestet worden. In Abb. 4 ist eine kurze CAD-Hardware Checkliste angegeben, während Abb. 5 einen Check über die Preisgestaltung anbietet. In Abb. 6 ist lediglich ein Auszug der Software Checkliste angegeben, die im Anhang komplettiert ist. Bei den Tests der CAD-Programme wirkten vier Studenten mit, die bereits über EDV-Erfahrung verfügten.

Das Beurteilungskriterium Leistung umfaßt die Anzahl der CAD-Befehle und die Anschlußmöglichkeiten von Ein- und Ausgabegeräten.

Der Begriff Ausstattung umfaßt die Erweiterbarkeit durch Zusatzmodule und die Verfügbarkeit von Symbolbibliotheken. Die Handhabung bzw. die Erlernbarkeit und das entsprechende Handbuch wurden von den Studenten und mir gleichermaßen beurteilt. Die Preiswürdigkeit bezieht sich auf das CAD-Grundmodul.

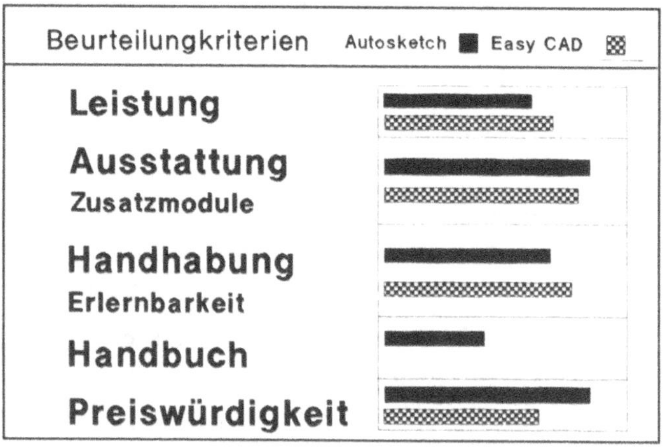

Abb. 7

In Abb. 7 sind Autosketch und Easy CAD, wie im vorangegangenen erläutert, nebeneinander gestellt. Der Befehlsumfang von Easy-CAD ist um einige Anwendungen reicher und bei einem Paket dieser Preisklasse sehr umfangreich. Die Auswahlmöglichkeiten von Eingabegeräten wie Maus oder Digitizer und Ausgabegeräten wie Drucker und Plotter ist durchaus vergleichbar mit CAD-Paketen der oberen Preisklasse. Autosketch sollte in diesen Punkten wesentlich verbessert werden. Bei der Ausstattung ist Autosketch überlegen.

Für eine große Anzahl der CAD-Anwendungen sind durch die lange Verfügbarkeit am Markt entsprechende Symbolbibliotheken vorhanden, die erst nach und nach auch für Easy CAD verfügbar werden, außerdem sind die Symbolbibliotheken bei Easy CAD circa um 100 DM teurer. Bei der Handhabung hat Easy CAD erhebliche Pluspunkte zu verzeichnen. Pulldown-Menüs sind bei beiden Paketen gegeben, doch wird man bei Easy CAD durch zwei weitere sinnvolle Entscheidungsfenster zur Zeichnungsebene geführt. Easy CAD kommt der in Abb. 10 von mir vorgeschlagenen didaktischen Benutzeroberfläche am nächsten. Die Studenten, danach gefragt, welches CAD-Paket sie kaufen würden, wenn ihnen circa 800 DM zur Verfügung stünden, wählten einstimmig Easy CAD aus.

Das Handbuch von Autosketch ist relativ dürftig aufgemacht, allerdings wird diese Schwäche durch entsprechend gute Sekundärliteratur, die auf dem Markt vorhanden ist, ausgeglichen. Bei Easy CAD stand mir nur eine Kurzanleitung in Deutsch zu Verfügung, mit der man durchaus gut zurecht kam, die hier aber nicht zu beurteilen ist. Autosketch ist das preiswerteste CAD-Lowcostpaket auf dem deutschen Markt.

In Abb. 8 sind GenericCADD und DesignCAD einander gegenübergestellt. GenericCADD wird erst durch entsprechenden Zukauf von Erweiterungsmodulen zu einem leistungsfähigen Paket und kommt damit in die der Schullizenz von Autocad. DesignCAD ist bereits ohne Zusatzmodule sehr leistungsfähig.

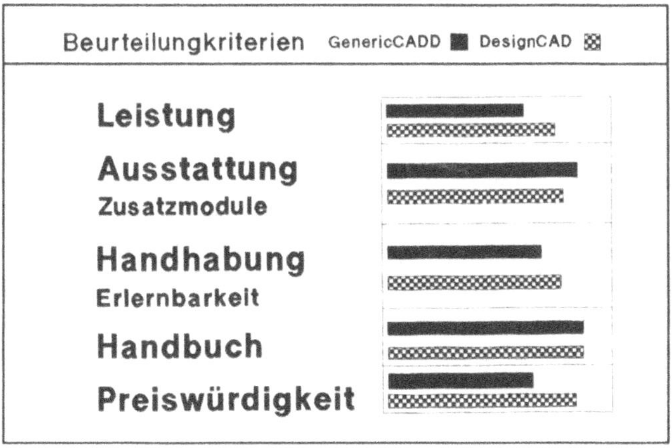

Abb. 8

Bei der Ausstattung ist GenericCADD durch seine lange Marktanwesenheit mit einer ungewöhnlich großen Zahl von Symbolbibliotheken ausgestattet, die auf dem US-Markt noch erheblich größer ist. Die Handhabung ist bei beiden Paketen etwas umständlich durch nicht besonders empfehlenswerte Menüführung auf der rechten Seite des Zeichnungsraumes. Abkürzungen durch zwei oder drei Buchstabencodes führen leider nicht unbedingt zur Anwenderfreundlichkeit.

Bei beiden CAD-Paketen sind die Handbücher beispielhaft für die wesentlich teureren (10.000 DM) CAD-Programme.

Bei der Preiswürdigkeit ist DesignCAD der Sieger, da im Preis bereits alle Module enthalten sind, die bei GenericCADD noch dazu gekauft werden müssen.

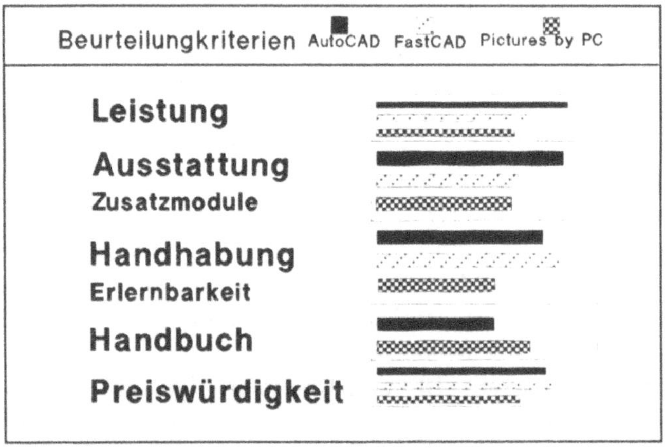

Abb. 9

In Abb. 9 werden die Beurteilungskriterien von AutoCAD, FastCAD und Pictures by PC graphisch gegenüber gestellt. Pictures by PC wurde von uns gekauft und, wie ich glaube, haben wir in diesem Falle Lehrgeld bezahlt. Dieses Grafikpaket wurde bei uns innerhalb von drei Jahren nur einmal von einer Person ernsthaft in Anspruch genommen. Ein Grund hierfür scheint mir die nicht besonders einfache Erlernbarkeit zu sein.

Stellt man AutoCAD FastCAD gegenüber, so muß man die Version 9.0 von AutoCAD mit FastCAD vergleichen. Beide Programme bieten die Pulldown-Menütechnik an. Eine Menütechnik, die sich im MS-DOS-Bereich immer mehr durchsetzen wird. Vom didaktischen Standpunkt aus läßt sich FastCAD besser und leichter bedienen als AutoCAD. Dies stellten auch die Testpersonen schon bei EasyCAD fest. Man wird bei FastCAD, ebenso wie bei EasyCAD, durch zwei weitere Entscheidungsebenen, die in Fenstertechnik aufgebaut sind, geführt.

Die Leistungsfähigkeit von AutoCAD ist unumstritten, dies bestätigen auch die hohen Verkaufszahlen. Bei den Zusatzmodulen und Symbolbibliotheken ist AutoCAD der Spitzenreiter. All diese Aspekte sprechen, bei einem Schullizenzpreis von 1.300 DM, eindeutig für AutoCAD. Setzt man jedoch diese Programme unter dem Gesichtspunkt der Handhabung und Erlernbarkeit ein, das heißt zu didaktischen Übungen so hat hier FastCAD einen leichten Vorsprung. Die Bedienungsebene ist einfacher und klarer, sie entspricht eher der von mir für die Didaktik geforderten CAD-Bedienungsoberfläche.

Die Handbücher für AutoCAD lassen doch sehr zu wünschen übrig. Allerdings wird dieser Mangel durch eine zum Teil gute Sekundärliteratur aufgewogen. Die Komplexität und Variabilität ist allerdings bei AutoCAD so groß, daß es schwer fällt, dies in einem Band zu beschreiben. Das Handbuch von FastCAD konnte nicht getestet werden. Pictures by PC hat nach anfänglichen Schwierigkeiten doch ein sehr gutes Handbuch auf den Markt gebracht. Man kann nur wünschen, daß FastCAD, das ebenfalls als Schullizenz (1.100 DM) zu haben sein wird, ein gutes deutsches Handbuch mitbekommt.

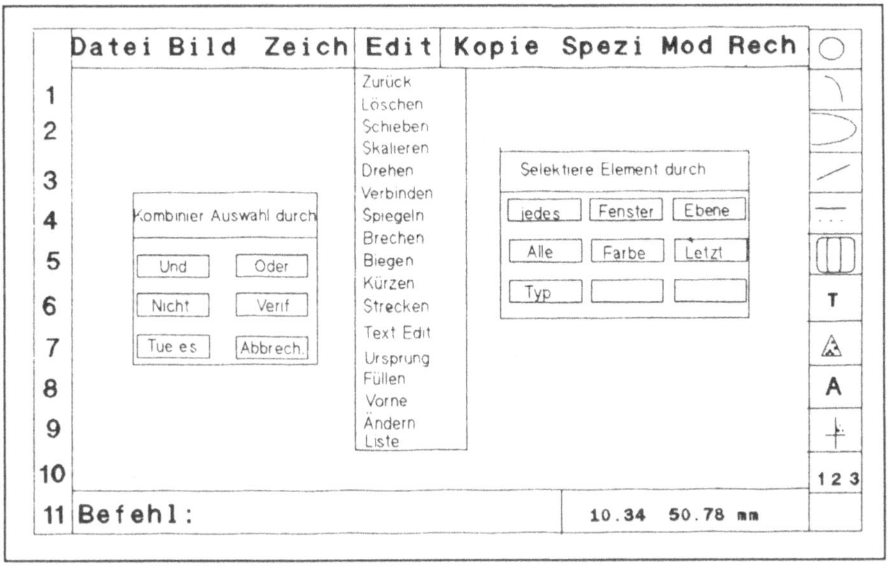

Abb. 10

Eine Bedieneroberfläche könnte wie in Abbildung 10 dargestellt aussehen. Eine Befehlszeile und eine ständige Koordinatenangabe sind Grundelemente einer CAD-Menüführung. Eine Farbauswahl und eine Auswahl für Schraffuren auf der linken Seite und auf der rechten Seite die sogenannte Ikonendarstellung, wobei eine ein- oder zweispaltige Darstellungsweise durchaus noch sinnvoll ist, sind didaktische Möglichkeiten. Die Pulldown-Menüs in der oberen Zeile sind in anderen Programmpaketen bereits Standard. Durch Anwahl eines Menüpunktes sollte man dann in die Entscheidungsebene I, hier die selektive Ebene, zur kombinatorischen Ebene II geführt werden. Durch eine geschickte Bedieneroberfläche lassen sich Erlernbarkeit und Anwendbarkeit optimieren. Es sollte möglich sein, auch für den Anwender, der nicht jeden Tag sein CAD-Programm bedient, möglich sein, daß er seine CAD-Aufgaben mit der Bedieneroberfläche lösen kann – auch wenn er sein CAD-Training schon vor längerer Zeit absolviert hat.

Bezüglich Vollständigkeit der nachfolgenden Softwarecheckliste (Abb. 11) wird kein Anspruch auf Vollständigkeit erhoben.

Punktwahl
- Fadenkreuz/Cursor
- Gummilineal/Pfeil
- Koordinateneingabe
  - relativ
  - polar

3D Tiefenwahl

Snap Rasterpunkt
- Objekt Snap Endpunkt
- Mitte/Zentrum
- Schnittpunkt

Kreiswahl
- Zentrum/Radius
- 3 Punkte

Kreisbogen
- Zentrum/Start/Ende
- 2 Punkte/Winkel
- Radiusstart-Winkel

Ellipse
- Große, kleine H. Achse
- Zentrum, Achsenverhält.

Splines

Bibliotheken
- Symbole eigenen defin
- speichern/laden
- DIN
  - Muttern/Schrauben
  - Elektro/Pneumatik
  - Elektronik
  - Architektur/Statik
  - Maschinenbau
  - Anlagenplanung

Stücklistengenerierung

Änderungen
- Symbol/Fenster/Layer
- Farbe/Element
- Linienbreite
- drehen/spiegeln
- verschieben/kopieren
- löschen/zurück
- aufbrechen/runden
- trimmen/strecken
- pojizieren
- Größe anpassen

Bemaßung
- horiz./vertikal/paral.
- Radius/Durchmesser
- Winkel beliebig

Messungen
- Winkel
- Fläche
- Abstand
- Schwerpunkt

Rechnungen
- Genauigkeit

3 D Funktionen
- Isometrie
- Fluchtperspektive
- Ansicht wählbar
- Betr. StO. wählbar
- Mehrere Ansichten
- Verd. Linien entfernen

Zahl der Layer
- sichtbar/unsichtbar
- Farbe zuordnen

Grundelemente

Linie
- horizontal/vertikal
- Lot/Parallel
- Tangente
- polygon
- **doppel/mehrfach**

Rechteck

Regelmäßiges Polygon

Flächen füllen

Linientyp

Freihandzeichnen

Rotationskörper

Text
- Schriftarten
- Umlaute
- Zeichengenerator
- Höhe/Breite
- Neigung
- Richtung

NC-Programmierung

Variantenprogrammierung

Achsenverhältnis
- laden/speichern
- x y ASCII
- DXF
- IGES
- HPGL
- Richtung

3 D Tiefen ändern
- Rotieren
- Verzerren
- Biegen

Zoomen
- Fenster
- Faktor
- Alles/Ebene

Schraffuren
- Abstand/Winkel
- Anzahl Muster
- Winkel
- Minuten/Sekunden

Einheiten
- metrisch/engl.

Maßstabändern

Elementliste

Symbolliste

Eigene Menüs

Makros

Eigene Progr. Sprachen

Handbuch deutsch

Hilfen
- Gummiband
- Ständige Koordinaten
- Hilfsraster
- Polares Gitter
- Isometrischer Gitter
- x,y gemeinsam
- x,y getrennt

Abb. 11: Softwarecheckliste

Anforderungen an hardwareunabhängige Lernsoftware

Jürgen Dobrinski

Universität Freiburg
Institut für Informatik

Vorbemerkung

In dieser Arbeit wird über die Erfahrungen bei der Portierung von Lernsoftware auf neue Hardware berichtet. Es wird dargestellt, wie auch neue Funktionen zur Unterstützung in Kursen verwendet werden können, die auf anderen Systemen entwickelt wurden. In zweiten Teil werden einige bekannte Autorensysteme – insbesondere unter dem Gesichtspunkt der Hardwareunabhängigkeit der mit ihnen erstellten Kurse – miteinander verglichen.

1. Warum Hardwareunabhängigkeit?

Bücher sind unabhängig von der jeweiligen Drucktechnologie. Somit brauchen sich weder Autoren noch Leser um die zur Produktion eines Buches verwendete Technologie zu kümmern. Außerdem sind keine speziellen Hilfsmittel zum Lesen erforderlich. Bücher veralten deshalb erst, wenn ihr Inhalt veraltet ist und überleben häufig ihre Autoren.

Diese Situation ist bei den modernen Lernhilfsmitteln (wie Stackware, Hypermedia, Courseware) grundsätzlich anders. Die Vorteile dieser Technologien, wie Bewegung von Grafiken, Simulationen und interaktives Lernen, sind stark an spezielle Hard- und Softwareumgebungen gebunden. Der Lebenszyklus von Lernsoftware ist somit direkt mit dem Lebenszyklus der verwendeten Geräte gekoppelt. Dies dürfte einer der Hauptgründe dafür sein, daß Fachleute eines bestimmten Gebietes es in der Regel immer noch deutlich vorziehen, ein Lehrbuch zu schreiben, anstelle Kurse mit Autorensystemen zu erstellen. Andererseits legt die große Verfügbarkeit von Rechnerpools an Universitäten natürlich die Verwendung dieser Geräte zu reinen Ausbildungszwecken nahe. Somit ist es unbedingt notwendig, qualitativ hochwertige Lernsoftware auf so vielen Rechnern wie möglich zu machen und Möglichkeiten zu schaffen, gute Kurse, die auf "alten" Computern entwickelt wurden, in neuen Hardwareumgebungen in komfortabler Weise zu nutzen. Im folgenden möchte ich ein solches Projekt näher vorstellen um dann im zweiten Teil heute verfügbare Autorensysteme miteinander zu vergleichen.

2. Das COSTOC-Projekt

Das Computer Supported Teaching of Computer Science Projekt wurde 1985 unter weltweiter Beteiligung begonnen.[1] An diesem Projekt sind Universitäten vor allem aus Deutschland, Österreich, der Schweiz, den USA und Canada beteiligt. Es sind mittlerweile mehr als 500 Lektionen, in zum Teil mehreren Sprachen, verfügbar. Alle am Projekt beteiligten Autoren haben dasselbe Autorensystem verwendet, das auf einfacher und billiger Hardware verfügbar ist. Im folgenden möchte ich dieses Autorensystem vorstellen:

2.1 Das AUTOOL-System

Das Autorensystem basiert auf dem Plato-System und benutzt einen objektorientierten Code zur Speicherung der Lektionen [GM]. Das Erstellen dieser Objekte erfolgt über ein Menu-geführtes Editorensystem, sodaß der Autor keine spezielle "Programmiersprache" und deren Syntax zu erlernen braucht. Bei den Objekten ist grundsätzlich zwischen drei Grundtypen zu unterscheiden: Textobjekte, Graphikobjekte und Objekte für Gruppierung, Bewegung und Antwortanalyse.

Textobjekte sind auf dem Bildschirm in 25 Zeilen zu je 40 Zeichen in verschiedenen Farben und Schriftgrößen darstellbar. Für Graphikobjekte wird der Bildschirm als Rastergraphik mit einer Auflösung von 240 x 320 Punkten benutzt. Bei den Objekten handelt es sich um Linien, Splines, Rechtecke, Polygone, Kreise, Kreissektoren und Kreissegmente, die ebenfalls in verschiedenen Farben darstellbar sind. Text- und Graphikobjekte können zu Gruppen zusammengefaßt werden. Weiter ist eine Bewegung von Objekten oder Gruppen entlang eines vordefinierten Weges möglich. Es können Frage/Antwort-Objekte zur Realisierung von Multiple-Choice- oder Freitext-Fragen benutzt werden. Für die Antwortanalyse werden die Antworten des Studenten mit vordefinierten Modellantworten verglichen. Somit läßt sich ein stärker interaktives Lernen ermöglichen. Das Autorensystem AUTOOL läuft auf preiswerten Videotext Rechnern. Um die erstellten Kurse auch auf anderen Systemen verfügbar zu machen, wurde das GLSS definiert.

3. Beispiel für ein hardwareunabhängiges Lektionenformat: GLSS (General Lesson Specification System)

Das Ziel bei der Definition des GLSS war die Erstellung eines einheitlichen Lektionenformats, das einerseits hardwareunabhängig ist und andererseits Möglichkeiten zur einfachen Anpassung der Lektionenstruktur an spezielle Wünsche gibt. Hierfür wurde eine überall vorhandene Untermenge der Pascal-Programmiersprache gewählt. Außerdem wurde eine Prozedurbibliothek mit Routinen zur Darstellung der in AUTOOL definierten Objekte erstellt [MS].

Eine Lektion in GLSS-Format besteht somit aus der hardwarespezifischen Prozedurbibliothek mit Modulen für das Graphikinterface sowie die Antwortanalyse. In dieser Bibliothek können auch hardwarespezifische Erweiterungen wie Maus- und Fenstertechnik realisiert sein. Die Schnittstelle zwischen dieser Bibliothek und dem Lektionsprogramm ist durch das Basic Lesson System (BLS) gegeben. Dieses Interface ist hardwareunabhängig. Die Lektion selber ist als Pascal-Programm mit Aufrufen aus dem BLS-System realisiert.

4. Verschiedene Ablaufumgebungen für GLSS

Kurse, die mit dem AUTOOL-System erstellt worden sind, können automatisch in GLSS-Format konvertiert werden. Hierbei wird aus dem AUTOOL-Code ein Pascal-Programm generiert. Dieses Programm kann dann in Verbindung mit speziellen Prozedurbibliotheken auf unterschiedlichen Hardwareumgebungen genutzt werde. Momentan sind GLSS-Bibliotheken für PC-kompatible Rechner und Macintosh II realisiert.

In der PC-Version wird eine EGA-Graphik genutzt. Die Bedienung des Systems erfolgt durch Funktionstasten und ist damit der Bedienung des Videotextsystems angelehnt. Als Ergänzung steht ein Annotationseditor zur Verfügung, der vom Kursleiter für spezielle Hinweise und Bemerkungen und von den Studenten als elektronisches Notizbuch genutzt werden kann.

Demgegenüber ist bei der Macintosh-Implementation eine fenster- und mausorientierte Oberfläche geschaffen worden. Das Blättern in der Lektion wurde mit Maus Buttons realisiert. Die Annotationen können mit einem Editor mit typischer Macintosh Oberfläche in einem speziellen Fenster bearbeitet werden. Das Konvertierungsprogramm auf dem Macintosh erstellt automatisch einen Browsing Graphen der Lektion, der in einem Fenster zur Navigation durch die Lektion genutzt werden kann. In diesem Fenster können Teile der Lektion durch "Anklikken" des entsprechenden Teiles des Graphen angesprungen werden. Somit wurde auf dem Macintosh eine deutlich erweiterte Funktionalität mit neuer Oberfläche ohne Eingriff in den Inhalt der Kurse realisiert.

Im folgenden möchte ich nun die Funktionalität einiger auf dem Markt erhältlichen Autorensysteme miteinander vergleichen.

5. Vergleich bekannter Autorensysteme

5.1 AUTOOL

Das AUTOOL-System, das bereits beschrieben wurde, zeichnet sich insbesondere durch ein öffentliches Lektionenformat aus und eröffnet somit Portierungs- und Erweiterungsmöglichkeiten auf andere Rechner. So wurden bereits die erwähnten Ablaufumgebungen für PC und Macintosh geschaffen. Weniger befriedigend sind jedoch die Arbeitsgeschwindigkeit und der Bedienungskomfort der Videotext-Version im Vergleich zu anderen Systemen.

5.2 Course of Action

Das Course of Action System [CA] ist ein voll maus- und fensterorientiertes System mit guten Animations und Antwortanalysefunktionen. Der Entwurf von Kursen erfolgt in einem Top-Down Ansatz, wobei zunächst die grundsätzliche Struktur eines Kurses definiert wird. Course of Action ist ein Hypermedia System mit Ankopplungsmöglichkeiten an Hypercard. Allerdings ist das Lektionenformat nicht öffentlich verfügbar, sodaß keine Erweiterungen und Portierungen des Systems auf andere Rechner an Universitäten möglich sind. Course of Action ist auf Macintosh-Rechnern verfügbar, wobei für den PC ein Ausführungssystem angekündigt wurde. Eine Farbunterstützung ist ebenfalls angekündigt.

5.3 Course Builder

Course Builder [CB] ist ein dem System Course of Action sehr ähnliches System. Es sind jedoch zusätzlich umfangreiche mathematische Funktionen (z.B. für Simulationen) implementiert. Dafür ist der Aufbau von Animationen sehr zeitaufwendig, da die Bewegungen aus Einzelbildern zusammengesetzt werden müssen. Das System ist nur auf dem Macintosh realisiert und unterstützt Farbe. Da das Format von Course Builder ebenfalls nicht veröffentlicht ist, sind auch hier Portierungen nur schlecht möglich.

5.4 CMU-Tutor

Der CMU-Tutor ist ein sehr leistungsfähiges System, das auf UNIX-Rechnern läuft [SS]. Es wird jedoch eine spezielle "Programmiersprache" benutzt, sodaß der Autor beispielsweise direkt Koordinatenwerte editieren muß. Er wird hierbei zwar von speziellen Hilfswerkzeugen unterstützt, wobei das Editieren aber sehr umständlich bleibt.

5.5 Hypercard

Hypercard ist ein leistungsfähiges Hypertext System mit Hypermedia Funktionen (HC). Es kann beispielsweise direkt einen Video-Disk-Player steuern, sodaß Kurse mit Filmausschnitten ergänzt werden können. Das System unterstützt jedoch keine Animationen oder Antwortanalysen durch spezielle Funktionen. Diese Funktionen müssen daher mit der Programmiersprache Hypertalk programmiert werden. Somit stellt das nur auf Macintosh verfügbare System kein Autorensystem im eigentlichen Sinne dar, wenngleich es oft derart verwendet wird.

5.6 Hypertrain

Hypertrain ist das Nachfolgesystem von AUTOOL und zeichnet sich durch eine wesentlich einfachere Bedienung mit Maus- und Fenstertechnik aus. Es wird auf PCs und UNIX-Systemen verfügbar sein und ist AUTOOL kompatibel. Somit ist hier in Verbindung mit den AUTOOL Implementationen und dem GLSS ein breites Kursangebot auf vielen Hardwaresystemen verfügbar.

6. Zusammenfassung

Momentan stehen bereits einige sehr leistungsfähige Autorensysteme zur Verfügung. Um jedoch für hochwertige Ausbildungssoftware ein Überleben zu sichern, muß sie auf vielen Hardwaresystemen verfügbar sein, schnell auf andere, neue Systeme portiert werden können. Diese Portierung muß ohne Eingriffe in die Lektionen möglich sein und sollte neue Möglichkeiten der Hardware unterstützen.

Außerdem sollte die Struktur der Kurse möglichst an spezielle Wünsche der Kursleiter anpaßbar sein und entsprechende Annotationsmöglichkeiten vorhanden sein. Sehr wichtig für eine wirklich große Verbreitung von Lernsoftware ist aber auch, daß sie preiswert ist.

Anmerkung

1. Ein Erfahrungsbericht zu diesem Projekt findet sich in [OW]

Literatur

[C] Conklin, J: Hypertext: an Introduction and Survey, IEEE Computer, Sept. 87, pp. 17-41.

[CA] Course of Action Reference Manual, Authorware Inc, 1987.

[CB] Cource Builder Manual, Tele Robotics International Inc, 1987.

[GM] J. Garatt, H. Maurer: Autool Version 2-Manual for COSTOC Authors, Report 244, IIG Graz, 1987.

[HC] Hypercard Reference Manual, Apple Computer Inc.

[MMO] F. Makedon, H. Maurer, Th. Ottmann: Presentation Type CAI in Computer Science at University level. Report 236, IIG Graz, 1987; to appear in Journal for Micro Computer Applications.

[MS] H. Maurer, R. Stubenrauch: A General Lesson Specification System. Report 241, IIG Graz, 1987.

[OW] Th. Ottmann, P. Widmayer: Erstellung und Nutzung von Präsentationsgrafiklektionen für den Informatikunterricht, in: Computer-Investititions-Programm (CIP) im Hochschulbereich, herausgegeben vom Bundesminister für Bildung und Wissenschaft, Band 66, Bonn 1988.

[SS] B A. Sherwood, J. N. Sherwood: The CMU-Tutor Language, Stipes, Champaign, Ill. 1986.

Hilfesysteme für Anwender von Standardsoftware – Kriterien zur Einordnung und Bewertung

Wolfgang J. Weber

Johann Wolfgang Goethe-Universität, Frankfurt a. M.
Hochschulrechenzentrum

Zusammenfassung

Es wird eine Prüfliste zur Evaluation von Hilfesystemen für PC-Standardsoftware vorgestellt. Einige der angeführten Kriterien werden am Beispiel von dBASE erläutert.

1. Begründung der Fragestellung

Gängige PC-Standardsoftware zu Anwendungsgebieten wie Textverarbeitung oder Datenbank- und Informationssystemen richtet sich an breite, inhomogene Benutzergruppen, die sich allenfalls durch ein negativ zu formulierendes Merkmal kennzeichnen lassen: Computerbezogenes Expertenwissen ist nicht vorhanden, und sein Erwerb wird auch nicht angestrebt. Computersysteme sind Werkzeuge, die in der Regel nur unter zwei pragmatischen Gesichtspunkten betrachtet werden:

- In welchem Maß und in welcher Güte werden die jeweils geforderten Funktionen erfüllt? (technische Bewertung: Zeitverhalten, Datensicherheit etc.)
- Wie gut ist das System in der Praxis handhabbar? (praktische Bewertung: Ergonomie, Konsistenz, Erlernbarkeit)

Häufig wird bei der Benutzerberatung, etwa durch Experten von Rechenzentren, und sogar bei der Programmentwicklung der zweite Gesichtspunkt unterbewertet oder sogar ignoriert. Es liegt im Sinne der eben beschriebenen Gesichtspunkte nahe, bei Softwaresystemen zwischen *Primärkomponenten* und *Sekundärkomponenten* zu unterscheiden.

primäre Komponenten	sekundäre Komponenten
z.B. Rechtschreibprüfung, Montage von Bildern in Text, Geschwindigkeit des Sortieralgorithmus	z.B. Ergonomie, Konsistenz der Dialoggestaltung, Hilfesysteme, tutorielle Komponenten

Im Hinblick auf den Hauptbenutzerkreis gilt es daher, zur Evaluation vorgelegter Software *alle* Komponenten, also auch die sekundären, zu prüfen. Tatsächlich erscheint die Funktionstüchtigkeit der primären Softwarekomponenten in zunehmendem Maße gesichert, und die üblicherweise erwarteten Funktionen sind fast durchgängig bei allen Vertretern einer betrachteten Softwaregruppe implementiert. Dagegen unterscheiden sich die Programme bezüglich ihrer sekundären Komponenten erheblich. Diese beeinflussen sowohl die zur Einarbeitung erforderliche Zeitdauer (Lernphase) als auch die Anwendungseffizienz während der langfristigen Gebrauchsphase so stark, daß die genauere Betrachtung des hier herausgegriffenen Aspektes sekundärer Komponenten, nämlich Hilfesysteme, notwendig wird. Es erscheint folgerichtig, daß zu gängiger Standardsoftware inzwischen sogar von dritter Seite Hilfesysteme angeboten werden, z.B. »Infoware«, »Norton Guides« und »Quickhelp«, die neben vorgefertigten Hilfeseiten zusätzlich die Erstellung eigener Hilfetexte ermöglichen.

Wir teilen im übrigen nicht die Meinung, daß in der Zukunft die Dialoge zwischen Mensch und Maschine nur noch durch minimale Lernanforderungen gekennzeichnet sein werden, sondern daß auch »ideale« benutzerfreundliche Systeme Lernleistungen erfordern werden (vgl. [2] als eine kognitionspsychologische Begründung zur Wünschbarkeit von Systemen, die Lernleistung induzieren). Hilfesysteme werden wohl auch im Idealfall nicht überflüssig werden.

2. Abgrenzung des Themas

Im weitgefaßten, umgangssprachlichen Sinn könnte jede Systemmeldung beim Benutzerdialog als »Hilfe« gewertet werden, so zum Beispiel eine Zustandsmeldung "Seite 2/Zeile 1" zur aktuellen Cursorposition, eine Fehlermeldung des Typs "PROGRAM ABORTED PC = 6FA0" oder eine Rückfrage "Sind Sie sicher? J/N" vor der Ausführung einer eventuell folgenschweren Aktion. Deshalb soll hier die folgende Abgrenzung verabredet werden. Zu Hilfesystemen zählen wir *nicht*:

- übliche Dialogmeldungen bei Fehlern,
- Rückfragen zur Bestätigung eines Befehls,
- Zustandsmeldungen (Wartemeldung etc.),
- eine kontinuierliche Kommentierung des System- und Programmzustands.

Weiterhin sollen auch tutorielle Programme von der Betrachtung ausgeschlossen werden (siehe [3]), da sie sich bezüglich Dialogkomplexität und Funktion von üblichen Hilfesystemen deutlich unterscheiden. In diesem Sinne sind Hilfesysteme durch ihre Nutzung während der konkreten Computeranwendung gekennzeichnet:

- Der Anwender ruft das Hilfesystem bei Bedarf auf, dieses interveniert nicht selbsttätig.
- Der Anwender erhält am Bildschirm Erläuterungen zu Einzelfragen der Programmbedienung bzw. -steuerung.

Wir entfernen uns damit teilweise von andernorts gewählten Definitionen [1], die den Begriff Hilfesystem allgemeiner fassen.

Hilfesysteme werden häufig dadurch realisiert, daß zu einem Katalog von Stichwörtern statische Informationsblöcke (bildschirmfüllend oder als Textfenster) angefordert werden können. Der Anwender erhält zum Beispiel Erläuterungen des jeweils aktuellen Arbeitsvorgangs (zum Beispiel nach Fehlern) oder Hinweise zu bisher noch nicht genutzten Programmfunktionen.

3. Beispiel einer mißglückten Hilfestellung

Auch bei starker Einschränkung der Erwartungen, die an Hilfesysteme gestellt werden können, sind die praktischen Erfahrungen in vielen Fällen enttäuschend. Erstaunlicherweise gibt es sogar aktuelle Programmsysteme, die gar keine Hilfefunktion bieten, etwa MS Windows. Stellvertretend für viele andere Systeme, die sich mit einer »On-Line-Hilfefunktion« brüsten, sei im folgenden ein Beispieldialog mit dem Hilfesystem zu dBASE III PLUS zitiert (vgl. Abbildung).

- Im Kommando-Modus werde der Befehl "USE TSV" abgesetzt, mit dem eine Tabelle ("Datenbank") in einer als vorhanden vorausgesetzten Datei TSV.DBF zur Bearbeitung angemeldet werden soll. Der Bedienfehler liegt hier darin, daß diese Datei nicht im aktuell eingestellten Verzeichnis bzw. Laufwerk auffindbar ist. Die Verwendung des Befehls "USE" ist korrekt.
- Das System meldet (unscharf), "Datei ist nicht vorhanden", und bietet Hilfestellung an: "Wünschen Sie Hilfe?" Der Benutzer wählt "J".
- Es erscheint eine allgemeine Informationstafel zur Syntax und zu den Optionen des USE-Befehls sowie Verweise zu anderen Befehlen. Diese Hinweise helfen in der geschilderten Situation überhaupt nicht weiter. Auch die Hinweise zur Steuerung der Hilfefunktion, "Vorheriges Menü - F10", führen in die Irre.

Die nachstehende Abbildung zeigt zwei aufeinanderfolgende Bildschirmseiten des hier beschriebenen Dialogs mit dem System dBASE III PLUS.

```
(DEMO) . use tsv
Datei ist nicht vorhanden.
        ?
use tsv
Befehlszeile  ||<D:>||          ||          ||    ||
                         Wünschen Sie HILFE? (J/N)
                    Einen dBASE III PLUS Befehl eingeben.
```

```
                                 USE
                                 ===

Syntax       :  USE [<datenbankdatei>/?] [INDEX <index-dateienliste>]
                     [ALIAS <aliasname>]

Beschreibung:  Öffnet eine Datenbank und optional jede benannte Index- Datei,
               während die derzeit aktuelle Datenbank geschlossen wird.
               USE erlaubt die Angabe eines Alias-Namens für die Dateien.

Siehe nach bei: CLOSE, INDEX

HELP         ||<D:>||          ||          ||    ||
  Vorherige Seite - PgUp. Vorheriges Menü - F10. Ende mit ESC oder ein Befehl.
                  Eingabe
```

Die Abbildung zeigt zwei aufeinanderfolgende Bildschirmseiten beim Dialog mit DBASE III PLUS: Die angebotene Hilfe-Information ist unangemessen, weil Erklärungen zu hier irrelevanten Punkten abgegeben werden und dies zudem in einer schwer verständlichen Sprache geschieht.

Zusammenfassend muß zu dieser Art von Hilfesystemen festgestellt werden, daß sich der Kontextbezug nicht auf einen Gesamtbefehl, sondern nur auf das jeweilige Schlüsselwort (hier USE) bezieht, und daß als Adressat der Hilfetexte nicht der Anfänger, sondern der fortgeschrittene Nutzer gesehen wurde, der z.B. die Sprachebenen einer Notation nach Backus-Naur erkennen, verstehen und umsetzen kann. *Anfänger* sind gut beraten, derartige Hilfeseiten nicht aufzurufen und, etwa durch Konfiguration des Systems (Einfügen des Befehls HELP=OFF in CONFIG.DB), die Hilfeangebote generell zu unterdrücken. Dem *fortgeschrittenen Anwender* mag das Hilfesystem hingegen nützliche Hinweise liefern.

4. Kriterienkatalog zur Evaluation von Hilfesystemen

Wie bei jeder differenzierenden Betrachtung von Software wird man bei der Evaluation von Hilfesystemen nur in wenigen Extremfällen zu einer völligen Ablehnung oder zu einer uneingeschränkten Zustimmung kommen. Ziel des folgenden Kriterienkatalogs ist eine Hilfestellung einerseits für Programmentwickler zur kritischen Prüfung ihrer eigenen Arbeit und anderseits für beratende Instanzen zur Einordnung und Bewertung von Hilfesystemen, um Softwareanwendern begründete und sachdienliche Hinweise geben zu können. Obwohl die Strukturierung einer Evaluation durch einen festgeschriebenen Kriterienkatalog nicht automatisch Objektivität garantiert, so kann sie doch zumindest dazu führen, daß durch einen Beobachter derselbe Maßstab an verschiedene Programme angelegt wird.

1. Inhalt / Präsentation

1.1 Sachliche Richtigkeit
- Sind die Angaben inhaltlich korrekt?
- Sind die Angaben frei von überflüssigen, ablenkenden Inhalten?

1.2 Umfang / Kohärenz
- Werden alle (wesentlichen) Themen abgedeckt?
- Ist die Gliederung einleuchtend?
- Werden Querverweise gegeben?

1.3 Textuelle Merkmale
- Welche Landessprache wird verwendet? (englisch?)
- Welche Sprachebene/n wird/werden benutzt? (Umgangssprache, vereinfachte Fachsprache, technischer Jargon?)
- Sind die Texte eindeutig und treffend?

1.4 Bildschirmgestaltung
- Wird ein bestimmtes Bildschirm-Layout durchgängig beibehalten? (Aufteilung des Bildschirms in Funktionsteile)
- Ist die dargestellte Information gut lesbar?
- Sind die Bildschirmseiten sinnvoll gegliedert?

2. Funktionalität

2.1 Technische Fehlerfreiheit
- Ist der Ablauf problemlos? (Lesbarkeit der Texte; kein Datenverlust)

2.2 Verfügbarkeit / Platzbedarf
- Gibt es Konflikte mit anderen Programmkomponenten, Tasks oder TSR-Programmen?
- Ist der Platzbedarf (auf Massenspeicher / im RAM) angemessen?

2.3 Wartezeit beim Aufruf / beim Blättern
- Ist die Wartezeit - gemessen am sonstigen Systemverhalten - angemessen kurz?

2.4 Bedienergonomie
- Werden dieselben oder ähnliche Konventionen hinsichtlich der Bedienungsweise benutzt wie im Hauptprogramm? Oder gibt es gravierende Konflikte, etwa wegen unterschiedlicher Wirkung spezieller Befehle / Tasten?

2.5 Verfügbarkeit
- Ist das Hilfesystem stets verfügbar (z.B. durch feste Zuordnung zu einer Taste oder einer Tastenkombination) oder nur während der Ausführung bestimmter Programmfunktionen?
- Welche Zugangsmodi sind vorgesehen (Hotkey, Menüpunkt, Kommando in formaler Syntax, natürlichsprachliches Kommando)?

2.6 Übersichtlichkeit der Gliederung / Navigation
- Kennt der Benutzer den Gesamtplan des Hilfesystems?
- Wie kann er sich im Hilfesystem bewegen? Speziell: Kann man zurückblättern? Kann mandie gebotene Hilfe jederzeit verlassen?

2.7 Hinweise zur Benutzung
- Erhält der Anwender klare Hinweise zur Auswahl und zur Bedienung der Hilfen?
- Sind die gegebenen Hinweise immer zutreffend?

3. Kontextbezug

3.1 Auswahl der Hilfe nach Systemzustand
- Trifft das Hilfesystem eine Auswahl oder muß der Benutzer das Stichwort immer selbst vergeben?
- Kann der Benutzer die systemeigene Auswahl korrigieren?
- Ist die systemeigene Auswahl sachdienlich oder wegen fehlerhafter Zuordnung störend?
- Speziell nach Bedienfehlern: Werden Hilfeseiten gezielt angeboten?

3.2 Anpassung an vermuteten Kenntnisstand des Benutzers
- Sind die Hilfemeldunge stereotyp oder den (vermuteten) Benutzereigenschaften angepaßt?

3.3 Anpassung an vorliegende Systemkonfiguration
- Reflektieren die Hilfemeldungen die benutzerspezifische Systemkonfiguration (z.B. Makrodefinitionen)?

4. Adaptierbarkeit

4.1 Graduierung / Individualisierung
- Kann der Benutzer (z.B. durch Wahl eines Parameters) die Art und den Umfang der angebotenen Hilfe beeinflussen?

4.2 Inhaltliche Anpassung
- Können Hilfetexte (durch einen Systemverwalter) verändert werden?

5. Besonderheiten
- Werden besondere Darstellungstechniken eingesetzt? (Farbe, Geräusche, Animation)
- Enthalten die Hilfetexte Aktivierungselemente (Aufgabenstellungen) oder Übergänge zu tutoriellen Programmkomponenten?

6. Bewertung
- Welchem Personenkreis kann das Hilfesystem dienlich sein?
- In welchen Situationen ist ein Aufruf sinnvoll (z.B. bei konkreten Problemsituationen, zur Ergänzung bereits vorhandenen Wissens oder in der Lernphase)?

Anmerkungen

1. Dabei darf natürlich nicht übersehen werden, daß in der Gebrauchsphase eventuell mehr Lernen stattfindet als in einer initialen Lernphase.
2. Das relationale Datenbanksystem dBASE wird mit mehr als 1.000.000 verkauften Exemplaren als "Industriestandard" auf PCs bezeichnet.

Literatur

[1] Bauer, J. / v.d. Herberg, H. / Schwab, Th.: Hilfesysteme. In: K.-P. Fähnrich (Hrsg.): Software-Ergonomie. München 1987 (Oldenbourg), S. 118-128.

[2] Bösser, T.: Lernanforderungen als Gestaltungsmerkmal für die Mensch-Maschine-Schnittstelle von Rechnern. In: G. Dirlich u.a. (Hrsg.): Kognitive Aspekte der Mensch-Computer-Interaktion. Berlin 1986 (Springer), S. 69-84.

[3] Strunck, H.-J. / Weber, W. J.: Evaluation von Standardsoftware. In: LOG IN 6 (1986), Heft 5/6, S. 19-25.

Zukünftige Anforderungen an Softwarewerkzeuge

Max Mühlhäuser

Universität Karlsruhe
Institut für Telematik

1. Einleitung

Die fortschreitende Vernetzung in und zwischen PC-Pools, der Übergang von der Generation der PCs zur Generation der Arbeitsstationen und die Entwicklung der Kommunikationstechnologie werden die "Systeme", mit denen CIP-Anwender arbeiten, in den kommenden Jahren drastisch verändern. Im Vortrag wird ein Ausblick auf diese Veränderungen gegeben. Daraus wird ein Bild zukünftiger Software-Architekturen abgeleitet. Um derartige Software zu entwickeln, bedarf es neuartiger Programmiersprachen (im weiteren Sinne) und Softwarewerkzeuge. Charakteristika solcher Sprachen und Werkzeuge werden aufgezeigt. Es wird deutlich, daß im Hinblick auf diese Anforderungen derzeit keine adäquaten Lösungen am Softwaremarkt angeboten werden und daß sich daher die Softwarekrise voraussichtlich weiter zuspitzen wird. Für den CIP-Anwender soll dieser Beitrag den Blick öffnen weg von den Alltagsproblemen beim Umgang mit verfügbaren Werkzeugen hin zur zukünftigen Gestalt seines Computer-Arbeitsumfeldes. Weiterhin kann der Beitrag helfen, für die Langfristplanung zusätzliche Kriterien an die Hand zu geben, eigenen Software-Arbeiten neue Richtungen zu verleihen oder im qualifizierten Dialog mit den Herstellern Forderungen zu stellen, die der drohenden Verschärfung der Softwarekrise entgegenwirken.

2. Gerätetechnische Entwicklung

2.1 Generationswechsel

Bei den Arbeitsplatzrechnern in den über CIP mitfinanzierten Pools handelte es sich in der Vergangenheit im allgemeinen um PCs. Die Empfehlungen des Wissenschaftsrates "zur Ausstattung der Hochschulen mit Rechenkapazität" – reflektiert z.B. in CIP II – machen den raschen Wechsel von der Generation der PCs zur Generation der Arbeitsstationen deutlich. Heute wird man an einen modernen Arbeitsplatzrechner Anforderungen bezüglich Graphikfähigkeit, Multitasking, Vernetzbarkeit, Prozessorleistung etc. stellen, welche ihn in ihrer Summe als Arbeitsstation – in deutlichem Unterschied zum PC – kennzeichnen. Als wichtigste unmittelbare Folgen dieser Entwicklung sind qualitative Veränderungen sowohl der Akzeptanz als auch der Integration zu nennen. Die Veränderungen in der Akzeptanz sind so gravierend, daß völlig neue Nutzerkreise für die computergestützte Arbeit gewonnen werden konnten, nämlich in noch viel größerem Maße DV-Laien. Es ist augenscheinlich, daß diese Nutzergruppe potentiell um ein Vielfaches größer ist als die der DV-Fachleute und daß die angesprochene Veränderung, wenn sie durch weitere Entwicklungen im Bereich des Mensch-Maschine-Dialoges ergänzt wird, der Verbreitung und Nutzung von Arbeitsplatzrechnern eine neue, noch atemberaubendere Dimension geben kann. Im Bereich der Integration haben die größere – den Großrechnern adäquatere – Leistung der Arbeitsstationen und die hohe Netzintegration zur Folge, daß die am Arbeitsplatzrechner verrichtete Tätigkeit nicht mehr nur aus isolierter lokaler Arbeit (Texte, Geschäftsgraphiken erstellen...) und Terminalemulation-Zugriff auf Großrechner besteht, sondern daß am Arbeitsplatz zunehmend Aufgaben ausgeführt werden, die integraler Bestandteil eines Gesamtablaufes sind.

2.2 Divergierende Wachstumsprofile

Beim Vergleich der Entwicklung von Arbeitsplatzrechnern – die sich von PCs zu Arbeitsstationen entwickeln – mit der Kommunikationstechnik läßt sich erkennen, daß die Kommunikationsgeschwindigkeit noch viel schneller wächst als die – schon in atemberaubendem Tempo wachsende – Rechnerleistung. Die Entwicklung der schnellen LANs in den letzten Jahren und die weite Verbreitung der glasfasergestützten Kommunikation in naher Zukunft sind hier die Hauptmotoren.

3. Wichtigste Folge: Neue Softwarearchitekturen

Dieses überproportionale Wachstum der Kommunikationstechnologie hat eine Verschiebung der Kosten/Nutzen-Verhältnisse lokaler und entfernter Verarbeitung zur Folge. Das heißt, die "Strafe" für die entfernte (nicht-lokale) Durchführung einer Berechnung oder für das entfernte Halten von Daten wird in Zukunft kleiner, die Entscheidung "pro Kommunikation" also häufiger werden – und das obwohl die lokale Verarbeitungskapazität der Rechner exponentiell steigt. Die Realisierung der Kommunikation erfolgt immer stärker auch in der Anwendungssoftware, d.h. Anwendungssoftware wird in Zukunft viel stärker das Element Kommunikation beinhalten. Gleichzeitig wurde angedeutet, daß die Arbeit am Arbeitsplatzrechner immer stärker ein integraler Bestandteil einer "Gesamtarbeit" wird. Das "Zusammenwachsen" der Rechnerhardware zu einem Rechnernetz wird daher – wenn auch im langsameren Zyklus der Softwareentwicklung – auf die Dauer mit einem Zusammenwachsen der Software zu verteilten Programmen einhergehen. Die Gesamtheit dieser Entwicklungen, so kann also prognostiziert werden, wird der Nachfrage nach verteilten Programmen eine ungeheure Steigerung verleihen. Es kann sogar vermutet werden, daß bei der Entwicklung weg vom sequentiellen Programm und von der von-Neumann-Architektur diese Art von Programmen die größte Nachfrage erzielen wird, mehr noch als die anderen – ebenfalls stark wachsenden – Softwarekategorien (wie logikbasierte oder massiv parallele Software). Die Softwarearchitektur verteilter Programme ist gekennzeichnet durch eine Vielzahl von Prozessen unterschiedlicher Typen mit üblicherweise unregelmäßiger Topologie (Verbindungsstruktur). Das verteilte Programm hat i.a. eine hohe Dynamik, d.h. Prozesse, Kommunikationsverbindungen zwischen diesen und auch Rechnerknoten kommen im Ablauf des Programmes dazu bzw. werden entfernt. Verteilte Programme werden zunächst verstärkt im Bereich lokaler Netze zum Einsatz kommen – vor allem aufgrund der früheren Verfügbarkeit hoher Übertragungsgeschwindigkeiten. Zunehmend werden jedoch auch Verbindungen über Weitverkehrsnetze (WANs) einbezogen werden.

4. Softwaretechnik für verteilte Anwendungen

4.1 Programmiersprachen

Die Analyse einer ganzen Reihe von Forschungsarbeiten hat – zusammen mit den langjährigen Arbeiten am Institut für Telematik zur Entwicklung verteilter Programmiersprachen und exemplarischer verteilter Anwendungen – zu einem Kriterienkatalog geführt. Dieser Kriterienkatalog listet Anforderungen auf, die von einer verteilten Programmiersprache (gegebenenfalls zusammen mit anderen sprachlichen Ausdrucksmitteln, wie einer Entwurfssprache) im Idealfall erfüllt werden sollten; er soll im folgenden in Stichpunkten aufgeführt werden.

4.1.1 Strukturierte Programmierung

So wie Prozeduren und Module in sequentiellen Programmiersprachen strukturiertes Programmieren, Top-Down und Bottom-Up Entwurf unterstützen, muß auf der groberen Ebene der Prozesse verteilter Anwendungen (genaugenommen: der Typen solcher Prozesse) ein Strukturierungshilfsmittel vorhanden sein. Stellt man sich -zig Typen von Prozessen in einer verteilten Anwendung vor, so reicht eine Gleichstellung all dieser Typen, ohne hierarchische Strukturierung, für die Verständlichkeit und Modularisierung verteilter Programme nicht mehr aus.

4.1.2 Administrationsunterstützung

Die dynamische Verwaltung (Erzeugung, Vernichtung, gegenenfalls Rekonfiguration/Restauration bei Fehlern oder Migration zum Zwecke des Lastausgleiches o.ä.) von Prozessen ist eine komplexe Aufgabe, die von den Sprachmitteln unterstützt werden muß. Die Arbeiten an unserem Institut haben gezeigt, daß strukturierte Programmierung und Administrationsunterstützung sehr gut integriert werden können: bei der hierarchischen Strukturierung können administrative Prozesse jeweils eine kleine, logisch zusammengehörende Gruppe von Prozessen verwalten.

4.1.3 Typisierung der Netzwerkobjekte

So wie höhere Programmiersprachen die generischen Datenobjekte der sequentiellen Programmierung typisiert haben (Strings, Gleitkommazahlen, zusammengesetzte Typen wie Records oder Sets), müssen verteilte Programmiersprachen dies für Netzwerkobjekte tun: Kommunikationspfade, Botschaften, Rechnernetzknoten (oder höhere Abstraktionen für diese) und Prozesse müssen für die Sprache bekannte Typen sein, Operationen auf diesen müssen von Übersetzer und Laufzeitsystem automatisch geprüft werden.

4.1.4 Dynamik

Verteilte Programmiersprachen müssen immer in kontrollierter Weise die Veränderung der Topologie einer verteilten Anwendung zur Laufzeit gestatten: Kommunikationsobjekte müssen dynamisch erzeugt, verwaltet, verändert und vernichtet werden können.

4.1.5 Flexible Kommunikation

Die Programmiersprache sollte kein "höheres Kommunikationsmuster" vorwegnehmen und aufzwingen. Das "niedrigste" Muster, mit maximaler Flexibilität und größtmöglichem Parallelitätsgrad der Prozesse, ist der asynchrone Botschaftenaustausch. Aufbauend darauf können "höhere" Konstrukte wie "remote procedure call", "transaktionsorientierte Kommunikation" oder "Rendezvous-Synchronisation", auch logische Topologien wie für "Multicast" angeboten werden, jedoch sollte der Anwendungsprogrammierer nicht in eine dieser "höheren" Formen hineingezwängt werden.

4.1.6 Hohe Sicherheit

Die genannten "höheren Kommunikationsformen" werden oft zwingend gefordert mit dem Argument, sie würden (zusammen mit der Typisierung, s. Punkt b) helfen, die komplexen verteilten Programme "sicherer" zu machen, d.h. die Zahl der Programmierfehler zu verringern. Sicherheit kann jedoch auch bei asynchronem Botschaftenaustausch unterstützt werden, wenn die Programmiersprache die Punkte zu identifizieren und behandeln hilft, an denen asynchrone, d.h. nicht im sequentiellen Ablauf vorgesehene Ereignisse auftreten können ("kontrollierte Ausnahmebehandlung").

4.1.7 Integration mit existierenden Diensten

Die Anbindung existierender, lokaler oder verteilter Dienste, wie z.B. eines Fenstersystems für den Benutzerdialog, einer Datenbank, eines spezialisierten Kommunikationsdienstes, oder auch einer anderen verteilten Anwendung, sollte nicht nur durch (von den Sprachwerkzeugen ungeprüfte) Prozedurschnittstellen möglich sein. Eine bessere Einbindung in die Sprache mit guten Prüfmöglichkeiten ist, obwohl keine speziell auf verteilte Programmierung abgestimmte Forderung, für diese aufgrund der Komplexität der Programme besonders relevant.

4.1.8 Integration und Explizierung von Entwicklungsaspekten

Einzelne Aspekte der Programmentwicklung – Rapid Prototyping, Effizienz, Fehlertoleranz, Benutzerfreundlichkeit, optimale Abbildung auf verteilte DV-Systeme u.a.m. – werden bei wachsenden Programmgrößen immer häufiger von verschiedenen Programmierern in ein Programm eingebracht werden. Die Sprachhilfsmittel müssen daher gestatten, diese Aspekte einzeln und an explizit kenntlichen Stellen des Programmes zu betrachten. Andererseits muß eine integrierte Betrachtung – als Bestandteil des Gesamtablaufes, das ganze verteilte Programm einbeziehend – möglich sein. Die vorgenannten Anforderungen werden noch von keiner Sprache alle erfüllt. Neuere Ansätze, wie beispielsweise an unserem Institut verfolgt, versuchen, eine Reihe der genannten Aspekte bereits mit einer leistungsfähigen Entwurfsmethode in frühen Phasen der Entwicklung abzuhandeln (s.u.).

4.2 Softwareproduktionsumgebungen (SPUs)

Auch die Anforderungen an zukünftige Softwareproduktionsumgebungen, die mit den aufgezeigten Entwicklungen verknüpft sind, sollen in der Folge in einige wichtige Klassen untergliedert werden.

4.2.1 Anpassung des Werkzeugkastens: dedizierte Werkzeuge

Praktisch alle Forschungsarbeiten über SPUs für verteilte Anwendungen haben gezeigt, daß die Verwendung herkömmlicher Werkzeuge vielfach völlig inadäquat ist: nicht nur Compiler, sondern auch Testhilfen (Debugger), Entwurfs- und Modellierungswerkzeuge müssen für die verteilte Programmierung neu entwickelt werden. Eine Reihe von Werkzeugen, die bei der herkömmlichen Programmierung nur untergeordnete Bedeutung hatten, z.B. Konfigurations- und Installationshilfen, werden extrem wichtig. Es gibt allerdings auch Werkzeuge (z.B. die für Versionsverwaltung), welche nur geringerer Anpassung bedürfen.

4.2.2 Integration auf drei Ebenen

Die Fachwelt teilt die Architektur von SPUs häufig in die drei Ebenen Benutzerinteraktion, Funktionen und Datenspeicherung ein. Gemäß dieser Einteilung ist bei

SPUs für verteilte Programmierung eine enge Integration aller dieser Ebenen erforderlich. Auf der Ebene der Benutzerinteraktion können eine moderne fensterorientierte Schnittstelle und ein einheitliches Interaktionsmodell helfen, auf der Ebene der Datenspeicherung gewinnen objektorientierte Datenbanken zunehmend an Bedeutung, schwierig scheint die Integration immer noch auf der funktionalen Ebene. Durchgängige Entwurfsmethoden, wiederverwendbare Software in den Werkzeugen und einheitliche Kommunikationsmodelle sind hier Hilfsmittel auf dem Weg zu einer SPU, die sich dem Benutzer als wirkliche "Einheit" präsentiert. Die Komplexität verteilter Programme ist der Grund dafür, daß die Integration gerade bei SPUs für die verteilte Programmierung so bedeutend ist.

4.2.3 *Entwurfsunterstützung*

Wie schon mehrfach erwähnt, ist die Entwurfsunterstützung ebenfalls von großer Bedeutung. Hauptgründe hierfür sind: eine verteilte Programmiersprache, die alle in 4.1 aufgezählten Aspekte abzudecken erlaubt, ist komplex und schwer verständlich; fortgeschrittene Entwurfsmethoden erlauben Abstraktionen und gestatten bei einzelnen Entwurfsschritten die Konzentration auf einen bestimmten Aspekt; auch die in verteilten Programmen inhärente Komplexität läßt sich auf der niederen Ebene der Programmiersprache nur schwer bewältigen; Zuverlässigkeit und Wartbarkeit der Programme sind in Frage gestellt. Entwurfsmethoden für verteilte Programme, insbesondere solche, die eine weitgehend automatische Transformation des Entwurfes in ein Programm erlauben, stehen allerdings erst am Anfang. Hier sind in den kommenden Jahren bedeutende Entwicklungen notwendig.

4.2.4 *Zyklusübergreifende Methoden*

Werden Entwurf, Programmerstellung und Programmausführung immer durchgängiger (wie durch a) - c) gewährleistet würde), so wird auch die Frage relevant, ob der Benutzer nicht bestimmte Aspekte der Programmentwicklung (z.B. die Leistungsoptimierung der Anwendung, den Benutzerdialog, die Fehlerbehandlung, die Zuverlässigkeit u.v.a.m.) in jedem Schritt des Software-Lebenszyklus auf einheitliche Weise behandeln – d.h. formulieren, in die Anwendung einbringen, an der Anwendung analysieren – können sollte. Dies muß durch Werkzeugbanken (Workbenches) mit einheitlicher Benutzersicht gewährleistet werden. Auch hier ist in den kommenden Jahren noch ein weiter Weg zu gehen.

4.2.5 *Erweiterbarkeit*

Die vielfältigen Aspekte der Entwicklung verteilter Software werden unmöglich von Anfang an alle in einer SPU realisiert sein. Neue, bisher unberücksichtigte Aspekte kommen u.U. erst lange nach Entwicklung der SPU hinzu. Noch wichtiger als schon bei SPUs für herkömmliche Anwendungen ist daher die Erweiterbarkeit. Für eine Integration der Aspekte neuer Werkzeuge auch in die (Entwurfs- und/oder Programmier-) Sprache und in das Laufzeitsystem müssen dieselben hohe Anforderungen bezüglich der Erweiterbarkeit erfüllen.

4.2.6 Verteilung

Werden verteilte Anwendungen entwickelt, so existiert auch ein verteiltes DV-System. Es ist daher zu erwarten, daß auch die Programmentwickler – zukünftig weit mehr als bisher Teams anstelle von einzelnen Programmierern – an einem verteilten DV-System, typischerweise an einem Netz von Arbeitsstationen arbeiten. Es ist daher sinnvoll, auch die SPU selbst verteilt zu realisieren, sodaß insgesamt "verteilte SPUs für verteilte Anwendungen" entstehen. Im Gegensatz zu den obengenannten Punkten ist im Bereich verteilter SPUs allerdings die Entwicklung relativ weit fortgeschritten. Vor allem im Rahmen der europäischen Forschungsförderung werden hier große Anstrengungen gemacht. Allerdings handelt es sich bisher lediglich um verteilte SPUs für herkömmliche, d.h. sequentielle Programme (z.T. auch "nebenläufige", d.h. für Mehrprozessorsysteme taugliche, jedoch keine verteilten Programme).

5. Zusammenfassung

Es wurde aufgezeigt, daß in Zukunft die Nachfrage nach verteilten Anwendungsprogrammen und nach Hilfsmitteln zur Erstellung derselben stark steigen wird. Die bisher verbreiteten Programmiersprachen und Softwareproduktionsumgebungen wurden als ungeeignet erkannt, Anforderungen an geeignete Hilfsmittel aufgezeigt. Der Beitrag sollte Kenntnisse über neuere Entwicklungen in der Anwendungsprogrammierung aufzeigen, die im Zusammenhang mit neuen Tendenzen von CIP (Aufbau von Netzen von Arbeitsstationen an Stelle von PC-Pools) interessant werden.

Berichterstattung über CIP-Forum 4: "Software-Tools im Vergleich"

Manfred Sommer

Universität Marburg
Fachbereich Mathematik
Fachgebiet Informatik

Die Vorträge beschäftigten sich weniger mit Werkzeugen im allgemeinen wie sie auf dem Markt angeboten werden. Ich denke dabei an Produkte wie beispielsweise die "Norton Utilities" oder "Xtree". Im Vordergrund des Interesses waren Werkzeuge rundum das Gebiet der Programmiersprachen.

Das Forum begann mit meinem eigenen Vortrag, der sich mit der Frage beschäftigte, warum syntaxgesteuerte Editoren gerne diskutiert, aber selten eingesetzt werden, und warum Programmierumgebungen im Stile von Turbo Pascal so erfolgreich sind.

Es folgte ein Vortrag von Ingo Pommerening bei dem es um die Eignung von Turbo Pascal und QuickBasic bei der Codierung einer einfachen Programmieraufgabe ging. Er kam dabei im wesentlichen zu dem Ergebnis, daß beide Sprachen gleich gut geeignet sind.

Bernhard Zimmermann untersuchte das Modul-Konzept bei Logitech-Modula, im Vergleich zu den entsprechenden Konzepten der Version 4.0 von Turbo Pascal, und kam dabei zum Ergebnis, Turbo Pascal bestimmt nicht einsetzen zu können. Es handelte sich dabei um einen der klassischen Vorträge des Typus "Warum kann der Referent seinen Kurs **nur** in der Sprache X auf der Maschine Y durchführen". Vorträge dieser Art werden erstaunlicherweise um so lieber gehalten, je exotischer Sprache oder Maschine sind.

Ein neueres Statistikpaket, als Alternative zur allgemein üblichen Anwendung von APL im Statistik Unterricht, stellte Rüdiger Ostermann vor.

Gerhard Müller verglich verschiedene CAD Programme im Hinblick auf ihre Einsetzbarkeit an Hochschulen.

Ein Projekt auf BTX Basis stellte Jürgen Dobrinski vor. Dabei ging es um die Entwicklung eines Autorensystems, das in verschiedenen Bereichen einsetzbar ist.

Hilfestellungen zur Benutzung von Standardanwendersystemen diskutierte Wolfgang Weber am Beispiel des Datenbanksystems "dBase". Dabei wurde deutlich, daß viele Hilfetexte nur hilfreich klingen, in Wahrheit aber triviale Dinge erläutern, die dem Anwender wahrscheinlich längst klar sind. Kontextabhängige

Hilfestellung zu bestimmten nicht so offensichtlichen Fehlersituationen wird nicht gegeben. Allerdings ist das Problem, zu erkennen, was der Anwender in Wahrheit wollte, nicht ganz so einfach wie es klingt.

Max Mühlhäuser beschäftigte sich im abschließenden Referat mit Anforderungen an zukünftige Software Werkzeuge. Dabei ging es um die zukünftige Anwendung von Netzen und Multiprozessorsystemen und möglichen Konsequenzen daraus für "verteilte Programmiersprachen".

Ausblick

Programmiersprachen sind nach wie vor das wichtigste Thema der Informatik-Ausbildung. Es kann daher nicht verwundern, daß vor allem Werkzeuge rund um dieses Thema diskutiert wurden. Trotzdem wäre es wünschenswert auch über allgemeinere Werkzeuge im Rahmen eines zukünftigen "CIP - Seminares" zu diskutieren.

Sehr häufig wurden Fragen zur Benutzeroberfläche von Werkzeugen diskutiert. Dabei war ein Medienbruch festzustellen. Man muß Eigenarten von Programmen mit Folien diskutieren, die mit anderen Programmen (oder von Hand) erstellt werden. Dabei wäre es oft wünschenswert, das Werkzeug selbst in den Vortrag miteinbeziehen zu können. Insbesondere für ein Seminar, bei dem vor allem über Personal Computer diskutiert wird, ist es umso erstaunlicher, daß dieses Medium selbst nicht einbezogen werden kann.

Es gibt heute hervorragende Projektionsgeräte, die den Bildschirm eines Personal Computers farbig auf eine Leinwand abbilden. Auch die billigeren LCD-Projektoren sind durchaus brauchbar. In den Hochschulen werden derartige Geräte längst für den Informatik Unterricht eingesetzt. Es wäre außerordentlich wünschenswert, sie auch im Rahmen von "CIP Seminaren" nutzen zu können.

Es wäre sogar wünschenswert die Nutzung von PCs mit Projektionsgeräten im Rahmen des Informatik-Unterrichtes zu einem eigenen Thema zu machen. Der Übergang von klassischen Präsentationsmethoden mit Overhead-Folien zu einem Unterricht, der das Medium Personal Computer voll nutzt, ist ein ganz wichtiges Thema für die Zukunft.

CIP-Forum 5

CIP-PC-Pools für CAD, Grafik und Desktop Publishing

Moderation: Horst Gerken

CAD in der Architektur-Ausbildung: Curriculare, organisatorisch-technische, didaktische und personelle Auswirkungen

Reinhard Rinke

Universität Karlsruhe
Fakultät für Architektur

Vorbemerkung

Beim 1. CIP-Status-Seminar, vor einem Jahr an der Technischen Universität Berlin, habe ich über die wesentlichen Entwicklungsschritte und ersten Erfahrungen hinsichtlich der EDV/CAD-Einbeziehung in die Lehre an der Fakultät für Architektur in Karlsruhe berichtet und abschließend einige "Wünsche" zur "Fortführung des CIP und die Wirksamkeit dieses Programms unterstützender, flankierender Maßnahmen"[1] formuliert:

- Fortsetzung des CIP
- Zuweisung zusätzlicher laufender Mittel und Stellen um eine effektive Nutzung der geschaffenen Rechnerinfrastruktur erzielen zu können
- Besondere Unterstützung der informatikfernen Disziplin Architektur
- Einrichtung eines fachdidaktisch orientierten Parallelprogramms zum CIP, z.B. in Form von Modellversuchen[2]. Hier wollen wir anknüpfen und den Fragen nachgehen, was sich zwischenzeitlich hinsichtlich der Computerisierung in unserer Disziplin getan hat, was wir in unseren Fakultäten selbst getan haben und was künftig flankierend getan werden sollte und müßte.

1. Zur derzeitigen Situation allgemein

Der Computerisierungsgrad der Architektentätigkeit, und mehr noch der der Architektenausbildung, ist im Vergleich zu anderen Disziplinen immer noch sehr gering. Zwar haben inzwischen, dank CIP, an fast allen Architekturfakultäten und -fachbereichen Rechner Einzug gehalten, ein "Siegeszug" ist gleichwohl bislang nicht daraus geworden. Bei näherer Betrachtung ist dies auch nicht verwunderlich, da in den meisten Fällen weder die Bereitschaft noch die notwendige Handlungskompetenz vorhanden ist, mit der neuen Infrastruktur auch im fachspezifischen Zusammenhang sinnvoll umzugehen, wie wir aus unserem "Hochschularbeitskreis Informationsverarbeitung in der Architektur und Raumplanung (IVAR)"[3] wissen. Mehr oder weniger spontan und improvisiert tasten wir uns, jede Hochschule auf ihre Art und Weise, an das heran, was einmal zu einem Lehr- und Lernkonzept werden könnte. In diesem Sinn soll hier berichtet werden, wie wir unter den Karlsruher Voraussetzungen den Umgang mit den neuen Technologien betreiben und hier insbesondere wie wir beginnen, CAD stufenweise schon heute in die vorhandene Lehr- und Lernorganisation zu integrieren.

2. Technische Voraussetzungen und organisatorischen Rahmenbedingungen an der Fakultät für Architektur in Karlsruhe

Den ca. 1.200 Architekturstudenten stehen derzeit – rund um die Uhr zugänglich – zur Verfügung:

2.1 in einem zentralen CIP-PC-Pool der Fakultät:

Hardware:

- 8 PC-ATs mit Farbgrafik- und Alpha.Schirm
- 3 Matrixdrucker, 1 A3-Plotter und A3-Digitizer
- 2 PCs mit Matrixdrucke
- 5 PS/2 80-71-Systeme mit Peripherie (die im Rahmen der laufenden CIP-Beschaffung erwartet werden)

Software:

- Wordstar, WordPerfect, Multiplan, d-Base III plus
- Framework II, Turbo-Pascal
- Informationssystem bau + raum GIP, QAVA
- GKS, CAD-Pac 3, Auto-CAD, SPIRIT, Pro.SAR II
- PC-Network, Ethernet

2.2 in einem zentralen CAD-Labor der Fakultät:

Hardware:

- 2 Grafik-Monochrom-Terminals 3150, über eine Glasfaserleitung verbunden mit einem IBM 4381 - Rechner des Rechenzentrums mit Zugriff auf CATIA
- 1 MiroVax II mit 2 Westward 2219 Grafik-Monochrom-Terminals und je einem weiteren Alpha.Schirm
- 1 MicroVax 2000 GPX mit Farbgrafik- und Alpha.Schirm
- 1 A0/A4-Trommelplotter, Matrix- und Hardcopy-Drucker
- 1 SICOMP WS 30-420 (leihweise)

Software:

- CATIA, SPEEDIKON, KonDar, RIBCON
- GDS (ab 01.01.1989)

Darüber hinaus stehen in den Instituten weitere 25 PCs und 6 Workstations für Lehre und Forschung zur Verfügung, die den Studenten allerdings nicht oder nur eingeschränkt zugänglich sind. Im Unterschied zu anderen Hochschulen hat unsere Fakultät den Aufbau einer weitgehend vom Rechenzentrum der Universität unabhängigen Rechnerinfrastruktur betrieben. Als Hauptgründe sind dafür zu nennen:

- es bestand kein erkennbarer Bedarf an Hoch- und Höchstleistungsrechnerkapazität
- für die Programme, die in Lehre und Forschung zum Einsatz kommen sollten, gab es zum Installationszeitpunkt keine verfügfbare Rechnerkapazität
- die vorgesehenen CAD-Arbeitsplätze sollten in der Fakultät, ebenso wie die PCs, möglichst rund um die Uhr, für die Studenten verfügbar sein.

Insbesondere aus dem letztgenannten Grund, der Nähe zum studentischen Arbeitsplatz, halten wir den eingeschlagenen Weg für richtig, trotz der damit verbundenen Installations-, Wartungs- und Betreuungsprobleme, die wir nun auch selbst lösen müssen. Das uns das als Architekten nicht ganz leicht fällt, liegt auf der Hand, und daß wir für diese Entscheidung einiges an Lehrgeld haben zahlen müssen, kann sich sicher jeder gut vorstellen. Dennoch, das neue Werkzeug gehört an den Arbeitsplatz und das sind für unsere Studenten die Zeichentische, denen langsam Rechner "hinzuzuwachsen" beginnen. Da sich unsere Fakultät (trotz akutem Raummangel) den "Luxus" leistet, in der Unterstufe für alle, in der Oberstufe für ca. 25 % der Studenten Zeichenarbeitsplätze bereit zu stellen, müssen die Geräte auch in deren Nähe, und nicht irgendwo im Rechenzentrum, stehen.

3. Zu den curricularen und didaktischen Dimensionen

Geleitet von der Erkenntnis, daß der sich derzeit vollziehende technologische Entwicklungssprung begleitet sein wird von vielfältigen Wandlungsprozessen, müssen wir versuchen, uns Klarheit zu verschaffen, in welche Richtung sich die Architektentätigkeit verändern könnte. Konkret heißt das, daß wir die Einflüsse der neuen IuK-Technologien auf die Berufspraxis und die Architektenausbildung erforschen und Vorschläge für die Einbeziehung der neuen Medien in die Lehr- und Lernorganisation der Architektenausbildung erarbeiten müssen. Diesen Fragen gehe ich, bezogen auf den Bereich "CAD und Architektur" im Rahmen eines von der Deutschen Forschungsgemeinschaft geförderten Forschungsvorhabens nach.[4] Parallel dazu besteht jedoch aktueller Handlungsbedarf an unseren Fakultäten/ Fachbereichen. Schon heute, so unsere These, könnte durch Sofortmaßnahmen im Rahmen der derzeitigen Studien- und Prüfungsordnungen und personellen Möglichkeiten vieles getan werden, um die Auseinandersetzung insbesondere mit CAD, in die "etablierten Fächer" fachbezogen hineinzutragen und dort soweit wie möglich zu verankern.

Beispielhaft soll das im folgenden dargelegt werden an Hand der nun wirklich nicht von EDV/CAD-Gesichtspunkten geprägten, neuen Karlsruher Studien- und Prüfungsordnung[5], deren zentrale Leitgedanken waren:

- Erleichterung des Übergangs von der Unter- zur Oberstufe u.a. dadurch, daß bestimmte Oberstufenfächer bereits von der Unterstufe aus angewählt werden können
- Ablösung des klassischen Oberstufenpflichtfachstudiums
- Einführung weitgehender Wahlmöglichkeiten und Ermöglichung von Studienschwerpunktbildungen
- außer der neuen "EDV/CAD-Einführungsveranstaltung" und dem schon seit 1980 bestehenden Angebot "EDV-Kurs: Programmieren" soll es keine weiteren EDV-Fächer geben
- der Umgang und die Auseinandersetzung mit EDV/CAD soll bei Bedarf in den Fächern und bei den Themen integriert erfolgen, wo dies notwendig bzw. sinnvoll erscheint.

Interessanterweise zeichnet sich nun ab, daß in mehr Fächern als erwartet, nicht nur der Umgang und die fachbezogene Auseinandersetzung mit den neuen elektronischen Arbeitsmitteln Einzug hält, sondern daß auch erste Auswirkungen auf Inhalte und Arbeitsweisen erkennbar werden. Neben den bereits seit mehreren Semestern laufenden CAD- Stegreifen[6], Planungs- und Bauökonomieübungen mit Multiplan und AVA-Programmen, wurde im SS 1988 in einer Pilotlehrveranstaltung das Arbeiten mit einem volumenorientierten, bauspezifischen 3D CAD-Programmsystem (SPEEDIKON) im Kontext eines planungsmethodischen und gebäudeanalytischen Ansatzes erprobt[7]. Primäres Lernziel war hier nicht das Erlernen einer CAD-System-Handhabung, sondern die Auseinandersetzung mit Gebäuden, ihren Konstruktions- und Gestaltungsprinzipien sowie den neuen Arbeitsstrategien die eine CAD-Bearbeitung erfordert. Denn um ein "wirklichkeitsgetreues" Gebäudemodell im Rechner so erstellen zu können, daß es später auch effektiv auswertbar ist, ist eine sehr genaue Analyse/Gliederung des Gebäudes, seiner Konstruktionselemente, seines Herstellungsprozesses etc. erforderlich. Als Leistungsnachweis gab es dafür ein Wahlfach aus der Kategorie "Ausgewählte Gebiete" z.B. "der Gebäudelehre". Die Resonanz auf dieses Experiment war seitens aller Beteiligten durchweg sehr positiv.

Ein großer Teil der Fakultätmitglieder bezweifelt jedoch nach wie vor, daß sich der EDV/CAD-Einsatz auch auf den Kernbereich der Architektentätigkeit – das Entwerfen – übertragen läßt und betont, daß das "Nachzeichen" eines Gebäudes oder das "Reinzeichnen" eines eigenen Entwurfs mittels CAD oder das "Ziehen" vielfältiger Perspektiven keine besondere "Leistung" darstellt, für die es eine extra Honorierung geben könne. Mit gewissen Einschränkungen, insbesondere hinsichtlich der sich abzeichnenden Entwicklungen hin zu "intelligenten" CAD-Systemen, kann dem durchaus zugestimmt werden. Auch nach unserer Auffassung

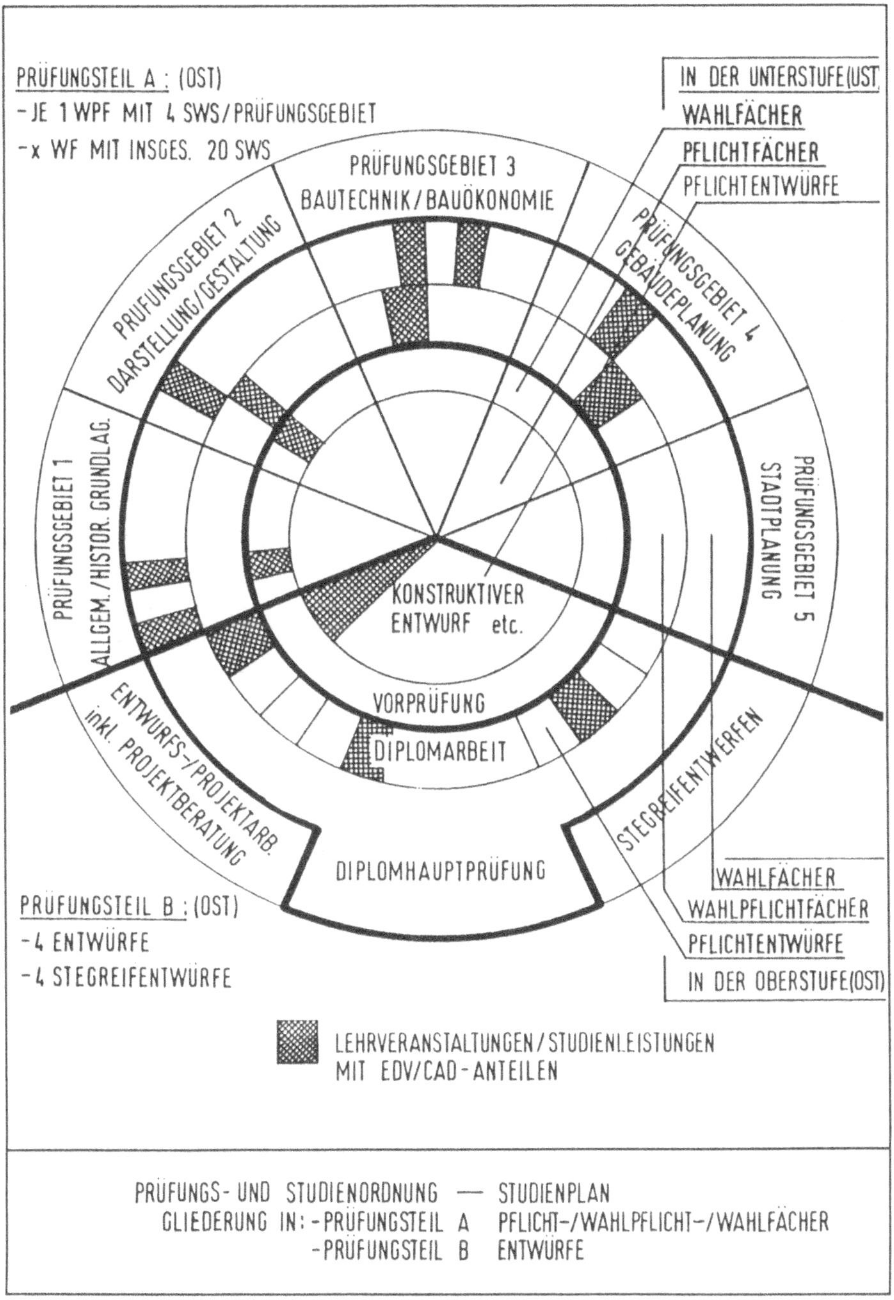

Abb. 1: Prüfungs- und Studienordnung – Studienplan

soll es weder für die CAD-Handlingschulung, noch für die durch CAD-Bearbeitung erzeugten Pläne gesonderte Leistungsnachweise geben, sondern – wie bisher – nur für den fachlichen Lernprozeß insgesamt, ob von Hand oder mit CAD-Unterstützung bearbeitet.

4. Vorschlag für ein gestuftes CAD-Lehrkonzept für die Architektur-Ausbildung

Ausgehend von den vorhandenen Arbeitsansätzen haben wir einen Grobrahmen abgesteckt, innerhalb dessen künftig aufeinander abgestimmte Lehrveranstaltungen mit EDV/CAD-Elementen angeboten werden. Quer zur Fächergliederung der PSO läßt sich das zu folgendem Lehrkonzeptentwurf verdichten:

4.1 Eingangsstufe – EDV/CAD-Einführung

Bis auf weiteres muß wohl davon ausgegangen werden, daß in der "EDV/CAD-Einführung", vor dem fachbezogenen Überblick, über die derzeitigen Möglichkeiten, Grenzen und Gefahren der EDV/CAD-Anwendung im Arbeitsfeld des Architekten, das oft fehlende Computer-Basiswissen vermittelt werden muß. Die Veranstaltung hat einen Umfang von 4 SWS und wird als Wahlfach für die Oberstufe angeboten, kann jedoch auch bereits in der Unterstufe (im Rahmen der dort neu eingeführten Wahlfächer) belegt werden.

4.2 Grundstufe – CAD-Grundkurs

Aufbauend auf die EDV/CAD-Einführung werden, parallel von mehreren Lehrgebieten, CAD-Grundkurse angeboten, die in Verbindung mit einem Stegreifentwurf in ein zeichnungsorientiertes CAD-Programm einführen. Die CAD-Kurse sind zweistufig angelegt: In der ersten Phase erhalten die Teilnehmer einen Einstieg in ein 2D-CAD-Programm in Form einer Grundhandlingschulung und werden dabei in die Lage versetzt, eine kleinere Entwurfsaufgabe mit Systemunterstützung zu bearbeiten; in der zweiten Phase erfolgt dann die Bearbeitung einer Stegreifaufgabe unter den üblichen Bedingungen – nur daß der Student seine Zeichnungen nicht "händisch" sondern mit einem "Zeichensystem" erstellt.

4.3 Vertiefungsstufe - CAAD-Seminar

Die Erweiterung und Vertiefung der Auseinandersetzung mit CAD soll in – ebenfalls parallel – von mehreren Lehrgebieten anzubietenden CAD-Seminaren erfolgen. Wie an Hand des Pilotprojekts des SS 1988 geschildert, soll in den CAAD-Seminaren, integriert in den jeweiligen Fachkontext, in bauspezifische, volumenorientierte 3D-CAD-Programmsysteme eingeführt, die Möglichkeiten, die das Ar-

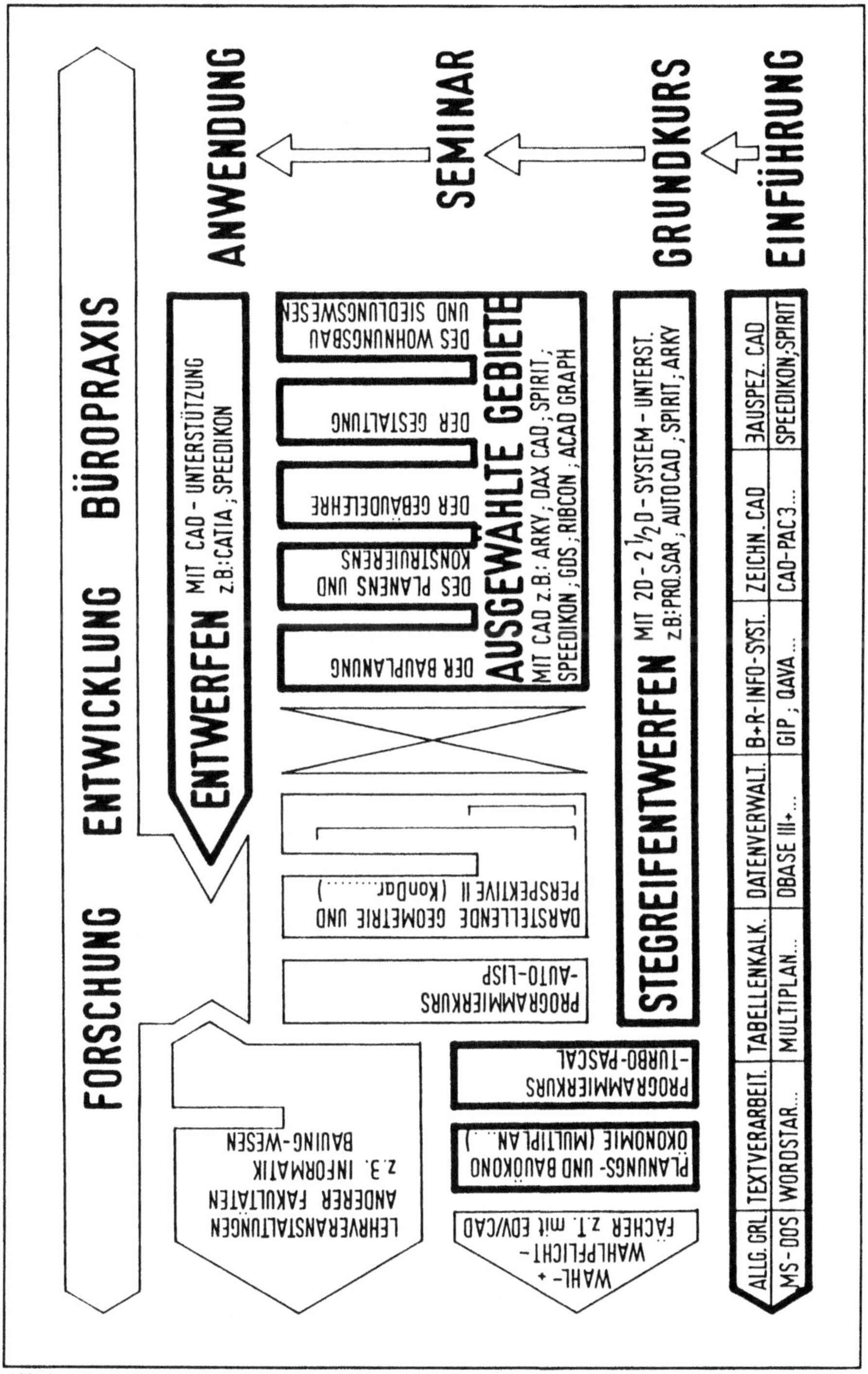

Abb. 2: EDV/CSD – Lehrkonzeptentwurf für das Architekturstudium an der Universität Karlsruhe (TH)

beiten mit einem elektronischen Gebäudemodell bietet, verdeutlicht und durch die selbständige Nutzung exemplarisch erprobt und sichtlich der Arbeitsweise reflektiert werden.[8] Im Vordergrund steht hier nicht mehr das konventionelle Denken, Konstruieren und Darstellen in planebenen Rissen, sondern das prozeßorientierte, in räumlich-zeitlichen Dimensionen Agieren innerhalb eines "wirklichkeitsgetreuen" elektronischen Gebäudemodells, aus dem jederzeit die aktuellen Informationen, ob in Form von Zeichnungen, Beschreibungen oder Berechnungen, generiert werden können.

4.4 Projektstufe – CAAD-Anwendung

Hier sollen im Rahmen einer Entwurfbearbeitung die vielfältigen Durchdringungsmöglichkeiten, die die komplexeren CAD- Systeme bieten, praktisch erprobt werden. Gedacht ist an eine projektförmige Entwurfsbearbeitung, bei der mehrere Fachaspekte parallel mitbearbeitet werden, um so die Auswertungsvorteile, die ein dreidimensionales Gebäudemodell bietet, schon im Rahmen des fortgeschrittenen Studiums nicht nur erkennen, sondern auch real nutzen zu können.

5. Personelle und organisatorische Folgerungen

Gelingt es, die Auseinandersetzung mit den Technologieanwendungen so weit wie möglich innerhalb des etablierten Fächerangebotes zu verorten, so muß zumindest der in den nächsten Jahren beträchtliche fakultätsinterne Weiterbildungsbedarf, d.h. die Ausbildung der Professoren und wissenschaftlichen Mitarbeiter, der Abbau des "CAD-Nachfrageberges", d.h. der Studenten, die derzeit in den höheren Semestern studieren, die fachspezifische Grundausbildung der normalen Jahrgangsbreite gesichert und die sich noch ausweitende Rechnerinfrastruktur und die fachspezifischen Anwendungskomponenten betreut werden. Dabei muß sehr viel fachdidaktisches Neuland erschlossen werden.

Die Frage, wie das bewerkstelligt werden könnte, ist noch offen und bisher auch in Karlsruhe nur sehr zurückhaltend andiskutiert worden. Die Vorstellungen reichen von der Umwidmung eines demnächst neu zu besetzenden Lehrbereichs, der in Verbindung mit einem noch festzulegenden Fachaspekt die Federführung für die EDV/CAD-Anwendungen in Lehre und Forschung wahrnehmen soll über die Bildung einer zentralen wissenschaftlichen Einrichtung in der Fakultät bis zur Auffassung, daß man den "ganzen Quatsch" eigentlich gar nicht brauche.

Um diese und andere Fragen zu untersuchen und konkrete Vorschläge zu erarbeiten, hat unser Fakultätsrat eine Fachgruppe eingerichtet. Denn ohne klare Entwicklungskonzepte wird es in den nächsten Jahren kaum gelingen, den ohne jeden Zweifel entstehenden Bedarf im EDV/ CAD-Sektor einerseits gegenüber den etablierten Fachinteressen durchzusetzen bzw. andererseits zumindest die anstehenden Einsparungsversuche in den 90er Jahren zumindest teilweise abwehren zu können.

6. Schlußbemerkungen

Vor diesem Hintergrund kommen ich nun zurück auf die eingangs zitierten "Wünsche" an CIP vom vergangenen Jahr, und stelle bezüglich der CIP-Fortsetzung fest: Es kann nun gesichert davon ausgegangen werden, daß das CIP-Programm auch in den nächsten Jahren die Computerisierung an den Hochschulen fördern wird. Grob überschlagen benötigen wir in Karlsruhe, zur konsequenten Umsetzung des skizzierten "CAAD-Lehrkonzeptes" weitere CIP-Investionsmittel für ca. 20 - 25 PCs und 15 - 20 Workstations, nebst Peripherie und Software, sodaß ein Betrag von gut 1,5 Millionen sicher nicht zu hoch gegriffen sein dürfte.

Hinsichtlich der Zuweisung weiterer Mittel und Stellen ist, wie wir alle wissen, keinerlei Bereitschaft zu erkennen. Dies sollte uns dennoch nicht entmutigen, gerade diese Forderungen mit aller Deutlichkeit zu vertreten.

Im Hinblick auf die Informations- und Erfahrungsaustauschförderung wäre wünschenswert, neben einer Unterstützung bereits vorhandener Arbeitskreise (z.B. IVAR und AIDA) die Einrichtung einer "Hochschul-Selbsthilfe-Organisation", z.B. in Anlehnung an das amerikanische EDUCOM-Modell.

Bezüglich der Einrichtung eines fachdidaktischen Ergänzungsprogramms zu CIP, z.B. in Form von Modellversuchen wird dank Unterstützung der Bund-Länder-Kommission (BKL) und des Landes Hessen unter Federführung der Technischen Hochschule Darmstadt und Leitung von Prof. Dr. Helmut Emde und dem Referenten, ein dreijähriger Modellversuch "CAD-Ausbildung im Bauwesen"[9] mit dem Ziel durchgeführt, ein Lehr- und Teachwarekonzept für Architekten und Bauingenieurausbildung zu erarbeiten. Nicht zuletzt deshalb möchte ich die Gelegenheit nutzen, Sie alle recht herzlich zu bitten sich mit kritische Anregungen und wenn möglich auch durch konkrete Mitarbeit in das um den Modellversuch entstehende Kooperationsgeflecht einzubringen. Denn ohne gemeinsames, koordiniertes Handeln werden wir die vor uns liegenden Computerisierungsprobleme unseres Berufsfeldes kaum bewältigen können.

Anmerkungen

1. RINKE,R.: Veränderungen des Umfeldes und der Arbeitsweise der Architekten – Ansätze für eine EDV/CAD-Einbeziehung in die Ausbildung; in: BMBW (Hrsg.): Computer-Investitions-Programm (CIP) im Hochschulbereich – Sachstand und Perspektiven; S. 65-76, Bonn 1988.
2. Vergl. RINKE,R.: Berichterstattung aus dem CIP-Forum 1: PC-POOL-Anwendungen: CAD, Grafik, Videosteuerung; in: ebenda; S. 334 338.
3. IVAR ist ein universitärer Hochschularbeitskreis an EDV/ CAD-Fragen Interessierter Vertreter der deutschsprachigen Architekturfakultäten/-fachbereiche, der ein- bis zweimal jährlich zum Informations- und Erfahrungsaustausch zusammentritt. Siehe hierzu: RINKE,R. (Hrsg.): IVAR – Tagungsbericht der 6. Tagung am 30./31.10.1988 an der Universität Karlsruhe, Karlsruhe 1987.
4. RINKE,R.: EDV/CAD-Einsatz in der Architektur – Einflüsse der neuen Werkzeuge auf die Berufspraxis und Ausbildung.DFG-Forschungsvorhaben, Laufzeit 1988-1990

5. Prüfungs- und Studienordnung für den Diplomstudiengang Architektur an der Universität Karlsruhe, vom 14.09.1987.

6. Institut für Baugestaltung, Baukonstruktion und Entwerfen I, Prof. Fritz Haller (Hrsg.): CAD - Dokumentation, 1986, SS 1987, WS 1987/88.

7. RINKE,R. (Hrsg.): Computereinsatz im Arbeitsfeld des Architekten II. Arbeiten mit einem bauspezifischen 3D-CAD-Programmsystem im Rahmen einer Pilotlehrveranstaltung im SS1988 an der Fakultät für Architektur der Universität Karlsruhe. Seminarbericht, Karlsruhe 1988.

8. RINKE,R.: Computer Applikation in the Architect's Field of Activity - DP*/CAD introductory course in the Department of Architecture University of Karlsruhe, in: KRAUSE,B.; SCHREINER,A. (Eds.): HECTOR - Heterogeneous Computers Together. A Joint Projekt of IBM and the University of Karlsruhe. Volume I: New Ways in Education and Research, S. 188 - 193; Berlin/Heidelberg 1988.

9. EMDE,H.; RINKE,R.: CAD-Ausbildung im Bauwesen: Entwicklung und Erprobung eines CAD-Lehr- und Teachwarekonzeptes für die Ausbildung von Architekten und Bauingenieuren an Universitäten und Fachhochschulen. Modellversuchsantrag, Darmstadt 1988.

Literatur

Rinke,R.: Computereinsatz im Arbeitsfeld des Architekten I – EDV/CAD – Einführungsvorlesungen und Übungen. Beispielhafte Behandlung ausgewählter Einsatzgebiete für Architekten. Vorlesungsmanuskript Karlsruhe 1986.

Rinke,R. (Hrsg.): Computereinsatz im Arbeitsfeld des Architekten II, EDV/CAD - Anwender berichten über Ihre Erfahrungen im Umgang mit den neuen Werkzeugen in Praxis und Forschung (Vortragsdokumentation in Vorbereitung).

Rinke,R.: Computereinsatz im Leistungsfeld Hochbauplanung – Voraussetzungen, Möglichkeiten, Grenzen und Gefahren des EDV/CAD - Einsatzes in der öffentlichen Bauverwaltung. Vortrag im Rahmen der Forum Referatsleiter/Referenten Hochbau-Fortbildungsmaßnahme "Neue Lenkungsaufgaben bei der Planung und Errichtung von Bauwerken" der Deutschen Bundespost am 5.6.1987 Darmstadt 1987.

Rinke,R.: Veränderungen des Umfeldes und der Arbeitsweise der Architekten – Einsatzmöglichkeiten und Auswirkungen der neuen Technologien. Ansätze für eine EDV/CAD - Einbeziehung in die Architektenausbildung. Vortrag im Rahmen des 1. CIP-Status-Seminar in der Technischen Universität Berlin am 9.10.1987. (Anlage 4) In: Computer-Investitions-Programm (CIP) im Hochschulbereich. Schriftenreihe Studien zu Bildung und Wissenschaft, Band 66. Herausgegeben vom Bundesminister für Bildung und Wissenschaft. Bonn, 1988.

Rinke,R.: Arbeiten mit einem bauspezifischen 3D - CAD-Programm in der Architektenausbildung. Bericht über ein Pilotprojekt an der Fakultät für Architektur im SS 1987. Vortrag im Rahmen der 6. Tagung des Hochschul-Arbeitskreises Informationsverarbeitung in der Architektur und Raumplanung (IVAR) am 30.10.1987 an der Universität Karlsruhe. Vortragsmanuskript (Anlage 5) Karlsruhe 1987.

Rinke,R. (Hrsg.): EDV/CAD - Einsatz in Lehre und Forschung an der Fakultät für Architektur der Universität Karlsruhe (TH). Bericht zur 6. Jahrestagung des Hochschularbeitskreises "Informationsverarbeitung in der Architektur und Raumplanung (IVAR)" an der Universität Karlsruhe (TH) (in Vorbereitung).

Ermittlung der Rechneranzahl für CIP-PC-Pools

Horst Gerken

Universität Hannover
Institut für Architektur- und Planungstheorie

Zur Ermittlung der Rechneranzahl für einen CIP-Pool gibt es bisher eine zentrale Vorgabe: die von der DFG geforderte Zugänglichkeit bzw. Benutzbarkeit eines Pools von 75 Stunden je Woche. Es fehlt ein Verfahren, das die Berücksichtigung wesentlicher Nachfragegrößen erlaubt und das diese zeitliche Angebotsgröße sachgerecht einbindet. (Ein solches Verfahren wird allerdings entbehrlich, wenn allein über Ausstattungsrelationen, z.B. 1 CIP-Rechner je 10 Studenten, die Ermittlung der Rechneranzahl erfolgen kann.)

Im vorliegenden Beitrag wird ein Vorschlag für ein differenziertes Berechnungsverfahren gemacht; gleichfalls werden Zahlenwerte für Ausnutzungsfaktoren vorgestellt.

1. Problembeschreibung

Zunächst ist zu fragen, mit welchen Unterrichtseinrichtungen CIP-Pools (unter Gesichtspunkten der Nachfrage und damit der Berechenbarkeit) vergleichbar sind. Unter Unterrichtseinrichtungen werden hier beispielsweise Hörsäle, Bibliotheks-Lesebereiche und Praktikumsräume verstanden. CIP-Pools weisen in der Regel eine gemischte Nachfrage auf:

- der größere Teil ist reglementiert und entfällt auf EDV-<u>Kurse</u> der Studenten
- der verbleibende kleinere Teil ist nicht reglementiert und steht für <u>freies Üben</u> zur Verfügung.

Da der einzelne Platz (Rechner) und nicht so sehr der Raum bzw. der Pool im Vordergrund stehen, liegt eine Orientierung an den gleichartig strukturierten Bibliotheksleseplätzen nahe. Dabei darf nicht übersehen werden, daß bei der Nachfrage ein wesentlicher Unterschied besteht: Bibliotheksleseplätze haben – von Ausnahmen abgesehen – eine einheitliche, nicht reglementierte Nachfrage. In der Platzbedarfsermittlung (Rechneranzahlermittlung) sind dadurch jedoch keine grundsätzlich unterschiedlichen Vorgehensweisen gegeben: der Unterschied läßt sich - wie in Punkt 3 näher gezeigt wird – auf die zu wählenden Ausnutzungsfaktoren beschränken. Die in Frage kommenden Berechnungsvorschläge für Bibliotheksleseplätze sind u.a. im HANDBUCH DER BAUBEZOGENEN PLANUNG zu finden.

2. Nutzung von CIP-Rechnern am Beispiel des Fachbereich Architektur der Universität Hannover

Von zentraler Bedeutung für die Ermittlung der Rechneranzahl in CIP-Pools ist die im Mittel erreichbare zeitliche Nutzung eines Rechners: Erforderliche Rechneranzahl und erreichbare Nutzungszeit verhalten sich umgekehrt proportional. Da Rechner immer noch - auch nach den zwischenzeitlich eingetretenen Preisreduktionen - teure Geräte sind, wird man eine möglichst hohe Nutzungszeit anstreben bzw. eine solche von staatlicher Seite vorschreiben. Hier stellt sich die Frage nach der angemessenen Nutzungszeit, die nur auf dem Hintergrund von im Betrieb erreichten Werten zu beantworten ist. Bedauerlicherweise liegen keine umfassenden und allgemein zugänglichen Statistiken dazu vor, so daß man auf Einzelbeobachtungen angewiesen ist. An dieser Stelle soll die Nutzung der CIP-Rechner des Fachbereichs (FB) Architektur der Universität Hannover als ein – sicherlich nicht untypischer – Einzelfall beschrieben werden.

Der FB Architektur ist derzeit mit 8 CIP-Rechnern ausgestattet: 4 Rechner werden für die Informatik-Grundveranstaltung, die restlichen 4 Rechner für die Informatik-Fortgeschrittenenveranstaltung und EDV-bezogene Studienarbeiten benutzt. Die Nutzung der für die Grundveranstaltung im Wintersemester 1987/88 eingesetzten Rechner soll im folgenden kurz dargestellt werden.

Die Veranstaltung (EDV-Einsatz in der Architektur- und Stadtplanung) hatte gut 180 Teilnehmer; etwa 75% davon beteiligten sich am Übungsbetrieb. Für die praktischen Übungen am Rechner (im Umfang von 2 Stunden/Woche) wurden aus didaktischen Erwägungen Zweiergruppen gebildet. Die (offiziellen) Übungszeiten lagen montags bis freitags zwischen 9 und 19 Uhr. Je Tag und Rechner waren damit 5 zweistündige Termine möglich, d.h. bei 4 Rechnern insgesamt 100 Termine in einer Woche (genau nur 96, da während der Bezugslehrveranstaltung sinnvollerweise keine Übungen stattfinden sollten). Grundsätzlich waren die Rechner rund um die Uhr an allen Tagen zugänglich, da das Architekturgebäude abends und nachts sowie an den Wochenenden von einem Wachdienst betreut wird.

Die im November 1987 vorliegende, stundenplanmäßig reglementierte Belegung der CIP-Rechner ist im Nutzungsdiagramm (s. Bild 1) dargestellt.

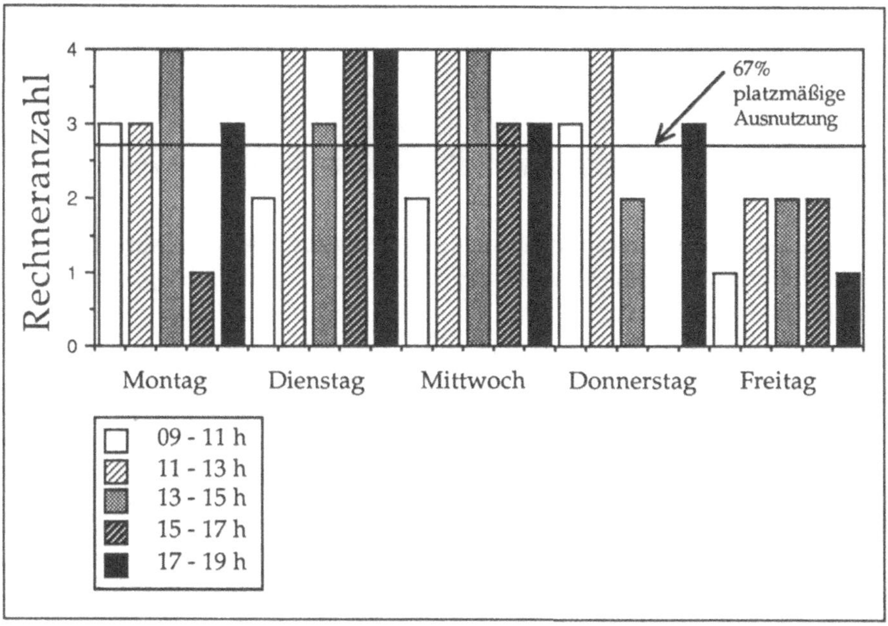

Bild 1: Nutzungsdiagramm der CIP-Rechner (Nov. 87)

Aus Bild 1 sind folgende Nutzungswerte abzuleiten:

- Die Rechner standen für den Übungs-/Kursbetrieb an 5 Tagen zu jeweils 10 Stunden, d.h. 50 Stunden/Woche (h/w) zur Verfügung; es lag also eine zeitliche Ausnutzbarkeit von 50 h/w vor
- Jeder Rechner wurde im Wochenmittel 33,5 h genutzt, bezogen auf 50 h/w (100%) ist dies eine (platzmäßige) Ausnutzung von 67%
- Im Wochenverlauf weist der Dienstag, im Tagesverlauf die Zeit zwischen 11 und 13 Uhr (mit jeweils 34 Rechnerstunden) die höchste Nachfrage auf.

Das Nutzungsdiagramm enthält nur die reglementierte Nutzung für den Übungs-/Kursbetrieb; die in den nicht belegten Terminen (freie Rechner zwischen 9 und 19 Uhr; sowie die Zeiten nach 19 Uhr) mögliche und auch realisierte zusätzliche Nutzung der Rechner für freies Üben wurde damals nicht mit erfaßt; ihr Umfang dürfe etwa 10% der reglementierten Nutzung betragen haben.

3. Vorschlag für ein Berechnungsverfahren

Bei der Problembeschreibung (s. Punkt 1) wurde auf die Ähnlichkeit mit der Berechnung von Bibliotheksleseplätzen hingewiesen. Eine Übernahme und sinngemäße Anpassung des dort verwendbaren Verfahrens führt zu den folgenden fünf Einfluß- bzw. Eingabegrößen zur Ermittlung der Rechneranzahl:

- Studenten: die als Nachfrager (Rechnerbenutzer) anzusehende bzw. vorgegebene Studentenzahl
- Zeitbudgetanteil: erwartete mittlere Nutzungszeit (h/w) durch einen Studenten, bezogen auf die 'mittlere' Semesterwoche
- Gruppengröße: Anzahl Studenten, die gleichzeitig (als Gruppe) an einem Rechner arbeiten
- zeitliche Ausnutzbarkeit: Zeit (h/w), in der ein Rechner grundsätzlich für die (studentische) Nutzung zur Verfügung steht bzw. die Öffnungszeit (h/w) eines CIP-Pools
- platzmäßige Ausnutzung: im Mittel erreichbare Ausnutzung eines Rechners (in %), bezogen auf die durch die zeitliche Ausnutzbarkeit angegebene, maximal mögliche Nutzungszeit.

Diese Einflußgrößen, ihre grundsätzliche Verknüpfung zur Ergebnisgröße (Anzahl CIP-Rechner) und wichtige Zwischenergebnisgrößen sind in Bild 2 dargestellt.

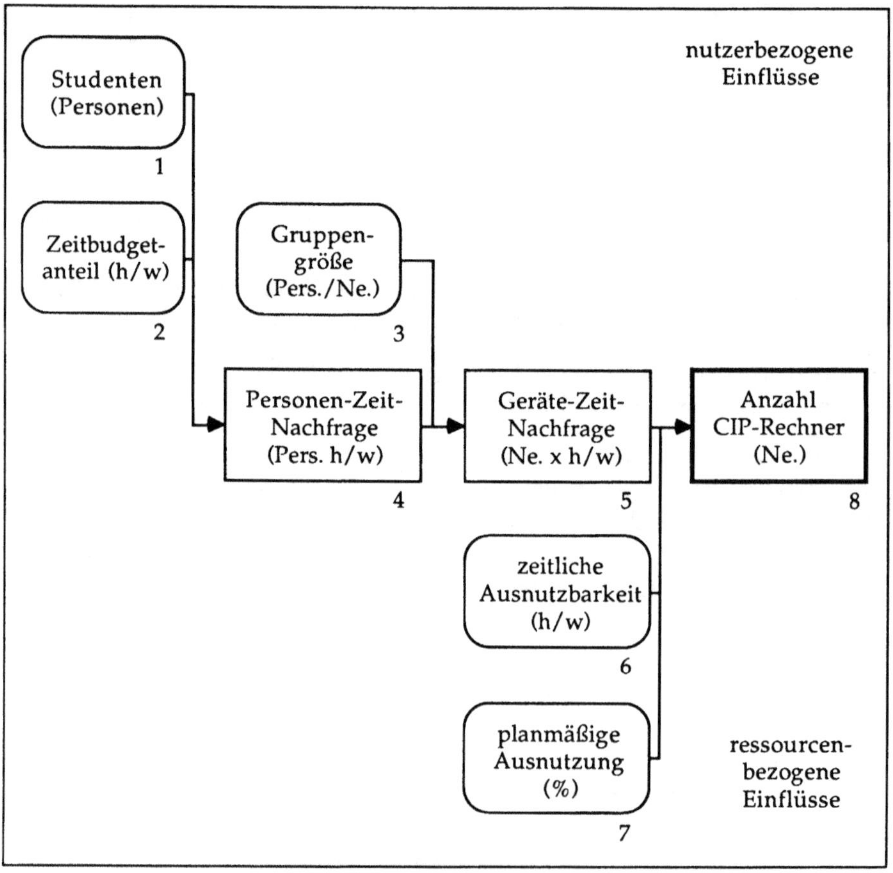

Bild 2: Einflußgrößen zur Ermittlung der Rechneranzahl (CIP-Pool)

Die Darstellung läßt keine Differenzierung der studentischen Nachfrage nach einem reglementierten und einem nicht-reglementierten Anteil zu, wie sie für CIP-Rechner durchaus typisch ist. In einem Berechnungsverfahren muß diese Differenzierung aber explizit enthalten sein, um sinnvolle Mischnutzungen von Rechnern eines CIP-Pools schon in der Planung quantitativ berücksichtigen zu können. Dazu muß als weitere Berechnungsgröße die Restkapazität (für freies Üben) im Zusammenhang mit der reglementierten Nachfrage eingeführt werden. Bild 3 macht die Stellung dieser Größe zwischen den beiden 'Berechnungswegen' für die reglementierte bzw. nicht-reglementierte Nachfrage deutlich.

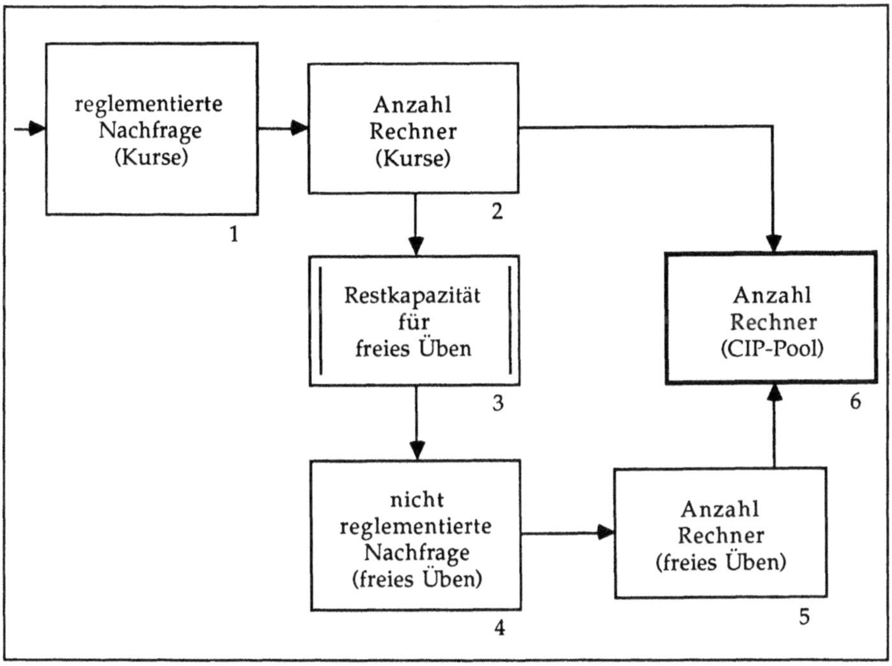

Bild 3: Berechnungsverfahren (Übersicht)

In Bild 4 ist ein einfaches Berechnungsbeispiel dargestellt, an dem einerseits die Besonderheiten der beiden 'Berechnungswege' und andererseits die Verbindung zwischen beiden über die Restkapazität gezeigt werden soll. Im oberen Teil erfolgt die Berechnung der für Kurse erforderlichen Rechner: zwei Nachfragergruppen (mit 150 und 15 Studenten) verursachen eine Geräte-Zeit-Nachfrage von insgesamt 165 Ne * h/w. Die zeitliche Ausnutzbarkeit ist (wie im oben beschriebenen Nutzungsfall) auf 50 h/w, die platzmäßige Ausnutzung mit 70% angesetzt worden; das führt zu einem Ausnutzungsprodukt von 35 h/w (für einen Rechner); die Rechneranzahl ergibt sich als Quotient der Geräte-Zeit-Nachfrage (165 Ne * h/w) und dieses Ausnutzungsproduktes: 4,7 wird auf 5 Rechner aufgerundet.

1. Reglementierte Nachfrage (Kurse)

1.1 BERECHNUNG DER RECHNERANZAHL FÜR KURSE

Nr.	Studenten-zahl (Pers.)	Zeitbudget-anteil (h/w)	Pers.-Zeit-Nachfrage (Pers. h/w)	Gruppen-größe (Pers./Ne)	Geräte-Zeit-Nachfrage (Ne·h/w)
1	150	2	300	2	150
2	15	2	30	2	15
					165 Ne·h/w

zeitliche Ausnutzbarkeit	5 . 10 h	= 50 h/w	
platzmäßige Ausnutzung		97	
Ausnutzungsprodukt	50 h/w . 0,7	= 35 h/w	
Anzahl Rechner (für Kurse)	165 Ne·h/w/35 h/w		5 Ne

1.2 BERECHNUNG DER RESTKAPAZITÄT (für freies Üben)

zeitliche Restnutzung	5 . 3 + 1 . 10 h =	25 h/w	
platzmäßige Ausnutzung (für Restnutzung)		0,3	
Ausnutzungsprodukt	25 . h/w . 0,3 =	7,5 h/w	
Restkapazität	5 Ne . 7,5 h/w		37,5 Ne . h/w

2. Nicht-reglementierte Nachfrage (freies Üben)

3	100	10	1000	1	1000) pro
4	40	15	600	1	600) Semester
5	50	10	500	1	500)
					2100 Ne . h/sem

auf 1 Semesterwoche (14 w/sem) umgerechnet		150 Ne . h/w
Restkapazität (aus reglement. Nachfrage)	./.	37,5 Ne . h/w
verbleibende Nachfrage (für freies Üben)		112,5 Ne . h/w
zeitliche Ausnutzbarkeit 5 . 13 h + 1 . 10 h = 75 h/w		
platzmäßige Ausnutzung	0,4	
Ausnutzungsprodukt 75 h/w . 0,4	= 30 h/w	
Anzahl Rechner (für freies Üben) 112,5 Ne.h/w / 30 h/w		4 Ne

Bild 4: Rechneranzahl für CIP-Pool (Berechnungsbeispiel)

Platzart		zeitl. Ausnutz-barkeit (h/w)	platzmäßige Aus-nutzung
CIP - Rechner	Kursbetrieb	50	0,7
	freies Üben	75	0,4
	Restkapazität 1)	25	0,3
Bibliotheks-Leseplätze		50	0,6
(zum Vergleich)		60	0,5
Anmerkungen: 1) für freies Üben (bei CIP-Rechnern für Kursbetrieb)			

Bild 5: Vorschläge für Ausnutzungsfaktoren (bei der Ermittlung von CIP-Rechnern)

Im unteren Teil des Berechnungsbeispiels wird die Rechneranzahl für freies Üben ermittelt. Hier wird von insgesamt 3 Nachfragergruppen eine zunächst auf ein ganzes Semester bezogene Geräte-Zeit-Nachfrage von 2100 Ne * h/sem erzeugt, die – bei im Mittel 14 Veranstaltungswochen im Semester – auf 150 Ne * h/w zurückgerechnet wird. Von dieser Nachfragemenge wird die Restkapazität, die die oben für die Kursveranstaltungen ermittelten Rechner des CIP-Pools aufweisen, abgezogen, bevor über das für freies Üben geltende Ausnutzungsprodukt die entsprechende, zusätzlich erforderliche Rechneranzahl ermittelt wird.

Die Restkapazität ist unter der Nr. 1.2 (Bild 4) gebildet worden; dabei wurde unterstellt, daß von montags bis freitags jeweils 3 weitere Nutzungstunden und samstags weitere 10 Nutzungsstunden planmäßig möglich sind, also die zeitliche Ausnutzbarkeit um 25 h/w (auf insgesamt 75 h/w) angehoben werden kann. Wegen der geringen Nachfrage, die in den zusätzlich berücksichtigten Randstunden zu erwarten ist, wurde die platzmäßige Ausnutzung lediglich mit 30% angesetzt. Daraus folgt rechnerisch (bei insgeamt 5 für Kurse vorgesehen Rechnern) eine Restkapazität von 37,5 Ne * h/w.

Die für das freie Üben gewählten Ausnutzungsfaktoren betragen 75 h/w (zeitliche Ausnutzbarkeit, s.o.) und 40% (platzmäßige Ausnutzung): das zugehörige Ausnutzungsprodukt ergibt sich damit zu 30 h/w. Die im Vergleich zur reglementierten Nachfrage nur mit 40% (statt 70%) angesetzte platzmäßige Ausnutzung berücksichtigt eine über den Tagesverlauf stärker schwankende Nachfrage, wie sie auch bei Bibliotheksleseplätzen feststellbar ist. Insgesamt sind bei einem Ausnutzungsprodukt von 30 h/w und einer um die Restkapazität reduzierten Nachfrage von 112,5 Ne * h/w für freies Üben weitere 4 Rechner erforderlich. Der Pool würde vier plus fünf, d.h. neun Rechner umfassen.

Die im Berechnungsbeispiel eingesetzten Ausnutzungsfaktoren sind in Bild 5 nochmals zusammengestellt worden. Gleichfalls sind hier auch Zahlenwerte, die in der baubezogenen Hochschulplanung für die Berechnung von Bibliotheksleseplätzen verwendet werden, mit angegeben (vgl. LEITFADEN ZUR UMNUTZUNGSPLANUNG, S. 143). Zur weiteren Absicherung der vorgestellten Ausnutzungsfaktoren wäre es erforderlich, ein breites Spektrum von im Betrieb an anderen Hochschulen erreichten IST-Werten zu kennen.

Literatur

HANDBUCH DER BAUBEZOGENEN BEDARFSPLANUNG, Hrsg.: Zentralarchiv für Hochschulbau (Stuttgart) und Hochschul-Informations-System GmbH (Hannover), Stuttgart: Forum 1974.

LEITFADEN ZUR UMNUTZUNGSPLANUNG, Hrsg.: Hochschul-Informations-System GmbH (Hannover), Hannover: 1983.

EDV/CAD-Ausbildung am CIP-Pool für Architekten an der Technischen Universität München

Gernot Pittioni

Technische Universität München
Fakultät für Architektur

1. Einführung

Ich spreche zu Ihnen als Vertreter der Fakultät für Architektur der Technischen Universität München (TUM). In dieser Anwendergruppe zählten wir noch bis vor wenigen Jahren zu den Exoten.

Als Tragwerksplaner haben wir mit viel Idealismus 1974 mit einer Lehrveranstaltung "EDV für Architekten" begonnen und haben seither mit unseren Studenten die gesamte Hardwareentwicklung einschließlich Lochkartenbetrieb und ratternden Fernschreibern durchlebt. Anfänglich standen lediglich Geräte in den Räumen des Leibniz-Rechenzentrums der Bayerischen Akademie der Wissenschaften zur Verfügung. Trotzdem war unser Lehrkonzept stets auf praktische Tätigkeit am Rechner abgestützt.

Auch nach Verfügbarkeit von einer und später einer zweiten rechenzentrumseigenen Bildschirmkonsole in den Räumen unseres Lehrstuhls waren die Betriebsmittel völlig unzureichend, um den stetig anwachsenden Zustrom von Studenten vernünftig zufriedenzustellen. Diese Situation wurde etwas gemildert durch die Anschaffung von zwei CORVUS-Rechnern aus den Berufungsmitteln von Prof. Grimme. Das auf diesen Geräten laufende, ebenfalls gekaufte Bau-CAD-System ZEIRIS hat sich bis heute in der Lehre gut bewährt.

2. CIP-Ausrüstung

Als wir 1985 das erste Mal von den CIP-Möglichkeiten hörten, hatten wir ca. 100 - 120 Studenten pro Semester und konnten so auf eine eklatante Notsituation hinweisen. Nach Zustimmung der Fakultät erhielt der Lehrstuhl für Tragwerksplanung die Federführung für die verantwortliche Betreibung des CIP-Pools der Architektur. Aufstellungsort war ein lehrstuhleigener Seminarraum – auf ein im Prinzip bewährtes Lehrkonzept konnten wir uns stützen.

So hatten wir Weihnachten 1985 als eine der ersten Fakultäten der TUM aus der 1. CIP-Antragsphase sechs Rechner mit zwölf Arbeitsplätzen zur Verfügung. Ein Blick auf die Hardware-Übersicht läßt erkennen, welch dramatische Verbesserung der Lehrbedingungen mit der Einrichtung des Pools gegeben war.

Anzahl	Konfiguration	seit	Herkunft
2	Konsolen des Rechenzentrums Rechner CDC Cyber 175	1978 1984	RZ
2	CORVUS-Rechner 512 KB je Rechner: – 1 Bildschirm monochrom – Floppy-Laufwerk – graph. Tablett u. Digitizer gemeinsame Festplatte 16 MB OMNINET-Vernetzung	1983	Lehrstuhl
6	PCS-Rechner 9600 (UNIX) 1 MB bzw. 2 MB CPU je 2 hochauflauflösende monochrome Bildschirme 2 Festplatten 86 MB 2 Streamerlaufwerke 4 Floppylaufwerke 2 Matrixdrucker EPSON LQ 1500 ETHERNET-Vernetzung	1986	CIP-1
	1 Festplatte 86 MB 1 Plotter AO	1987	Lehrstuhl
	Aufrüstung auf 32-bit-Proz. durchwegs 4 MB CPU	1988	CIP-3
1	IBM AT (DOS) 2 Bildschirme, farbig	1988	Lehrstuhl
1	Siemens-PC (DOS) 2 Bildschirme, farbig	1988	Lehrstuhl
2	IBM kompat.(DOS) 1 Bildschirm, farbig	1988	Lehrstuhl

Fortsetzung der Tabelle nächste Seite

7	HP-Rechner 9000/319 C (UNIX) 4 MB CPU, 32-bit je Rechner:	1988	CIP-4
1	- 6-Zoll Farbbildschirm - Floppylaufwerk - Festplatte 130 MB - Maus LAN-Vernetzung		

Tabelle 1: Hardware Stand Oktober 1989

In der 2. CIP-Antragsphase 1986 wurde uns die Anschaffung des CAD-Systems RIBCON ermöglicht. Im praktischen Einsatz an unserem Konzept mit Fileservern und Diskless-Nodes ergaben sich Probleme bei den Ausführungszeiten von Operationen, die große Datenmengen über das Netz zu transportieren hatten.

Dies führte in der 3. CIP-Antragsphase zur Aufrüstung der vorhandenen Rechner mit zusätzlichen Festplatten auf ein durchgängiges Workstation-Konzept mit einer verfügbaren Kapazität von ca. 0,5 GByte Massenspeicher. Dies hatte zur Folge, daß sich das Rechnerverhalten trotz häufigen Hochleistungsbetriebes bei CAD-Seminaren erheblich verbesserte.

Ende des Jahres werden wir aus der 4. CIP-Antragsphase sieben HP-Rechner zur Erweiterung und Vervollständigung unseres Rechnervolumens erhalten. Die Installation erfordert das Einziehen einer Zwischendecke und den Einbau einer Klimaanlage in unserem Seminarraum.

Im CIP-Nachfolgeprogramm ist vorgesehen, vereinzelte Lehrstühle der Fakultät mit Rechnerkapazität auszustatten und zu vernetzen. Der Genehmigung drohen viele Hindernisse, teils aus der mittlerweile zwar wesentlich verbesserten Akzeptanz der Rechner als Hilfsmittel der Architektur, teils aus der Bereitstellung der geforderten Finanzanteile.

Trotz der im Lauf der Jahre aus unterschiedlichsten Mitteln zusätzlich beschafften PC-Anlagen ist aus der Übersicht in Tab.1 erkennbar, daß die Hauptlast der Lehre eindeutig von den CIP-Geräten getragen wird.

	Jahr	Hardware	Software
CIP-1	1985	230.000,-	
CIP 2	1986		70.000,-
CIP-3	1987	60.000,-	
CIP-4	1988	180.000,-	65.000,-

Tabelle 2: CIP-Investitionsmittel für die Fakultät für Architektur der TUM

3. Lehrangebot

Die Ausbildung ist geprägt von dem Konzept, am Studium der Arbeitsweise unterschiedlichster CAD-Systeme die generellen Möglichkeiten und Grenzen der Anwendung zu erfahren.

Einführung in die EDV für Architekten	(Erg.fach)
CAD für Architekten	(Erg.fach)
Computer-graphics	(Wahlfach)
Text-Editoren	(Seminar)
UNIX-Einführung/Weiterführung	(Seminar)
C, PASCAL	(Seminar)
Turbo-PROLOG	(Seminar)
Betreuung CAD-gestützter Entwürfe	
Informationsveranstaltungen für Fakultätsangehörige	

Tabelle 3: Lehrangebot

Wie stets in der Datenverarbeitung sind die Lehrinhalte, die sich in Seminaren ergänzend an die Kernfächer anlagern – wie diese selbst – ununterbrochen in Entwicklung begriffen.

4. Personelle Betreuung

Die derzeitige Situation ist stark vom Idealismus der Lehrpersonen geprägt. Die Betreuungskapazität wird derzeit aus den Reihen der Fakultätsangehörigen im wesentlichen von zwei Mitarbeitern des Lehrstuhls gebildet.

Die Aufrechterhaltung des Betriebes mit derzeit etwa 160 bis 200 Hörern je Semester, die alle an den Geräten eingewiesen werden, wäre technisch ohne den zusätzlichen Einsatz von studentischen Mitarbeitern in einem angestrebten Umfang von etwa 3.000 Stunden jährlich nicht möglich. Dies umsomehr, als die Betreuung durch die Lehrstuhlangehörigen ausschließlich neben den eigentlichen Dienstaufgaben erfolgen muß.

Da jährlich derzeit nur für etwa 2.000 Arbeitsstunden Mittel für studentische Mitarbeiter zur Verfügung gestellt werden können, läßt sich der Betrieb nur unter erheblichem Einsatz freiwilliger Mehrleistungen aufrechterhalten.

Unbedingt Erwähnung finden muß der Hinweis, daß Antragstellung und Kontaktpflege im Zusammenhang mit den CIP-Beschaffungen einer gewissen Ausdauer und Zähigkeit bedürfen – Eigenschaften, die glücklicherweise unter unseren Mitarbeitern ihre personelle Entsprechung gefunden haben.

5. Betrieb

Der CIP-Pool der Architekturfakultät wird nicht von mehreren Lehrstühlen gemeinsam genutzt. Damit sind wir personell zwar im Nachteil, betrieblich aber sicher im Vorteil gegenüber anders genutzten Pools. Es soll genügen, auf Kompetenzprobleme bei Geräte- und Netzausfällen hinzuweisen.

Die Betriebszeiten unserer Anlagen sind durch restriktive Regelungen der TU-Verwaltung relativ stark eingeengt. Ein regulär betreuter Betrieb ist lediglich zwischen 8 Uhr und 20 Uhr durchführbar. Ausnahmeregelungen für Studenten sind nur unter erheblichen Widerständen erreichbar.

Zumeist entwickeln die studentischen Benutzer ein gutes Eigenverantwortungsempfinden für "ihre" Anlage. Glücklicherweise müssen wir bisher keine Diebstahlausfälle, sondern nur ab und zu einen eingetrockneten Plotterstift oder aus Unkenntnis herrührende mangelhafte Speicherdisziplin beklagen.

Die hardwaretechnische Wartung stellt erstmalig seit CIP kein unüberwindliches Problem dar, weil zweckgebundene Wartungsmittel im Ausmaß von jährlich ca. 4%, bezogen auf den Gesamtwert des Hardwareumfanges zugewiesen werden.

6. Zusammenfassung und Ausblick

Es wird angestrebt, künftig eine weiter verbesserte CAD-Bearbeitung unter Einsatz hochleistungsfähiger Hard- und Software farbig und mit Schattierung zu ermöglichen.

Trotz noch zu lösender Schwierigkeiten im Bereich des Betriebes und der Betreuungskapazität ermöglichten die CIP-Einrichtungen für unsere Fakultät einen bedeutenden Sprung nach vorne. Das vorher bereits existierende Lehrangebot konnte wesentlich erweitert und einer großen Zahl von Studierenden in qualitativ befriedigender Form zugänglich gemacht werden.

7. Ergebnisse aus Studienarbeiten

Bearbeiter: Ballheim, Technische Universität München, Fakultät für Architektur

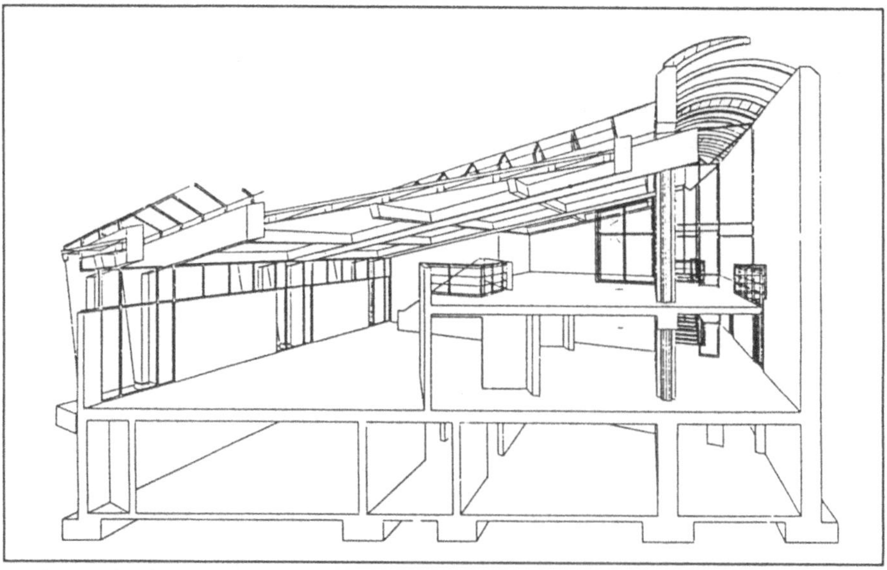

Bearbeiter: Blaimberger, Technische Universität München, Fakultät für Architektur

Rechnerunterstützter Tragwerkentwurf

Wilfried Führer und Friedhelm Stein

Rheinisch-Westfälische Technische Hochschule Aachen
Lehrgebiet Experimentelle Tragwerklehre

Im Arbeitsfeld des Architekten vollzieht sich derzeit ein tiefgreifender Wandel. Die traditionellen Vorgehensweisen in Bauleitung, Ausschreibung, Vergabe, Abrechnung, aber auch in der Werkplanung und im Entwurf werden teilweise durch EDV- und CAD-Methoden ersetzt.

Darauf müssen sich die Architekturfakultäten in der Lehre einstellen und dabei versuchen, durch eigene Beiträge diesen Wandel zu beeinflussen. Das Ziel muß doch sein, bessere Architektur zu machen und nicht nur möglichst schnell zu Entwürfen zu gelangen, die möglichst billig zu realisieren sind.

Auch der Entwurf von Tragwerken ist von dieser Veränderung nicht ausgenommen, vollzieht er sich doch im Kontext des Gebäudeentwurfs. Weil die Tragkonstruktion nicht alleine steht, sondern immer Teil des Gesamtentwurfs ist, müssen bei ihrer Konzeption neben statischen auch funktionelle und gestalterische Gesichtspunkte berücksichtigt werden. Dazu sind sowohl gute Kenntnisse der Statik als auch eine geschulte Gestaltungskraft erforderlich. Vor allem bei ungewöhnlichen Tragwerken sind die Anforderungen an die Kenntnisse besonders hoch und die Berechnungsmethoden so schwierig, daß sich dazu eine eigene Vertiefungsrichtung des Bauingenieurwesens herausgebildet hat – die des Konstruktiven Ingenieurs.

Die Vermittlung solcher Fähigkeiten würde den Rahmen des Architekturstudiums sprengen, zudem sind sie für den Architekten nur bedingt berufsqualifizierend. Es kommt hinzu, daß Entwerfen ein iterativer Prozeß ist, d.h. Ideen werden formuliert, Alternativen entwickelt, teilweise verworfen, wiederaufgegriffen, weiterentwickelt – die notwendigen rechnerischen Schritte müssen also mehrmals wiederholt werden. Das ist zeitaufwendig und stört den Entwurfsprozeß. Trotz dieser Schwierigkeiten sollen und müssen die Studenten in die Lage versetzt werden, beim Entwerfen aus dem vollen zu schöpfen, also mit der ganzen Palette der heute möglichen Tragwerke kreativ umgehen zu können.

Genau hier setzen die Methoden des rechnerunterstützten Entwerfens an: Es ist heute möglich, dem Architekten Rechner und Programme zur Verfügung zu stellen, die ihm diese rechnerischen Schritte abnehmen, und zwar auf eine Weise, die er auch in der Entwurfsphase nicht mehr als störend empfinden muß.

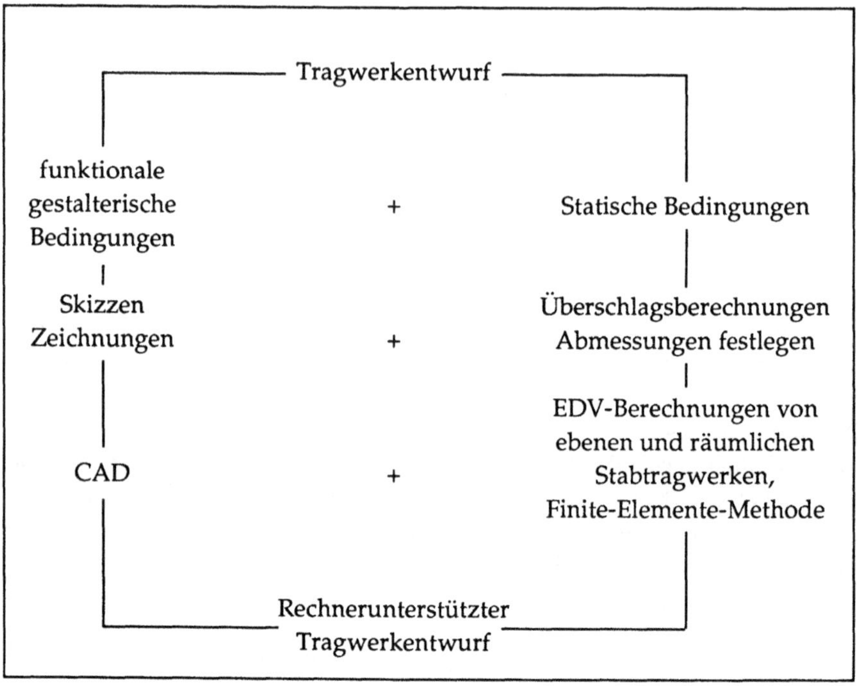

Abb. 1

Wichtige Voraussetzung für die Akzeptanz im Entwurf sind sehr gute graphische Kommunikationsmöglichkeiten mit dem Programmsystem; zum einen kann das menschliche Gehirn nur über Bilder schnell und sicher größere Datenmengen verwalten und einordnen, zum anderen benutzt der Architekt Graphik als Hilfsmittel auch in allen anderen Bereichen seines Schaffens.

Entsprechende Programme für die aufwendigen Berechnungen und gleichzeitig mit guter graphischer Benutzeroberfläche waren bis vor einiger Zeit nur auf einem Großrechner zu realisieren. Deren Einsatz allerdings ist aus vielen Gründen (u.a. kleine Bürostrukturen) in der Architektur kaum möglich. Heute haben sich PCs als Alternative zum Großrechner auf diesem Gebiet etabliert, und es ist abzusehen, daß sie sich auch in den Architekturbüros durchsetzen werden.

Wir wollen anhand zweier Beispiele zeigen, wie wir beginnen, die uns aus dem Computer-Investitions-Programm (CIP) zur Verfügung gestellten Rechner in diesem Sinne in der Lehre zu nutzen:

Beispiel 1: Programmsystem als Hilfsmittel beim Entwerfen Ebener Stabwerke

Das Programmsystem ist eine Eigenentwicklung. Wir hatten allerdings nicht den Ehrgeiz, wieder einmal das Rad zu erfinden und haben daher für die graphische Ein- und Ausgabe ein kommerzielles CAD-Programm und für die Durchführung der nötigen Berechnungsalgorithmen ein vorhandenes Stabwerkprogramm in das System integriert. Der Eigenanteil läßt sich im wesentlichen durch die folgende kurze Liste beschreiben:

- Auswahl eines geeigneten CAD-Systems
- Auswahl eines geeigneten Stabwerk-Programms
- Vornahme einiger Änderungen und Erweiterungen des Statik-Programms, wie z.B. Einbau einer Knotennummern-Optimierung
- Erstellung von Programmen zur Datenübergabe zwischen den Programmen
- Schaffung einer für den Entwurfsprozeß geeigneten Benutzer-Oberfläche des CAD-Systems

Der letzte Punkt bedarf einiger Erläuterungen: Nach außen hin besteht die Benutzer-Oberfläche in der Erweiterung des Tablett-Menüs (Abb. 2), in dem man nun zusätzlich zu den vorgegebenen Graphik-Funktionen Statik-Funktionen anwählen kann.

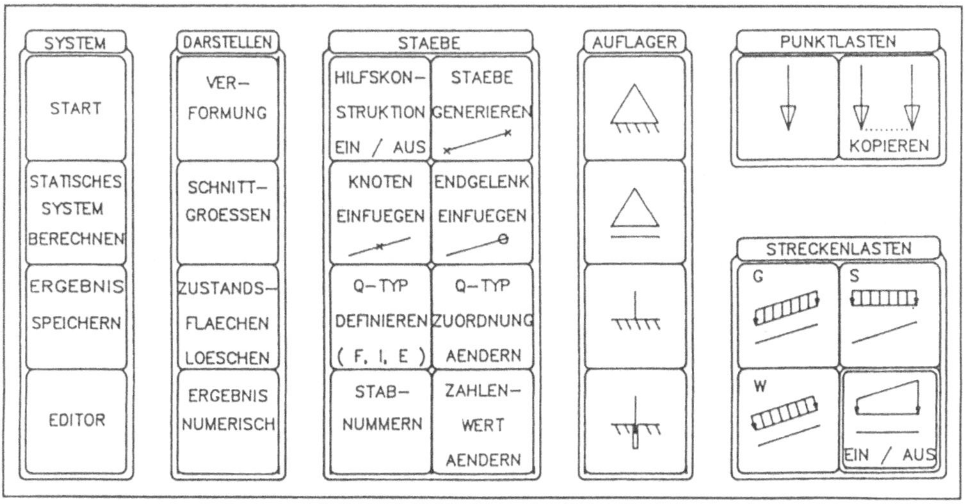

Abb. 2: Zusatzfunktionen für das Tablett-Menü

Beim Aufbau der Benutzeroberfläche wurde Wert darauf gelegt, daß

- nur graphische Eingaben nötig sind
- Fehleingaben auch für den ungeübten Entwerfer von Tragwerken möglichst ausgeschaltet werden

- alle Berechnungsergebnisse wie Längs- und Querkräfte, Biegemomente und Verformungen sofort graphisch dargestellt werden können
- Änderungen der Belastung, des Systems und der Querschnitte sehr schnell und ohne Aufwand graphisch möglich sind
- die Folgen solcher Änderungen durch Vergleich mit dem alten Zustand sichtbar gemacht werden können.

Die hinter dieser kurzen Beschreibung steckenden, z.T. komplexen Abläufe können nur verwirklicht werden, wenn das CAD-System über eine ausgereifte Struktur und eine gute integrierte Programmiersprache verfügt. Obwohl die Entwicklung des Programms noch nicht abgeschlossen ist, erzielen auch EDV-unerfahrene Studenten in unseren Seminaren nach kurzer Einarbeitungszeit gute Ergebnisse bei der Optimierung von Tragsystemen. Die einfache Art Änderungen vorzunehmen, die Ergebnisse dieser Änderungen sofort optisch verfügbar zu haben und mit denen des vorigen Schrittes vergleichen zu können, ermöglicht in kurzer Zeit eine Vielzahl von Optimierungsschritten hin zu einem Tragwerk, das sowohl in statischer als auch in gestalterischer Hinsicht ansprechend wirkt.

Stellvertretend für eine längere Sequenz von Bildschirm-Farbaufnahmen, die in einem Seminar entstanden sind und im Vortrag den Prozess der Entwicklung eines Rahmen-Tragwerkes mit diesem Programm-System dokumentiert haben, können hier nur in Schwarz-Weiß-Aufnahmen die Ergebnisse dreier aufeinander folgender Optimierungsschritte dargestellt werden. (Abb. 3 - 5)

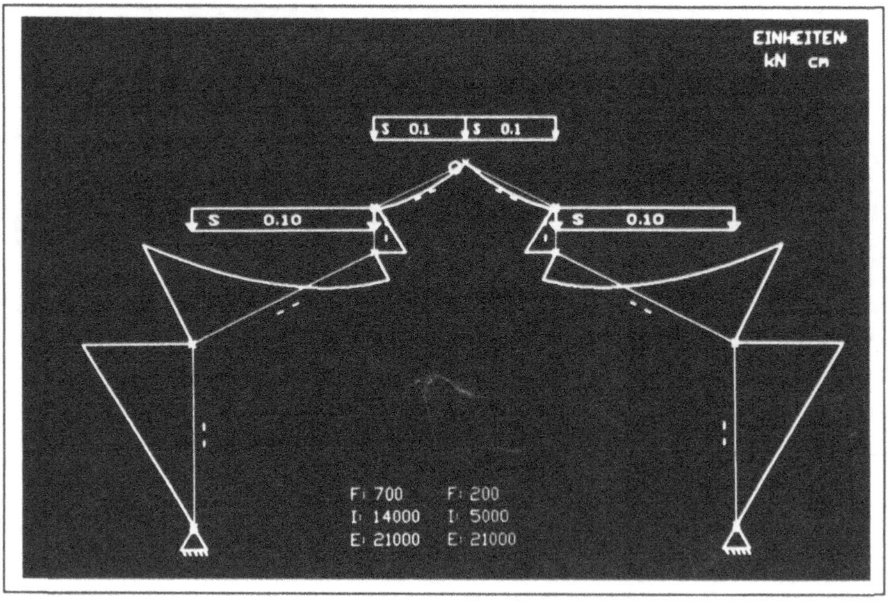

Abb. 3

Diese Entwicklung verläuft von einem einfachen Dreigelenk-Rahmen hin zu einem System mit eingespannten Stielen; durch den Einbau des Druck-Riegels wird erreicht, daß ohne Vergrößerung der Stiel-Querschnitte das aufgesetzte Lichtband mit sehr schlanken Profilen ausgeführt werden kann.

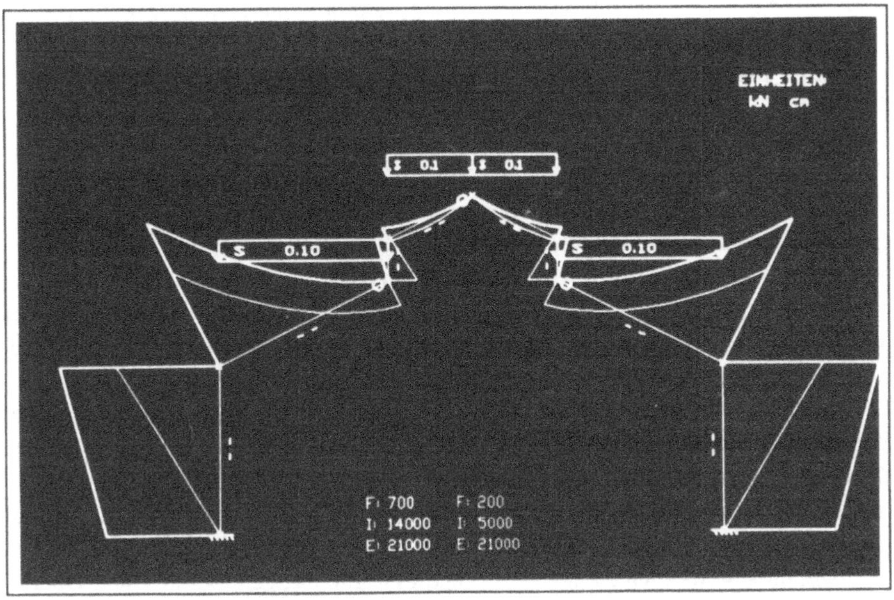

Abb. 4

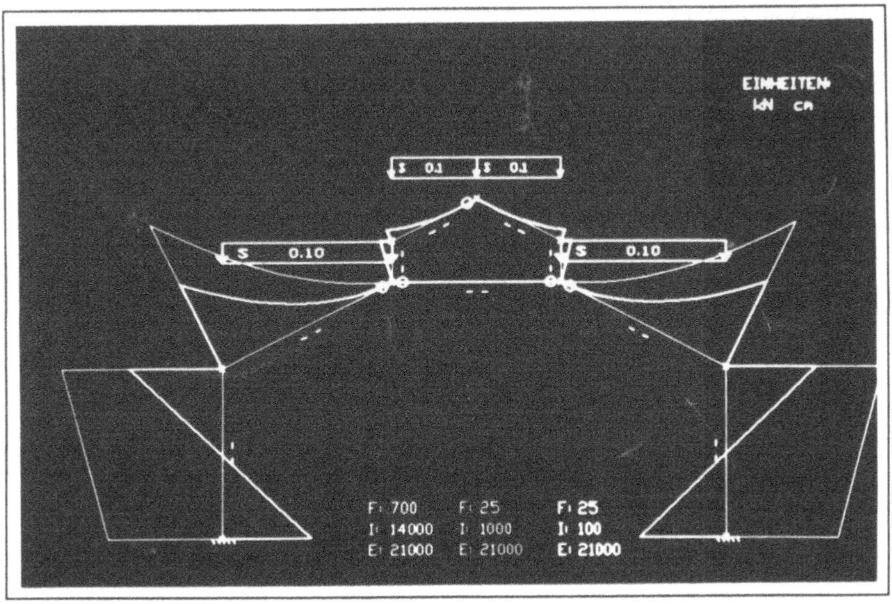

Abb. 5

Beispiel 2: Finite Elemente-Programm als Hilfsmittel beim Entwerfen von Rippendecken

Bei der Finite-Elemente-Methode werden Tragwerke in eine große Zahl von solchen Elementen zerlegt, deren Wirkung aufeinander man mit genügender Genauigkeit beschreiben kann. Man benutzt diese Methode dann, wenn bei komplexen Tragwerken geschlossene rechnerische Lösungen nicht mehr zu erzielen sind. Es entstehen große Gleichungssysteme mit vielen Unbekannten, zu deren Lösung leistungsfähige Rechner benötigt werden. Dabei ist auch hier wegen der großen Menge der anfallenden Daten die Einbindung in ein gutes Graphik-System von besonderer Bedeutung. In der Tragwerklehre nutzen wir die Eigenschaften eines solchen Programmes nicht zum Nachweis der Haltbarkeit von Konstruktionen – die Methode ist in der Hand des "Laien" so fehleranfällig, daß sie für diesen ihren ursprünglichen Zweck nur vom Fachmann verwendet werden sollte – sondern zur Formfindung ausgewählter Tragwerke. Den Programm-Einsatz möchten wir wieder anhand einer Seminar-Aufgabe dokumentieren : "Entwurf einer punktgestützten Rippendecke".

Zunächst wird eine homogene Platte der gewünschten Grundrißform und Stützenstellung aus Dreieck- oder Viereck-Plattenelementen im Rechner generiert. (Abb. 6). Die Hauptmomente der Plattenelemente, in der Plotterzeichnung dargestellt nach Größe und Richtung, (Abb. 7) zeigen an, wie die Kräfte zu den Auflagern hin "fließen" möchten. Schmale Rippen, die nur wenig Torsion aufnehmen können, haben ihre ideale Lage wenn sie diesen Richtungen folgen. Diese Überlegung erlaubt die Anfertigung einer Skizze der gewünschten Rippendecke (z.B. auf Transparentpapier über der Plotterzeichnung), die anschließend durch Digitalisierung auf einem Graphik-Tablett als neues System in den Rechner übertragen wird, nun mit dünnen Plattenelementen und höheren Rippenelementen (Abb. 8).

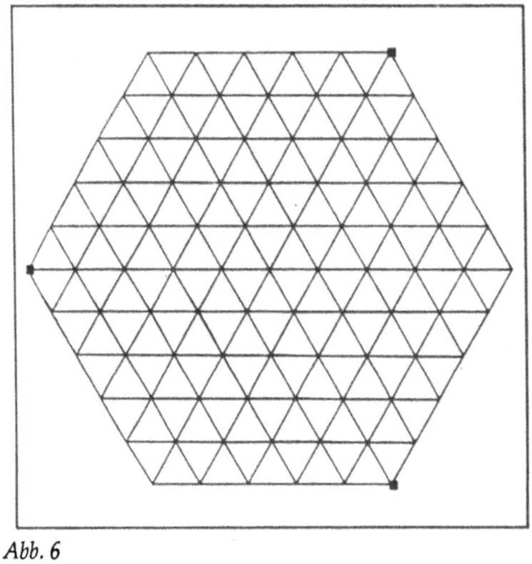

Abb. 6

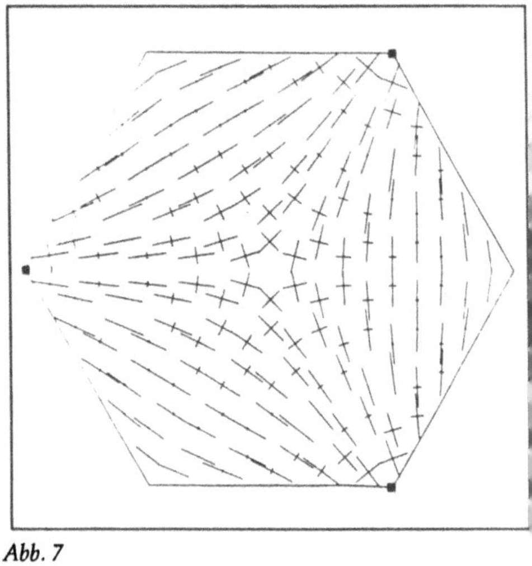

Abb. 7

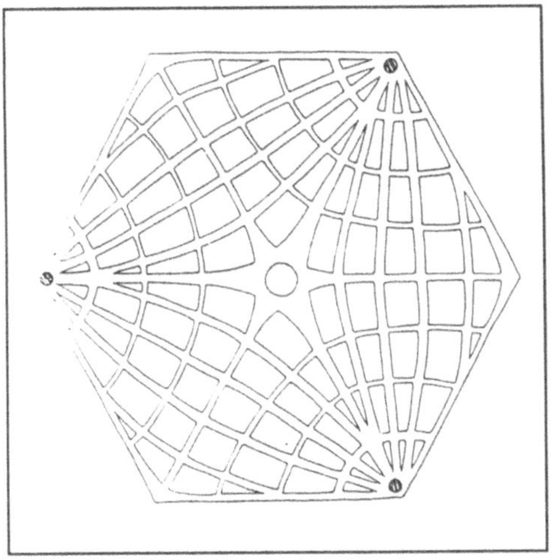

Abb. 8

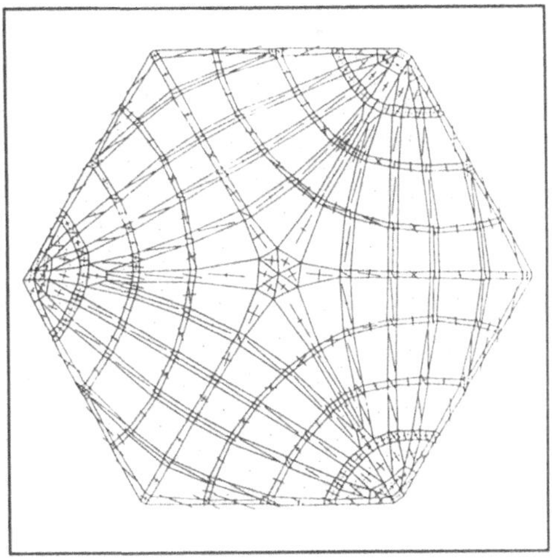

Abb. 9

Die Darstellung der Hauptmomente nach einem neuen Rechengang läßt deutlich erkennen, daß die Momente in der Platte nun klein werden und in den Rippen etwa der Rippenrichtung folgen (Abb. 9).

Nun können Korrekturen von Breite und Lage der Rippen vorgenommen werden, bis schließlich in einem Kompromiß aus gestalterischen Anforderungen und "statisch richtiger" Rippenanordnung der endgültige Entwurf entsteht. Die Abbildung 10 zeigt eine ähnlich entstandene Vorentwurfs-Variante mit einer Öffnung für eine Lichtkuppel, die Abbildung 11 den Vorentwurf für eine andere Grundrißform.

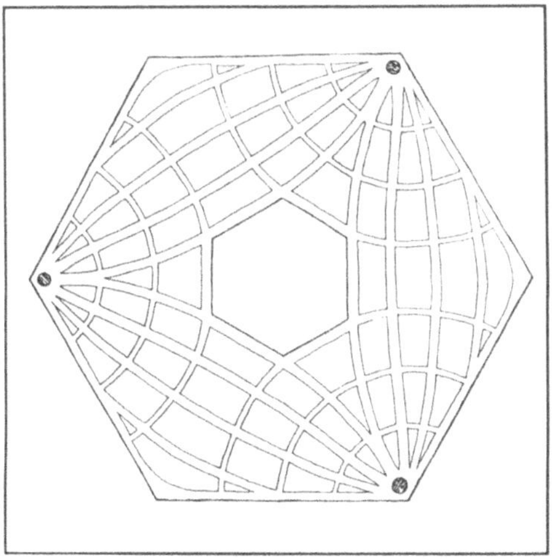

Abb. 10

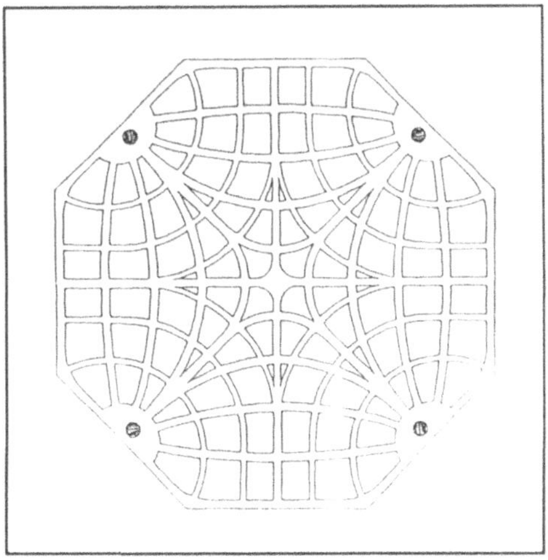

Abb. 11

Zusammenfassung

Leistungsfähige Rechner aus dem PC-Bereich, die die Kombination konventioneller EDV-Programme mit ausgereifter Graphik auf einem hohen Niveau zulassen, können und werden sich auch in einem Bereich durchsetzen, in dem die EDV bisher nur schwer Fuß fassen konnte, nämlich im Architektur-Entwurf. An zwei Beispielen aus der Tragwerksplanung wird aufgezeigt, welche neuen Möglichkeiten sich durch die aus dem Computer-Investitions-Programm beschafften Rechner in der Lehre eröffnen.

Friedhelm Stein

Technisch-wissenschaftliche Präsentationsgrafik mit TW GRAPH

Guido Hartmann

Fachhochschule Kiel
Fachbereich Technik

In diesem Beitrag soll ein Grafik-Unterprogrammsystem vorgestellt werden, das ab Wintersemester 1988/89 im Fachbereich Technik der Fachhochschule Kiel zur Anwendung kommt. Der Einsatz erfolgt zunächst im Übungsbetrieb zum Fach "Angewandte Mathematik und Datenverarbeitung" für Studenten der Fachrichtung Elektrotechnik/Nachrichtentechnik. In den Übungen zum ersten Teil dieser Lehrveranstaltung werden Aufgaben aus den Bereichen Numerische Mathematik und Elektrotechnik gestellt, die Teilnehmer entwickeln dazu Programme in FORTRAN. Benutzt wird der CIP-Pool des Fachbereichs-Rechenzentrums mit Maschinen IBM PS/2 Modell 50 und einem Modell 80 als Server in einem Token-Ring-Netz, Betriebssystem PC DOS und Professional FORTRAN Compiler. Die Leistungsfähigkeit der Geräte reicht aus, um ein umfangreiches Programmsystem wie TW GRAPH darauf einsetzen zu können. Die Geräte bieten außerdem eine Qualität der Bildschirm-Grafik, wie sie noch vor wenigen Jahren nur von teuren Grafikterminals erreicht wurde.

Dem Einsatz eines Grafikpaketes bereits in den Anfängerübungen zur Programmierung liegt die Auffassung zugrunde, daß dem Programmentwickler die Möglichkeit grafischer Ausgabe ebenso selbstverständlich zur Verfügung stehen muß wie die Möglichkeit zur Ausgabe von Zahlen und Texten. Das Programmpaket ist in einem ausführlichen Benutzerhandbuch dokumentiert, für den Übungsbetrieb wird den Studenten eine kleine Auswahl der Routinen empfohlen.

TW GRAPH ist ein FORTRAN-Unterprogrammsystem zur Erzeugung von Präsentationsgrafiken, wie sie besonders im technisch-wissenschaftlichen Anwendungsbereich gebräuchlich sind. Die Software wurde vom Autor dieses Beitrags entwickelt; dabei konnte auf Erfahrungen bei der Entwicklung und dem Einsatz des Programmsystems SPLOT zurückgegriffen werden, das an mehreren Hochschulen und Forschungsinstituten auf Großrechnern installiert ist. Die Neuentwicklung erwies sich als notwendig, um die veränderten Anforderungen an ein solches Paket, insbesondere die Installierbarkeit auch auf PCs, erfüllen zu können. Dem Programmsystem liegen folgende Konzepte zugrunde:

1. Orientierung am technisch-wissenschaftlichen Anwendungsbereich

TW GRAPH unterstützt folgende Darstellungsarten:

- Punktsymbole
- Punktsymbole mit Fehlerbalken
- Linienzüge
- Glatte Kurven (verschiedene Arten von Spline-Kurven, Kreise, Kreisbögen, Ellipsen, Ellipsenbögen)
- Histogramme und Balkendiagramme
- Schraffuren
- Niveaulinien-Darstellungen
- 3D-Darstellungen (Funktionsflächen, Histogrammscharen, Säulendiagramme)

Die Abbildungen 1 bis 4 zeigen einige dieser Darstellungsmöglichkeiten. Besonderer Wert wurde darauf gelegt, weitgehende Gestaltungsmöglichkeiten für Achsensysteme zur Verfügung zu stellen, wie sie in diesem Anwendungsbereich benötigt werden. Dazu gehören das Zeichnen von Zweitachsen, explizite Angabe von Achsenunterteilungen, Einschränkung von Skalenbereichen und die Kombination mehrerer Skalen auf einer Achse. Für Beschriftungen steht ein umfangreicher Software-Zeichensatz zur Verfügung, der auch alle griechischen Buchstaben und eine Reihe mathematischer Zeichen enthält. Es stehen die gleichen Textausrichtungsmöglichkeiten wie im GKS zur Verfügung.

2. Options-Konzept, Standardbild

Ausgangspunkt beim Entwurf von TW GRAPH war die Auffassung, daß die Ausgabe von Daten in Form einer grafischen Darstellung etwa ebenso einfach sein muß wie eine WRITE-Anweisung. Dazu wird zunächst von einem "Standardbild" ausgegangen, das Daten in einem Achsensystem mit geeigneten Skalen zeigt. Das Programmbeispiel in Abb. 5 zeigt die einfachste Möglichkeit zur Erzeugung einer Grafik unter Verwendung der Standardannahmen. Der größte Teil der etwa 130 vom Benutzer aufrufbaren Routinen des Systems dient zur Änderung von Optionen und damit zur Ausgestaltung von Abbildungen bis zur Veröffentlichungsreife.

3. Bildskalierungs-Konzept

Die geometrischen Optionen des Systems sind so definiert, daß eine Vergrößerung oder Verkleinerung eines Bildes mit allen Einzelheiten bereits durch Änderung der Angabe für die Bildgröße erreicht werden kann. Optionen wie die Größe von Schriftzeichen, die Länge von Achsenunterteilungs-Strichen und die Länge der

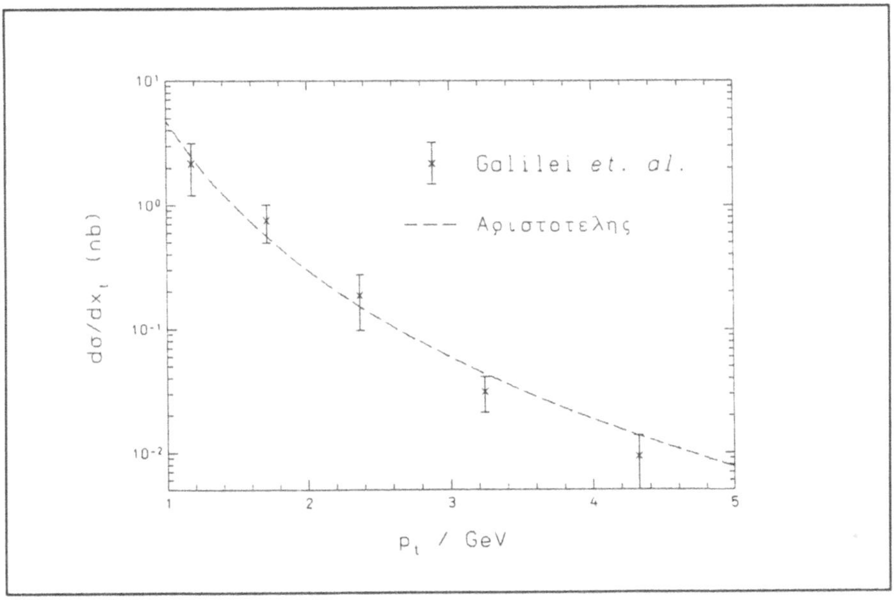

Abb. 1: Meßdaten und theoretische Kurve

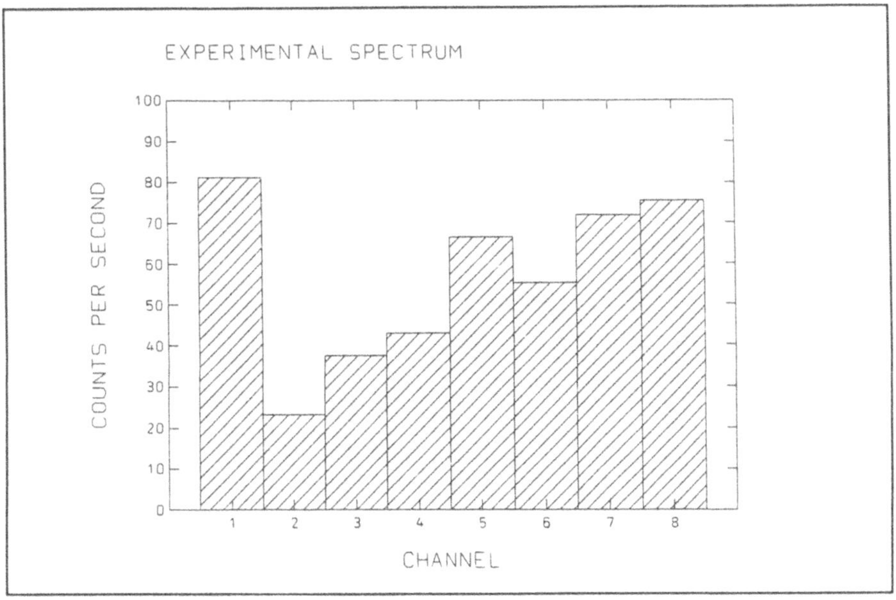

Abb. 2: Histogramm

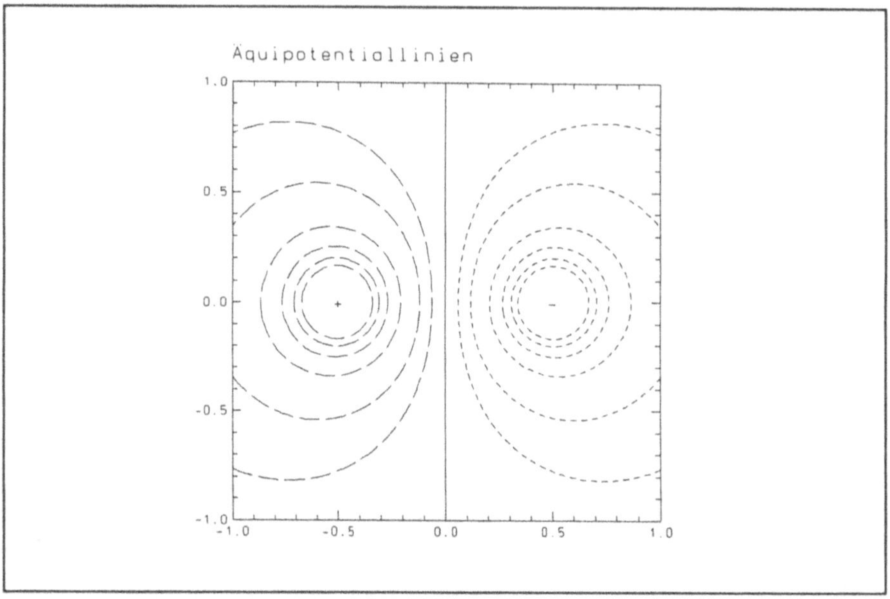

Abb. 3: Niveaulinien-Darstellung

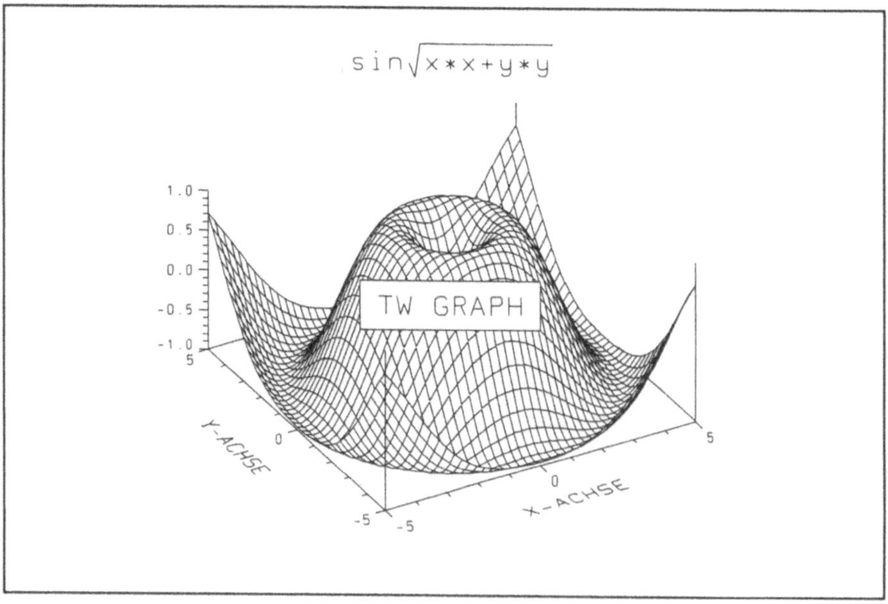

Abb. 4: 3D-Darstellung

```
C PROGRAMMBEISPIEL
C
      REAL X(10),Y(10)
      DATA X(1) /0.5/, Y(1) /2.118/, X(2) /1.5/, Y(2) /1.187/,
     *     X(3) /3.0/, Y(3) /0.648/, X(4) /5.0/, Y(4) /0.381/,
     *     X(5) /7.0/, Y(5) /0.248/, X(6) /9.5/, Y(6) /0.150/
C
C GLATTE KURVE DURCH DIE DATENPUNKTE ZEICHNEN
C
      CALL PDATA(5,6,X,Y)
C
C DATENPUNKTE MARKIEREN
C
      CALL PDATA(0,6,X,Y)
C
C TERMINIEREN
C
      CALL ENDPLT
      END
```

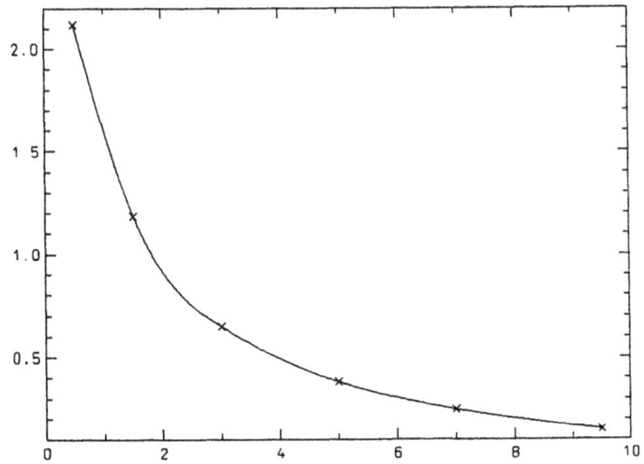

Abb. 5: Programmierbeispiel

Segmente einer gestrichelten Linie sind daher Relativangaben. Damit wird es möglich, Bilder während der Entwicklungsphase verkleinert auszugeben und anschließend durch Änderung nur eines Aufrufs auf die gewünschte Größe zu bringen. Die Größenänderung erfolgt jedoch nicht einfach durch Umskalierung aller Ausgabevektoren, so wird beispielsweise bei der Darstellung glatter Kurven die Kantenlänge der approximierenden Linienzüge nicht mitskaliert.

4. Koordinatensysteme

TW GRAPH verwendet drei verschiedene Koordinatensysteme: ein jederzeit änderbares Problemkoordinatensystem (2- bzw. 3-dimensional), ein normiertes Koordinatensystem für Beschriftungszwecke (ebenfalls 2- oder 3-dimensional) und ein Globalkoordinatensystem für Layout-Zwecke (Positionierung und Kombination von Einzelbildern zu einem Gesamtbild). Problemkoordinaten werden vom System entweder automatisch oder entsprechend den angegebenen Optionen skaliert. Die Skalierung kann in jeder Koordinatenrichtung unabhängig voneinander linear oder logarithmisch erfolgen.

5. Namenskonventionen

Die Namen der TW GRAPH-Routinen sind Abkürzungen der englischen Funktionsbezeichnungen. Der Anfangsbuchstabe eines solchen Namens gibt gleichzeitig die Zugehörigkeit einer Routine zu einer Funktionsgruppe an:

Funktion	**Beispiel**	
plot	PDATA	(plot data)
define	DPSIZE	(define page size)
set	SLTYPE	(set linetype)
inquire	QLTYPE	(inquire linetype)
utility	USMOOT	(utility for data smoothing)

Die Zugehörigkeit zu einer Funktionsgruppe ist für gewisse Kontextregeln von Bedeutung, z.B. dürfen Routinen vom Typ D im Gegensatz zu Routinen vom Typ S nicht an jeder beliebigen Stelle im Programm aufgerufen werden.

6. Robustheit, Fehlerdiagnostik

Bei der Entwicklung wurde großer Wert auf Robustheit des Systems gelegt. Fehlbedienungen werden durch Ausgabe von Fehlermeldungen angezeigt.

7. Aufrufprotokoll

Zur Unterstützung der Entwicklung von TW GRAPH-Anwendungsprogrammen besteht die Möglichkeit, die Aufrufe protokollieren zu lassen. Abb. 7 zeigt ein Beispiel für ein Aufrufprotokoll zusammen mit Fehlermeldungen. Durch diese Möglichkeit können Anwendungsfehler meistens sehr schnell lokalisiert werden.

8. Portabilität und Geräteunabhängigkeit, GKS-Verträglichkeit

Die Software ist so geschrieben, daß sie auf jedem Rechner mit FORTRAN-77-Compiler (voller Sprachumfang) installiert werden kann, sofern die Betriebsmittel (Hauptspeicher und Plattenplatz) ausreichen. Das System benutzt eine geräteneutrale Treiberschnittstelle, von der aus eine Anpassung an beliebige Geräte oder Grundgrafiksysteme erfolgen kann. Als Grundgrafiksystem ist das Grafische Kernsystem (GKS) besonders gut geeignet. Wenn TW GRAPH als anwendungsorientierte Schicht über GKS betrieben wird, können die Grundelemente Linienzug, Polymarke, Text und Füllgebiet zur Erzeugung von TW GRAPH-Bildern verwendet werden. Bei entsprechender Leistungsstufe des GKS besteht außerdem die Möglichkeit zur Entwicklung interaktiver Grafikprogramme mit allen Darstellungsmöglichkeiten von TW GRAPH (vgl. Abb. 6).

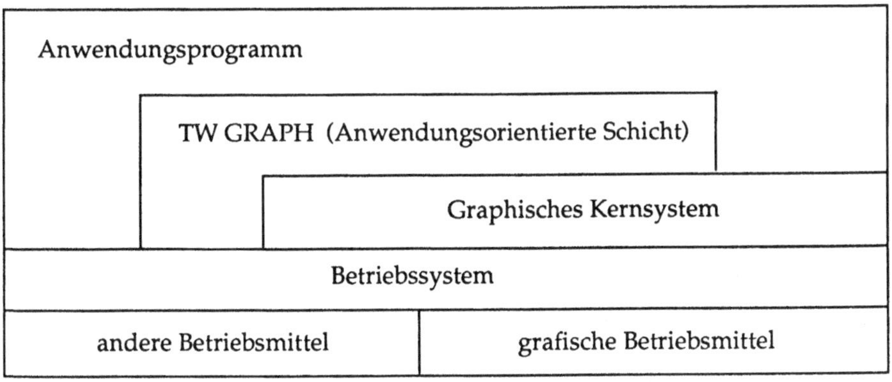

Abb. 6: TW GRAPH als anwendungsorientierte Schicht im GKS-Schichtenmodell

```
*** SFRAME (IXBOTM = -13, IXTOP = 0, IYLEFT = -13, IYRGHT = 0)

*** SYSCAL (IYSCAL = -1, Y1 = 1.000E-01, Y2 = 5.000E+00)

TWG001E  SYSCAL - WRONG ARGUMENT VALUE(S)

*** SLTYPE (LTYPE = 3)

*** SMTYPE (MTYPE = 5)

*** PDATA (IREP = 5, N = 6, X, Y)
          X (USED VALUES):
          5.000E-01   1.500E+00   3.000E+00   5.000E+00   7.000E+00
          9.500E+00
          Y (USED VALUES):
          2.118E+00   1.187E+00   6.480E-01   3.810E-01   2.480E-01
          1.500E-01

*** PDATA (IREP = 0, N = 6, X, Y)
          X (USED VALUES):
          5.000E-01   1.500E+00   3.000E+00   5.000E+00   7.000E+00
          9.500E+00
          Y (USED VALUES):
          2.118E+00   1.187E+00   6.480E-01   3.810E-01   2.480E-01
          1.500E-01

*** DPSIZE (USIZE = 3.000E+01, VSIZE = 2.000E+01)

TWG009E  DPSIZE CALL MUST PRECEDE FIRST P TYPE CALL, IGNORED

*** PTITLE (TEXT = 'BEISPIEL 2', YN = 1.100E+00)

*** PXTEXT (TEXT = 'ZEIT / SEKUNDEN')

*** PYTEXT (TEXT = 'AMPLITUDE')

*** ENDPLT

    TW GRAPH  REL. 0.0.0
    INSTALLATION: PC DOS TEST VERSION - FH KIEL - FB TECHNIK

    NUMBER OF PAGES:  1
    NUMBER OF ERRORS: 2
```

Abb. 7: Aufrufprotokoll mit Fehlermeldungen

Didaktische Integration von Mikrorechnern in die Konstruktionslehre

Dieter Schmidtke

Technische Universität Berlin
Institut für Maschinenbaukonstruktion

1. Einleitung

Nachdem mit dem Beginn des Computer-Investitions-Programms im Jahre 1986 weitreichende Ziele formuliert wurden, sind im Alltagsbetrieb der universitären Ausbildung zahlreiche Erkenntnisse und Erfahrungen gesammelt worden. Die hochgesteckten Ziele einer umfassenden Mikrorechner-Ausbildung vor dem Hintergrund des Maschinenbaus waren erst nach einer gewissen Anlaufphase zu erreichen. Gründe hierfür sind unter anderem zu sehen in:

- begrenzten Ausbilderkapazitäten,
- Einarbeitungszeit der Ausbilder selber,
- zu geringer Zahl an Arbeitsplätzen bzw.
- zu hohen Studentenzahlen.

Dennoch war von den Studenten in dieser Phase eine unerwartet hohe Akzeptanz dieser Technik gegenüber festzustellen. Das komplexe Beziehungsfeld bei der PC-Integration im Ausbildungsbereich des Maschinenbaus wird in *Bild 1* näher dargestellt, dabei wird nach technologischen, wirtschaftlichen und sozialen Einflußfaktoren unterschieden. Für die Universität als Ausbildungszentrum für innovative Techniken und Verfahren sind insbesondere die technologischen sowie die sozialen Parameter von Interesse. Nachfolgend wird auf spezifische Randbedingungen bei der PC-Ausbildung in der mechanischen Konstruktion detaillierter eingegangen.

Als entscheidendes Kriterium für eine optimale Ausbildung an Mikrorechnersystemen ist die ausreichende Versorgung mit Arbeitsplätzen anzusehen. Die im Bereich Konstruktionstechnik anfänglich vorhandenen 12 Systeme incl. Netzserver ermöglichten nur 11 effektive Arbeitsplätze. Die Aufteilung der Systeme unter zwei Instituten brachte nochmals eine Einschränkung bezüglich einer optimalen Nutzung in der Lehre (vgl. /1/, /2/). Die im Rahmen des CIP vorgenommenen Hardwareerweiterungen lassen diesbezüglich eine höhere Attraktivität sowie Effektivität in der Ausbildung erwarten.

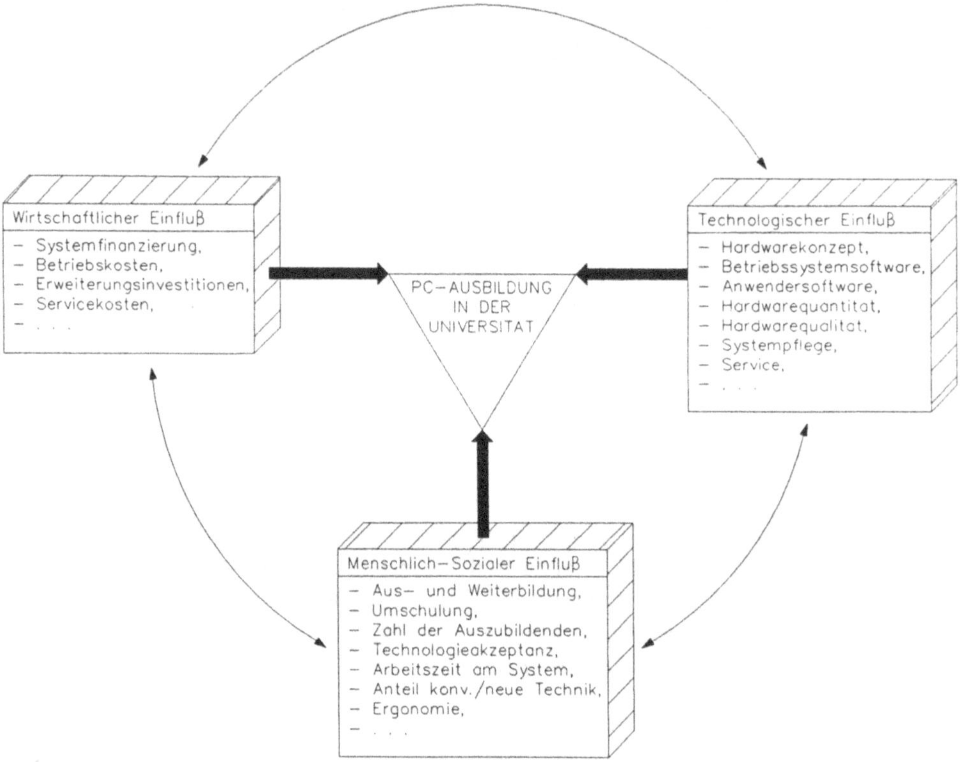

Bild 1: Einflußparameter auf PC-Technologie

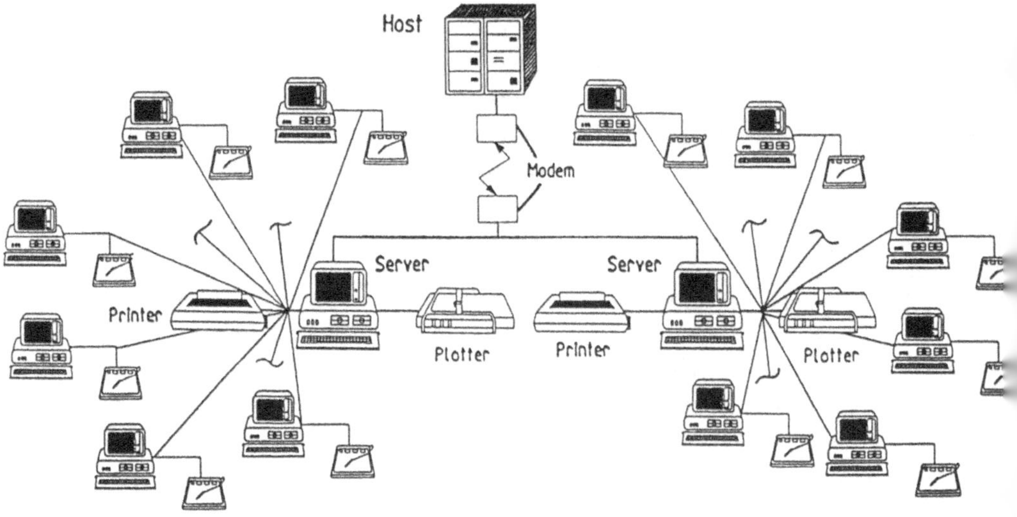

Bild 2: Hardwarekonzept im Mikropool 4

2. Hardwarekonfiguration

Aus den oben genannten Gründen ergab sich die Notwendigkeit, weitere Arbeitsplätze aus Mitteln eines gestuften Erweiterungsantrages zu beschaffen. Dies wurde in zwei Teilerweiterungen zu jeweils 6 PCs im Januar 1988 und im September 1988 realisiert. Der komplette *Mikropool 4* des Bereichs Konstruktionstechnik besteht seither aus 2 gekoppelten PC-Netzen mit insgesamt 24 Einzelsystemen (*Bild 2*). Detaillierte Angaben zur Hardware sind *Tabelle 1* zu entnehmen.

3. Anwendersoftware

3.1 Programmsysteme in der mechanischen Konstruktion

Bisherige Anwendungen im Grundstudium des Maschinenbaus beziehen sich auf die Benutzung von Programmsystemen zur Nachrechnung bzw. Optimierung von Maschinenelementen. Dazu gehören FORTRAN-Programme zur:

- Dauerfestigkeitsnachrechnung
- Kupplungsauslegun
- Schraubenberechnung
- Gleitlagerauslegung
- Zahnradauslegung nach DIN 3990

Bezüglich ihrer Struktur stellen diese Programmsysteme in sich geschlossene Lösungen dar. Diese Software-Systeme werden den eigenen Erfordernissen entsprechend als Eigenentwicklungen oder im Rahmen von Studien-/Diplomarbeiten erstellt. Im Hinblick auf hochschulseitige Kooperation wird zunehmend Gebrauch von Softwareaustausch gemacht, was sich als sehr zeitsparend auf die Softwarebeschaffung auswirkt.

Neben diesen Anwendungen wird an der TUB im Bereich Konstruktionstechnik das Grafik-System AUTOCAD in der Lehre eingesetzt. Am Beispiel des Anwendungsfeldes Maschinenelemente ist ein zunächst maschinenelementeunabhängiges Programm-Konzept erarbeitet worden, d.h. je nach Umfang der Einfluß- und Berechnungsparameter läßt sich dieses Modell auf eine Vielzahl von Maschinenelemente-Programme übertragen (vgl. *Bild 3* und /3/).

Von der Grobstruktur her gliedert sich dieses Programmkonzept in Eingabe-, Berechnungs-, Variations- und Ausgabeteil. Als weiterführende Anforderungen an eine hier einsetzbare Berechnungssoftware ergeben sich aus Gründen einer höherwertigeren Struktur für den Konstruktionsprozeß Verknüpfungen zu vor- bzw. nachgeschalteten Softwaresystemen. Den Ausgangspunkt dieses Konzeptes bildet die sogenannte Programmbibliothek, in der die gesamte Berechnungs- und CAD-Software abgelegt ist. Dieser Komplex wird in Bild 3 als Programmbank für Berechnungs- und CAD - Software bezeichnet.

Merkmal / Hardware	Anzahl	Technische Angaben	Vernetzung	Bemerkungen
Rechner				
IBM AT02	10	1,2 MB Floppy-Disk 20 MB Festplatte Prozessor 80286 Math Coprozessor 80287 Taktfrequenz 6 MHz Grafik-Karte: Egastandard Auflosung 640x350 Punkte	IBM PC-Network	Grundausstattung
IBM AT02	1	1,2 MB Floppy-Disk 360 KB Floppy-Disk 20 MB Festplatte Prozessor 80286 Math. Coprozessor 80287 Taktfrequenz 6 MHz Grafik-Karte: Egastandard Auflosung 640x350 Punkte		
IBM AT02	1	1,2 MB Floppy-Disk 2x20 MB Festplatten Prozessor 80286 Math Coprozessor 80287 Taktfrequenz 6 MHz Grafik-Karte: Egastandard Auflosung 640x350 Punkte		Server 1
IBM AT03	5	1,2 MB Floppy-Disk 30 MB Festplatte Prozessor 80286 Math Coprozessor 80287 Taktfrequenz 8 MHz Grafik-Karte: Egastandard Auflosung 640x350 Punkte	"	1 Erweiterung
IBM AT03	1	1,2 Floppy-Disk 2x30 MB Festplatten Prozessor 80286 Math. Coprozessor 80287 Taktfrequenz 8 MHz Grafik-Karte: Egastandard Auflosung 640x350 Punkte	"	Server 2
IBM AT03	6	1,2 MB Floppy-Disk 5,25" 1,44 MB Floppy-Disk 3,5" 30 MB Festplatte Prozessor 80286 Math. Coprozessor 80287 Taktfrequenz 8 MHz Grafik-Karte: Egastandard Auflosung 640x350 Punkte	"	2. Erweiterung
Bildschirm	22	NEC-MULTISYNC Farbmonitor 14"		
Bildschirm	2	ADI-DM 14 Monochrommonitor 14"		Serverbildschirme
Plotter	2	HP 7475 A DINA 3, 6 Farb-Magazin		
Drucker	2	IBM-Grafik-Drucker II Matrixdrucker		
Digitizer	22	Summasketch Modellnr.: 01-0241-001		Summagraphics
ASYNCHRON-MODEM	2	Software: Asynchronous Communication Support Version 2 0 IBM		File-Transfer zur IBM 4361 HOSTRECHNER

Tab. 1: Hardwarespezifikation im Mikropool 4

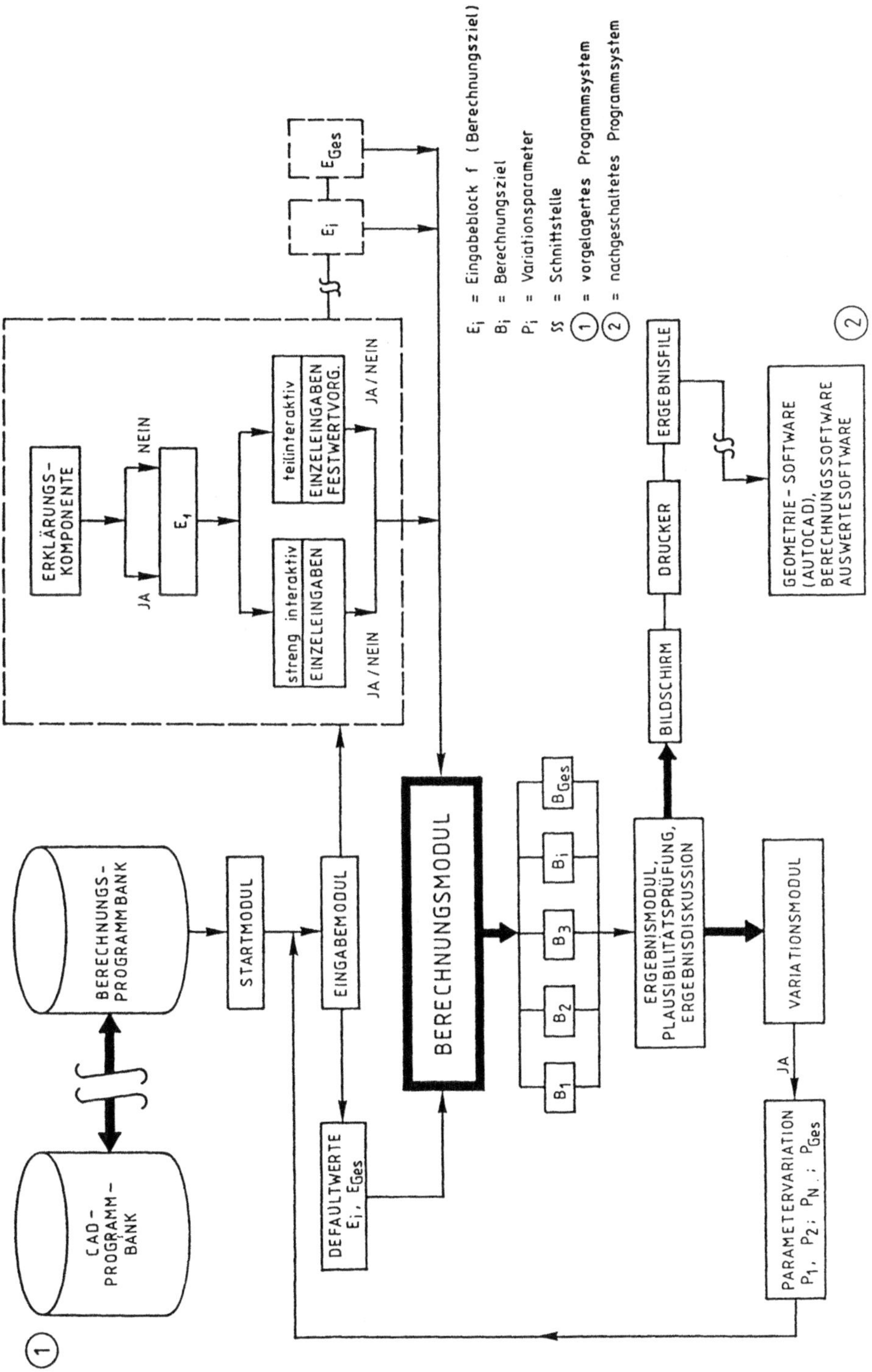

Bild 3: Konzeptioneller Ablauf der Maschinenelementesoftware

Der Programmstart verschiedenster Anwendungen wird über den Startmodul realisiert. Dieser Modul beinhaltet das Laden des jeweiligen Programmes in den Arbeitsspeicher des Benutzers, was in der Regel mit Batch-Prozeduren über den Server erreicht wird. Das zentrale Verwalten der Programme auf dem File-Server beläßt den Arbeitsstationen größere freie Plattenbereiche sowie eine übersichtlich strukturierte Organisation. Anschließend erfolgen die programmabhängigen Eingaben.

Je nach Aufgabenstellung (Berechnungszielgröße) kann der Benutzer seine Eingaben über fest vorgegebene Defaultwerte ($E_1 ... E_i$) oder interaktiv am Bildschirm tätigen. Teilinteraktive Eingaben entlasten den Benutzer zusätzlich, indem beispielsweise Werkstoffkennwerte über interne Prozeduren automatisch eingearbeitet werden. Eine mit den Parametern gekoppelte, interne Erklärungskomponente kann für den Anwender wichtige Zusatzinformationen bereitstellen (Erläuterung von Zwischenberechnungen). Bei den interaktiven Eingaben sollten bei Falscheingaben des Benutzers Korrekturmöglichkeiten berücksichtigt werden, um einen zeitoptimalen Programmdurchlauf zu ermöglichen. Die Eingabeparameter ($E_1 ... E_i$) korrespondieren anschließend zielgerichtet mit den Berechnungsgrößen ($B_1 ... B_i$), die im Berechnungsmodul parameterabhängig erzeugt werden. Im Ergebnismodul werden nun nach kritischer Ergebnisdiskussion praxisgerechte Ausgaben auf dem Bildschirm, dem Drucker oder einem weiter zu verarbeitenden Ergebnisfile erzeugt.

Ergibt der Plausibilitäts- bzw. Prüfzyklus eine Optimierungsnotwendigkeit, ist der Variationsmodul bezüglich gewünschter Parameter neu zu durchlaufen. Als Hauptmerkmal dieser konzeptionellen Lösung ist die Modularisierung in dargestellte, abgeschlossene Teilmoduln zu nennen, um eine schnittstellengerechte Anpassung an koppelbare Softwaresysteme zu unterstützen.

- Exemplarisch soll hier das vorgestellte Konzept in der Realisierung der Gleitlagerberechnung verdeutlicht werden (vgl. /4/). Dabei werden primär für die Berechnung von Radial- und Axialgleitlagern Berechnungsziele, die mit den spezifischen Eingaben korrespondieren, formuliert *(Bild 4)*.
- Der Gesamtüberblick des Ablaufplans beschreibt die Leistungsfähigkeit des Programmsystems mit unterschiedlichen Zielgrößen und dazugehörigen Parametern, Unterprogrammstruktur sowie Variationsmodul *(Bild 5)*.
- Die Komplexität der verschiedenen Unterprogramme (Berechnungsziele) geht aus dem jeweiligen Ablaufplan hervor. Beispielhaft ist hier die Ablauffolge für das Reibungsverhalten (Berechnung der Sommerfeldzahl) dargestellt, die dann zur Programmausgabe führt *(Bild 6)*.

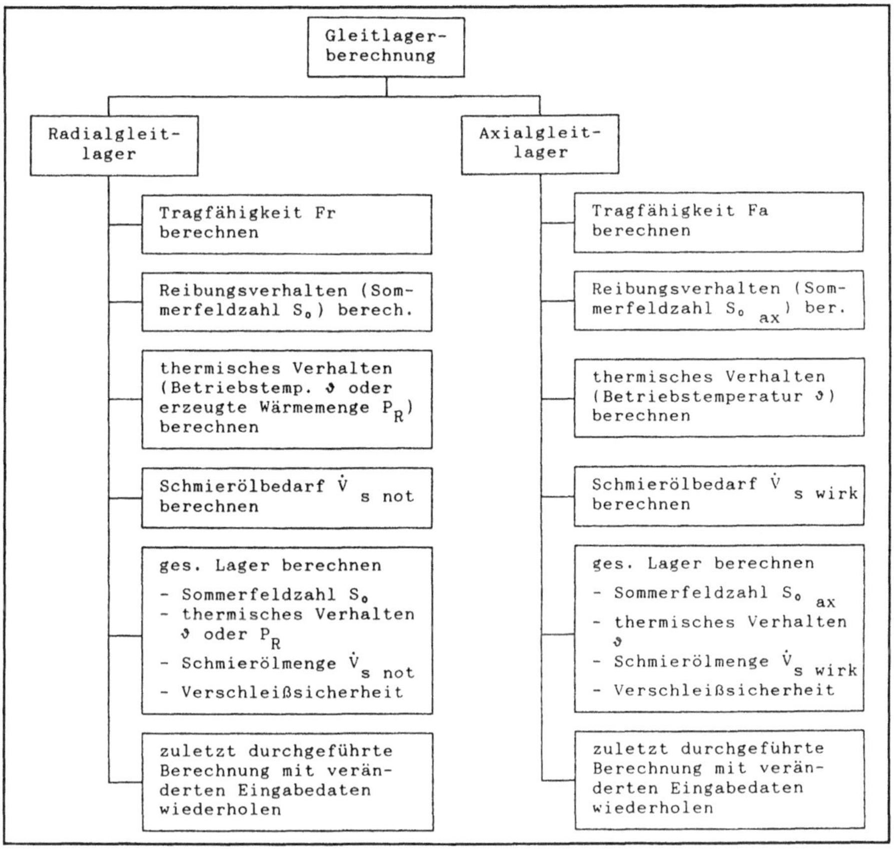

Bild 4: Zielparameter des Programmsystems GLEITLAGER

3.2 Realisierung einer SystemkopplungSchraubenberechnung /AUTOCAD

Beim Arbeiten mit Software-Systemen besteht vielfach in der Praxis und in der Ausbildung die Forderung nach durchgängigen, integrierten Lösungen. Verbunden mit einem integrierten Informationsaustausch zwischen in CAD-Systemen gespeicherten Konstruktionsdaten und damit korrespondierenden Software-Systemen ergeben sich im Sinne einer durchgängigen Bearbeitung in der mechanischen Konstruktion Vorteile wie:

- Vermeiden von Mehrfacheingaben
- Reduzierung von Fehlerquellen
- Verkürzung des Programmdurchlaufs
- Optimierung der Konstruktion

In bezug auf Ausbildungsqualität soll den Studenten der Einstieg in computerunterstützte Techniken verbunden mit systemübergreifendem Denken näher gebracht und Interesse für zielorientierte Weiterentwicklungen geweckt werden.

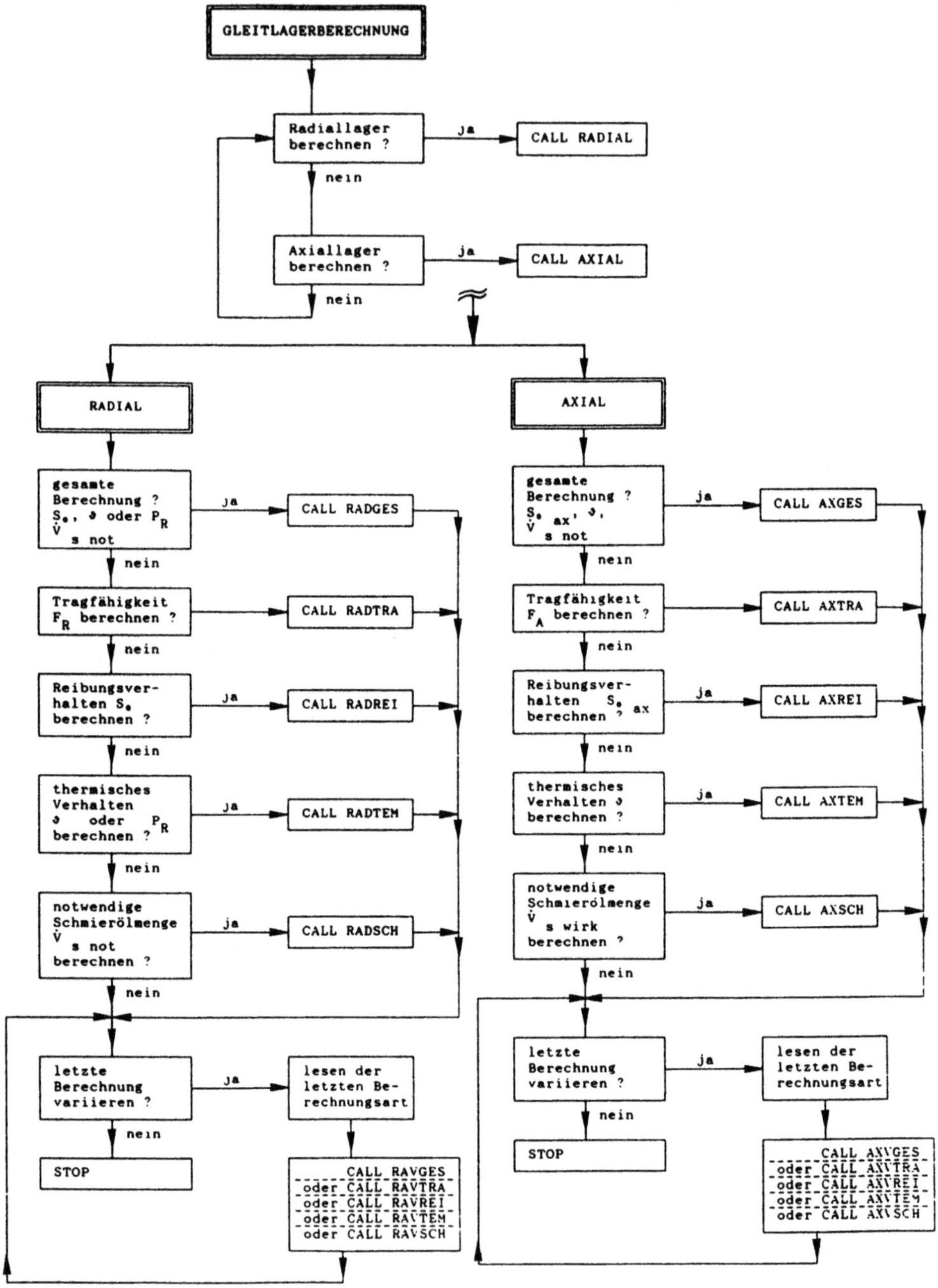

Bild 5: Programmablaufplan GLEITLAGER

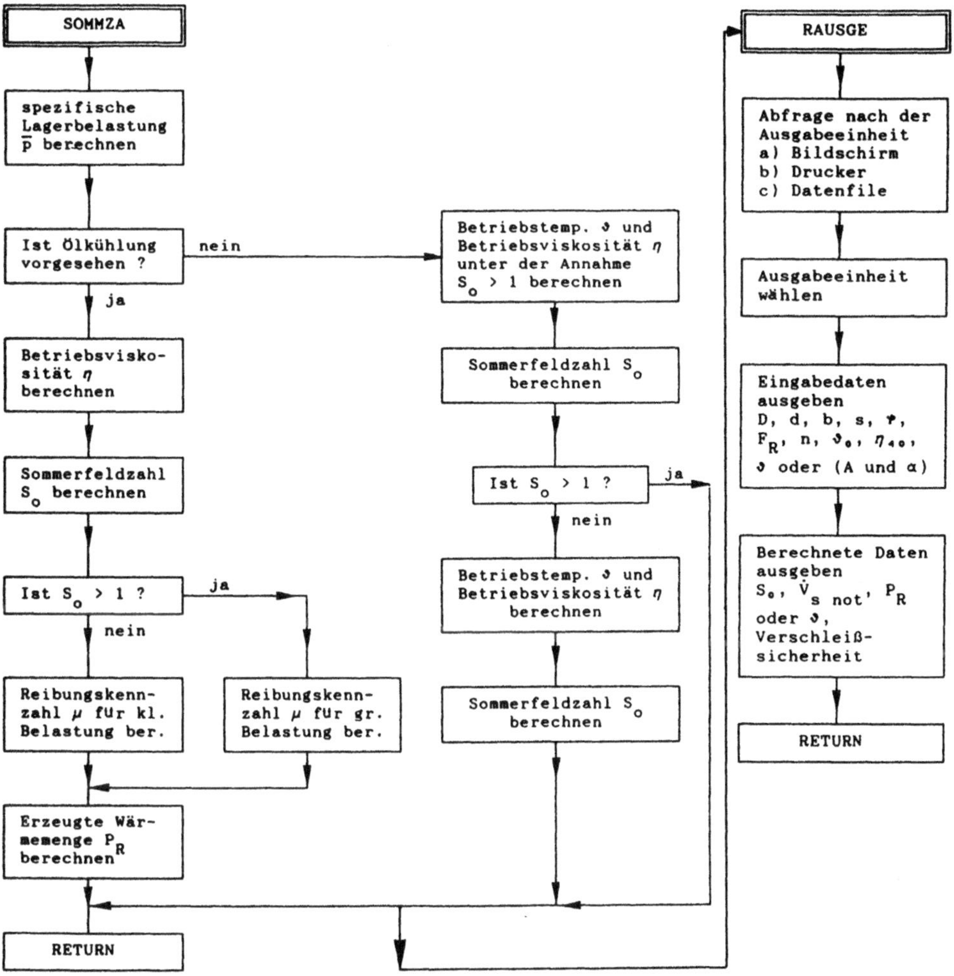

Bild 6: Ablaufplan Reibungsverhalten (S) und Programmausgabe

Bisher vorhandene Programmsysteme sind als eigenständige, abgeschlossene Software-Moduln zu bezeichnen. Am Beispiel der Schraubenberechnung wurde eine Berechnungsprogramm-Grafik-Kopplung realisiert, die eine höherwertigere Stufe der Integration darstellt (*Bild 7).*

Das Wesen der Modulkopplungen besteht in der Bidirektionalität zwischen Berechnungsteil und Zeichnungssystem, was den Studenten verschiedene Arbeitsrichtungen offen läßt. Der Kopplungsbaustein ist so gestaltet, daß alle notwendigen Geometriedaten vom Berechnungsprogramm dem Schnittstellenmodul zur Erzeugung der Zeichnung bereitgestellt werden, gleichermaßen ist der entsprechende Schnittstellenmodul in der Lage, von einer erstellten Zeichnung Geometriedaten zu verarbeiten und dem Berechnungsprogramm in geeigneter Weise zur Verfügung zu stellen.

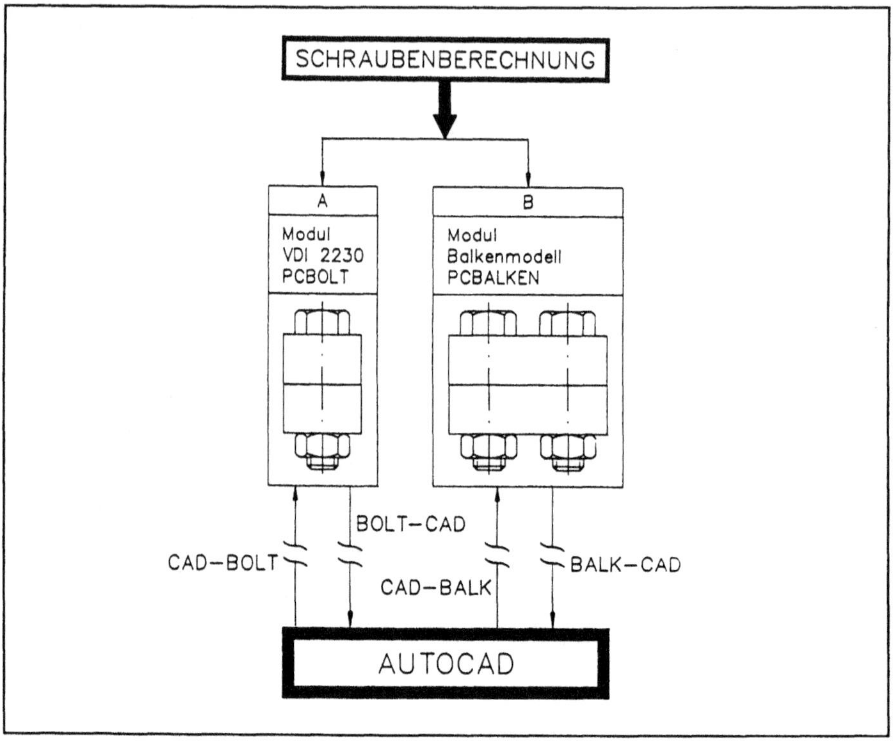

Bild 7: Kopplungskonzept Schraubenberechnung /AUTOCAD

Die Vorgehensweise soll anschließend kurz am Kopplungsmodul Balkenmodell AUTOCAD (BALK - CAD) erläutert werden. Grundlage des Schnittstellenprogramms ist das Ausgabefile des Berechnungsprogrammes. Dort sind alle benötigten Daten vorhanden:

- vollständiger Schraubengeometriedatensatz
- Angaben zur Balkengeometrie
- kennzahlgesteuerte Angaben (Schraubenart, Verbindungsart, Unterlegscheibe)
- Zusatzgeometrien (Scheiben-, Bohrungsabmessungen)

Die Segmentierung und blockweise Abspeicherung aller Geometrieelemente erweist sich als vorteilhaft (*Bild 8*). Um nun anschließend mit dem Zeichnungssystem AUTOCAD korrespondieren zu können, sind AUTOCAD-spezifische Kommunikationsmöglichkeiten zu beachten. Dabei wurde bei diesem Beispiel auf die Befehlsdatei (SCRIPT-FILE) zurückgegriffen, um auch Änderungen in bereits bestehenden Zeichnungen zu ermöglichen. Das nachfolgende Beispiel verdeutlicht den Gesamtzusammenhang Schraubenberechnung nach Balkenelementmodell mit grafischer Kopplung *(Bild 9)*.

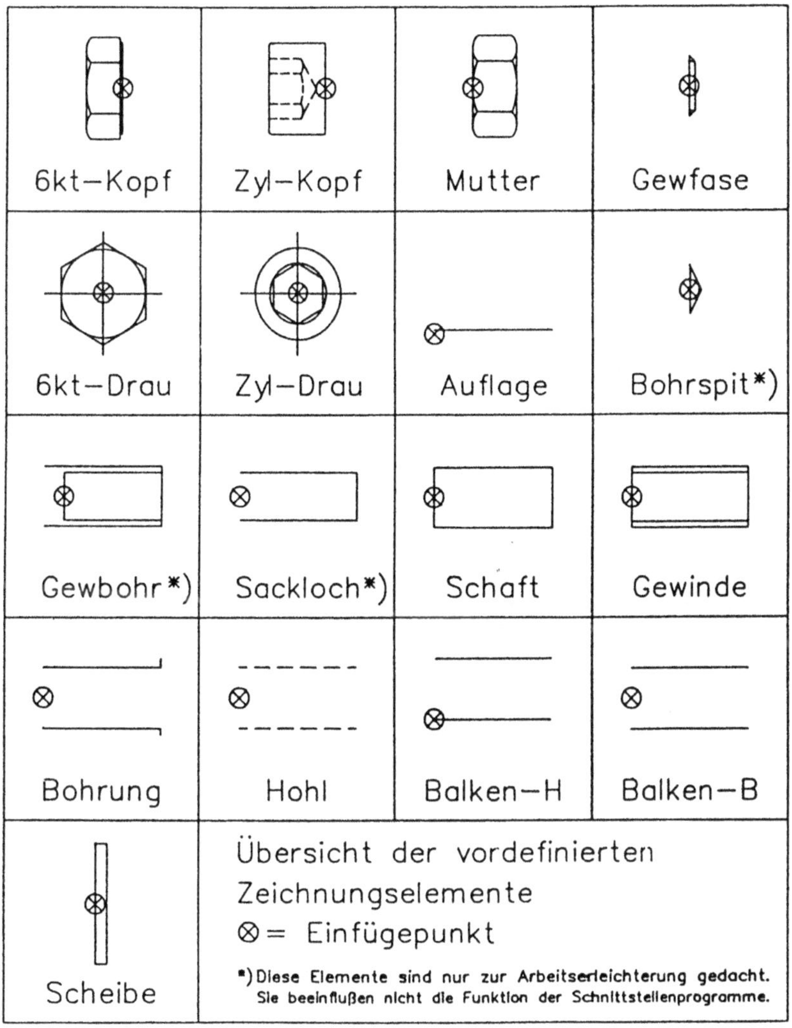

Bild 8: Vordefinierte Zeichnungseleme

4. Didaktische Vorgehensweise

Die erste Phase des Computer-Investitions-Programms (CIP) war für alle Beteiligten (Lehrpersonal, Studenten) als Informationsgewinnungs- bzw. Lernphase zu sehen. Es bestand die Notwendigkeit, das Werkzeug PC als neues Arbeitsmittel effektiv einzusetzen. Dies wurde anfänglich an einfachen Nachrechnungsprogrammen der Maschinenelemente vollzogen. Die bestimmten Themenbereiche wurden jeweils theoretisch und praktisch in konventionellen Gruppenübungen behandelt. Erst nach dieser Einführung wurden diese Aufgaben rechnerunterstützt bearbeitet.

Aufgabenstellung

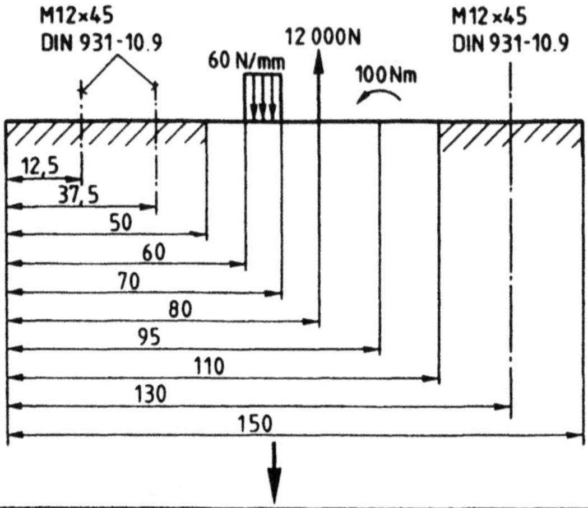

AUSLEGUNG EINER SCHRAUBENVERBINDUNG - EINGABEDATEN

```
1. KENNZAHLEN
DAUERFEST. NACH 0/2=VDI 86/77, 1=WIEGAND ....  KEN1        0
BOHRUNG NACH DIN 69  0=FEIN, 1=MITTEL .......  KEN2        0
SCHRAUBE  0=NORMAL, 1=SCHLUSSGEROLLT ........  KEN3        1
VERBINDUNGSART  0=SACKLOCH, 1=MUTTER ........  KEN4        0
SCHEIBEN  0=KEINE, 1=BEIDSEITIG BZW BEI        KEN7        1
   KEN4=0 NUR UNTER DEM KOPF, 2=MUTTERNSEITIG
BETRIEBSLAST  1=STATISCH, 2=DYNAMISCH .......  KEN9        2
ZWISCHENWERTE AUSGEBEN   0=NEIN, 1=JA ....... KEN10        1
AUSLASTUNG DER STRECKGRENZE BEIM VORSPANNEN . KEN11     0.90
SCHRAUBENART  0=KOPFSCHRAUBE, 1=STIFTSCHRAUBE KEN12        0
ANZUGSVERFAHREN ............................. KEN13        0
FAKTOR, BETTUNGSHOEHE ZUR BALKENHOEHE ....... BETHO     0.50
2. GEOMETRIE- UND BELASTUNGSDATEN
```

END-	HOE-	BRE-	AUF-	FA-	MB-
0.00	25.00	25.00	1.00	0.00	0.00
12.50	25.00	25.00	1.00	0.00	0.00
37.50	25.00	25.00	1.00	0.00	0.00
50.00	25.00	25.00	1.00	0.00	0.00
60.00	20.00	25.00	-1.00	0.00	0.00
70.00	20.00	25.00	-1.00	0.00	0.00
80.00	20.00	25.00	-1.00	12000.00	0.00
95.00	20.00	25.00	-1.00	0.00	100.00
110.00	20.00	25.00	-1.00	0.00	0.00
130.00	20.00	25.00	1.00	0.00	0.00
150.00	20.00	25.00	1.00	0.00	0.00

```
X-KOORDINATE DER 1.SCHRAUBE BEI ............... X=       12.50
X-KOORDINATE DER 2.SCHRAUBE BEI ............... X=       37.50
X-KOORDINATE DER 3.SCHRAUBE BEI ............... X=      130.00

AB  KNOTEN STRECKENLAST IN N/MM     60.00 .........AB PUNKT  4
BIS KNOTEN STRECKENLAST IN N/MM     60.00 ........ BIS PUNKT  5

WERKSTOFF, VERBINDUNGSTEIL OBEN ... - STOF1 - ST50
WERKSTOFF, VERBINDUNGSTEIL UNTEN .. - STOF2 - ST50

3. SCHRAUBENDATEN
FESTIGKEITSKLASSE DER SCHRAUBE............... GUETE       10.90
DIN-NUMMER DER SCHRAUBE .....................   DIN         931
E-MODUL DES SCHRAUBENWERKSTOFFS .............    ES   203000.00 N/MM2
REIBUNGSZAHL IM GEWINDE .....................   MYG      0.1250
REIBUNGSZAHL DER KOPFAUFLAGEFLAECHE .........   MYK      0.1400

SCHRAUBEN-ABSCHNITTE,       DURCHMESSER IN MM          LAENGEN IN MM
                               DL 1 =     12.00   SL 1 =       0.00
```

Bild 9a: Systemkopplung am Beispiel Schraubenberechnung nach Balkenelementmodell / AUTOCAD

FUNKTIONSWERTE DER BIEGELINIE

(Y IN 1.E-3 MM)

X	VORSPANNFALL - Y		LASTFALL - Y	
IN MM	KONTAKT	KLAFFEN	KONTAKT	KLAFFEN
0.0	-1.589		-1.728	
3.1	-1.761		-1.934	
6.1	-1.927		-2.134	
9.2	-2.074		-2.313	
12.2	-2.178		-2.445	
15.3	-2.214		-2.500	
18.4	-2.206		-2.498	
21.4	-2.186		-2.463	
24.5	-2.173		-2.405	
27.6	-2.175		-2.322	
30.6	-2.188		-2.198	
33.7	-2.195		-2.005	
36.7	-2.169		-1.702	
39.8	-2.077		-1.247	
42.9	-1.930		-0.640	
45.9	-1.755			0.092
49.0	-1.569			0.927
52.1	-1.382			1.861
55.1	-1.197			2.911
58.2	-1.014			4.039
61.2	-0.836			5.206
64.3	-0.665			6.370
67.4	-0.503			7.487
70.4	-0.352			8.514
73.5	-0.214			9.406
76.6	-0.091			10.117
79.6		0.016		10.600
82.7		0.103		10.820
85.7		0.169		10.805
88.8		0.212		10.608
91.9		0.230		10.279
94.9		0.221		9.871
98.0		0.183		9.309
101.1		0.114		8.507
104.1		0.012		7.514
107.2	-0.125			6.383
110.2	-0.299			5.164
113.3	-0.509			3.911
116.4	-0.752			2.675
119.4	-1.017			1.508
122.5	-1.282			0.460
125.6	-1.513		-0.414	
128.6	-1.660		-1.064	
131.7	-1.657		-1.435	
134.7	-1.502		-1.550	
137.8	-1.257		-1.494	
140.9	-0.965		-1.335	
143.9	-0.652		-1.122	
147.0	-0.332		-0.886	
150.0	-0.011		-0.645	

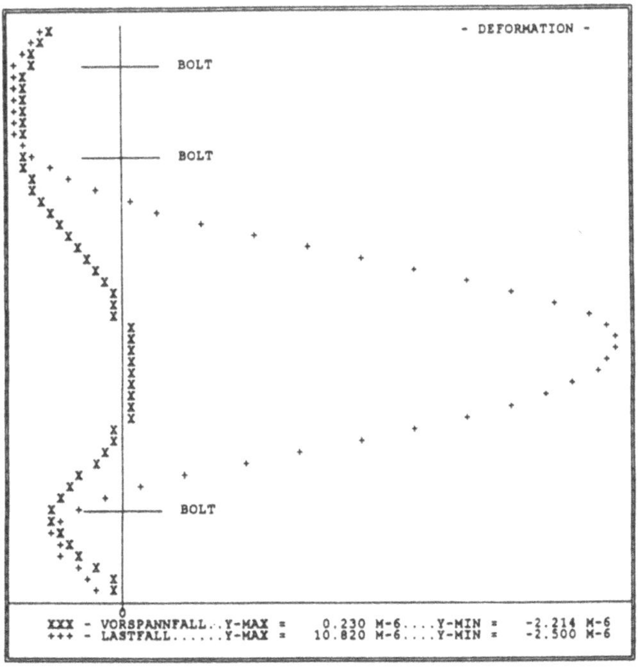

Bild 9b: Programmausgaben

AUSLEGUNG EINER SCHRAUBENVERBINDUNG - HAUPTBELEG

1. AUSGABEDATEN

SCHRAUBE D = SCHRAUBENLAENGE FESTIGKEITSKLASSE GUETE =	M 12.00 45.00 MM 10.90	DIN 931 , P = 1.75 GEWINDEL. B = 30.00
SCHEIBE DSCH =	24.00 MM	HSCH = 2.50
NOTWEND. EINSCHRAUBTIEFE WIRKLICHE EINSCHRAUBTIEFE	12.00 MM 22.50 MM	(MAXIMAL)
BOHRLOCHDURCHMESSER DB = KOPFKREISDURCHMESSER DK =	13.00 MM 19.00 MM	
ANZIEHFAKTOR ALPHA =	1.60	NACH VDI 2230
ANZIEHMOMENT,THEORETISCH EINSTELLMOMENT-10.PROZENT	127.71 NM 114.94 NM	
ANZIEHVERFAHREN	DREHMOMENTENGESTEUERTES ANZIEHEN	
SICHERHEITEN GEGEN - - DAUERBRUCH - FLAECHENPRESS. UEBERS.	 20.85 2.25	 VORH. SPAN. = 4.82 FLAECHENPRES. 222.42

2. SCHRAUBENKRAEFTE UND SICHERHEITEN
X - X-KOORDINATE DER SCHRAUBE
P1 - AUSLASTUNG DER SCHRAUBE NACH DEM VORSPANNEN
P2 - AUSLASTUNG DER SCHRAUBE BEI BETRIEBSLAST

X MM	FVOR N	FSA N	FSMAX N	P1 PROZ.	P2 PROZ.
12.50	21651.	-128.	21523.	90.00	89.83
37.50	21651.	266.	21918.	90.00	90.35
130.00	21651.	234.	21885.	90.00	90.31

DATUM	B E Z E I C H N U N G	NR.
21.12.88	TESTRECHNUNG	

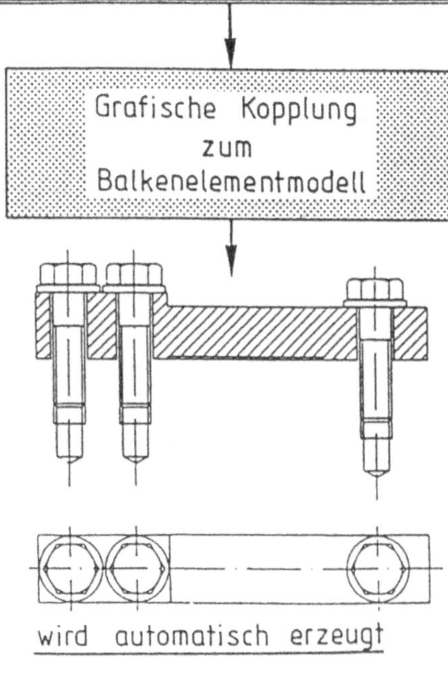

Bild 9c: Programmausgaben

Neben den unterschiedlichen Maschinenelemente-Programmen werden die Studenten mit dem CAD-System AUTOCAD vertraut gemacht. Die ersten Erfahrungen werden dabei in einem Vorkurs zur Konstruktionslehre dem Maschinenzeichnen gesammelt. Inhaltlich werden dort einfache Maschinenelemente generiert. Grundlegende Kenntnisse zum System-Handling werden dann in der Konstruktionslehre nochmals aufgefrischt und vertieft. Die hardware- und softwareseitigen Lerninhalte, die vom jeweiligen Gruppenassistenten didaktisch aufbereitet vermittelt werden, sind in *Bild 10* zusammengestellt.

Erste Anwendungen von AUTOCAD befaßten sich mit der rechnerunterstützten Generierung von einfachen Bauteilen wie Wellen, Wellenlagerungen und Lagerböcken. Im nunmehr fortgeschrittenen Stadium werden von den Studenten komplexe Konstruktionen zum Themenkreis Kupplungen, Getriebe, Hydraulik erstellt. Dabei werden die unterschiedlichen Arbeitstechniken (konventionell/ rechnerunterstützt) einander gegenübergestellt.

Beispiele ausgeführter Konstruktionen sind nachfolgend dargestellt (*Bild 11* und *Bild 12*). Aus didaktischer Sicht hat sich die Methode des Kurzvortrages durch den Ausbilder mit anschließender praktischer Anwendung in kleinen Gruppen als zweckmäßig erwiesen. Dabei ist besonderes Augenmerk auf genügend praktische Übungszeit zu legen, da nur hierüber der Lernerfolg erreichbar ist. Die mit der Systemerweiterung realisierte Steigerung der Zahl der Arbeitsplätze ermöglicht darüber hinaus eine individuellere Ausbildung der Studenten, was sich letztendlich in einer höheren Systemakzeptanz ausdrückt.

5. Ausblick

In der jetzigen Phase der Mikrorechner-Integration in die Konstruktionslehre wird der Personal Computer als unterstützendes Werkzeug voll akzeptiert. Verdeutlicht wird diese Situation durch hohe Systemauslastungen sowie gesteigertes Interesse an Studien-/Diplomarbeiten mit Rechnerbezug. So liegen gegenwärtige Hauptaktivitäten in der Vergrößerung und Optimierung des Softwareangebotes für den Übungsbetrieb. Dies wird über Eigenentwicklungen und hochschulseitigen Softwareaustausch vorangetrieben. Große Bedeutung wird der höheren Integrationsstufe von angewendeter Software beigemessen, d.h. Systemkopplungen stehen zunehmend im Vordergrund des Interesses. Zukünftige Entwicklungsarbeiten werden sich mit der Kopplung eines Wälzlagerauswahlprogramms mit AUTOCAD befassen. Diese Zielrichtung verspricht bezüglich Makrobildung und Konstruktionselemente-Bibliotheken weitere Grundlagen zu schaffen, um komplexe Aufgaben ergonomischer bearbeiten zu können.

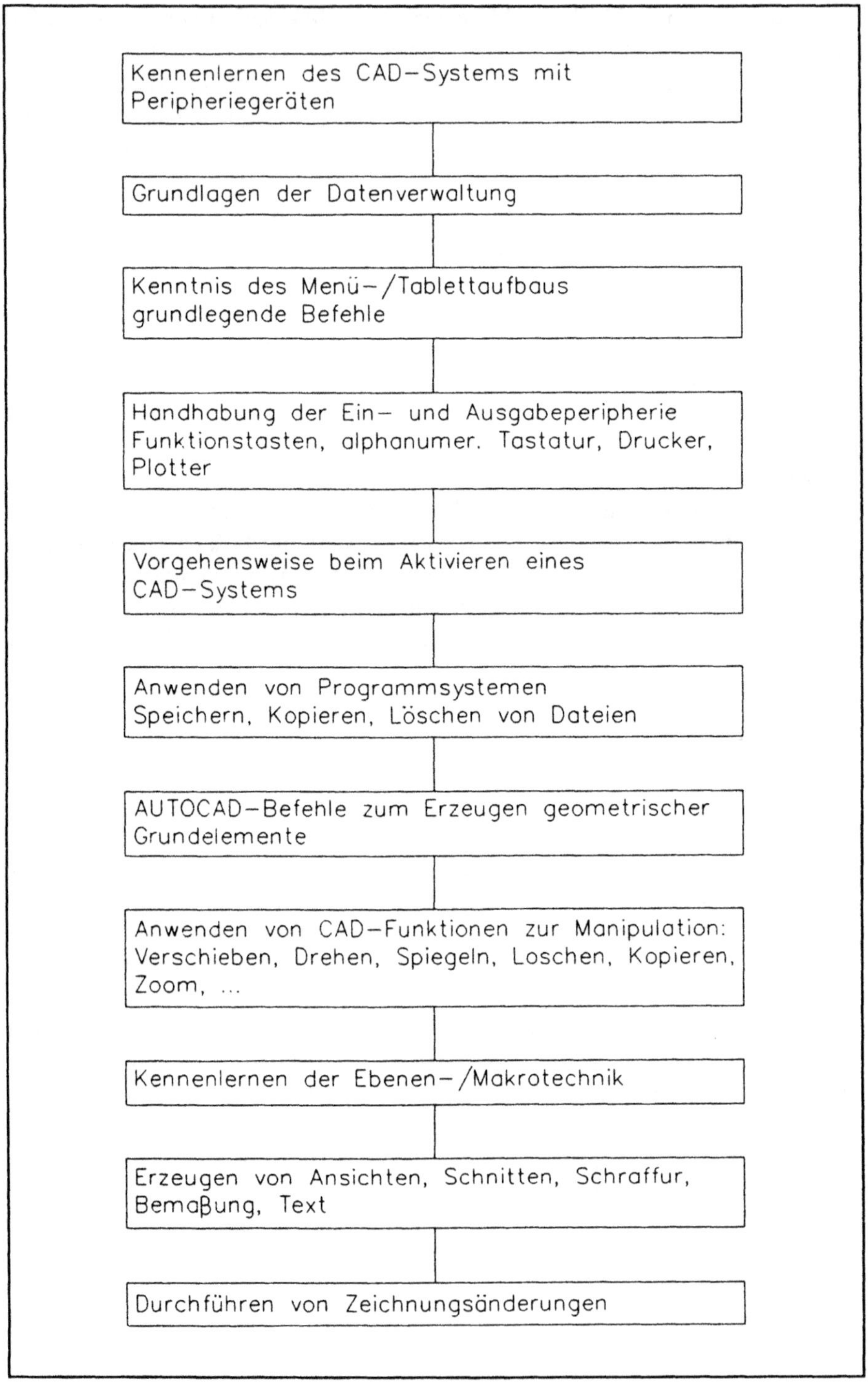

Bild 10: Ausbildungsinhalte bei der AUTOCAD-Einführung

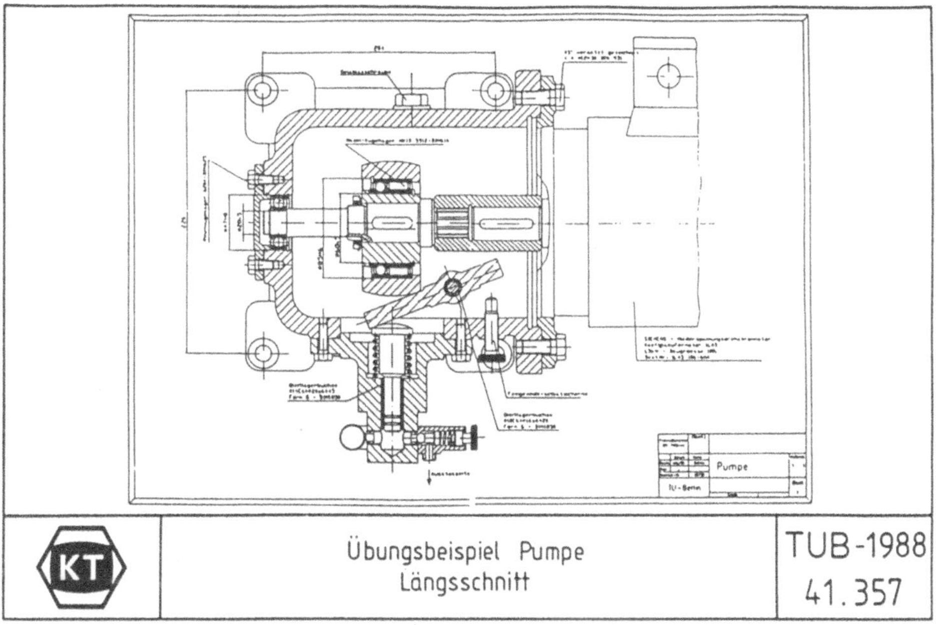

Bild 11: Übungsbeispiel Hochdruckpumpe (KL III)

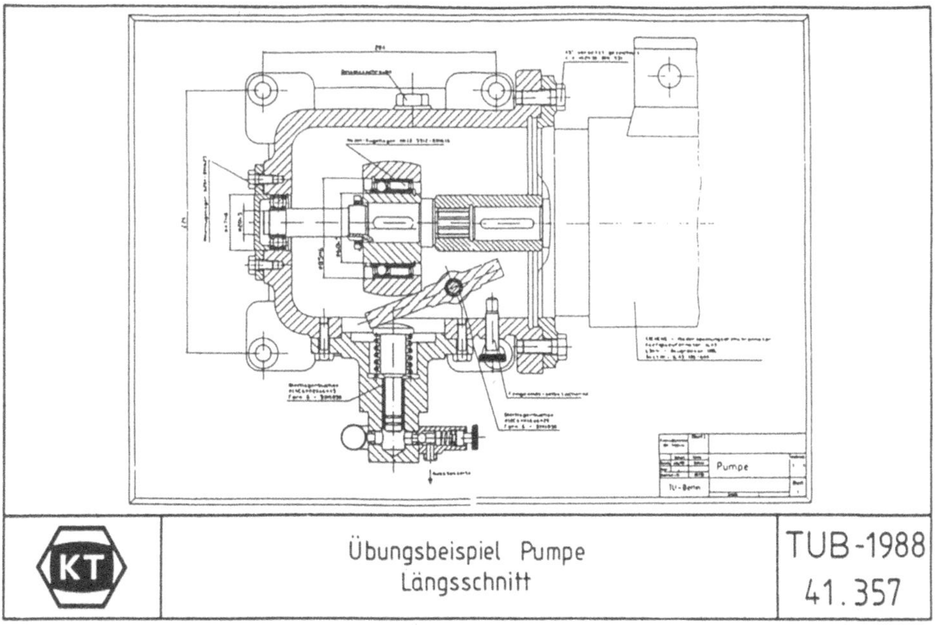

Bild 12: Hochdruckpumpe Seitenansicht

Literatur

/1/Beitz, W.: Die Realisierung des Computer-Investitions-Programms in Berlin CIP-Status-Seminar 1987 K.H.Bock Verlag, 1988.

/2/Praß, P.: Eingliederung von PC-Anwendungen in Konstruktionsübungen CIP-Status-Seminar 1987 K.H.Bock Verlag, 1988.

/3/Schmidtke, D.: Benutzerführung für PC-orientierte Maschinenelemente-Software im Bereich Konstruktionstechnik - PC - Handbuch TU-Berlin, Okt.1988.

/4/Verhoeven, H.: Programmsystem zur Berechnung von Radial-und Axialgleitlagern Studienarbeit TU-Berlin, 1986 Institut für Maschinenkonstruktion.

Analytische Grafik in der statistischen Datenanalyse – ein Erfahrungsbericht

Friedhelm Eicker

Universität Dortmund
Fachbereich Statistik

1. Aufgabenstellung

Man hat sich der graphischen Veranschaulichung seit eh und je auch bei der Analyse statistischer Daten im Zuge der angestrebten Informationsgewinnung über einen bestimmten Untersuchungsgegenstand mit Erfolg bedient. Grafikfähige PCs und Arbeitsstationen in Verbindung mit geeigneter datenanalytischer Software (am Dortmunder FB Statistik hat man Erfahrung in Sonderheit mit ISP [1] und der S-Language [3]) unterstützen heute mehr und mehr Arbeitsschritte der Datenanalyse auf oft neuen Wegen und in sehr effizienter Weise. Die technischen Hilfsmittel bieten entscheidende zusätzliche Vorteile gegenüber dem ausschließlichen Einsatz traditioneller, rein numerischer Statistik-Software (die natürlich nach wie vor zur Verfügung steht).

Besonders die Explorative Datenanalyse (EDA) und die Empirische Modellverifikation bedienen sich der Computer-Grafik mit Erfolg. Die Struktursuche in Datensätzen unterschiedlicher Variablenzahl (Dimension) ist dabei eine Grundaufgabe. Bei drei Dimensionen lassen sich z.B. durch bewegte Punktwolken, die die Datensätze repräsentieren, also durch Realzeitgrafik auf dem Bildschirm, dreidimensionale Eindrücke erzeugen, und dies erleichtert es, unerwartete strukturelle Zusammenhänge zwischen den Variablen zu erkennen. Diesem Zwecke dienen auch neue Techniken wie das hochinteraktive Brushing (Konditionieren), welches einen zeichnerischen Eingriff in die Darstellung auf dem Bildschirm darstellt und das sich über Matrizen von Streudiagrammen (scatter plots matrices) auch auf höhere Dimensionszahlen verallgemeinern läßt. Man hat damit eine der zugkräftigsten anschaulichen Möglichkeiten zur Behandlung auch multivariater und nicht unmittelbar zu repräsentierender Datensätze.

Von neuen technischen Möglichkeiten dieser Art, die sich ohne Zweifel in der Zukunft noch erheblich vervielfältigen (z.B. in Richtung künstlicher Intelligenz und Expertensystemen) gehen eine Vielzahl von methodologischen Denkanstößen für neue Wege in der statistischen Datenauswertung für fast alle Anwendungsgebiete aus.

2. Zweitsemester-EDV-Ausbildung in Beschreibender Statistik und EDA am Fachbereich Statistik der Universität Dortmund

Ein für den Praxiseinsatz wesentliches Faktum der benützten Software ist die trotz der Leistungsfähigkeit der Systeme vielfach leichte Bedien- und Erlernbarkeit. Dies wurde überzeugend anläßlich einer Grundvorlesung über Beschreibende Statistik für Zweitsemester im Studiengang Statistik im Sommersemester 1988 belegt. Parallel zu vierstündigen Vorlesungen liefen zweistündige Übungen und ein ISP-Einführungskurs unter Benutzung der vier XTs und vier Apollo/Siemens-Arbeitsstationen der neu beschafften CIP-Ausstattung des Fachbereichs Statistik. Fast alle 100 Studierenden der Lehrveranstaltung nahmen an der nicht obligatorischen Rechnerübungen mit Erfolg – ja oft mit Enthusiasmus – teil. Diese Erfahrung und ähnliche mit analogen Lehrveranstaltungen haben den Fachbereichsrat dazu bewogen, die regelmäßige und sich über das ganze Grundstudium erstreckende Durchführung entsprechender Veranstaltungen zu beschließen – sofern der zusätzliche Bedarf an CIP-Rechnern befriedigt wird. In der o.g. Lehrveranstaltung über Beschreibende Statistik wurde ausschließlich das Programmpaket ISP benützt (obgleich diesbezüglich keine Verpflichtung bestand). In anderen EDA-Lehrveranstaltungen der letzten Semester wurde auf die S-Language auf SUN-Arbeitsstationen zurückgegriffen; man vergleiche dazu den entsprechenden Erfahrungsbericht von A. Krause in dem vorliegenden Proceedings-Band, in dem auch kurz auf die Struktur des Fachbereichs Statistik als solchen eingegangen wird.

Am Lehrstuhl Mathematische Statistik und Anwendungen II des Fachbereichs Statistik (Prof. Eicker) liegen seit 1984 Erfahrungen mit EDA – unterstützender Software auf Arbeitsstationen und grafikfähigen PCs vor, d.h. praktisch seit der Zeit, zu der erstmalig hochinteraktive Grafik-Software für die Statistik kommerziell verfügbar wurde. Die derzeit vorhandene Ausstattung an Software und Rechnern in den CIP-Pools der Statistik hat im weltweiten Vergleich jedenfalls in qualitativer Hinsicht einen guten Stand, ähnliches gilt für die darauf aufbauende Lehre und Forschung. Damit sind gute Entwicklungschancen für den Fachbereich auf einem der heute zugkräftigsten Teilgebiete des Faches gegeben. Eine solche Schwerpunktsetzung ist auch absolut notwendig, da selbstverständlich in den verschiedenen Anwendungsbereichen statistischer Methoden anspruchsvolle Rechner eingesetzt werden. Die statistischen Fachleute sollten handwerksmäßig nicht hinter der Arbeitsweise der unterschiedlichen Anwender ihrer Methoden zurückstehen.

3. Die nächsten Schritte

Die Informationswissenschaften werden tiefgreifende, langfristige und im einzelnen jetzt noch keineswegs abschätzbare Auswirkungen in der Statistik haben. Für die praktische Statistik wird es sicherlich einige Akzentverschiebungen im Spektrum der Teilgebiete geben. Die Entwicklung am Fachbereich in Dortmund in dieser Hinsicht wird sich konsolidieren und verbreitern durch die geplante Einrichtung einer C4-Professur für rechnerorientierte Statistik. Mehr und mehr Diplomarbeiten und Dissertationen werden unter Verwendung von Workstations und entsprechender PCs erstellt werden, sofern letztere durch die bevorstehenden Beschaffungen im Rahmen des CIP ergänzt sind.

Ein Aspekt zeitgemäßer Forschung und Lehre im EDV-Sektor ist auch der der internationalen Zusammenarbeit unter Benützung globaler Vernetzung. In Deutschland muß man sich heute und vermutlich noch einige Zeit lang mit dem erheblichen zeitlichen Vorsprung in den USA abfinden. Es bestehen jedoch gute Aussichten, diesen Vorsprung in absehbarer Zeit zu verringern; bereits jetzt werden Forschungsthemen in Abstimmung mit Kollegen in den USA vergeben. Auch auf dem Gebiet der Statistik, gemessen an der verfügbaren Hardware besteht hinsichtlich der Software ein erheblicher Anwendungsstau, so daß in diesem Wissenschaftsgebiet für Deutschland ein erhebliches Entwicklungspotential betreffend neuer Methodologien liegt.

Die Vernetzung der vorhandenen Workstations und der PCs im CIP-Pool des Fachbereichs Statistik geschieht über einen Domain- bzw. Ethernet Ring und über PCI, wobei die Ethernet-Leitung auch an das Hochschulnetz angeschlossen werden soll.

Insgesamt sind unsere Erfahrungen mit der CIP-Ausstattung außerordentlich positiv zu bewerten. Moderne interaktive grafikunterstützende Software für mathematisch-statistische Daten- und Modellanalyse ist für zahlreiche Anwenderfächer wie Natur-, Ingenieur- und Wirtschaftswissenschaften, ferner auch für die Mathematik von außerordentlicher und noch nicht abzuschätzender unmittelbarer Bedeutung. Dies gilt übrigens auch für die Sekundarstufen der Oberschulen, an denen grafikfähige PCs mit entsprechender Software bereits jetzt exemplarisch mit sehr positivem Ergebnis erprobt worden sind, wenngleich der Breitenansatz natürlich noch bevorsteht. Der in diesen Entwicklungen zutage tretende Strukturwandel in vielen Lehr- und Arbeitsfeldern ist eine weitere Facette in der bekannten Revolution durch die Informationswissenschaften und -technologien.

Literatur

[1] ISP, Datavision AG, Postfach 741, CH 7250 Klosters.

[2] KRAUSE, A., Die S-Language im Einsatz auf Sun-3 Workstations im CIP-Pool. Ein Erfahrungsbericht. Vorliegender Proceedings-Band.

[3] BECKER, R.A., J.M. CHAMBERS und A.R. WILKS, The New S-Language. Programming Environment For Data Analysis And Graphics, Wadsworth and Brooks/Kohl 1988.

Die S Language im Einsatz auf Sun 3-Workstations im CIP-Pool – ein Erfahrungsbericht

Andreas Krause

Universität Dortmund
Fachbereich Statistik
Lehrstuhl für Mathematische Statistik II

1. Der Fachbereich Statistik an der Universität Dortmund

Der Fachbereich Statistik besteht seit 1973 an der Universität Dortmund. Dortmund ist neben München der einzige Ausbildungsplatz für angehende Diplom-Statistiker in der Bundesrepublik Deutschland. Zu den vorrangigen Zielen des Ausbildungsganges gehört es, frühzeitig den Bezug zur statistischen Berufspraxis herzustellen. Demzufolge kommen Statistik-Studenten bereits in den ersten Semestern mit Elektronischer Datenverarbeitung in Berührung, weil im Grundstudium Wahlpraktika unter starker Einbeziehung von Rechenanlagen angeboten werden, die sich dann im Hauptstudium in zwei Pflichtpraktika fortsetzen. Des weiteren ist auch mehr und mehr der Trend zu beobachten, Übungsaufgaben zu Vorlesungen mittels statistischer Programmpakete zu lösen. Teilweise liegt dies in der Intention der Dozenten, zum großen Teil jedoch geht diese Initiative auch von studentischer Seite aus.

In Analogie hierzu nimmt das Nebenfach Informatik in den letzten Jahren stark an Beliebtheit zu. Diese Entwicklung wird zudem noch unterstützt durch das Angebot von Seminaren, die im wesentlichen zum Inhalt haben, spezielle Eigenschaften statistischer Programmpakete zu analysieren und Vergleiche zwischen verschiedenen Systemen anzustellen. Grundlage solcher Seminare ist die Untersuchung der Umsetzung der Theorie der Statistik in die diversen Programme. Als weitere Beispiele bekannter Programmpakete seien an dieser Stelle neben S noch ISP, PC-ISP, SAS, SPSS, APL genannt.

Als Resultat der bisherigen Entwicklung ist ein immer stärkeres Hand-in-Hand-Gehen von Statistik und Informatik zu beobachten. Das klassische Betätigungsfeld der Statistik, die Anwendung mathematischer Methoden auf statistische Probleme, scheint sich zu verlagern in der Form, daß die angewandte Informatik zusehends an Bedeutung gewinnt.

2. Hardware-Ausstattung des CIP-Pools

Im CIP-Pool des Fachbereichs Statistik stehen zwei Sun 3-Workstations zur Verfügung, die über Ethernet mit Apollo-Workstations vernetzt sind:

Prozessor	68020	68020
Taktfrequenz	20 MHz	15 MHz
Million Instructions Per Second	3 MIPS	1,5 MIPS
Monitor	Farbe	Monochrom
	16 Zoll	19 Zoll
Auflösung	1152 x 900 Punkte	1152 x 900 Punkte
Hauptspeicher	4 MB RAM	4 MB RAM
Festplattenkapazität	141 MByte	300 MByte
Vernetzung	Ethernet	
Drucker	Apple-Laserwriter (PostScript-fähig)	

3. Vorstellung der Software (S Language)

Als spezielle Statistik-Software wird auf den Sun-Workstations die S Language betrieben. Die S Language wurde in den USA bei AT&T Bell Laboratories entwickelt und stellt dem Benutzer eine interaktive statistische Umgebung zur Verfügung, mit der neben numerischer auch grafische Datenanalyse betrieben werden kann.

Wichtig ist hier vor allen Dingen, daß neben elementaren Operationen auf den grundlegenden Datenstrukturen (Vektoren, Matrizen und Record-Komponenten) auch viele High-Level-Funktionen zur Verfügung stehen (beispielsweise zu Zeitreihen-, Regressions- oder Hauptkomponentenverfahren). Durch die Umgebung der 'Suntools', ein Hilfsmittel, das Fensterverwaltung ermöglicht, ist es weiterhin praktikabel, neben dem Fenster der S Language auch eine sogenannte 'View Surface' einzusetzen, die als grafische Ausgabe-Einheit von S aus gesteuert wird. Diese Oberfläche ist ein zusätzliches (Grafik-) Fenster, das die grafischen Outputs von S erhält. Alle Grafiken werden in diesem Fenster dargestellt, alle anderen Ausgaben finden weiterhin im eigentlichen Fenster der S Language statt. Grafiken lassen sich so auch im nachhinein noch interaktiv verändern. Demzufolge kann man auch, wenn zwei oder mehr S-Prozesse gestartet werden, mehrere Grafiken gleichzeitig (in verschiedenen Fenstern) auf dem Bildschirm produzieren.

Hier kommt ein weiterer Vorzug zum Tragen: S speichert alle benutzerdefinierten Variablen in einem Unterverzeichnis (Subdirectory) ab, auf das jeder der Prozesse zugreift, so daß eine Variable nur einmal, auch bei mehreren Prozessen, deklariert werden muß. Durch diese Auslagerung der Variablen auf Festplatte stehen alle Werte auch nach Beendigung der Sitzung weiterhin zur Verfügung.

S besitzt zudem einen Macro-Prozessor, der Befehlssequenzen in Form einer Stapelverarbeitung (batch job) abarbeitet. In der neuen Version, 'New S', die ab Mitte 1988 erhältlich ist, ist das Macro-Konzept in ein Funktionen-Konzept geändert worden. Begründet liegt dies in einer äußerst langsamen Stapelverarbeitung in der alten Version, da viele Festplatten-Zugriffe vonnöten waren.

Der Hauptunterschied besteht darin, daß alle Macro-Variablen globale Variablen sind, d.h. auch nach Abarbeitung des Macros noch zur Verfügung stehen, wohingegen Funktionen-Variablen explizit als global deklariert werden müssen, um sie nachher noch bearbeiten zu können. Schnittstellen bestehen zu Fortran und C, die als Funktionen direkt in S eingebunden werden können, so daß eine eigene Konfiguration in S geschaffen werden kann. Beispielsweise kann man so Programmpakete wie Linpack (Fortran-Quellcode) direkt in S zur Verfügung stellen. Als Ausgabemedium dient ein postscriptfähiger Laserdrucker, der die Fähigkeit von S, PostScript-Files zu erzeugen, auszunutzen vermag. Für weitergehende Informationen zu S sei verwiesen auf [1], [2], welche als Handbücher zu S mitgeliefert werden und auch frei im Handel erhältlich sind.

4. Einsatzgebiete

Der CIP-Pools befindet sich seit Ende 1987, also seit ca. einem Jahr, im Einsatz. Die ersten Lehrveranstaltungen, die sich im Fachbereich Statistik intensiv mit S (bzw. der Sun) auseinandersetzten, waren ein Seminar, in dessen Rahmen (unter Leitung von Prof. Eicker) zwei ausführliche Vorträge sich zum einen mit S, zum anderen mit der Sun, auseinandersetzten, sowie ein Fortgeschrittenen-Praktikum (unter Leitung von Dr. Härdle, Universität Bonn), das sich in vier Arbeitsgruppen mit der Analyse von Seitaufpralldaten, die bei Automobil-Crashversuchen erhoben wurden, befaßte (vgl. [3]).

Zielgruppen sind demzufolge Studenten, die bereits erste Erfahrungen im Umgang mit Hard- und Software gesammelt haben und Interesse an den gebotenen Veranstaltungen zeigen. Einsatzgebiete sind heute vor allen Dingen die Explorative Datenanalyse (EDA) unter starker Einbeziehung interaktiver Grafikroutinen sowie die Entwicklung und Implementation von Routinen zur nichtparametrischen Dichteschätzung (vgl. auch [4]).

5. Erfahrungen aus dem Betrieb des CIP-Pools

Die bisherigen Erfahrungen mit der Benutzung des CIP-Pools zeigten vor allen Dingen folgendes:

- Bei EDV-Neulingen tritt oft eine gewisse Schwellenangst auf, die gebotenen Hilfsmittel zu verwenden. Inbesondere wohl, wie Nachfragen ergaben, aufgrund des 'High-Tech-Apparates', der durch die Vielfalt seiner Möglichkeiten unerfahrene Benutzer leicht zu frustrieren vermag.
- Einführungen in Software und Betriebssystem erwiesen sich als notwendig, um die Anfangsfrustrationen, die i.a. bei jeder neuen Umgebung auftreten, abzubauen. Vor allen Dingen waren (fast) jederzeit ansprechbare Betreuer eine sehr willkommene Motivationshilfe. Eine Einführungszeit sollte jedoch nicht zu lang geraten, da ohne konkrete Aufgaben oft das Ziel vor Augen fehlt. Der Grat zwischen Überforderung und Konzeptionslosigkeit ist recht schmal.
- Benutzer, die Erfahrungen in anderen EDV-Bereichen schon gesammelt haben, sind im Vorteil. Die Einarbeitungszeit ist bei ihnen kürzer und zudem scheint eine stärkere Motivation gegeben, da sicherlich die Workstation-Umgebung mit moderner Software im Vergleich zu PCs oder Großrechnern eine angenehmere Arbeitsatmosphäre bietet.
- Das Angebot von Workstations in Verbindung mit moderner Software im CIP-Pool steigert bei eingearbeiteten Benutzern die Motivation, Problemlösungen selbständig zu erarbeiten, verringert aber gleichzeitig die Bereitschaft, mit adäquater Software auf Personal-Computern oder Großrechnern zu arbeiten.

Literatur

[1] Becker, R.A.; Chambers, J.M. : S – An Interactive Environment for Data Analysis and Graphics, Wadsworth, 1984.

[2] Becker, R.A.; Chambers, J.M.; Wilks, A.R. : The New S Language, A Programming Environment for Data Analysis and Graphics, Wadsworth & Brooks/Cole, 1988.

[3] Härdle, W.; Krause, A. : Dokumentation des Praktikums 'Analyse vonSeitaufpralldaten', Fachbereich Statistik, Universität Dortmund, 1988.

[4] Hastie, T.; Tibshirani, R. : Non-parametric Logistic and Proportional Odds Regression, Applied Statistics, 36, No. 2, pp. 260-276, 1987.

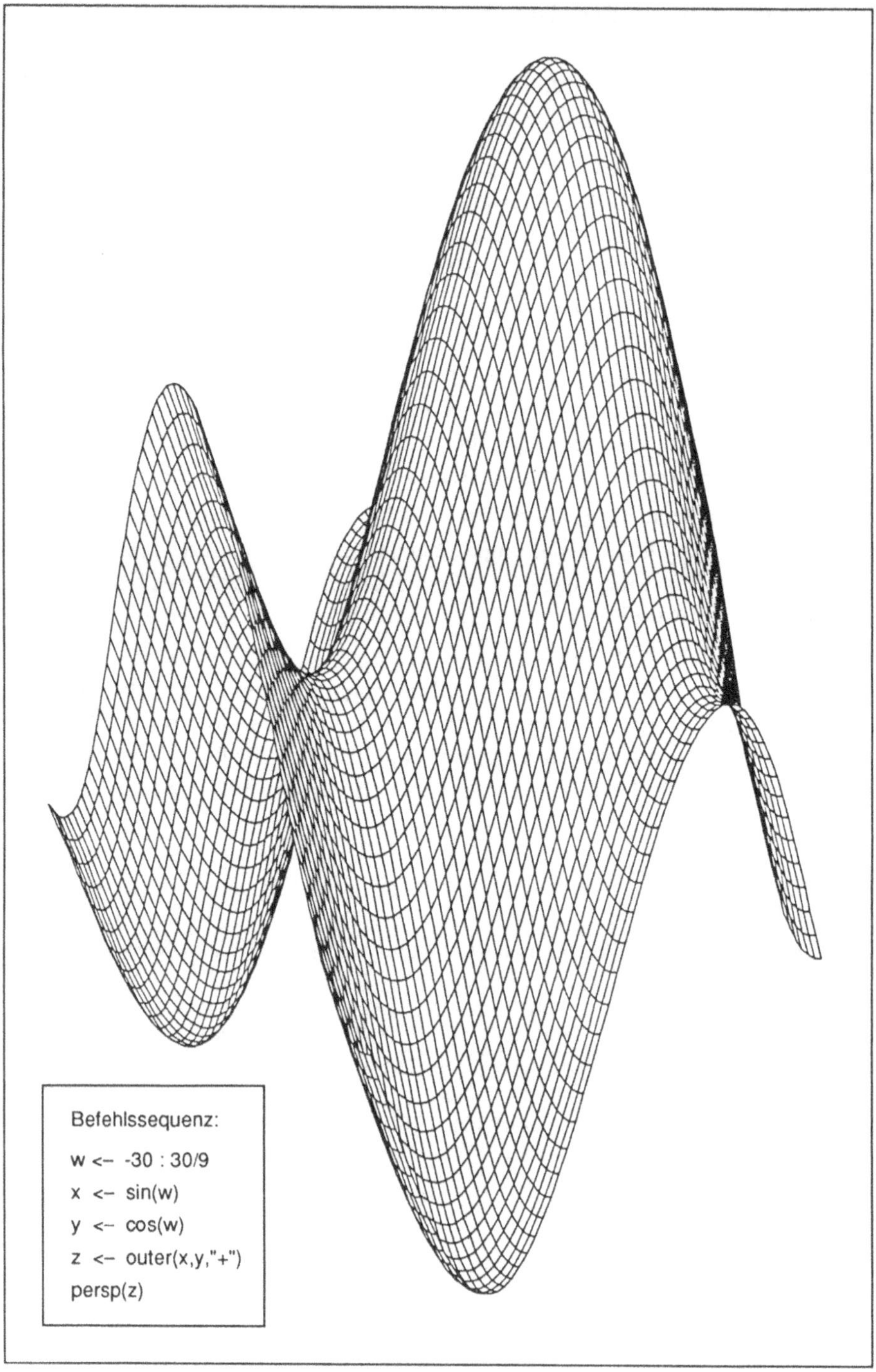

Grafik im Anhang: S Language Output

Desktop Publishing

Knut Barthel

Hochschule für Künste Bremen
Fachbereich Gestaltung
Studiengang Grafik Design

Meine sehr geehrten Damen und Herren, mag auch der Beitrag eines Hochschullehrers aus dem Reich der Künste und des Design noch etwas Exotisches an sich haben auf diesem 2. CIP-Status-Seminar – war doch im Vorjahr diese Hochschulgattung noch gar nicht vertreten – so zeichnet sich damit eine Öffnung der Computer-Förderung zu den Hochschulen ab, die nicht von der Informatik und Grundlagen-EDV, bzw. von der technisch-ingenieurmäßigen Anwendung her kommen, sondern Computer als **Gestaltungswerkzeug** in die Ausbildung von Studenten hineinnehmen möchten.

Für diese Ausweitung der CIP-Mittel bin ich dankbar, und als von der Bewilligung gerade aktuell Betroffener möchte ich an dieser Stelle auch ganz konkret meine Freude darüber ausdrücken, daß wir an der Hochschule für Künste in Bremen in diesen Tagen den Fachbereich Gestaltung mit 10 Grafik-Rechnern der 32-Bit-Technologie und Peripherie ausstatten können.

In meinem Statement möchte ich auf die Besonderheiten des computerunterstützten Arbeitens im Design-Bereich eingehen und, wie ich hoffe, damit einigen Kollegen Mut für die Antragsstellung machen. Für die Bewilligung von Rechnern, deren Einsatz für den Gestaltungsbereich geeignet ist, sind Argumente zu berücksichtigen, die über die bisherigen CIP-Kriterien, die sich immer an der elementaren Grundausstattung orientieren, hinausgehen. Ich möchte es aber an dieser Stelle nicht versäumen, mich deshalb ganz besonders für das weitgehende Verständnis des für den Antrag der Bremer Hochschule der Künste zuständigen Herrn Pajonk zu bedanken, der unseren Interessen so weit als möglich Rechnung trug, der uns aber zugleich auch die Grenzen des bisherigen Bewilligungsrahmens deutlich machen mußte.

Da wir an Grafik-Design- und Kunsthochschulen in der Bildherstellung und Bildbearbeitung tätig sind, muß unsere Hard- und Software dazu besonders geeignet sein. Wir arbeiten nicht maschinennah wie der Informatiker. Im Grunde verlassen wir die im Rechner angelegte Zielsetzung, wissenschaftliche Prozesse schneller und sicherer ablaufen zu lassen, zugunsten der Einbeziehung der Rechner in eine **nicht-wissenschaftliche Welt**. Die im Rechner festgehaltenen wissenschaftlichen Prozeduren werden einer Arbeitsweise unterworfen, die dem streng logisch-wissenschaftlichen Arbeitsprozeß im Prinzip entgegengesetzt ist: nämlich der Intuition, der Assoziation, dem Schöpferischen und Phantasievollen.

Begriffe wie Desktop Grafik, Desktop Animation, Desktop Engineering und nicht zuletzt Desktop Publishing stehen für die Praxis der kommerziellen Computernutzung im Feld der Visuellen Kommunikation. Waren derartige Rechenanlagen jedoch lange Zeit für Hochschulen fast unerschwinglich, so ist erst durch die Entwicklung des Personalcomputers, und hier solcher PCs, die das komplexe grafische Arbeiten zulassen, die Hereinnahme dieser Werkzeuge in die Ausbildung der Studenten möglich geworden. Die Schlüsselstellung nimmt dabei **der Desktop** ein. Der Desktop – die Benutzeroberfläche des PCs, dieser virtuelle "Schreibtisch" – ist der visuelle Moderator zwischen Rechner und Kreativem, zwischen der mathematisch-naturwissenschaftlichen Welt auf der einen und der Kreativität, der synthetisch orientierten Gestaltung des Designers und Künstlers auf der anderen Seite. Der Desktop ist der Teil des Computers, der ständig für das visualisierte Antlitz des Rechners Sorge trägt. Damit der Designer diesen Desktop tatsächlich nützen, sein Atelier, seine Werkstatt gegen den Personalcomputer tauschen kann, ihn also als **digitale Bild-Werkstatt und elektronisches Atelier** nutzt, muß der Desktop eine vertraute und zweckmäßige Arbeitsumgebung herstellen. Er muß ihm gleichbleibende, einfache, wiederkehrende und unterstützende Handreichungen bieten. Der Desktop ist **das Ambiente** für Farbtopf, Pinsel, Bleistift und Lineal. Er ist Schreibmaschinenpapier, Leinwand und Bütten, er ist Reproduktionskamera und Lupe, er hält zahlreiche Assistenten gleichzeitig zur Verfügung, er ist "nachsichtig und streng", er fordert prozessuale Disziplin, aber er unterstützt auch das assoziativ-spontane Arbeiten und gewährt für den designerischen Arbeitsprozeß die so bedeutsame schnelle visuelle Variantenbildung. Der Desktop läßt also über geeignetete Software analytisches und kreatives Herangehen zu und ermöglicht so die Synthese von beidem, – den **ganzheitlichen Arbeits- und Gestaltungsprozeß**.

Eine solche digitale Visualisierungs-Werkstatt kann dem Design- und Kunststudenten heute schon zur Verfügung stehen, und das dank der technologischen Fortentwicklung im Personalcomputer-Bereich auch zu erträglichen Kosten. Sie kann dem Studierenden für Ausbildungszwecke eingerichtet werden.

Der Desktop, die visualisierte Mensch-Maschine-Schnittstelle, die **gleichzeitig präzises und intuitives Arbeiten** unterstützt, die den Kreativen malen, zeichnen, skizzieren, illustrieren und layouten läßt, vereinfacht seine intuitive Prozessualität bei jedem Arbeitsschritt, sie protokolliert seine schöpferischen Akte, oder sie stellt ihm schnell millionenfache Farbqualitäten zur Verfügung, aus denen er individuelle Farbbibliotheken kreiert.

Design bedeutet darüber hinaus auch, die Welt der **klassischen Typografie** verfügbar zu haben: auf dem Desktop muß der Design-Student "mit der Hand schreiben" können, kalligraphieren also, "Texte erfassen" zur Manuskripterstellung für den Rohentwurf – auch ein Programm zur Manuskriptauszeichnung ist vorhanden, mit dem der Hochschullehrer Korrekturen am studentischen Entwurf auf dem Bildschirm grafisch markieren kann – schließlich muß der Student noch "setzen" können, wobei ihm für typografische Arbeiten **professionelle Satzschriften auf dem Desktop** einsetzbar und auch visualisierbar sein müssen – hierzu werden, so hoffen die "digitalen Typomanen" unter den Designern, in kürze auf sog. Postscript-Display-Schriften, und *last, not least* muß der Student eigene Schriften entwerfen und konstruieren und sie satztechnologisch über den Rechner benutzen können. Externe manuelle Eingabehardware, die über die Tastatur hinausreicht wie Maus, Lichtgriffel und Digitalisiertablett stehen dabei zur Verfügung und geeignete Software-Programme für Design liegen vor, was nicht heißt, daß nicht noch Wünsche offenblieben.

Allerdings eignet sich nicht jedes Marktangebot aus der Standardwelt der Personalcomputer für dieses hohe Ausbildungsziel, sondern meiner Meinung nach genügen den Anforderungen an eine computerunterstützte Designausbildung an Hochschulen nur grafisch adressierende Rechner der 32-Bit-Klasse, wie z.B. die Macintosh-Technologie von Apple. Der Desktop des Macintosh II – mit jeweils entsprechender Monitorgröße und Monitorqualität ausgestattet – erfüllt bereits heute weitgehend die **Bedingungen an ein Arbeitsplatz-Ambiente für den Designer.**

Die Bedieneroberfläche der Macintosh-Technologie, die dieses sichere und komfortable und vor allen Dingen auch elegante Arbeiten durch sog. "Visuelle Konstanten" über das Mac-Betriebssystem sichert und bereithält, gewährleistet in fast allen Programmen von der CAD-Welt der Architektur bis zur "Intuitiven Welt" anspruchsvoller Paintprogrammme das gleiche Bedienerbild: mit prinzipiell gutem WYSIWYG, auch und insbesondere in der Typografie, der Window-Technik, einfacher Vernetzbarkeit, auch mit Fileservern, und beispielsweise spezieller Software für didaktische elektronische Eingriffsmöglichkeiten in studentische Arbeitsprozesse auf Bildschirmen, wie z. B. Timbuktu.

Dieser Macintosh II und seine einzigartige Bedieneroberfläche ist gegenwärtig m. E. der einzige Rechner der Personalcomputer-Klasse, der für umfassendes Desktop Publishing bzw. Desktop Design an Kunsthochschulen taugt. Das besondere Human-Interface der Macintosh-Technologie führt dazu, daß auch die Studenten, die keine Rechner-Kenntnisse besitzen, sich schnell an derartigen elektronischen Grafikarbeitsplätzen einarbeiten können. "Computertage" – mit Leihgeräten Ende des letzten Semesters an der Hochschule für Künste in Bremen veranstaltet – haben diese These eindrucksvoll belegt.

Mit Desktop Publishing meine ich also hier nicht eine Konkurrenz zur Druck-Welt, sondern eine Gestaltungsweise mit Hilfe des Rechners und seiner Oberfläche, die sämtliche designerischen Arbeitsprozesse und alle Arbeitsschritte im Desktop zusammenführt.

Für diese Technologie liegt in der Macintosh-Welt reichhaltige Software vor, wie z. B. das postscriptfähige Xpress, ein Layoutprogramm, das ein besonders differenziertes Repertoire typografischer Einflußnahmen auf die Schriftbehandlung bereitstellt und durch seine programmiertechnische Rahmenorientiertheit sehr präzise Steuerungsmodi zuläßt, dann der berühmte Pagemaker, der der intuitiven Layouttechnik Raum gibt und unter Lupenfunktion dem Studenten sicheres Arbeiten ermöglicht, die verschiedenen Drawprogramme, wie der Adobe Illustrator, CricketDraw, die Postscript unterstützen und Werkzeuge bereithalten für neue Visualisierungsformen, kurz der Kranz der vielen Softwareprogramm-Zulieferer für die oben genannten Layoutprogramme.

Nun beschränkt sich aber die eigentliche Arbeit des Designers nicht nur auf Produkte, die er selbst entwirft und die zunächst nur als immaterielle Bilder virtuell existieren. Sein Gestaltungsprozeß umfaßt auch die designerische Überarbeitung von Bildelementen, die er der Welt der Gegenstände entnimmt: z.B. Produkte, die als Fotos, Lithos, Verpackungen vorgegeben sind. Auch diese Gestaltungselemente – ich nenne sie hier "Visuelle Halbfabrikate" – müssen über den Desktop weiterverarbeitet werden können, wenn der Student an das "elektronische Atelier" herangeführt werden soll. Dies ist mit der von uns favorisierten Technologie hard- und softwaremäßig schon heute elegant möglich. Zwar genügt die Qualität der preiswerten Scanner beispielsweise nicht strengen reproduktionsfotografischen Ansprüchen in bezug auf die Tonwertwiedergabe, jedoch für Strichaufnahmen wird ein exzellentes Niveau geboten.

Stößt nun bereits die Ausstattung der studentischen Arbeitsplätze mit der für Desktop Publishing erforderlichen Software schnell an die Grenzen der Bewilligungskriterien der Erstausstattung aus CIP-Mitteln, so sind die Möglichkeiten, über CIP-Mittel die computererstellten Arbeiten des Studenten zu publizieren – und das wäre erst Desktop Publishing in seiner eigentlichen Bedeutung – noch schwieriger zu realisieren.

Möglicherweise haben die Kunsthochschulen es bisher versäumt, den verantwortlichen Stellen die Gründe und Argumente dafür darzulegen, daß für eine Erstausstattung an Design-Hochschulen eine **"breitere" Peripherie-Hardware unverzichtbar ist**.

Denn der Computer ist im Designbereich nicht im wesentlichen Hilfsmittel, um bestimmte Arbeitssprozeduren zu erleichtern, zu verkürzen bzw. zu präzisieren – der schnelle wissenschaftliche Rechner also oder die komfortable Texterfassung und Datenverwaltung – deren beispielsweise "herausgeprintete Ergebnisse" nur Arbeitsvorlagen für den weiteren wissenschaftlichen Forschungsprozeß sind. Der Computer wäre im Designbereich sogar wertlos – ich überzeichne jetzt, um die Problematik zu verdeutlichen – wenn das gestaltete Produkt des Studenten nur auf dem Bildschirm bzw. im Rechner verbliebe und seine Qualität nur dort gewürdigt werden könnte, was angesichts der immer noch einschränkenden visuellen Mängeln in der Bildschirm-Darstellung, die selbst bei fortgeschrittener Technologie noch bestehen, den Wert der designerischen Arbeit des Studenten herabsetzen würde und keinen befriedigenden Lernprozeß im Studium zuließe. Die Ergebnisse des designerischen Arbeitens sind nun einmal Bildwelten, **die**

materialisierbar sein müssen, "quasi herauslösbar" aus dem Computer. Der ästhetische Raum, für den sie entworfen werden, ist kein virtueller, sondern ein realer, ein wirklicher Raum: der des materialisierten Produkts bedarf, des Plakates, der Anzeigenkampagne, der illustrierten Buchseite etc..

Daher ist die periphere Seite der Hardware, die die immateriellen Produkte aus den Rechner "vertreibt", und in die materielle Fabrikation schleust, ebensowenig von der Grundausstattung eines studentischen Computerarbeitsplatzes an Kunsthochschulen zu trennen wie die Bereitstellung spezieller "Grafik"-Software.

Papierrealisate in Farbe oder Schwarzweiß, die sowohl der Korrekturabzug, das Zwischenprodukt oder die Druckvorlage sein können, je nach der Qualität des Ausgabegerätes, müssen produzierbar sein. Auf der Ebene der Laserdrucker schränkt die Formatgröße (höchstens A3) derzeit die Verwendungsmöglichkeiten ein. In einer "low-end-quality" stehen uns farbige Lasertechnik und Laserkopiertechnik für Ausbildungszwecke zu Verfügung, sehr teuer, aber sehr komfortabel.

Damit jedoch die über den Desktop hergestellten Arbeiten des Designstudenten wirklich auf ihre Qualität für den beabsichtigten Zweck – der Präsentation beispielsweise – überprüft werden können, muß für seine Ausbildung auch höherwertige Peripherie zur Verfügung stehen. Die digitale postscriptfähige Filmrecorderbelichtung ermöglicht professionell zu nennende Kleinbildausgabe. Laserbelichter bis ca. DIN A 2 arbeitend, wie Linotronic, stellen gegenwärtig den Industriestandard dar. Sehr gut, aber auch sehr teuer. Zu nennen wäre auch der True-Colour-Thermotransferdrucker oder Farblaserdrucker, der zwar in geringer Auflösung von 300 dpi arbeitet, aber gegenüber dem Diabelichter den Vorzug hat, A4 bzw. A3-Format ausgeben zu können.

Für Reinzeichnungen schließlich erscheint der qualitative Plotter als Ausgabemedium unumgänglich. Neuerdings auch über ein Programm ansteuerbar, das Postscriptdaten in Plotdaten umwandelt. Hier ergibt sich eine besondere Reichweite der designerischen Format-Erweiterung bis in den A-1-Bereich und größer.

Für eine eigene CAD-Schriftentwicklung steht in der Macintosh-Welt das einzigartige Druckschriftenerstellung-Programm "IKARUS" zur Verfügung. Ausgabemedium neben dem Laserprinter, auch der Plotter.

Es wäre also wünschenswert, wenn sich **Computer-Investitions-Programme auch um hochauflösende Ausgabeperipherie erweitern** ließen. Denn die technologischen Voraussetzungen für professionelle Computerarbeitsplätze sind **auf der PC-Ebene** im Feld der Visuellen Kommunikation für Design- und Kunststudenten verfügbar.

Berichterstattung über CIP-Forum 5 "CIP-PC-Pools für CAD, Grafik und Desktop Publishing"

Guido Hartmann

Fachhochschule Kiel
Fachbereich Technik

Der größte Teil der 8 Beiträge im CIP-Forum 5 befaßte sich mit dem Einsatz von CAD-Systemen im Ausbildungsbereich. Ein hoher Anteil stammte dabei aus dem Bereich Architektur.

In seinem Beitrag "CAD in der Architektur-Ausbildung" wurde von Herrn Rinke von der Fakultät für Architektur der Universität Karlsruhe, ausgehend von den gerätetechnischen, organisatorischen und curricular-didaktischen Verhältnissen in Karlsruhe, ein Konzeptentwurf für die Integration von CAD in die Architektenausbildung vorgestellt und die daraus resultierenden Konsequenzen diskutiert: Fortführung von CIP, zusätzliche Mittel für die neu entstehenden Sachausgaben und personellen Betreuungsaufwendungen, Schaffung einer Hochschulorganisation in Anlehnung an EDUCOM mit fachspezifischen Untergruppen.

In dem Referat von Prof. Gerken vom Institut für Architektur- und Planungstheorie "Ermittlung der Rechneranzahl für CIP-Pools" wurde herausgestellt, daß es bisher kein anerkanntes Verfahren zur Ermittlung dieser Anzahl gibt und daß Festlegungen zu wichtigen Berechnungsgrößen fehlen. Gefährlich ist nach Darstellung des Referenten die vielfach vorgenommene Gleichsetzung von Betriebszeit und Nutzungszeit von CIP-Rechnern. Es wurde ein Feinbemessungsverfahren vorgeschlagen, das eine Berechnung der Anforderungen aus dem Kursbetrieb und dem freien Übungsbetrieb zuläßt.

Von Herrn Pittioni vom Fachbereich Architektur der Technischen Universität München wurden in seinem Beitrag "Einsatz des CIP-Pools für Architekten in der EDV/CAD-Ausbildung" Erfahrungen mit CIP-Rechnern in Lehrveranstaltungen mitgeteilt. Für die Fakultät bedeuten die CIP-Beschaffungen wesentlich verbesserte Lehrbedingungen. Die Akzeptanz bei den Studierenden ist gut, bei der Fakultät jedoch teilweise ablehnend. Aus der Betreuung der CIP-Geräte sowie Pflege und Wartung der Software ergeben sich ungelöste Personalprobleme.

Von Prof. Führer und Herrn Stein von der Architektur-Fakultät der TH Aachen wurde in einem Referat "Rechnergestützter Tragwerkentwurf" über die EDV- und CAD-Ausbildung, bezogen auf den Einsatz in Architekturbüros, berichtet. Zur System- und Formfindung sind Kenntnisse, Methoden und Hilfsmittel sowohl aus dem funktionalen und gestalterischen wie auch aus dem statischen Bereich erforderlich. Das Ziel der Tragwerklehre, das Entwerfen von Tragwerken, erfolgt mittels Zeichnungen und Skizzen und wird durch CAD-Hilfsmittel unterstützt, hinzu kommen Überschlagsberechnungen zur Statik, die durch ESW, RSW und FEM fortgeführt werden.

Im Beitrag des Berichterstatters "Technisch-wissenschaftliche Präsentationsgrafik mit TW GRAPH" wurde ein FORTRAN-Unterprogrammsystem vorgestellt, das im Fachbereich Technik der Fachhochschule Kiel ab Wintersemester1988/89 in der Programmierausbildung auf CIP-Rechnern eingesetzt werden soll. Diesem Einsatz liegt die Auffassung zugrunde, daß die Ausgabe von Daten in Form von grafischen Darstellungen für einen Programmentwickler ebenso selbstverständlich möglich sein muß wie die Ausgabe in Form von Zahlen und Texten. Das System unterstützt die im technisch-wissenschaftlichen Bereich üblichen Darstellungsarten einschließlich 3D-Darstellungen. Beim Entwurf wurde besonderer Wert auf leichte Handhabbarkeit des Systems gelegt.

Von Herrn Schmidtke vom Institut für Maschinenbaukonstruktion der TU Berlin wurden in seinem Beitrag "Didaktische Integration von Mikrorechnern in die Konstruktionslehre" folgende Schwerpunkte herausgestellt: Konzeptionelle Entwicklung einer Maschinen-Element-Software mit Schnittstellen zu weiterführender Software, Kennenlernen und Bedienen von Peripheriegeräten, Entwicklung einer Vorgehensweise zur CAD-Einführung, Schulung von systemübergreifendem Denken durch Systemkopplung. Als Ziele wurden weitere Software-Beschaffungen, vermehrte Systemkopplungen, Schaffung von anwenderfreundlichen Makrobibliotheken und die methodische Entwicklung von zielorientierten PC-Ausbildungssystemen genannt.

Herr Krause vom Fachbereich Statistik der Universität Dortmund berichtete über "Die S Language im Einsatz auf Sun 3-Workstations im CIP-Pool". Bei der vorgestellten Software handelt es sich um ein interaktives statistisches Programmpaket, das von Matrixoperationen als Grundidee ausgeht; es enthält einen Makroprozessor und Schnittstellen zu FORTRAN und C. Das System wird im Fachbereich seit einem Jahr im Hauptstudium eingesetzt. Als Quintessenz sind eine hohe Akzeptanz seitens der Studenten und guter, auch freiwilliger Arbeitseinsatz zu verzeichnen.

In dem Beitrag von Prof. Barthel vom Fachbereich Gestaltung der Hochschule für Künste Bremen über "Desktop Publishing" wurden die speziellen Bedürfnisse der Kunsthochschulen als der "nichtwissenschaftlichen Welt" herausgestellt. Zur Unterstützung der intuitiv, assoziativ, schöpferisch und ganzheitlich ausgerichteten Arbeit des Gestalters werden komfortable Rechneroberflächen in Form von Desktop-Systemen benötigt. Besonders betont wurden die Anforderungen an qualifizierte Ausgabegeräte, z.B. Dia-Belichter und Laserdrucker.

Zusammenfassend läßt sich feststellen, daß der breite Einsatz grafischer Hilfsmittel im Ausbildungsbereich unterschiedlichster Fachrichtungen erst durch die Verfügbarkeit grafikfähiger PCs verwirklicht werden konnte. In den Beiträgen kam generell die Notwendigkeit des Ausbaus dieser Möglichkeiten durch weitere Sach- und Personalmittel zum Ausdruck.

Empfang durch den Senator für Wissenschaft und Forschung – die Ansprache hält Senatsrat Peter Haensch
(Fotos: Gundula Dette)

Produkt-Forum

Angebote der DV-Industrie für Forschung und Lehre

Das Programmiersprachenangebot für Forschung und Lehre von AC-COPY

AC-COPY IfD GmbH, Aachen

Pascal-2

Pascal-2 ist ein Standard Pascal Compiler, der auf vielen Rechnern und Betriebssystemen implementiert wurde. Pascal-2 wurde bei allen Implementierungen entsprechend dem ISO-Standard 7185 Level 1 validiert. Die Erweiterungen zum ISO-Standard umfassen: Random Access auf Dateien, separate Compilierung, Zugriffsmöglichkeiten auf Speicherzellen, String-Datentyp, und noch einiges mehr. Diese Erweiterungen gegenüber dem Standard sind für alle Implementierungen von Pascal-2 gleich.

Pascal-2 findet alle Syntaxfehler während der Compilierung – andere Checks finden die meisten nicht initialisierten Variablen, die sonst erst zur Laufzeit entdeckt werden. Die Fehlermeldungen beschreiben den Fehler und zeigen die Fehlerstelle in der Programmzeile an.

Zur Laufzeit entdeckte Feldüberschreitungen oder Zugriffe über ungültige Zeiger werden durch einen 'Walkback' beschrieben, der die fehlerhafte Programmzeile sowie den Aufrufpfad enthält.

Mit dem Pascal-2 Quellcode-Debugger können dann auch logische Fehler im Programm leichter aufgefunden werden. Das Pascal-2 Softwareentwicklungssystem enthält zusätzliche Hilfsprogramme wie einen Pascal-Formatierer, einen Procedure- und einen Variablen-Crossreferenzer.

AC COPY IfD GmbH hat für den Ausbildungs- und Forschungssektor ein spezielles Programm zur Verbreitung des Pascal-2 Compilers für MS-DOS ausgearbeitet, das insbesondere den Einsatz des Compilers in den CIP-Pools sehr einfach und preiswert macht, und auch für Studierende sehr günstige Konditionen bietet.

Modula-2

Modula-2 ist wie Pascal-2 von Oregon Software für viele Rechner wie z.B.VAX unter VMS, SUN 3, Motorola 68000 der Unix-Systeme sowie Intel 386er XENIX und UNIX, nicht jedoch für MS-DOS Rechner implementiert. Das Modula-2 Softwareentwicklungssystem basiert auf der Modula-2 Sprache, wie sie in der dritten Ausgabe von Dr. Wirths 'Programming in Modula-2' definiert ist. Die Fehlertests sowohl zur Compilier- wie auch zur Laufzeit sind ähnlich ausgeführt wie beim Pascal-2 Compiler. Ein Quellcode-Debugger ist im Paket enthalten.

C++

C++ ist eine Erweiterung von C für objektorientierte Programmierung und wird von Oregon Software wie Pascal-2 und Modula-2 für viele Rechner und Betriebssysteme angeboten. C++ wurde bei AT&T entwickelt mit dem Ziel, die vielen Vorteile, die objektorientiertes Programmieren bietet, auch dem C-Programmierer verfügbar zu machen. Im Gegensatz zu dem bei AT&T entwickelten Preprocessor, der C++ Code in C-Code übersetzt, generiert der Oregon C++ Compiler linkfähigen Objectcode. Dies macht auch den Einsatz des C++ Quellcode-Debuggers möglich.

Weitere Software aus den USA

AC COPY IfD GmbH vertreibt und unterstützt noch weitere Software aus den USA, die auch in Ausbildung und Forschung verwendet wird. Eine aktuelle Preis- und Produktliste kann angefordert werden.

Networking und Communication – Kommunikationskonzepte von Apple Computer

Peter Mayr

Apple Computer GmbH, München

1. Vorbemerkung

Apple Computer bietet eine vollständige Palette von Produkten rund um Mikrocomputer: CPUs vom Apple IIGS und Macintosh Plus bis zum Macintosh IIx, Macintosh IIcx oder Macintosh SE/30 mit Motorola 68030 Prozessor; Drucker vom ImageWriter Nadeldrucker bis zum LaserWriter II NTX Laserdrucker; Peripheriegeräte von Bildschirmen über Scanner und CD-ROM Laufwerke bis zum Midi-Interface; Netzwerkprodukte vom LocalTalk Verkabelungssystem und entsprechenden Adapterkarten für MS-DOS Rechner über Ethernet bis zu AppleShare File Server; systemnahe Software und Anwendungen – wie unterschiedliche Betriebssysteme oder die Multitasking Umgebung MultiFinder – bis hin zu HyperCard; nicht zu vergessen sind die Entwicklerwerkzeuge wie Macintosh Programmers Workshop, Macintosh Koprozessor Plattform, MacWorkStation, MacAPPC, AppleTalk for VMS, Macintosh Communication Toolbox oder MacTCP.

Diese Vielfalt ist nicht „historisch gewachsen", es stecken vielmehr genaue Vorstellungen dahinter, wie Produkte und ihre einzelnen Komponenten zusammenwirken sollen. Apple Computer hat systematisch die Voraussetzungen zu Hardware, systemnaher Software, Programmier- und Benutzerschnittstellen sowie Netzwerke und Datenkommunikation entwickelt, dokumentiert und veröffentlicht. Im Rahmen dieser Architekturen stehen innovative Bausteine für Apple-eigene Komplettlösungen und für Drittentwicklungen zur Verfügung. Damit sind bereits heute überzeugende Lösungen für das computerunterstützte Arbeiten verfügbar und klare Wachstumspfade für die Zukunft gegeben.

2. „Connectivity"

Der Hersteller Apple Computer hat Jahr 1988 zu seinem Jahr der „Connectivity", zum Einstieg in die Kommunikation zwischen Macintosh, MS-DOS Rechner, Workstation und historisch gewachsener Groß-EDV erklärt. Apple Computer fühlt sich der Schaffung leistungsfähiger und innovativer Netzwerk- und Kommunikationslösungen verpflichtet; dies wird nicht nur in einer Vielzahl von Produktankündigungen deutlich. So wurde die Position „Vice-President Networking and Communication" neu geschaffen und zum August mit Donald P. Casey besetzt. Mit der Akquisition von Network Innovations, das die CL/1 Schnittstelle für die Abfrage beliebiger Datenbestände entwickelt hat, und von Orion Network Systems, das im SNA Umfeld aktiv ist, hat Apple Computer zwei Unternehmen mit herausragender Erfahrung im Kommunikationsbereich übernommen.

Basis für Apples Kommunikationslösungen sind die Netzwerkarchitektur AppleTalk, innerhalb der Dienste verschiedenster Art effizient, flexibel und einfach weitergereicht werden, die Macintosh Koprozessor Plattform, mit der Dienste auf wirtschaftlich und konsistente Weise erzeugt werden, und die Macintosh Communication Toolbox, mit der alle lokal oder über das Netz zur Verfügung stehenden Kommunikationsressourcen simultan beliebigen Macintosh Anwendungen zugänglich gemacht werden.

3. AppleTalk

AppleTalk ist nach dem OSI-Referenzmodell aufgebaut und von Übertragungsverfahren und -medien, Maschinentyp oder Betriebssystem unabhängig. Das Diagramm in Abb. 1 gibt einen Überblick der derzeit verfügbaren AppleTalk Protokolle.

Die Installation und Konfiguration von AppleTalk Netzwerken ist sehr einfach. Insbesondere sind keine Hardware-Adressen einzugeben, keine zentralen Tabellen zu pflegen und keine besonderen Restriktionen in der Verkabelung einzuhalten. Der Zusammenschluß einzelner Netzwerke zu großen Verbunden ist durch spezielle Protokolle standardmäßig unterstützt. Die Organisation von Unternehmen kann durch Aufteilung in logische Zonen nachgebildet werden. Derzeit sind weltweit über eine Million AppleTalk Knoten aktiv; die größten AppleTalk Internets enthalten mehr als fünftausend Knoten.

Bei der Nutzung von Ressourcen wird nicht unterschieden zwischen solchen, die lokal am Arbeitsgerät vorhanden sind, und solchen, die entfernt irgendwo im Netz verfügbar sind. Macintosh Anwender erhalten immer im Eintrag „Auswahl" unter dem Apfel-Menü eine Übersicht der möglichen Dienste, eventuell der vorhandenen Netzwerkzonen und der gerade aktuell verfügbaren Dienstgeber. Es kann sich dabei um Druckdienste wie Nadeldrucker, Laserdrucker, Druckspooler oder gar Photosatzbelichter handeln oder um Massenspeicher in verschiedensten Fileservern, um Schnittstellenserver, Übergänge in fremde DV-Welten oder elektronische Post. Das Arbeiten in AppleTalk Netzen erfordert daher keinen speziellen Schulungs- oder Betreuungsaufwand.

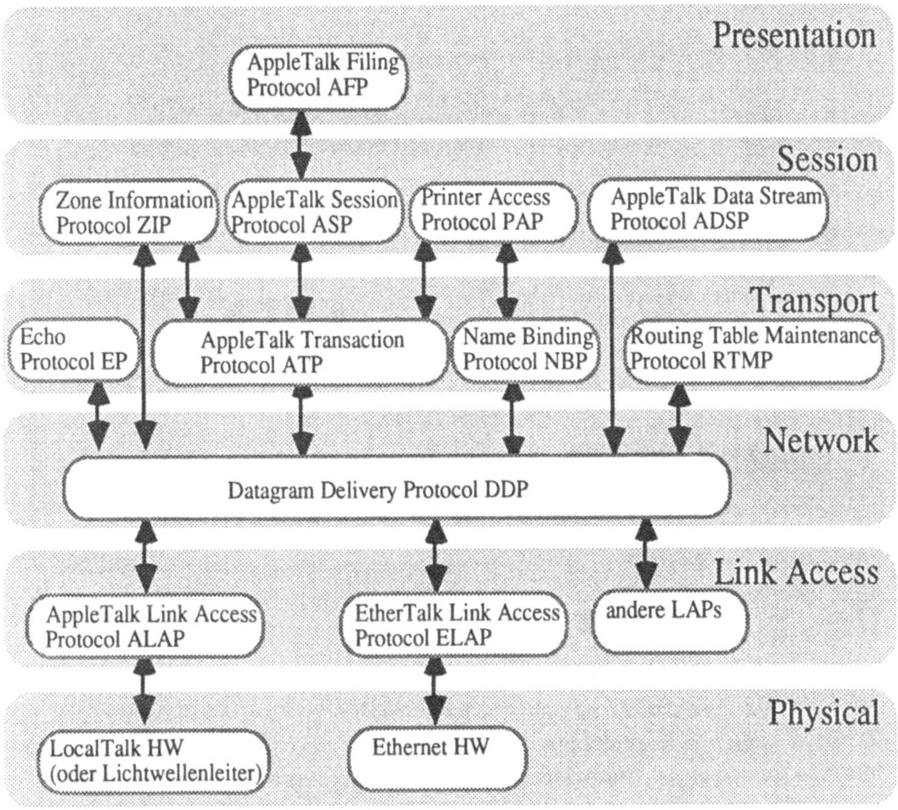

Abb. 1: Übersicht über die AppleTalk Protokolle

Alle Apple Mikrocomputer besitzen eine Schnittstelle für die Nutzung von AppleTalk Diensten über das LocalTalk Zweidrahtverfahren. Der Wechsel auf alternative Übertragungsverfahren wie Ethernet ist in den Macintosh Architekturen von Hause aus vorgesehen und erfolgt bei laufendem Netzwerk mit einem Mausklick im Eintrag „Kontrollfeld" unter dem Apfelmenü. Die Unterstützung von Token-Ring ist angekündigt.

Mit der LocalTalk PC Karte und dem AppleShare PC Programm werden MS-DOS-Rechner zu gleichberechtigten Arbeitsstationen im AppleTalk Netzwerk. PC-Anwender können damit aus MS-DOS Anwendungen auf AppleTalk Druckdienste, insbesondere Apple LaserWriter, und auf gemeinsame AppleShare Fileserver zugreifen. Die Benutzeroberfläche von AppleShare PC ist dem Macintosh nachempfunden. AppleShare PC läßt bei entsprechender Konfiguration genügend Hauptspeicher für die üblichen MS-DOS Anwendungen übrig.

Anwender können ohne große Anfangsinvestitionen AppleTalk Netzwerke einsetzen und später über verschiedenste Wachstumspfade hochrüsten. Es erfordert keine Spezialkenntnisse, ein LocalTalk Netzwerk zusammenzustecken sowie einen AppleShare Fileserver in Betrieb zu nehmen und anschließend zu warten.

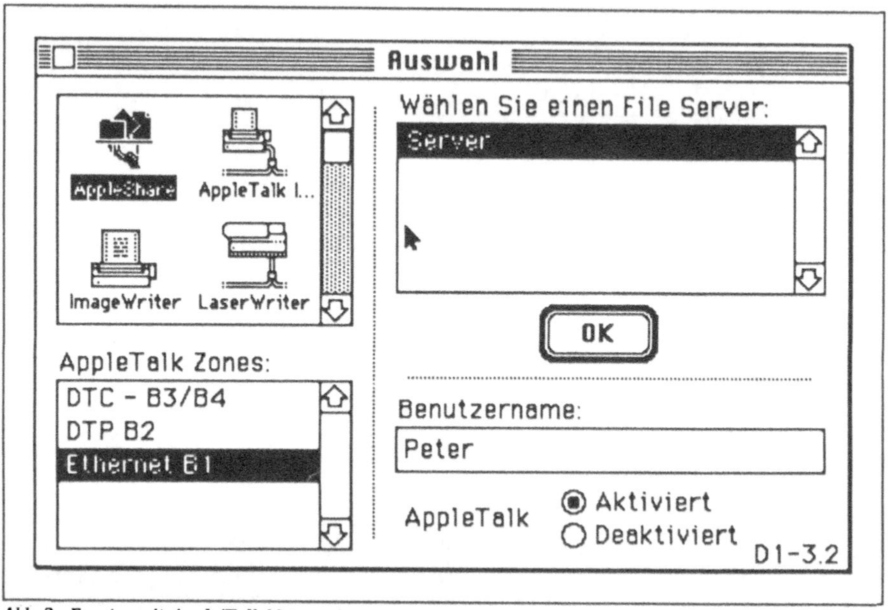

Abb. 2: Fenster mit Apple/Talk Netzwerkzonen

Diese Lösung ist aus mehreren Gründen ausgesprochen ausfallsicher. Zum einen ist das Zweidrahtnetz selbst völlig unkritisch. Zum anderen werden nur standardmäßige Komponenten verwendet. Die AppleTalk Drucker sind eigenständige Druckserver, ohne daß dazu ein Servergerät mit allen seinen Fehlerquellen benötigt wird. Der AppleShare Fileserver besteht aus einem normalen Macintosh mit angeschlossenen Festplatten, auf dem das AppleShare Fileserver Programm läuft. Sollte es tatsächlich zu einem Geräteausfall kommen, hat man in

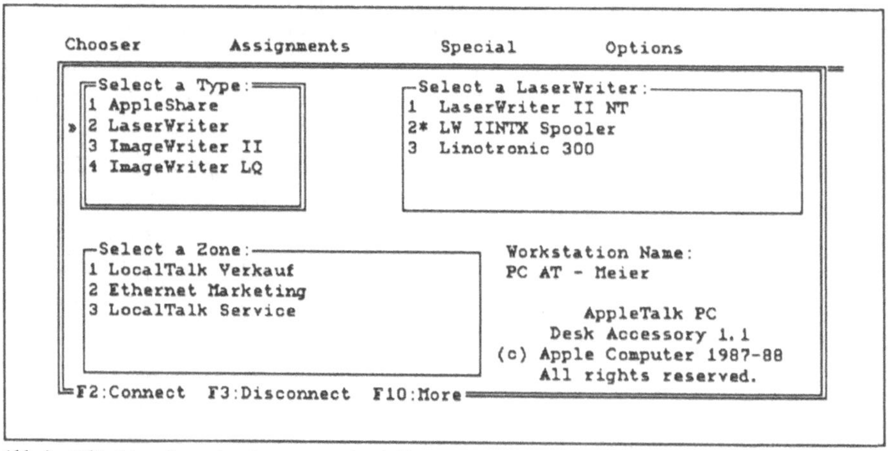

Abb. 3: Bildschirmabzug des chooser von AppleShare PC

kürzester Zeit einen Ersatzserver, indem man an eine Macintosh Arbeitsstation die Server-Platten anschließt. PC-Anwender sind völlig gleichberechtigte AppleTalk Teilnehmer in einer solchen Arbeitsgruppe. Alle greifen auf gemeinsame Datenbe-stände zu; die PC-Anwender können aus ihren MS-DOS Anwendungen heraus gleichzeitig auf AppleTalk Druckdienste zugreifen. AppleShare PC bietet eine sehr elegante und wirtschaftliche Möglichkeit, von mehreren PC aus simultan hochwertige PostScript-Drucker anzusprechen.

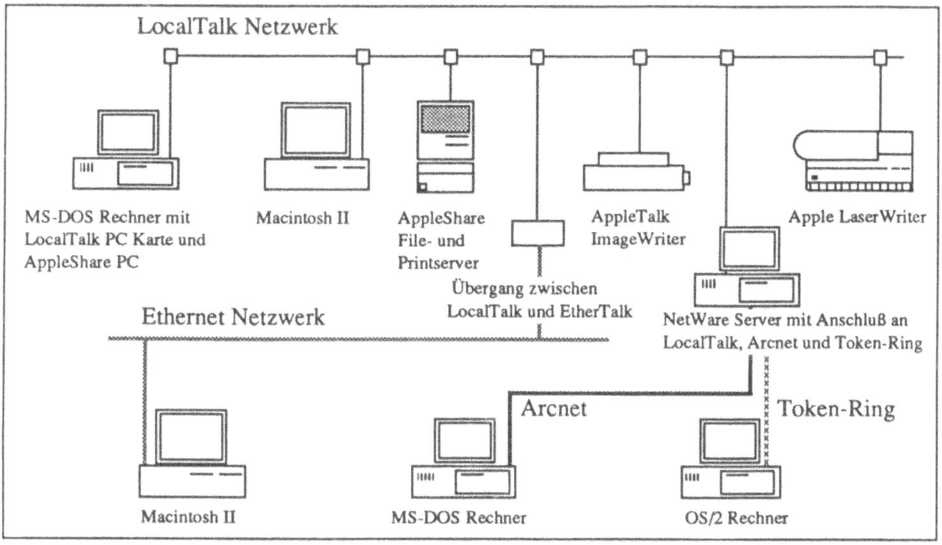

Abb. 4: Netzwerk mit Macintosh und PC

4. Macintosh Koprozessor Plattform

Macintosh II, IIx und IIcx, die neuesten Geräte der Macintosh Familie, sind mit dem von Texas Instruments zusammen mit dem Massachusetts Institute of Technology entwickelten und von ANSI standardisierten NuBus ausgestattet. Intelligente NuBus-Karten machen den Macintosh daher idealerweiser zu einem Server für unterschiedlichste Dienste. Hierbei wird nicht die Rechnerleistung des Macintosh für Serverdienste genutzt, vielmehr dient bei dieser Art Multiprozessorsystem der NuBus als Kommunikationsschiene für die einzelnen Karten. Diese halten untereinander und nach außen Kontakt und reichen ihre Dienste über die im Macintosh verfügbaren AppleTalk Netzwerkanbindungen an andere Knoten im AppleTalk Netzwerkverbund weiter.

Dieses Konzept birgt mehrere Vorteile. Zum einen ermöglicht es Lösungen, die durch die eigene Intelligenz und deren Nutzung im lokalen Macintosh II oder IIx leistungsfähig sind und hohen Durchsatz ermöglichen; zugleich sind dieselben Lösungen durch eine Mehrfachnutzung im Netzwerkverbund wirtschaftlich und auch Macintosh-Rechner ohne eigenen NuBus, wie dem Macintosh Plus oder SE zugänglich. Zum anderen gibt dieses Konzept Drittentwicklern genau definierte Schnittstellen an die Hand und garantiert die Funktionalität ihrer Lösungen auch bei Weiterentwicklungen durch den Hersteller.

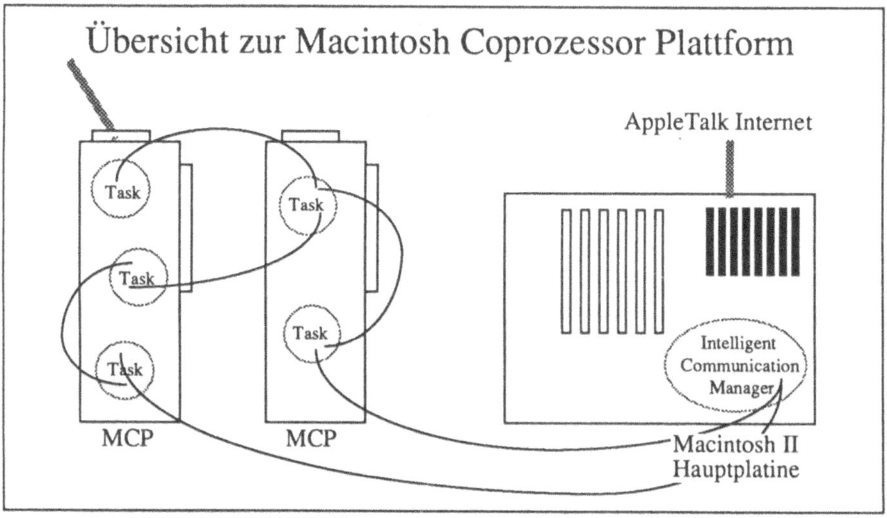

Abb. 5: Skizze zur Macintosh Koprozessor Plattform

Die MCP Macintosh Koprozessor Plattform ist ein vollständiges Entwicklungspaket für solche intelligenten Karten. Es beinhaltet eine NuBus Protoypen-Karte (mit Motorola 68000 Prozessor, ein halbes Megabyte Hauptspeicher, NuBus Zugangslogik und Platz für eigene Bauteile), ein Echtzeit-Multitasking-Betriebssystem und Module für die Kommunikation zwischen Tasks auf derselben oder unterschiedlichen MCP-Karten sowie der Macintosh Hauptplatine. Der Hersteller Apple Computer gibt damit Drittfirmen ein mächtiges und äußerst wirtschaftliches Hilfsmittel in die Hand, um schnell spezifische Lösungen ohne große Probleme auf NuBus-Karten zu implementieren. Da Apple Computer auch selbst MCP einsetzt, haben Entwickler die Gewißheit, daß dies ein ausgereifter und leistungsfähiger Baustein ist. Eines der ersten Apple Produkte auf Basis der MCP ist MacAPPC, eine vollständige LU 6.2/PU 2.1 Implementierung.

5. Macintosh Communication Toolbox

Basierend auf der Macintosh Coprozessor Plattform werden Dienste erzeugt, die dann lokal genutzt oder im AppleTalk Netzwerkverbund an entfernte Macintosh weitergereicht werden. Die im August dieses Jahres angekündigte Macintosh Communication Toolbox ist das noch fehlende Bindeglied, damit alle Macintosh

Anwendungen und nicht nur Spezialprogramme diese Dienste in Anspruch nehmen können. Zudem garantiert die Communication Toolbox unter der Multitasking Umgebung MultiFinder die simultane Nutzung aller Kommunikationsressourcen. Es wird auch möglich sein, zu einer Zeit mehrere Netzwerkanbindungen mit unterschiedlichen Protokollen anzusprechen, etwa Drucken mittels Printer Access Protocol über LocalTalk, Kommunikation mittels AppleTalk Data Stream Protocol über Ethernet und gleichzeitig FTP-Dateiübertragung über dieselbe Ethernetkarte mit TCP/IP.

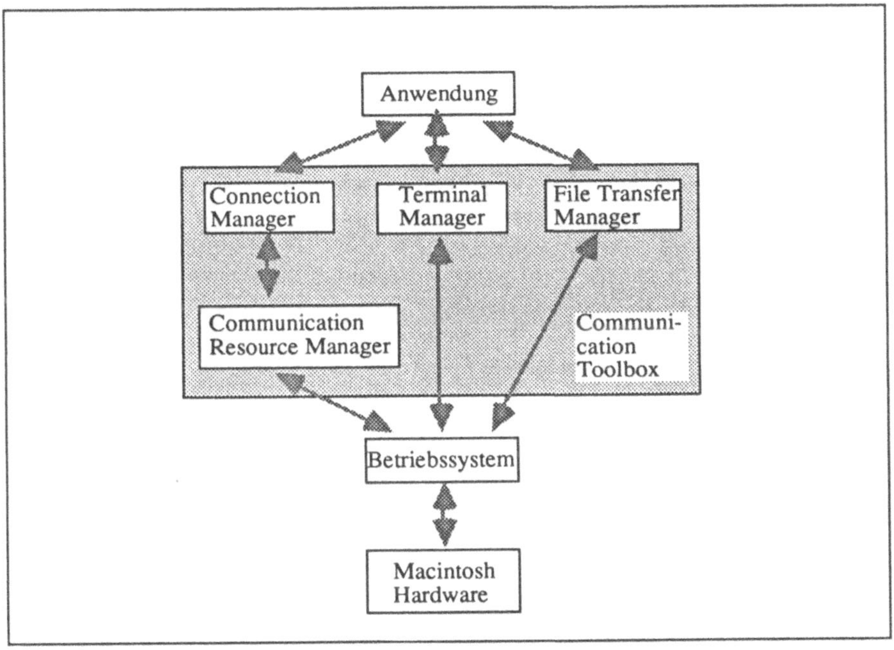

Abb. 6: Skizze zur Macintosh Communication Toolbox

6. Übersicht über die Kommunikationsverfahren

Im folgenden sind Kommunikationsverfahren, die Macintosh Anwendungen zur Verfügung stehen, zusammengefaßt:

- **Seriell asynchron**
  Verfügbar sind die serienmäßig eingebauten Schnittstellen oder zusätzliche mittels Einsteckkarten. Es können jederzeit auch Schnittstellenserver im AppleTalk Internet verwendet werden.
- **ADSP AppleTalk Data Stream Protocol**
  Mit ADSP lassen sich virtuelle Verbindungen im AppleTalk Netzwerkverbund, insbesondere mit VMS-Rechnern oder Kommunikationsservern auf MCP Basis realisieren.

- **Andere AppleTalk Protokolle**
  ATP AppleTalk Transaction Protocol, ASP AppleTalk Session Protocol, AFP AppleTalk Filing Protocol, ...
- **3270 datastream API**
  Es ist eine Standardprogrammierschnittstelle für IBM 3270 Datenstrom spezifiziert, die von Apple Computer und allen Drittanbietern unterstützt wird.
- **MacAPPC**
  Programm-zu-Programm-Kommunikation mit IBM LU 6.2 Verben zwischen Anwendungen auf verschiedenen Rechnern: in reiner Macintosh Umgebung, mit MS-DOS Maschinen, mit IBM /3x, mit CICS Datenbanken, ...
- **TCP/IP**
  Die Schicht-drei und Schicht-vier Implementierung MacTCP wurde von Apple Computer im September 1988 angekündigt; von Dritten sind bereits heute Lösungen verfügbar. Unter Apples Unix-Implementierung A/UX werden alle üblichen Ethernet Protokolle (TCP/IP, Berkley-Dienste, NFS, ...) unterstützt.
- **OSI Protokolle**
  Das Unternehmen Touch Communications, an dem Apple Computer eine Minderheitsbeteiligung hält, hat bereits eine vollständige OSI/TOP Implementierung für Apple Macintosh.
- **Datenbankzugriffe**
  mit CL/1 – Connectivity Language 1 von Network Innovations, einer Tochter von Apple Computer – soll zur Standardsprache für die Abfrage relationaler und nicht-relationaler Datenbestände werden.

7. Allgemeine NuC Werkzeuge

Zwei allgemeine Werkzeuge, die standardmäßig mit jedem Apple Macintosh ausgeliefert werden, sind auch für Kommunikationslösungen von Interesse. Es handelt sich um „Dateien konvertieren“ und HyperCard.

„Dateien konvertieren“ ist ein modular um Konverter ergänzbares Macintosh Programm, das zum Umsetzen von Dokumentenformaten dient. Damit ist sichergestellt, daß nahezu jede maschinenlesbare Information auch auf Macintosh weiterverarbeitet werden kann und daß Macintosh Dateien bei Bedarf in das Format anderer Rechner umgewandelt werden können. Die Schnittstellen zur Entwicklung eigener Konverter sind offengelegt.

HyperCard ist eine Hypertext-Anwendung, die mit der integrierten HyperTalk Programmiersprache sehr einfach und flexibel die Erstellung von eigenen Lösungen erlaubt. HyperTalk kann jederzeit durch sogenannte „external commands“ um zusätzliche Funktionen insbesondere auch für Datenkommunikation erweitert werden. Daher ist HyperCard gut geeignet für rapid prototyping. Apple Computer und andere Hersteller bieten solche „external commands" bei Verfügbarkeit neuer Produkte mit an (etwa HyperAPPC von Apple Computer oder HyperSQL von Oracle).

8. MacWorkStation

Kommerzielle Anwendungen sind abgesehen von Stapelauftragsprogrammen meist so strukturiert, daß ein zentrales Programm viele „dumme" Endgeräte für interaktive Dialoganwendungen steuert. Die Logik der Anwendungen ist seit Jahren bewährt, die Benutzerschnittstellen sind jedoch auf zeilen- oder blockorientierte Terminals zugeschnitten. Der Schulungs- und Betreuungsaufwand solcher Anwendungen ist recht hoch. Apple Computer hat mit MacWorkStation ein Entwicklerwerkzeug geschaffen, um Apple Macintosh auch in solchen Einsatzfeldern nicht nur in Form bloßer Terminalemulation, sondern als elegante integrierte Lösung einzusetzen.

MacWorkStation ist einerseits ein Protokoll der Präsentationsschicht des OSI-Referenzmodells und andererseits eine Implementierung dieses Protokolls auf Apple Macintosh. Damit lassen sich zentrale Anwendungen schreiben, die Macintosh als Endgeräte mit ihren spezifischen Fähigkeiten ansteuern. Der Anwender hat dabei den Eindruck, mit einer gewohnten Macintosh Anwendung zu arbeiten. Die Großrechnerapplikation steuert auf dem Macintosh Menüleisten, erzeugt Fenster und Dialogboxen und nutzt die verfügbaren Macintosh Ressourcen. Die Anpassung existierender Applikationen an MacWorkStation ist möglich. Der Aufwand hängt von der Modularität der Anwendung ab.

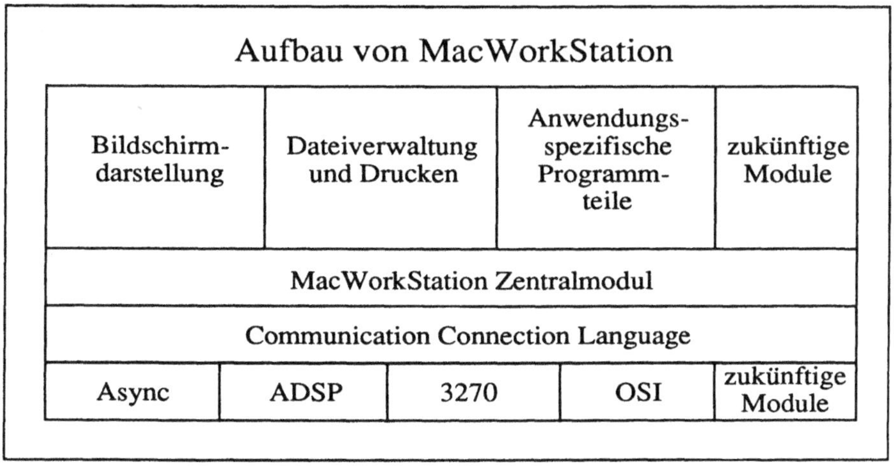

Abb. 7: Blockdiagramm MacWorkstation

Ein willkommener Nebeneffekt von MacWorkStation ist die Verringerung der zu übertragenden Datenmengen, da die MacWorkStation Kommandos sehr knapp gehalten sind und im Prinzip nur Nutzdaten über die Leitung gehen. Bildschirmmasken oder andere unveränderliche Daten können lokal am Macintosh gespeichert werden. MacWorkStation kann daher auch über serielle Verbindungen sinnvoll eingesetzt werden. Auch die Belastung des Großrechners wird verringert. Zum einen wird die oft recht CPU-intensive Steuerung der Endgeräte einfacher, zum anderen können aber auch Aufgaben wie Plausibilitätskontrollen lokal im Macintosh ohne Interaktion des Großrechners ablaufen.

9. AppleTalk for VMS

Über AppleTalk Netzwerke erhalten Macintosh Anwender auch transparenten Zugang zu VMS-Rechnern. Es besteht die Möglichkeit DEC-Rechner unter VMS Betriebssystem als eigenes Netzwerksegment in ein AppleTalk Internet einzubinden. Einzelne VMS Prozesse stellen dann verschiedenste Netzwerkdienste wie Terminalzugang, Fileserver nach den AppleShare Vorgaben, Druckspooler oder auch eigens entworfene Dienste wie Weiterreichen von extrahierten Daten zur Verfügung. Apple Computer bietet hierzu eine Implementierung aller AppleTalk Protokolle als VMS-Bibliothek unter „AppleTalk for VMS" an.

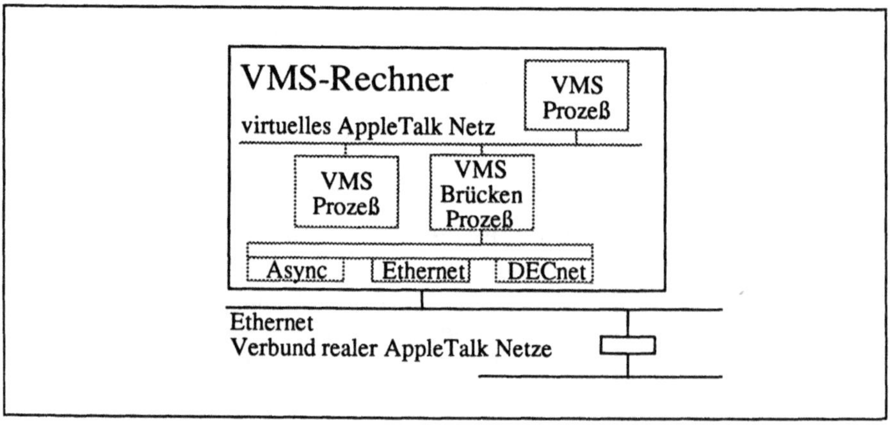

Abb. 8: AppleTalk for VMS

Im Rahmen der technischen Allianz zwischen Apple Computer und Digital Equipment Corporation wird DEC „AppleTalk for VMS" systemnah implementieren. DEC wird auch Fileserver nach dem AppleTalk Filing Protocol und Druckerdienste nach Printer Access Protocol anbieten. Des weiteren soll ein Transport-Schicht-Übergang zwischen AppleTalk und DNA eine transparente Kopplung von AppleTalk Netzwerken über DECnet ermöglichen. Geplant ist auch die Unterstützung von remote procedure calls zwischen Macintosh und VMS-Rechner.

10. MacAPPC

MacAPPC stellt eine vollständige Implementierung der IBM Standards LU 6.2 und PU 2.1 dar. Hierbei agiert eine auf MCP basierende NuBus-Karte als PU 2.1 Übergang ins SNA Netz und arbeitet den größten Teil der LU 6.2 Funktionalität ab. Allen Macintosh im AppleTalk Internet stehen diese LU 6.2/PU 2.1 Funktionen dann mittels einer Erweiterung der Macintosh Toolbox zur Verfügung.

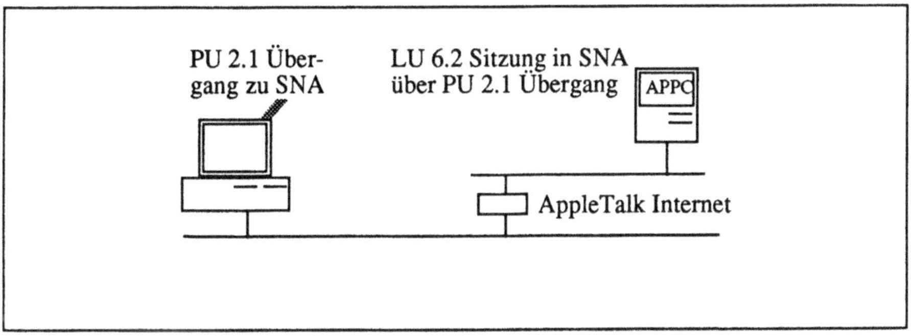

Abb. 9: MacAPPC (LU 6.2)

Es sind alle LU 6.2 Verben bis auf „roll-back" und „sync" unterstützt. MacAPPC sieht vor, statt dieser CICS-spezifischen Verben eigene, für die jeweilige Einsatzumgebung zugeschnittene Verben zu implementieren. Es ist die volle Funktionalität einer selbständigen PU 2.1 Einheit im SNA Netz und nicht nur die von PU 2.0 geboten. Mit MacAPPC lassen sich ohne großen organisatorischen Aufwand APPC Anwendungen mit Programm-zu-Programm-Kommunikation nach LU 6.2 entwerfen. Es genügt hierzu ein entsprechend ausgestatteter Apple Macintosh. Bei Bedarf arbeiten diese Lösungen mit LU 6.2-Anwendungen auf anderen Systemen im SNA Verbund zusammen.

11. Ausblick

In den vorangegangenen Abschnitten wurden die Strategie und die wesentlichen Bausteine für die Kommunikation mit Apple Systemen skizziert. Bereits heute sind viele pragmatische Lösungen mit Macintosh realisierbar. Allein die Möglichkeit mit der Maus zwischen Macintosh Anwendungen – etwa zwischen einer Terminalsitzung und einer Tabellenkalkulation – Daten über die Technik des Markierens, Kopierens und Einsetzens auszutauschen („copy and paste"), kann im Alltagseinsatz eine große Hilfe sein. Zudem nutzen immer mehr Kommunikationslösungen die Möglichkeiten von Apples Multitasking Umgebung MultiFinder: mehrere Terminalsitzungen und Dateiübertragungen zu unterschiedlichen Rechnern laufen simultan im Hintergrund weiter, während der Anwender im Vordergrund seine Arbeiten erledigt.

Mit der AppleTalk Netzwerkarchitektur, der Macintosh Koprozessor Plattform, der Macintosh Communication Toolbox und den Apple Entwicklerwerkzeugen sind die Grundlagen gelegt. Apple Macintosh ist nicht nur ein bequemes, leistungsfähiges Werkzeug für den Anwender, er ist auch eine kostengünstige, leicht beherrschbare Entwicklerplattform sowohl für professionelle Anwendungen als auch für experimentelle Arbeiten mit neuartigen Lösungsansätzen. Da sich auch Systeme anderer Hersteller elegant integrieren lassen, öffnet Apple Macintosh für Forschung und Lehre interessante Perspektiven für innovative, zukunftsorientierte Lösungen im Sinne von „Applications in a Shared Environment".

Integration von VAX-Rechnern in die informationstechnische Infrastruktur der Hochschulen

Ekkehard Zschau

Digital Equipment GmbH, Berlin

Die CIP-Pools sind vielfach programmgemäß eingerichtet. Erste fundierte Erfahrungen liegen vor. Die Lehre hat begonnen, sich in ihren didaktischen Konzepten darauf einzustellen. Zusammengefaßt bleiben bei den Studenten die folgenden Wünsche offen:

- Kommunikation untereinander
- Informationen aus "externen" Systemen (z.B. DFN)
- Betreuung, Rechenzentrumsservice

Für die Betreuer der CIP-Pools ist deutlich geworden, daß bei der Beschaffung von neuen MS-DOS-Anwendungen drei wesentliche Eigenschaften zu berücksichtigen sind, wenn sie reibungsarm in die bestehende MS-DOS-Welt integriert werden sollen:

- Sie laufen unter MS/DOS Version 3.x
- Sie müssen "netzwerkfähig" sein
- Sie müssen unter MS-Windows lauffähig sein

Das sind die ersten, z.T. bitteren Erfahrungen aus der Vernetzung von nicht netzwerkfähigen Rechnern. Es sind darüber hinaus im letzten Jahr aber schon Erfahrungen gemacht worden mit dem Anbinden der CIP-Pools an die existierenden Rechenzentrums-Netzwerke, um dem Studenten Zugang zu den Anwendungen und Informationen zu ermöglichen, die später in seinem Beruf seine Werkzeuge zur Informationsbeschaffung sein können (DFN, BERNET). Nun kann der Student an seinem PC im CIP-Pool zwar wesentlich mehr tun – aber leider ist die Bedienung sehr komplex und regt nicht gerade dazu an, die neuen Funktionen auch ausgiebig zu nutzen. Überdies bleibt unsicher, ob die gewünschte Information erreichbar ist.

Dabei wird es nicht lange bleiben. Man wird weiter investieren, neue Kommunikationsfunktionen verfügbar machen, um die vom Benutzer benötigten Funktionen zur Verfügung zu stellen. Diese stufenweise Entwicklung der Informationssysteme ist in der gesamten EDV-Welt weit verbreitet. Die Stärke liegt in der in kleinen Schritten planbaren Verbesserung an Teilen des Gesamtsystems, ohne daß mit großen, nachteiligen Nebenwirkungen für das Verhalten des Gesamtsystems gerechnet werden muß. Das für die Realisierung der einzelnen Schritte notwendige Know-how entwickelt sich mit der Realisierung. Ein wesentlicher Nachteil besteht darin, daß häufig erst spät über ein Gesamtkonzept des Informationssystems nachgedacht wird, wenn nämlich wesentliche Teile bereits in vielen Schritten eingerichtet sind.

Von einem Rechnerhersteller, der im Bereich der Rechnervernetzung über große Erfahrung verfügt, darf man erwarten, daß er sich frühzeitig und gründlich Gedanken macht um solche Konzepte, die Grundlage von großen Informationssystemen sein können

<table>
<tr><td>Verteilte Anwendungen</td><td rowspan="3">Management</td></tr>
<tr><td>Netzwerke
unterschiedlicher Hersteller
(OSI, TCP/IP)</td></tr>
<tr><td>Netzwerk-Leitungen
IEEE 802.3, X.25)</td></tr>
</table>

Abb.1: Modell eines verteilten Informationssystems

Abbildung 1 verdeutlicht, daß es im wesentlichen drei Teilbereiche gibt, in denen konzeptionelle Lösungen für verteilte Informationssysteme gesucht werden müssen:

- Die Kabel, die das Netzwerk physikalisch darstellen
- Die Netzwerk-Protokolle
- Die verteilten Anwendungen

Alle drei Teilbereich bauen aufeinander auf und sind jeweils von der Funktionalität und Qualität der darunterliegenden Schicht abhängig. Je mehr wir uns dabei auf internationale Standards, ersatzweise de facto-Standards, stützen können, desto leichter und sicherer läßt sich unser Konzept realisieren. Im Bereich der Kabel (IEEE 802.3, X.25) und der Netzwerk-Protokolle (OSI) gibt es bereits solche Standards. Der Schwerpunkt aller Standardisierungsbemühungen liegt heute im Bereich der Entwicklungsunterstützung von verteilten Anwendungen.

Das ist Neuland! Denn unsere Tradition, wie wir Anwendungen entwickeln, ist, diese für einen einzigen Rechner (z.B. den Host im Rechenzentrum) zu entwickeln, der viele Bildschirme und Platten-Einheiten "bedient". Das beherrschen wir ausgezeichnet. Dafür gibt es bewährte Konzepte. Diese Anwendungen lassen sich aber nicht in einem Netzwerk von Rechnern verteilen! Wir kopieren sie manchmal von einem Host zum anderen und haben unsere liebe Not mit der Synchronisierung der beiden.

Unsere Tradition ist auch geprägt von der Batch-Verarbeitung. Heute finden wir uns inmitten von online- oder Dialog-Verarbeitungen wieder. Wir waren es gewohnt, stand alone-Datenverarbeitung zu betreiben. Heute finden wir mehr und mehr integrierte Rechner in einem Verbund wieder, ihre Anwendungen reden miteinander ohne auf Rechnergrenzen achten zu müssen. Wir wissen, daß unsere Programme seriell abgearbeitet werden, Zeile für Zeile. Wir beginnen, Programme parallel auf mehreren Rechnern gleichzeitig ablaufen zu lassen, um die Gesamtlaufzeit zu verkürzen. Es gibt aber heute kaum eine Anwendung, die vom Konzept her von Grund auf als verteilbare Anwendung bezeichnet werden kann!

Aber es gibt vielversprechende Ansätze für das allgemeine Design einer verteilbaren Anwendung. Dabei sind 5 Aspekte zu berücksichtigen:

1. **Funktionaler Aspekt**

   Eine Anwendung besteht aus den Modulen Bildschirmsteuerung, Datenbank-Navigation und Verarbeitung (eigentliche Programmlogik). Das kennen wir bereits unter dem Begriff "strukturierte Programmierung".

2. **Physikalischer Aspekt**

   Eine Anwendung ist verteilbar, wenn ihre Komponenten (Daten und Programme) physikalisch verteilt sind. Eine solche Implementierung läßt sich als Client/Server-Konzept darstellen, bei dem ein Server über das Netzwerk seinen diversen Clients seinen Service zur Verfügung stellt.

3. **Logischer Aspekt**

   Das Programmier-Know-how ist verteilt! Es gibt hier Programmierer, die über exzellentes MS-DOS-Know-how verfügen. Selten genug verfügen sie gleichzeitig über MVS-Programmier-Know-how. Da liegen Welten dazwischen. Das MVS-Programmier-Know-how ist aber, wie manches andere spezielle betriebssystemabhängige Programmier-Know-how, weit verbreitet. Das oben angeführte Client/Server-Konzept erlaubt die Nutzung dieses verteilten Know-hows, wenn ich die Funktionalität, in der sich Server und Client einander bedienen, in einer hochstehenden Logiksprache beschreibe. Dann kann zum Beispiel der Client sehr wohl qualifiziert von einem MS-DOS-Programmierer implementiert werden und der Server von einem MVS-Programmierer, ohne daß diese beiden einer Abteilung angehören müssen. Ihre gemeinsame Implementierungsvorschrift ist die Beschreibung des Service, den der Server zur Verfügung stellen muß und den der Client nutzen kann. Dabei ist die Kommunikation zwischen Server und Client über das Netzwerk unabhängig von der jeweiligen lokalen Programmlogik.

4. **Operationaler Aspekt**

   Die Laufzeit-Unterstützung ist verteilt. Die verteilbare Anwendung muß auf verschiedenen Betriebssystemen, mit davon abhängigen Dateiverwaltungen und dem jeweiligen Systemmanagement arbeiten können. Wie man sich das vorstellen muß, wird im weiteren noch darzustellen sein.

5. **Administrativer Aspekt**

   Die Komponenten einer verteilten Anwendung "gehören" verschiedenen Abteilungen in einer Organisation. Ein Client kann durchaus von einem Institut geschrieben und gewartet werden. Ein Server dagegen mag vom zentralen Rechenzentrum entwickelt und gewartet werden. Die beiden Komponenten gehören dann nicht nur kostenmäßig sondern auch emotional den jeweiligen Organisationsteilen.

Daraus ergeben sich eine Reihe von Implementierungsempfehlungen. Als Beispiel sollen die folgenden dienen:

- Standard-Datendefinitionen, das sind einheitliche, verbindliche Satzbeschreibungen und Daten-Typen
- Ein Datenwörterbuch, zentrale Ablage von z.B. Datensatz-Beschreibungen
- Ein datenzentriertes Design (heute finden wir eher ein logikzentriertes Design)
- Ein relationales Datenmodell, d.h. konkret: zweispaltige Tabelle von Daten kann ich am leichtesten nachträglich verteilen und sogar neue Tabellen aus bestehenden zusammensetzen
- Ein modulares Design, das uns nicht neu ist

Dennoch wird ein Design für eine verteilbare Anwendung weiterhin ein Dreiebenen-Design (Bildschirm-Steuerung, Datenbank-Navigation und Verarbeitunglogik) darstellen. Daran wird sich auch in Zukunft nichts ändern.

In diesem Zusammenhang erwarten wir insgeheim auch eine Antwort auf die Herstellerabhängigkeit der Betriebssysteme. Wir wollen ja – im Hinblick auf den oben genannten "Operationalen Aspekt" – eine Anwendung entwickeln, deren Teile auf unterschiedlicher Rechnerhardware laufen sollen, die auch noch mit unterschiedlichen Netzwerkprotokollen verbunden sind.

Die Schwierigkeit ist, daß Hersteller ihre Rechner entwickeln, deren Betriebssystem zusammen mit der Hardware eine leistungsfähige Einheit darstellt. Es wäre von großem Nachteil für mich als Anwendungsentwickler, wenn es eine einzige Standard-Betriebssystem-Oberfläche gäbe, die die kleinste gemeinsame Funktionsmenge aller wichtigen Betriebssysteme umfassen würde. Ich würde den Vorteil aus der Hand geben, den mir ein Hersteller bietet, wenn er zum Beispiel seine auf einen Datenbank-Server zugeschnittene Hardware nicht mit dem dafür von ihm entwickelten Betriebssystem liefern würde.

Gerade unter dem physikalischen Aspekt des Designs einer verteilten Anwendung will ich vielleicht spezielle, leistungsfähige Server-Rechner und ganz andere, aber für die Client-Funktion besonders gute Rechner benutzen. Hier hat die Diskussion über ein einheitliches Betriebssystem für alle Anwendungen seine Grenzen.

Die vier Schnittstellen einer Anwendung zur Laufzeitunterstützung sind (siehe auch Abb. 2):

1. Benutzer-Schnittstelle (Bildschirm-I/O)
2. Datenbank-Schnittstelle (Platten-I/O)
3. Netzwerk-Schnittstelle
4. Betriebssystem-Unterstützung

Für alle vier Schnittstellen gibt es Standardisierungsbemühungen. Die Abkürzungen sind hinreichend bekannt:

1. X-Windows für den Bildschirm-I/O
2. SQL (ANSI) für den Platten-I/O
3. OSI für die Netzwerk-Kommunikation
4. POSIX für die Betriebssystem-Unterstützung

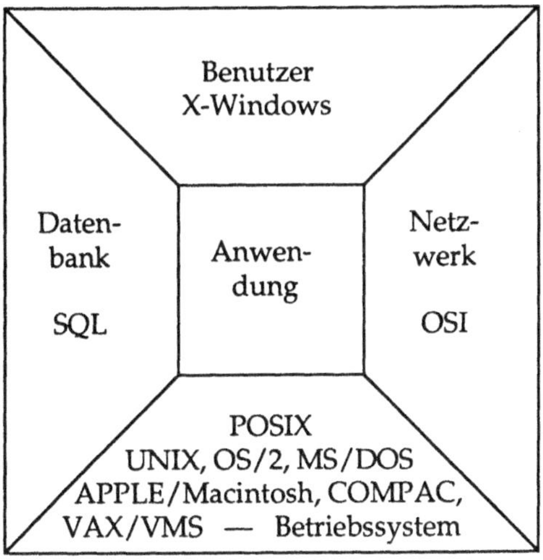

Abb.2: Schnittstellen für Anwendungen

Langfristig werden Hersteller ihre Rechner mit ihrem speziellen Betriebssystem nur noch mit diesen vier Schnittstellen anbieten können. Und die Anwendungs-Entwicklung braucht sich nicht auf einen einzigen Betriebssystem-Standard auf Jahre hinaus festzulegen. Zu dieser Entwicklung hat die UNIX-Welt mit X-Windows und POSIX einen wesentlichen Anteil beigetragen.

Das sollte uns jedoch nicht verleiten, der Realität und unseren Grunderfahrungen zu mißtrauen! Es wird auch in Zukunft noch PCs und Rechner geben, die es nicht zu vernetzen lohnt. Es wird auch in Zukunft Benutzerwünsche geben, die nicht realisierbar sind (Kosten und/oder technisch nicht realisierbar). Dennoch bleiben die Rechnerhersteller aufgefordert, internationale Standards zu implementieren. Die Universitäten werden bei der Konzeption und Planung integrierter Informationssysteme noch mehr auf die Zusammenführung der Einzelinteressen von Rechenzentrum, Fachbereichen mit ihren Instituten, den Studenten und der Verwaltung dringen müssen, um den Nutzern und Betreibern ein Höchstmaß an EDV-Unterstützung verfügbar zu machen.

MacKIS™ – ein Multiuser-Konferenzinformationssystem auf dem Apple Macintosh

Godehard Gerling

Gerling & Partner, Berlin

Zum diesjährigen 2. CIP Status Seminar wurde auf Anregung des Veranstalters erstmals ein neuartiges Konferenzinformationssystem realisiert, das den Teilnehmern auf eine schnelle und einfache Weise Informationen über andere Teilnehmer der Konferenz, ihren Teilnehmerstatus sowie ihre fachliche und universitäre Zuordnung ermöglichte. Zusätzlich war eine Bulletin-Board Funktion integriert, die die Kommunikation unter den Teilnehmern erleichterte.

1. Vorüberlegungen

Bei den ersten Überlegungen zum Design des Systems standen eine sehr benutzerfreundliche Oberfläche und eine schnelle Realisierung im Vordergrund. Die Oberfläche spielte vor allem deswegen eine wichtige Rolle, weil von den Teilnehmern keine Einarbeitung in das System geleistet werden konnte und zu erwarten stand, daß einige der Teilnehmer über nur geringe praktische Erfahrungen im Umgang mit PCs verfügen würden. Eine schnelle Realisierung war auf Grund der kurzen bis zum Beginn der Konferenz zur Verfügung stehenden Zeit erforderlich.

Ein Multiuser-System schien sinnvoll, da die Größe der Konferenz erwarten ließ, daß mehrere Teilnehmer gleichzeitig auf die Informationen zugreifen würden. Außerdem sollte das Informationssystem eine Schnittstelle zum Einlesen von Fremddaten besitzen, da die noch während der Konferenz eingehenden Anmeldungen und Updates aus der Datenbank des Veranstalters übernommen werden mußten, um einen aktuellen Stand der Informationen zu gewährleisten.

Unter all diesen Voraussetzungen blieben wenige Alternativen für die Realisierung. Herkömmliche Programmierumgebungen hätten die Möglichkeit zur Realisierung der Anforderungen geboten, schieden aber wegen der zu erwartenden Entwicklungszeit aus. Typische Datenbanksysteme schienen in ihrer Handhabung zu komplex (beispielsweise verschiedene Modi für Blättern und Suchen), um dem geforderten hohen Maß von Anwenderfreundlichkeit zu entsprechen.

Die Wahl der Entwicklungsumgebung fiel deshalb auf HyperCard™, eine neue Software von Apple Computer. Die mit HyperCard™ mögliche effiziente Gestaltung von anwenderfreundlichen Benutzeroberflächen, schnelle eingebaute Suchfunktionen, eine integrierte objektorientierte Programmiersprache und die inhärente Kartenmetapher (Karteikarten!) ließen das Produkt als die ideale Lösung erscheinen.

Ein erster Prototyp mit den wichtigsten Funktionen war bereits nach etwa vier Stunden erstellt und konnte so dem Veranstalter am Tag nach dem ersten Kontakt zur Diskussion gestellt werden. Im Verlauf dieser Diskussion entwickelte sich die Benutzerschnittstelle weg von der typischen datenbankähnlichen Anfragemaske zur im fertigen System realisierten assoziativen Lösung.

Die reine Implementierung, inklusive Tests und der Erstellung eines Datenkonvertierungsprogramms zur Übernahme der vom Veranstalter gelieferten Daten aus dessen Datenbank, nahm etwa 80 Stunden in Anspruch.

2. Das System

"When data of any sort are placed in storage, they are filed alphabetically or numerically and information is found (when it is) by tracing it down from subclass to subclass. ... Having found one item, moreover, one has to emerge from the system and re-enter on a new path. The human mind does not work that way. It operates by association. With one item in its grasp, it snaps instantly to the next that is suggested by the association of thoughts, in accordance with some intricate web of trails carried out by the cells of the brain." (Vannevar Bush: "As we may think", The Atlantic Monthly, 7, 1945)

MacKIS™ ist so konzipiert, daß die Anwendung nicht verlassen zu werden braucht. Ist das System erst einmal in Betrieb, befindet sich der Anwender in einer transparenten, jedoch geschlossenen Umgebung, deren Funktionen – mit Ausnahme von Texteingabe für Suchanfragen und der Formulierung von Nachrichten für andere Konferenzteilnehmer – über Zeigen und Klicken mit der Maus gesteuert werden. Die Anzahl der am Server (unter AppleShare™) arbeitenden Macintoshs ist dabei beinahe beliebig. Zur Verbindung der Rechner kommen Localtalk oder Ethernet in Betracht, wobei das Letztgenannte auf Grund seines Geschwindigkeitsvorteils vorzuziehen ist (die Anwendung arbeitet dann annähernd in Echtzeit – ein entscheidender softwareergonomischer Vorteil).

2.1 Bildschirmumgebungen in MacKIS

MacKIS™ enthält drei Bildschirmumgebungen: Die erste dieser Umgebungen ist für den Anwender zentral. Von hier aus sind alle Informationen zugänglich und können alle Funktionen gesteuert werden. Das Design dieser Umgebung lehnt sich an eine Karteikarte an, die jedoch um funktionale Elemente erweitert wird.

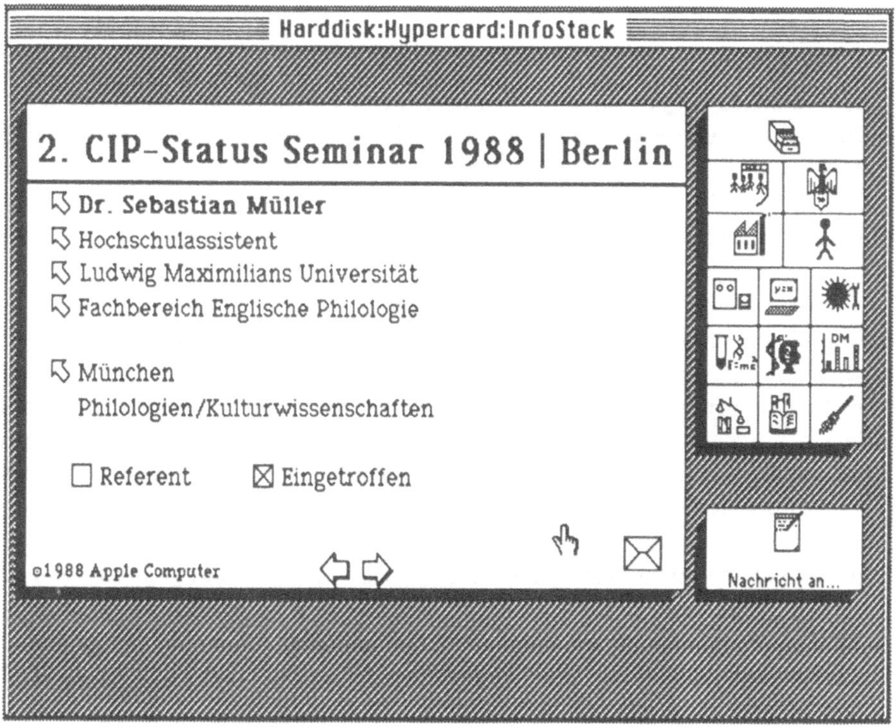

Abb. 1: "Karteikarte"

3. Funktionsweise der Umgebung

3.1 Bereitstellung allgemeiner Informationen

Durch Anklicken des Kongreßnamens wird ein Feld mit den Daten des Kongresses, der Anzahl der gemeldeten Teilnehmer, dem Datum und der Uhrzeit gezeigt. Bei Anklicken der Copyright Notiz ("© 1988 Apple Computer") auf der Karte werden weitere Informationen über MacKIS™ (wie Versionsnummer etc.) angezeigt.

3.2 Blättern

Durch die Pfeile auf den Karten kann in alphabetischer Reihenfolge vorwärts und rückwärts geblättert werden. Durch das Drücken von "option" (alt) beim Anklikken des "vorwärts" Pfeils können alle Karten durchlaufen werden. Klicken auf eines der Datenfelder bewirkt das Auffinden der nächsten Karte mit der gleichen oder einer Untermenge der Information im betreffenden Feld (es handelt sich um eine "finde in"-Relation – "Direktor" findet "Direktor Marketing" aber nicht umgekehrt). Das gilt auch für die Markierungsfelder. So findet ein Klick auf ein markiertes "Eingetroffen" Feld die nächste Karte mit einem eingetroffenen Teilnehmer.

Auf diese Weise ist das für Hypermedien typische Assoziieren in einer datenbankähnlichen Umgebung implementiert. Im Gegensatz zu normalen Datenbanken, wo – wie von Vannevar Bush beschrieben – bei der Suche eine Untermenge von Daten linear nach einem Kriterium (oder einer Kombination von Kriterien) aufgebaut wird, kann der Benutzer durch einfachen Mausklick assoziativ ein völlig anderes Kriterium zur Wahl der nächsten Karte bestimmen.

3.2.1 *Funktionsweise in der Praxis*

Ein Teilnehmer sucht ausgehend von seiner eigenen "Karteikarte" andere Teilnehmer des gleichen Fachgebiets. Dies geschieht indem er einfach das Feld mit der Fachzuordnung anklickt. Einer der so gefundenen Teilnehmer stammt, wie die Karte ausweist, aus München. Der Ortsname erinnert den Teilnehmer daran, daß er einmal ein spezifisches Problem mit dem Berater einer in München ansässigen Computerfirma diskutiert hat. Um nun festzustellen, ob von der entsprechenden Firma ein Vertreter (vielleicht gar die erinnerte Person, deren Namen der Teilnehmer aber nicht mehr sicher weiß) anwesend ist, klickt er einfach das Feld mit dem Ortsnamen und bekommt so den nächsten Münchner. Nach wenigen Klicks wird so zunächst ein anderer als der gesuchte Angestellteder gesuchten Firma gefunden. Klick auf den Firmennamen liefert dann den nächsten angemeldeten Mitarbeiter der Firma, der tatsächlich der Gesuchte ist.

3.3 Suchen und Finden

Da jedoch viele Informationen, wie z.B. Namen, wahrscheinlich nur einmal auftreten, kann neben jedem Feld (außer dem Feld Affiliation) über eine Bildschirmtaste, die einen Schrägpfeil als Symbol hat, nach Fließtext (z.B. "Prof. Dr. Werner Müller") gesucht werden. Eine Unterspezifizierung der Suchanfrage (z.B. "Dr. Müller") ist dabei möglich.

Die 14 Symboltasten im rechten Teil des Bildschirms dienen der Information über Teilnehmerkategorien. Jeder Teilnehmer ist einem "Fachbereich" zugeordnet, der im Feld "Affiliation" eingetragen wird. Drücken der Bildschirmtaste mit dem entsprechenden Symbol liefert als Dialog die Information, wie viele Teilnehmer der betreffenden Fachrichtung anwesend sind und zeigt gleichzeitig die alphabetisch nächstliegende Karte mit einem solchen Teilnehmer. Von hier aus ist dann durch Klick auf das Feld, das den Kategorienamen enthält, ein weiteres Blättern in der gewünschten Kategorie möglich.

Information über die gesamte Anzahl der gemeldeten Teilnehmer liefert die oberste der 14 Symboltasten (Symbol: "Karteikasten"). Mit ihr kann auch in zwei Feldern quasi-indiziert, durch "und" verknüpft, gesucht werden (z.B. "alle Meiers die aus Bochum kommen" durch den Suchstring "Meier Bochum") wenn beim Anklicken gleichzeitig die "Command" Taste gedrückt wird. Alles Weitere erklärt dann die entsprechende Funktion selbst.

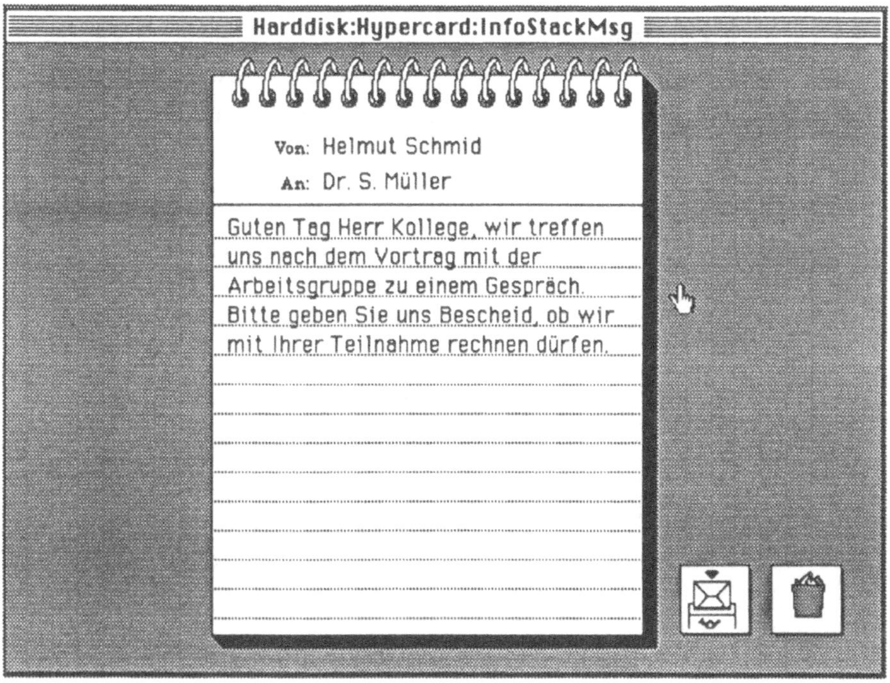

Abb. 2: Der "Notizblock"

3.4 Hinterlassen von Nachrichten

MacKIS™ enthält ein Bulletin Board, das es dem Benutzer erlaubt, anderen Kongreßteilnehmern Nachrichten zu hinterlassen.

3.4.1 Versenden von Nachrichten

Drücken der Taste "Nachricht an..." im rechten unteren Teil des Standardschirms öffnet einen "Notizblock", in den die Nachricht samt Absender und Adressat geschrieben wird. Die Nachricht kann dann über "Return" oder die "Briefkasten" Bildschirmtaste abgeschickt werden. Sie kann jedoch genauso über die "Papierkorb" Taste weggeworfen werden. Nach dem Senden wird die Nachricht beim Adressaten samt Absendezeit, Datum und Absender in die Nachrichtenkarte geschrieben. Die Länge einer Nachricht ist auf 14 Zeilen begrenzt, um eine Überlastung des Systems zu verhindern.

3.4.2 Lesen von Nachrichten

Nachrichten können vom Kongreßteilnehmer über "seine" Karte eingesehen werden. Dazu wird die "Brief" Taste in der rechten unteren Ecke der Karte gedrückt (im Einplatzbetrieb blinkt sie bei vorliegender Nachricht!). Je nach nach Wahl der Option durch die Kongreßleitung, muß der Benutzer nun seine Geheimnummer eingeben, oder er kann direkt seine Nachrichten einsehen.

3.4.3 Die Nachrichtenkarte

Auf der Nachrichtenkarte stehen dem Teilnehmer vier Tasten zur Verfügung:

- Das "Fragezeichen" gibt die Länge der Nachrichten in Zeilen an.
- Der "Drucker" erlaubt es, die Nachrichten auf der derzeit sichtbaren Karte zu drucken. Dazu kann über den normalen Druckerauswahldialog jeder am Netz angeschlossene Drucker verwendet werden. Auch ein Spoolen des Ausdrucks ist möglich, wenn der Server entsprechend eingerichtet wurde.
- Der "Radiergummi" löscht – nach Befehlsbestätigung – die Nachrichten.
- Mit dem Pfeil gelangt der Benutzer auf die ihm zugeordnete Karteikarte.

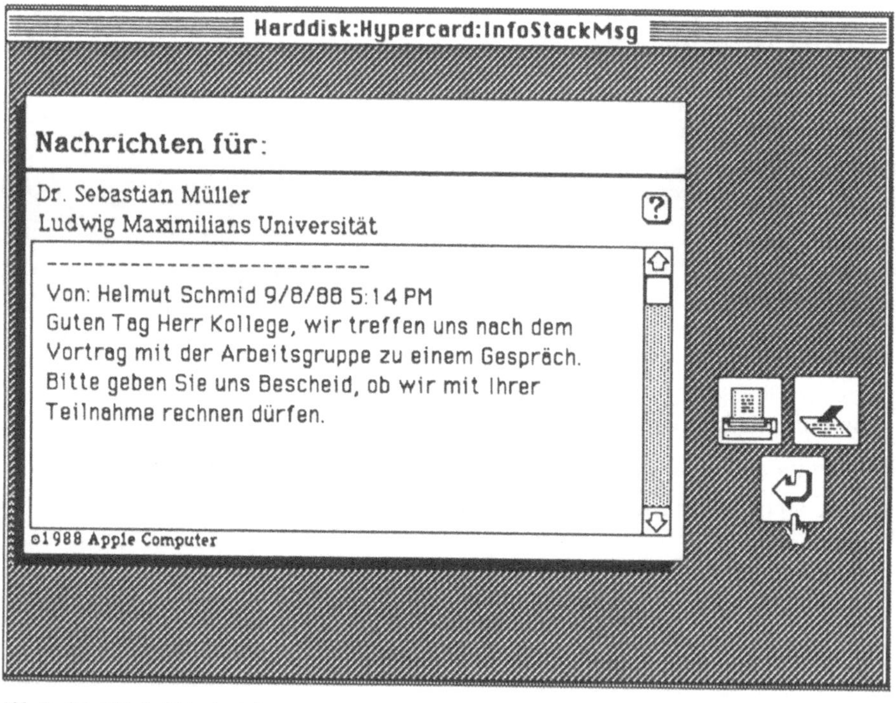

Abb. 3: Die "Nachrichtenkarte"

4. Die Supervisor Ebene

Über die Funktionen auf Benutzerebene hinaus verfügt MacKIS™ über eine Supervisorebene, die nur über eine spezielle Tastenkombination in Verbindung mit einem Password erreicht werden kann. Auf dieser Ebene können Daten importiert, exportiert, gelöscht oder editiert werden. Darüber hinaus können hier verschiedene Default-Einstellungen (beispielsweise Codeschutz für Nachrichten) gewählt werden. Auch eine völlige Neukonfiguration des Systems für andere Anlässe wird hier unterstützt.

HP NewWave – eine Benutzeroberfläche der 90er Jahre

Wolfgang Kuckelt

Hewlett-Packard GmbH, Hamburg

1. Was ist HP NewWave?

HP NewWave von Hewlett-Packard ist eine fortschrittliche Anwendungsumgebung, die über eine einheitliche Schnittstelle den Zugriff auf ein komplettes unternehmensweites Informations- und Rechner-Netzwerk bietet. Die Anwendungsumgebung basiert auf dem Standard Microsoft© Windows 2.0 und ist so konzipiert, daß der Benutzer sich voll auf seine eigentlichen Aufgaben konzentrieren kann, anstatt einzelne Anwendungen erlernen zu müssen. HP NewWave ist eine offene Umgebung und bietet Software-Entwicklern eine optimale Möglichkeit, ihren Kunden benutzerfreundliche Lösungen zu liefern.

Als Erweiterung zum Industrie-Standard MS-DOS und Microsoft© Windows 2.0 hat Hewlett-Packard die Objekt-Verwaltungs-Funktion (OMF Object Management Facility) entwickelt. OMF selbst ist für den Benutzer vollkommen transparent und verwaltet alle Objekte, die durch Daten irgendeiner Art oder Kombination von Daten dargestellt werden können. So können z.B. Texte, Sprache, Grafiken, digitalisierte Bilder, Tabellenkalkulationsblätter oder Datentabellen Objekte darstellen, die von OMF in der HP NewWave Umgebung verwaltet werden. Diese unterschiedlichen Datentypen können verknüpft, gemischt oder sonst irgendwie bearbeitet werden, und dies in einer einfachen und intuitiven Art und Weise. Der Benutzer arbeitet und lernt in nur einer Umgebung.

2. Was sind die wichtigsten Eigenschaften von HP NewWave?

Da HP NewWave auf Microsoft Windows aufbaut, werden erst einmal die Vorteile von MS Windows Eigenschaften genutzt:

Konsistente grafische Oberfläche

MS Windows nutzt bestimmte Vereinbarungen, um eine konsistente und einfache Bedienung sicherzustellen. Dazu gehören z.B. Kommando-Zeile, Pull-down

Menüs, Scrolling Bars und Icons. Diese "grafische" Benutzeroberfläche ist besonders effizient, wenn mit einer "Maus" gearbeitet wird.

Fenstertechnik

Wie der Name schon andeutet, erlaubt MS Windows, daß sich mehrere "Fenster" auf dem Display überlappen können. Somit kann der Benutzer zu einer Zeit mehrere Funktionen darstellen und bearbeiten.

Pull-down Menüs

Mit einer auf MS Windows basierenden Applikation können viele Kommandos dadurch ausgeführt werden, daß in der Kommando-Zeile auf eine Menü-Überschrift gezeigt und mit der "Maus" ein darunter liegendes Menü aktiviert wird.

HP NewWave Design Vorgaben

- **Benutzerfreundlichkeit**
  - Natürliche, konsistente Benutzeroberfläche
  - Konzentration auf Aufgaben, nicht auf Werkzeuge
  - Objektbezogenes Datenmodell
  - Multitasking und Kontextswitching
- **Realisierung weitestgehender Integration**
  - Horizontal: Multi-Media Dokumente, Integration über Applikationen
  - Vertikal: Anbindung an jeden Computer eines beleibigen Netwerkes
- **Systemdienste für Anwendungsprogramme**
  - Kontextabhängige Hilfefunktion
  - Computerunterstütztes Training
  - Automatisierte Bearbeitungsabläufe
- **Bereit für KI Technologien**
- **Wachstumspfad für vorhandene DOS-Ausrüstung**

Die folgenden Merkmale sind Besonderheiten der HP NewWave Umgebung:

Objekt-orientiert

Ein Objekt-orientierter Ansatz unterscheidet sich erheblich von einem Datei-orientierten Ansatz. In einem Objekt-orientierten System kann sich der Benutzer Daten irgendwelcher Art als ein Objekt vorstellen. Ein einfaches Objekt ist z.B. eine Textnotiz. Ein Beispiel für ein Multimedia-Dokument (compound document) ist ein Dokument, welches Text, Grafiken, Tabellenkalkulationsblätter und Sprache beinhaltet. Alle diese Daten sind in verschiedenen Dateien auf dem PC gespeichert. Ein Datei-orientierter Ansatz verlangt von dem Benutzer, daß er alle Dateinamen kennt, die den verschiedenen Komponenten des Dokumentes zugeordnet sind. Beim Objekt-orientierten Ansatz sieht der Benutzer ein Multimedia-Dokument mit all seinen Komponenten als ein Objekt mit einem Namen. Das System verwaltet alle zugehörigen Dateien und die Beziehungen untereinander.

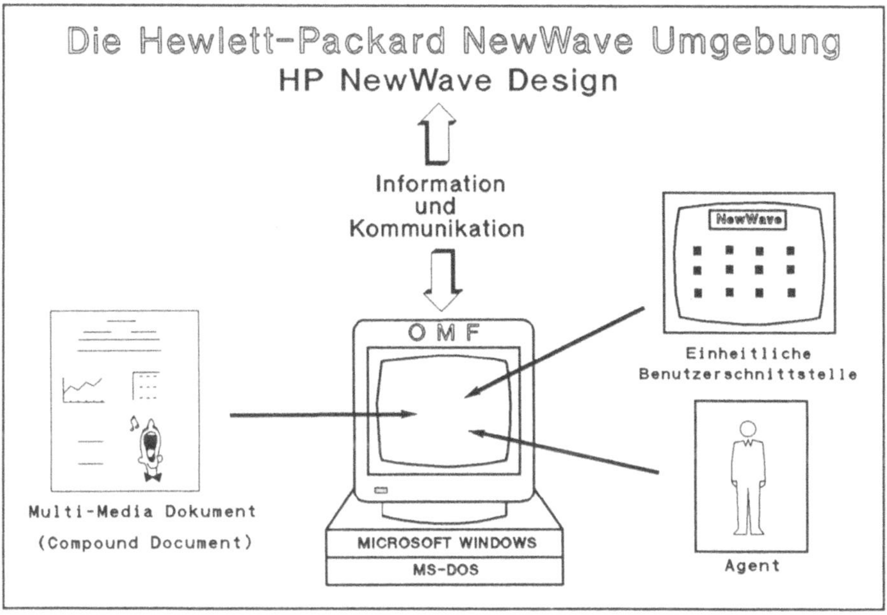

Multimedia Dokumente (compound objects)

Die HP NewWave Anwendungsumgebung unterstützt Multimedia Dokumente (compound document). Ein Multimedia Dokument ist, vereinfacht gesagt, ein zusammengesetztes Dokument, welches aus mehreren unterschiedlichen Objekten besteht.

Das "NewWave Büro"

HP NewWave benutzt eine bildhafte Darstellung des Büros. Der Benutzer sieht auf dem Bildschirm "sein" Büro mit Ablage, Ordnern, Mappen, Ein- bzw. Ausgangskorb und Papierkorb, die in Form eines "icon" dargestellt werden. Soweit möglich spiegeln Abläufe im "NewWave Büro" die Abläufe in einem echten Büro wider.

Direkte Manipulation von Daten

Da HP NewWave ein objektorientierter Ansatz zugrunde liegt, bei dem Objekte durch "icons" dargestellt werden, kann eine Benutzer Daten direkt bearbeiten/ verändern. Anstatt eine Serie von Kommandos zu benutzen, um eine Grafik in ein Textdokument einzufügen, genügt es, das Grafik-Icon anzuklicken und anschließend auf die Zielposition im Textdokument hinzuziehen.

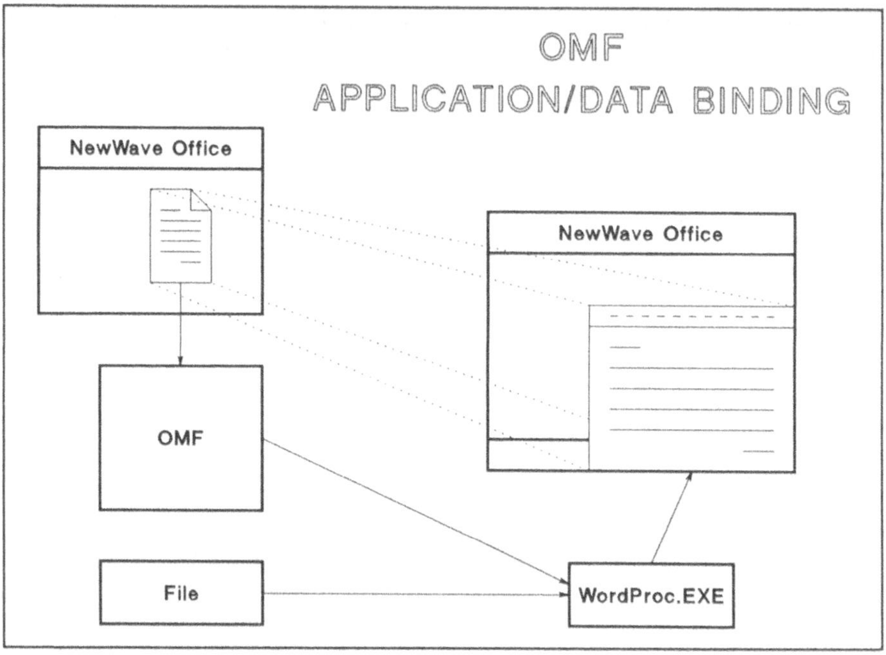

Größere Unabhängigkeit von Daten und Applikationen

Der Objekt-orientierte Ansatz gestattet den Applikationen mit Objekten zu arbeiten, über deren Eigenschaften sie nur wenig wissen. So muß eine Applikation nur wissen, welchen Platzbedarf ein Objekt in einem Dokument belegt. Die Applikation erteilt einfach dem Objekt den Auftrag, sich in dem zur Verfügung stehenden Raum selbst anzuzeigen oder auszudrucken. Sodann übernimmt ein Prozeß außerhalb der Applikation die Kontrolle.

Einfachere Integration

Aufgrund des Objekt-orientierten Ansatzes erreichen wir eine größere Unabhängigkeit zwischen Daten und Applikationen. Es ist demnach recht einfach, Beziehungen zwischen Daten und Applikationen neu zu definieren. Somit sind wir in der Lage, künftig neue bisher noch nicht bekannte Datentypen zu integrieren, z.B. wäre die Integration von Bewegtbild-Information in ein Dokument nur ein geringer Aufwand. Hierzu ist ein neuer Objekttyp "Video" zu definieren und Verbindungen zu den Dokumenten herzustellen. Die Applikation selbst ist nur gering, wenn überhaupt, zu ändern.

Copy & Share Beziehungen, Hot-connects

Die HP NewWave Anwendungsumgebung verwaltet nicht nur die Objekte sondern auch die Beziehungen der Objekte und Daten untereinander. Dies erlaubt es uns, Objekte zu kopieren, Objekte zu "sharen" und "hot-connects" zu implementieren. Wenn ein Benutzer ein Objekt kopiert, erstellt HP NewWave ein neues

Objekt mit den gleichen Attributen wie das Original. Es besteht aber keine Verbindung zwischen dem Original und der Kopie. Ein Benutzer kann ein Objekt "sharen", in diesem Fall kann das Objekt an mehreren Plätzen zur gleichen Zeit dargestellt werden, z.B. kann ein Objekt in einem Dokument enthalten sein und gleichzeitig im "NewWave Büro" in einem Ordner. Obwohl das Objekt an verschiedenen Plätzen unterschiedlich dargestellt wird, existiert es physikalisch nur einmal und es wird nur mehrfach darauf Bezug genommen. Die HP NewWave Umgebung verwaltet all diese Verbindungen automatisch. Wann immer solch ein Objekt verändert wird, unabhängig an welchem Ort, werden alle anderen Darstellungen gleichzeitig verändert. Dies wird als "hot-connects" bezeichnet.

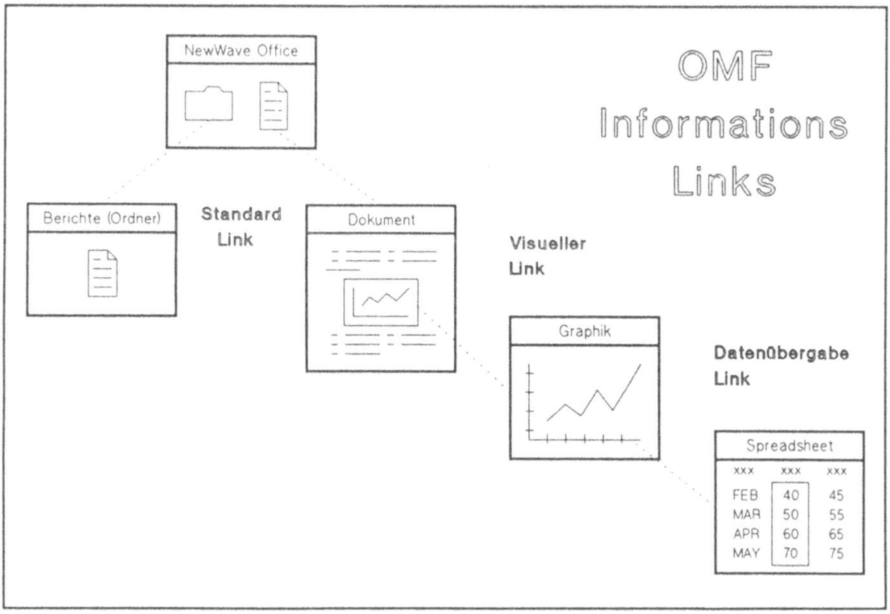

Persönlicher Assistent (Agent)

Eine Designvorgabe für die Entwicklung von HP NewWave war, eine Basis zu schaffen, um KI Eigenschaften künftig einfach implementieren zu können. In der HP NewWave Umgebung kann der "Agent" aufgefordert werden, bestimmte Arbeitsabläufe des Benutzers mitzuschreiben und zu einem späteren Zeitpunkt selbsttätig ohne Benutzereingriff durchzuführen. Die vom "Agent" protokollierten Arbeitsabläufe können modifiziert werden, um Steuerungs- und Verzweigungsanweisungen einzufügen.

Computer-based training (CBT)

CBT ist letztlich ein Nebenprodukt unserer Arbeit mit Agents. Hierbei lassen sich Computer-based Training Möglichkeiten in die HP NewWave Umgebung einbauen und allen Applikationen zugänglich machen. Dieser Ansatz gestattet, daß mit der aktuellen Software für CBT gearbeitet werden kann, anstatt den Ablauf zu simulieren.

Kontext-sensitive Hilfe

Ein weiteres Merkmal der HP NewWave Umgebung ist die Kontext-sensitive Hilfefunktion. Diese Einrichtung stellt dem Benutzer Erläuterungen in "pop-up" Fenstern über ein Index-System zur Verfügung. Über einen besonderen Mode kann der Benutzer Hilfe zu irgendeinem Teil der auf dem Bildschirm dargestellten Informationen anfordern, in dem er auf diesen Teil mit der "Maus" zeigt.

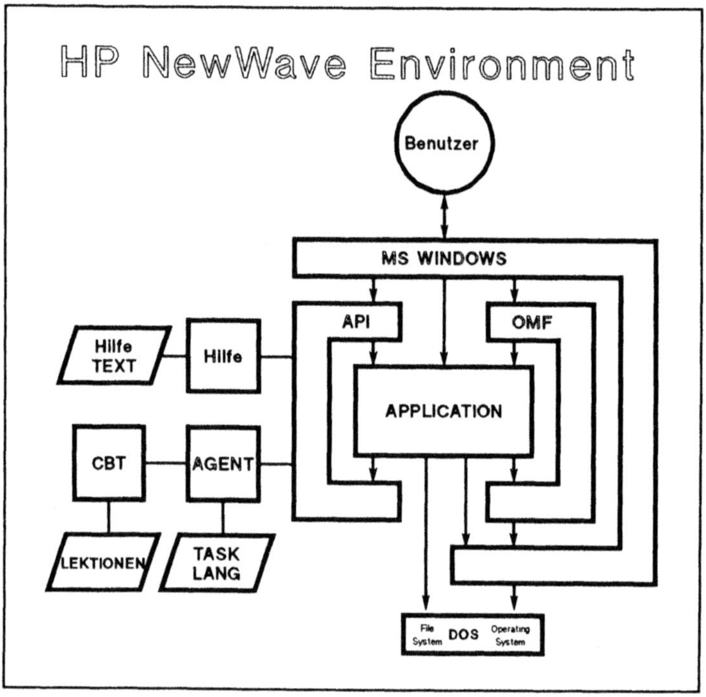

3. Wie können existierende MS-DOS und MS Windows Applikationen in die HP NewWave-Anwendungsumgebung eingebunden werden?

MS-DOS und MS Windows Applikationen können in die HP NewWave Umgebung via Ummantelung (encapsulation) integriert werden. Ummantelung heißt, daß die existierende Applikation ihre Benutzeroberfläche beibehält aber eine Hülle (shell) um sie gelegt wird, so daß sie aus der HP NewWave Umgebung heraus aufgerufen werden kann. Der Grad der Ummantelung umfaßt vier Stufen:

Level 1 Die Applikation kann aus der HP NewWave Umgebung aufgerufen werden

Level 2 Zusätzlich können "icons" erstellt werden, die die Dateien und dazugehörigen Applikationen repräsentieren

Level 3 Zusätzlich können OMF "links" zwischen den Applikationen eingerichtet werden; eine begrenzte Agent Integration ist möglich

Level 4 Vollständige Integration, echte NewWave Applikation

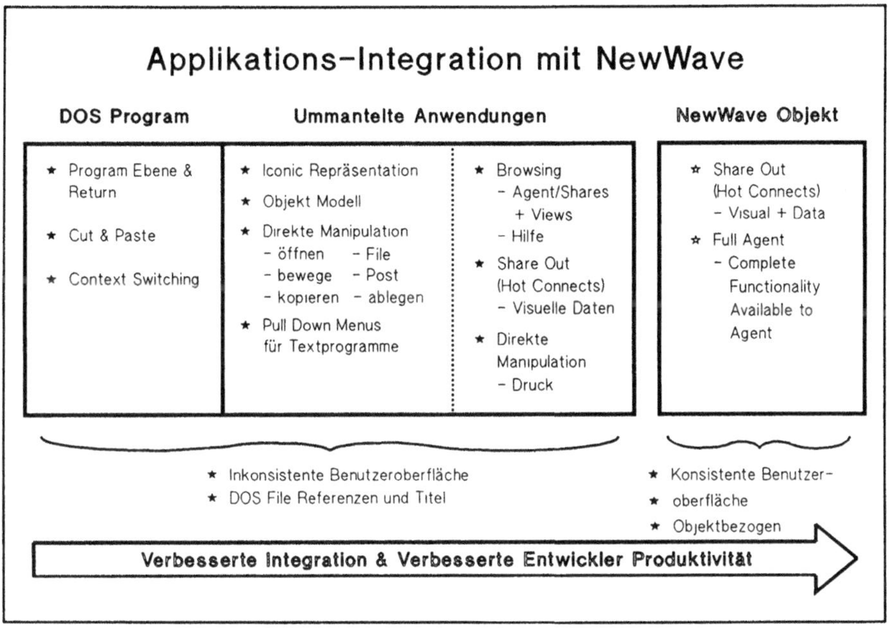

4. Welche Hardware-Ausstattung erfordert die HP NewWave-Anwendungsumgebung?

An dieser Stelle soll noch einmal betont werden, daß die HP NewWave Umgebung als offene Umgebung entwickelt wurde, d.h. Software-Entwickler können unter HP NewWave Applikationen schreiben und sie an irgendeinen Computer in einem beliebigen Netzwerk anbinden. HP NewWave ist nicht gebunden an ein bestimmtes Netzwerk, Minicomputer oder Mainframe. Für eine Entwicklungs- und Laufzeitumgebung werden folgende Hardware-/Software-Komponenten benötigt:

- HP Vectra ES oder ES12 PC (80286)
- Expanded Memory Card (2 MByte mindestens)
- 20 oder 40 MByte Hard disc

- 1.2 MByte Floppy disc
- EGA oder VGA Monitor/Card
- Mouse
- MS-DOS 3.2
- MS Windows 2.0

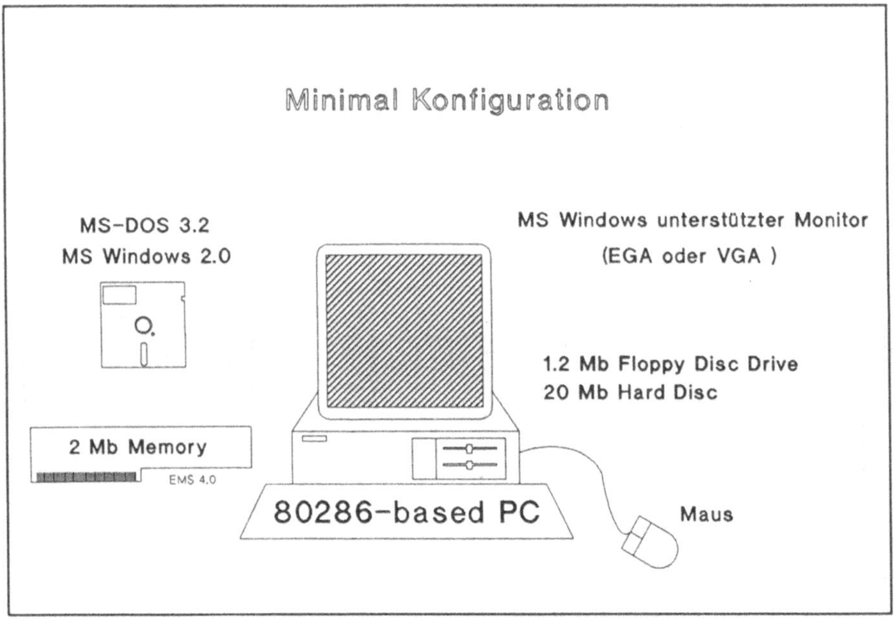

Das IBM Personal System/2

Eberhard Fischer

IBM Deutschland GmbH
Fachbereich Lehre und Forschung

1. Systemfamilie IBM Personal System/2

Die Systemfamilie IBM Personal System/2 hat zur Zeit folgende Mitglieder:

- Modell 30
- Modell 50
- Modell 60
- Modell 70
- Modell 80

Diese Geräte gibt es in jeweils mehreren Typen, die sich in ihren Ausbaustufen unterscheiden. Allen gemeinsam ist der modulare Aufbau, sodaß sie sich beliebig erweitern lassen. Tabelle 1 gibt einen Überblick über die wichtigsten Unterschiede.

Alle PS/2 Modelle haben auf der Systemplatine eine serielle und eine parallele Schnittstelle sowie einen Sockel für einen Koprozessor. Der Anschluß von Bildschirmen erfolgte beim PC über Erweiterungskarten. Bei allen Modellen des Personal Systems/2 ist der Anschluß des Bildschirmes auf der Systemplatine integriert und belegt damit keinen der Erweiterungssteckplätze. In den Modellen 50, 60, 70 und 80 ist einer der Steckplätze vorgesehen, eine Karte für hochauflösende Grafik aufzunehmen (1024 x 768 Bildpunkte). Aus Tabelle 2 läßt sich die Auflösung der einzelnen Bildschirmadapter entnehmen.

Alle Modelle des Personal System/2 haben die gleiche Grafikauflösung von 480 x 640 Bildpunkten. Der Bildschirmanschluß befindet sich auf der Systemplatine und benötigt keinen Steckplatz. Das Modell 30 kann bei dieser Auflösung allerdings nur 2 Farben gleichzeitig darstellen, die übrigen Modelle 16 Farben aus einer Palette von 64 möglichen. Das Modell 30 kann auch die Betriebsart des Farbgrafikadapters darstellen, die weiteren Modelle zusätzlich noch die HR (EGA)-Karte emulieren. Dadurch ist eine weitgehende Kompatibilität mit bisheriger Software gegeben. Zum Nachrüsten von PS/2 Modell 30 oder von ATs und PCs gibt es die VGA-Karte. Mit dieser Karte können die zuvor genannten Auflösungen des VGA-Anschlusses der PS/2 Modelle 30286-80 auch mit diesen Computern benutzt werden. Das Verhältnis der Anzahl der vertikalen Bildpunkte zu den horizontalen ist bei VGA 480 zu 640 oder 3 zu 4. Da das Höhen/Seitenverhältnis der Bildschirme ebenfalls 3 zu 4 ist, nennt man dies ein quadratisches Pixelverhältnis, d.h. 100 Bildpunkte horizontal und 100 Bildpunkte vertikal ergeben auf dem Bildschirm gleichlange Strecken. Bei den beiden ersten Adaptern muß dagegen durch einen Korrekturfaktor die Verzerrung kompensiert werden.

Type		PERSONAL	SYSTEM/2				
Modell		30	30286	50Z	60	70386	80
Prozessor		8086	80286	80286	80286	80386	80386
Taktfrequenz	MHz	8	10	10	10	25	20
Koprozessor (Option)		8087	80287	80287	80287	80387	80387
Taktfrequenz	MHz	8	10	10	10	25	20
Hauptspeicher	MByte	,64	1	1	1	2	2
Wartezyklen		0	1	0	1	0	0
Erweiterbar auf	MByte	2,64	16	16	16	16	16
Davon auf Systemplatine	MByte	,64	(4)	2	1	8	4
Rel. Geschwindigkeit zu PC		2,50	4,5	5,5	4,5	15	12,5
Floppydisk-Laufwerke 3.5 Zoll		1	1	1	1	1	1
Kapazität je LW	MByte	,72	1,44	1,44	1,44	1,44	1,44
(2. Laufwerk Option)	MByte	-	-	1,44	1,44	1,44	1,44
Festplatten-Laufwerke		1	1	1	1	1	1
Kapazität MByte		20	20	60	70	120	314
Erweiterbar auf MByte		-	-	-	185	-	628
Zugriffszeit	msec	85	85	27	40	23	40
Erweiterungssteckplätze		3	3	3	7	3	7
Alter Bus: Daten 16/8 bit		0+3	3+0				
Microchannel: Daten 32/16 bit				0+3	0+7	2+1	3+4
Netzteil 220/110V	Watt	70	85	94	207	132	255

Tabelle 1: BM-PS/2 Modelle (eine Auswahl)

Für die Modelle 50 - 80 des Personal Systems/2 gibt es eine Grafik-Erweiterungskarte für eine Steigerung der Auflösung auf 1024 x 768 Bildpunkte bei 256 gleichzeitigen Farben. Diese Auflösung kann nur zusammen mit dem Bildschirm 8514 benutzt werden.

Allen IBM-Grafik-Adaptern ist gemeinsam, daß sie die Auflösung des ersten Farbgrafikadapters auch darstellen können. Damit ist gewährleistet, daß alle Programme, die dafür geschrieben wurden, ohne Änderung auf den höherauflösenden Adaptern und Bildschirmen lauffähig sind. VGA kann zusätzlich auch noch EGA emulieren.

PC-Adapter Name	Anzahl Bildpunkte horizontal	vertikal	Anzahl der Farben gleichzeitig	gesamt
Farbgrafik (CGA)	320	200	4	8
	640	200	2	2
HR (EGA)	640	350	16	64
Professional(PGA)	640	480	256	4096
VGA-Karte	640	480	16	64
EGA Emulation)	640	350	16	64
(CGA Emulation)	320	200	256	262144
TEXT	720	400	16	16
Integriert auf der Systemplatine beim Personal System/2 :				
Modell 30	640	480	2	16
(MCGA)	320	200	256	262144
Modelle 30386+50-	640	480	16	64
(VGA)	640	350	16	64
	320	200	256	262144
Modelle 50-80				
mit Erweiterung	1024	768	256	262144
(8514A Karte)	640	480	256	262144
Text	720	400	16	16

Tabelle 2: Bildpunktauflösung der Bildschirmadapter

2. Betriebssysteme

Aus dem Angebot an Betriebssystemen für den IBM-PC hat das PC-DOS die größte Bedeutung erlangt. PC-DOS ist ein Einbenutzer-Betriebssystem und ist in seiner originären Form beschränkt multiprogrammingfähig, d.h. ein Benutzer kann neben seiner Arbeit, die im Vordergrund läuft, im Hintergrund eine zweite Aufgabe dem PC übertragen. Als zweite Aufgabe sind aber nur zugelassen: Drucken oder Kommunikation im lokalen Netz.

Für echte Multiprogramming-Aufgaben werden Software-Monitore angeboten, die unter der Kontrolle von PC-DOS laufen. Ein solcher Monitor ist z.B. das Windows von Microsoft. Es erlaubt, mehrere Programme neben einander ausführen zu lassen. Eine Begrenzung der Menge ist durch die verfügbare Hauptspeichergröße gegeben. Neben PC-DOS bietet IBM eine UNIX-Version mit dem Namen AIX/2 als Betriebssystem an für die PS/2 Modelle 70 und 80. AIX basiert auf dem UNIX System V und ist ein Mehrbenutzer Betriebssystem für bis zu 16 gleichzeitige Benutzer, die über ASCII-Terminals mit dem Rechner verbunden sind.

Bis heute hat kein anderes Betriebssystem eine ähnliche Verbreitung gefunden wie PC-DOS. Es existiert eine große Basis an Anwendungsprogrammen, die unter der Kontrolle von PC-DOS laufen. Dadurch entscheiden sich die meisten PC-Benutzer für PC-DOS, was wiederum zur Folge hat, das neue Anwendungsprogramm-Entwicklungen der Softwarehäuser für PC-DOS geschrieben werden wegen der größeren Absatzchancen. PC-DOS bietet ein hierarchisches, UNIX-ähnliches Filesystem, unterstützt lokale Netze, erlaubt das Integrieren von Einheitentreibern für spezielle Hardware auf einfache Weise und ist benutzerfreundlich. In der neuen Version 4.0 kann PC-DOS auch Platten mit einer Kapazität von bis zu 2 GByte ohne Partitionierung und Datensätze mit einer maximalen Länge von bis zu 2 GByte unterstützen. (OS/2 1.1 kompatible). Eine graphische Benutzeroberfläche, ähnlich dem Präsentation-Manager des Betriebssystems/2, erleichtert die Bedienung unter spezieller Berücksichtigung der System-Anwendungs-Architektur (SAA). DOS-Befehle müssen nicht mehr eingetippt, sondern aus Menüs können per Maus oder Tastatur die DOS-Funktionen aufgerufen werden. Ein interaktives Installationsprogramm wählt Geräte und die dazugehörigen Treiber aus und legt die entsprechenden Dateien wie "config.sys" und "autoexec.bat" auf Festplatte oder Diskette an.

3. Betriebssystem/2

Seit 1988 wird neben PC-DOS das Betriebssystem/2 für alle IBM-Systeme mit 80286 und 80386 Prozessor von IBM vertrieben. Betriebssystem/2 ist ein Einbenutzer-Betriebssystem, das Multiprogramming (bis zu 12 Tasks) unterstützt. Es kennt keine Speicherbegrenzung auf 640KB.

Jedes der maximal 12 Programme kann einen Adressraum von bis zu 512 Mbyte benutzen, der über virtuelle Speicherverwaltung im Hauptspeicher und auf der Festplatte abgebildet wird. Ein PC-DOS-Programm kann jeweils im DOS-Fenster im Multiprogramming mit Betriebssystem/2 Programmen laufen, wenn es sich an die PC-DOS-Konventionen hält. Mit der Version 1.1 des Betriebssystems/2 wird auch der Presentation Manager ausgeliefert, der neben der graphischen Benutzerführung auch die Fenstertechnik unterstützt. Auf dem Bildschirm kann die Ausgabe von mehreren parallel laufenden Programmen gleichzeitig angezeigt werden. Dazu wird der Bildschirm in Fenster unterteilt, deren Größe jederzeit variiert werden kann. Die erweiterte Version des Betriebssystems/2 (OS/2 Extended Edition) beinhaltet zusätzlich ein relationales Datenbankprogramm (Database Manager) und ein Programmpaket zur Kommunikation (Communication Manager). Der Communication Manager unterstützt asynchrone und synchrone Kommunikationsprotokolle sowie 3270 Terminal Emulation und den Betrieb von Benutzerstationen in lokalen Netze. Lediglich für die Serverfunktionen von beliebig vielen Servern in einem Netz muß pro lokalem Netz einmal das Network-Server-Programm installiert werden. Im lokalen Netz können PCs und PS/2s miteinander kommunizieren, auch wenn sie mit unterschiedlichen Betriebssystemen arbeiten. In nachfolgender Tabelle wird ein Überblick gegeben über die wichtigsten Funktionen der verschiedenen Betriebssysteme.

Beurteilungs-Kriterium	Betriebssystem							
	PC DOS	Windows	Wind 386	3270 WSP	Operating System/2 SE	EE	PM	AIX/2
Version:	4.0	2.0			1.0	1.0	1.1	
Prozessor mind.:	8088	8088	80386	8088	80286	80286	80286	80386
ab PS/2 Modell	30	30	70	30	30286	30286	30286	70
oder PC Modell	XT	XT	-	XT	AT	AT	AT	
Multiuser	1	1	1	1	1	1	1	16
Multitasking	1	16?	16?	6	12	12	12	64
Prog. Größe max:	,64	,64	,64	,64	512	512	512	256
Dateigröße max:	Platte	32	32	32	32	32	Platte	Platte
Hauptsp. max:	32	32	32	2.6	16	16	16	16
erfordert:	EMS	EMS	EMS	XMA	-	-	-	-
Fenster	ja	ja	ja	ja	(1.1)	(1.1)	ja	XWIN
APA Oberfläche	ja	ja	ja	-	(1.1)	(1.1)	ja	XWIN
3270 Kommunik.	1	?	?	4	-	ja	EE	ja
Tokenring 802.2	1	?	?	ja	-	ja	EE	ja
SAA	ja	-	-	-	-	ja	EE	(ja)
verfügbar	ja	ja	ja	ja	ja	ja	2/88	4/89

Tabelle 3: Vergleich der Betriebssysteme/Funktionen Stand 11/1988

Erklärungen zur Tabelle 3

Dateigröße max:	maximale Dateigröße = Plattenkapazität ab OS/2 1.1 bis zu 2 GByte, aber kein Multi-Volume-Support!
EE:	Betriebssystem/2 Extended Edition = OS/2 EE
EMS:	Lotus/Intel/Microsoft Adresserweiterung (LIM) unter DOS durch Bankswitching mit spezieller Speichererweiterungskarte (z.B:INTEL Above Board)
Hauptspeicher max:	maximal adressierbarer realer Hauptspeicher in MByte
PM:	Presentation Manager ab OS/2 Version 1.1
Programmgröße max:	maximale Anwendungsprogrammgröße in MByte theoretische Grenze, limitiert durch Plattenkapazität
SE:	Betriebssystem/2 Standard Edition = OS/2 SE
Windows 2.0:	Microsoft Windows Version 2.0
Wind 386:	Microsoft Windows 386
XMA:	IBM Adresserweiterung unter DOS (mit XMA Karte) durch Bankswitching (wie INTEL Above Board) PS/2 Modelle 70 + 80 können XMA ohne extra Karte
XT 286:	OS/2 läuft auch auf XT 286 und PS/2 30286
XWIN:	XWindows APA-Fenster-Benutzeroberfläche für AIX
3270 WSP:	IBM 3270 Workstationprogramm (für XMA-Karte)

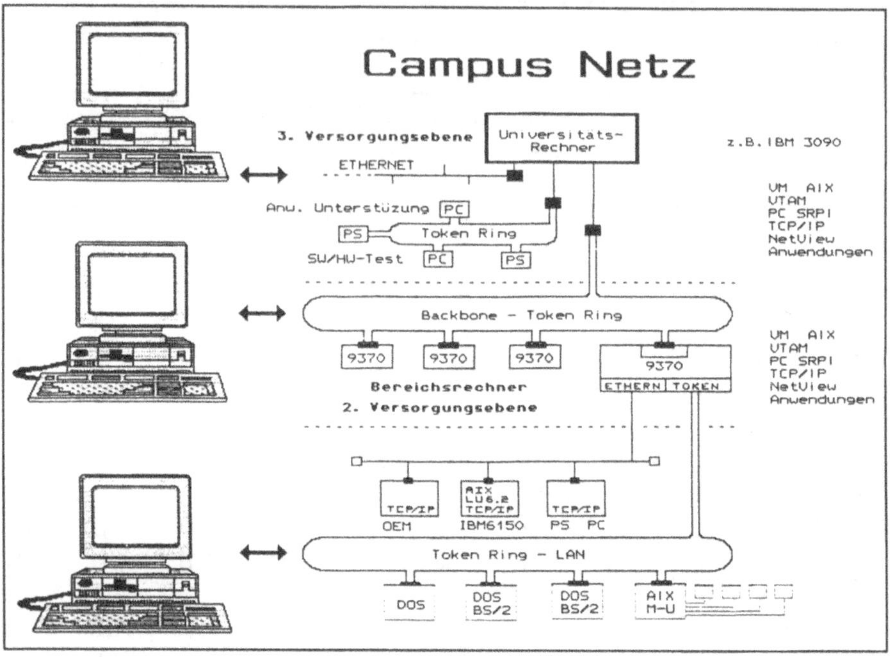

Abbildung: Campus Netz mit IBM PCs und PS/2s

mikado – Partner für multilinguale Textverarbeitung und Datenverwaltung

mikado GmbH, Berlin

1. PRINTER POLYGLOTT

PRINTER POLYGLOTT ist die Software zum Bearbeiten und Ausdrucken ein- oder mehrsprachiger Texte in Originalschrift von Arabisch bis Weißrussisch. PRINTER POLYGLOTT arbeitet auf der Grundlage des weltbekannten Textprogramms WordPerfect, wobei dessen überzeugende Vorteile auch für die fremdsprachige Textverarbeitung gewahrt bleiben. PRINTER POLYGLOTT ermöglicht mit WordPerfect die gemischte Druckausgabe

- in bis zu vier verschiedenen Proportionalschriftgrößen
- und in normaler, fetter, unterstrichener und kursiver Darstellung

Alle Zeichen sind selbstverständlich auf dem Bildschirm sichtbar. Die Tastatur wird automatisch mit dem fremdländischen Alphabet (oder mehreren Alphabeten) belegt. Das bedeutet: Alle Vorteile eines überlegenen Textverarbeitungssystems stehen für die gleichzeitige Bearbeitung deutscher und fremdsprachiger Textmaterialien zur Verfügung. Je nach Grafikkarte können bis zu sieben Alphabete oder Alphabetgruppen aus dem Angebot des PRINTER-POLYGLOTT-Programms miteinander kombiniert werden. Das deutsche Alphabet und die deutsche Programmsteuerung von WordPerfect bleibt dabei zusätzlich erhalten. Die Anwendung von PRINTER POLYGLOTT ist denkbar einfach:

- Mit einem Tastendruck schalten Sie zwischen fremdsprachigem und deutschem Bildschirmzeichensatz und Tastaturtreiber um.
- Mit einem weiteren Tastendruck rufen Sie den entsprechenden Druckerzeichensatz auf.
- Linksläufige Schreibrichtung wird beim Umschalten automatisch eingestellt.
- Die Eingabe von diakritischen Zeichen erfolgt bequem über Stoptastenkombinationen.
- Die Tastaturbelegung kann vom Benutzer völlig frei gestaltet werden.

2. DATA POLYGLOTT

DATA POLYGLOTT ist das leistungsfähige Programm für die gleichzeitige Verwaltung deutscher und fremdsprachiger Daten im dBase-Format. Auf Tastendruck und ohne Rückgriff auf komplizierte Programmiersprachen stehen Ihnen u.a. folgende Funktionen für alle Schriften, die auch in PRINTER POLYGLOTT angeboten werden, zur Verfügung:

- Komfortable Erstellung und Modifizierung von Dateien und Masken
- Direkteingabe von Daten in Deutsch und bis zu – je nach Graphikkarte – drei bis neun Fremdsprachen oder Sprachgruppen (eine Fremdsprache oder Sprachgruppe pro Datenbank)
- Komfortables "Durchblättern" der Datensätze ('Browse'-Funktion)
- Springen zwischen verschiedenen Datensätzen
- Markieren von Datensätzen
- Automatisches Austauschen von Strings innerhalb der Datei
- Relationierung zweier Dateien
- Einfaches Hin- und Herschalten zwischen bis zu 40 verschiedenen Einzeldatenbanken
- Automatisches Indizieren in der alphabetischen Reihenfolge der Fremdsprache (Griechisch, Russisch, Arabisch, Persisch...)
- Möglichkeit einer selbstdefinierten Sortiersequenz
- Sortierung und schnellen direkten Zugriff auf spezifizierte Datenfelder durch 2 optionale Indizes, zwischen denen hin- und hergeschaltet werden kann
- Suchen nach verknüpften Bedingungen (Filter) in den Datensätzen
- Transport von Datenfeldern zwischen verschiedenen Datensätzen
- Direktausgabe von Datensätzen oder -feldern in der Schrift der ausgewählten Fremdsprache auf dem Drucker
- Export von Datensätzen oder -feldern in eine Textdatei
- Export im Mailmerge-Format von WP 4.2. (Schnittstelle zu PRINTER POLYGLOTT)
- Paßwortschutz

Die Anzahl der verwaltbaren Datensätze pro Datei ist theoretisch fast unbegrenzt (100 Millionen Datensätze). In die Memofelder können bereits bestehende Textdateien eingegeben werden; weiterhin können Memofelder in eine bestehende Textdatei exportiert werden. DATA POLYGLOTT geht somit nicht nur durch die Fremdsprachenfunktionen weit über die grundlegenden Funktionen eines Datenverwaltungsprogramms hinaus. DATA POLYGLOTT erfordert die gleiche Hardware wie PRINTER POLYGLOTT. Voraussetzung sind darüber hinaus mindestens 420 KB freies RAM, bei Nutzung der Memofeldfunktionen 524 KB; d.h., ein Arbeitsspeicher von 640 KB ist für die Nutzung aller Funktionen anzuraten.

PRINTER POLYGLOTT und DATA POLYGLOTT verwenden Sie am besten gemeinsam als Paket; Sie können dann die Vorzüge beider Systeme bequem miteinander kombinieren. Für die Bearbeitung von Sprachen mit linksläufigen Schriften steht Ihnen das Paket KALIMA zur Verfügung, das sämtliche Funktionen von PRINTER POLYGLOTT und DATA POLYGLOTT in sich vereinigt und überdies die Möglichkeit bietet, Transkriptionen automatisch in arabische/persische Schrift zu konvertieren. PRINTER POLYGLOTT und DATA POLYGLOTT erfordern folgende Hard- und Software :

- IBM-PC (XT oder AT) oder kompatibler Rechner
- Drucker: 24-Nadel-Drucker nach dem EPSON-, NEC-, SEIKOSHA- oder Fujitsu-Standard oder Laserdrucker, kompatibel mit HP LaserJet Serie II
- Grafikkarte mit Fähigkeit zum Laden von Zeichensätzen: Hercules-Plus oder EGA-Karte oder VGA-Karte oder BoB-Karte
- Dringend empfohlen werden mindestens 512 KB RAM Arbeitsspeicher und eine Festplatte mit mindestens 10 MB Kapazität
- MS-DOS 3.0 oder höher
- WordPerfect 4.2 oder 5.0

Olivetti Personal Computer für Lehre und Forschung

Deutsche Olivetti GmbH
Frankfurt am Main

Wenn man heute von Personal Computern spricht, denkt man an Geräte, die seit etwa 10 Jahren in großer Verbreitung auf dem Markt sind. Dabei sollte nicht vergessen werden, daß Olivetti in dieser Hinsicht über eine sehr viel längere Tradition verfügt. Bereits 1965 präsentierte Olivetti mit der "Programma 101" den ersten frei programmierbaren Tischcomputer der Welt, der vor allem in der technisch-wissenschaftlichen Umgebung breite Anerkennung erfuhr. Seitdem stellte diese Produktkategorie einen wesentlichen Faktor in der Produktstrategie von Olivetti dar. Heute machen Personal Computer fast ein Drittel des Umsatzes von mehr als 10 Milliarden DM aus. Damit ist Olivetti unter den europäischen Anbietern von professionellen PCs klar die Nummer eins.

Das Olivetti-PC-Angebot basiert auf einer Reihe von Prinzipien, die dem Kunden optimale Leistungen und Voraussetzungen für effiziente Anwendungen garantieren:

- Eine modular und flexibel aufgebaute PC-Linie, die in allen Marktsegmenten ein entsprechendes Angebot aufweist (sie reicht vom Einstiegsmodell M200 bis zu den 80386-Hochleistungs-Standmodellen M380/XP5 und M380/XP7).
- Der Anspruch, jederzeit "state of the art" zu sein, d.h. das jeweils technologisch Neueste in allen Produktklassen anzubieten.
- Der konsequente Bezug auf die jeweils aktuellen und zukünftigen Marktstandards, die für den Anwender gleichzeitig Sicherheit und Freiheit der Wahl bedeuten - so bietet Olivetti z.B. in der 80386-Klasse MS-DOS, MS-OS/2 und UNIX als Betriebssysteme an.
- Eine hohe Verarbeitungsqualität, die durch die optimale Auswahl der Komponenten und eine Herstellung unter sorgfältigster Qualitätskontrolle in hochmodernen vollautomatischen Produktionsstätten erreicht wird.
- Ein dichtes Netz von kompetenten Vertriebspartnern und Servicestellen, das Kundennähe in jeder Einzelfrage ermöglicht.

Das PC-Angebot wird beständig den Erfordernissen des Marktes angepaßt. Der Anwender erhält mit dem Erwerb eines Olivetti-PCs gleichzeitig die Sicherheit, auch in Zukunft auf ein umfangreiches Angebot von Optionen zurückgreifen zu können, das seinen PC ergänzt und erweitert. So kann der Anwender schon heute seine Investitionen schützen und die wirtschaftliche Effizienz von morgen programmieren.

Für den Benutzer von Olivetti-Personal-Computern ist es von entscheidender Bedeutung, daß in jeder Hinsicht Kompatibilität zu vorhandenen Systemen garantiert wird. Olivetti unterstützt mit seinen Produkten die Marktstandards, die für Personal-Computer und für die Kommunikation zwischen den verschiedenen Systemen bestehen. Diese stellen sicher, daß die Olivetti Personal Computer offen für Softwarepakete des Marktes, für Hardware-Erweiterungen und für die Kommunikation mit Systemen anderer Hersteller sind.

Die Olivetti-PC-Produktfamilie reicht vom preisgünstigen Einstiegsmodell bis hin zum Mehrbenutzer-/Mehrprogramm-Modell und paralleler Verarbeitung von MS-DOS- und XENIX/UNIX-Programmen. Alle Modelle sind großzügig ausbaubar. So kann die Hauptspeicherkapazität durchweg auf das Mehrfache der Basisausstattung erweitert werden. Dasselbe gilt auch für Massenspeicher und andere Peripheriegeräte. Der Benutzer kann dadurch mit einer kleinen Konfiguration starten, die den derzeitigen Anforderungen entspricht. Steigt der Verarbeitungsbedarf, so kann derselbe PC nachträglich hochgerüstet werden.

Die PC-Modelle

M200. Einstiegs-PC zum Einstiegs-Preis. MS-DOS-kompatibler Tisch-PC mit 768KB-Arbeitsspeicher. Option: 20 MB-Festplatte für den Einstieg in kommerzielle Anwendungen sowie für den Schulungseinsatz, als preiswerte Arbeitsstation in lokalen Rechnernetzen oder als Heimcomputer.

M250. Auf Grund seines Preis-/Leistungsverhältnisses ist der M250 die konsequente Fortsetzung der Olivetti 8086-PC-Linie. Mit seinem 80286-Prozessor (8 MHz, keine Wartezyklen) und dem kompakten Gehäuse ist er für einen Einsatz als Einzelarbeitsplatz oder als Workstation in einem Netzwerk optimal geeignet.

M290. Für Einplatz- und Mehrplatzbetrieb ausgelegt. Mit 12 MHz Taktfrequenz einer der schnellsten 80286er PCs. Die Systemplatine ist als Steckkarte ausgelegt. Sie kann später gegen noch leistungsfähigere Prozessorkarten ausgetauscht werden.

M380/XP1. Ausgezeichnetes Preis-/Leistungsverhältnis im Bereich der Super-PCs mit Intel386™ Prozessoren. 20 MHz schnell, 80 MB-Festplatte mit 20 ms durchschnittlicher Zugriffszeit.

M380/XP3. Standardausrüstung mit 135 MB-Festplatte und 2 MB Hauptspeicher. Für ein Streaming Tape und ein weiteres Diskettenlaufwerk sind noch zwei Einschübe frei.

M380/XP5. Für Erweiterungen sind 10 Einschübe, davon 7 freie, vorgesehen. 5 Massenspeicher können hinzugefügt werden. Außer 3 Disketten- oder Streaming-Tape-Einheiten können 2 Festplattenlaufwerke mit je 135 MB oder 300 MB Speicherkapazität integriert werden.

M380/XP7. Dieses mit 25 MHz getaktete Spitzenmodell der XP-Reihe verfügt standardmäßig über 4 MB RAM und einen Cache Memory Controller. 8 Einschübe sind für Erweiterungen frei.

P500. Olivettis PC mit Mikrokanal Architektur. Der P500 hat eine sehr kompakte Bauweise und verfügt über 5 freie Einschübe. Der Intel386SX™ Prozessor bietet durch seinen internen 16 Bit-Bus volle Kompatibilität zum Intel386™ Prozessor.

	Processor	Taktfrequenz	RAM		Freie Slots	Festplatten	
			Standard	Maximum		Standard	Maximum
M200	V20	8 MHz	768 KB	768 KB	2	20 MB	20 MB
M250	80286	8 MHz	1 MB	14 MB	3	20 MB 40 MB	40 MB
M290	80286	12 MHz	1 MB/ 2 MB	14 MB	4	20 MB 40 MB 100 MB	100 MB
M380/C	Intel386™	16 MHz	1 MB	48 MB	4	62 MB	62 MB
M380/XP1	Intel386™	20 MHz	1 MB	48 MB	4	80 MB	80 MB
M380/XP3	Intel386™	20 MHz	2 MB	48 MB	4	135 MB	215 MB
M380/XP5	Intel386™	20 MHz	4 MB	64 MB	7	135 MB 300 MB	600 MB
M380/XP7	Intel386™	25 MHz	4 MB	56 MB	8	135 MB 300 MB	600 MB
P500	Intel386SX™	16 MHz	1 MB	16 MB	5	40 MB	80 MB

Übersicht: Olivetti Personal Computer

PCS –
Partner für Forschung und Lehre

Bernd Wiemann und Klaus Dürschner

PCS Computer Systeme GmbH, München

Die enge Kooperation und der rege Austausch von Informationen zwischen Rechnerherstellern und Anwendern in Forschung und Lehre ist sicher eine der wichtigsten Voraussetzungen für die Erzeugung technologisch hochwertiger Produkte. PCS bedankt sich aus diesem Grund besonders für die Idee und die Bereitschaft zu dieser Präsentationsmöglichkeit im Rahmen dieses vorzüglich organisierten Anwenderkongresses.

1. PCS – vom Systemhaus zum Rechnerhersteller

PCS wurde 1970 von den Brüdern Prof. Dr.-Ing. Georg Färber und Eberhard Färber als Systemhaus gegründet. Die Erfahrung in der Konzeption und Entwicklung von Rechnerarchitekturen führte 1982 zur Vorstellung des ersten europäischen UNIX-Rechners und zur vollständigen Wandlung zum Computerhersteller.
Die Entscheidung für das damals noch weitgehend unbekannte Betriebssystem UNIX erweist sich heute als richtig, da UNIX ein Weltstandard geworden ist. Das rasche Wachstum des Unternehmens auf heute über 300 Mitarbeiter beruht auf den zukunftsweisenden Konzeptionen der Produkte, einer soliden Finanzierung und der hohen Qualifikation der Mitarbeiter. Seit Anfang 1989 ist das Unternehmen eine völlig selbständige 100%ige Tochter der Mannesmann Werke Düsseldorf.

PCS ist Hersteller und Anbieter von

- Hochleistungsfähigen UNIX Rechnersystemen (CADMUS-Arbeitsplatzrechner und CADMUS Mehrplatzsysteme in CISC- und RISC-Technologie)
- Industrieautomatisierungssystemen CADMUS AS (UNIX und Echtzeit)
- Industrieterminals für Endanwender und OEM-Partner INTUS 2000

Im Rahmen einer stark wachstumsorientierten Unternehmenspolitik werden auf der Basis der breiten UNIX-Rechner- und Terminalpalette verstärkt integrierte, vertikale Lösungen für technische Anwendungsgebiete erstellt. Dieses Produktangebot wird durch ein breites, einsatzbezogenes Dienstleistungsangebot ergänzt.

2. CADMUS in Lehre und Forschung

Bereits seit der Gründung des Unternehmens vor 20 Jahren hat sich PCS intensiv mit der Thematik des Rechnereinsatzes in Forschung und Lehre auseinandergesetzt. Durch die von Anfang an sehr engen Kontakte mit diesem Bereich und den daraus entstandenen gemeinsamen Entwicklungen ist eine Identifikation mit der Lehre und Forschung entstanden, die logischerweise auch eine sehr starke Produktausrichtung für die Bedürfnisse in diesem Bereich mit sich brachte. Im Zuge des Unternehmenswachstums hat sich dieses Engagement ohne Unterbrechung fortgesetzt und verstärkt – was nicht zuletzt durch den Einsatz von CADMUS-Rechnern an fast allen Hochschulen und Forschungseinrichtungen in Deutschland Bestätigung findet.

Seit Anfang 1988 hat PCS die intensiven Arbeitskontakte mit dem Bereich Forschung und Lehre durch die Einrichtung eines eigenen Marketingbereichs institutionalisiert und mit der Bereitstellung von Mitteln in nicht unerheblicher Größe das PCS-Hochschulprogramm ins Leben gerufen; denn eine dauerhafte Verbindung zwischen Wissenschaft und Praxis kann nicht durch eine sporadische Diskussion von mehr oder weniger zufällig ausgewählten Themen zustandekommen. Sie setzt vielmehr ein hohes Maß an Kontinuität, ein vertrauensvolles Geben und Nehmen und die Bereitschaft zu einem offenen Dialog voraus.

Was beinhaltet nun das PCS-Hochschulprogramm im einzelnen?

- Aktive Informationspolitik, d.h. Informationen für den Bereich F&L und aus dem Bereich F&L, speziell ausgerichtet auf die Bedürfnisse der Hochschulen, die mit der Hauszeitschrift "UniCADMUS" übermittelt werden
- Kooperationen bei Studienarbeiten, Diplomarbeiten und Dissertationen durch Bereitstellung von Arbeitsplätzen, Rechner-Ressourcen und durch fachliche Unterstützung
- Bereitstellung von Arbeitsplätzen für Praktikanten, Werkstudenten und Absolventen des 2. Industriesemesters
- Unterstützung bei Messen, Ausstellungen, Tagungen und F&L-Veranstaltungen
- Organisation von Anwendertreffen für CADMUS-Benutzer
- Überlassung von Materialien für Vorlesungen und Praktika
- Präsentationen und Fachtage an Hochschulen
- Unterstützung bei der Beschaffung und Portierung von Software, die noch nicht auf CADMUS-Rechnern verfügbar ist
- Aktive Unterstützung bei der Vermarktung von Software aus dem F&L-Bereich.
- Public-Domain-Softwarepool
- Vermittlung von interuniversitären Kontakten

- Vergabe von Forschungs- und Realisierungsaufträgen
- Support-Mailbox
- Partner-Produkte zu F&L-Sonderkonditionen
- Zusammenarbeit bei Forschungsprojekten
- Durchführung von Kooperationen zur Förderung von Forschung und Lehre
- und nicht zuletzt spezielle, auf die Bedürfnisse der Hochschulen ausgerichtete CADMUS-Modelle, komplett ausgestattet mit Hardware und Software, zu F&L-Sonderkonditionen, die jedem Vergleich standhalten

3. CADMUS und CIP

Es war mit ein "Verdienst" von PCS, daß UNIX-Rechner in die ersten CIP-Programme Eingang gefunden haben. Der zunehmende Ruf – auch auf diesem Kongreß – nach UNIX-Rechnern in der Ausbildung ist eine nachträgliche Bestätigung unseres großen (und kostenintensiven) Engagements zum damaligen Zeitpunkt.

Durch eine konsequente Weiterentwicklung und Erweiterung des Produktspektrums, wie z.B. die Einführung von Rechnern mit RISC-Technologie, der Integration von PCs und MS-DOS oder der Synthese von UNIX und Echtzeit hat PCS in der Praxis bewiesen, daß die Bedürfnisse und Anforderungen der Lehre in nahezu allen vorkommenden Bereichen der rechnergestützten Ausbildung abgedeckt sind. Die nahtlose Einbindung in vorhandene, heterogene Umgebungen, die Integrationen von in den Hochschulen bereits vorhandenen Ressourcen und eine zielgerichtete Ausprägung der CADMUS-Familie in unterschiedlichen Leistungsbereichen bringen die Voraussetzungen für einen langfristigen Einsatz mit hohem Investitionsschutz für den Anwender. Besonders berücksichtigt sind hierbei die Anforderungen aus dem nunmehr auf Dauer eingerichteten CIP-Programm und der ausstehenden Förderungsmöglichkeiten für Institutsrechner, Server und Wissenschaftler-Arbeitsplätze.

4. Die CADMUS-Workstationfamilie

4.1 CADMUS 9604-Modelle

Mit den CADMUS 9604-Modellen ermöglicht PCS erstmals den Einstieg in die Klasse der professionellen UNIX-Komplettsysteme zu einem bemerkenswert niedrigen Preis. Das Rezept ist so einfach wie plausibel: Für die drei häufigsten Einsatzbereiche ist je ein Modell definiert, das die spezifischen Anforderungen erfüllt. Der Vorteil dieser speziellen, anwendungsorientierten Konfiguration: Die drei CADMUS 9604-Modelle sind außergewöhnlich preiswert:

- das Mehrplatzsystem CADMUS 9604-MP mit 8 seriellen Schnittstellen
- die schwarz/weiß-Workstation 9604-MWS mit dem hochauflösenden Graphik-Monitor

- die Farbworkstation CADMUS 9604-CWS und -CWM mit 16 oder 256 gleichzeitig darstellbaren Farben

Die CADMUS 9604-Rechnermodelle haben ein Plattenlaufwerk mit 170 MB Kapazität, ein 60 MB Streamer-Kassettenlaufwerk und sind voll in die CADMUS 9000 Rechnerfamilie integriert:

- sie sind 100 % binärkompatibel mit den Modellen der CADMUS 9600-, CADMUS 9700- und CADMUS 9900-Familie
- sie sind im lokalen, hochtransparenten Netz MUNIX/Net mit anderen CADMUS-Systemen verbunden und können über TCP/IP oder DECnet auch mit anderen Rechnersystemen im heterogenen Netzverbund kommunizieren

Für den Hochschulbereich werden diese Modelle mit einem umfangreichen F&L-Softwarepaket ausgeliefert.

Leistungsmerkmale der CADMUS 9604- Modelle

CADMUS 9600	9604-MP	9604-MWS	9604-CWS	9604-CWM
Leistung(ca. MIPS)	3	3	3	3
Applikations-Proz. Float. Point-Proz. Arbeitsspeicher	MC 68020-CPU MC 68881-FPU 4 MByte			
Ser. Schnittstellen Graphik-Terminal Auflösung Anzahl der Farben aus einer Palette	8 x V24 - - -	2 x V24 17"/20" 1024 x 800 1 1	2 x V24 17"/20" 1280 x 1024 16 16 Millionen	2 x V24 17"/20" 1280 x 1024 16 16 Millionen
Plattenlaufwerk ø Zugriffszeit Kassettenlaufwerk	170/146 MByte (unformatiert/formatiert) 23 ms 60 MByte			

Graphik 1: Leistungsmerkmale der CADMUS 9604-Modelle

4.2 Die CADMUS RISC-Rechner

PCS bietet bereits seit 1988 eine RISC Rechnerserie an, die auf der R2000 RISC CPU von MIPS basiert. Die CADMUS 9000/RC Rechnerserie ist binärkompatibel zu den Rechnermodellen von MIPS Computer Systems und Source-Code-kompatibel zur klassischen CADMUS 9000 Rechnerfamilie auf Basis MC68020. Als Betriebssystem dient UNIX V.3, das als Weltstandard die Kompatibilität zur restlichen UNIX-Welt und die Portierbarkeit von Standard UNIX-Software gewährleistet.

Der Schlüssel für die außergewöhnliche Leistungsfähigkeit (12 – 14 MIPS Rechenleistung und 4 MFlops Gleitkommaleistung) der CADMUS 9000/RC Familie liegt in der Kombination von RISC-Hardware und optimierender Compiler-Technologie. Das Compiler-System ist mit einer universellen Schnittstelle für alle Hochsprachen (C, PASCAL, FORTRAN) im Industriestandard ausgerüstet. Weitere Hilfsmittel sind in Form eines symbolischen Source-Level-Debuggers, Linkloaders, Library-Managers und anderen Utilities verfügbar.

Die Modelle der CADMUS 9000/RC Familie sind besonders geeignet für Datenbank-Applikationen, für Simulationen, Finite-Elemente-Berechnungen, zur Sprach- und Bildverarbeitung oder für Anwendungen im Bereich Künstliche Intelligenz.

Entsprechend dem Einsatzfeld sind die CADMUS 9000/RC Modelle in den unterschiedlichsten Konfigurationen, vom mächtigen Mehrplatz-Abteilungsrechner System bis zur Hochleistungs-Graphik-Workstation lieferbar.

4.3 Neue RISC Workstation CADMUS 9604/RC

Die Workstationfamilie CADMUS 9604/RC mit RISC Prozessorsystem bietet höchste Gleitkomma- und Graphikleistung zusammen mit einem umfangreichen Softwarepaket zu einem ungewöhnlich niedrigen Preis.

Die wesentlichen Kenndaten der Workstations sind:

- Der Applikationsprozessor (R2000 / 16 MHz) mit 12 – 14 MIPS Rechenleistung und einer Gleitkommaleistung von 4 MFlops
- 8 MByte Arbeitsspeicher erweiterbar auf max. 16 MByte
- ein hochauflösender Graphik-Bildschirm mit 17" und einer Auflösung von 1024 x 800 Punkten
- ein schnelles Plattenlaufwerk mit 380 MByte Kapazität und 17 ms durchschnittlicher Zugriffszeit
- ein Kassettenlaufwerk mit 150 MByte Kapazität
- Ethernet-Schnittstelle, 2 serielle V.24-Schnittstellen

Optional ist die CADMUS 9604/RC RISC Workstation auch als Farb-Workstation mit 256 Farben und einer Auflösung von 1280 x 1024 Bildpunkten verfügbar. Dabei wird durch den Einsatz eines intelligenten Farbgraphik-Prozessors mit eigener 68020-CPU eine wesentlich bessere Graphikleistung erreicht, als mit der herkömmlichen Framebuffer-Technik.

Der CADMUS 9604/RC läßt sich in bestehende lokale Netze von Workstations und Minis einbinden – Anschluß an heterogene Ethernet-LANs ist über TCP/IP-Protokoll mit NFS möglich. Der homogene lokale Verbund erfolgt über das hochtransparente MUNIX/Net.

5. CADMUS NETWorker

Der CADMUS NETWorker bildet eine Brücke zwischen MS-DOS und UNIX. Klein in den äußeren Abmessungen (nicht größer als ein gewöhnliches Terminal), findet er auf jedem Schreibtisch Platz. Dort wird er über den vorhandenen Ethernet- oder Cheapernet-Connector in ein lokales Netz eingeklinkt. So einfach die Integration eines CADMUS NETWorkers ist, so vielseitig erweitern sich dadurch die Arbeitsmöglichkeiten:

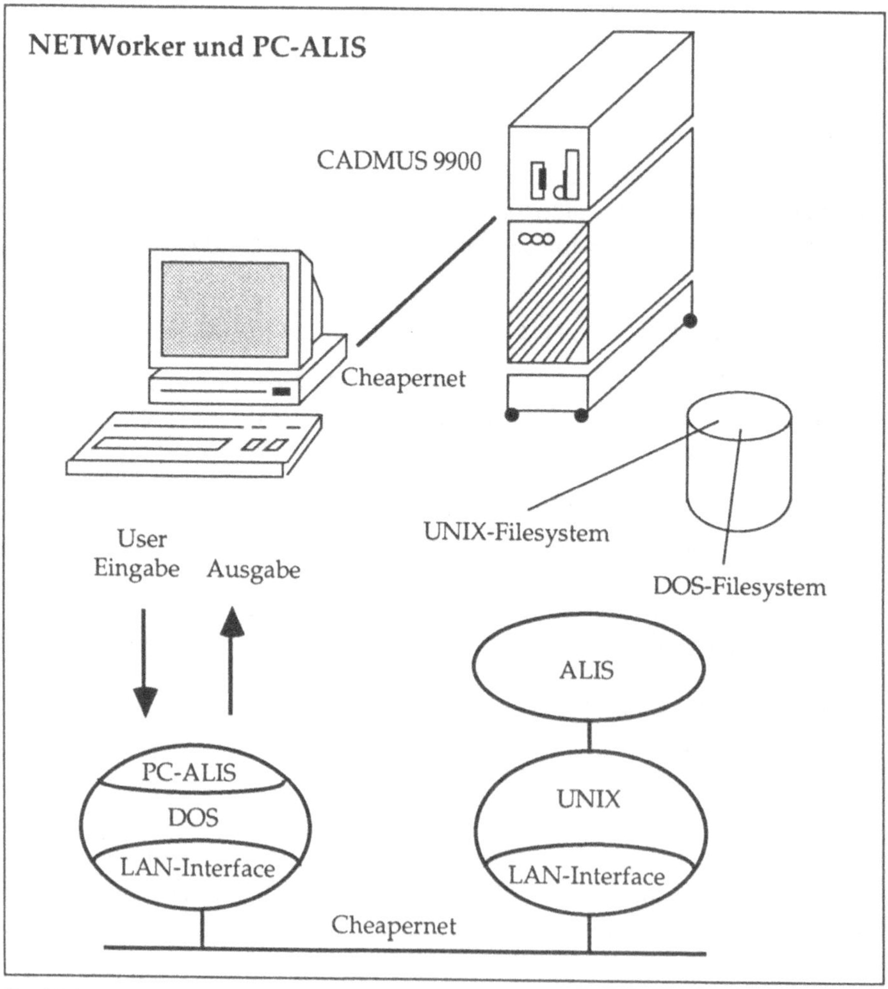

Graphik 2: NETWorker und PC-ALIS

- Durch den NETWorker hat der Benutzer Zugang zu allen am Netz angeschlossenen Rechnern
- Gleichzeitig steht ein voll IBM/AT-kompatibler PC am Arbeitsplatz, auf dem

jede DOS-Applikation sofort ablaufen kann. Zwischen UNIX und DOS wird einfach mit einem "Hot-Key" hin- und hergeschaltet

- Komplexe und mächtige UNIX-basierende Applikationen, wie das Bürokommunikationspaket ALIS, die relationale Datenbank ORACLE oder das medizinische Dokumentationssystem mido-X von PCS können die graphischen Fähigkeiten des DOS-Systems nutzen

Der CADMUS NETWorker ersetzt drei Geräte, denn er ist gleichzeitig ein UNIX-Terminal, ein Graphik-Terminal und ein vollwertiger PC/AT.

6. CADMUS Realzeitsystem

In Erweiterung seiner CADMUS 9000 Rechnerfamilie bietet PCS nun auch eine vollständige Produktpalette für Echtzeit- und Automatisierungsaufgaben im oberen Leistungsbereich an. Das PCS-Echtzeitkonzept, ausgelegt auf höchste Performance, beruht auf einer Aufgabenteilung zwischen

- dem universellen Standardbetriebssystem MUNIX V.3 auf CADMUS 9000 Rechnern für die globale Datenverarbeitung und die Programmentwicklung
- und dem dedizierten Echtzeitbetriebssystemkern RTK auf CADMUS AS, der Echtzeit-Hardware für zeitkritische Anwendungen mit hohen Anforderungen an Interruptlatenz und Taskwechselzeiten.

Die wichtigsten Eigenschaften des RTK:

- Multitasking, mit einer unbeschränkten Anzahl von Prozessen
- Dauer eines Taskwechsels unter 30 Mikrosekunden auf MC68030/20 MHz
- Geringe Interruptlatenz: längste Interruptsperre im Kern 12 Instruktionen

Der RTK ist PROM-fähig und als universelles Echtzeit-Betriebssystem neben dem CADMUS AS auch auf jeder anderen Hardware mit MC680X0 Prozessor ablauffähig. Der PCS RTK ist einer der schnellsten derzeit verfügbaren Echtzeit-Betriebssystemkerne. Der RTK wurde von PCS auf Motorola Prozessoren der Familie 68000/10/20/30 realisiert. Der RTK kann bei Bedarf auf kundenspezifische Systeme portiert werden. Serienmäßig ist ein komplettes VME-Bussystem mit 68030-CPU und Standard-Peripherie-karten verfügbar, der CADMUS AS (Echtzeitrechner).

6.1 Komfortable Entwicklungsumgebung

Die Echtzeitprogramme werden unter MUNIX in C mit den üblichen Tools entwickelt, mit dem residenten Compiler übersetzt und mit dem symbolischen Debugger RDB in das Zielsystem geladen. Dort können sie von MUNIX aus gestartet und auf Quellsprachenebene mit dem RDB getestet, analysiert und modifiziert werden.

Echtzeit-Applikationen steuern Maschinen mit Millionenwerten. Das Programm muß also fehlerfrei sein. Programmtest und Fehlersuche wurden von PCS mit einem Hochsprachen-Debugger optimiert. Der Debugger ist ein interaktives Tool mit einer menügesteuerten Schnittstelle. Der Programmierer testet das Programm auf dem Niveau seiner Hochsprache. Der Debugger läuft unter MUNIX und kommuniziert direkt mit dem Echtzeit-Systemkern. Dabei werden alle problemorientierten Strukturen vom Debugger in die Maschineninstruktionen übersetzt und an den Echtzeitsystemkern weitergegeben. Dort befindet sich ein "Mini-Debugger", der die Debug-Anweisungen ausführt. Dem Programmierer werden interaktiv die Ergebnisse in der gewohnten MUNIX-Umgebung zur Korrektur oder Bestätigung angeboten.

Das in MUNIX erstellte und getestete Programm wird en bloc dem Echtzeit-Systemkern RTK übergeben. CADMUS Rechner und der PCS Real Time Kernel RTK kommunizieren dabei wahlweise über eine Terminalleitung oder über Ethernet.

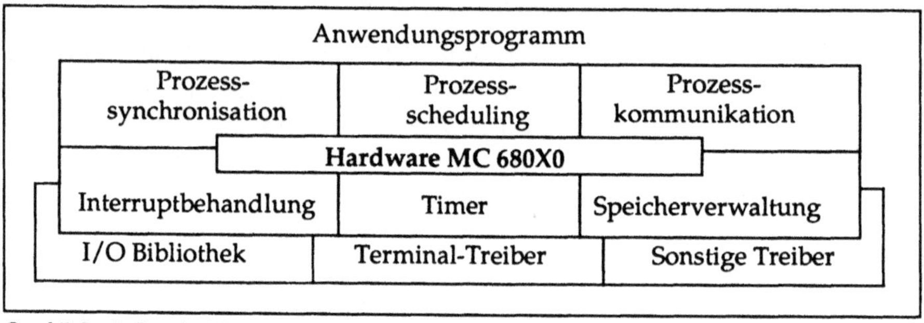

Graphik 3: Aufbau des RTK Echtzeit-Betriebssystemkerns

Klaus Dürschner

Computer und Netze

Siemens Aktiengesellschaft, München

Siemens zählt zu den führenden Elektrotechnik- und Elektronik-Unternehmen der Welt.

Wie nur wenige DV-Hersteller bietet Siemens alle C-Technologien (Communications, Computers, Components) aus einer Hand. Der Anwender kann so auf Systemlösungen aus nahtloser Kommunikations- und Computertechnik – stets auf dem neuesten Stand der Mikroelektronik – zurückgreifen.

Der Gesamtwert der weltweit installierten Siemens-DV-Anlagen inklusive Systemsoftware beträgt über 19 Milliarden Mark. Damit ist Siemens größter Computerhersteller europäischer Herkunft und international der Anbieter mit dem breitesten Spektrum von Produkten und Dienstleistungen für Bürokommunikation, kommerzielle Datenverarbeitung und Fertigungsautomatisierung. Über zwei Drittel des DV-Installationswertes entfallen auf die Produktfamilien unter den beiden Betriebssystemen BS2000 und SINIX (SINIX ist das UNIX[1] von Siemens).

Die Universalcomputer-Familie 7.500 unter dem einheitlichen Betriebssystem BS2000 umfaßt eine sehr große Leistungsbandbreite von 1:500 zwischen dem kleinsten und dem größten Modell.

Mit rund 28.000 installierten Systemen ist Siemens Europas erfolgreichster UNIX-Anbieter. Dafür sorgen die hohe Leistungsfähigkeit der SINIX-Arbeitsplatzcomputer sowie eine grafische Benutzeroberfläche mit Fenstertechnik, die unter UNIX für Mehrplatzsysteme derzeit in Europa nur von Siemens angeboten wird.

Die besonders hohen Anforderungen an einen DV-Arbeitsplatz in Forschung und Lehre werden von den multifunktionalen 32-bit-Rechnern der Modellreihe WS30 umfassend abgedeckt. Sie weisen hoch entwickelte grafische Fähigkeiten auf und ermöglichen einen ebenso schnellen wie komfortablen Daten- und Informationsaustausch mit allen Systemen.

Von besonderem Gewicht für alle Anwendungen ist die Fähigkeit zur Kommunikation der einzelnen Systeme untereinander. Sie sorgt dafür, daß die verschiedenen Rechnerleistungen an den jeweiligen Arbeitsplatz vor Ort transportiert werden.

Dabei stehen alle Möglichkeiten der Vernetzung samt der dazu erforderlichen Dienste – im LAN-Bereich elektrisch oder über Lichtwellenleiter sowie im WAN-Bereich leitungs- oder paketvermittelt – auch im Inhousebereich zur Verfügung. Eine "offene Kommunikation" läßt sich durch die Verabschiedung internationaler Standards auf Basis des ISO-Sieben-Schichten-Modells nur schrittweise verwirklichen.

Der Bereich Forschung und Wissenschaft erzeugt durch sein Potential an hochqualifizierten Fachleuten mit geballtem Know-how und durch seine Vorreiterfunktion bei der anspruchsvollen DV-Anwendung einen sehr starken Multiplikatoreffekt und hat daher für Siemens eine außerordentliche Bedeutung.

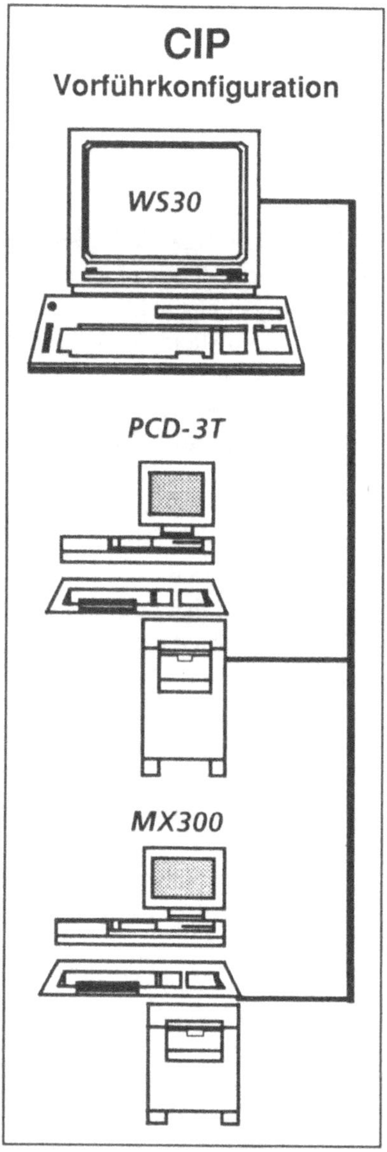

Den Besonderheiten dieses Bereichs gerecht zu werden, erfordert ein hohes Maß an technischer Präsenz, um entsprechende Anforderungen in Anstöße zu Produktentwicklungen umsetzen zu können. Dazu ist eine konstruktive Zusammenarbeit zwischen den wissenschaftlichen Einrichtungen und der Industrie notwendig.

Zur Förderung und Verbesserung dieser Zusammenarbeit hat Siemens das **Kompetenz-Zentrum Wissenschaft** gegründet. Es hat schwerpunktmäßig zwei Aufgaben:

- Kooperationen mit Hochschulen, Fachhochschulen und Forschungseinrichtungen
- Kompetente, fachliche Beratung und Präsentation der Produktlinien im Wissenschaftsbereich

Besondere Konditionen für den Einsatz von Produkten im Wissenschaftsbereich:

- Pauschales Einmalentgelt für nahezu alle BS2000-Softwareprodukte
- Forschungsrabatt für alle Hardwareprodukte

Weitere Informationen und fachliche Beratung geben die Spezialisten bei den Siemens-Zweigniederlassungen.

[1]UNIX® ist ein eingetragenes Warenzeichen von AT&T

Engagiert für Forschung und Lehre: Computer-Investitionen mit dem Zenith-PC-Programm

Zenith data systems GmbH, Dreieich

Das Computer-Investitions-Programm und Zenith

Die erste auf drei Jahre angelegte Phase des Computer-Investitions-Programms hat für die Zenith data systems GmbH und die von ihr autorisierten Computerfachhändler eine Menge an Herausforderungen und Aufgaben bereitgehalten. "CIP 1985 - 1988" wird von großen Teilen unserer Fachhändlerschaft inzwischen als Losung für die rasche Umsetzung neuer effizienter Support-Konzepte im Bereich der Lehre und Forschung verstanden. In der Tat erforderte die Installation und Wartung von mehreren tausend Systemen an fast allen Universitäten in der Bundesrepublik die Erarbeitung eines neuen Support-Profils, das auf die besonderen Erfordernisse des CIP-Einsatzes abgestimmt werden mußte. Daß wir dabei auf Erfahrungen zurückgreifen konnten, die wir in langjähriger Zusammenarbeit mit universitären Rechenzentren und Instituten ganz unterschiedlicher Fachrichtungen gewonnen hatten, half uns natürlich ganz wesentlich.

Einen guten Einblick in die dadurch neu entstandenen CIP-Strukturen gibt in diesem Zusammenhang ein Projekt an der Ruhr-Universität Bochum, an der ziemlich genau ein Prozent der bundesweit im Rahmen des Computer-Investitionsprogramms eingerichteten PC-Arbeitsplätze installiert sind. Es handelt sich dabei um Geräte unserer Produktlinie Z-241 AT und Z-158 XT, die in Form von sechs über den gesamten Campus der Ruhr-Universität Bochum verteilten sogenannten CIP-Inseln zur Verfügung stehen. An der Einrichtung weiterer Inseln wird derzeit in Bochum schon gearbeitet.

Das Bochumer Reformmodell: Informatik für die Geisteswissenschaften

Gerade die geisteswissenschaftlichen Fakultäten sind dort besonders engagiert. Das ist sicherlich nicht zuletzt auf einen dort im Jahre 1987 neu eingerichteten Zusatzstudiengang "Informatik für die Geisteswissenschaften" zurückzuführen. Hier werden Absolventen geisteswissenschaftlicher Fächer nicht nur Grundlagenkenntnisse der Informatik vermittelt, sondern auch das Rüstzeug zur Erarbeitung von PC-Einsatzkonzepten in Forschung, Entwicklung und Verwaltung. Das nordrhein-westfälische Ministerium für Wissenschaft und Forschung hat den Zusatzstudiengang übrigens ausdrücklich als "Reformmodell" genehmigt.

Eine besondere Bochumer Note erhält die Ausbildung von Geisteswissenschaftlern im EDV-Bereich zudem dadurch, daß nicht nur am PC ausgebildet, sondern auch mit dem PC geforscht wird. Und in diese Forschungsprojekte werden Studentinnen und Studenten schon während ihres Hauptstudiums eingebunden. Forschungsmanagement mit dem Zenith-PC kann dann schon zu einem sehr frühen Zeitpunkt eigenständig erlernt werden.

Dies wird besonders bei einem von der Deutschen Forschungsgemeinschaft geförderten Projekt am Lehrstuhl von Professor Dr. Gert König deutlich. Zenith-PCs helfen dort bei der Erstellung von Indices zur Gesamtausgabe der Schriften des Philosophen Jakob Friedrich Fries, einem der großen Architekten der Philosophie des 19. Jahrhunderts. Um nämlich die vielen tausend Fundstellen, Stichworte und Verweise auf Belege effizient verwalten zu können, hat man im Rahmen dieses Projekts schon seit einigen Jahren auf Rechnerunterstützung gesetzt.

Zenith-PCs entlasten den Großrechner

"Die erheblich großen Datenmengen und der nicht gerade geringe Rechenzeitbedarf für die Sortierung und Auswertung nach bestimmten Deskriptoren legten natürlich den Einsatz des am hiesigen Rechenzentrums verfügbaren Großrechners nahe", erläutert Professor König. Seit im Rahmen des Computer-Investitions-Programms PC-Arbeitsplätze zur Verfügung stehen, kann man den recht aufwendigen Großrechner-Einsatz allerdings auf ein Mindestmaß reduzieren. "Die Arbeiten können so wesentlich effizienter gestaltet werden, weil nun lediglich die eigentlichen Auswertungsläufe mit dem Großrechner erledigt werden müssen", beschreibt Erika Töller vom Lehrstuhl Professor König den wesentlichen Vorteil der Umstellung. Und ihr Kollege Michael Flacke fügt hinzu: "Alle anderen Arbeiten, wie zum Beispiel Texteingabe, Dateiverwaltung, Erstellen von Batch-Jobs für den Großrechner oder die Aufbereitungsarbeiten für den Schriftsatz, werden mit einem Zenith-PC erledigt." Das ist natürlich insgesamt wesentlich komfortabler. "Denn so haben wir einerseits für bestimmte Aufgaben die gesamte Softwarepalette unter MS-DOS zur Verfügung, andererseits können rechenintensive Aufgaben in sehr kurzer Zeit mit dem Großrechner erledigt werden", meint Bernd Buldt, der den EDV-Einsatz am Lehrstuhl koordiniert.

Der Zenith-PC erweist sich hier als wirklicher Universalrechner. Zum einen müssen so unterschiedliche Arbeiten wie Software-Erstellung, Textverarbeitung, Datenbankverwaltung und Datenfernverarbeitung erledigt werden. Zum anderen sind am Lehrstuhl von Professor König Studentinnen und Studenten in das Projekt mit eingebunden, so daß ein nicht unerheblicher Ausbildungseffekt erzielt wird. Die Forderung der nordrhein-westfälischen Wissenschaftsministerin

Anke Brunn nach praxisorientierter Ausbildung im Bereich "Informatik für die Geisteswissenschaften" wird an diesem philosophischen Lehrstuhl schon seit einigen Jahren voll verwirklicht. Und die Hardware von Zenith leistet dabei gute Dienste.

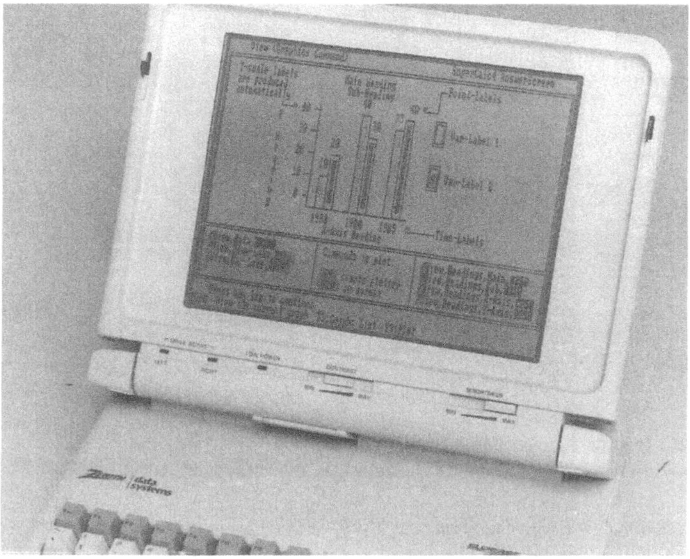

PC-Power aus dem Aktenkoffer liefert der neue Zenith SupersPORT Laptop, ein vollkompatibler und netzunabhängiger PC, der nur knapp 5 kg wiegt

Aktuelles Nachfolgemodell des in Bochum eingesetzten Z-241 ist der hier abgebildete Z-248/12, ein 16 Bit Mikrocomputer, der aufgrund seiner technischen Eigenschaften in der Klasse 80286-kompatiblen PCs mehr als nur eine Alternative darstellt

Ausstellungsstände im Erdgeschoß-Foyer des Henry-Ford-Baus *(Fotos: Gundula Dette)*

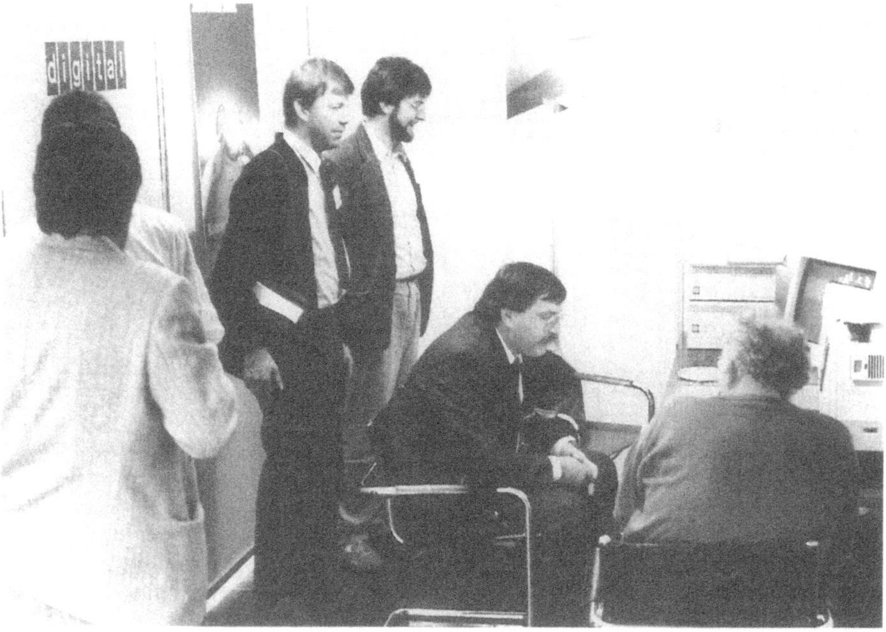

Ausstellungsstände im Obergeschoß-Foyer des Henry-Ford-Baus *(Fotos: Gundula Dette)*

Bild oben: MacKIS, das HYPERCARD-Konferenzinformationssystem mit Mailbox-Funktion im Apple Macintosh II-Netz weist die eingetroffenen Seminarteilnehmer nach

Bild unten: Ausstellungsstände im Erdgeschoß-Foyer des Henry-Ford-Baus *(Fotos: Gundula Dette)*

Podiumsgespräch

Informatik und Geisteswissenschaften – Abstand und Annäherung

Moderation: Dieter Swatek

Anwendung der Informatik in Geisteswissenschaften – eine kritische Analyse

Klaus Brunnstein

Universität Hamburg
Arbeitsbereich "Anwendungen der Informatik in Geistes- und Naturwissenschaften"

1. Die "positiv-konstruktive" Sicht

Man kann sich dem Thema "Anwendungen der Informatik in Geisteswissenschaften" in der bei (Angewandten) Informatikern gewohnten, konstruktiven Weise nähern: man wird (unabhängig von der verwendeten Technologie: ob "Personal" Computer oder größere Rechenanlage, zwar exemplarisch, aber ohne Einschränkung auf spezielle Softwarepakete) die Vorzüge der Erstellung, Bearbeitung und beliebigen "Nachbehandlung" von Texten – dem herausragenden "Material" geisteswissenschaftlicher Anwendungen – herausarbeiten: In Verbindung mit dem Zugriff auf umfangreiche Fach-Daten (lokal etwa auf eigene Texte und auf Großspeicher wie Laserdisks, auf denen wichtige "Grundmaterialien", etwa die Schriften von Goethe, Shakespeare oder die Bibel gespeichert sind, global durch Zugriff auf bei entfernten Institutionen vorliegende umfangreiche "Fach-Datenbanken") werde der bisher auf die physisch erreichbaren Texte beschränkte Horizont eigenen Arbeitens erheblich erweitert.

Die dabei zu erlernenden Techniken der Textverarbeitung und Gestaltung (bis hin zum "Desktop Publishing"), der gezielten Recherche ("Information Retrieval") und Informationsarbeit sowie der Telekommunikation erscheinen grundsätzlich den in anderen Wissenschaften gewohnten Arbeitsweisen ähnlich. Schon lange werden ja Verfahren statistischer Textanalyse sowie der Erkennung von Sprachmustern (Korrelationen, Konkordanzen) eingesetzt, etwa um unbekannte oder zweifelhafte Autorenschaft zuzuordnen. Hier werden methodische Erweiterungen und Verbesserungen durch Verfahren wissensbasierter Systeme (etwa: Darstellung von Tiefenstrukturen, Sprachanalyse, halb/automatische Übersetzung) erwartet, und über die Darstellung semantischer Bezüge ("semantische Netze") kann die sprachliche Darstellung durch eine (interpretierende oder zusammenfassende) graphische Darstellung von Bezügen und Sachverhalten ergänzt werden.

Diese "konstruktive Sicht" würde (an ausgewählten Beispielen) vor allem an bekannten Methoden wie Textprozessoren und DeskTop-Publishing-Systemen, Datenbanken und Informationssystemen, Statistikprogrammen, Grafiksystemen sowie elektronischen Kommunikationsmitteln (etwa dem Deutschen Forschungs-Netz *DFN*) die Vorteile des Arbeitens mit "persönlichen Instrumenten" herausarbeiten, und Programmiersprachen würden als Mittel der Realisierung eigener Modellvorstellungen eine wichtige Rolle spielen. Dabei müßten Einschränkungen (etwa wegen unzureichender Qualität der Software-Pakete, schlechter Ergonomie der Geräte und Verfahren, Problemen der Bedienbarkeit) als lediglich momentane Behinderungen einer "jungen" Technologie dargestellt werden, die jedoch bald überwunden sein würden. Auch Einschränkungen hinsichtlich "erreichbarer" Materialien und der Geschwindigkeit gewünschter Verarbeitungen könnten als "temporär" betrachtet, nämlich durch die bekanntlich weiterhin rapide technische Entwicklung überwindbar angesehen werden.

Für die Relevanz solch "positiv-konstruktiver Sicht" in geisteswissenschaftlicher Arbeit und Ausbildung werden mancherlei Faktoren angeführt. Vertraute Instrumente wie Schreibmaschinen und Karteikästen verschwinden und müssen ersetzt werden: schon so werde "Computern" lebensnotwendig. Und haben nicht Geisteswissenschaften nach der Erfindung des Buchdruckes einen erheblichen "Aufschwung" genommen? Wenn nach verbreiteter Meinung die Wirkung der Computertechnik die des Buchdrucks noch übertrifft, dürften Geisteswissenschaftler nicht enthaltsam bleiben, sondern müßten sich – schon wegen der Berufschancen künftiger Generationen – dieser Instrumente bedienen lernen.

2. Die "kritisch-analytische" Sicht

Dieser dominanten "konstruktiven Sicht" muß eine "kritisch-analytische Sicht" (zumindest als erkenntnistheoretisches Komplement) gegenüber gestellt werden, welche vor der Anwendung nach der Anwendbarkeit sowie den Grenzen der eingesetzten Instrumente fragt. Es kann ja nicht übersehen werden, daß die verwendeten Instrumente (in Hardware und mehr noch in Software) die Denkweisen ihrer Entwickler, vor allem von Mathematikern, Naturwissenschaftlern und Ingenieuren "implementieren" und widerspiegeln, und daß die Systemkonstrukteure (wenn sie überhaupt eine wissenschaftlich solide Ausbildung erfahren haben) selten hinreichende Kenntnisse über die Anwendungsgebiete ihrer Produkte haben.

Es gilt also, die eingebauten Paradigmen zu verstehen, um Grenzen wie Möglichkeiten informatischer Anwendungen in Geisteswissenschaften zu erkennen. Hier kann ein in mathematischer Modellbildung geprägter Informatiker (wie der Autor, selbst nach vielfältigen Projekten und langjährigen Erörterungen mit verschiedenen Geistesdisziplinen) nur Hinweise geben und Fragen stellen, die aus den jeweiligen disziplinären Sichten (von Philosophie und Theologie zu Sprach- und Kunstwissenschaften) höchst spezifisch zu untersuchen und zu beantworten sind.

Den heute bekannten "Instrumenten" der von-Neumann-Computer (und ebenso der Post-von-Neumann-Maschinen) – Textverarbeitung, Wissensdarstellung, Informationsgewinnung und -vermittlung sowie Modellbildung und Simulation – liegen Annahmen zugrunde, deren Zutreffen für geisteswissenschaftliche Anwendungen teilweise zweifelhaft, teilweise zu prüfen ist. Lassen wir einmal die Unterstellung außer Betracht, die von-Neumann-Architektur aus Speicher, Prozessor und verbindendem Kanal bilde wesentlich das Funktionieren des menschlichen Gehirns nach (wie von Neumann in seinem "First Draft of an EDVAC" fälschlich behauptete), so geht ein informatischer "Problemlösungsprozeß" davon aus, man könne Tätigkeiten und Verfahren (nachdem man sie in einem Prozeß der "Systemanalyse" aufgeklärt habe) in Form programmierter Abläufe ("Algorithmen", ob sequentiell oder parallel) auf Maschinen abbilden und so außerhalb der Köpfe ihrer Entwickler beliebig wiederholbar (und natürlich: zuverlässig) realisieren. Zu dieser Denkweise wurden passende Werkzeuge – Programmiersprachen, Betriebssysteme und Laufzeitumgebungen, Dateien und Datenbanken, Grafiken zur Visualisierung der Zusammenhänge, Simulationsinstrumente – geschaffen. Dabei wird (implizit) davon ausgegangen, daß eine Trennung in einen ablaufsteuernden, allgemeingültigen programm- sowie einen fakten- und strukturspezifischen Datenteil möglich sei, und daß Abläufe, Daten und Strukturen stets auf Korrektheit, Gültigkeit und Widerspruchsfreiheit geprüft seien (oder zumindest geprüft werden könnten). (Die weitere Annahme, daß umfangreiche Abläufe ohne Einbuße an Struktur in einzeln überschaubare "Moduln" zerlegt werden könnten, die zusammengesetzt die gestellte umfangreiche Aufgabe lösen, soll hier nicht näher kritisch beleuchtet werden.)

So sehr diese Annahmen für mathematische und verwandte Denkweisen (weitgehend, wenn auch keineswegs vollständig) zutreffen und in methodisch "verwandten" Disziplinen in Medizin und Wirtschaftswissenschaften einsetzbar sein mögen, so zweifelhaft ist ihr generelles Zutreffen in geisteswissenschaftlichen Kontexten. Dies fällt an Extremfällen besonders auf, von denen – paradigmatisch – hier zwei Problemkreise erwähnt seien.

Erster Problemkreis: Wieweit kann "Wissen" extern abgebildet, von Dritten "abgerufen" und in eigene Wissens-Zusammenhänge "eingesetzt" werden? Etwa: Kann die Philosophie des Abendlandes in Form wissensbasierter Systeme dargestellt werden, sodaß ein computergestützter Diskurs zum Erlernen der Zusammenhänge möglich ist? Ein vom Autor 1978 unternommener Versuch, computergestützten Unterricht über Philosophie vermittels "semantischer Netze" zu unterstützen, zeigte schon 1978 die prinzipiellen Grenzen derartiger Verfahren. Interessant dazu zwei gegensätzliche Vorstellungen von "Wissen": während die "Künstliche Intelligenz" von der (maschinellen) Darstellbarkeit von Wissen und damit verbunden der "Gewißheit von Wissen" ausgeht, weiß bereits Sokrates um die prinzipielle Begrenztheit menschlichen Wissens: "Ich weiß, daß ich nichts weiß!"

Zweiter Problemkreis: Wieweit können Denkkonzepte (sei es algorithmisch, sei es auch mit Verfahren logischer Schlußfolgerung, extern abgebildet und nachvollzogen werden? An der TU Berlin wurde unlängst eine Informatik-Diplomarbeit über die "Axiomatisierung des Glaubens" vorgelegt; es schmälert den (begrenzten) Erkenntniswert dieser rein formal-mathematischen Arbeit keineswegs, wenn man sich deren Implementation (zumeist direkte Folge informatischer "Erkenntnis") vorstellt: wie kann ein Benutzer eines darauf aufbauenden "Glaubens-Programmes" (welchem Zweck dies auch immer dienen soll) die Begrenztheit der eingebauten Annahmen erkennen?

Informatik-Methoden gelten als "anpassungsfähig": dies trifft aber nur im Rahmen der zugrundegelegten Denkweisen zu. Die – von Informatikern mit wenigen Ausnahmen – bisher vernachlässigte Erkenntnis- und Wissenschaftstheorie zeigt, wie begrenzt Denkweisen der Informatik sind.

Wie neuere Informatik-Forschungen (im Bereich "Neuronaler Systeme") zeigen, sind wesentliche Funktionsweisen der "menschlichen Informationsverarbeitung" mit heutigen Rechner- und Programm-Architekturen nicht nachbildbar. Die Prinzipien und Grenzen dem Gehirn "nachgebauter" Systeme erfordern (etwa hinsichtlich "Lernfähigkeit" sowie fehlertoleranten Verhaltens) grundsätzlich andere Denkweisen, als sie in traditionellen Computersystemen vorgefunden werden. So sind "assoziative Informationsstrukturen" sowie allgemein Verfahren der Schlußfolgerung nicht vollständig auf Prinzipien der mathematischen Logik (ob binär oder mehrwertig) zurückzuführen. Während offensichtlich auch einzelne Zweige von Geisteswissenschaften (wie Linguistik oder Systematische Zweige verschiedener Disziplinen) sich formal beschreiben und damit auf externe Instrumente heutiger Arten abbilden lassen, scheint dies für Prozesse der Bewertung, Interpretation sowie Kreation allenfalls begrenzt zu gelten. Wegen derart mangelnder Kommensurabilität muß der Einsatz formaler Methoden eine tiefgreifende Veränderung solcher Disziplinen bedingen.

3. Der "beherrschte" Computer-Einsatz oder "wo liegen die Grenzen?"

Die dargestellte "kritisch analytische Sicht" ist keineswegs als Alternative zum gezielten Einsatz von Methoden und Konstrukten der Informatik gedacht. Es gilt vielmehr, durch vertieftes Verständnis die zwangsläufig mit jedem Instrument verbundenen Grenzen zu verstehen, um das Instrument in seinem Anwendungsbereich "beherrscht" einsetzen zu können. Hier könnten die Geisteswissenschaftler wiederum der Informatik helfen, manche ihrer Probleme verstehen und lösen zu helfen, indem deren Denkweisen "fachtranszendierend" analysiert und eingeordnet werden. Die noch anwachsende Komplexität heutiger Computer-Systeme führt ja zu stetig abnehmender Beherrschbarkeit und zu der widersinnigen Erscheinung, daß jegliche Erweiterung und Verbesserung den Keim für weitere Fehler enthält, und daß nur noch Ausschnitte aus den angebotenen Dienstleistungen überhaupt genutzt werden können. Angesichts heutiger Probleme der Software-Qualität – die "Software-Krise" spitzt sich trotz oder wegen Software-Engineering noch zu – könnten Geisteswissenschaftler der Informatik (und allen anderen Anwendern) helfen, die Grenzen der Konstrukte zu erkennen, sodaß diese gezielt und beherrscht eingesetzt werden können.

In Zeiten rapiden Paradigmen-Wechsels der Informatik sollten Geisteswissenschaftler sich "vorbedacht" den Informatik-Anwendungen nähern und diejenigen Methoden anwenden, die für ihre Gegenstände und Denkweisen "geeignet" sind. Überdies bietet die Erforschung von Geisteshaltungen der Informatik (und anderer Technikdisziplinen) ein neues geisteswissenschaftliches Arbeitsgebiet, welches zur Erkennung und Vermeidung methodenbedingter Risiken für die Existenz menschlichen Geistes vielleicht einmal dominante Bedeutung erlangen könnte.

Informatik und Geisteswissenschaften – Abstand und Annäherung aus der Sicht der Geisteswissenschaften

Ingo Pommerening

Freie Universität Berlin
Neuere Fremdsprachliche Philologien (Anglistik)

Wenn man zwei Phänomene miteinander vergleicht, dann kann auf beide neues Licht fallen, besonders hell kann es auf das scheinen, zu dem man noch nicht den rechten Betrachtungsabstand gewonnen hat.

Ich möchte zwei *Revolutionen* miteinander vergleichen, deren eine wir als Zeitgenossen erleben, genießen oder erleiden. Natürlich meine ich die Umwälzung durch elektronische Datenverarbeitung und Informatik, die seit fast fünfzig Jahren mit zunehmender Geschwindigkeit abläuft. Mit der anderen Revolution meine ich die Erfindung des Buchdrucks mit beweglichen Lettern durch Gutenberg vor einem guten halben Jahrtausend.

Was haben sie miteinander gemeinsam, warum können wir sie also überhaupt vergleichen? Zunächst treffe ich in geraffter Art einige Feststellungen, die ich später nur zum Teil aufgreife oder erläutere. Zwischen den beiden Revolutionen gibt es einige auffällige und bedeutende Ähnlichkeiten:

- Beide schaffen quantitativ und qualitativ neuartige Möglichkeiten, Wissen der verschiedensten Art zu speichern.
- Gleichzeitig entstehen kaum geahnte Möglichkeiten der neuartigen Verbreitung von Wissen (auch hier ist Wissen im weitesten Sinne zu verstehen).
- Daraus ergeben sich neue Herausforderungen für die Wissensvermittlung und ihre Vorbereitung (mehr Menschen müssen lesen und schreiben lernen).
- Im Zusammenhang mit der neuen Technologie entstehen neue Berufe. In diesen Berufen entwickelt sich – im Gegensatz zu den inhärenten Tendenzen der neuen Techniken – das Bedürfnis nach Geheimhaltung.
- Ein Ergebnis der technischen Umwälzungen ist eine ungeheure Beschleunigung des Ideenaustausches.

Zumindest bei genauerem Hinsehen bemerkt man aber auch wichtige Unterschiede zwischen Gutenbergs Erfindung und der technischen Revolution unseres Jahrhunderts:

- Während bei entsprechender Vorbildung jeder einen gedruckten Text lesen kann, bringt die elektronische Datenverarbeitung die Verlagerung des Wissens in Speichermedien, die dem Menschen ohne Hilfsmittel nicht zugänglich sind.
- In unserem Jahrhundert werden Speichermedien entwickelt, deren Kapazität ins Gigantische wächst, wobei sich die Zugriffsmöglichkeiten der bisherigen Vorstellungswelt geradezu entziehen.
- Der neuen Technik ist gleichzeitig eine Fähigkeit zur Quasi-Selbstorganisation des gespeicherten Wissens mitgegeben.
- Da sich die neuen Techniken nicht nur zur Speicherung, Vervielfältigung und Verbreitung von Wissen eignen, ergibt sich eine kaum überschaubare und sich wahrscheinlich noch erweiternde Vielfalt der Nutzungsmöglichkeiten: Rechnen, Steuern, Regeln, Simulieren von mechanischen und physikalischen Vorgängen, Simulieren von biologischen und klimatischen Vorgängen, Spiele jeglicher Art, Bearbeiten von geschriebenen und gesprochenen Texten, "Verstehen" von gesprochener Sprache, Interaktion mit dem Benutzer bei Spielen, über Programme und über Programmiersprachen (deren Vielfalt nicht mehr zu überschauen ist). – Ich breche die Aufzählung hier ab.

Die Erfindung des Drucks mit beweglichen Lettern war zunächst stark an der handschriftlichen Vervielfältigung von Texten orientiert: Da man die Manuskripte mit ihren Ligaturen und Abkürzungen nachahmen wollte, brauchte man anfänglich 290 Typen (allein für eine Sprache). Sehr bald aber wurden auch die Typen für Sprachen entwickelt und benutzt, die nicht das lateinische Alphabet verwenden: Einige Jahreszahlen: Griechisch zuerst 1465, Hebräisch zuerst 1473, mathematische Figuren zuerst 1482. Aldus Manutius gründet seine berühmt gewordene Druckerei in Venedig im Jahre 1490: Man sieht, wie ein heutiges DTP-Programm an die frühe Tradition des Druckens und Verlegens anzuknüpfen versucht.

Gutenbergs Erfindung wurde durch eine posthume Folgeerfindung aus der Druckerei und Setzerei auf die Schreibtische geholt: Durch die Schreibmaschine. Sie ermöglichte es dann auch in Zusammenarbeit mit Wachsmatrizen, Umdruckverfahren oder später Fotokopierern, daß jeder sein eigener Setzer, Drucker und Verleger werden konnte. – Die Entsprechung sehen wir jetzt nur rund zehn Jahre nach der Schaffung des Einzelplatzcomputers im Desktop-Publishing (aber ich will keineswegs DTP zu meinem Thema machen).

Die Geisteswissenschaftler gehörten also wie selbstverständlich zu den ersten und intensivsten Nutzern der Druckkunst: Warum war das in der zweiten Revolution der Speicherung und Verarbeitung menschlichen Wissens anders? Bei der Nutzung der Großrechner haben *sie* zunächst eine kleine Rolle gespielt. Militärs, Mathematiker, Techniker, Naturwissenschaftler, die Wirtschaft: Das sind in den ersten Jahren die großen Nutzer der elektronischen Datenverarbeitung. Aus der Sicht eines europäischen Geisteswissenschaftlers lassen sich einige Gründe anführen: Die Tastaturen waren anglo-amerikanisch, der Zeichensatz war anglo-amerikanisch, bei den Sortierverfahren wurden nationale Alphabete nicht berücksichtigt.

Bezeichnenderweise ist "Numbercruncher" ein Gattungsbegriff, während "Wordcruncher" ein Produktname ist. Eine Serienbrieffunktion bietet jedes Textprogramm, das etwas auf sich hält: Wo aber ist die Funktion "Zitateinschub", d. h. aus welchem Textprogramm kann ich unmittelbar in eine Dateiverwaltung springen, dort ein Zitat aufsuchen und es (mit den bibliographischen Angaben für die Fußnote) in meinen Text übernehmen? Neuerdings gibt es in "Windows/368" eine Zwischenablage, die eine ähnliche Funktion übernehmen kann, sicher gibt es Ähnliches bei Apple – aber das sind Tropfen auf heiße Steine.

Dagegen: Mathematische und statistische Funktionen gibt es schon in Taschenrechnern, selbst in den Programmiersprachen findet man den intelligenteren Umgang mit Zeichenketten erst nach und nach: In Turbo-Pascal 4.0 ist endlich direktes Ansprechen eines Elements einer Zeichenkette möglich. Scanning: Herrlich gerade für Literaturwissenschaftler und Linguisten aber was wird eingelesen? Formen, Grafiken, Grautöne: Die Software, die eingelesene Buchstaben zuverlässig in Buchstaben umwandelt, wird gerade erst fertig.

Wenn man die Entwicklung sehr grob darstellt: Auf die Masse der Geisteswissenschaftler und Sozialwissenschaftler gesehen, gibt es während der ersten Jahrzehnte nur eine geringe Beteiligung an der Nutzung von Computern; dabei soll jedoch nicht verschwiegen werden, daß es große Einzelleistungen und großes Bemühen bei ganzen Gruppen schon recht früh gibt. Der eigentliche Durchbruch kam jedoch erst, nachdem der Arbeitsplatzrechner seinen Siegeszug angetreten hatte. Insofern wird den Popularisierern dieses Computertyps, Steve Jobs und Stephan Wozniak in den Annalen der Geisteswissenschaften ein Ehrenplatz zukommen.

Der Arbeitsplatzrechner steht zum Großrechner in einem ähnlichen Verhältnis wie die Schreibmaschine zur Druckerei. Aber das erste Mal lagen ungefähr 400 Jahre zwischen den beiden Erfindungen, das andere Mal nicht einmal 40!

Zu den Gründen für das späte Erwachen der Geisteswissenschaftler gehört sicher auch, daß sie Individualisten sind. – Auf der Tagung war sogar zu hören, daß der PC schon kein PC mehr sei, wenn er irgendwie vernetzt sei. – Es mag bei Geisteswissenschaftlern auch eher Ängste vor einer undurchschaubaren Technik geben. Von ideologischen Vorbehalten will ich hier absehen. Sie gehören ohnehin bald zu einer alten Mode, die keiner mehr wahrhaben will. "Das soll ich mal getragen haben?"

In der Bundesrepublik Deutschland hat es in den letzten drei bis vier Jahren einen Umschwung gegeben, dessen Gründe hier nicht zu erörtern sind. Kennzeichnend ist aber der Artikel in einer Wochenzeitung, in dem ein Professor erschüttert, aber ganz witzig, berichtet, daß eine Studentin ein Referat innerhalb eines Tages korrigieren konnte, wo er doch dachte, ihr durch seine Beanstandungen Arbeit für weitaus längere Zeit gegeben zu haben.

Der Druck von unten, sprich aus den Studentenbuden und Kinderzimmern, tut seine Wirkung. Den Menschen, die *nur* an der Geschichte oder *nur* an ihrer Partei orientiert sind, muß man das zumindest von Zeit zu Zeit wirklich wünschen. Erst der PC bringt also für die Geisteswissenschaften den Wandel: So finden sie – insgesamt gesehen – erst spät Zugang zu Techniken, die ihnen ganz erstaunliche Vorteile bieten.

Dabei kann man nun gelegentlich überraschende Entdeckungen machen: Da haben doch die Programmierer für sich Werkzeuge entwickelt – sie müssen ja ziemlich viel auf den Tastaturen schreiben, Textblöcke verschieben, alle Stellen wiederfinden, an denen eine bestimmte Buchstabenkombination vorkommt, und das möglichst mit Zeilennummer – ich sage, da haben doch die Programmierer Werkzeuge entwickelt, von denen uns die Informatiker nichts erzählt haben, die wir aber phantastisch gebrauchen können.

Da ich nicht auf Datenverwaltung und auf Programmiersprachen eingehen kann, erlaube ich mir hier einen kurzen Blick auf so ein herrliches Produkt – ein Textsystem, das in seiner Brauchbarkeit nach meiner Erfahrung die gängigen Wortprozessoren übertrifft. Ich meine "KEdit". Das ist ein Schreibsystem mit einer eigenen Programmiersprache, mit der man sich eine eigene Tastaturbelegung schaffen kann – inzwischen ein gewisser Standard – in dem man aber auch von einer Kommandozeile aus sagen kann "set color file area green" – und dann grüne Schrift erhält – zur Abwechslung für die Augen kann das gelegentlich angenehm sein. Von der Kommandozeile aus kann man mit Schrägstrich + Wort ein Wort suchen; mit "all" + Schrägstrich + Wort werden einem alle Zeilen, die das Wort enthalten, angezeigt. Es eröffnen sich Möglichkeiten, z. B. eine gezielte Zitatensammlung gleich in einen Textentwurf einzubauen, außerdem seinen Stil zu überprüfen und schnell mal nachzusehen, ob man ein bestimmtes Wort nicht zu oft benutzt. Einen Drehertausch "ie" statt "ei" kann man leicht selbst programmieren.

Für die gängigen Anwendungen gibt es mittlerweile so viele Programme, daß wir längst vor einer neuen Schwierigkeit stehen: Nicht der Mangel an Anwenderprogrammen – ja kaum noch ihre Mängel – bilden das Problem für uns, unsere Schreibkräfte und unsere Studenten – sondern die Fülle der verschiedenen Programme. – Nebenbei eine Verbeugung vor dem Hersteller, der jedenfalls eine einheitliche Benutzeroberfläche bietet oder anstrebt: Apple.

Ein recht präzis zu formulierender Wunsch an die Informatiker heißt daher: Bietet uns in einer der gängigen Zeitschriften – vielleicht in Zusammenarbeit mit einem Geisteswissenschaftler – eine ständige Kolumne, in der wirklich die Spreu vom Weizen geschieden wird. Die hektischen, oft enthusiastischen und perspektivlos geschriebenen Besprechungen sind viele von uns längst leid.

Noch einige Bemerkungen zu dem Umschwung, der sich in den letzten drei oder vier Jahren in der Bundesrepublik vollzogen hat: Die Vorbehalte gegen die Computer werden – zum Teil unter Zähneknirschen – aufgegeben. Professoren, die als Homecomputer-Besitzer vor vier Jahren noch als Freaks galten, werden heute als Quasi-Experten ernstgenommen und um Rat gefragt. Die überwältigende Mehrzahl der Studenten hat eingesehen, daß sie um eine gewisse Schulung am Computer nicht herumkommt. Es wird auch immer deutlicher, daß zukünftige Kulturhistoriker nicht *die* Gebiete aufzählen werden, die von EDV und Informatik nachhaltig beeinflußt und verändert wurden, sondern *jene*, die hiervon ausgenommen waren. Die Annäherung der Geistes- und Sozialwissenschaften an die Informatik ist in vollem Gange. Das Computer-Investitions-Programm trägt ganz wesentlich dazu bei.

FRAGEN, die zu stellen sind

Gibt es Fehlentwicklungen, die vermieden werden müssen? Gibt es Wünsche und Erwartungen an die Informatiker, die zu artikulieren sind?

Manchmal haben die Informatiker wohl den Eindruck, wir wollten ihnen eine ihrer Domänen streitig machen und bei uns Programmierer ausbilden. So darf man das aber nicht sehen. Grundkenntnisse in einer Programmiersprache, die gut strukturiert ist, – das kann nach meiner Meinung auch ein moderner Basicdialekt sein – sollten in Zukunft zu den Kulturtechniken zählen: Sie erleichtern und sichern den Umgang mit Anwendersoftware – und – man darf das wohl mal sagen: Sauberes Programmieren hat einen hohen formalen Bildungswert. Das Thema ließe sich von einem, der hier viel Lehrgeld gezahlt hat, in der Breite und Tiefe ausführen. Ich vermag es nicht als Fehlentwicklung zu betrachten, wenn wir und unsere Studenten Zusatzwissen erwerben. Während die Revolution durch das Drucken sich ganz im Zeichen der streng abgeschotteten Zünfte vollzog – Schriftgießer und Drucker bildeten allerdings oft eine Einheit, wie auch Drucker und Verleger – sehen wir heute auf allen Gebieten des Lebens sowohl Spezialisierung als auch das Hinausgreifen über die offizielle Ausbildung.

Zu Fehlentwicklungen wird es mit Sicherheit kommen, wenn die Flut von Software nicht kanalisiert wird: Eine Schreibkraft ist sicherlich überfordert, wenn sie drei verschiedene Textsysteme beherrschen soll. – Andererseits ist für unsere Bedürfnisse die Benutzung von zwei, vielleicht sogar drei Systemen gelegentlich erforderlich. – Dem Dilemma müssen wir uns dann selbst stellen.

Wir erwarten von den Informatikern also kompetente Kritik neuer Software – natürlich nicht nur unter den Gesichtspunkten des Informatikers, sondern vor allem unter dem Gesichtspunkt der Anwendung. Was wir gar nicht gut brauchen können, sind Umstellungen auf gänzlich andere Programmversionen oder Betriebssysteme in kurzen Zeitabständen.

Und hier zeigt sich, daß die Anwender andere Interessen als die Informatiker und die Redakteure von Computerzeitschriften haben: Diese leben vom Wandel, die Anwender jedoch brauchen eine gewisse Stabilität der Verhältnisse. – Ich brauche wohl nicht deutlicher zu werden. – Sicher ist das Bessere des Guten Feind – aber ich möchte nicht, daß diese Feindschaft alle halbe Jahre auf meinem Rücken ausgetragen wird. Auch die Industrie sollte das zur Kenntnis nehmen: Selbst der Kampf der Betriebssysteme könnte schließlich von den Verbrauchern durch eine Abstimmung mit den Füßen beendet werden. Der Arbeitsplatzcomputer hat so etwas wie basisdemokratische Verhältnisse geschaffen – die jedenfalls nicht einfach ignoriert werden können.

Mit dem konkreten Blick auf die Arbeitsplätze von Wissenschaftlern und Studenten in unseren Fächern muß man feststellen – und nötigenfalls in die universitäre und politische Landschaft hinausschreien: Die Arbeitsplätze von Geistes- und Sozialwissenschaftlern werden in ganz drastischer Weise *teurer*. Diese Entwicklung könnten wir nicht einmal einer stagnierenden Volkswirtschaft ersparen. Daß es dringend erforderlich ist, unsere Arbeitsumgebung neu zu gestalten und die Universitätsbibliotheken und großen Institutsbibliotheken auf EDV umzustellen – es ist erst zum Teil geschehen – ist ein "ceterum censeo". Wer es nicht hören will, muß es möglichst oft zu hören bekommen.

Aber ich möchte auch einige Erwartungen und Wünsche formulieren, die an meine Kollegen – und mich selbst – gerichtet sind: Wir sollten zwar alle – oder fast alle – uns mit diesen revolutionierenden Möglichkeiten auseinandersetzen, aber wir dürfen nicht im Probieren, Herumpusseln oder Verbessern steckenbleiben. Intelligente Nutzung von Textprogrammen und Datenverwaltungen, zwischen denen es eine bequeme Schnittstelle geben muß – sollte in den nächsten Jahren zu einer Selbstverständlichkeit werden – auch für unsere Studenten natürlich. Ebenso selbstverständlich sollte es werden, daß Professoren, Assistenten und Doktoranden – die Studenten möglichst auch – sich der Datenbankabfragen bedienen, um ihre Bibliographien schneller und sicherer erstellen zu können. – Auch das kostet Geld.

Die Nutzungsmöglichkeiten eines neuen vielseitigen Werkzeugs – mir fällt keines ein, das in seiner Vielseitigkeit mit dem Computer vergleichbar wäre – kann ich erst abschätzen und solche Nutzungsmöglichkeiten können mir erst einfallen, *nachdem* ich das Werkzeug kennengelernt habe: Wenn wir uns in Programmiersprachen oder Softwarepakete einarbeiten – und auch hier können wir die wohlwollende Hilfestellung der Informatiker brauchen – dann werden wir auch neue Quellen der wissenschaftlichen Kreativität freisetzen.

Informatik versus Geistes- und Sozialwissenschaften – Dialog, Kooperation und Konflikt (kommentierte Zusammenfassung der Podiumsdiskussion)

Klaus Dette

Gesellschaft für Technologiefolgenforschung e.V. (GTF), Berlin

Mit Dank soll vorausgeschickt werden, daß die Formulierung des Diskussionsthemas "Informatik und Geisteswissenschaften – Abstand und Annäherung" von *Ingo Pommerening* stammt. Er ist von Haus aus Anglist, bemüht sich seit Jahren um die Informatik und betreibt zusammen mit einigen Kollegen einen CIP-PC-Pool in den Geisteswissenschaften der Freien Universität.

Von der Informatikseite waren der Einladung zur Diskussion die Herren *Klaus Brunnstein* (Universität Hamburg), *Max Mühlhäuser* und *Adolf Schreiner* (beide Universität Karlsruhe) gefolgt. Die Seite der Geistes- und Sozialwissenschaften wurde vertreten durch die Herren *Peter Boy* (Universität Bremen) und *Ingo Pommerening* (Freie Universität Berlin). Geleitet wurde das Podiumsgespräch von Herrn *Dieter Swatek.*, seiner Herkunft nach Wirtschaftswissenschaftler und heute – unter anderem – verantwortlich für das Computer-Investitions-Programm beim Bundesminister für Bildung und Wissenschaft.

Einig waren sich alle beteiligten Disziplinen über den anhaltenden Erfolg des Computer-Investitions-Programms, das – als positive Nebenfolge – auch dem interdisziplinären Dialog der letzten Jahre neuen Schwung gegeben hat. In diesem Zusammenhang wurden besonders die Verdienste der Herren *Haupt* (Universität Aachen) und *Swatek* herausgestellt.

In der Diskussion des Themas befürworteten die vertretenen Informatiker dringend eine engere Zusammenarbeit mit den Geisteswissenschaften. *Brunnstein, Mühlhäuser* und andere Diskussionsredner verknüpften damit die Hoffnung auf kreative Anstöße für eine theoretische und praktische Weiterentwicklung der Informatik als wissenschaftlicher und angewandter Disziplin, während *Schreiner* die Geisteswissenschaftler eher als "Autoren" neuer Anforderungen – als neue Klientel der Informatik – sehen wollte.

Brunnstein konfrontierte – aus persönlicher Sicht – die Diskussionsteilnehmer darüber hinaus mit einer ungeschminkten Darstellung der Mängel der angewandten Informatik und trug damit dazu bei, die Informatik von dem Verdacht (in den sie – nicht ganz unverschuldet – gelegentlich gerät) zu befreien, wieder einmal als neue Heilsbringerin auftreten zu wollen. Diese offene Sachlichkeit ermunterte den Sozialwissenschaftler *Boy* offenbar zu der Reizaussage "die Experten von heute sind die Prügelknaben von morgen" – womit er die Informatiker meinte – und dem Podiumsgespräch gleich anfangs einen deutlichen Impetus verlieh. – Die Hauptargumente nun im einzelnen:

Das Zeitalter der Elektronik

"Vergangene Kulturepochen hat man nach dem Material bezeichnet, aus dem sie ihre Kulturgüter – von Küchengeräten, über Waffen bis zum Schmuck – erzeugt haben. Wir unterscheiden zum Beispiel die Steinzeit, die Bronze- und die Eisenzeit. Die Völker, die sich damals an die neu entdeckten Materialien frühzeitig anpaßten, hatten Vorteile. Heute finden wir ebenfalls ein neues Material vor: Elektronen und Elektronik – und es ist wichtig, daß sich heutige Kulturen dieses Mediums in voller Breite bedienen." Mit diesem historischen Vergleich markierte *Adolf Schreiner* den zentralen Stellenwert der Informatik – Informatikwissen als berufsqualifizierendes Merkmal aller Disziplinen – und gestand dabei gleichzeitig den Geisteswissenschaften das Privileg zu, Anforderungen an die Informatiker zu formulieren – Aufgaben zu stellen, die die Informatiker zu lösen hätten. Zur Illustration gebrauchte *Schreiner* die Metapher des Hausbaus: die geisteswissenschaftlich Denkenden, zu denen er übrigens auch die Mehrheit der Bevölkerung (geisteswissenschaftliches = ganzheitliches, intuitives Denken) zählte, sollten als Bauherrn auftreten – indem sie sagen und bestimmen, was sie "gebaut" haben wollen – während die Informatiker die Rollen von Architekt und Bauingenieur übernehmen sollten: auf der Grundlage spezifizierter Anforderungen sollten sie dann das jeweils gewünschte "Bauwerk" schaffen.

Dieses vernünftig klingende Konzept der Kooperation von Geisteswissenschaften und Informatik fast im Sinne strenger Arbeitsteilung weckte allerdings Widerspruch – nicht nur auf Seiten der hofierten Disziplinen, sondern auch bei der Informatik.

Das Elend der Experten

So wehrte sich der Soziologe *Peter Boy* – obwohl selbst engagierter und erfahrener DV-Anwender – vehement gegen eine Vereinnahmung der Sozialwissenschaften durch die Informatik, indem er die Paradigmenunterschiede beider Wissenschaften anhand einiger unwidersprochener Leitsätze erläuterte. Mit einem Seitenhieb auf Wissensbanken stellte *Boy* fest: "Denken ist nicht die Anwendung eines Regelsystems auf eine Wissensbasis, sondern hat eher etwas zu tun mit Kreativität, Spontaneität und Visionen – ohne spezifizierbare Zielvorstellungen". Wenn auch nach dieser Definition die zur Zeit verfügbaren Informatik-Werkzeuge zum Denken wenig taugen, so entwickelt sich – jedenfalls nach *Boy* – die Informatik derzeitig trotzdem zunehmend zum "Experten" für das Denken. Im Hinblick auf diese der Informatik zugewiesene Expertenfunktion, warnte *Boy* die "heutigen Experten" davor, später als Prügelknaben herhalten zu müssen, indem er an die bitteren Erfahrungen der Soziologie anknüpfte, die in den 60er/70er Jahren auch die Rolle des Experten übernommen hatte, aber die in sie gesetzten Hoffnungen nicht erfüllen konnte. Wieso die Experten von heute die Prügelknaben von morgen seien, erklärte *Boy* mit einem Rückgriff auf systemtheoretische Überlegungen: In der Soziologie spricht man deshalb vom "Elend der Experten", weil der Experte das zu bearbeitende Problem (wofür er Experte ist) aus seiner immanenten Logik lösen muß, um es in seiner Eigenlogik aufbereiten zu können. Dieser Vorgang erfordert vom Experten zwei simple Arbeitsschritte: Fokussierung (auf einen Problemaspekt) und Präzisierung (des Problemaspekts in der Sprache des Spezialisten). Das Problem entsteht bei der Rückführung der Expertenlösung in den Gesamtzusammenhang (also die Rückgängigmachung der Fokussierung), denn dazu ist der Experte mit seiner spezifischen Logik nicht in der Lage (auch deshalb, weil vorher durch die Fokussierung die Außenbindungen des Problems abgeschnitten wurden). Wissenschaftstheoretisch – so *Boy* – würde sich hier ein ähnliches logisches Problem wie bei den induktiven Methoden abzeichnen.

Wie *Boy* betonte, sollte dieses Hindernis nun keineswegs durch einen Wechsel zu ganzheitlichen Betrachtungsweisen überwunden werden, sondern dadurch, daß der "Rückübersetzung" der Expertenlösungen besondere Aufmerksamkeit geschenkt werden müßte. Es ginge also darum, für diesen Anpassungsschritt ein eigenständige Methodik zu entwickeln.

Das Prinzip vom Elend der Experten beschreibt – so *Boy* – damit zugleich aber auch den Rahmen des Zusammenwirkens von Informatik einerseits und Geistes- bzw. Sozialwissenschaften andererseits: die Zusammenarbeit müßte danach auf dem Wege der Adaption erfolgen. D.h. jede Wissenschaft behielte ihre eigene Logik, wobei die Aneignung der jeweils anderen Logik selektiv zu erfolgen hätte. Versuche einer Disziplin, der anderen die eigene Logik aufzuoktroyieren, wären zum Scheitern verurteilt. Aus diesen Überlegungen heraus lehnt *Boy* eine strenge Arbeitsteilung zwischen der Informatik und den informatikfernen Disziplinen grundsätzlich ab und fordert dagegen eine "Annäherung durch wechselseitige Adaption". Er verlangte von den Sozialwissenschaften, daß sie sich durch eigene Anstrengungen und eigene Überlegungen wesentliche Kenntnisse über die Informatik aneignen und im Umgang mit Rechnern und angebotener Software eigene Anwendungslogiken entwickeln müßten. *Boy* wollte allerdings noch offen lassen, ob den Sozialwissenschaften aus dem Informatikeinsatz tatsächlich einmal der Nutzen erwachsen wird, den man sich von ihm heute erhofft.

Liefert die Informatik verifizierbare Ergebnisse?

Vorbehalte bezüglich einer zu vertrauensseligen Haltung gegenüber der Informatik und ihren Produkten wurden auch aus der Informatik selbst laut.

Sehr energisch warnte *Brunnstein* die Geistes- und Sozialwissenschaften davor, die Informatik allein den Informatikern zu überlassen: "Beherrschen Sie die 'Black boxes', bemühen Sie sich sich um verifizierbare Algorithmen, garantieren Sie die Überprüfbarkeit Ihrer Ergebnisse und kümmern Sie sich um die Wechselwirkungen zwischen Ihrem ursprünglichen Denkkonzept und den eingesetzten Programmen; denn die abschließenden Arbeitsergebnisse sind durch die Rechnerbearbeitung mit Sicherheit andere geworden!"

Die drohende Veränderung der Arbeitsergebnisse begründete *Brunnstein* als Ergebnis des verbreiteten "Instrumental Reasoning" (Mowshowitz, USA). Dieser Begriff beschreibt die Erkenntnis, daß bei einer vorgegebenen Menge von Konzepten oder Arbeitswerkzeugen sich der Anwender schließlich nur noch daran orientiert, was er damit beschreiben kann.

Überdies bekräftigte *Brunnstein* in der Diskussion seine Paradigmenkritik aus dem Eingangsreferat, indem er die Einschränkungen der von-Neumann-Rechner und Turing-Maschinen und der auf ihnen eingesetzten imperative Programmiersprachen mit dem Hinweis auf die Heisenbergsche Unschärferelation besonders hervorhob. Mit Heisenbergs Entdeckung brach bekanntlich das bis in die zwanziger Jahre dieses Jahrhunderts unerschütterte Bild von der Physik als der exakten Wissenschaft zusammen: aufgrund der erkannten unaufhebbaren Wechselwirkung zwischen Meßinstrument und zu Messendem waren physikalische Meßergebnisse (zumindest theoretisch) nicht exakt zu ermitteln. Zwar blieb unausgesprochen, welchen Exaktheitsgrad denn die Informatik bestenfalls beanspruchen könne, aber *Brunnstein* machte deutlich, daß sowohl die Fehlerhaftigkeit von Software und die Gefährdung der Software-Integrität durch Viren, Würmer und das übrige noch zu erwartende Bestiarium als auch das der Software zugrunde liegende Paradigma (die streng algorithmische Vorgehensweise) Arbeitsergebnisse in einer Weise verändern können, die gerade von Geisteswissenschaftlern nicht unerkannt und undiskutiert hingenommen werden dürften.

Als Beispiel für ein kritikwürdiges Arbeitsergebnis der Informatik nannte Brunnstein Wissensbanken mit ihrer fatalen Eigenschaft, das Problem des Zettelkastens zu potenzieren. Dadurch daß der historische Prozeß des Entstehens und Vergehens von "Wissen" in Wissensbanken (noch) nicht abgebildet werden kann und wegen des Fehlens hinreichend intelligenter Indexierungsmethoden, besteht die ständige Gefahr, daß in großen Wissensbanken gespeichertes Wissen unauffindbar und damit praktisch vernichtet wird.

Der Hinweis *Mühlhäusers* darauf, daß diese Mängel in erster Linie auf fehlerhafte Thesauri und inkonsistente Wissensdarstellungen in den Fachwissenschaften selbst zurückzuführen seien, konnte der *Brunnstein*-Kritik allerdings nicht ihr Gewicht nehmen: Wenn eine Disziplin – wie die Informatik – verspricht, erkannte Probleme mit ihren Mitteln zu lösen, es aber nicht schafft, weil sie an den (mangelhaften) Voraussetzungen scheitert, so hat sie sich schlicht und einfach übernommen. Das wird man ihr zugestehen, wie man auch anderen Disziplinen im Rahmen ihrer Entwicklung erlaubt, zu irren. Irrtümer müssen aber offengelegt werden, damit sie nicht ständig wiederholt werden.

Hochschulrechenzentren im Umbruch

Wenn auch *Brunnstein* als Verfechter einer an der Realität ausgerichteten Betrachtungsweise aller latenten und auch offen gezeigten Computergläubigkeit bei Informatikern und Nichtinformatikern und allem falschen Korpsgeist eine deutliche Absage erteilte und einer Annäherung von Geisteswissenschaften und Informatik nur unter Wahrung der Eigenständigkeit der Geisteswissenschaften und ihres spezifischen Kreativpotentials, zustimmen wollte, plädierte er doch gleichzeitig – ähnlich wie *Adolf Schreiner* und weitere Diskussionsredner – für den systematischen Ausbau der Rechenzentren als Service- und Know-how-Zentren insbesondere auch für die Geistes- und Sozialwissenschaften – auch als Ersatz für sich abzeichnende Funktionsverluste der Rechenzentren durch die Zunahme dezentraler Arbeitsplatzrechner vor allem im Bereich der Natur- und Ingenieurwissenschaften. Bemerkenswerterweise verzichteten in dieser Diskussion die "zu versorgenden" Geistes- und Sozialwissenschaftler darauf, Ansprüche auf eigene (fachbereichsbezogene) Informatik-Know-how-Zentren geltend zu machen. Zumindest die größeren der dezentral eingerichteten CIP-Pools könnten sich sicherlich als Kristallisationspunkte eignen, wenn auch zu diskutieren wäre, ob fachgebundene "Unterzentren" allein oder nur im Verbund – und ab wann und unter welchen finanziellen Rahmenbedingungen – wissenschaftlich überhaupt lebensfähig wären (Stichwort: kritische Größe).

Ein Diskussionsredner verlangte, daß in den Rechenzentren auch Geisteswissenschaftler zu beschäftigen seien. – Es stellt sich also immer wieder die Frage neu, wer zu wem gehen sollte oder welche Disziplin die Federführung zu übernehmen hätte. In der Praxis werden diese Fragen dadurch geklärt, daß der Projektinitiator die Mittel erhält, nach eigenem Geschmack die Komplementärdisziplinen ins eigene Fach einzubinden. So berichtete z. B. *Mühlhäuser* von einem laufenden Vorhaben seines Instituts zur Nutzbarmachung von Software für die Lehre, für das dringend Didaktiker und Experten aus dem Bereich der kognitiven Psychologie gesucht würden. Am liebsten würde man – so *Mühlhäuser* – Personen mit dem Erfahrungshintergrund eines "Instructional Designers" heranziehen. Dieses Berufsbild mit der Spezialaufgabe, Lehre in Software zu überführen, gibt es offenbar bislang aber nur in den USA. *Mühlhäusers* Plädoyer für die forcierte Einbeziehung der Geisteswissenschaften in die Informatik zur Verbesserung der Mensch-Maschine-Schnittstelle – der Kommunikation zwischen Rechner und Anwender – erhielt vom Auditorium anhaltenden Beifall.

Als Diskussionsplattform für Informatiker und Geisteswissenschaftler wies *Schreiner* schließlich noch auf eine entsprechende Kolumne in der von ihm herausgegebenen fachübergreifenden Zeitschrift CAK (Computer Anwendungen Karlsruhe) hin und versprach jedem Interessenten die Zusendung kostenloser Probenummern.

Komplizierte Familienverhältnisse

Trotz wahrlich vieler freundlicher Worte für die Geistes- und Sozialwissenschaften aus Richtung der Informatik blieb aber doch der Eindruck recht ungleicher Schwestern bestehen: Auf der einen Seite die jüngste, die Informatik – inzwischen gut verheiratet mit den wirtschaftlich voll eingebundenen Natur- und Ingenieurwissenschaften – immer bestrebt, möglichst nicht parvenühaft zu erscheinen. Auf der anderen Seite die eher distinguierten älteren Schwestern, die traditionsreichen Geisteswissenschaften und die mit Unterbrechungen reüssierenden (eher kritisch veranlagten) Sozialwissenschaften, die beide nun auf die vor Jahren noch geringschätzig angesehene Informatik zugehen wollen, weil diese etwas entwickelt hat, was die älteren nach überwundenem Zweifel nun auch gern besitzen möchten: das Medium des Zeitalters, die Computertechnik.

Mit offen gezeigter Genugtuung nimmt das die junge Informatik zur Kenntnis und scheut sich nicht, die vorsichtigen Annäherungsbemühungen der älteren Schwestern mitleidslos zu kommentieren. Als Beleg für diese Haltung mögen die Diskussionsbeiträge gelten, die der Vortrag des Vertreters der Geisteswissenschaften *Ingo Pommerening* auf sich zog. Die Annäherung seiner Disziplin an die Informatik erläuterte Pommerening im wesentlichen anhand der Beschäftigung mit den Programmiersprachen QuickBasic und Turbo-Pascal und der Textverarbeitung im weiteren Sinne. Als befremdlich mußte sich da die Feststellung eines Informatikers anhören, beide Programmiersprachen wären im Rahmen des Vortrags deshalb unzureichend analysiert worden, weil als Grundlage der Analyse die fachspezifischen Anforderungen an die untersuchten Programmiersprachen gefehlt hätten – mit dem kokett formulierten Eingeständnis als Nachsatz, die Informatik hätte sich bis heute missionsartig an das von-Neumann-Rechnerkonzept mit seinen imperativen Sprachen gebunden – ein Konzept übrigens – wie der Kritiker sagte –, das dem menschlichen Denken nicht gerecht werden würde.

Da sich zwei weitere Informatiker ebenfalls über das von *Pommerening* vorgetragene intensive Interesse der Geisteswissenschaften an den Nutzungsmöglichkeiten von Programmiersprachen und Textverarbeitung enttäuscht zeigten – sie hätten lieber einen Vortrag darüber gehört, welche Problembereiche der Geisteswissenschaften (überhaupt) mit Mitteln der Informatik bearbeitet werden könnten –, bestätigt die Vermutung, daß die Informatik die Geisteswissenschaften wahrscheinlich am liebsten als "Ideenpool" und "Auftraggeber" oder im Rahmen direkt verwertbarer "Zuarbeit" sehen würde. Der vorgetragene (mühsame) Weg einiger Geistes- und Sozialwissenschaften zur Informatik über den Selbsterwerb elementarer Grundkenntnisse (mit dem längerfristigen Ziel der Erlangung von Methodenautonomie und Unabhängigkeit), schien die Vertreter der Informatik nicht so sonderlich zu interessieren.

Persönliche Bilanz und Schlußfolgerung

Die Informatik-Disziplin setzt im Rahmen ihrer Entwicklungsstrategie dezidiert auf die Einbeziehung der Geistes- und Sozialwissenschaften als neue Ideenträger – aber in erster Linie zur Mehrung ihres eigenen Ruhms. Im Rahmen des Dienstleistungs-Auftrags in den Hochschulen beabsichtigt die Informatik über das Instrument der Rechenzentren, den Hard- und Software-Service auch für Geistes- und Sozialwissenschaften auszubauen.

Geistes- und Sozialwissenschaften erwarten von der Informatik leistungsfähige, sichere Arbeitsinstrumente mit bequemen und über die Jahre einigermaßen konstanten Benutzeroberflächen. Sie wollen sich – in ihrer herkömmlichen Denk- und Arbeitsumgebung bleibend – selbst mit den neuen Arbeitsmitteln vertraut machen und sie zur Mehrung des Ruhms ihrer eigenen Wissenschaftsdisziplinen einsetzen.

Bei diesen (sicherlich vorläufig und noch vage formulierten) Zielsetzungen sind vielfältigere Zusammenarbeit und zunehmende Konfliktsituationen für die Zukunft programmiert. Die beteiligten Disziplinen werden daher durch ihr Verhalten bestimmen, ob die eingeleitete Annäherung zukünftig mehr durch Kooperation oder mehr durch interdisziplinären Wettbewerb gekennzeichnet sein wird.

Es ist noch nicht absehbar, ob durch die zunehmende Verbreitung von Informatikwerkzeugen in allen wissenschaftlichen Disziplinen, die fachneutrale Informatik an Zentralität gewinnen wird oder eher dezentrale (fachgebundene) Bindestrich-Informatiken die zukünftige Bildungslandschaft bestimmen werden. Sicherlich verfügen die Informatikwissenschaften und die Rechenzentren heute noch über einen entscheidenden Know-how- und Infrastrukturvorsprung. Das ausgeprägte Selbstverständnis und das Adaptionspotential der informatikfernen Disziplinen sollte aber nicht unterschätzt werden. Im Zeitalter des "Computers für alle" wird die Zukunft eine solche Häufung von Spezialanwendungen möglich machen, daß hochschulinterne Zentraleinrichtungen klassischen Stils als Ansprechpartner für Beratung und Unterstützung bald überfordert sein dürften und der Ruf nach hochschulübergreifenden Fach-Rechenzentren mit lokaler Präsenz laut werden wird.

Allen Teilnehmern dieser Abschlußveranstaltung, den Diskutanten und dem Moderator sei an dieser Stelle nochmals herzlich gedankt für ihr bekundetes Interesse, ihre Bereitschaft zum Dialog und die offene Redeweise. Leider – und das soll nicht verschwiegen werden – fanden Podiumsgespräch und die Diskussion mit den Teilnehmern zwar in einem großen Raum statt – aber nur ein verhältnismäßig kleiner Personenkreis war erschienen. In seinem Einleitungsreferat bezeichnete *Brunnstein* diese Tatsache als symptomatisch: "im Vergleich zu den gewöhnlich überfüllten Hörsälen im Kernbereich der Informatik, zeichnen sich Veranstaltungen zur Thematik der Anwendung von Informatik in den Geisteswissenschaften eher durch eine gewisse Besinnlichkeit und – räumliche – Leere aus". Die wechselseitige Beschäftigung von Informatik und Geisteswissenschaften miteinander steht heute offenbar noch auf den hinteren Seiten der Agenden. Das sollte in Zukunft anders werden. Wer beispielsweise heute nach besserer Software ruft – und wer tut das nicht – muß einsehen, daß "intelligentere" Software auch immer komplexer sein muß, mehr (wissenschaftliche) Aspekte als bisher einbeziehen muß – nicht additiv, sondern integrativ. Die enge Kooperation von Informatik, Geistes- und Sozialwissenschaften bis hin zum kreativen – offen ausgetragenen – Konflikt der Disziplinen ist ein Auftrag, den sich die genannten Fachwissenschaften unverzüglich selbst zu geben hätten. – Das gemeinsame Gespräch in der Öffentlichkeit wird fortgesetzt.

Podiumsgespräch im Auditorium maximum der Freien Universität Berlin zum Thema "Informatik und Geisteswissenschaften – Abstand und Annäherung" mit Abschlußdiskussion

Teilnehmerverzeichnis

Prof. Dr. Jürgen Ackva
Fachhochschule Niederrhein

Dipl.-Inform. Dietmar Alanc
DV-Leiter
Fachhochschule Fulda

Dipl.-Inform. Werner Alle
Universität Heidelberg
Hygiene-Institut

Detlev Altvogt
Universität Osnabrück
Fachbereich
Wirtschaftswissenschaften

Dr. Nikolas Apostolopoulos
Freie Universität Berlin
Fachbereich
Wirtschaftswissenschaften

Frau Gabi Ashine
Berlin

Dr.-Ing. Aberra Ashine
Architekt, Stadt- und Regionalplaner
Technische Universität Berlin

Dr. Werner Aufsattler
Universität Mannheim
Rechenzentrum

Dipl.-Ing. Thomas Babsch
CIP-Betreuer
Universität Ulm
Rechenzentrum

Manfred Baldschus
Herausgeber
UniCum - Verlag GmbH
Studentenzeitschrift

Dipl.-Ing. Horst Bannas
Abteilungsleiter
Universität Stuttgart
Rechenzentrum

Reinhard Barden
Freie Universität Berlin
Fachbereich Medizin
Arbeitsgruppe Dietsch

Prof. Knut Barthel
Hochschule für Künste Bremen
Fachbereich Gestaltung

Dipl.-Inf. Thomas Baumgarten
Deutsches Forschungsnetz
DFN-Verein
Zentrale Projektleitung, Berlin

Jürgen Becker
Studienrat
Universität Kaiserslautern
Fachbereich Physik

Karl-Heinz Beckers
Rechtsanwalt
Technische Hochschule Aachen
ZBS

Prof. Dr.-Ing. Wolfgang Beitz
Staatssekretär
beim Senator für Wissenschaft
und Forschung in Berlin

Ing. grad. Heiner Bischof
Rechenzentrumsleiter
Fachhochschule Osnabrück
Rechenzentrum

Prof. Gudrun Bischoff-Kümmel
Fachhochschule Hamburg
Fachbereich Bibliothekswesen

Andrew Hans Blanchard
Zenith Data Systems
Bereich Ausstellung

Dr. Hans Blersch
Akademischer Rat für EDV
Technische Universität Berlin
Fachbereich Physik

Dr. Peter Boy
Universität Bremen
Geographie, Geschichte, Soziologie

Dipl.-Ing. Ulrich Brand
beim Senator für Wissenschaft
und Forschung in Berlin

Dipl.-Pol. Dörte Branne-Egloff
Freie Universität Berlin
Politische Wissenschaften
Abt. Archiv und Dokumentation

Prof. Dr. Werner Brecht
Rechenzentrumsleiter
Technische Fachhochschule Berlin
Fachbereich Informatik

Günter Breuer
Oberregierungsrat
Technische Hochschule Darmstadt
Rechenzentrum

Dr. Klaus Brodda
Akademischer Oberrat
Johannes Gutenberg-Universität Mainz
Fachbereich Medizin

Dipl.-Ing. Manfred Brühl
Technische Universität Berlin
Zentraleinrichtung Rechenzentrum (ZRZ)

Prof. Dr. Klaus Brunnstein
Vorsitzender des ADV-Beirats
beim Wissenschaftssenator, Hamburg
Universität Hamburg, FB Informatik

Dr. Erich Bruns
Universität Göttingen
Fachbereich Tierzucht

Frau Jutta Burgey
Wissenschaftliche Mitarbeiterin
Universität Osnabrück
Fachbereich Wirtschaftswissenschaften

Eckhard Büscher
Rechenzentrumsleiter
Technische Universität Braunschweig

Prof. Dr. Hellmuth Bütow
Vizepräsident
Freie Universität Berlin

Prof. Georg Christaller
Technische Fachhochschule Berlin
Fachbereich Informatik

Dr. Eckehard Czucka
Westfälische Wilhelms-Universität
Münster
Germanistisches Institut

Dr. Horst Degen
Leiter des Dekanats
Ruhr-Universität Bochum
Fakultät für Wirtschaftswissenschaften

Prof. Dr. Winfried DeLang
Universität Gesamthochschule Essen
Fachbereich Physik

Dipl.-Des. Gundula Dette
Gesellschaft für
Technologiefolgenforschung e.V. (GTF)
Berlin

Dr.-Ing. Klaus Dette
Geschäftsführer, Gesellschaft für
Technologiefolgenforschung e.V. (GTF)
Berlin

Dieter Diehl
Apple Computer GmbH
Forschung und Lehre

Dr. Jörn Diekmann
J. W. Goethe-Universität Frankfurt
Präsidialabteilung

Dipl.-Inform. Peter Dirschedl
Ludwig-Maximilians-Universität München
Institut für Medizinische
Informationsverarbeitung (ISB)

Wolfgang Dix
Regierungsamtsrat
beim Senator für Wissenschaft
und Forschung

Dipl.-Wirtsch.-Ing. J. Dobrinski
Doktorand bei Prof. Dr. Ottmann
Universität Freiburg
Institut für Informatik

Klaus Dürschner
Leiter Marketing Forschung und Lehre
PCS Computer Systeme GmbH
München

Prof. Dr.jur. Carl-Eugen Eberle
Universität Hamburg
Seminar für Verwaltungslehre

Prof. Dr. Hilmar Ebinghaus
CIP-Poolbeauftragter
Universität Hannover
Erziehungswissenschaftliches Institut

Ulrich Eckert
Strategische Projektplanung
Apple Computer GmbH
Forschung und Lehre

Dipl.-Ing. Wolfgang Eggerichs
Rechenzentrumsleiter
Fachhochschule Wilhelmshaven
Rechenzentrum

Dipl.-Kfm. Klaus Eggert
IBM Deutschland GmbH

Konrad Eicher
Oberstudienrat
Bayerisches Staatsministerium
für Wissenschaft und Kunst

Joachim Elsler
Systemberater
IBM Deutschland GmbH
Fachbereich Lehre und Forschung, Berlin

Dr.-Ing. Peter Elsner
Technische Universität Clausthal
Rechenzentrum

Bernward Engelke
Medizinische Hochschule Hannover
Institut für Medizinische Informatik

Dipl.-Ing. Eberhard Enger
Universität München
Zoologisches Institut

Prof. Dr.-Ing. Heinz-H. Erbe
Technische Universität Berlin
Fachbereich Erziehungs-
und Unterrichtswissenschaften

Dipl.-Ing. Manfred Eyßell
Gesellschaft für wissenschaftliche
Datenverarbeitung GmbH
Göttingen

Heimke Fahrenkrug
Freie Universität Berlin
Fachbereich Rechtswissenschaften

Marlies Fahrenkrug
Freie Universität Berlin
Fachbereich Germanistik

Prof. Dr. Roland Feindor
Fachhochschule Rosenheim
Rechenzentrum

Dipl.-Ing. Eckart Fellner
Technische Universität Berlin
Zentraleinrichtung Rechenzentrum (ZRZ)

Dr. Hartmut Felsch
Rechenzentrumsleiter
Universität Bielefeld
Hochschulrechenzentrum

Dr.-Ing. Wolfgang Fengler
Akademischer Oberrat
Technische Universität Braunschweig
Institut für Verkehr

Prof. Dr. Dr. Herbert Fiedler
Gesellschaft für Mathematik und
Datenverarbeitung mbH (GMD)
Arbeitsgruppe Rechtsinformatik

Gerd Fiedler
Akademischer Rat
Pädagogische Hochschule Weingarten
Rechenzentrum

Eberhard Fischer
IBM Deutschland GmbH
Fachbereich Lehre und Forschung

Michael Fischer
Vertriebsbeauftragter
IBM Deutschland GmbH
Abteilung Forschung und Lehre

Dr. Günther Fischer
Akademischer Direktor
Universität München
Sektion Physik

Erika Fischer
Leiterin Abteilung Rechnerbetrieb
Universität Stuttgart
Rechenzentrum

Nikolaus Frank
Universität Augsburg
Lehrstuhl für Schulpädagogik

Burkhard Franke
Wissenschaftlicher Mitarbeiter
Freie Universität Berlin
Fachbereich Wirtschaftswissenschaften

Wilfried Frankenbach
Akademischer Rat
Hochschule für Verwaltungswissenschaften in Speyer, Rechenzentrum

Dr. Georg Michael Franz
Rechenzentrumsleiter
Fachhochschule für Sozialarbeit
und Sozialpädagogik Berlin

Dipl.-Stat. Britta Freist-Nickel
Fachhochschule Fulda
Rechenzentrum

Dipl.-Math. Helmut Freudenberger
Leiter des PC-Labors BWL
Universität München, Institut für
Betriebswirtschaftliche Risikoforschung

Dipl.-Math. Ursula Friedlieb
Leiterin der Datenstation
Technische Universität Berlin
Internationale Agrarentwicklung

Prof. Hartmut Friedrich
Fachhochschule Hannover
Fachbereich Elektrotechnik

Mike Friedrichsen
Studentischer Mitarbeiter
Freie Universität Berlin, Institut für
Kommunikationswissenschaften

Prof. Dr. Wilfried Führer
Universität Aachen
Experimentelle Tragswerklehre

Felix Gadow
Strategische Projektplanung
Apple Computer GmbH
Abteilung Forschung und Lehre

Dipl.-Ing. Roland Galley
Rechenzentrumsleiter
Fachhochschule Darmstadt

Herr Gast
HSD Entwicklungsgesellschaft
GmbH, Berlin

Dr.-Ing. Jan-Tecker Gayen
Akademischer Oberrat
Technische Universität Braunschweig
Institut für Verkehr

Dipl.-Ing. G. Gedenk
Fachhochschule Ostfriesland Emden
Rechenzentrum

Prof. Dr. Horst Gerken
Universität Hannover
Institut für
Architektur- und Planungstheorie

Godehard H. Gerling, M.A.
Senior Consultant
Gerling & Partner, Berlin

Dr. Florian Geyer
Universität Tübingen
Lehrstuhl für
theoretische Astrophysik

Dipl.-Ing. Alexander Giedke
Rechenzentrumsleiter
Freie Universität Berlin
Zentraleinrichtung für Datenverarbeitung

Dipl.-Ing. Peter Gille
Medizinische Hochschule Hannover
Zentrum Biometrie, Medizinische
Informatik und Medizintechnik

Helmut Glanz
Universität Hannover
Fachbereich
Erziehungswissenschaften

Dipl.-Ökonom Peter Gluchowski
Ruhr Universität Bochum
Fachbereich
Wirtschaftswissenschaften

Michael Goldberg
Technische Universität Berlin
Zentraleinrichtung Rechenzentrum

Dipl.-Math. Uwe Grothkopf
Universität Hamburg
Institut für Angewandte
Mathematik

Prof. Dr. Dr. Irene
Guggenmoos-Holzmann
Freie Universität Berlin, Medizinische
Statistik und Informationsverarbeitung

Dipl.-Math. Helmuth Gürtler
Rechenzentrumsleiter
Technische Universität Berlin
Zentraleinrichtung Rechenzentrum (ZRZ)

Peter Haensch
Senatsrat
beim Senator für Wissenschaft
und Forschung inBerlin

Dipl.-Kfm. Gerald Haese
Freie Universität Berlin
Fachbereich Wirtschaftswissenschaften
Institut für Angewandte Statistik

Prof. Dipl.-Ing. Klaus-P. Hämmerling
Fachhochschule Oldenburg
Fachbereich Architektur

Dr. Jürgen Felix Hampe
Akademischer Oberrat
Universität Marburg
Abteilung Statistik

Dr. Jürgen Handke
Bergische Universität - GH - Wuppertal
Fachbereich
Sprach- und Literaturwissenschaften

Ulrich Haneke
Rechenzentrumsleiter
Fachhochschule für Wirtschaft
Berlin

Dipl.-Geogr. Sönke Hansen
Freie Universität Berlin
Institut für Anthropogeographie, Angewandte Geographie und Kartographie

Frau Hanzálek
APPLE Computer GmbH
Marketing Bildungswesen
München

Dr. Fritz Peter Harth
Wissenschaftlicher Leiter
Fachhochschule Rheinland-Pfalz, Abteilung
Koblenz, Hochschulrechenzentrum

Prof. Dr. Guido Hartmann
Fachhochschule Kiel
Fachbereich Technik

Thomas Hartmann
SIEMENS AG
Vertrieb Datentechnik, Berlin

Dr. Egon Hartmann
Software AG
Betreuung Forschung und Lehre
Darnstadt

Dr. Hans-Lothar Hase
Universität Marburg
Hochschulrechenzentrum

Axel Hecker
Wissenschaftlicher Angestellter
Universität Heidelberg
Rechenzentrum

Dipl.-Kfm. Dirk Heimberg
Universitätskliniken Göttingen

Dr. Jörg Helbig
Freie Universität Berlin
Institut für Englische Philologie

Dr. Jochen Henkel
Ludwigs-Maximilians-Universität
München
Fakultät für Geowissenschaften

Prof. Dipl.-Math. Klaus Dieter Herdt
Fachhochschule Osnabrück
Fachbereich Maschinenbau

Dipl.-Ing. Achim Herdtle
Technische Fachhochschule
Esslingen
Fachbereich Maschinenbau

Prof. Dr. Klaus Hermann
Hahn-Meitner-Institut Berlin GmbH
Bereich Datenverarbeitung

Dipl.-Phys. Axel Herold
Digital Equipment GmbH

Prof. Erhard Herpel
Fachhochschule Frankfurt
Fachbereich Wirtschaft

Prof. Dr. Horst Herrmann
Technische Fachhochschule Berlin
Labor für Numerische Mathematik

Robert Hilgers
Freie Universität Berlin
Aristoteles Archiv

Detlef Hoppmann
APPLE Computer GmbH
Unix und Datenkommunikation

Archibald Horlitz
Geschäftsführer
HSD Entwicklungsgesellschaft GmbH, Berlin

Dr. Klaus Horn
Gesamthochschule Kassel
Hochschulrechenzentrum

Dr. Volker Hornung
Wissenschaftlicher Referent
Freie Universität Berlin
Fachbereich Politische Wissenschaft

Thomas Huber
Geschäftsführer
Datavision AG
Klosters, Schweiz

Christian Huthmacher
Deutsche Olivetti GmbH
Abteilung Frankfurt

Dipl.-Ing. Armin Jacobi
Fraunhofer Institut für Produktionsanlagen
Bereich Maschineninformatik

Prof. Dipl.-Ing. Walter Jähnig
Technische Fachhochschule Berlin
Fachbereich Architektur

Dipl.Psych. Dietmar Jungnickel
Universität Hamburg
Institut für Philosophie und Sozialwissenschaften

Dipl.-Math. Leo Kaiser
Universität Hohenheim
Rechenzentrum

Dr.med. Roland Kalb
Universität Erlangen
Psychiatrische Klinik

Prof. Dr. Klaus Kalb
Universität Mainz
Rechenzentrum

Dr. Peter Kammerer
Gesellschaft für Strahlen- und Umweltforschung mbH München; Früher: Ludwig-Maximilians-Universität München

Dipl.-Ing. Michael Karge
PC-Pool-Betreuer
Technische Universität Berlin
Institut für Theoretische Elektrotechnik

Dipl.-Ing. Bernd-Leopold Käther
Technische Universität Berlin
Fachbereich Verkehrswesen
CAD-Labor

Herr Katz
Vertriebsbeauftragter
Deutsche Olivetti GmbH
Geschäftsstelle Berlin

Prof. Dr. V. Kempter
Technische Universität Clausthal
Physikalisches Institut

Prof. Dr. Eberhard Kernchen
Technische Universität Berlin
Fachbereich Physikalische Ingenieurwissenschaft

Prof. Dr. Berndt Kirchlechner
Vorsitzender der AG "Computer und Soziale Arbeit", Fachhochschule Frankfurt am Main, Fachbereich Sozialpädagogik

Dipl.-Math. Hans-Werner Kisker
Universität Münster
Universitätsrechenzentrum

Dipl.-Ing. Eugen Klute
Wissenschaftlicher Angestellter
Technische Hochschule Aachen
Rechenzentrum

Andreas Knaden
Universität Osnabrück
Fachbereich
Wirtschaftswissenschaften

Dr. Bernd Knauer
Akademischer Direktor
Universität Regensburg
Rechenzentrum

Karl-Heinz Knorr
Assistent
Technische Universität Clausthal
Institut für Experimental-Physik

Heinz Kohn
Rechenzentrumsleiter
Fachhochschule Fulda
Bereichsrechenzentrum

Dr. Hartmut Koke
Leiter "Dezentraler Systeme"
Gesellschaft für wissenschaftliche
Datenverarbeitung GmbH, Göttingen

Prof. Dr. Bernd Kolleck
Fachhochschule für Sozialarbeit
und Sozialpädagogik Berlin
Fachgebiet Informatik und Sozialarbeit

Dipl.-Geophys. Achim Kölling
Wissenschaftlicher Angestellter
Freie Universität Berlin
Institut für Geophysik

Dipl.-Ing. Karlheinz Koop
Ruhr-Universität Bochum
Fakultät für Bauingenieurwesen

Prof. Dr. Wolfgang Köpcke
Ludwig-Maximilians-Universität München
IInstitut für Medizinische
IInformationsverarbeitung (ISB)

Dipl.-Ing. Andreas Kraus
Technische Universität Berlin
Fachbereich Verkehrswesen
Institut für Schiffs- u. Meerestechnik

Andreas Krause
Universität Dortmund
Fachbereich Statistik

Dr. Joachim Krebs
Akademischer Rat
Universität Hamburg
Fachbereich Geowissenschaften

Prof. Dr. Friedrich Krey
Freie Universität Berlin
Institut für Anglistik

Bernd Kritzmann
Hochschule der Künste Hamburg
Fachbereich Architektur

Dr. Jobst Krüger
Akademischer Oberrat
Universität Hannover
Geodätisches Institut

Wolfgang Kuckelt
Hewlett Packard GmbH,
Hamburg

Dipl.-Math. Arnold Kühnel
Freie Universität Berlin
Fachbereich Mathematik
Institut für Informatik

Prof. Dr. Christine Labonté-Roset
Prorektorin
Fachhochschule für Sozialarbeit
und Sozialpädagogik

Dr. Ing. Werner Lang
Technische Fachhochschule
Esslingen
Fakultät für Maschinenbau

Dr.-Ing. Edmund Lang
Technische Hochschule Darmstadt
Hochschulrechenzentrum

Dipl.-Ing. Wolfgang Lange
Referatsleiter, Freie Universität Berlin
Zentrale Universitätsverwaltung
Referat für EDV, Organisation und Statistik

Hans-Uwe Langelotz
Beauftragter für die Hochschulen
Hewlett Packard GmbH
Hamburg

Prof. Dr. Hans-Joachim Lenz
Freie Universität Berlin
Fachbereich Wirtschaftswissenschaften
Fachrichtung Angewandte Statistik

Dr. Georg Lind
CIP-Koordinator
Universität Konstanz
Rechenzentrum

Prof. Werner Linder
Hochschule der Künste Berlin
Fachbereich Industrial Design

Prof. Dr. Volkard Linke
Freie Universität Berlin
Fachbereich Physik, Institut für
Theorie der Elementarteilchen

Dipl.-Math. Volkhard Lorenz
CIP-Pool -Leiter
Universität Mainz, Lehrstuhl für Betriebs-
wirtschaftslehre und Betriebsinformatik

Rainer Loska
Akademischer Rat
Universität Erlangen-Nürnberg
Lehrstuhl für Didaktik der Mathematik

Peter Mayr
APPLE Computer GmbH
Produkt Marketing
Datenkommunikation

Dipl.-Phys. Hans-Werner Mertens
Rechenzentrumsleiter
Fachhochschule
Hildesheim/Holzminden

Dipl.Inform. Bodo Meseke
Institut für Psychologie
Technische Universität Berlin

Brigitte Metzinger
APPLE Computer GmbH
Marketing Bildungswesen

Dipl.-Inf. Martin Meyer
Universität Erlangen-Nürnberg
Institut für Medizinische Statistik
und Dokumentation

Dipl.-Phys. Reinhold Meyer
Universität Göttingen
Abteilung Forstliche Biometrie
und Informatik

Dr. phil. Klaus-Peter Mieth
Freie Universität Berlin
Institut für Bibliothekswesen

Dr. Joachim Mönkediek
Deutsche Forschungsgemeinschaft
Wissenschaftliches Apparatewesen

Dipl.-Ing. Alfons Mönnich
Fachhochschule Osnabrück
Fachbereich Elektrotechnik

Dr. Max Mühlhäuser
Universität Karlsruhe
Institut für Telematik

Horst Müller
Vertriebsleiter
Gerb Computer GmbH

Heinz W. Müller
PC-Marketing
IBM Deutschland GmbH
Fachbereich Lehre und Forschung

Dr. Gerhard Müller
Akademischer Oberrat
Universität Stuttgart
Erstes Institut für Technische Chemie

Dr. Barbara Mütter
Universität Würzburg
Linguistische Informations-
und Textverarbeitung

Prof. Henning Natzschka
Regierungsbaumeister und Prorektor
Fachhochschule für Technik, Stuttgart
Labor für Informatik im Bauwesen

Kuno Neurohr
Siemens AG
Abteilung Datenverarbeitung

Dipl.-Chem. Reinhard Niedermeyer
Universität Bremen
Fachbereich Organische Chemie

Ilse Nilshon
Wissenschaftliche Mitarbeiterin
Walter Friedländer Bildungswerk

Dipl.-Math. Jamshi Noorkami
Universität Hannover
Fachbereich Maschinenbau

Dipl.-Ing. Dieter Oberle
Universität Karlsruhe (TH)
Rechenzentrum

Markus Ohlenroth
DV-Berater
Universität Augsburg
Lehrstuhl für Schulpädagogik

Dr. Rüdiger Ostermann
Universität - Gesamthochschule - Siegen
Rechenzentrum

Dr. Rainer Paape
Universität Bremen
Institut für Organische Chemie

Dr. Ulf Paepcke
Freie Universität Berlin
Klinikum Steglitz
Medizinische Bibliothek

Dipl.-Ing. Bernd Pajonk
Deutsche Forschungsgemeinschaft
Wissenschaftliches Apparatewesen

Dipl.-Ing. W. Paul
Stv. Institutsdirektor
Universität Stuttgart
Institut für Baubetriebslehre

Prof. Dr.-Ing. Hermann Pawlowski
Rechenzentrumsleiter
Universität Osnabrück

Klaus Peschlow
Universität zu Köln
Rechenzentrum

Ulrich Peter
Technische Universität Berlin
Fachbereich Internationale Agrarentwicklung, Institut für Tierproduktion

Jörg Peter
Universität Osnabrück
Fachbereich Rechtswissenschaften

Jörg Pfeiffer
Regierungsamtsrat
im Niedersächsischen Ministerium
für Wissenschaft und Kunst, Hannover

Hans Jürgen Piehler
Systembetreuer, Planung PC
Fachhochschule Frankfurt
Rechenzentrum

Richard Piotrowski
Wissenschaftlicher Mitarbeiter
Universität Trier
Rechenzentrum

Dr. Gernot Pittioni
Akademischer Oberrat
Technische Universität München
Fachbereich Architektur

Dipl.-Stat. Harald Pohlmann
Universität Dortmund
Abteilung für Statistik

Prof. Dr. Ingo Pommerening
Freie Universität Berlin
Institut für Englische Philologie

Prof. Dr. Manfred Precht
Technische Universität München
Weihenstephan
Datenverarbeitungsstelle

Dr. Jens-Michael Priester
Akademischer Oberrat
Universität Münster
Juristisches Seminar II

Dipl.-Ing. Jörg Puchan
CIP-Pool-Betreuer
Universität Karlsruhe
Fakultät für Wirtschaftswissenschaft

Konrad Puk
Siemens AG
Abteilung Datenverarbeitung

Prof. Dr. Rudolf Rass
Technische Universität Berlin
Institut für Fachdidaktik Physik

Karsten Ratke
Universität des Saarlandes
Fachbereich Wirtschaftswissenschaft

Dipl.-Phys. Dr. Andreas Reißland
CIP-Beauftragter der Fakultät
Universität Bielefeld
Fakultät für Biologie

Herr Reiter
Geschäftsführer
Systemhaus Mikado GmbH
Berlin

Prof. Dr. med. Jörg Remien
Ludwig-Maximilians-Universität
München
Institut für Pharmakologie

Dipl.-Psych. Michael Repp
Wissenschaftlicher Mitarbeiter
Freie Universität Berlin
Institut für Erziehungswissenschaften

Dr. Kurt Retter
CIP-Beauftragter, Ludwig-Maximilians-Universität, München, Büro-, Informations- und Kommununikationstechnik

Hans-Dieter Riechmann
Verkaufsleiter
Zenith data systems GmbH

Werner Riemer
Instituts-Verwaltungsleiter
Freie Universität Berlin
Institut für Englische Philologie

Prof. Dr. Friedrich Rieß
Mikrocomputerbeauftragter
Ludwig-Maximilians-Universität München
Sektion Physik

Dr.-Ing. Reinhard Rinke
Fachbereichsgeschäftsführer
Universität Fridericiana zu Karlsruhe (T.H.)
Fachbereich Architektur

Renate Roberts M.A.
Leiterin der Mediothek
Medizinische Hochschule Hannover
Bibliothek

Dr. Klaus Roessel
Akademischer Oberrat
Universität Stuttgart
Institut für Anorganische Chemie

Dipl.-Pol. Monika Rösler-Laß
Deutsches Forschungsnetz
DFN-Verein
Zentrale Projektleitung, Berlin

Klaus Röwekamp
Ministerialrat
beim Minister für Wissenschaft und Forschung Nordrhein-Westfalen

Dipl.-Inf. Angelika R. Rudolph
Universität Hamburg
Rechenzentrum

Dipl.-Ing. Albert Ruprecht
Akademischer Rat
Universität Stuttgart, Institut für Hydraulische Strömungsmaschinen

Jürgen Sandhöfer
Wissenschaftlicher Mitarbeiter
Freie Universität Berlin, Institut für Kommunikationswissenschaften

Dipl.-Ing. Michael Sandner
Systemberater
PCS Computer Systeme GmbH
Abteilung Hannover

Prof. Dr. Klaus Schacht
Fachhochschule Nürnberg
Fachbereich Betriebswirtschaftslehre

Gisela Schacht
Studiendirektorin
Martin-Behaim-Gymnasium, Berlin

Dipl.-Soz. Torsten Scharnberg
Technische Universität Berlin
Institut für Soziologie

Dr. Fritz Schaumann
Staatssekretär
beim Bundesminister
für Bildung und Wissenschaft

Alfred Scheifl
Technische Universität München
Institut für Mathematik und Statistik

Dipl.-Ing. Dieter Schilling
Rechenzentrumsleiter
Fachhochschule Oldenburg
Rechenzentrum

Barbara Schmidpeter
Technische Universität München
Institut für Mathematik und Statistik

Dipl.-Ing. Dieter Schmidtke
Technische Universität Berlin
Fachbereich Konstruktion und Fertigung
Institut für Maschinenkonstruktion

Dr. rer. nat. Cornelia Schmitt-Riegraf
Wissenschaftliche Assistentin
Universität Münster
Institiut für Mineralogie

Dipl.-Ing. Joachim Schmitz
Geschäftsführer
AC COPY - Ingenieurbüro für
Datenverarbeitung - GmbH, Aachen

Dipl.-Hdl. P. Schneider
Universität Mainz
Rechts- und Wirtschaftswissenschaften

Dipl.-Ing. Friedemann Schreiber
Technische Universität Berlin
Fachbereich Architektur

Prof. Dr. Adolf Schreiner
Direktor des Rechenzentrums
Universität Karlsruhe
Lehrstuhl für Großrechenanlagen

Dipl.-Math. Rolf Schröder
Technische Universität Berlin
Fachbereich Mathematik

Ulrik Schroeder
Technische Hochschule Darmstadt
Fachbereich Informatik

Dr.-Ing. Helmut Schuck
Wissenschaftlicher Mitarbeiter
Technische Universität Braunschweig
Institut für Verkehr

Prof. Dr. Rolf Schulmeister
Universität Hamburg
Interdisziplinäres Zentrum
für Hochschuldidaktik

Dipl.-Ing. Hans-Burghard von Schweinichen
Freie Universität Berlin
Klinikum Steglitz

Dr.rer.nat. Siegward Schwenkler
Technische Universität Berlin
Zentraleinrichtung Rechenzentrum (ZRZ)

Prof. Dr. Dietrich Schwoch
Fachhochschule Wiesbaden

Dipl.-Ing. Bernhard Selonke
Fachhochschule
Braunschweig-Wolfenbüttel
Fachbereich Maschinenbau

Prof. Dr. Klaus Serfling
Technische Universität Berlin
Institut für Betriebswirtschaftslehre

Prof. Dr. Günter Siegel
Technische Fachhochschule Berlin
Fachbereich Informatik

Dipl.-Ing. Ingo Siegmund
CIP-Pool-Betreuer
Universität Hannover
Institut für Gartenbauökonomie

Dipl.-Ing. Manfred Sitte
Technische Universität Berlin
Zweites Institut für Mechanik

Prof. Dipl.-Ing. Detlef Skalski
Freie Universität Berlin
Fachbereich
Kommunikationswissenschaften

Dr. Wolfgang A. Slaby
Akademischer Direktor
Katholische Universität Eichstätt
Universitäts-Rechenzentrum

Prof. Dr. Günter Sodan
Erster Vizepräsident
Technische Fachhochschule Berlin
Fachbereich Informatik

Prof. Dr. Manfred Sommer
Universität Marburg
Fachbereich Mathematik
Fachgebiet Informatik

Burkhard Spinnen, M.A.
Westfälische Wilhelms-Universität
Münster
Germanistisches Institut

Peter Stede
Wissenschaftlicher Angestellter
Universität Heidelberg
Rechenzentrum

Dipl.-Ing. Friedhelm Stein
Universität Aachen
Experimentelle Tragwerkslehre

Prof. Dr. Wilhelm Steinbuß
Fachhochschule Rheinland-Pfalz
Abteilung Trier

Dipl.-Des. Eberhard Stenzel
Hochschule der Künste Berlin
Fachbereich Industrial Design

Dr. Klaus Sternberger
Rechenzentrumsleiter
Fernuniversität Hagen
Rechenzentrum

Hans-Peter Steurer
Geschäftsführer
PCS Computer Systeme GmbH
München

Richard Stiefel-Rechenmacher
Freie Universität Berlin
Fachbereich Wirtschaftswissenschaften

Dipl.-Hdl. Hans Stiehl
Akademischer Rat und Lektor
Technische Universität Berlin, Fachbereich
Erziehungs- und Unterrichtswissenschaften

Dr. Rainer Stöve
Rechenzentrumsleiter
Fachhochschule Münster
Datenverarbeitungszentrale

Reinhard Strothe
CIP-Betreuer
Universität Hannover, Regionales
Rechenzentrum für Niedersachsen

Matthias Stroux
Freie Universität Berlin
Fachbereich Psychologie

Dr. Dieter Swatek
Ministerialrat
beim Bundesminister
für Bildung und Wissenschaft

Dr. Friedrich Tegelbekkers
Geschäftsstelle
des Wissenschaftsrates

Theo Teucher
Journalist
Medienwerkstatt Wissenschaft
Projekt Weiterbildungsmagazin (TV)

Dr. Andreas Timmermann
Leiter der Forschungsvermittlung
Freie Universität Berlin
Zentrale Universitätsverwaltung

Dr. Eberhard Tränkle
Freie Universität Berlin
Fachbereich Physik
Institut für Theorie der Elementarteilchen

Satish M. Tripathi
Rechenzentrumsleiter
Fachhochschule Dortmund
Rechenzentrum

Prof. Dr. Renate Trost
Fachhochschule Nürnberg
Fachbereich Betriebswirtschaft

Dr. Volker Trost
Abteilungsleiter
Siemens AG
Abteilung FVA

Dipl.-Ing. Bernd Ulrich
IBM Deutschland GmbH
Sektion Marketing

Dipl.-Ing. Jürgen Umbach
Siemens AG
Abteilung München

Jürgen Unger
PCS, Computer Systeme GmbH
Abteilung Vertrieb
Berlin

Lisa Upmeyer
Freie Universität Berlin
Fachbereich Rechtswissenschaften

Hermann Vaterodt
Siemens Aktiengesellschaft
Vertrieb
Datentechnik/Hochschulkontakte

Dipl.-Ing. Werner Vespermann
Hochschule für Bildende Künste
Institut für Visualisierungsforschung
und Computergraphik

Dipl.-Phys. Thomas Viefhaus
Racal – Milgo
Berlin

Prof. Dr. Andreas Vogel, Ph.D.
Freie Universität Berlin
Institut für Geophysikalische
Wissenschaften

Dr. Viktor Vogt
Universität Erlangen-Nürnberg
Erziehungswissenschaftliche Fakultät

Claus Vollmers, B.Sc.Econ.
Produktmanager, Deutsche Olivetti GmbH
Vertriebsdirektion - Großkunden -
Universitäte, Frankfurt am Main

Joachim von der Ruhr
CIP-Beauftragter
Universität Freiburg
Rechenzentrum

Bodo Wagner
Beauftragter für die Hochschulen
Hewlett Packard GmbH, Vertriebs-
marketing Erziehung und Ausbildung

Dipl.-Ing. A. Wahren
Fachhochschule Ostfriesland Emden
Rechenzentrum

Dr. Stefan Waluga
Ruhr-Universität-Bochum
Geographisches Institut

Dipl.-Math.Wolfgang Weber, M.Sc. Oxon.
Universität Frankfurt
Hochschulrechenzentrum

Michael Wehrhahn
Assistent
Technische Universität Clausthal
Rechenzentrum

Dipl.-Ing. Erich Weidner
Rechenzentrumsleiter
Fachhochschule Bielefeld
Datenverarbeitungszentrale

Dorothee Weinert
Freie Universität Berlin
Fachbereich Geowissenschaften
Fachrichtung Geophysik

Dipl.-Inform. Ralf Weiß
Medizinische Hochschule Hannover
Rechenzentrum

Brigitte Werner
Fachhochschule für Wirtschaft Berlin
Rechenzentrum

Peter Wessolowski
Apple Computer GmbH
Abteilung Forschung und Lehre

Dipl.-Inform. Thomas Widemann
Technische Universität Braunschweig
Institut für Verkehr

Marc Wiegel
Studentischer Mitarbeiter
Freie Universität Berlin
Institut für Kommunikationssoziologie

Dr. Bernd Wiemann
Leiter Abteilung Marketing
PCS Computer Systeme GmbH
München

Dipl.-Ing. Martin Wilhelm
Deutsches Forschungsnetz
DFN-Verein
Zentrale Projektleitung, Berlin

Dr. Konrad Wilhelm
Akademischer Oberrat
Universität Münster
Institut für Organische Chemie

Dr. Jürgen Witzke
Akademischer Rat
Universität Gießen
Fachbereich Chemie

Johannes Wohlfahrt
Verkaufsleiter
Zenith data systems GmbH

Dipl.-Ing. Manfred Wurst
Siemens AG
Abteilung Datentechnik
und Vertrieb Wissenschaft, München

Dipl.-Psych. Hans-Eberhard Zahn
Freie Universität Berlin
Institut für Psychologie

Prof. Dr. Peter Zahn
Freie Universität Berlin
Institut für Bibliothekswissenschaften

Dipl.-Volkswirt Wolfgang Zeyns
Referatsleiter
Hochschule der Künste
Referat ADV

Prof. Dr.rer.nat. Dieter Ziessow
Technische Universität Berlin
Iwan-N.-Stranski-Institut für
Physikalische und Theoretische Chemie

Dr. Bernhard Zimmermann
Technische Universität Berlin
Fachbereich Informatik
Institut für Angewandte Informatik

Dr.-Ing. Klaus Zietlow
Universität Hamburg
Institut für Physikalische Chemie

Dr. Werner Zillig
Universität Münster
Germanistisches Institut

Dipl.-Ing. Eckehard Zschau
Digital Equipment GmbH (DEC)

GPSR Compliance

The European Union's (EU) General Product Safety Regulation (GPSR) is a set of rules that requires consumer products to be safe and our obligations to ensure this.

If you have any concerns about our products, you can contact us on ProductSafety@springernature.com

In case Publisher is established outside the EU, the EU authorized representative is:

Springer Nature Customer Service Center GmbH
Europaplatz 3
69115 Heidelberg, Germany

Batch number: 10844669

Printed by Printforce, the Netherlands